國家森林公園

NATIONAL FOREST PARK: THEORIES AND PRACTICE

理论与实践

兰思仁 著

中国林业出版社

图书在版编目(CIP)数据

国家森林公园理论与实践/兰思仁著. — 北京:中国林业出版社,2004.8(2013.3 重印)
ISBN 978-7-5038-3862-0

Ⅰ. 国… Ⅱ. 兰… Ⅲ. 森林公园 Ⅳ. S759.91

中国版本图书馆 CIP 数据核字(2004)第 095999 号

出版发行	中国林业出版社
地 址	北京西城区刘海胡同 7 号
邮 编	100009
书名题字	刘先银
编辑策划	李晨焕
E-mail	896049158@qq.com
电 话	010-83225108
经 销	全国新华书店
印 刷	北京地质印刷厂
版 次	2004 年 11 月第 1 次
印 次	2013 年 3 月第 3 次
开 本	787mm×960mm 1/16
印 张	34.75
彩 插	16 页
字 数	500 千字
印 数	4001~6000 册
定 价	69.00 元

序

兰思仁同志精心撰著的《国家森林公园理论与实践》一书即将问世，我愿借作此序的机会表示我真诚的祝贺。我国自1982年建立第一处国家森林公园——湖南张家界国家森林公园以来，森林公园建设和森林旅游事业得到了长足的发展。据国家林业局统计表明，截止到2003年，全国已建立森林公园1658处，总经营面积1390.0万hm^2，其中国家级森林公园503处，经营面积983.8万hm^2。2003年全国森林公园共接待游客1.15亿人次，森林公园已经成为旅游业的重要载体和保护自然资源，尤其是保护森林生态的重要基地。在长期的教学和科研实践中，我一直在关注森林公园理论体系和许多重大实践问题的研究，特别是我于1995年应原林业部之邀，参加中国森林风景资源评价委员会的工作，有机会实地考察了许多森林公园，接触了众多的森林公园经营管理人员，感受到在目前我国森林公园建设和森林旅游业发展过程中，大多沿用传统林业和旅游开发模式，尚未建立反映国家森林公园自身特点的理论体系，表现在国家森林公园的理念没有得到有效贯彻，突出森林公园特色不够，景观和旅游产品单调，文化底蕴不足，经营管理不力，社区居民利益考虑不多，资源与环境保护规划缺乏可操作性等。现实迫切需要建立系统的理论体系和提供实践案例，为当前的国家森林公园建设与管理提供指导和借鉴。

兰思仁同志于1999年成为中国森林风景资源评价委员会第二届委员，他作为全国森林公园基层惟一的代表参加委员会工作，我们有了更多的交流机会。他先后担任福建省武夷山国家级自然保护区管理局和福州国家森林公园主要负责人，对森林公园建设和森林旅游业发展有较丰富的实践经验。他在实践过程中，对这一领域的理论问题也做了较深入研究，尤其是他主持的“森林景观计量评价与福建森林景观的开发应用研究”和“森林旅游产品适宜性评价与开发应用研究”，对森林公园和森林旅游业的景观数量化评价，景观资产评估，产品设计与适宜性评价等方面的研究有新的突破，并分别获福建省科技进步二、三等奖。

仔细阅读《国家森林公园理论与实践》，作者从选题到完成书稿一直追求这样一个基本立意，即致力于建立森林公园的基础理论与方法体系，列举大量的实践案例，力求做到理论上有深度，方法上有可操作性，案例分析有代表性，回答了森林公园从何而来，是何之物，有何之用，为何之举，如何运作，向何处去等有关问题，以给森林公园建设提供科学指导、理论支持和经验借鉴。

概括此书具有三个显著特点：

一是基础理论与方法体系研究有新突破。把生态伦理学、生态经济学、景观生态学、休闲经济学、森林美学和可持续发展等理论应用于森林公园建设，提出了这些基础理论指导森林公园建设的原则和方法。在此基础上，本书首次提出森林公园景观资源数量评价指标体系；首次阐述了森林景观资产的基本概念及其价值构成、资产评估方法和指标体系；首次提出了森林旅游产品的构成、分类和特征，提出了森林旅游产品适宜性评价方法和指标体系，在这一领域有新的突破，初步构建了森林公园的理论框架。

二是内容丰富且有较强的系统性。本书对森林公园的兴起与定义、主要类型与特点、发展阶段与趋势做了认真分析；对森林公园基础理论的内容与应用做了深刻阐述；对森林公园景观资源的调查、评价与景观资产评估、森林旅游产品设计与适宜性评价、森林公园的可行性研究与总体规划编制、风景林建设与管理、森林公园营销策略与创新、组织经营与质量管理、景观与环境保护以及森林公园与生态文明建设、社区林业发展关系等进行了全面而系统地阐述。

三是案例典型具有很强的可操作性。本书在大量调查、科学总结和系统分析的基础上，列举了14个案例，涵盖了森林公园建设的各个环节和基本要素，有很强的针对性和可操作性。

本书是近年来有关森林公园理论与实践方面难得的书籍，我认为必将对我国森林公园建设和森林旅游业发展具有积极的理论指导意义和实践工作的推动作用。本书对森林公园和森林旅游从业人员、科研教学人员和旅游专业学生，以及旅游者都有参考价值。

张启翔　教授、博士
北京林业大学园林学院院长、博士生导师
中国森林风景资源评价委员会副主任委员
2004年7月2日

前言

进入21世纪,人们走进森林,回归自然的愿望越来越迫切。森林旅游作为一种新兴的旅游方式,正适应了人们的这种需求,成为一种时尚。国家森林公园作为一处受特殊保护的林地和游览观光、休闲度假、科普教育的特定场所,已经成为森林旅游的重要载体,越来越受到社会各界的广泛关注。自1982年我国建立第一处国家森林公园——张家界国家森林公园以来,森林公园和森林旅游事业得到了迅猛发展,至2003年全国已建立森林公园1658处,总经营面积1390.0万hm^2,其中国家级森林公园503处,经营面积983.8万hm^2,分布在全国31个省、自治区、直辖市。据不完全统计,2003年全国森林公园共接待游客1.15亿人次,其中境外游客390.14万人次,以门票为主的直接收入达46.89亿元,

2002年国家林业局在浙江临安举办中国首届森林风景资源博览会暨天目山森林旅游节;2004年国家林业局、国家旅游局在陕西宝鸡举办中国森林旅游博览会暨首届太白山森林旅游节,得到了各级党委、政府及林业、旅游主管部门和社会各界的高度重视、热烈响应与大力支持,两次博览会的成功举办,更加预示着森林公园和森林旅游业的光明前景和巨大潜力。

国家森林公园研究工作已引起了林业界、旅游界及有关学科领域专家的关注,相关研究报道频频出现,国家森林公园的理论与实践是关注的焦点之一。但是,这一领域的研究尚缺乏完整的理论体系与深入的案例分析,很多研究仍停留在概念与原则的探讨与简单应用上,按库恩的科学哲学"范式"理论来理解,国家森林公园的研究正处于"前科学时期"。目前,国家森林公园的景观评价、规划设计、产品开发、市场营销和建设管理等重要环节,其原理与方法大多尚沿用传统林业和旅游开发建设思路,而没有建立反映国家森林公园特点的理论体系,表现在国家森林公园的理念没有得到有效贯彻,突出森林公园特色不够,旅游产品单调、文化底蕴不足、社区居民利益考虑不多,资源与环境保护规划缺乏可操作性等方面。因此,现实迫切需要建立系统的理论体系,提供实践案例,为当前的国家森林公园建设与管理提供指导和借鉴。

从1997年开始,作者先后主持福建省科研项目"森林景观计量评价与福建森林景观的开发应用研究"(于2000年获省科技进步二等奖)、"森林旅游产品适宜性评价与开发应用研究"(于2003年获省科技进步三等奖)等,对森林公园和森林旅游有

关理论与方法体系作了研究。结合作者于 1993 ~ 1996 年担任福建省武夷山国家级自然保护区主要负责人和 1997 年至今担任福建省福州国家森林公园主要负责人从事管理工作的实践,应中国林业出版社之邀请,作者于 2001 年 5 月着手本书的撰写工作,经历 4 年,八易其稿,并将近几年国内外森林公园和森林旅游业领域的主要成果融会其中,试图提出国家森林公园的基础理论与方法体系,力求做到理论上有深度,方法上有可操作性,案例分析有代表性,以给国家森林公园建设提供科学指导、理论支持与经验借鉴。

全书分十章,主要包括以下内容:

——概述了国内外国家森林公园的有关概念、统计标准、主要类型、发展历程和发展趋势。

——提出了国家森林公园建设的理论基础主要有生态伦理学、生态经济学、景观生态学、可持续发展、休闲经济学和森林美学等理论,初步构建了国家森林公园的理论框架。

——详细论述了国家森林公园的景观资源调查、分类和评价方法。

——提出了森林景观资源数量评价指标体系;阐述了森林景观资源资产的基本概念及其价值构成,资产评估方法与指标体系。

——阐述了国家森林公园森林旅游产品的构成、分类和特征;提出了国家森林公园森林旅游产品适宜性评价方法与指标体系。

——详细描述了国家森林公园可行性研究与总体规划的基本内容与步骤、功能区划与布局、市场调查与评价、设施规划和支持体系建设规划等。

——分析了国家森林公园风景林造景因素;提出了风景林培育的基本原则和技术体系等。

——提出了包括组织机构、人力资源管理、财务管理、质量管理、市场营销策划与管理、景观与环境保护管理在内的国家森林公园组织经营管理体系。

——阐述了国家森林公园与生态文明建设、社区林业发展的关系。

全书提供了 14 个案例,有较强的代表性和可借鉴性。

本书得以出版,要感谢国家林业局森林公园管理办公室,中国森林风景资源评价委员会,福建省林业厅,福建省森林公园和森林旅游管理办公室,福州国家森林公园,龙岩市人民政府,新罗区委、区政府的领导和同事们的关心与大力支持;感谢参与课题研究的所有同仁;感谢国家林业局森林公园管理办公室主任王维正同志、副主任孔明同志及公园管理处处长王兴国同志、副处长俞晖同志、陈鑫峰博士、许晶工程师的关心和支持;感谢福建省林业厅厅长黄建兴同志、纪检组长柴喜堂同志、副厅长吕月良同志、副厅长陈家东同志、副厅长黄家铭同志,省林场管理局局长兰灿堂同志、副局长林彬同志、梁文英高级工程师,福建省林业调查规划院副总工程师陈信旺同志,新罗区委书记郭舒帆同志、区长张天洲同志，龙岩市林业局局长黄楚光同志、纪检组长翁雪花同志及新罗区林业局局长陈力平同志、区旅游局局长张咏兰同志、区委办连成章同志、龙岩国家森林公园管理处主任张荣健同志、龙硿洞景区管理处主任翁坚潮同志的鼎力支持！感谢北京林业大学王忠君老师、李大明硕士，福建农林大学教授吴承祯同志、副教授董建文同志、副教授黄六莲同志、福建林业职业技术学院高级讲师裘晓雯同志等。

在此，特别感谢我的导师——北京林业大学园林学院院长、博士生导师张启翔教授悉心指导并为此书写序；特别感谢福建农林大学曹辉讲师为书稿出版做了大量工作；特别感谢福建省林业厅黄海同志提供了珍贵照片；特别感谢中国林业出版社有关领导和刘先银副编审为此书出版给予大力支持。

本书在写作过程中参考和引用了国内外不少学者在这一领域的文献与成果，在此，谨表谢忱。由于国家森林公园是个新兴的领域，涉及的学科较多，实践中所遇到的问题较为复杂，书中难免存在不当之处，恳请读者批评指正。

作者

2004年5月

编辑的话

在编辑此书的过程中，仿佛把我们带进了万木葱笼、青翠欲滴、流水潺潺的森林世界，沐浴着清新的空气，令人陶醉。淌过小溪，拐道弯，这里山花烂漫、层林尽染、人头攒动，一派鸟语花香的景象，让人留连忘返，感受国家森林公园之美。完成编辑之时，犹如听了一场讲座，让人动听之处是那些有说服力的例子。无论是说理论、谈观点，还是提方法都融于案例之中，理论与实践相结合，这是此书最鲜明的特点，也是作者丰富实践的真实写照，正如朱熹所云“问渠那得清如许，为有源头活水来”。这是近年来有关国家森林公园理论与实践方面难得的书籍。若广大读者阅读此书有所获益的话，是我们最大的心愿。

再版序言

光阴荏苒，日月如梭。兰思仁同志撰写的《国家森林公园理论与实践》出版一晃近五年了，正当我想进一步了解我国森林公园建设发展动态之际，兰思仁同志送来了《国家森林公园理论与实践》再版书稿。阅读再版书稿，我深刻感受到我国森林公园建设发展取得显著成效与发生的重大变化。这是我国森林公园建设取得了长足发展的五年。全国已建森林公园从 2003 年的 1658 处增加到 2008 年的 2278 处，总经营面积从 1390.0 万 hm^2 增加到 1629.83 万 hm^2，分别增长 37.3%、17.3%。其中国家级森林公园从 2003 年的 503 处增加到 709 处，国家级森林旅游区 1 处，经营面积从 983.8 万 hm^2 增加到 1143.26 万 hm^2；分别增长 40.9%、16.2%。全国森林公园旅游人数从 2003 年的 1.15 亿人次增加到 2.74 亿人次，增长了 1 倍多。年直接旅游收入从 46.89 亿元增加到 187.34 亿元，年旅游综合收入从 281.34 亿增加到 1400 多亿元，分别增长近 3 倍、4 倍。

这五年是森林公园建设以科学发展观为指导，不断强化保护和管理的五年。国家把国家级森林公园划定为国土开发利用中的禁止开发区域和文化与自然遗产地，国家林业局将把森林公园中的珍贵资源列入《国家重要森林风景资源保护目录》。森林公园建设从外延扩展为主转为以提升质量、内涵发展为主和外延扩展并举，在森林公园建设过程中倡导以自然手法为主，减少人工痕迹，积极倡导和实践“重在自然、贵在和谐、精在特色”的建设发展理念。

这五年是森林公园成为我国生态旅游主要阵地的五年。近年来，随着我国工业化、城镇化进程的不断加快，特别是 2003 年我国经历非典之后，走进森林、回归自然，体验祖国壮丽秀美的自然风光，成为当今人们旅游的时尚和追求，成为生态旅游的主要形式。2008 年全国森林公园旅游人数和综合收入占到国内旅游人数和收入的 15%。已经成为我国旅游产业发展的主力军，并蕴含着巨大的发展潜力。

这五年是森林公园成为我国生态文明建设重要载体的五年。党的十七大提出了建设生态文明的重大战略任务,各地森林公园根据自身资源的特点,深入挖掘森林文化、花文化、竹文化、茶文化、湿地文化等生态文化内涵,并将其开发成为人们乐于接受且富有教育意义的生态文化产品,旅游者在观光游览过程中,体验山川秀美的旖旎风光,丰富多彩的生态文化产品,感受回归大自然的愉悦心情,激发了旅游者热爱森林、热爱自然、保护生态的美好情愫。一大批森林公园已被命名为科普教育基地、生态道德教育基地,广大艺术家、艺术爱好者的写生、拍摄和创作基地。

兰思仁同志精心撰写的《国家森林公园理论与实践》一书,自 2004 年出版以来,受到广大读者的欢迎,特别是森林公园管理人员和有关院校师生把它作为学习培训教材。近年来各地要求再版的呼声很高,更可喜的是兰思仁同志对国家森林公园建设发展有了更深入的研究,进一步探讨了国家森林公园的理论问题,特别是深入研究森林人家品牌建设,创新国家森林公园的旅游方式,丰富了国家森林公园的实践案例,特别是深刻阐述了国家森林公园在促进生态文明建设中的地位、作用和途径。

本书是近年来有关森林公园理论与实践方面难得的力作,我相信本书的再版必将对我国森林公园和森林旅游业发展具有积极的理论指导意义和实践工作的推动作用,也必将有力促进我国生态文明建设,本书再版对森林公园和森林旅游从业人员、科研人员和旅游专业学生以及旅游者具有参考价值。

张启翔

中国森林风景资源评价委员会副主任委员

北京林业大学副校长、教授、博士生导师

2008 年 12 月 21 日

再版前言

《国家森林公园理论与实践》自2004年出版以来承蒙同仁们的厚爱,也受到广大读者的欢迎,许多森林公园管理人员和有关院校师生把它作为学习培训教材之一;有些森林公园管理部门把书中的一些案例应用于森林公园建设实践中,把该书当作森林公园管理的手册或参考书籍。看到自己的拙作能为森林公园建设发展尽绵薄之力,我由衷感到欣慰。在有关方面的关心下,该书还获得了2005年福建省人民政府社会科学优秀成果三等奖。

近年来,各地要求该书再版的呼声很高,有些读者到处求购不成,纷纷打来电话索要,有的读者无处购买时,就借书复印,以应时需。中国林业出版社刘先银编审多次来电催促再版事宜,我才挤出时间,着手再版书稿的准备工作,历时一年多,几易其稿。近几年,我直接参与森林公园建设管理的机会少了,但始终关注着森林公园的建设与发展,尽可能地参加有关森林公园的活动。2006年国家林业局、国家旅游局在辽宁鞍山举办的中国森林旅游博览会暨第六届千山旅游节,我应邀出席博览会的论坛并发表演讲。在主持福建省森林人家建设工作期间,我认真研究森林公园的旅游方式创新等工作。

再版书稿中主要增加和调整了以下内容:

1. 增加了“国家森林公园的森林人家建设”一章,该章阐述森林人家的概念、内涵及其产生的背景和意义,森林人家品牌定位、形象设计、品牌建设与促销。增设了森林人家品牌建设案例。

2. 把原第十章的第二节“国家森林公园对生态文明的影响”调整为“国家森林公园与生态文明建设”,该节增加阐述生态文明的基本内涵、森林公园在生态文明建设中的地位和作用,森林公园促进生态文明建设的途径和措施。

3. 增加了《森林人家基本条件标准》《森林人家等级划分和评定标准》等附录。

同时,对原书稿的部分内容进行了修改。

本书的再版，要感谢国家林业局森林公园管理办公室、中国森林风景资源评价委员会、福建省林业厅、福建省森林公园和森林旅游办公室的大力支持。感谢参与课题研究的所有同仁。感谢国家林业局森林公园管理办公室赫燕潮主任、张健民总工、胡春姿副主任、俞晖处长、陈鑫峰副处长、许晶副处长的大力支持，感谢福建农林大学黄六莲教授、北京林业大学李大明博士、福建师范大学曾行汇硕士、福建省林业厅陈良昌同志等为再版书稿做了大量工作。感谢国家林业局森林公园管理办公室原处长王兴国同志、福建省林业厅黄海同志提供了珍贵照片。

在此，特别感谢我的导师——北京林业大学副校长、博士生导师张启翔教授为此书再版写序。特别感谢中国林业出版社刘先银编审为本书题写书名。感谢中国林业出版社有关领导和编辑为此书再版给予大力支持。

本书再版写作过程中参考和引用了国内外不少学者有关文献与成果，在此，谨表谢忱。近几年来，我国森林公园建设取得了长足发展并发生了深刻变化，实践中遇到的许多新问题，还没有及时调查研究与总结，书中难免存在不当之处，恳请读者批评指正。

作　者

2008年12月20日

内蒙古阿尔山国家森林公园——天池全景

黑龙江日月峡国家森林公园——姊妹迎客松

吉林龙湾群国家森林公园——龙湾全景

北京八达岭国家森林公园——秋景

内蒙古红花尔基樟子松国家森林公园——樟子松林景观

内蒙桦木沟国家森林公园——桦木林景观

福建武夷山国家森林公园——竹海

福建福州国家森林公园——千年古榕

浙江华顶国家森林公园
——石梁飞瀑

福建漳平天台国家森林公园——九鹏景区

海南海上国家森林公园——红树林景观

广东观音山国家森林公园——观音山

海南尖峰岭国家森林公园——热带雨林

湖南不二门国家森林公园——观音朝拜

河南嵩山国家森林公园——地貌景观

湖南张家界国家森林公园——黄石寨

陕西楼观台国家森林公园——楼观

甘肃腊子口国家森林公园——雪山云海

青海坎布拉国家森林公园——丹霞地貌

四川九寨国家森林公园——神仙池景区

贵州竹海国家森林公园——竹廊桥

西藏然乌湖国家森林公园——然乌湖

森林人家

巨网捕鱼

采茶

特色旅游车

目录

第一章　国家森林公园概述

随着工业化、城市化进程的加快和人们的物质文化生活水平的不断提高，人们走进森林，回归自然的愿望越来越迫切，森林旅游作为一种新兴的旅游方式，正适应了人们的这种需求，成为一种时尚。国家森林公园作为一处受特殊保护的林地和游览观光、休闲度假的特定场所，已经成为森林旅游的重要载体，越来越受到社会各界的广泛关注。

第一节　世界国家公园的发展历程

一、世界国家公园的定义及统计标准

（一）国家公园的定义

国际保护自然及自然资源联盟（IUCN）关于国家公园的定义是："一个国家公园，是这样一片比较广大的土地：①它有一个或多个生态系统，通常没有或极少受到人类占据及开发的影响。这里的物种具有科学的、教育的或游憩的特定作用，或者，在这里存在着具有高度美学价值的自然景观；②在这里，国家最高管理机构一旦有可能，就采取措施，在整个范围内阻止或取缔这种占据或开发，以及切实尊重这里的生态、地貌或美学实体，以此证明国家公园的设立；③到此观光必须经批准，条件是为着游憩、教育和文化等目的。"

（二）国家公园的统计标准

IUCN 前总书记、布鲁塞尔自由大学哈罗依教授 1971 年提出的国家公园统计标准有以下 3 个。

1. 保护标准

国家公园不仅有章程，而且有实际的保护措施，即落实人员、落实资金、防止人类干预，保证管理和监护。具体标准：公园所在地区人口密度低于 50 人 / km^2 时，每 1000hm^2 保护地带至少有 1 名管理和监护人员，每 400hm^2 的管理、监护费用不低于 50 美元；人口密度高于 50 人 / km^2 时，每 4000hm^2 至少有一名专职人员，每 500hm^2 费用不低于 100 美元。

2. 面积标准

国家公园受保护地带面积不少于1000hm^2，其中应将管理用建筑和旅游区扣除，岛屿及特殊生物保护区不受此限制。

3. 开发标准

国家公园一切存在资源开发的地带都不予统计，如开矿、伐木或其他植物收获、动物捕获、水坝建筑及其他水利设施等，农业、牧业、渔业、狩猎活动、公共工程建设、房屋及工业贸易活动等，都视为资源开发。

二、世界国家公园的发展历史

（一）第一个国家公园的建立

在国外，国家公园的建立要比我国早得多。1872年3月1日，经美国国会批准，在怀俄明州方圆898km^{2}的区域，建立了世界上第一个国家公园——黄石国家公园，并公布了《黄石公园法案》。在这之后的50年间，国家公园理念在美国得到广泛而迅速的传播，1890年，美国建立了巨杉和约塞米蒂国家公园，1899年建立了雷尼尔山国家公园。其他一些国家也相继开辟了国家公园，如英国仿效美国这种标新立异的做法，于1895年设立了“国家托拉斯”，负责规划土地并建立自然保护区，加拿大于1885年也开始在西部划定了3个国家公园（冰川国家公园、班夫国家公园、沃特顿湖国家公园），瑞典于1909年设立了8个国家公园，西班牙自1918年开始建立国家公园，苏联在十月革命后设立了4个自然保护区，其中一个保护区是列宁于1920年亲自批准设立的。同期，澳大利亚设立了6个，新西兰设立了2个。南非于1898年设立了萨比野兽保护区，英国人在印度设立了阿萨姆卡兰加保护区。

（二）国家公园理念的传播

从20世纪开始到第一次世界大战，国家公园的发展很快，一些国家还设立了专门的机构，制定了相关的管理法规。如美国于1916年设立了国家公园的管理处，同时还通过了《国家公园事业法》，其中把国家公园的目的在法律上规定为：“保护自然景观和历史遗迹及栖息生长其中的动植物资源，在一定条件下为当代和后代提供消遣和游乐场所，同时保证在利用中不得使之受到损害”。尽管如此，当时森林旅游的价值尚未被广大民众所认识。以美国为例，格兰特总统在黄石区建立了7700km^{2}的联邦公园，但这只是少数人努力的结果。当时黄石区只是一片远离文明、尚无实用价值的土地，而赫吉斯（Judge Cornelius Hedges）坚决主张这片土地应归公众所有，他的努力终于在1872年赢得了胜利。另外，约翰·米尔争取建立尤斯迈特（Yosemite）国家公园的努力也获得了成功。这些胜利是具有保护思想的总统和少数人努力奋斗的结果。这些人成了反映未来需求的先驱，但他们的思想并不是当时国家政策的体现。

第二次世界大战以后，由于生态保护运动的爆炸性开展，工业化国家居民对“绿色空间”的渴求，以及世界旅游业的发展等原因，国家公园的划定有了更大的进展。这一发展从第一次世界大战到20世纪50年代，已具备相当大的规模，特别在北半球更为迅速。在北美，国家公园的数量扩大了7倍（从50个扩大到356个）；在欧洲，扩大了15倍（从25个扩大到379个）；其他大陆上的发展（特别是非洲和亚洲）同样也很显著。到20世纪70年代中期，全世界已有1204个国家公园。

（三）大众化森林游憩与国家公园的快速发展

大众化的森林游憩业是从20世纪60年代开始的，这时，森林游憩的真正价值开始为人们所广泛认识。这种认识上的转变是与城市化进程紧密相关的。以美国为例，到1962年，居住在大城市的人口几乎占了总人口的3/4，城市化问题日益突出，如住房空间狭小、交通拥挤、噪音、空气污染、高失业率、工作压力大、种族矛盾、相对贫困等。城市居民一方面忍受着社会摩擦的折磨，另一方面又没有条件通过户外游憩活动来解除这种痛苦。这一问题甚至影响到了社会的安定，以至于后来国家民事纠纷咨询委员会把人们对户外游憩条件的强烈不满列为引起1967年城市骚乱的第四条原因。

近20年来，各国经济快速发展，人民生活水平提高，户外游憩的需求加大，再因国际保护旅游事业的兴旺及全球对生态环境的日渐重视与关注，促进国际保护运动蓬勃发展，更促进了国家公园的普遍建立。截至1988年，世界上已有15个国家将其10%以上的国土开辟为保护区、国家公园、森林公园、植物园、树木园、自然保护区等。据比利时布鲁塞尔自由大学哈罗依教授统计，1971年时，各国的国家公园和类似保护区的面积为全球陆地总面积的0.6%，而1980年时这一比例上升到了2.99%。特别是在一些经济发达并且森林旅游资源丰富的国家，森林旅游业已成为最大的产业之一。以美国为例，全国92%以上的林地（包括公有林地和私有林地）都允许公众进入，1977年全国的户外游憩消费突破了1600亿美元，超过了石油工业而成为美国最大的产业。到80年代，美国的户外游憩年消费高达3000亿美元，美国人均收入的1/8都用在了户外游憩上。至1990年，美国的森林旅游区每年接待游人3亿多人次（其中10%左右来自国外），美国人每年花费到国家公园游憩的费用达120多亿美元。在法国，仅枫丹白露（Fontainblue）森林每年吸引的森林游憩者就多达1000万人次，其中70%集中在周末及节假日。并且，森林游憩的内涵也被大大地扩展了，游人对森林地区的利用已远远超出了“审美”这一单纯形式。森林地区不再只是林业工作者和具有较高美学修养者的宠物，而是已经成为不同年龄、不同文化素养、不同社会背景的各种群体向往的天堂。根据

IUCN 统计，至 1993 年，全球国家公园及类似保护区数量达到 9832 万处，总面积 9. 26 亿 hm^2，其中国家公园 2041 处，面积 3. 77 亿 hm^2。

三、国家公园世界大会

二次世界大战以后，IUCN、联合国教科文组织和联合国粮农组织在自然资源保护各专业领域定期召开世界大会，讨论国家公园和保护区及与会者都关心的内容。自 1961 年起，IUCN 下设的国家公园和保护区委员会开始召集有关国家公园的世界大会，每隔 10 年举行一次。

（一）第一次国家公园世界大会

1962 年夏季，在美国西雅图召开了第一次国家公园世界大会。会议对全球有关国家公园和保护区的认识与科学知识进行了总结，建立了国际间的联系渠道，确定了在未来几年中建立和发展国家公园的步骤。大会倡议建立海洋公园，但是这类公园的面积很小，难以实现公园的保护目的。

（二）第二次国家公园世界大会

1972 年是开展国际环境合作运动的代表性年份，也是国家公园经历了 100 年发展的历史性年份，在这种环境下，1972 年 9 月，美国黄石国家公园和大蒂顿国家公园召开了第二次国家公园世界大会。这次大会建议建立更多的新公园、更多有生物和地理特点的公园、管理水平较高的公园和保护区。随后的 10 年间，国家公园和保护区以出人意料的速度迅速发展起来，保护区（包括国家公园和自然保护区）的数量增长了 47%，达到 2671 个，受保护的面积增长了 82%，达到 3. 96 亿 hm^2。

（三）第三次国家公园世界大会

1982 年 10 月，在印度尼西亚的巴厘岛召开了第 3 次国家公园世界大会，这是第一次在发展中国家召开大会，也提出了关于正确处理保护与持续发展之间关系的 3 个标准（即公园的可持续发展）：

（1）保持基本的生态进程和维持生命的系统；

（2）维持生物多样性；

（3）保证可持续利用各种物种资源和生态系统。

大会通过了《巴厘宣言》和旨在加强并改善世界各国国家公园和保护区管理水平的 20 条建议。

（四）第四次国家公园世界大会

1992 年 2 月 10 ~ 21 日，第四次国家公园和保护区世界大会在委内瑞拉的加拉加斯召开。会议对 10 年来保护区在建设，管理，人员培训，保护区的社会、生态作用，人与保护区的关系，保护区的科研、教育能力及扩展全球保护区网和发展地区计划等方面进行了交流总结，大会制订并通过了《加拉加斯行动计划》，该行动计划主要包括：

（1）在地方、国家、国际各级为保护区建立起强大的选民区；

（2）开发管理保护区的能力；

（3）将保护区融入到生态发展的地区途径中去；

（4）将所有保护区系统置于健全的财政关系上；

（5）促进全球陆地保护区网的面积翻一番；

（6）发起一项主要计划以建立沿海和海上保护区；

（7）使当地社会能够从保护区受益；

（8）运用科学进行保护区管理；

（9）鼓励在保护区管理中进行地区合作；

（10）加强国家公园和保护区委员会支持保护区管理的能力。

（五）第五次国家公园世界大会

2003 年 9 月 8 ~ 17 日，IUCN 在南非德班举办了第五次国家公园世界大会，大会的主题为“超越国界的共同利益”。会议回顾了 10 年以来全球保护区领域取得的进展，总结了世界各国在保护区领域取得的成就和世界自然保护方面的经验和教训，客观地评估了新千年保护区所面临的挑战，探讨了保护区管理的实践和未来的发展战略，提出了促进保护区适应时间形势快速变化的建议。大会在展望今后 10 年时间自然保护工作方向和重点目标的同时，通过了《德班倡议》、《德班行动计划》、《生物多样性保护公约备忘录》等文件，作为大会向全球自然保护工作的期望和行动倡议。

第二节　国家森林公园的有关概念

森林公园是一个新生事物，人们对“森林公园”这一名词的真正含义并非完全理解。普通的“公园”人们并不陌生，它常指城市中供居民娱乐消遣的公共设施。而森林公园却不能理解为“森林”和普通意义“公园”的简单叠加，它有特定的含义，森林公园中的“公园”为一专有名词，来源于国外的“国家公园”，而国家公园已有 100 多年的历史。

关于森林公园的概念，世界各国理解很不一致，名称也不统一。我国和一些国家叫森林公园，欧美国家一般多称国家公园、原野公园，日本称国立公园、国定公园，还有一些国家叫自然公园。鉴于国家公园的普遍存在，1969 年在印度新德里召开的 IUCN 第十届大会做出决议，对国家公园进行定义，并制定了统计标准，明确规定国家公园必须具有以下 3 个基本特征：

（1）区域内生态系统尚未由于人类的开垦、开采和拓展而遭到根本性的改变，区域内的动植物物种、景观和生境具有特殊的科学、教育和娱乐意义，或区域内涵有一片广阔而优美的自然景观。

（2）政府权利机构已采取措施以阻止或尽可能消除在该区域内的开垦、开采和拓展，并使其生态、自然景观的美学特征得到充分展示。

（3）在一定条件下，允许以精神、教育、文化和娱乐为目的的参观旅游。

薛达元、包浩生认为，以上3个特征正是区别普通的“公园”与“森林公园”的关键所在。显然，国家公园强调其自然生态系统及其科学意义的特征，这是普通公园所不能具备的，而森林公园却基本具备了上述3个特征。森林公园的景观主体是森林植被，多为自然状态和半自然状态的森林生态系统，常常拥有比较丰富的生物多样性，而且该区域已由地方政府划出，给以特别的保护和管理，并主要用于开发以精神、教育、文化和娱乐为目的的旅游活动。因此，我国的森林公园相似于国外的国家公园的一种。应该指出，国家公园是一类保护区的总称，拥有多种景观类型，除森林公园外，国家公园类型还包括地质公园、海洋公园、草地公园、荒漠公园、湿地公园等。

一、我国森林公园的定义

1982年9月，国务院委托国家计委批准了我国第一个国家森林公园——张家界国家森林公园，自这时起，众多学者对森林公园的概念和内涵作了研究。

吴楚才、李世东等人在对张家界国家森林公园的研究过程中提出了一个关于森林公园的概念。他们认为：“森林公园是以森林自然环境为依托，具有优美的环境和科学教育、游览休息价值的地域，经科学保护和适度建设，为人们提供旅游、观光、休息和科学文化活动的特定场所”。这是国内学者首次正式提出的一个关于森林公园的概念。

但新球在经过几年的森林公园规划设计的实践后提出：“森林公园是指经过精心规划设计而建设的，以森林景观资源为主体，用来进行森林旅游的区域。”

吴章文认为“森林公园是以大面积森林为基础的公园，是生态型公园。”

陈文红对森林公园定义为“在一定的地域内，利用森林环境内的植物、动物、地形地势条件所形成的自然资源为主体的，通过统一规划而建成的，可供游览、度假、科研、考察的综合性公园。”

王兴国认为：“森林公园是以森林景观为主体，融其他自然景观的生态型郊野公园。”

唐正良、刘安兴等人认为：“森林公园是生态型的郊野公园，通常在国有林场原建设的基础上，以其良好的森林生态环境为主体，充分利用森林生物的多样性、多功能，经过科学保护和适度开发建设，为人们提供旅游度假、休憩、保健、疗养、科学教育、文化娱乐的场所。”

许大为提出关于森林公园的概念：“森林公园应是以森林为主体，具有地形、地貌特征和良好生态环境、融自然景观与人文景观于一体，经科学保护和适度开发，为人们提供原野娱乐、科学考察及普及、度假、休疗养服务，位于城市郊区的区域。”

1994 年 1 月 22 日，徐有芳部长签发的中华人民共和国林业部令第三号颁布的《森林公园管理办法》第二条规定：“本办法所称森林公园，是指森林景观优美，自然景观和人文景物集中，具有一定规模，可供人们游览、休息、或进行科学、文化、教育活动的场所”。这一规定，与国标 GB/T18005 – 1999 中所述的森林公园——具有一定规模和质量的森林风景资源与环境条件，可以开展森林旅游，并按法定程序申报批准的森林地域——共同构成了我国森林公园最权威性的定义。

笔者认为，森林公园可以概括为是一处受特殊保护的、以森林景观为主体的生态型多功能的旅游场所。

二、我国森林公园的主要类型

（一）按景观特色分类

1. 森林风景型森林公园

以其绚丽优美的森林风景取胜，山水风景一般，没有或少有文物古迹。如河北塞罕坝，陕西朱雀、天华山、红河谷，黑龙江牡丹峰、乌龙，云南西双版纳，贵州百里杜鹃、竹海等森林公园。

2. 山水风景型森林公园

以奇山秀水为主的自然风光最为诱人，森林风景和人文景物一般。如湖南张家界，浙江千岛湖，陕西南宫山、华山、王顺山，河南南湾，辽宁库区，广西桂林，重庆小三峡等森林公园。

3. 人文景物型森林公园

以其古老独特的人文景物而闻名于世，森林风景和山水风景一般。如陕西延安、楼观台、玉华宫、龙门洞、擂鼓台，山东泰山，安徽琅琊山，山西五台山、云岗，浙江天童、普陀山，四川都江堰，重庆歌乐山等森林公园。

4. 综合景观型森林公园

景观类型多样，森林风景、自然风光和人文景物都比较突出，旅游吸引力强。如陕西太白山、终南山，河南嵩山，辽宁本溪、大孤山，山东五莲，江苏虞山，甘肃吐鲁沟等森林公园。

（二）按地貌形态分类

在我国广袤的林区内，不仅蕴藏着丰富的动植物资源，还广泛分布着变化万千的地貌及水体等自然景观，这些共同构成了我国类型多样的森林公园，其大致可分为山岳型、湖泊型、火山型、沙漠型、冰川型、草原型、海岛型、海滨型、溶洞型、温泉型和园林型等。

1. 山岳型森林公园

地处名山大川或中高山区的森林公园，在我国最为普遍。具有代表性的有湖南张家界、北京云蒙山、四川瓦屋山、广西八角寨、青海坎布拉等森林公园。其特点是奇山异石，植被葱郁，古木参天，山花烂漫，充满原始的荒野情调与生态风貌，许多地方气候变化也十分明显，“一山有四季，十里不同天”，让游人充分领略大自然的神奇。

2. 湖泊和瀑布型森林公园

位于天然湖泊或人工水库周围的森林公园。如浙江千岛湖、河南南湾、湖北清江、广东流溪河、福建旗山、陕西太平等森林公园都具有代表性，其特点是以大面积水体和溪潭瀑布为特征，湖光山色与流水潺潺相映生辉。

3. 火山型森林公园

位于古火山这种特殊地貌类型上的森林公园。如黑龙江火山口、长白山天池，吉林海龙湾、广东西樵山、云南来风山等森林公园。其特点是在形状各异的火山口中生长着各种树木，形成了神奇的地下森林景观，令游人赞不绝口。

4. 沙漠型森林公园

地处沙区、荒漠、沙漠绿洲、戈壁滩或江河故道、沙地上的森林公园。如新疆塔里木胡杨、内蒙古科尔沁沙地、辽宁章古台沙地、陕西定边沙地，甘肃阳关沙漠等森林公园。其特点是荒漠和绿色的强烈对比，向人们展现了一幅自然界生命与恶劣环境抗争的生动画面，也表现了改造生态、保护环境的极度艰辛。

5. 现代冰川与冰川遗迹森林公园

位于古冰川地貌类型上的森林公园。如四川海螺沟和秦岭沿线的陕西太白、朱雀、宁西等森林公园分布大量的冰川遗迹。其特点是冰川与原始森林镶嵌共生。

6. 海岛型森林公园

位于海岛上的森林公园。如山东长岛、辽宁长山群岛、浙江大鹿岛、福建平潭岛、广东南澳海岛等都是典型的海岛型森林公园。其特色是孤峰入海、陡峭险峰、海湾密布、自然景观优美，是观赏平流雾、海潮等理想场所，有幸也可看到海市仙境。

7. 海滨型森林公园

滨临海岸的森林公园。如河北秦皇岛海滨、辽宁白山、山东黄河口、福建东山、广东东海岛等森林公园。其特点是海滩宽阔、沙细浪小、水温适宜，是理想的海水浴场。

8. 溶洞型森林公园

位于古熔岩等特殊地貌类型上的森林公园。如山西禹王洞、浙江双龙洞、河南五龙洞、湖北新神洞、云南清华洞等森林公园。其特点是溶洞密布、地下河常流，溶洞景观各具特色。

9. 温泉型森林公园

位于天然温泉附近的森林公园。如广西龙胜、辽宁大黑山、浙江南溪、海南蓝洋等森林公园。其特点是温泉水质优良，与周围的峰峦密林、溪河幽谷、薄云雾霭共同营造了一个仙境般的度假胜地。

10. 草原型森林公园

位于大草原上的森林公园。如河北木兰围场、内蒙古黄岗梁、海拉尔等森林公园。其特点是绿茵如毡、坦荡无垠、风吹草低、牛羊成群，蓝天与白云、草原与森林、牧民与牛羊构成一幅幅优美的图画，展现出浓郁的森林草原风情。

11. 园林型（城郊型）森林公园

位居大中城市市区或郊区的森林公园。如福建福州、安徽琅琊山、江苏虞山、浙江兰亭等森林公园。其特点是地处市区或郊区，有较高观赏价值的园林园艺、人造景观和设施等，主要为城市居民提供休闲、度假。

（三）按主要旅游功能分类

1. 游览观光型森林公园

以风光游览、景物观赏为主要功能的森林公园。大多数森林公园属此类型。

2. 休闲度假型森林公园

地处城郊、海滨、湖库附近，以休闲娱乐、消夏避暑、周末度假等为主要功能的森林公园。如陕西朱雀、终南山，河北海滨，辽宁本溪，福建福州等森林公园。

3. 游憩娱乐型森林公园

地处城市市区、环城或近郊，以郊野游憩、娱乐健身为主要功能的森林公园。如上海共青，江苏徐州环城，江西枫树山，黑龙江哈尔滨、牡丹峰等森林公园。

4. 疗养保健型森林公园

以温泉、海滨疗养和森林保健为主要功能的森林公园。如陕西太白山、楼观台，重庆南温泉，辽宁大连、本溪，河北海滨，山东刘公岛、威海海滨等森林公园。

5. 探险狩猎型森林公园

以探险寻秘、森林狩猎为主要功能的森林公园。如黑龙江乌龙、伊春五营、亚布力，内蒙古察尔森、海拉尔，陕西华山、翠屏山、南宫山等森林公园。

6. 科普教育型森林公园

以科学考察、教学实习、科普旅游为主要功能的森林公园。如北京鹫峰，黑龙江帽儿山、哈尔滨，福建福州，广西良凤江，山东药乡，湖北九峰山，浙江午湖山，陕西太白山、楼观台、天华山、玉华宫等森林公园。

（四）按旅游半径分类

1. 城市型森林公园

位于大中城市市区或城周边的森林公园。如陕西延安，江西枫树山，黑龙江哈尔滨，上海共青，江苏徐州环城等森林公园。

2. 近郊型森林公园

位于大中城市近郊区，距市中心 20km 以内的森林公园。如内蒙古红山，辽宁盖州，江苏上方山，福建福州，河北海滨，河南南湾，黑龙江牡丹峰，吉林净月潭等森林公园。

3. 郊野型森林公园

位于大中城市远郊县区，距市区多在 20～50km 的森林公园。如陕西终南山、天台山、玉华宫，北京蟒山，河南开封，江苏南京老山，浙江天童，湖北九峰山等森林公园。

4. 山野型森林公园

地处深山老林，远离大中城市，以野、幽、秀、奇为特色的森林公园。如陕西太白山、楼观台、紫柏山、南宫山、天华山、华山，山东泰山，安徽黄山，山西五台山，河南嵩山，湖北神农架，云南西双版纳，黑龙江北极村、威虎山等地处名山大川和原始森林、次生林区的森林公园。

（五）按经营规模分类

1. 特大型森林公园

其经营面积超过 6.0 万 hm^2 的森林公园。如河北木兰围场，四川瓦屋山，浙江千岛湖，黑龙江火山口等森林公园。

2. 大型森林公园

其经营面积 2.0 万～6.0 万 hm^2 的森林公园。如四川九寨，山东黄河口，陕西楼观台，黑龙江乌龙等森林公园。

3. 中型森林公园

其经营面积 0.6 万～2.0 万 hm^2 的森林公园。如陕西太白山、终南山、天华山、南宫山，河南嵩山，安徽黄山，吉林净月潭，黑龙江牡丹峰，辽宁本溪，内蒙古察尔森，山东泰山，浙江富春江，湖北王泉寺等森林公园。

4. 小型森林公园

其经营面积 0.1 万～0.6 万 hm^2 的森林公园。如陕西延安、朱雀、玉顺山，湖南张家界，浙江普陀山、雁荡山、天童，河南南湾，安徽琅琊山，江苏虞山等森林公园。我国东部沿海和南方各省森林公园也大多属此类型。

5. 微型森林公园

其经营面积在0.1万hm^2以下的森林公园。如陕西乾陵、骊山、玉虚，辽宁首山、浙江溪口，江西枫树山，湖北潜江，上海共青等森林公园。

按上述分类标准，2003年全国503处国家森林公园中，特大型为30处，大型为57处，中型为137处，小型为207处，微型为72处。这表明，我国现有国家森林公园中以中、小型为主，占68.4%。

（六）按管理级别分类

《森林公园管理办法》第六条规定：我国森林公园分为三级，即国家级森林公园、省级森林公园和市、县级森林公园，并对各级森林公园的具体标准作了明确的规定：

1. 国家级森林公园

森林景观特别优美，人文景物比较集中，观赏、科学、文化价值高，地理位置特殊，具有一定的区域代表性，旅游服务设施齐全，有较高的知名度。

2. 省级森林公园

森林景观优美，人文景物相对集中，观赏、科学、文化价值较高，在本行政区域内具有代表性，具备必要的旅游服务设施，有一定的知名度。

3. 市、县级森林公园

森林景观有特色，景点景物有一定的观赏、科学、文化价值，在当地知名度较高。

据国家林业局统计表明，2003年全国有各级森林公园1658处，其中国家级为503处，省级为826处，市、县级为329处。

三、我国森林公园与世界国家公园的区别

我国森林公园与世界国家公园，既有相同之处，也有明显的区别。相同的是：同为自然保护事业，旨在保护自然环境，保护森林及野生动植物生存条件；开发自然景观，发展旅游；以旅游收入加快建设步伐。其区别主要是：

（一）面积差异较大

世界国家公园面积较大，开发旅游限制在一定的范围内；而我国森林公园一般面积较小，较少有符合国际统计标准的，开发旅游也很少限制。

（二）自然保护状态差异大

世界国家公园绝大多数是自然状态，很少有古迹遗址；而我国森林公园大多数有优美的森林环境，较多的自然景观，也有历史悠久的古迹，是融自然景观与人文景观为一体的旅游地。

（三）保护要求有差异

世界国家公园除园区、外围地带允许开发，如修公路、建宾馆等工程外，一般禁止开发建设；而我国森林公园为发展旅游，可以进行适度的人工开发，修建旅游

道路及各种服务设施，但不能破坏自然环境，应保持协调、和谐和统一。

（四）类型差异较大

世界国家公园涉及自然类型广泛，不仅有森林，还有湖泊、沙漠、火山、沼泽等不同自然类型；我国森林公园则一般仅限于森林类型，而沙漠、火山等类型的公园比较少。

（五）发展历史有差异

世界国家公园兴起于18世纪70年代，历史较长，经验丰富；而我国个别地方在20世纪30年代曾兴办有森林公园，现有森林公园均兴起于20世纪80年代初，具有起步晚、历史短、发展快、前景好的特点。

四、森林公园与自然保护区、风景名胜区等的关系

随着森林旅游业的兴起，森林公园的发展迅猛，影响越来越大，受到社会各界的广泛关注。为此，我们必须搞清森林公园的性质和在自然保护中的地位，它与自然保护区的关系。

我们应首先区别“自然保护区”和“保护区”的概念。一般认为，前者指狭义的自然保护区，包括那些保护对象自然性较强，科学价值较高，其核心区通常呈绝对保护状态的保护区域；而后者指广义的自然保护区，这些区域具有自然保护性质，但保护对象的自然性相对较弱，保护要求也不太严格，可开放旅游等。国外许多保护区以及有些国家的国家公园都属于广义自然保护区。

就我国森林公园性质而言，是以森林景观为主题，兼融了部分人文景观，并利用森林环境向人们提供旅游服务的特定生态区域，虽然它的管理目标是开发旅游，但这种旅游是一种生态旅游，是以保护和持续利用森林景观为前提，在客观和主观上都有自然保护的性质。因此，它应属于广义自然保护区范畴。

不仅如此，我国众多的风景名胜区中也有许多是以自然景观为主体，如黄山、黄果树瀑布等。有些风景区虽然包含了相当多的人文成分，但也包含了明显的自然背景，如武夷山、西双版纳等风景名胜区等。上述这些风景名胜区也应属于广义自然保护区范畴。

为了将狭义的和广义的自然保护区统一起来，似乎应建立“国家自然保护区系统”概念，该系统以自然保护性质为基础，既包括狭义的现有自然保护区，也包括广义的现有森林公园和部分风景名胜区。该系统充分强调具有自然保护性质，因而可明显区别于农业上的“基本农田保护区”、国防上的“军事禁区”和生活上的“饮用水源保护区”等。

在“国家自然保护区系统”的概念下，目前全国就地保护设施主要有自然保护区、森林公园和风景名胜区3个体系，这3个体系在建立、审批和管理上都有各

自的特点，并都拥有一定的基础。从总体上说，森林公园、自然保护区和风景名胜区都对保护我国自然环境和生物多样性做出巨大贡献，它们三者之间相辅相成，各有优势。从管理目标看，自然保护区以绝对保护为主，承担的保护任务最重，而森林公园和风景名胜区以保护和开发并重；从保护对象看，自然保护区的科学意义较大，景观的自然性最强，而森林公园和风景名胜区则融自然与人文景观于一体；从管理要求看，自然保护区和风景名胜区必须由各级人民政府批准建立，需解决机构、编制和经费等问题，审批程序复杂，而森林公园是由各级政府的林业行政主管部门批准建立，机构和人员是在部门内部调配、建立，审批的灵活性强；从现有的经济效益看，自然保护区内资源开发受到限制，旅游开发仅限于实验区，而森林公园和风景名胜区旅游收益较大。

因此，应将自然保护区、森林公园和风景名胜区视同为国家自然保护区系统的3个组成部分，在编制全国生物多样性就地保护规划时，应将森林公园及风景名胜区纳入国家自然保护区系统，统筹规划。由于森林公园的发展潜力较大，它在国家自然保护区系统中的地位也将越来越突出。

表1-1概述了森林公园与风景名胜区、自然保护区、城市公园、国外国家公园的关系。

表1-1　森林公园、风景名胜区、自然保护区、城市公园、国外国家公园比较

类别	景观特色	主要功能	区位	保护要求	批准机关	旅游经济效益
森林公园	自然景观为主、兼有少量人文景观	休闲度假、疗养保健、科考科普	城郊、远郊、近郊	保护优先、保护与利用结合	主管部门	较好
风景名胜区	人文景观为主，或人文景观与自然景观共存	自然景观、人文景观的观赏与保护	远郊、近郊	保护与利用结合	各级政府	很好
自然保护区	自然景观	自然资源的保护、科学研究	远郊	以绝对保护为主	各级政府	一般
城市公园	人工景观	公众娱乐、休息	城市内	一般性保护	政府及部门	一般或免费
国外国家公园	自然景观、人文景观	自然、人文资源保护、科考科普	远郊	实行严格保护	联邦或州政府	较好

第三节　我国森林公园的发展趋势

一、我国森林公园的历史考察

森林公园属自然山水式园林。其起源历史，可以追溯到我国古代的皇家苑囿、围场和禁林。我国以皇家围囿、林苑为代表的中国古典园林，历史悠久，影响深远。据有关典籍记载，我国自然山水式园林出现于商周时期。商末周初，我国已出现了囿，它是在一定的地域范围内，利用自然山川林草，繁育鸟兽，并筑台掘池，供帝王后妃和贵族狩猎游乐之用。周文王时，曾营建一个方圆35km的囿。《诗经》对他的灵台、灵囿、灵沼曾有生动的记载："王在灵囿，鹿鹿攸伏，鹿鹿濯濯，白鸟翮翮，王在灵沼，於牧鱼跃"。可见，周代皇家囿圃已有相当规模。

在公元前11世纪至3世纪的800年间，春秋战国各诸候国竞相修筑囿、苑，数量急剧增多，如郑国的原囿、秦国的具囿、吴国的梧桐园、会景园等。这个时期的皇家囿、苑，除利用自然山水林草外，已开始向人工造园发展。

公元前221年，秦始皇统一中国后，就以咸阳为中心，在渭河以南（今户县境内）修建上林苑，栽奇树名果，养珍禽异兽，林苑、园池、殿台绵延三百里。《三秦记》载："其长池，引渭水，东西二百里，南北二十里，筑土为蓬莱山"。其规模之大可以想见。

汉武帝于建元三年（公元前138年），扩展秦上林苑，长阔三百里，苑中有苑，苑中有宫，苑中有观，名花奇草，珍禽异兽，莫不俱备。群臣远方各献名果异树达2000多种，贵族、地主、富商亦好营园囿，其规模远比秦代还大。

东汉灭亡（公元220年）之后，经过五代、南北朝，直到隋朝统一，在300多年动荡中，佛、道、儒诸家争鸣，促进了我国园林艺术的发展，除皇家苑囿外，出现了寺观园林和私家花园。

隋、唐时代，皇家苑囿以宫苑结合形式，宫苑竞奢，规模更为恢宏，诸侯崛起，诗画和山庄式园林逐渐兴盛。隋炀帝（杨广）迁都洛阳，每月役丁200万人，修建西苑。据《隋书》载；"西苑周二百里，其内为海，周十余里，为蓬莱、方丈、瀛州诸山，高百余尺。亭台观阁，罗络山上。"西苑有五湖，湖间河渠相通，渠上有桥，苑内种植名花、异草、杨柳、修竹，形成湖、山、林、宫相结合的山水式宫苑。隋炀帝可乘龙舟来往于五湖、四海、十六院之间。除西苑外，还有东都苑、天苑及华林苑等。

唐代著称的皇家苑林较多，如神都苑，东西35km，南北19.5km，周围92km。宫城之北的禁苑，东西13.5km，南北10km，西接长安故城，东接京城，北枕渭水。其他各苑还有御苑、上苑、鹿苑、曲江池等。除长安城的大明宫、兴庆宫外，还在关中各地建有华清官、玉华宫、九成宫、翠薇宫、甘泉宫等12个宫苑，供帝王、贵妃游乐。

北宋皇家苑囿主要集中在东京汴梁（今开封），最初出现的有琼林苑、宜春苑、玉津园、金明池及太宗宅园——奉真园等。徽宗九年在汴京西南筑造良岳，又名万岁山，山周十余里，是我国人工造园的杰作。南宋时期，除金陵的御园、八仙园外，也云集于临安（今杭州），还有许多官僚、贵族的私园和寺观园林，分布于西湖周边。

明、清时代，我国北方皇家苑圃规模更为宏伟，南方私家花园小巧别致。辽、金和清朝，视长白山一带为其祖先发祥之地，推崇为神山、圣地。努尔哈赤、皇太极建立清帝国后，降旨封为禁区，定为贡山，专供皇族王室祭祀祖先、游览观光、骑马射猎之用。还先后在黑龙江省牡丹峰和河北省坝上一带，建立围场。清康熙、乾隆年间耗巨资兴建承德避暑山庄，成为举世闻名的我国山水式古代园林之代表作。

这些古代皇家囿圃、围场、禁林，虽不叫森林公园，但具有现代森林公园的某些景观特征、性质和功能。可以说，它是我国森林公园的先驱。

二、我国森林公园的发展阶段

1949 年以前，少数地方曾兴办了森林公园，时间不长即停办。1949 年以后，特别是党的十一届三中全会以来，我国森林公园才真正起步，得到蓬勃发展。可以说，森林公园是我国实行改革开放政策的产物。虽仅有 20 多年的历史，但发展迅猛，势头很好，前景广阔，显示了强大的生命力。

（一）森林公园萌芽阶段（1982 年前）

早在 20 世纪 30 年代，我国就开始有了森林公园，面积很小，时间短暂。民国二十五年（1936），陕西省林务局根据省国民政府决议，曾训令各地："以森林公园有关国防，当此国事日亟，各县自应速谋成立"。又于民国二十六年（1937）八月十二日，制发了《各县设立森林公园办法大纲》，使各地兴建森林公园有所遵循，并开始着手筹办。

民国二十六年（1937）七月，陕西省林务局为整顿南山风景林，呈报省政府核准，在长安县太乙宫设立陕西省立南山森林公园办事处，负责管理南五台、翠花山名胜古迹和风景林。建园计划大纲称："本园界址，暂以南五台、翠花山为中心，东至翠花山东面之山脊，西至南五台之送灯台山脊；北以留村至太乙宫附近之山脚为界；南至月坪梁顶。东西长约 12 里，南北宽约 20 里，计面积约 9 万亩。"这个范围大体是终南山国家森林公园的南五台、翠花山两个景区面积。南山森林公园办事处，利用中央和省上拨款修建了长安至太乙宫沟口碎石公路 30km，修筑山林小道 20 余 km，建桥 10 余座，重修庙宇 5 处，修建牌楼 2 个、景亭 8 个，植树 10 余万株。并制定了《南山森林公园办事处组织规则》，会同长安县政府制定了《南山森林公园林木保护规则》等规章制度。后因经费拮据于民国三十年（1941）停办。

民国二十六年（1937），临潼县政府根据省林务局局长指示，报请设立临潼县骊山森林公园，编制了建园计划大纲，设立了筹建处。后因抗日战争影响，筹建工作夭折。

陕甘宁边区时期，1945 年前后，边区建设厅林务局，也曾建立了枣园、桃园两个小型森林公园，后因战事而停办。

1960 年周恩来总理在视察贵州时，曾建议在贵阳近郊的图云关林场建立森林公园，同年 5 月，图云关森林公园正式挂牌，因当时国家正处于困难时期而夭折。

（二）森林公园的起步阶段（1982～1990 年）

为了加快国有林场自然景观和人文景观的保护、开发和利用，促进森林旅游事业的发展，早在 1980 年 10 月，原林业部于山东泰安召开了座谈会。随后发出了《关于风景名胜地区国营林场保护山林和开发旅游事业的通知》，并开始着手组建森林公园，开发森林旅游工作。1982 年我国第一个国家森林公园在湖南张家界诞生，开创了在国有林场基础上建立森林公园的先河。

这个阶段的森林公园建设具有以下特点：

（1）每年批建的森林公园数量少。9 年中共批建了 16 个国家森林公园，平均每年不到 2 个，其中包括大家熟知的张家界国家森林公园、楼观台国家森林公园、泰山国家森林公园、千岛湖国家森林公园、嵩山国家森林公园、黄山国家森林公园、福州国家森林公园等。

（2）国家对森林公园建设的投入相对较大。1982～1986 年，原林业部以批复计划任务书的形式，与省级林业主管部门联合建设浙江天童、陕西楼观台、山东海滨、湖南张家界、安徽琅琊山、河南嵩山、浙江千岛湖、广东流溪河等处森林公园，总投资 4844.5 万元，其中原林业部直接投入 1910 万元。

（3）行业管理较弱。在法制建设、机构设置、人才培养等方面都还很欠缺。

（三）森林公园的发展阶段（1991～2000 年）

随着我国改革、开放政策的不断深入和发展，十多年来，森林公园与森林旅游这一新兴的绿色产业蓬勃发展，标志着我国林业建设在转变经营思想、调整产业结构、克服长期困扰林业发展的突出问题等方面，有了重大的突破，进入了新的发展阶段。建立较早的张家界、千岛湖、琅琊山、流溪河、嵩山、太白山、楼观台等国家级森林公园，旅游服务设施初具规模，接待条件有了很大改善，初步形成了吃、住、行、游、购、娱一条龙服务体系，已成为各地颇具吸引力的新兴旅游胜地。

经过前面几年的实践，建设森林公园而产生的社会效益、生态效益及对带动地方经济发展的作用已逐步为社会各界所认识，各地对建立森林公园、发展森林旅游的热情空前高涨。1992 年 8 月，在邓小平南巡讲话的鼓舞下，原林业部在大连召开了全国森林公园工作会议。之后，广大林区干部纷纷行动起来，利用森林资源，建立森林公园的热潮在全国蓬勃兴起。这个阶段的森林公园建设具有以下特点：

（1）森林公园数量快速增长。从 1991～2000 年的 10 年时间里，共批建国家森林公园 328 个，年均数量相当于前面 9 年中批建总数的 2 倍。其中，1992 年和 1993 年分别增加了 142 个和 59 个，以后的 8 年增长稳定，平均在每年 15 个左右。

（2）国家对森林公园的投入减少。主要通过地方财政投入、招商引资、贷款及林业系统自身投入等方式进行公园建设。随着前几年联营资金的陆续到位，森林公园建设于1987年起纳入营林基本建设投资计划，但在原林业部一直没能设立专项户头，只能根据当年实际情况做内部调整，森林公园年度投资额从400万元（最高为605万元）降到1994年的200万元左右。

（3）行业管理加强。森林公园建设开始走向法制化、规范化、标准化。1992年7月，原林业部成立了森林公园管理办公室，该办公室的职能是：负责制定森林公园与森林旅游政策、法规；承担中国森林风景资源评价委员会秘书处的工作，负责审批国家森林公园；负责全国森林公园的建设、开发与管理；负责指导森林旅游工作。各省（区、市）也相继成立了森林公园领导管理机构；1994年1月，林业部颁布了《森林公园管理办法》；同年12月，又成立了“中国森林风景资源评价委员会”，规范了国家森林公园的审批程序，制定了森林公园风景资源质量评价标准（国标）；1996年1月林业部颁布了《森林公园总体设计规范》，为森林公园的总体设计提供了标准。近些年来，许多林业院校还设置了森林旅游专业或开设了森林旅游课程，为我国森林旅游业的发展培养了大批后备人才。

（四）森林公园的快速发展和提高阶段（2001年以后）

2001年11月全国森林公园工作会议在四川瓦屋山召开之后，我国森林公园建设又进入一个新的发展阶段。据统计，全国森林公园由2000年的1078处、经营面积983.8万 hm^2，增加到2008年的2278处、面积1629.83万 hm^2，国家级森林旅游区1处，其中国家级森林公园由2000年344处、总经营面积656万 hm^2，增加到709处，面积达1143.26万 hm^2。详细情况见表1-2。

这个阶段在加大森林公园建设力度，加速实现林业跨越式发展的总体要求下，把我国森林公园与森林旅游工作的总体思路定位在：以邓小平理论和“三个代表”的重要思想为指导，以丰富的森林风景资源为依托，以不断增长的森林旅游市场为导向，坚持“严格保护、统一规划、合理开发、永续利用”的原则，加快森林公园和森林旅游建设发展的步伐，不断提高效益水平，把森林公园和森林旅游建设成为促进林业跨越式发展的重要支柱产业和林业生态文化建设的坚强阵地。

表1-2　2008年全国森林公园统计

地　区	国家森林公园个数（处）	国家森林公园面积（hm^2）	省级森林公园个数（处）	省级森林公园面积（hm^2）	县级森林公园个数（处）	县级森林公园面积（hm^2）	森林公园总数（处）	森林公园总面积（hm^2）
北　京	15	68441.03	8	8920.37	1	960.00	24	78321.40
天　津	1	2126.00			2	2909.80	3	5035.80
河　北	26	278983.91	45	209449.90			71	488433.81

（续）

地 区	国家森林公园个数（处）	国家森林公园面积（hm^2）	省级森林公园个数（处）	省级森林公园面积（hm^2）	县级森林公园个数（处）	县级森林公园面积（hm^2）	森林公园总数（处）	森林公园总面积（hm^2）
山 西	18	383196.36	27	88898.46			45	472094.82
内蒙古	26	857623.96	22	252804.55	2	8370.00	50	1118798.51
辽 宁	30	145458.31	37	80709.40			67	226167.71
吉 林	24	2040353.77	17	448556.66			41	2488910.43
吉林森工	5	72830.04					5	72830.04
黑龙江	29	409531.36	26	139631.09	4	3680.00	59	552842.45
龙江森工	25	1226254.63	17	116280.80			42	1342535.43
大兴安岭	2	129972.37					2	129972.37
上 海	4	1952.10					4	1952.10
江 苏	13	31002.80	38	56438.97			51	87441.77
浙 江	34	212715.33	67	136264.41			101	348979.74
安 徽	29	103601.60	22	35062.06			51	138663.66
福 建	25	114553.30	58	59420.84	16	17000.53	99	190974.67
江 西	41	340866.70	62	103509.88	6	27843.52	109	472220.10
山 东	36	165734.88	57	90296.40	90	104869.42	183	360900.70
河 南	28	114813.99	67	131228.6082	18	25530.50	113	271573.10
湖 北	26	250831.24	54	127562.51			80	378393.75
湖 南	35	158091.42	44	157833.19	8	16198.30	87	332122.91
广 东	24	202865.26	61	107952.13	330	670547.22	415	981364.61
广 西	20	211546.73	21	43729.12	6	2144.40	47	257420.25
海 南	8	116286.62	2	18066.70			10	134353.32
重 庆	24	130327.35	46	44806.99	1	835.07	71	175969.41
四 川	31	642144.43	47	81944.66	25	6549.76	103	730638.85
贵 州	21	145060.63	26	89834.96	18	17054.67	65	251950.26
云 南	27	112612.02	13	34495.30			40	147107.32
西 藏	7	1300822.00					7	1300822.00
陕 西	30	149772.27	43	148505.19	5	5847.70	78	304125.16
甘 肃	21	434401.45	61	465454.64			82	899856.09
青 海	7	293296.60	8	158178.40			15	451475.00
宁 夏	4	28587.00					4	28587.00
新 疆	14	655947.34	32	521730.56	8	1874.17	54	1179552.07
合 计	710	11532604.8	1028	3957566.75	540	912215.06	2278	16402386.61

注：包含国家级森林旅游区1处。2008年，国家级森林公园经营面积为1143.26万hm^2，全国森林公园经营面积1629.83万hm^2。

这个阶段，要求林业工作者不能停留在森林公园仅仅作为多种经营项目来抓，而是统一到促进国家生态环境建设和自然保护事业发展，推动林业产业结构的合理调整，带动林区经济增长，实现林业跨越式发展上来。同时，以开拓创新的新思维、新方法，使森林公园走上可持续发展的道路。在管理上达到科学化、现代化、法制化、规范化、制度化、标准化。在规划设计上做到科学规划、合理布局，遵循重在自然、精在特色、贵在和谐的设计理念。扩大招商引资，多渠道增加投资；加大宣传、扩大市场；加强科技、人才培训等方面工作到位。

2002 年国家林业局在浙江临安举办的中国首届森林风景资源博览会暨天目山森林旅游节；2004 年国家林业局、国家旅游局在陕西宝鸡举办的中国森林旅游博览会暨首届太白山森林旅游节，2006 年国家林业局、国家旅游局在辽宁鞍山中国森林旅游博览会暨第六届千山旅游节，得到了各级党委、政府及林业、旅游主管部门和社会各界的高度重视、热烈响应与大力支持，三次博览会的成功举办，更加预示着森林公园和森林旅游业的光明前景和巨大潜力。

三、我国森林公园的发展特点

我国森林公园从无到有，从少到多，在艰难探索中前进，积累了不少经验。归纳起来，最基本的经验有以下 4 条：

（一）社会经济发展，市场需求是建设森林公园和发展森林旅游业的原动力

近年来，随着经济的发展和人民生活水平的提高，一种崇尚自然、回归自然的理念正悄然兴起，人们在繁忙的工作之余，需要远离拥挤、压抑的高楼，远离噪音充斥的城市，找一个空气清新、环境幽静的世外桃源去享受大自然的恩赐。森林公园的建成开放和森林旅游的发展正是适应这种社会需求发展的必然结果。经济的发展促进了森林旅游业的兴起，同时，森林公园的建设又进一步推动了经济的发展，在保护森林旅游资源、促进对外交流、加速信息传播、引进人才技术、改善投资环境、增加地方财政收入、增加就业机会等方面都发挥了积极的作用。如广东省到 2003 年已建立各类森林公园 399 处，经营总面积达 97 万 hm^2，年接待游客达到 2228 万人次，成为人们回归自然，休闲度假的好去处；山东省已建森林公园 154 处，其中国家级 35 处，2006 年接待游客 1000 多万人次，解决社会就业 9.6 万人。又如湖南省到 2006 年已建立森林公园 77 处，经营总面积 30 万 hm^2，其中国家级森林公园 28 处，经营面积 12.9 万 hm^2，年接待游客 540 万人次，相当于 1992 年的 4 倍，森林旅游总收入 5 亿元，比 1992 年增长了 10 倍，就业人数达 1.17 万人，创社会旅游产值达 20 多亿元。

2007 年全国森林公园共接待游客 2.47 亿人次，比 2006 增长近 16%，占当年国内旅游人数的 15%。全国森林公园直接旅游收入达 157.98 亿元，比上年增长 33%，创造的社会综合旅游收入达 1192 亿元，提供社会就业机会 44 万余个，为带动地方经济发展和社会进步作出重要的贡献。

（二）政府主导，加强领导是建设森林公园和发展森林旅游业的关键

事业要发展，领导是关键。多年来，各级政府和领导在思想认识和工作部署上

一直把建设森林公园、发展森林旅游摆在重要位置，列入议事日程，在组织协调、资金投入、宣传促销等方面都发挥了重要作用。如浙江省委、省政府领导曾多次强调："森林资源是综合性、多功能的资源，要利用丰富的森林资源开展旅游业。在交通便利的地方，利用森林资源兴办森林公园，发展森林旅游业，这也是办好绿色产业的有效途径。国有林场要坚决贯彻'以林为本、合理开发、综合经营、全面发展'的方针，合理调整林种树种结构，实行内引外联，扩大对外开放，以发展森林旅游为突破口，带动二三产业的发展"。提出了"到2005年，全省森林旅游年接待游客人数从现在的1000万人次增加到1500万人次，经营收入达到50亿元以上"的奋斗目标。为此，"十五"期间，全省每年安排专项的森林公园建设资金，选择一批森林景观独特、区位条件优越、旅游功能完善的森林景区，进行重点扶持，优先开发。

（三）广筹资金，创新机制是建设森林公园和发展森林旅游业的有效途径

森林公园建设需要投入大量的资金，单靠自己的力量是不行的，因地制宜地实行内引外联，建立"政府主导、市场运作、社会参与"的森林旅游产业投融资体制，是加速森林公园建设的有效途径。在投资渠道上，坚持实行"国家、地方、部门、集体、个人一起上"的方针，坚持"谁投资、谁开发、谁受益"的原则，多渠道、多层次、多形式筹集资金，加快森林风景资源的开发力度；在经营机制上，按照"尊重所有权、强调管理权、搞活经营权"的原则，通过制定优惠政策，采取合作、合资、联营、承包、租赁等多种形式，吸引社会各界的支持和民间资金参与森林公园的开发和建设。杭州市"九五"期间共筹集国家、地方和民间的开发资金达2亿元，产出则高达6亿元。四川省2003年度投入各类资金达8.7亿元。森林旅游良好的市场前景和巨大的发展潜力以及可观的经济效益，吸引了一大批有眼光的企业家，纷纷转变投资观念，迅速掀起了一股投资开发森林旅游的热潮。2007年全国森林公园共投入建设资金115.34亿元。其中，用于生态和环境保护的资金达8. 88亿元，共营造风景林9.84万公顷，改造林相8.87万公顷。

同时，一批新的森林旅游品牌被创建出来。福建省林业厅推出"森林人家"旅游品牌，相继出台《推进森林人家休闲健康游的实施意见》、《森林人家管理暂行办法》、《森林人家建设指导意见》与《省级森林人家示范点扶持资金使用管理办法》等规范性文件，颁布了《森林人家基本条件》与《森林人家等级评定标准》两个地方标准。通过考察和评定，确定了20个森林人家示范点，对92户森林人家进行了授牌，并对相关人员进行了专门培训。2007年福建全省"森林人家"共接待游客超过157万人次，创社会旅游产值7600多万元，取得良好成效。安徽省林业厅也与省旅游局联合开展了"森林旅游人家"建设活动。重庆市则创建了农家森林公园和社区森林公园等新的森林旅游品种，制定出台了社区和农家森林公园建设标准和要求。2007年共建市级农家森林公园16处，社区森林公园5处和大批区县级农家和社区森林公园。

（四）扩大宣传，市场促销是建设森林公园和发展森林旅游业的重要手段

加强对外宣传，加大市场促销力度是建设森林公园和发展森林旅游的重要措施。各地在这方面是“八仙过海，各显神通”，宣传形式多样，设计包装精美，好山好水加上勤吆喝，塑造了鲜明的森林旅游形象。一是利用报刊、广播、电视等媒体向社会做广告，刊登或播放专题报道，抓住城市居民回归自然的心理趋向，集中介绍森林奇景、奇趣和清幽的生态环境，推销森林旅游产品，从整体上树立森林公园和森林旅游的良好形象和信誉。如浙江淳安县千岛湖国家森林公园在新闻媒体上广泛征集有奖促销口号，最后以5000元重奖，征得“千岛碧水画中游”的广告宣传语，达到很好的广告宣传效果。二是积极参加国内外的各类旅游交易会，加强同各旅行社的联系，开展市场促销。三是积极投身“假日经济”大潮，抓住“五一”、“国庆”等节庆长假，直接到主要客源地洽谈休闲度假疗养观光接待项目，开展定向促销。通过各种宣传促销手段，拓宽了森林旅游市场，构建了营销网络，提高了森林公园的知名度。

（五）坚持以人为本，走可持续发展之路是建设森林公园和发展森林旅游业的基本原则

森林公园建设必须坚持以人为本、重在自然、突出特色、完善功能的建设原则，不断提高森林公园的文化品位，不断丰富森林旅游产品的文化内涵。坚持森林公园和森林旅游业既是我国生态建设和自然保护事业的重要组成部分，也是林业产业体系建设和林业生态文化建设重要内容的发展方向，正确处理好资源保护与合理开发利用的关系，走可持续发展的道路。

四、我国森林公园的现实问题

由于我国森林公园起步较晚，发展迅猛，管理法规不健全，公园在建设和发展中遇到诸多问题。当前，值得注意的几个问题是：

（一）强化生物多样性保护

我国地跨五个气候带，在遍布全国的各类森林公园里，拥有由寒温带至热带的各种森林类型和繁多的生物种群，还有许多古老的孑遗种和中国特有种动植物，具有极大的经济和社会价值。我国在森林生物多样性、野生动植物及其生存环境保护方面，做了不少工作，取得了很大成绩，但也面临着许多问题：由于过量采伐、乱砍滥伐、森林火灾和病虫危害，使原始林和天然次生林面积减少，森林生态系统遭到破坏；野生动植物生存受到威胁，有的植物已经灭绝或处于濒危状态；遗传种质逐年减少，有的甚至消失。保护森林生物多样性及其生存环境，是我国森林公园赖以生存、发展和发挥巨大生态、经济、社会效益的基本条件。

因此，各森林公园应当认真贯彻《森林法》、《野生动物保护法》，严格履行《生物多样性保护公约》、《濒危野生动植物种国际贸易公约》和《关于特别作为水禽栖息地的国际重要湿地公约》，在森林公园开发建设过程中，切实加强森林生态系统和生物多样性保护，特别要搞好珍稀濒危植物的保护和利用，逐步形成森林生物多样性和野生动植物保护管理体系。山东沂山国家森林公园的法云寺附近，有古树名木 5 株，开发景点时，注意设立标牌，建起护栏，效果很好，既保护了古树，又突出了其古、奇、珍的特点。

（二）慎建人造景物

森林公园是以森林为主体的生态型旅游场所，贵在山林野趣，淳朴自然。它不同于城市公园，不宜大兴土木，大搞人造景物。近年来，一些森林公园盲目照搬城市园林建设的作法，套用古典园林建筑形式，大造楼、台、亭、阁、榭，甚至在青山绿水之中，修假山，造喷泉，不仅耗费巨资，而且本末倒置，适得其反。在森林公园内，大搞人工建筑的风气，被人称之为“风景污点”。当代美国著名造园学家西蒙茨（J. Simonds）曾大声疾呼“建筑师，请手下留情!”东方造园艺术崇尚自然美，自然者存真而已。必要的园林建筑，虽由人造，宛若天成。英国皇家植物园，精心营建 200 多年，却很少为王室成员游乐而大搞人工建筑。1772 年在园内建造一座茅草屋顶建筑，取名“Queen's Cottage”，意为女王村舍，古朴典雅，融合于丛林之中，被世人公认为十分得体的设计。诚然，在森林公园建设初期，为尽快形成接待能力，用较多投资修路、盖房是必要的。在森林公园建设中，巧用我国古典园林艺术手法，继承和发扬传统造园技艺的文化遗产，这也是毋庸置疑的。在某些特定的景区、景点，适当修建园林小品建筑，能够提高其美学观赏价值，也是可行的。但决不能不顾森林公园的性质、特色和功能，切忌生搬硬套，大搞人造景物，破坏自然环境之协调。必要的设施建设，要因地因景而异，与自然景物协调、亲和，溶于自然之中，如亭阁、楼台、廊栏、曲径、石级等，都要藏而不露，服务于自然风景，生辉于自然环境，收到“虽由人作，宛如天开”的效果。因此，森林公园修建园林建筑和服务设施时，务必注重弘扬贵在自然、重在特色、妙在环境、法在借景、精在层次、神在风韵等传统园林艺术之精华，使建筑与环境融为一体。山东沂山森林公园石门山管理区有一景点“清淡台”在一踞高突兀的石台上，设置稍加雕琢的石桌、石凳、伞形草亭，游人在此小憩，可居高俯瞰景色，令人心旷神怡。

（三）突出森林景观的主体地位

森林景观，是森林公园风景资源的主体，在森林公园建设和发展中，必须注意突出以森林为主体的景观特色，突出自然特色，突出地方和民族特色。无论是规划设计或是开发建设，都要首先转变传统经营思想，树立森林美学新观念，摒弃大木头的旧观念，大力保护、培育和科学经营风景林，改善森林景观，提高美学观赏价值，使森林公园始终保持优美的森林环境。如福州国家森林公园的“千年古榕”，因设置古榕广场，绿草如茵，古榕树干需八九人合抱，冠形优美，冠幅占地1300m^2，远眺如水上大盆景，走近古榕浓荫蔽日，加之古老的传说，游人到此必驻足观赏、品味、留影，成为该公园的形象品牌和标志。

在保护培育森林景观的同时，应积极开发其他自然景观和人文景物，使自然景观和人文景物相得益彰，森林旅游活动更为丰富多彩。如龙岩国家森林公园江山景点山体构成睡美人造型，山体与植被结合得天衣无缝，形象逼真，惟妙惟肖。除了营造风景林、修复古迹文物以及修建必要的旅游服务、交通、游乐等设施外，应力求使人工雕琢的痕迹减少，更不能大搞人工造景，破坏或有损于森林公园的山林之美和自然的景观特色。森林景观与人工造景及其他自然景观是相互联系，相互影响的，只有配合利用，才能创造出优美的森林环境，让更多的游人流连忘返。

（四）处理好森林旅游与森林经营利用的关系

我国森林公园大多是由国有林场兴办的，森林旅游与森林经营利用并存。处理好这两者之间的关系，才能使它们共生共存，协调发展。

一般来说，南方各省（自治区、直辖市）国有林场面积规模较小，往往将全场范围都划入森林公园；北方各省（自治区、直辖市）国有林场面积规模较大，多是划部分林区建立森林公园。鉴于这种情况，各地在经营实践中，根据分类经营、定向培育原则，按森林旅游、林业生产两大经营区，进行不同的经营管理。

森林旅游区内，所有的乔灌木均应按风景林进行经营培育。必须按照上级林业主管部门批准的森林公园总体规划设计实施，进行森林公园建设，开发森林旅游活动。风景林只允许进行以改善森林景观，提高美学观赏价值为目的的景观抚育、林相改造，不得进行以生产木材为目的的任何采伐作业。

在林业生产区，即未划入森林公园的部分林区仍按照上级林业主管部门批准的森林经营方案实施，进行常规的护林、造林、育林、采伐、更新等林业生产活动。

（五）加快以培育混交林为主的风景林建设

从森林风景的空间配置考虑，要力求多样化，使不同类型的风景林交替出现，给人以“步移景易”之感。同时，应保持一定的透视景深，合理安排对景、透景、障景和隔景，使游人产生景色层迭、曲幻含蓄、寻幽揽胜之感受。以风景林的观赏价值而言，常绿针叶树虽四季常青，但缺乏季相变化，少有繁花似锦之秀，且难以招来鸟类及其他野生动物，并使人感到郁闷。而落叶阔叶林的某些观赏价值是针叶树难以达到的，如早春嫩绿，先叶或后叶开花；炎夏绿荫，林内凉爽宜人；金秋观叶，满树红透，野果清香四溢，但不能四季常青，冬季落叶后，给人以萧条之感。还有乡土树种、外来树种问题。乡土树种适应性强，能体现地方风光，适当引进外来树种，亦可丰富森林景色。

（六）加强森林公园法制建设

世界上许多国家先后制定了森林公园方面的法律法规，为其发展提供了法制保证。1994 年 1 月，林业部颁发了《森林公园管理办法》，仅是业务法规，缺少严格的法律效力。因此，急需报请国务院颁发《森林公园管理条例》。目前，已有湖南、山东及广东等制定了相应的地方法规，加快我国森林公园发展步入法制轨道，为维护游客合法权益提供法律依据。

（七）依法界定和评估森林风景资源资产

森林公园应当依据《森林法》和国有资产管理的有关法规，报请县级以上人民政府依法核定森林公园所属的林地资产、林木资产、森林景观资产、生态环境资产和固定资产等国有资产的产权，核发国有产权证书，经省级林业行政主管部门验证确认。

为了切实维护森林公园对国有资产的所有权、经营权、使用权和受益权，根据《森林法》和《国有资产评估管理办法》，以及原林业部、国有资产管理局发布的《关于森林资源资产产权变动有关问题的规范意见（试行）的通知》的规定，委托有具备森林资源资产评估条件的专职评估机构或综合评估机构进行森林旅游资源资产评估。经过评估、确认的森林旅游资源资产，方可出让、转让，进行中外合作经营、合资建设，进行股份经营或联营、租赁经营，进行抵押、拍卖，以及出让、转让或出租林地、森林、林木使用权，以适应社会主义市场经济发展的需要。依据《森林法》第三条规定：“森林、林木、林地的所有者和使用者的合法权益受法律保护，任何单位和个人不得侵犯”，要依法严格维护森林公园国有资产的所有权、经营权、使用权。

（八）强化森林公园行业管理

森林公园的行业管理，是指各级林业主管部门对森林公园这一新兴的绿色产业，在组织管理、行业政策、经济扶持、技术规范、质量标准、信息交流等方面，进行宏观调控、监督、指导和管理。旨在维护森林公园的合法权益，促进森林公园与森林旅游业持续、快速、协调、健康地发展。

各级林业主管部门要提高认识，加强对森林公园的领导。应从跨世纪林业的发展方向和发展战略的高度，充分认识森林公园在林业可持续发展中的战略地位和重要作用。这既是社会发展的需要，也是振兴林业、实现产业化的需要。建立健全各级森林公园组织管理机构，明确职责，充实人员，强化管理，促进发展，切实帮助森林公园解决发展中面临的实际问题。

第二章　国家森林公园建设的理论基础

森林公园建设的实践性很强，涉及面宽，但其实践活动是建立在一定理论基础之上，并以理论为指导的。一般旅游的基础理论仍然适用于森林公园的建设，如吴承照的经济发展理论、闲暇游憩理论、旅游资源理论、旅游持续发展理论、旅游系统论、旅游区位论；孙文昌总结的经济学理论、区位论、美学理论、系统论和地域分异规律；黄羊山归纳的地域分异规律、发展理论、区位论原理、市场学原理、生态学原理与旅游环境保护、系统论。鉴于森林公园旅游自身的特点，笔者认为森林公园建设的理论基础主要是生态伦理学理论、生态经济学理论、景观生态学理论、可持续发展理论、休闲经济学理论和森林美学论。

第一节　生态伦理学理论

一、生态伦理学的产生

尊重自然界的思想同人类的历史一样久远。人类刚从自然界走出来的时候，人与自然是浑然一体的，人完全依赖自然界生活，因而在人类思想上产生了对动物和自然界的尊重。人类自进入文明社会到现在，从人类赖以发展的产业基础来看，共经历了狩猎与采集文明→农业文明→工业文明三种动态。在前两种文明的动态下，人与自然处于蒙昧生态的关系。人对环境虽然有所影响，但造成的破坏较小，总体上与自然保持着一种和睦共处的协调关系。考古发掘表明，在漫长的历史里，人们以图腾崇拜或自然崇拜的形式表示对自然界的尊重。图腾崇拜是人们把某种动物作为图腾，把它看做是自己的亲属和祖先，禁猎、禁杀、禁食，尊奉为自己的崇拜对象；自然崇拜是把天、地、日、月、星、雷、雨、风、云、水、火、山、石等自然物尊奉为神，对它们顶礼膜拜。世界各民族历史上普遍存在着对图腾与自然的崇拜现象，如我国有的氏族以玄鸟为图腾，半坡母系氏族公社实行以鱼为象征的生殖器崇拜。这是因为古代的人，无论是狩猎和采集，还是农耕和畜牧，天时地利具有决定性作用，在强大的自然力面前，他们常常束手无策，只能拜倒在自然的脚下，祈求他们的保佑。这些对生物和自然现象的崇拜，是因为人们已意识到它们对人类生活有重要意义，不仅是一种信仰，而且是人们对待生活的一种态度，对保护生命和自然发挥了重要的作用。这是人类最早的生态伦理思想和实践，有些传统还留传至今，仍在现实生活中起作用。

16—17 世纪现代科学产生，它推动了 18 世纪的产业革命，人类有了大规模的工业生产能力，进入了“工业文明”时代。工业化首先在产业革命的发源地英国完成，接着推广到西欧和北美，把人类文化推进到一个新阶段。人类对自然资源有极强的享有欲和征服欲，开始大举向自然进攻，取得了一个又一个伟大的胜利，工业生产给人类带来了巨大的物质财富。然而，工业生产在征服、改造自然的过程中，也极大地破坏和损害着自然，自然界开始沦为人类开发、利用、改造、蹂躏和掠夺的对象，使生态危机四起，自然灾害频繁，已威胁人类的生存和发展。这些生态环境问题可以归结为以下 10 个方面：

（一）温室效应加剧

现代工业制造出的大量 CO_2 气体，不仅严重地污染了环境，更重要的是进入大气层并形成了一道屏障，使地球的热量难以向宇宙释放。地球表面的温度不断上升，促进了气候变暖，引起所谓的“温室效应”：大量的冰雪融化使海平面上升，许多的岛屿、地势低洼的沿海城市和平原地区将被淹没，还可能改变世界粮食生产体系，影响世界水资源的分布。在过去 100 年内，全球海平面上升了 10 ~ 15cm，如果按目前的态势，未来 100 年内世界海平面将上升 1m。

（二）酸雨危害

人类活动导致大气中硫氧化物和氮氧化物增加，从而造成酸性降水，即酸雨。酸雨使河流、湖泊的水体酸化，破坏水生生物的生存环境，污染河流、湖泊和地下水，危及人体健康；酸雨通过对植物表面洗淋的直接伤害或通过土壤的间接伤害，促使森林衰亡，严重危害农作物和其他作物的生长；酸雨对金属、石料、木料、水泥等建筑材料有极强的腐蚀作用，世界上已有许多古代建筑和石雕艺术品遭到侵蚀。在污染程度高的地区，酸雨已使地下水中的铝、铜、锌、镉的上升到正常值的 10 ~ 100 倍，人体健康正受到直接危害。

（三）水体污染

目前许多地表水及地下水的水质呈恶化趋势且水量日渐减少，造成淡水资源供需矛盾日益尖锐，同时不少近海海域的水污染现象也日益严重。现在地球上每年排放的工业污水近 1000 亿 m^3，约有 12 亿人缺乏安全的饮用水，其中发展中国家约有 1/5 的城市居民和 3/4 的农村居民得不到比较安全的饮用水。这种世界范围内的饮用水荒和水污染状况，严重地影响了人们的生活和经济活动，还威胁到人类的健康和饮水安全，这是人类面临的严峻挑战之一。

（四）大气污染

是指在空气的正常成分（氮、氧、氩及微量惰性气体）外，又增加了新的成分，或者原有某种成分骤增，从而对人体健康和动植物的生长产生危害。

（五）臭氧层破坏

人类活动释放出大量的氯氟烃类物质，如氟利昂、四氯化碳、三氯乙烷等，其中氟利昂危害最为严重，它能破坏具有地球“保护伞”作用的臭氧层。近二十几年来，臭氧层正以每10年2%～3%的速度减少，南北极已出现了巨大的空洞。随着臭氧层耗损，到达地面的太阳紫外线辐射将增强，这将会给地球上的一切生命带来严重的威胁，它不仅直接损害地球生物的种种功能，影响其生长繁殖，而且也从多方面危及人类健康，增加晒斑、眼病、免疫系统变化和皮肤癌等的发病率。

（六）森林减少

森林是自然界物质和能量交换的最重要的枢纽，是地球的卫士。森林减少对人类的影响是灾难性的，它使气候异常、温室效应加剧、洪水泛滥、水土流失和土地沙化，也破坏了野生动植物基因库，并影响到农田、水体和草地生态系统。

（七）生物多样性减少

由于自然生态系统的破坏，生物物种正以前所未有的速度从地球上消失。据IUCN的估计，过去20年间共有150万～200万种生物（占物种总数的15%～20%）从地球上消失，正出现6500万年前恐龙灭绝以来的最大的绝种浪潮，这样大规模的物种灭绝，在人类历史上是空前的。在失去的物种中，有许多对人类和生态系统具有无法估量的价值，物种灭绝对人类社会和自然生态系统所产生的影响是难以预料的。

（八）土地退化

主要表现为植被和土壤理化特性的退化，以及由此造成的土地系统生物地球物理土地退化和生物地球化学过程的变化，包括土壤物质流失、土地沙漠化、自然植被长期丧失等。目前土地退化问题日益突出，联合国的全球问题专题报告指出，人为因素正在使世界上许多旱地退化，全球1/3的土地面临沙漠化的威胁。目前，受沙漠化影响的人口达8.5亿，直接经济损失每年约260亿美元。人类若不能有效控制土地沙漠化，受其影响的人口将会增至12亿。我国土地荒漠化，沙化也相当严重。至1999年，我国有荒漠化土地267.4万km^2，占国土面积的27.9%。年平均增加1.04万km^2。全国沙化土地总面积到1999年为174.31万km^2，占国土总面积的18.2%，1995～1999年增加了1.73万km^2。

（九）垃圾泛滥

目前世界每年产生的垃圾450亿吨，垃圾年平均增长速度高达8.42%。垃圾中有些是对自然生态系统和人类健康有毒害作用的物质，如农药化肥、放射性物质等，排放到环境中会引起危害。人类每年向环境排放约数千吨汞，大部分进入海洋。1953～1956年在日本发生的水俣病事件，就是由于含甲基汞的工业废水污染水体，使鱼中毒，人食鱼后发生的。

（十）资源短缺

由于人口的增加导致资源消耗的加快，粮食、能源和其他资源出现了短缺现象，已成为世纪之交的重大环境问题、经济问题和政治问题。

上述生态环境问题在产生和发展的过程中，一些目光敏锐的思想家对人类统治和主宰自然的思想提出质疑，认为需要重新认识和调整人与自然的关系，开始把道德对象的范围从人类扩展到其他生命的探索。在19世纪末至20世纪初，英国思想家 J. Benthan、H. S. Salt 等人提出把道德关怀扩展到动物，美国思想家 A. D. Thorean、J. Muir、J. H. Moore 等人强调环境伦理的整体主义思想，他们的思想是现代生态伦理学孕育的序幕。此后，随着人们对环境问题的不断认识与反思，有大批学者致力生态伦理学的研究、宣传与完善，并形成许多不同的学术观点。较有代表性的有法国思想家 A. Schweizer 的“尊重生命的伦理学”、美国著名生态学家 A. Leopold 的“大地伦理学”、澳大利亚哲学家 P. Singer 所认为的“尊重感觉的伦理学”。这些学派的争论与融合，使大家逐步认识到人与自然的共生关系，一种新的文明观——生态文明正在逐渐成为全人类的共识。它要求人类与自然建立一种良好的和谐关系，维持一种合作的道德准则，也就是用生态伦理学的观点来对待大自然、开发自然资源，与自然万物共存共荣。到了20世纪70年代，生态伦理学作为一门全新的哲学学科正式应运而生，开始在学科领域中获得了应有的地位，主要表现为：在保护环境、拯救地球的旗帜指引下，世界各国政府、许多组织、民间团体和学术机构用生态伦理学倡导的原则来维护和改善人类环境。如1972年联合国在斯德哥尔摩召开的第一次大型人类环境会议形成的两个文件——《人类环境宣言》、《只有一个地球》，被称为是生态伦理学的基石和框架结构。

二、生态伦理学的基本内容

（一）基本内涵

伦理学是研究道德现象、本质及其发展规律的科学，而生态学是研究自然界中生物之间及生物与非生物环境间相互关系的科学。因此，生态伦理学就是这两门学科的边缘学科。它是一门研究人与大自然应具有的优良态度和行为准则的学科。理论要求是确立自然界的价值和自然界的权利，它的实践要求是保护地球上的生命和自然界，它的根本任务就是为环境保护实践提供一个可靠的道德基础。

（二）基本观点

1. 自然界是一个统一完整的大系统

自然界包括各种生物系统和生物栖息所依赖的自然环境系统。人与其他物种一样，都是大自然这个相互依赖的系统的有机构成要素。在这个系统中，每一个生命的生存及生存的质量，都不仅依赖于它所生存的环境的物理条件，还依赖于它与其他生命之间的关系。任何一个生命或生命共同体的重大变化或灭绝，都会通过系统结构对其他生命或生命共同体发生影响。如果我们打破了我们与地球生命网的联系，或对生命网的干涉过大，那么，我们就是在摧毁我们追求独特的人类价值的机会。因此，人是大自然的一个生物成员，人与土地、空气、水、动物、植物等都是自然组成部分，都是相互依存的，相互间固有一种和谐的伙伴关系。所以，人类要善待自然万物，不能随意伤害自然界的其他成员，伤害自然的最终后果就是伤害人类自己。

2. 自然具有价值

生态伦理学认为，自然界是有价值的，而且其价值是多方面的，通常被概括为两大类：一类是外在价值，也就是从人和其他生命的角度，自然界对人和其他生命的有用性，即它作为他物的手段或工具的价值。如自然界的事物作为人和其他生命生存和发展的资源，能满足人和其他生命生存和发展的需要，实现人和其他生物的利益；自然界对人类提供的具有科学研究功能的科学价值，具有陶冶情操、身心愉悦作用的娱乐价值，有益于身心健康的医疗价值，有象征意义的文化价值等等；另一类是内在价值，是自然界及其存在物本身所固有的价值，是它自身的生存和发展。这里，自然界作为生命共同体在宇宙环境中是自我维持系统，它按一定的自然规律自我维持和不断地再生产，从而实现自身的发展和演化。大自然的价值是它的外在价值和内在价值的统一，并以它们的生存表现出来，维持着地球基本生态过程的健全发展，在生态大系统中发挥着独特的作用，如生物物种的存在对生态平衡的作用，动物的存在对保护食物链的连续性与完整性的作用。

3. 自然具有权利

权利通常是指人们享有一定利益或待遇的资格，而自然界的权利是指生物和自然界的其他事物有权按生态规律持续生存。自然界生命发展是不断演化的过程，生命演化形成无数的生命组织层次，从微生物系统到植物系统和动物系统，不同的生物物种在地球生态系统中各自占有特定的生态位，利用特定空间和资源，在生态系统的物质循环、能量转化和信息传输中起着特定的作用，而且所有物种综合性的相互作用才使地球成为生命维持系统，维持生态系统的生产力，以及保持生物圈的稳定性和整体性。因此，地球上所有生命形式享有平等的权利，这是由自然规律决定的。所以，人类在与各种生物共同分享地球资源的过程中，要均衡地照顾到各种生物的利益，使各种生物能够“因任自然”的自由生活。同时也要尊重自然生态系统自身的存在和演化方式，即大自然能够以生态规律自发的作用进行自我调节，使其中的所有一切都能够“完美与和谐”。

4. 人类对于自然的平衡与发展负有责任

自然万物与人类是平等的，有资格、有权利得到人类的尊重，而且人是有思维的能够认识到自然万物及其相互关系，所以人类应有责任、有义务保护生物的多样性，维护自然生态环境的健康发展。但是由于人类的主观过失，自然环境已经受到严重的损害，生态危机日益显现。人类应该改变不良传统，对大自然加深了解，运用人类的智慧，使恶化的自然环境有所改变，以弥补自身的过失。如控制人口增长，缓和人与自然界其他生物争夺自然资源的矛盾，恢复生态平衡；节约自然资源，采用高科技减少经济发展中的资源消耗；倡导和支持开展生物多样性保护行动，让人们明白每一个人都对生物多样性保护负有责任并采取宣传保护生物多样性的行动，阻止严重破坏生物多样性的活动，抵制损害生物多样性的行为。

5. 人类应遵循生态伦理学的道德规范

生态伦理学最基本的道德规范就是：尊重生命、尊重生态系统和生态过程。尊重生命包括：不应该无故造成有感觉动物不必要的灭绝；不应该以虚假的借口猎杀野生动物；不应该破坏野生生物的生存环境；不应该仅仅依据人的意愿确定资源的开发利用标准。尊重生态系统和生态过程包括保护生物基因的多样性、物种多样性和生态系统的多样性。其中生态系统的多样性是最基本的，没有生态系统的多样性，就不会有生物基因的多样性和物种的多样性。

三、生态伦理学对国家森林公园建设的指导意义

从上述对生态伦理学的概述中可知，生态伦理学所包含的内容和观点，如自然界是一个相互依赖的大系统，大自然具有价值和权利等都是国家森林公园规划者必须具备的意识和伦理素质，尊重生命、尊重生态系统和生态过程等是开展国家森林公园旅游活动必须遵循的基本原则。因此，生态伦理学是指导我们国家森林公园规划与建设的有力理论武器。其主要可以体现在以下几个方面。

（一）国家森林公园旅游产品开发设计方面

1. 明确了旅游产品的开发目标

生态伦理观要求人们从事生产活动不能纯粹服从于经济目的，而必须合乎生态要求，必须保障人类与自然和谐相处的生存权利不被剥夺。旅游项目本身就体现了生态伦理的要求，因此必须以维护生态系统平衡为主体目标，经济目标只能作为从属目标。因此，某个景区或项目的开发是否利于生态保护，是否有美学和自然观光价值是决策的主要条件。只有当生态、社会、经济三方面都确实有利时，才能进行开发建设，切不可急功近利，只顾眼前和局部的经济利益，而忽视生态伦理学的要求，造成不可挽回的损失。

2. 树立旅游项目开发的正确思路

国家森林公园旅游项目策划不但要考虑市场需求，还应遵从生态伦理观，充分重视生物保护的要求来进行项目策划，以保证国家森林公园的健康、持续发展。不能设置与生物多样性保护、生态保护理论背道而驰的项目。比如狩猎场的设立就要慎重论证，因为该项目违背了尊重生命的生态伦理观。

3. 规范了旅游产品的设计风格

国家森林公园旅游产品的开发设计必须强调自然主题和保护要求。不能在景区内大搞人工建设，更不宜集中修建宾馆、饭店、商店、银行等形成旅游集镇，避免景区城市化、园林化的倾向。必需的人工设施要和自然景观保持协调统一，因景就势，因地制宜，建筑宜小体量、隐藏、分散布局，开发出人与自然协调的产品；提倡采用“生态建筑”，使用不会造成污染和环境损害的石头、砖瓦、沙子等建材，不用化学油漆、涂料等，少用或不用污染性能源，多用无污染的太阳能、风能、水能，最大限度降低公园内的污染。

（二）国家森林公园支持体系的规划方面

1. 为国家森林公园环境教育提供重要内容

在国家森林公园旅游开发规划中，必须建设游客中心、导游标识、标牌系统等辅助设施，以科普展览、教育、培训、解说、公益广告等各种形式和手段宣传生态伦理学，让旅游者都能学习和了解自然和文化生态知识，逐步形成生态伦理道德观，自觉以生态伦理的准则来对待自然和旅游资源，从而实现环境教育功能。只有全社会的生态觉醒，才是国家森林公园持续健康发展的有力保证。

2. 为生物多样性保护提供理论依据

国家森林公园旅游资源具有生物多样性内容，同时还具有地貌、水景、动植物、人文景观等景观多样性。在开发建设中，修路、架桥、建服务设施等工程施工都有可能对生物多样性产生不利影响。因此，应采取旅游资源开发与保护并重的原则，根据生态环境价值高低和脆弱程度制定开发顺序和保护等级，建立保护体系，设立保护标识，宣传保护意识，把生态保护落到实处。

3. 提供了制定保护规划措施的思路

在进行旅游资源与环境保护规划时，生态伦理学的道德规范，能够为合理保护措施的制定提供可操作性的思路和方法。如营造风景林，是增加植被覆盖率，改善园区环境状况的一项重要措施，也是保护规划的重要内容。天然植被是大自然生态系统自身长期演替获得生态平衡所形成的，是适应当地生态环境的结果，具有地带性和典型性。根据生态伦理学的观点，我们应该尊重生态过程，在风景林营林实践中就要以乡土树种为主，不能盲目引种，注意适地适树，这样不但可以节约引种的人力物力，还可以避免各地都引用同一树种的现象，更有地方特色。

4. 有利于实现环境容量的有效控制

环境容量是生态伦理学关注的一个重要问题，其主张以生态容量，即对生态系统诸要素不产生削弱的环境容量为依据，确定园区合理的游客容量，一旦游客量超过生态容量，即采取措施进行疏导和控制。这样，能使生态园区的环境质量得到有效控制。

5. 倡导了文明的消费观

提供合理、健康的消费，减少资源消耗是生态伦理学的重要观点。国家森林公园旅游活动也是一种消费行为，应积极地对游客进行宣传引导，减少人们在园区内的物质和能源消耗，努力使国家森林公园旅游消费行为不破坏生物系统的良性循环，使人类与自然之间真正建立起亲密的伙伴关系。

第二节　生态经济学理论

一、生态经济学的产生

（一）生态经济学的产生

生态经济学是人类在探求重大生态经济问题产生的原因、发展趋势以及预防措施和解决途径的过程中形成的。在19世纪产业革命前，由于人类自然科学技术相对不发达，社会生产力水平低，因而人类对自然生态的干预有限，即使出现一些生态经济问题，也可以通过地球生态系统自身的进化得到解决，生态经济关系比较协调、和谐，不致对人类和整个社会的经济活动产生实质性的影响。然而，在工业产业革命后，特别是第二次世界大战后的几十年间，科学技术飞速进步，社会生产力水平不断提高，“工业化”、“城市化”不断发展，这样使人类社会经济活动干预自然生态系统的能力大大增强。加上人口剧增、消费加大以及人类对自然的过度索取，致使自然生态系统遭到破坏，带来一系列始料不及的严重后果。如工业排污、大气污染和水资源污染、废林造田和过量使用农药。这种人类社会经济活动对自然生态系统需求的无限性与自然生态系统满足这种需求和资源更新能力的有限性所构成的基本矛盾，就成为人类社会全球性的重大生态经济问题。对于此类生态经济问题，早在20世纪30年代，前苏联经济学家斯特鲁米林就开始注意，并把环境、生态和资源三者结合起来研究，提出具有生态经济体系内容的经济观，引起学术界的关注。

到了20世纪60年代中期，美国经济学家鲍尔丁从经济学角度，探索了生态经济的基本理论，首次提出了关于“生态经济学”的概念并发表了《一门科学——生态经济学》的重要论文。在这篇论文中，作者对运用市场经济体制控制人口、调节消费品分配、合理开发资源、环境污染以及以国民生产总值衡量人类福利指标等方面做出了有创见性的论述。生态经济学概念提出以后，得到了学术界积极的响应，出现了一批有影响的与生态经济相关的著作。如罗马俱乐部的第一个报告《增长的极限》，英国生态学家哥尔德史密斯的《生存的蓝图》，法国学者加博的《跨越浪费的时代》，沃德等人合著的《只有一个地球》，美国学者爱克霍姆的专著《回到现实——环境与人类需要》，罗马俱乐部佩西的《未来 100 年》，美国未来学家卡恩的《目前和未来的经济——令人兴奋的 1978—2000 年》和《即将到来的繁荣》，以及西蒙的《最后的资源》等。与此同时，东欧及日本也涌现出大批研究生态经济学的专家学者，较有代表性的如日本坂本藤良撰写的《生态经济学》，前苏联查伊采夫所著的《生态经济学概论》，上述著作从不同角度系统地论述了生态经济学问题，并在生态经济学应用方面作了一些有益的探索。

在我国，对生态经济的研究始于 20 世纪 70 年代末，虽然起步较晚，但由于各阶层知名人士广泛参与，理论和实践并举，所以发展很快。1980 年 9 月由许涤新发起，马世骏、侯学煜和阳含熙等人参加，在北京召开了全国第一次生态经济座谈会，与会者一致强调在我国加强生态经济学研究的重要性和紧迫性，并明确提出了在我国创建生态经济学的任务。1982 年 11 月，在南昌市召开了全国第一次生态经济学术会议，初步建成了一支社会科学与自然科学相结合的研究队伍。1984 年 2 月，在北京召开了全国生态经济科学研讨会，会上成立了中国生态经济学会，并提出要用生态经济学原理指导中国的经济建设。此后，大部分省、市、自治区相继成立了生态经济学会，还创办了《生态经济》和《生态农业研究》等刊物，召开了多次全国性和各省、市、自治区的生态经济问题研讨会，并做了大量研究工作，初步建立了我国生态经济学的理论体系。目前，生态经济学的学术观点已逐渐被人们理解和接受，并对社会经济建设发挥着日益重要的指导作用。

（二）生态经济学的特点

生态经济学是一门生态学和经济学相互交叉、渗透、结合形成的新兴边缘学科，其具有研究对象的整体性、研究内容的综合性、研究角度的战略性和研究结果的实用性等特点。

1. 研究对象的整体性

生态经济学的主要研究对象是生态经济系统，而生态经济系统是由生态系统和经济系统相互关联、相互制约、相互依存而形成的不可分割的生态经济统一体，是一个完整的系统。因此，生态经济学研究的既不是单纯的自然生态系统，也不是单纯的社会经济系统，更不是单纯的技术系统，而是它们有机复合而成的整体系统，就是要求从整体上研究和考察生态经济问题，反对用孤立的、片面的观点去看自然与社会经济的相互关系。

2. 研究内容的综合性

生态经济学是一门多结构、多层次、多系列的学科，其研究的内容非常广泛，涉及到人、社会和自然之间相互联系、相互作用的各个方面。它把基础理论研究、发展战略研究和应用技术研究融为一体，因此具有综合性的特征。

（1）基础理论的综合性。生态经济学是研究生态系统和经济系统协调发展规律的科学，它要依赖自然科学、社会科学等诸多学科理论的综合应用。它要利用生态学、生物学、化学、物理学、特别是数学等研究成果及手段；在社会学科方面，它要以科学的世界观为指导，运用生产力经济学、经济区划与规划、经济管理学、技术经济学等方面的知识。

（2）发展战略的综合性。它以各种类型的生态系统为基础，把农田、森林、草原、水域和城镇、工矿等生态经济学的研究结合在一起，综合考虑其发展战略。

（3）应用技术的综合性。它把能量学原理、热力学定律及生物物理学原理等融进其理论体系中，形成了独特的认识视角和方法论体系。

3. 研究角度的战略性

生态经济问题，如人口、资源、环境、经济等的相互关系问题，是具有全局性、长远性、根本性的战略问题。生态经济学作为一门研究生态经济问题、指导人们正确处理生态经济问题的学科，必须具有战略性的特点，即从长远的角度和全局的角度客观地研究生态系统与经济系统、生态平衡与经济平衡、生态效益与经济效益的相互关系，从长远利益上研究经济发展规律；指导人们合理地调节和控制生态经济系统，协调生态经济平衡，正确解决近期利益和长远利益、局部利益与全局利益的关系；力求生态效益、经济效益、社会效益持久、稳定、综合提高。因此，生态经济学既是一门解剖现状、正视问题的学科，又是一门高瞻远瞩，制定国民经济发展战略和决策所不可缺少的综合性科学。

4. 研究结果的实用性

生态经济学注重将经济建设中的生态问题和经济问题结合起来进行研究。它的研究对社会经济的发展有着重大意义。如在生态经济学中运用价值尺度对国家资源开发进行评估，可以指导我们调整开发策略；评价国家资源与产品的进出口贸易，可以发现国际贸易中财富交易的盈亏情况，并提出正确的对策；用于项目的可行性评估和设计，可以为经济建设服务，减少不必要的损失等等。因此，生态经济学是发展经济、保护环境的理论基础，是制定国民经济方针政策的科学依据，是制定工农业发展规划乃至国际政策的指导思想，是解决严重生态环境问题的有效方法。

二、生态经济学的基本理论

（一）生态经济系统的结构与功能理论

生态经济系统是由生态系统和经济系统相互交织、相互作用、相互结合形成的，具有一定结构和功能的复合系统，是生态经济要素，即环境要素、生物要素、技术要素和经济要素遵循某种生态经济关系构成的具有生态经济特征的集合体。在生态经济复合体中，存在着生态系统与经济系统之间的物质、能量和信息交换，它的运行要受经济规律和生态平衡自然规律的结合，即生态经济规律的制约和影响。因此，生态经济系统是一个具有独立特征、结构和功能的生态经济复合体。

1. 生态经济系统的特征

（1）双重性。即生态经济系统在它的组成、存在和运动等各个方面都表现出明显的生态和经济双重性的特点。它的存在形式是生态系统和经济系统两个子系统所组成的生态经济系统；它的平衡是由生态平衡和经济平衡所组成的生态经济平衡；它的效益是由生态效益和经济效益所组成的生态经济效益等。

（2）融合性。生态经济系统的融合性主要表现在生态经济目标与生态经济再生产过程的融合性两个方面。其运动与发展，同时具有两个目标，即经济目标与生态目标。这两个目标相互独立、相互联系，是一种不可分割的整体关系。生态经济系统再生产过程包括自然再生产、经济再生产和人类自身再生产这 3 个过程，它们是相互融合、相互交织的。自然再生产是人类自身再生产和经济再生产的物质基础，经济再生产是人类欲达到的目的，人类自身就是自然、经济再生产的主体。

（3）中介性。生态经济系统是由生态子系统和经济子系统相互交织、耦合而成的复杂系统，这两个子系统的耦合是通过由各种技术要素所组成的技术系统这个中间环节来实现的。技术系统包括人类对自然的认知能力与人类进行社会经济活动的生产能力，其功能不仅表现为能提高生态系统物质循环和能量转化的效率，还表现为它是再生产的物质准备、技术准备，从而促使价值的实现和活劳动的更新。为了使生态经济系统得到高效的良性循环，必须协调好技术与生态、技术与经济的关系，建立既适应经济增长的目标，同时又不超越生态系统稳定机制允许限度的技术体系，才能保证生态经济得到健康持续稳定的发展。

（4）有序性。生态经济系统是一个具有耗散结构的开放系统，当能量和物质从外界环境向系统输入时，子系统内部就会形成负熵流，以抵消系统本身因熵值增高而呈现的无序状态，从而维持系统的有序状态。生态经济系统的这种有序性是相对的，而不是绝对的，它处于动态变化之中，在一定条件下，它可以通过反馈作用机制自我调节。但如果系统的某一环节出现偏差后不及时修复，就有可能造成系统的结构破坏、功能失调，从而导致系统的无序状态。

2. 生态经济系统的结构

生态经济系统的结构是指多种生态经济要素按照特定的生态经济关系，组成生态经济系统的方式。其组成包括两个子系统和六个基本要素。两个子系统是生态系统和经济系统。六个基本要素包括以下几点：

（1）人的要素。在生态经济系统中居主导地位，生态经济系统的存在和发展是为了满足人的需要，生态经济系统的进步和优化也是依靠人的能动作用来调控。

（2）环境因素。是指在生态经济系统中与人相互联系和相互作用的自然与社会的各种客观条件，包括自然环境与社会环境的各种成分。

（3）资源要素。包括自然资源、经济资源和社会资源。

（4）物质要素。指自然资源经过劳动加工转化而成的社会物质财富，包括生产资料和生活资料两大部分。

（5）资金要素。是指用货币形式表现的物质资料的价值，它是再生产过程中不断运动着的货币价值。

（6）科技要素。包括科学和技术，在经济子系统和生态子系统相互交织渗透形成生态经济系统经常运行过程中，对人与自然之间进行的物质、能量和信息变换起着重要的中介作用。

3. 生态经济系统的功能

生态经济系统是一个结构和功能是相互统一的整体，结构是功能的基础，功能是结构的具体表现。具有一定生态经济结构的生态经济系统在外部环境的作用和联系中，所表现出来的特性和能力即为生态经济系统的功能。这种特性和能力是生态经济系统中经济功能和生态功能复合的结果，外在表现可以分为生产功能、生活功能和净化还原功能。生产功能就是人类开发利用自然资源，为社会提供满足人类各种需求的产品的能力；生活功能是指能为动物，特别是人类提供栖息和生活的场所，从各方面满足人类生活的要求；净化还原功能是指环境受到污染后，自身或在人工参与的条件下能够恢复到未污染状况的能力。通过系统的生产、生活和净化还原功能的相互配合，协调运动，使自然物质转变为各种能满足人类需求的经济物质，使自然能量从低能量转变成高能量的经济能流，使无序的自然信息转变成有序的连续积累的社会经济信息，使商品价值在生产和流通中实现增值，并创造出更加优美的人类生存的环境。

（二）生态经济平衡理论

生态经济平衡是指生态经济系统所呈现的生态平衡与经济平衡相对稳定、统一的平衡状态，它是符合人类社会经济发展目标的生态平衡与符合自然生态系统进化发展目标的经济平衡的辩证统一。生态经济平衡作为生态经济学的重要研究内容，既是实现国民经济持续、稳定发展战略的理论保证，也是人类社会存在和发展的根本保护，具有客观性、相对性、可控性及动态性四个基本属性。

1. 客观属性

主要反映为存在的客观性。在社会经济发展中，由于经济活动赖以进行的经济系统载体是客观存在的，同时它间接据以进行的生态系统载体也是客观存在的。因而由经济系统与生态系统结合形成的生态经济系统也是客观存在的。另外，生态经济系统的客观性还表现为由经济平衡和生态平衡有机结合形成的生态经济平衡的客观存在性，从宏观到微观各层次由经济系统与生态系统有机形成的生态经济系统的客观存在性。

2. 相对属性

主要表现为生态经济系统是运动中的平衡和有条件的平衡这两个方面。一切生态系统、经济系统，由它们有机结合形成的生态经济系统都是不断运动着的。因此作为生态经济系统基本特征的生态经济平衡也是经常处在运动和不断变化过程中，永远不会凝固在一定的水平和状态上。此外生态经济平衡是有条件的，是针对具体的社会经济发展目标而言的，离开一定的社会经济发展目标的“平衡”是毫无意义的。

3. 可控属性

生态经济平衡的可控性寓于它的客观性和相对性之中。首先，生态经济平衡的客观性反映了生态经济系统存在的运动的基本规律性，同时生态经济系统存在的运动也是有序的，因此人们可以通过认识其有序的规律性，调节和控制生态经济系统的演替和进化过程。其次，生态经济平衡的相对性，反映了生态经济系统具有一定的可塑性，所以人们就可以在其可塑性的范围内有利于人类社会经济目标更快、更好地实现，协调经济平衡和生态平衡之间的联系，使之沿着符合人类经济、社会发展目标的方向不断进化。

4. 动态属性

生态经济系统与生态系统、经济系统一样，也具有耗散结构的特性。因此，生态经济平衡就是在耗散结构基础上，通过生态经济系统各要素之间的协同作用所产生的结构有序和功能协调所建立的动态平衡。这种动态平衡是不断运动、发展的、变化的。正确认识生态经济的动态平衡性，有利于我们用发展的眼光看待生态经济问题，科学实现社会经济目标。

（三）生态经济效益理论

生态经济效益是指生态效益与经济效益的结合与统一。正确认识和理解生态经济效益内涵，合理确定生态经济效益的评价方法，探讨提高生态经济效益的途径，有助于人们更为科学地分析劳动的成果同投入劳动的对比关系，从而在社会生产实践中更加自觉地遵循生态经济规律。

1. 生态经济效益的特点

（1）生态经济效益是全局的效益。人们通过经济系统进行经济活动，目的是获得最大的经济效益。由于生态系统的存在和运行具有明显的空间关联性和时间关联性的特点，经济系统的运行必然要牵动生态系统的运行，并受其具体运行状况的制约。因此在采取的经济措施不当，破坏了生态系统运行的情况下，就会给生态系统带来一些负面影响。如本地区生态系统的污染危害了相邻地区生态系统，对当地自然资源的掠夺利用危及子孙对生态系统的持续利用等。其结果都是只获得了片面的经济效益，而未能获得生态系统的效益。生态经济效益就可以将生态效益与经济效益的有机结合起来，就可以将局部经济效益和全局经济效益的结合以及目前经济效益与长远经济效益的统一起来，从而才能取得全面的最大效益。

（2）生态经济效益是现实的效益。人们从事经济活动的基本要求是获得最大的经济效益，而在实践中往往要求的是生态效益与经济效益的结合。基于在实际生态经济系统运行中这样的一个基本规律，生态和经济两个子系统的运行和所产生的两个效益的相互影响和制约。因此，在实际经济发展中，理论的最大可能的经济效益和生态效益是不可能同时得到的。人们所能得到的只是两者相互结合（有时甚至是相互抵消）后所得到的效益，即现实的效益，或现实最大可能的效益。

（3）生态经济效益具有层次性。生态经济效益的层次性根源于经济效益和生态效益各自的层次性。由于生态效益和经济效益都是从微观到宏观的多层次和等级的区分，因此生态经济效益也有从微观到宏观的多层次和等级之分。因此，在运用生态经济理论指导经济发展实践中，要强调从微观到宏观各层次生态经济效益的兼顾和协调，以促进全社会生态经济效益的提高。

2. 生态经济效益评价

生态经济效益评价是对生态经济系统的状态或价值所作的分析与判断，它可以是对整个生态经济系统做出评定和估价，也可以是对部分系统作出的评定和估价。其基本的评价原则有生态效益最佳原则、生态经济成果最大原则、资源消耗最小原则、系统风险最小原则。评价的方法主要有历史考察评价法、费用效益评价法、综合评价法等，在实际工作中根据条件选用某一种或某几种方法。

3. 提高生态经济效益的途径

提高生态经济效益，需要人们以生态经济学的规律为指导，采取生态的、技术的、经济的、法律的、行政的各种手段，本着资源永续利用与可持续发展的原则，合理利用和保护自然资源，综合考虑宏观、微观等不同层次具体情况，加强生态经济管理，从而建立结构合理、功能高效、效益最佳的生态经济系统。

三、生态经济学理论对国家森林公园建设的指导意义

（一）明确了国家森林公园建设对象是旅游生态经济系统

国家森林公园的建设是涉及旅游者的生态旅游活动与生态环境间相互关系的建设，它是应用生态学的原理和方法将旅游者的旅游活动和生态环境特性有机地结合起来对旅游活动进行空间和时间上的合理布局的活动。从生态经济学的角度分析，国家森林公园旅游业是一个具有动态性的生态经济系统，该系统是由生态系统与旅游经济系统结合而成的复合系统，二者是一个不可分割的有机整体。因此国家森林公园规划与建设既不是单纯的生态规划，也不是纯粹的旅游经济系统规划，而是两者复合而成的旅游生态经济系统的规划，规划的对象应该是不同尺度的生态经济系统。所以要树立“大旅游”的观念，把国家森林公园与整体的经济、社会、生态环境的发展紧密结合起来，并从生态经济系统的角度，分析系统的结构与功能，综合考虑生态环境要素、旅游资源要素、科学技术要素、社会经济系统要素，在满足人们日益增长的旅游需求的同时使生态环境得到有效保护，以达到旅游业可持续发展的目标。

（二）提供了国家森林公园建设必须遵循的准则

国家森林公园旅游资源的利用过程，既是经济的过程，又是自然的过程。国家森林公园旅游作为一个生态经济系统，是由生态系统和旅游经济系统两个子系统结合而成的，它们是一个既相互联系，又相互制约的有机整体。国家森林公园旅游经济系统对生态系统的作用有正面与负面之分，正面作用就是指国家森林公园旅游经济系统在运行过程中，在实现国家森林公园旅游经济目标的同时，保持了生态系统结构完整、功能正常，既保证生态系统的基础地位，也充分发挥旅游经济系统的主导地位，从而实现生态系统与旅游经济系统的协调发展。负面作用则是指在国家森林公园旅游经济系统的运行过程中，为单纯追求国家森林公园旅游经济目标，而使生态系统结构破坏、功能紊乱、自我调节能力下降，甚至丧失。因此，我们在国家森林公园规划与建设过程中必须以生态环境过程与旅游经济过程的协调为准则，努力实现旅游经济系统对生态系统的正面作用。

（三）为国家森林公园旅游的生态经济效益评价提供思路

要保证国家森林公园生态旅游的可持续发展，必须建立完善的生态经济管理机制，这就要求在规划过程中科学评价规划对象的生态经济效益，以判断国家森林公园生态旅游发展过程中生态与经济之间的关系，为生态经济管理机制的良性运作提供客观依据。按照理论，其评价内容主要有：

1. 环境评价

主要内容是判断旅游活动对生态环境所造成的各种影响，是可以提示由于旅游

资源不合理利用所带来的负面影响，为确定生态旅游资源最佳的利用方式和方向提供客观依据。

2. 结构评价

主要有国家森林公园旅游生态经济系统内部的生态结构、经济结构和技术结构之间协调性和相关性的评价分析，能够提示旅游活动所形成的生态经济关系，为协调生态与经济之间矛盾关系奠定科学基础。

3. 功能评价

主要体现为生态功能、社会功能和经济功能以及三者所共同形成的综合功能，功能评价是在结构评价的基础上进行的，通过功能评价，对旅游经济系统的状态和效率进行计量和分析，以判断国家森林公园旅游业发展态势及水平。

4. 效益评价

即客观地分析整个系统投入与产出之间的对比关系，应包括经济效益评价、生态效益评价和社会效益评价。

第三节　景观生态学理论

一、景观生态学的产生与特点

（一）景观生态学的产生

第一次世界大战以后，资本主义国家的经济获得恢复和发展，航空事业有了长足的进步，航空摄影广泛用于资源调查。20 世纪 30 年代德国生物地理学家 Troll 观察航片时发现，生态系统间存在某种联系，在此基础上他提出景观生态的概念，将景观与生态系统联系在一起。他希望把地理学家采用的表示空间的“水平”分析方法和生态学家使用的表示功能的“垂直”分析方法结合起来的一门新学科能够得到发展。Troll 提出的概念一经出现就很快为学术界所接受，作为对自然环境的一种综合研究思想获得广泛的传播，并表现出极其强大的生命力。该学科最初出现在中欧，为的是进行景观整体研究，拟合人为干扰形成的自然系统间的裂痕。以后逐渐发展成欧洲和北美两大分支，欧洲更为实际，偏向于解决具体的生产问题；而美洲的景观生态学家则着重于理论的研究，对计算机技术、数学模型、遥感及 GIS（地理信息系统）等在景观生态学中的应用极为偏爱，欲建立理论与实际应用的桥梁。

（二）景观生态学的特点

不同学科背景的人对景观定义不同，如①区域综合体；②景观是研究自然、生态和地理等实体的总体，综合了所有自然和人类的格局和过程；③景观是一组以相类似方式重复出现的、相互作用的生态系统所组成的异质性陆地区域；④一个由地貌、植被、土地利用方式以及紧密相连的自然与文化过程界定的特殊构型；⑤一块被人们综合感知而不考虑其单个组合的土地。最后一个定义把景观视为被生物体所感知的土地，更具普遍性，从而提供了一个新的视角和研究领域，对于确定种群、群落和生态系统的功能格局与空间过程具有重要意义。总的来说，景观被认为是区域内的一个宽广部分，通过其结构与功能成分的相互连接而体现出异质性类型，景观研究的大尺度标志着其内部过程可通过较小尺度的带谱来进行观察。地球上大多数景观是自然过程与人类文化过程交互作用的产物，是长期适应与演化形成的稳定类型。景观可以成为协调人类与环境相互关系的模型，从而具有十分重要的科学、文化和示范价值。

景观生态学是研究景观的空间结构与形态特征对生物活动与人类活动影响的科学。它研究不同尺度体现在景观的空间变化，以及景观异质性的发生机制（生物、地理和社会的原因）。它是连接自然科学和有关人文科学的一门交叉学科。景观生态学的特色概括为以下几个方面。

1. 景观生态学是一门空间生态学

它重点研究生态系统的空间关系以及格局与过程的关联性。生态系统在空间的分布可用斑块－廊道－基质的模式来表达，异质性是景观系统的基本特点和研究出发点，空间异质性是指生态学过程和格局在空间上的不均匀性与复杂性。

2. 景观生态学是生物生态学与人类生态学的桥梁

景观演化的动力机制有自然干扰与人为影响两个方面，由于当今世界上人类活动影响的普遍性和深刻性，所以对景观演化起主导作用的是人类活动。景观生态学强调人类尺度的作用（人类世代的时间尺度与人类视觉的空间尺度）也正基于此。

3. 景观生态学同时研究生态景观与视觉景观两个方面

注意协调形态与内容、结构与功能的统一。它以人类对于景观的感知作为评价的出发点，追求景观多重价值（经济、生态与美学）的实现。

4. 景观生态学有着强烈的实践性

它通过景观规划、景观管理与景观生态建设来进行空间重组与生态过程的调控，营造宜人景观，是实现区域可持续发展的有力手段。

二、景观生态学的基本原理

关于景观生态学的基本原理许多学者提出了各自的观点（表2－1）。考虑景观生态规划实践的需要，景观生态规划的基本原理主要有：景观系统的整体性，景观要素的异质性，生态流的聚散，景观的稳定性，景观价值的多重性。

（一）景观系统的整体性

景观是由斑块、廊道、基质等景观要素有机联系组成的复杂系统，含有等级结构，在功能与结构上都具有整体性，具有独立的能量流、物质流和物种流等功能特性和明显的视觉特征，是具有明确边界、可辨识的地理实体。从系统的整体性出发来研究景观的结构、功能与变化，将分析与综合、归纳与演绎互相补充，能深化研究内容，使结论更具逻辑性和精确性。通过结构分析、功能评价、过程监测与动态预测等方法，采取形式化的语言、图解和数学等表达方式，以得出景观系统的综合模型或模拟，使预测或检验景观生态规划的后果成为可能。

表2－1　景观生态学的主要观点

学者姓名	主要观点
Risser（1984）	①空间格局与生态过程；②空间和时间尺度；③异质性对流和干扰的作用；④格局变化；⑤自然资源管理框架
Forman（1986）	①景观结构和功能；②生物多样性；③物种流；④养分再分配；⑤能量流；⑥景观变化；⑦景观稳定性
Risser（1987）	①异质性和干扰；②结构和功能；③稳定性和变化；④养分再分布；⑤层秩性
Forman（1995）	①景观和区域；②斑块、廊道、基质；③大型自然植被斑块；④斑块形状；⑤生态系统间的相互作用；⑥碎裂种群动态；⑦景观抗性；⑧粒度大小；⑨景观变化；⑩镶嵌系列；⑪外部结合；⑫必要格局
Farina（1998）	①格局和过程的时空变化；②系统的等级组织；③土地分类；④干扰过程；⑤土地镶嵌的异质性；⑥景观破碎化；⑦生态过渡带；⑧中性模型；⑨景观动态与演进
肖笃宁（1997）	①土地镶嵌与景观异质性；②尺度制约与景观层秩性；③景观结构与功能联系和反馈；④能量和养分空间流动；⑤物种迁移与生态演替；⑥景观稳定性与景观变化；⑦人类主导性与生物控制共生；⑧景观规划的空间配置；⑨景观的视觉多样性与生态美学
肖笃宁（1999）	①景观系统的整体性和景观要素的异质性；②景观研究的尺度性；③景观结构的镶嵌性；④生态流的空间聚集与扩散；⑤景观的自然性与文化性；⑥景观演化的不可逆性与人类主导性；⑦景观价值的多重性
邬建国（2000）	①尺度及其有关概念；②格局与过程；③空间异质性和缀块性；④等级理论；⑤边缘效应；⑥缀块动态理论；⑦缀块－廊道－基底模式；⑧种－面积关系和岛屿生物地理学理论；⑨复合种群理论；⑩景观连接度，中性模型和渗透理论

（二）景观要素的异质性

异质性是景观要素类型、组合及属性的变异程度，是景观区别于其他生命组建层次的最显著特征。有空间异质性与时间异质性。空间异质性包括空间组成、空间构型和空间相关三个部分的内容。因为异质性同抗干扰能力、恢复能力、系统稳定性和生物多样性有密切关系，景观异质性程度高有利于物种共生，而不利于稀有内部种的生存，所以景观异质性一直是景观生态学研究的基本问题之一。景观格局是景观异质性的具体表现，而景观生态规划的目标就是建立可持续景观的格局，研究景观异质性及其形成机制对景观生态规划有着重要的理论意义。

（三）生态流的聚散

通过景观的流有 3 种：能量流（包括热能和生物能）、养分流（包括无机物质、有机物质和水）和物种流（包括各种类型的动植物以及遗传基因）。这些能量、养分与物种在各个空间组分间的流动称为生态流，它们是景观中生态过程的具体体现，受景观格局的影响。这些流分别表现为聚集与扩散，属于跨生态系统间的流动，以水平流为主，它需要通过克服空间阻力来实现对景观的覆盖与控制。“流”的产生原因是景观要素间的差异，导致景观要素之间相互作用的五种机制有风、水、飞行动物、地面动物与人。

（四）景观的稳定性

景观的稳定性起因于景观对干扰的抗性和干扰后复原能力。每个景观单元有它自己的稳定度，因而景观的总稳定性反映景观单元中每一种类型的比例。实际上，当景观单元中没有生物量，如公路或裸露的沙丘，由于缺乏绿色植物，这样的系统可迅速改变温度、热辐射等物理特性，趋于物理系统的稳定性。当存在低生物量时，该系统对干扰有较小的抗性，但有对干扰迅速复原的能力，像耕地就是这样的情况。当存在高生物量时，像森林系统那样对干扰有高的抗性，但复原缓慢。

（五）景观价值的多重性

景观作为一个由不同土地单元镶嵌组成，具有明显视觉特征的地理实体，兼具经济、生态和美学价值，这种多重性价值判断是景观生态规划与管理成功与否的基本手段。景观的经济价值主要体现在生物生产力和土地资源开发等方面，景观的生态价值主要体现为生物多样性与环境功能等方面，这些已经研究得十分清楚。而景观美学价值却是一个范围广泛、内涵丰富，比较难于确定的问题。随着时代的发展，人们的审美观也在变化，人工景观的创造是工业社会强大生产力的体现，城市化与工业化相伴生；然而久居高楼如林、车声嘈杂的城市之后，人们又企盼亲近自然和返回自然，返璞归真成为最新时尚。

三、景观生态规划方法体系

景观生态规划是以生态学原理为指导，以谋求区域生态系统的整体优化功能为目标，以各种模拟、规划方法为手段，在景观生态分析、综合以及评价的基础上，建立区域景观优化利用的空间结构和功能，并提出相应的方案、对策及建议的生态地域规划方法。景观生态规划的主要特点体现在规划思想上的多角度、多层次的综合性、宏观性及开放性，因为景观生态规划的原理是在对各种设计思想兼收并蓄基础上形成的，地理学的格局研究与生态学的过程研究相结合作为原理的核心，吸收园林及建筑美学思想，综合考虑了各种社会学、经济学、环境学、文化人类学等因素。

（一）产生与发展

景观生态规划的产生与景观规划和生态规划的产生密不可分，是它们两者结合的产物。景观规划的思想起源于人类对自然环境认识的转变，是早期自然保护主义思想的产物。比较明确的景观规划概念产生于19世纪末到20世纪初的景观建筑学领域，1858年Frederick Law Olmsted首先提出“景观建筑师”一词，1901年，哈佛大学开始出现景观建筑学科，1907年景观规划的早期分支——城市规划由景观建筑派生而成为一门独立的应用学科之后，景观建筑学一直活跃于各种与规划设计有关的领域。到了20世纪五六十年代，景观规划的概念进一步明确，并逐步与生态规划相结合。

生态规划的产生可追溯到19世纪末叶George Marsh，John Powell及Patrick Geddes等为代表的生态学家、规划师及其他社会科学家的规划实践与著作。20世纪初随着生态学自身的发展与完善，生态学思想更广泛地向社会学、城市与区域规划及其他应用学科渗透。到20世纪中叶，由于生态环境问题日益加剧，生态规划达到空前的繁荣，其中Marsh的设计结合自然思想和实践起到了推波助澜的作用，是这一时期生态规划发展的一个完整总结。

进入20世纪70年代后，由于景观生态学是一门把地理学家采用的表示空间的“水平”分析方法和生态学家使用的表示功能的“垂直”分析方法结合起来的新学科，能够将以能量流和物质流为研究对象的生态学和以空间结构为研究对象的景观规划联系起来而得到规划界的重视，将生态规划的尺度扩展到景观水平上。景观规划吸收景观生态学的理论与方法，使得生态规划与景观规划在景观生态学的指导下逐步结合，导致景观生态规划的产生。

景观生态规划在20世纪70年代产生以后，开始主要侧重于景观垂直方向的生态调查和关系研究，而景观要素在水平方向上的空间关系则考虑很少。进入20世纪80年代后才比较关注自然过程和景观格局中的水平运动和流的关系，是景观生态规划的主要发展时期。在这个时期，景观生态广泛运用于农村和农业、自然资源保护以及自然与人工廊道等的规划设计领域。

（二）技术方法

景观生态规划采用的技术方法，与景观生态学研究的技术方法是一致的。Farina 所著的《景观生态学理论与方法》一书中指出景观生态学的许多方法源于地理统计学、植物地理学、动物种群分析和行为生态学等，包括空间格局数据处理的数学方法（如斑块、廊道、基质等特征度量描述）、分形几何法、地理信息系统、遥感、全球定位系统、空间过程明晰化模型等模型与模拟。这些方法根据不同的规划目标而灵活的应用到实践中。

1. 空间格局指数

景观是由大大小小的斑块组成的，斑块在景观中的排列组合形成构成空间格局，它是生态系统或系统属性空间变异程度的具体表现，决定着资源地理环境的分布形成和组分，制约着各种生态过程，与干扰能力、恢复能力、系统稳定性空间格局指数和生物多样性有着密切的关系。因此景观生态规划的效果如何，关键在于景观空间格局是否合理。景观生态学家们为了定量描述景观空间格局，从不同角度提出了一系列的指标。这些指标在景观生态学里都有明确的含义，被用来表征景观内斑块之间、结构与功能之间的定量关系。

2. 分形几何法

形状不规则的对象，如海岸线、云团、山形、河流等，就是分形。分形具有两方面的特点：从整体看，分形图形处处不规则；另一方面不同尺度上图形又有相同或相似的规则性。研究分形的几何学称为分形几何学。斑块的形状不规则，带有自相似性和尺度依赖性，具有分形的性质。分形几何在景观生态规划分析中非常有用，能准确描述格局与过程的特征，是景观的层次复杂性与尺度相关联的格局和过程研究强有力的工具。

3. 3S 技术

3S 技术是地理信息系统（Geographical Information System）、遥感（Remote Sensing）和全球定位系统（Global Position System）3 项空间技术的统称。对空间数据具有有效输入、存储、更新、加工、查询检索、运算、分析、输出等功能，表达形象、直观，空间定位实时与精度高，是景观生态规划的一种强有力的工具，尤其在景观调查分析过程中更为必要。

4. 模型与模拟

由于景观生态学不仅要考虑大空间尺度和空间异质性，而且还要考虑景观格局和过程的相互作用，加上时间与经费的限制，在景观水平上做野外控制实验有不少困难，所以模型和模拟方法在景观生态学研究中很重要。其作用主要是综合概括已有知识，解释景观结构、功能和动态，预测未来景观在结构、功能和动态上的变化，建立和检验假说。景观模型与模拟在景观生态规划中也非常有用，可以为景观规划与管理的决策提供急需的信息和证据。国内外已有的模型和模拟不少，李哈滨等就介绍了四种常用的零假设模型、景观空间动态模型、景观个体行为模型和景观过程模型。Farina 也在其出版的书中介绍了空间直观种群模型（Spatially Explicit Population Models）。Harms 开发的基于知识库系统和 GIS 的 Grid 模块的景观生态决策与评价模型，对以生态保护、自然增益为目的的景观生态规划进行评价，可以提高决策的科学性。

（三）技术流程

景观生态规划的具体步骤，国内外不少学者进行了阐述。总结他们的论述，景观生态规划流程主要可分为 3 大阶段 6 个步骤，即景观生态调查、景观生态解译、规划方案及其优化等 3 大阶段。

1. 景观生态调查

景观生态调查是景观生态规划的基础与起步工作。在这个阶段首先要确定规划的目标，也就是明确规划的景观系统面临解决的问题，一般由政府部门提出，在国外，可由私人、社会团体提出法定程序确定。对小尺度景观，目标比较明确，如国家森林公园规划、自然保护区生态旅游规划、园林绿化建设等，但大尺度的景观往往目标模糊，需要综合与景观相关的信息方能确定。信息收集的目的是了解所规划区域的现状，为下两个阶段的工作提供依据，所收集的信息涵盖自然与社会两个层面，其中自然信息包括生物成分与非生物成分。

2. 景观生态解译

景观生态解译是对景观生态调查得到的数据资料进行分析与综合，使我们对景观系统的认识简化与抽象，为确定规划方案做出理论诠释。景观生态解译的第一个工作是对数据进行取舍，确定景观因子的度量指标，使其数量化；第二个工作是根据规划目标和现有数据，选取影响景观结构与功能的主导因子作为分类指标来划分景观生态类型，并以景观生态类型为单位，进行相关的分析，如适宜性分析、敏感度分析、环境承载力分析等，以对规划区域的景观格局有一个详细的说明。

3. 规划方案及其优化

依据景观生态解译的结果，以满足既定的规划目标为出发点，提出可能的景观空间结构，形成多种选择的规划实施方案，经评价论证或试行后，从中选出最佳方案，成为正式规划。而这个正式规划随着时间的推移，客观情况的变化，也应不断修正，以适应新情况新问题，达到景观资源的可持续利用。

四、景观生态学对国家森林公园建设的指导意义

景观是一个人与人类社会生产形式与过程联系紧密的宏观生态学研究单位，目前大多数地表景观，特别是那些人为活动占优势的景观类型，其异质性特征主要源于人类社会组织和结构的异质性以及复杂的人类生产和生活需求。因此，景观生态学是少数能够直接架起生态学理论研究与社会生产实践之间沟通桥梁的生态学分支学科之一，作为资源的有效规划与管理密切相关的生态旅游，无疑可以从景观生态学研究中获得有益的理论指导。一些学者已开始在这方面进行了有益的尝试，对他们的工作综述如下：

（一）提供一个研究国家森林公园旅游区的新视角

旅游资源的分布呈现了点、线、面关系的空间格局，景点或景区以空间斑块的形式镶嵌于具有不同地理背景的称为旅游目的地的基质上，而旅游路线则是用以连接景点或景区的廓道，廓道常常相互交叉形成网络。这样构建区域旅游开发的景观系统，有利于应用景观生态学原理来进行实际操作，有一定的理论价值和实践意义。肖笃宁等进一步分析其功能与动态，认为这个景观系统的功能就是景以元素之间通过景观流来实现的相互作用。因此，可以把旅游活动进一步解释为通过特定地点（景点或景区）和特定路径（游路）的生态流。这种流集中体现于通过游客所带来的信息流、客流、物流、货币流和价值流。动态即指景观在结构和功能方面随时间推移发生的变化，旅游目的地的动态从短时间尺度有由于客流季节性所引起的物流、货币流等变化，出现淡旺季之分。从长时间尺度看，有的学者认为一个旅游区的发展演变可分为探查、参与、发展、巩固、萧条和重现活力（或衰亡）等六个过程。

（二）增加国家森林公园规划与建设的可操作性

景观生态学是研究景观空间格局、生态过程及其演化动态的学科。其应用途径主要通过景观生态规划方法。景观生态规划在很多领域都有应用，其中在不少国家森公园应用后收效很好。

旅游规划的目的是保护景观的特色和质量，适度调整景观的格局与功能，保证旅游网络的畅通。因此，根据景观生态学原理，提出旅游规划的原则是整体优化原则、多样性原则、综合效益原则和个性与特殊保护原则。有的学者也从旅游持续发展的角度讨论了景观生态设计应遵循的原则是：异质性原则、多样性原则、边缘效应原则和尺度适宜原则。

应用景观生态学原理来对旅游进行规划，即从调查、分析、规划管理等三个阶段应用景观生态学原理来指导操作过程。同时，我们还从微观角度，即进一步结合具体的生态因素（如地质地貌、生物、水文、气候等）提出设计方法，以体现

“规划结合自然”的思想。

（三）为国家森林公园旅游区划提供理论依据

区域旅游开发中的景观生态学研究，一方面是运用生态规划设计原理为国家森林公园生态旅游项目（产品）设计服务；另一方面在于构建为旅游规划服务的景观空间格局的设计和旅游生态区的划分。并根据区域景观生态分区结果和风景资源现状以及未来建设构想，结合地貌和人文景观，把整个规划区域划分成若干旅游生态带（区）。旅游生态带（区）是一种非独立性的区域生态系统，与人工和自然生态系统存在先天联系，仍然是一般生态区划的原则，不同的是旅游生态区划要充分考虑生态景观的旅游功能。国家森林公园旅游区划程序如图 2-1 所示。

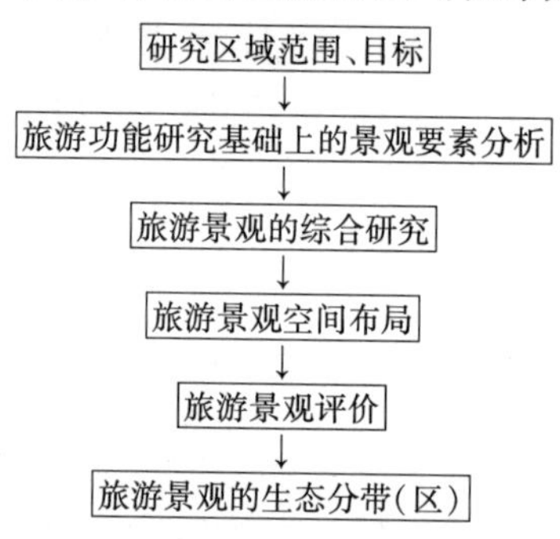

图 2-1　旅游生态带（区）划分程序

（四）能对国家森林公园规划方案进行初步评价

景观生态学有一套较成熟的景观空间格局的测定、描述和统计指标体系，所以在土地利用、农村及城市景观结构分析中得到广泛应用，有些学者将其原理应用到旅游区的空间格局分析以初步评价规划中空间布局的合理性。如应用景观空间格局与稳定状况的评估方法，对海南省三亚市南田温泉旅游城规划进行了评估。又如通过对景观多样性、优势度、均匀度、自然景观破碎度和分离度等景观生态学的空间指标的分析，对上海佘山国家森林公园景观的空间格局进行评价，并对调整规划提出了合理化建议。这些研究结果都表明景观指数是一种有力的描述工具，对促进旅游规划高标准、高质量、结合自然有一定的作用。

最初旅游学主要是建立在经济学、地理学、建筑学、人文科学的学科基础之上的，但随着环境问题的出现，以及生态学科的发展，越来越多的旅游工作者重视生态学理论与方法的引入，表征为生态旅游、旅游生态学、旅游环境学等旅游分支研究领域的出现。这些领域的研究主要是应用生态学里生态系统平衡、环境污染、生态保护等思想。而景观生态学的发展与学科特点，拓宽了生态学在旅游研究中的应用范围，如空间格局理论、景观生态规划与管理理论。由于吸收了地理学与生态学之长，在区域与景观尺度上旅游开发极有应用潜力，前述的研究工作已初见成效。

需要说明的是景观生态学研究常用的技术方法，如分形几何法、地理信息系统、遥感、全球定位系统等在旅游开发中已有了一定的应用，由于这些方法不专属于景观生态学的范畴，所以不做详细综述，但这些方法对旅游研究的重要价值是不容忽视的。

第四节　可持续发展理论

一、可持续发展理论的产生

可持续发展理论是人类面临生存危机，对未来生存和发展道路的正确选择。18世纪末开始工业化以来出现的种种环境问题，使传统的发展模式受到了严重挑战。于是从20世纪60年代起，各国纷纷采取环保措施，治理改善环境质量。但最初的环境问题不仅没有解决，反而不断恶化，环境问题打破了区域和国家界限而演变成全球问题：全球气候变化、臭氧层耗减与破坏、生物多样性锐减、土地退化和荒漠化、酸雨等。人类不得不总结生态环境与经济发展相互关系的经验和教训。人们越来越认识到，经济发展问题不可能独立于环境问题，现在的发展模式，侵蚀着经济发展所依存的环境基础，同时环境退化也在削弱经济的发展。也就是从那时开始，对环境问题的关注、对发展道路的反思和探索在世界范围内展开。

可持续发展理论正是在上述背景下，经过20余年的时间逐步形成的。1962年美国海洋生物学家Carson出版《寂静的春天》，标志着人类生态意识的觉醒和“生态学时代”的开端；1972年，罗马俱乐部发表了它的第一份全球问题研究报告《增长的极限》，提出了地球的资源及其抗污染的能力是有限的，得出了“零增长”的悲观结论；1972年6月在瑞典斯德哥尔摩召开的联合国人类环境会议通过《联合国人类环境会议宣言》和《只有一个地球》的报告，唤起了各国政府对环境问题尤其是环境污染问题的觉醒，使整个地球上不同制度的国家，不同信仰、宗教和阶层的人们在环境问题的认识上逐渐一致；1981年美国世界观察研究所所长Brown出版《建立一个持续发展的社会》，提出必须从速建立一个“可持续的社会”；1983年联合国第38届大会决议成立“世界环境与发展委员会”（WCED），负责制定“全球的变革日程”，1987年在第42届联大通过WCED的报告《我们共同的未来》，这份报告把环境与发展两个紧密相连的问题作为一个整体加以考虑，首次提出“可持续发展”的概念，并给出了可持续发展的定义；1992年6月在巴西里约召开联合国环境与发展大会通过《里约环境与发展宣言》、《21世纪议程》、《联合国气候变化框架公约》、《生物多样性公约》等，标志着世界各国在实行可持续发展战略的重大战略决策上取得了共识。今天，可持续发展思想已经成为全人类的共同理念，但如何实现资源环境与人类经济、社会发展的可持续性，在理论和实践上尚需开展长期深入研究和探索。

二、可持续发展理论的基本内涵

可持续发展是一个内涵极为丰富的概念，可持续发展的核心则是正确处理人与人、人与自然之间的关系。但由于不同的研究者对其理解不尽一致、强调的侧重点不同，因此，也就出现了各种各样的可持续发展定义。目前比较公认的是世界环境与发展委员会给出的可持续发展定义是："既满足当代人的需求，又不损害子孙后代满足其需求能力的发展"。这一定义的文字表述具有浓厚的感情色彩和伦理色彩，可对其作出各种不同的理解和推论，内涵丰富，可持续发展的其他许多宣言基本上都是由此演绎而来，较有代表性的有以下几种。

（1）在1991年的国际生态学联合会和国际生物科学联合会举行的关于可持续发展问题的研讨会上，可持续发展被理解为："保护和加强环境系统的生产和更新的能力"，认为可持续发展是不超越环境系统再生能力的发展。这个定义强调了可持续发展的自然属性。

（2）1991年IUCN等国际组织共同发表的《保护地球：可持续生存战略》，将可持续发展定义为："人类生活在永续的、良好的生态环境中同时又要改善人类生活的质量"。这是强调可持续发展社会属性的定义。

（3）经济发展是可持续发展的重要内容，但已不是传统的以牺牲资源与环境为代价的经济发展，Barbier从经济属性出发，把可持续发展定义为："在保护自然资源的质量和其所提供服务的前提下，使经济发展的净利益增加到最大限度"。

（4）实现可持续发展，除了政策和管理因素之外，科技进步起着重大作用。没有科学技术作为支撑，人类的可持续发展就无从谈起。因此，工程技术专家认为，可持续发展就是：转向更清洁、更有效的技术，尽可能接近"零排放"或"封闭式"工艺方法，尽可能减少对能源和其他自然资源的消耗，建立极少产生废料和污染物的工艺或技术系统。

以上可持续发展的定义侧重不同的角度，具有各自的特点。概括地讲，可持续发展是一个以生态可持续性为基础、经济可持续性为主导、社会可持续性为目的的系统整体，在这个整体中，我们必须追求这3种可持续性的高度统一和协调发展。也就是说，人类在发展中不仅追求经济效益，还追求生态和谐和社会公平，最终实现全面发展。因此可持续发展是一项关于人类社会经济发展的全面性战略。

三、可持续发展理论的基本观点

总括起来讲，可持续发展的基本观点主要包括以下几个方面。

（一）可持续性

包括人类发展的横向平衡性和纵向永续性。横向平衡性是因为当代人类共同的家园是地球，而地球只有一个，故人类的发展首先寻求的是全球各区域的共同平衡发展；纵向永续性是因为人类为共同的未来着想，当代人的发展不影响危及后代人的发展，即发展的永续性。资源的永续利用，是人类可持续发展的首要条件。可持续发展要求人们根据可持续性的条件调整自己的生活方式，在生态可能的范围内确定自己的消耗标准，要补偿从生态系统中索取的东西，使自然生态过程保持完整的秩序和循环。传统经济学把清新的空气、洁净的水和各种自然资源当作是“免费货物”，只顾榨取，不知供养，只管追求产值、利润的最大化，而不注意保护生态环境，是非常错误的。为了有效地维护自然生态系统对经济社会发展持久的支撑能力，人类应该对自然资源进行核算，估计由经济活动带来的环境质量的退化所造成的经济损失，把它们计入环境费用，以便用于改善环境质量。

（二）公平性

“发展”的概念本身包含了社会公平或人际公平，“可持续”则将公平推广到代际公平。当人们在制造和追求当代的发展和消费时，应当承认和努力做到使自己的机会和后代人的机会相等，绝不可剥夺和破坏后代人（或他国）本应合理享有的同等发展和消费的权利。由于世界的同一性和资源的有限性，世界上一些国家和地区挥霍浪费资源必然限制另一些国家和地区公平地享有资源的可能性，特别是发达国家对各种资源的高消费，远远超过了欠发达国家的消费水平的许多倍，就资源的消费上这是极不公平的。同时，一些国家对环境的污染和破坏也常常引起另一些国家和地区的环境质量的下降和人类健康，这一点特别表现为相邻国家和地区的环境和破坏上。为此，可持续发展的公平观尤其强调保护贫困人民的资源环境，满足其基本需要。“代际公平”是指当代人与后代人具有同等享受地球上的资源与环境，谋求发展的权力。当代人不能只顾自己的利益，过度地使用和浪费资源，破坏环境，剥夺后人公平地享有资源和环境的权力。如当代人使用化肥、农药的农业经营方式，只顾在土地上获得生物高产量，不考虑保持土壤肥力，牺牲后代人利益的不公平行为。为了实现代内公平和代际公平，世界环境和发展委员会建议通过国际公约和国际法来解决资源合理利用和环境保护问题。

（三）共同性

人类共同居住在一个星球上，呼吸的是同一大气圈的空气，饮用的是同一水圈的水，吃的是同一生物圈的食物，他们是一个相互依存、相互联系的整体，有着共同的根本利益。《我们共同的未来》中指出：“进一步发展、共同的认识和共同的责任感，这是这个分裂的世界十分需要的”，《里约宣言》中提到，“致力于达成既尊重所有各方的利益，又保护全球环境与发展体系的国际协定，认识到我们的家园

——地球的整体性和相互依存性”。我们面临的环境、资源问题不只是一国一地的事，常常是全球性的，如大气圈中空气的流动，会把污染源的污染空气传递到其他区域，因此处理的方法与手段必须得到全球的关注。要用世界发展的大时空观，从国际大环境、大系统的角度，突破区域和自身利益的局限，做到共同努力，通力合作，全球关注，局部行动，保护和管理好我们及我们的子孙后代共同拥有的环境与资源，谋求共同的发展。

（四）协调性

人类社会与自然环境的协调、人类社会各系统之间的协调、人口数量和增长率与不断变化的生态系统生产潜力的协调、国家或地区社会经济各领域的协调、国际范围内的协调等是可持续发展的关键。可持续发展是一种动态过程，在这个过程中，资源的开发、投资方向、技术开发的选择和体制的改革，以及国际间的合作都应是相互协调的。可持续发展的协调性要求人们正确处理好他们的利益分配，避免大规模利益冲突和战争，以便在和平友好的氛围中，解决其间的矛盾，达到社会的共同繁荣。

（五）需求性

人类需求是由社会和文化条件所确定的，是主观因素和客观因素相互作用、共同决定的结果，与人的价值观和动机有关。WCED 认为发展的主要目的是满足人类需求，包括基本需求（指充足的食物、水、住房、衣物等）和高层需求（指提高生活水平、安全感、更多假期等）。对于发展中国家来说，可持续发展首先要实现长期稳定的经济增长，在满足人民基本需求的基础上再进一步提高生活水平，满足高层次的需求。另外，我们不但要满足当代人的需要，还要满足后代人的需求。

（六）限制性

没有限制就不可能持续，可持续发展不应损害支持地球生命的自然系统。人类的经济和社会发展不能超过资源与环境的承载能力。对可再生资源的利用率不能超过其再生和自然增长的限度，以避免资源的枯竭。

四、旅游业可持续发展理论

（一）可持续旅游的提出

旅游与经济、社会、文化、环境都有密切关系，这就决定了旅游业的发展必然会给旅游目的地的社会、经济、环境等各方面带来积极或消极的影响。旅游业发展初期，尤其是大众旅游盛行的时期，人们只注意到旅游带来的经济效益，而没有顾及综合效益，其后果是对旅游资源进行过度甚至掠夺式开发，对景点实行粗放式管理，旅游项目大量上马，病态扩张。这一切损害着旅游业赖以生存和发展的环境，威胁着旅游业发展的长期利益。有人指出这种发展旅游的方式毁灭了吸引游客的一切事物，是典型的杀鸡取卵。

20 世纪 80 年代之后，可持续发展的思潮在世界范围内兴起。这时，旅游从业者开始认识到如果旅游与环境不能和谐共存，旅游业将成为短命产业，认识到旅游业的发展对人类和自然遗产的依赖，对生态系统稳定性和持续性的影响，以及旅游需求对于人类尤其是对于未来人类基本需求的重要性。同时国际社会也逐渐认识到旅游业与可持续发展有关联，因为“它是个资源型产业，有赖于自然的馈赠和社会遗产”，与其他产业相比，旅游业被认为是与环境更为友好、和谐的。

在这种背景下，可持续旅游的概念被提出来。1990 年在加拿大温哥华召开的’90 全球可持续发展大会上，旅游组行动策划委员会发表了《旅游持续发展行动战略》草案，构筑了可持续旅游的基本理论框架，并阐述了可持续旅游发展的主要目标。1993 年，《可持续旅游》（Journal of Sustainable Tourism）这一学术刊物在英国的问世标志着可持续旅游的研究进入了一个新的起点。1995 年 4 月，联合国教科文组织、联合国环境规划署和世界旅游组织等在西班牙召开“旅游可持续发展世界会议”，会议通过了《可持续旅游发展宪章》和《可持续旅游发展行动计划》。这两份文件为旅游可持续发展制定了一套行为准则，并为世界各国推广可持续旅游提供了具体操作程序，标志着可持续旅游已经进入了实践性阶段。

作为对联合国《里约环境与发展宣言》（即《21 世纪议程》）的一个反应，1997 年 6 月，世界旅游组织（WTO）、世界旅游理事会（WTTC）与地球理事会（Earth Council）在联合国第九次特别会议上正式发布了《关于旅游业的 21 世纪议程》，描述了旅游业实施可持续发展战略应当采取的行动。同时明确了可持续旅游发展指的是在保护和增强未来机会的同时满足现时旅游者和东道区域的的需要。并认为可持续旅游导致以如下形式管理所有的资源：在保护文化完整、基本生态进程、生物多样化和生命支持系统的同时，经济、社会和审美方面的需求可以得到满足。

（二）旅游业可持续发展的目标与原则

1995 年 4 月，参加“旅游可持续发展世界会议”的全体代表向国际社会提出了下列可持续发展的目标与原则：

（1）旅游发展必须建立在生态环境的承受能力之上，符合当地经济发展状况和社会道德规范。可持续发展，是对资源进行全面管理的指导性方法，目的是使各类资源免遭破坏，使自然和文化资源得到保护。旅游作为一种强有力的发展形式，能够并应积极参与可持续发展战略。健全的旅游管理应该保证旅游资源的可持续性。

（2）可持续旅游发展的实质，就是要求旅游与自然、文化和人类生存环境成为一个整体；自然、文化和人类生态环境之间的平衡关系使许多旅游目的地各具特色，特别是在那些小岛屿和环境敏感地区，旅游发展不能破坏这种脆弱的平衡关系。考虑到旅游对自然资源、生物多样性的影响，以及消除这些影响的能力，旅游发展应当循序渐进。

（3）必须考虑旅游对当地文化遗产、传统习惯和社会活动的影响。在制定旅游发展战略过程中，要充分认识当地传统习惯和社会活动，要注意维护地方特色、文化和旅游胜地，尤其在发展中国家更是如此。

（4）为了使旅游对可持续发展做出积极贡献，所有从事这项事业的人们必须团结一致、互相尊重和积极参与。团结一致、相互尊重和积极参与要以在各个层次上（包括当地、全国、区域及国际）的有效合作机制为基础。

（5）保护自然和文化资源，并评定其价值为人们提供了一个特殊的合作领域。在这一领域的合作，意味着人们将面临一场由文化与职业变革所带来的真正挑战，必须尽最大努力创造出一套完整的规划与管理方法，将所有行之有效的合作与管理方法统一起来，包括技术革新方法。

（6）有关各方共同协商之后认为，地方政府要下决心，保持旅游目的地的质量和满足旅游者需求的能力。二者应为旅游发展战略和旅游发展规划项目的主要目标。

（7）为了与可持续发展相协调，旅游必须以当地经济发展所提供的各种机遇作为发展的基础。旅游与当地经济应该有机地结合在一起，对当地经济发展起到积极的促进作用。

（8）所有可供选择的旅游发展方案都必须有助于提高人民的生活水平；有助于加强与社会文化之间的相互联系，并产生积极的影响。

（9）各国政府应该加强与当地政府和环境方面非政府组织的协作，完善旅游规则，实现可持续发展。

（10）可持续发展的基本原则，是在全世界范围内实现经济发展目标和社会发展目标相结合。为此，迫切需要提出一些方法，以便更加合理地分配旅游收益和旅游费用。这意味着消费模式的改变和在价格制定过程中增加生态环境费用的新定价方法的引进。希望各国政府和多边组织停止那些对环境产生不良影响的财政援助，研究和探讨国际通用经济方法的可操作性，保证资源的可持续利用。

（11）环境和文化易受破坏的地区，无论现在还是将来，在技术合作和资金援助方面要给予优先考虑，以实现可持续旅游发展。旅游活动每年持续很长时间，客观上需要深入研究和探讨，以保证资源可持续利用为出发点的经济方法在当地和整个区域的使用效果。法律手段的重要作用必须得到充分发挥。

（12）提供选择那些与可持续发展原则相协调的旅游形式，以及各种能够保证中期和长期可持续发展的旅游形式。在这方面，需要开展广泛的地区合作，特别是那些小岛屿和环境敏感地区。

（13）对旅游和环境负有责任的政府、政府机构和非政府组织应当支持并参与建立一个开放式信息网络，以便交流信息，开展科学研究，传播适宜的旅游和环境知识，保护环境方面的可持续发展技术。

（14）需要加强可行性研究，支持普及性强的科学试点工作，落实可持续发展框架中的旅游示范工程，扩大国际合作领域的合作范围，引进环境管理系统。

（15）对旅游发展负有责任的政府机构、协会、环境方面的非政府组织要拟订可持续旅游发展框架，并将建立实施这些方案的项目，检查工作进展情况，报告结果，交流经验。

（16）要注意旅游中交通工具的作用和环境的影响，运用经济手段减少对不可再生资源的使用。

（17）旅游活动的主要参与者，特别是旅游从业人员坚决遵守这些行为规范，是旅游可持续发展的根本所在。这些行为规范，是形成有责任感的旅游活动的有效方法。

（18）应当采取一切必要措施，使旅游行业的所有团体，无论是当地的、地区的、国家的，还是国际的，重视“可持续旅游发展世界会议”的内容和目标，执行由全体会议代表一致通过的《可持续旅游发展行动计划》。

上述目标和原则已逐渐在旅游业界达成共识，在旅游发展的理论与实践中也不断得到应用。

（三）保持旅游可持续发展的主要因素

旅游业保持可持续发展的因素包括旅游产业系统与其环境之间的相互作用和它们各自的内源动力，这些因素可概括为：经济的可行性、生态环境的成功保护和社会负面影响的有效控制。

1. 经济的可行性

实践证明，旅游业是一项相当有活力的经济活动，如果管理得当，它就是一个能创造就业机会和财富、繁荣地区经济的理想行业。可见，制订任何一个旅游区的规划，经济的可行性占有很重要的地位。但经济效益的获得不应当以环境破坏为代价，而要建立旅游经济的生态自我调节和按生态要求调整旅游经济政策的方向，把生态观点纳入一切生产和消费决策中，把旅游资源保护的成本列入经济政策的指标体系里，保证经济效益获得的可行性。

2. 生态环境的成功保护

旅游对环境的负面影响是明显而广泛的，废弃物遍地、土壤侵蚀、大气和水域污染、物种多样性降低、生态系统受损、噪声增加和景点优美程度下降等在旅游区并不鲜见。这一方面与旅游者的素质有关，另一方面，也与发展规划缺乏全面考虑、管理欠周全分不开。一个旅游区的前途取决于其景点的优美和环境质量的保持，如果环境污染、河流水量变小、水质变差，还有什么可观光的呢？因此，控制旅游对环境的负面影响，无论从经济学、生态学还是旅游学的角度来看都是十分重要的。随着环境教育的加强，人们生态意识的增强，旅游区域环境退化的状况可以不断得到改善。同时注意开展环境监测，进行环境影响评价和确定合理的承受能力，也是控制旅游发展所带来的负面影响的好方法。

3. 社会负面影响的有效控制

旅游发展对所在地的社会也可能产生负面影响，如人口和行业的迅速增加加深了本地居民人员组成成分的复杂化，对原有的风俗习惯、行为准则可能产生预料不到的冲击，一些与旅游业发展密切相关的不正当行业如赌博等也时有出现。这应当引起旅游管理者的高度重视，因为对本地居民和旅游者来说，建立健康的高质量的文化娱乐体系和环境保护同样重要，如社会压力和犯罪率的增长与环境质量退化一样，会导致旅游者人数下降。所以要保持旅游业的可持续发展，旅游业对社会文化产生的一些负面影响必须得到有效控制。

五、可持续发展理论对国家森林公园建设的指导意义

（一）指明了国家森林公园建设的目标

国家森林公园建设是旅游可持续发展的重要载体，它的运行目标与旅游业的可持续发展目标是完全一致的。也就是说，国家森林公园的运行目标也是为了规范游览活动与自然、社会、经济、文化等系统变化的关系，使之在内涵和外延上都实现人类普遍公认的旅游业持续发展的目标，即在不损害生态环境的前提下，既满足当代人的旅游需求，又不危害后代满足自身旅游需要的发展。这个目标实际上也是国家森林公园建设所要追求的目标，应当成为评估国家森林公园建设成功与否的关键指标。因为国家森林公园建设过程是一个合理有序地开发旅游资源，保证资源的永续利用，使生态环境呈现协调有序、运行平稳的良性循环状态的过程。国家森林公园旅游规划的操作效果如何，关系到可持续发展理念能否在旅游业中落到实处。

（二）确立了国家森林公园规划与建设的重要性

国家森林公园旅游是旅游的一种形式，在旅游内容、类型上都体现了人类对回归自然的偏好，与以往任何旅游相比，它跟环境的关系更为密切。因为国家森林公园旅游会使人们自觉地提高环境保护的意识，相对于其他的资源利用方式（如森林砍伐、矿山开采），旅游给带来的负面影响是最小的。所以如果国家森林公园旅游运行得当，可以作为可持续发展的一种手段和工具。但是如果没有充分的生态学知识、科学的生态旅游规划、合理的经营方针、有效的环境监测及严格的管理措施，国家森林公园旅游实际上也许会加速环境的破坏，这在一些国家和地区开发旅

游时已出现过类似问题。因而一个很好的国家森林公园规划与建设对保持国家森林公园旅游的可持续发展是至关重要的，它可以达到最小的环境损失和最大的经济利益，并造福于当地社区居民，这应当引起足够的重视。

（三）明确了国家森林公园规划与建设相关人员的工作准则

为了保证国家森林公园旅游的可持续发展，实现旅游规划的目标，进行规划和建设的一切人员在工作中均应以旅游可持续发展作为准则。规划者在对国家森林公园旅游所依赖的资源与环境进行开发规划时，不仅要考虑当代人的需求，而且还应想到代际间人们对资源的需求，有意识地给后代人留下一些可供享用的资源和环境，为旅游业的可持续发展保护其物质基础。规划管理者应该有一个长远发展的认识态度，不仅要重视当前的效益，更应把长远的可持续发展放在首位，采用节约型和保护型管理模式，保持旅游发展的可持续性。开发投资者要清楚地认识到，国家森林公园旅游的投资不仅仅是经济上的投资，亿万年形成的旅游资源是有“价”的，这些有价旅游资源的拥有者是国家或当地社区；开发规划的知识投入也是有“价”的，即投资包括了资源投资、知识投资和经济投资，相应的利益也应该是三家共同享有。另外，旅游者也应在可持续性观点的指导下，增强保护意识，自觉主动地保护旅游对象，在国家森林公园旅游活动中，尽一切可能将对生态环境的不利影响降至最低。

第五节　休闲经济学理论

一、休闲经济学的产生与发展

（一）休闲的由来

休闲，源于拉丁文，表示“许可”的意思，泛指在劳动之余获得许可进行的活动。柏拉图曾把休闲分解为四层含义，即“空闲”、“从活动中获得自由”、“一种自我控制的自由状态”和“休闲的状态”。显然，柏拉图已经触摸到了现代休闲的观念及休闲的“自由”本质，但基于他“休闲主要为巩固社会政治制度服务”的思想，休闲的经济功能被掩盖了。在休闲经济的发展史上，重视并明确提出休闲的发展价值，则是柏拉图的学生亚里士多德。他说：人“唯独在休闲时才有幸福可言，恰当的利用休闲是一生做自由人的基础”，这就是休闲。它是使人成为“自由人”的关键。此后，无论是在西方还是在我国历史上，休闲在阶级社会产生后，都属于摆脱了劳动的统治阶级的一种特权。在我国历史上，劳动人民“日出而作，日落而息”，他们甚至认为，“小人闲居为不善”。可以想像休闲受到排斥，也就在情理之中的事了。

尽管休闲定义多种，但从实践的角度看，在时间的意义上理解和追求休闲生活是最恰当，最合乎逻辑的。什么是休闲时间？美国的经济学家凡勃伦早在1899年所著的《有闲阶级论》中就指出，体闲时间是指人们除了劳动以外用于消费产品和自由活动的时间。他认为，休闲是指不生产的消费时间，人们在休闲时间中进行生活消费，参与社会活动和娱乐休息，这是从事劳动之后身心调剂的过程，与劳动力再生产和必要劳动时间的补偿相联系。

马克思着眼于揭露资本主义生产的实质，把时间分为“工作时间”和“自由时间”。他在1862年完成的《剩余价值理论》中就指出：“可以自由支配的时间，也就是真正的财富。这种时间不被直接生产劳动所吸收，而是用于娱乐和休息，从而为自由活动和发展开辟了广阔的天地，财富就是可以自由支配的时间”。人的发展有赖于休闲时间的增加，一个国家真正财富的标志是劳动时间的减少、休闲时间的增加。

（二）休闲经济发展的时代背景

1. 休闲时间的增多

大约在一万年前，当时的农业处在发展时期，人们已不再花更多的时间去狩猎和采集，而是腾出部分时间用于休闲；在公元前6000年到公元1500年期间，工匠和手工艺人担负了耗时费力的艰苦劳作，使部分人分出17%的休闲时间；到了18世纪70年代，动力机械（包括早期蒸汽机）更快速的工作，使人们的休闲娱乐时间增至23%；而到了20世纪90年代，电力机械几乎提高了一切工作的速度，使人们寻求娱乐享受的时间增加到41%；在2015年之前，新技术和大量其它技术的发展，使人们的休闲娱乐时间有希望增加到50%。每周的总工作时数，从18世纪末期的72h不断下降到1859年的69.8h，到20世纪90年代下降到40h；在欧洲，还传闻将降到每周30h，有一些国家的执政党甚至在讨论20h工作周。在我国，从1995年5月1日起，我国实行了每周工作40h，即每天工作8h，每周2天休息日制度。

节日数量也在增多。1999年，我国政府调整了节假日的时间，通过上移下借的方法，在“五一”国际劳动节、“十一”国庆节、春节形成了连续7天的长假，加上双休日，我国现在已经形成了每年大量的法定假日，加上带薪休假，就意味着城市工作人口中每年有1/3的时间处于假日状态就逐步形成一种新的生活方式。

人们的退休年龄也不断提前，按我国现行的退休制度，男性的退休年龄是60岁，女性的退休年龄则是55岁。随着生活水平的提高，医疗保健科技的发展，人们普遍能够长寿，有人估计，人们的寿命到2015年可以延长到125~160岁，由此造成的普遍的社会老龄化将引发诸多的新问题。人们将如何打发这近100年的退休光阴呢？这是一个值得认真研究的崭新问题。可见，由于新技术革命而引起的人们的劳动强度的降低、体力活动的减少、空闲时间的增多、寿命的不断延长、以及精神压力过大等等，使得人们更愿意将多余的时间用于体育运动和休闲娱乐，消除压力和烦恼，达到情感交流，以最大限度地实现自我价值。

2. 收入水平的提高是休闲经济大力发展的物质基础

从总体上看，我国的人均收入水平与发达国家相比，差距仍然很大，人均收入水平还相当低。目前，我国人均年国内生产总值（GDP）刚刚超过了1000美元，被世界银行划分为中下等收入水平。但由于我国地域广阔，各地经济发展不平衡．东南沿海地区经济较为发达，一些大城市的人均年收入已达到或超过3000美元，城镇居民的收入增长幅度大于支出增长幅度，生活节余逐年增多，家庭积累日益丰厚，居民可支配收入的日益提高，这为休闲经济的发展提供了物质基础。从居民收入水平的增长情况来看．“十五”期间我国农民人均纯收入将保持在年平均增长3.84%，城镇居民可支配收入增长将保持在平均5%～32%，同样保持了持续增长的势头。另据国务院发展研究中心战略部课题组的报告，“中国经济从2000年到2020年平均潜在增长速度将达到7.3%左右，按不变价格计算2020年GDP将比2000年翻两番多。到那时，按汇率计算的人均GDP将达到5000美元，即相当于1997年世界人均GDP的平均水平，而GDP总量则可超过日本，仅次于美国居世界第二位。如果按购买力计算，则GDP总量可能接近当时的美国。”由此可见，新世纪我国休闲经济的大发展有着比较坚实的基础。

3. 消费结构的变化使休闲经济可持续发展成为可能

在西方国家，休闲产业的增长率高于每年经济的平均增长率，家庭可支配收入的三分之一用于娱乐、健身、旅游等行业，使得这些行业迅速发展起来，创造了更多的就业机会，又进一步提高了人们的收入水平，对休闲产品的需求就会呈良性循环不断增加。

我国在经历了20世纪50至80年代长期的短缺经济后，目前工业产品的总体市场已经实现了由买方市场向卖方市场的转变，形成供大于求的局面。宏观经济在20世纪80年代和90年代初经历了一个高增长的时期。在这一时期，GDP的平均增长率为9.8%，1993年达到11.3%。从1997年开始，经济发展速度有所回落，消费需求不足已成为经济增长率回落的重要原因之一。经过20多年的改革开放，我国城市居民已开始步入小康生活，物质消费在较低水平上已基本饱和。因此，如何引导居民消费结构升级，增加精神文化消费是促进国民经济良性增长的重要措施，而休闲产业中的健身娱乐、体育竞赛表演和旅游等，在引导居民消费方面具有特别重要的意义．据调查统计，在1992～1997年全国居民点的文化体育消费年平均增长5.1%，在一些经济条件较好的城市如上海、广州等，有43.7%的居民休闲消费（包括健身娱乐、旅游等）的年支出在1000元以上。而在许多中小城市，休闲消费水平还很低，市场潜力还有待进一步挖掘。

4. 我国农村城市化和城市社区化进程的加速，有利于休闲产业的大发展

首先，工业化必然带来城市化。随着城市人口的自然增长以及城市化带来的农民进城效应，我国的城镇人口将有一个较快的增长，而城市人口骤增对市民组织管理形式的创新提出了新要求。按照发达国家的经验以及我国在部分城市试点的情况，这一新型的组织管理形式就是社区化服务。从发展休闲产业的角度看，城市社区化和农村城市化都将为加快休闲市场的发展提供难得的机遇。

其次，城市社区化和农村城市化为拓展我国居民的基本休闲消费需求提供了可能：一方面，城市化不仅能把农民带进城，而且会促进第三产业的发展，增加居民的收入；另一方面，城市社区化能带动社区休闲产业的迅猛发展以及集团化、连锁化休闲经营方式的形成，这又从供给的方面为激发和引导市民初步形成的休闲消费需求提供了可能，从而有利于拓展消费领域，扩大消费规模。而且，城市社区化和农村城市化有利于培育和发展休闲市场。从市场学的角度看，消费者在一定规模上的聚集是市场形成和发展的必要条件。休闲市场，尤其是体育、健身、娱乐、旅游、竞赛表演等市场的培育和发展，也需要消费者的聚集效应来支撑。

再次，城市社区化和农村城市化还会拉动休闲产业领域的投资需求。投资需求是由投资收益预期决定的，城市社区化和农村城市化在激发休闲消费、活跃休闲市场方面的效应，会使社会投资主体对在这一领域投资的收益预期看好，投资信心增强，从而能吸引更多的投资，扩充休闲产业的资本总量，提高休闲产业的规模效益。

二、休闲经济的基本特点

（一）休闲的特征

休闲业与其他行业相比，有一些较为独特的特征：其一，休闲活动选择性强。休闲活动具有很大的可替换性，健身、购物、旅游等方式均可根据条件和个人爱好随意选择，谁能抓住顾客的心，谁就能赚到“上帝”的钱，因此难度较大；其二，休闲具备“非必须”性。日常必须品的需求弹性系数小，而休闲产品的需求有很大的弹性空间，如果经营得道、价格适度，会吸引很多消费者慷慨解囊；其三，休闲是一种无形产品。对顾客来说，休闲是一种体验，是有形物和无形物相结合的无形产品，要使顾客乘兴而来尽兴而归，产品的质量和服务的档次至关重要；其四，休闲品味和需求具有不确定性。人们对休闲的品味和对其产品和服务的需求，受时尚流行的影响较大，产品的生命周期短、投资风险较大；其五，休闲业的竞争性强。我国加入世界贸易组织，休闲业将受到外企的挑战，许多国外的休闲娱乐商对我国巨大的休闲市场早已垂涎三尺，急欲加入我们的竞争，如外国的娱乐业、餐饮

业、影视音像业等。而且他们所提供的休闲产品和服务不论在成本还是在质量上，都将对我国的休闲产业构成巨大的压力。

（二）休闲经济的基本特点

休闲经济是指社会产品的生产和再生产的活动，它在我国虽然是一个新生事物，却发展迅猛，在我国的国民经济生活中扮演着愈来愈重要的角色，就其经济活动规律而言，主要体现出以下3个特点：

1. 休闲时间上的集中化

由于我国尚未普遍推行带薪假期制度，居民最主要的休闲时间多集中在3个“黄金周”和法定节假日上，即通过上移下借的方法，在“五一”、“十一”和春节形成3个7天长假。

2. 消费方式的休闲化

据权威部门测算，到今年年底，中国人均国内生产总值将超过1000美元。与此同时，城乡居民的恩格尔系数（即居民食品支出占总支出的比重）将分别降至0.4和0.5的水平，甚至更低。这标志着我国人民在走向新世纪的时候，已经由生活质量型消费取代了温饱型消费，沿袭了几千年的生活方式——先生产，后生活；只有工作创造价值，消费毁损价值；以及休闲是资产阶级的观念——将发生根本的变革。

事实上，在人类历史发展的进程中，不断衍生的社会文化以及各种文明的价值观一直在推动着休闲。如人的旅游行为，不仅满足了人的欣赏、好奇、远足和愉悦身心，而且可以促进人与自然，人与人的和谐、友爱以及不同文化的交流。尽管西方人喜欢喝咖啡，却要带回中国的乌龙茶。其实，他们不仅是要欣赏中国的茶，更重要的是品位中国的文化。同样，中国人到麦当劳吃汉堡，也不单纯是一种就餐行为，而往往是体验美国的文化。

3. 消费量的巨大化

休闲产业是工业化社会高度发达的产物。笼统地说，休闲产业是指与人的休闲生活、休闲行为、休闲需求（物质的、精神的）密切相关的领域。特别是以旅游业、娱乐业、服务业和文化产业为龙头形式的产业系统。在西方发达国家，休闲产业是国民经济收入极为重要的来源。以美国1990年统计的数据为例，美国全国的休闲消费（包括住房、服装、餐饮方面的休闲消费）已达10000亿美元，大约占全国全部消费支出的1/3，休闲产业就成为美国第一位的经济活动。虽然，我国由于国民经济发展水平等方面的原因，尚无法与其他发达国家相比，但休闲消费这日益庞大的消费趋势将日渐融入人们的日常生活中，却是不争的事实。

三、休闲经济学理论对国家森林公园建设的指导意义

（一）指明了国家森林公园建立和发展的方向与地位

把握休闲经济与休闲产业的特点，有助于我们全新认识林业、国家森林公园与旅游业的关系，认识林业和国家森林公园在“休闲经济”中的重要地位。目前，我国正处在一个工业化与现代化并举的重要发展阶段，旅游业的发展毫无疑问会促进不同地区经济往来的密切和经济总量的扩张，同时也使自己不断“膨胀”，逐步成为当地的一大产业、一大经济支柱，旅游业与高新技术、网络技术、基因技术等一样，具有新经济的同样性质，已成为新经济的重要组成部分。国家森林公园是休闲经济与休闲产业的重要载体，加快国家森林公园建设，将有力推动休闲经济发展。

（二）为国家森林公园有机融入休闲经济活动提供了科学的理论和方法

国家可持续发展战略的确定，引发了对林业主导需求的改变，中国林业定位随之发生了重大的转变，使林业向社会提供的生态服务功能不断得到充分体现和加强。

然而，应当清醒地看到目前林业及国家森林公园建设取得巨大成就的同时，林业、国家森林公园的发展现状与“旅游经济”、“休闲经济”还存在着许多不协调，甚至矛盾之处。一方面，休闲经济的崛起，客观上要求国家森林公园，林业建设提供更多、更好的森林生态服务，丰富人们日益增长的物质、精神、文化生活。另一方面，休闲产业经济的进一步发展要求国家森林公园的建设与发展要与整个休闲产业相协调起来，要从多个角度、多种行业综合发展的方向去组织国家森林公园的建设与规划，达到“双赢”、“多赢”的目的，而不是相互“抢地盘”、“争位子”的恶性竞争。同时，休闲经济理论也表明了，国家森林公园的发展，不能单从林业来发展国家森林旅游，而应从社会来发展国家森林旅游。

第六节　森林美学论

一、美学概论

（一）美的概念

美，是自然进化和社会发展的产物，也是一种物质属性与社会属性的统一。美普遍存在于自然现象和社会事物之中，它通过点、线、面、形、色、味、质感和纹理等要素，体现出淳朴的自然美。美，也是人类面对各种自然现象和社会事物，所产生的审美意识的体现。

美，是建立在客观物质基础上的。也就是说，美是客观存在的。只有物质存在，才会产生美，物质消亡，美也不复存在。美感，是人类对美的可感性和直接性的认识。但这种美的观念，是在人类和社会生产力发展到一定阶段后，才有可能形成审美能力，产生美的观念。所谓美，即是“人化的自然”或者说“自然的人化”。这就决定了人类美感的思想性和社会性。人类不仅可以寻求自然美，而且可以对自然进行适度加工改造，增强其美感，以形成美好的环境。

（二）美学的兴起与发展

美学（Aesthetics）一词，源于希腊文，其意是感觉。无论在古希腊，还是在中世纪，一些思想家在同人类具体的真、善、美打交道中，逐步形成了对美的见解。宗教哲学家圣奥古斯丁和以后的托马斯·阿奎那，先后提出了以形、光彩和象征为主要标志的审美观念。

美学，作为一门独立的科学，始兴于18世纪中叶。1750年，德国哲学家鲍姆加登首先提出了美学的概念，他撰写了《美学》一书。以后，在许多学者的著作中，应用了“美学”一词。19～20世纪初，德国学者对美学的研究一直领先于世界。1876年，G. T. 费希纳在他的著作《美学入门》中，提出了“用观察特殊现象的方法研究美学的途径”。英国的维特根斯坦、C. W. 瓦伦丁和爱德华·布洛，法国的查尔士·拉罗、爱德蒙·博克、奥斯古特·孔德，以及美国的莱特纳·威特曼等，都对美学进行了很多研究。

第二次世界大战以后，各国对美学的研究和应用更为广泛。法国美学家维克托·巴希等恢复了法兰西美学协会活动，创办了《美学评论》季刊。美国、英国、日本、意大利、西班牙等国，也先后建立了美学协会，分别出版了《美学和艺术批评》、《英国美学杂志》、《美学》、《美学评论》、《美学思想评论》等，逐步形成了现代美学理论体系。1913～1964年，还先后在柏林、巴黎、威尼斯、雅典和阿姆斯特丹，举行了五次国际美学代表会议，更推进了现代美学的发展。

美学，是研究和揭示美的本质及其客观规律的科学。其研究的主要内容是美的本质、美的普遍性、美的客观性、美的妥当性等。美学，属于认识范畴，是哲学的一个组成部分。当人们欣赏某种自然风景或艺术品时，首先要通过视觉、听觉、嗅觉、触觉等感官，产生感性认识，再通过想像、情感、思维、判断和推理等一系列心理活动，对审美对象做出反应，从而产生喜悦之情，得到美的享受．这就是美的体现和美感的产生。

由于现代自然科学的迅速发展，美学与自然科学互相渗透，不仅影响人的艺术创作技巧，而且也对人的世界观、人生观、价值观、道德观产生影响，并相互融合而形成审美观念。

二、森林美学的基本要点

森林美学理论的创始人，是德国林学家萨立希（R. Sallsch）。他在自己经营的林地上，一方面生产木材，同时修饰成森林景观，招徕了不少游客。到过他所培育的森林中的人，都认为他不仅开创了森林美学理论，而且在实践中培育了美丽的森林景观。起初，在德国曾引起了一番争论：森林美学能否成为一门科学？经过一个时期的争论之后，把森林美学确定为林学的一个分支学科。现在，在德国已发展成为艺术林业。森林美学理论的基本点是：

1. 森林美学是客观存在的

大多数人对森林美学的认识是一致的：森林美，是一种自然美。

2. 森林美学主要研究森林的自然美，但并不排除人工美

对森林景观加以人工修饰整治，可以使森林景观更加美丽。

3. 森林美的本质，在于它能反映其内在特性的完美形态

4. 森林美与森林经营目的，可以统一起来

认为最美丽的森林，往往是经济效益最好的。

5. 森林美学理论，把森林美分为单纯形式的美和复杂形式的美

单纯形式的美，是指林木而言；复杂形式的美，除林木以外，还包括山、水、鸟兽、云雾、雨雪、光彩、林道、建筑物等。各种自然景观，人工建筑协调、和谐、安排得体，就能相得益彰。

6. 优美的森林风景，应在3个方面达到完善的境地，即自然美、艺术美和生活美

自然美，是指森林环境优美，风光奇特，古树名木，奇花异草，珍禽异兽，使人的视觉、嗅觉、触觉感官，都能得到美的享受；艺术美，是指在森林美景中，寓情于景，寓意于景，激发人们热爱大自然、热爱森林、热爱祖国的高尚情操，进而升华到诗情画意的艺术境地；生活美，是指具有方便、舒适的交通和服务设施，能满足游人吃、住、行、游、购、娱的多种需求，使其高兴而来，满意而去。

三、森林景观资源的美学特征

自然美，是社会普遍存在的观赏内容和形式。森林美，是国家森林公园自然景观发挥美育作用的主体，对旅游者有强烈而形象的感召力量。森林美学特征主要体现在以下几个方面。

（一）形态美

自然界的森林，是以某种形态存在，是人们能够感知的首要条件。其形态、数量、范围和某些特征，可以形成不同的美感。森林多以自然山水的地理因素为基

础，形成不同形态的群体美，如山林秀美，峡谷幽美，平畴旷美等。树木、植物个体，受遗传和自然因素的影响，其形态各异，有的古木参天、高大通直；有的树干扭曲，低矮多姿；有乔木、灌木，也有草本，有常绿、有落叶，有针叶、有阔叶等。这些千姿百态的形体，通过游人的各种生理机能，形成美感，加以享受和评价。这就是森林环境中的形态美。

（二）色彩美

大自然不仅给人类塑造了种种的形态美，而且还造就了极为丰富的色彩美。色，是物的基本属性之一，对人的感官最富有刺激性。森林植物的叶、花、果，在不同季节里，色彩随时令而变化，构成五彩缤纷的季相景色。如春天，山花烂漫，姹紫嫣红；盛夏，苍茫浓郁，山林滴翠；仲秋，满山红叶，层林尽染；严冬，青松翠竹，银装素裹。在森林色彩美系列中，最引人注目的莫过于争奇斗艳的花卉了。这些色彩夺目的山花，给人提供了色、香、味、形俱佳的美感。如延安国家森林公园的万花山野生牡丹、太白山国家森林公园的高山杜鹃、南官山国家森林公园岚河两岸的蜡梅等都十分诱人。还有绚丽斑驳的鸟兽虫鱼，光彩炫丽的朝晖晚霞，七彩正纯的彩虹佛光，缥渺虚幻的淡云薄雾，洁白无瑕的冰天雪地等，都显示了森林绚丽的色彩美。

（三）动态美

按照自然景观要素的动、静特性，自然美可分为静态美和动态美。静态美虽然重要，但不如动态美变幻多、层次多。特别是观赏由中景、远景组成的旷景时，除了天气和时辰等影响视野的条件外，还要靠游人在运动中或者在动、静结合中观赏，不仅能享受森林和山水的静态美，还可进一步感受到大自然的空间美，自然风景在“运动”变化中的动态美和游客自身产生的想象美。游人在运动中，与错落起伏、变化多端的自然风景和谐地融为一体，可以从不同的角度、光线和范围，看到许多绝妙的美景，仿佛林、山、水在为游人翩翩起舞，舒展丰姿。当我们在太白山国家森林公园乘汽车沿山道盘旋而上，到达海拔 2800m 的下板寺游览；在千岛湖国家森林公园乘游艇在浩淼烟波中赏景；在泰山、骊山国家森林公园乘缆车上山，从空中鸟瞰风景时，随着车船的运动，造成景物相对位置的多层次、多角度的变幻，可尽情寻觅大自然隐含的动态美、静态美和空间美。如柳绿轻扬、松林风涛、云烟雾海、鸟飞蝶舞、鱼欢兽戏、塔铃摇声、瀑落清潭等，都给游人增添了无限的乐趣。

（四）听觉美

人类通过听觉感知音源，可以获得许多美妙悦耳的声音美。人们喜欢到大森林中去旅游，其乐趣之一就是享受大自然的听觉美。如林海松涛、雨打蕉荷、流水潺潺、泉水叮咚、鸟语蝉鸣、江河涌涛、空谷回音、暮鼓晨钟、铁马风动等。人声天籁各有其情，清浊除疾自有节奏。这对于久居闹市噪声环境中的人，无疑是一种极大的享受。

（五）嗅觉美

山林旷野中的绿树鲜花，不仅美化自然环境，许多树林花草还散发出沁人肺腑的芳香，给人一种无限欢乐的嗅觉美。在森林世界中，除了清新的空气外，春天，各种山花的芳香；夏天，各类树草的清香；秋天，令人陶醉的果香，都刺激着人的嗅觉和味觉，形成一种嗅觉美。并诱使游人去尝试体验，其中有解渴裹腹的实用价值，但决不可无视其审美意义。我国国家森林公园许多植物以“香”命名，如南方的香樟、香蕉、香椿、香果树，北方的丁香、香蒿、香蒲、香茅等，都以不同的香味给人以嗅觉美，使游人既能闻香，又可尝香，吸引力颇大。如陕西临潼骊山国家森林公园的石榴、火晶柿子，对国内外游客，都极为诱人。

（六）结构美

森林植物不论群体分布或个体生长，都有其一定的自然规律，形成一种自然的结构美。如森林植物按照一定的地域、海拔高度，呈水平或垂直分布，形成多种多样的群落。植物的茎、叶、花、果，都排列有序，对称、互生均衡、和谐。正是这种自然的结构美，才影响了人的审美观念，并进而将这种观念运用于创作之中。结构美使得事物各部分紧密联系，互相陪衬、对比，又突出了主体，形成一定的韵律。“气韵生动”的评价，往往得力于其结构的完美和协调。

（七）质感美

质感，是物质各种物理与化学的属性。它给人以视觉、触觉、嗅觉的刺激，而形成综合的印象。人们对某一景观要素的评价，往往要与其他国家森林公园的同类要素进行对比，才能对它们的属性加以级差处理，然后，把各种景素的质量联系在一起进行综合评价，进而得出风景环境质量的评价。可见，景观的质感美，是以同类物质的比较为基础的。人们一旦建立了质感美，对此景观的价值，就会产生由感性认识到理性认识的飞跃。

（八）综合美

上述种种美感，一般不是单独存在的。虽然景观是以物质存在为基础的，物质的所有属性都可使景观呈现出一系列的美学价值。游人通过各种感官，便可获得多种美感，以形态美、色彩美、动态美、质感美等诸美感的结合，又可产生综合美。一般来讲，国家森林公园的形态美和色彩美起着支配的作用，是其美学价值和环境质量的决定性因素。从人的认识规律来看，既要注意事物的总体情况，获得全面的印象，又要认真考察其主要方面，抓住基本特征，方能获得全面的认识。所以，我们观赏各类景观，必须了解其综合美，使人的美感达到升华的意境。

四、森林美学对国家森林公园建设的指导意义

森林美学，是国家森林公园规划、建设、经营和管理的理论依据之一。通过对森林美学知识的学习，可以使国家森林公园领导者、管理者，进一步认识到优美的森林景观和自然环境，可以潜移默化游人的审美观念、审美情趣和审美理想。它不但能给游人以美的享受和精神上的满足，而且还能激发游人为创造美好的生活和未来而奋斗。

（一）指导国家森林公园总体规划设计

以森林美学理论为指导，进行总体规划设计，为国家森林公园建设和发展，制订出一个美好的蓝图，成为开发建设和经营管理的指导性文件。

（二）促进森林景观的培育与改善

以森林美学知识为基础，大力培育和改善森林景观，突出国家森林公园主体景观特色。通过风景林营造、林相改造、封山育林、景象抚育、绿化美化措施，丰富森林景色，改善景观质量，提高美学观赏价值。

（三）指导国家森林公园的开发建设

运用美学知识，进行国家森林公园开发建设，一切人工建筑设施，既要突出地方和民族特色，更要讲求美观艺术，与自然环境保持协调、和谐、统一。

（四）提高国家森林公园旅游服务品味

运用美学语言进行导游讲解，激发游人的美好感受。优美的语言、幽默的介绍，娓娓动听，使游客听了会体验到原来感觉不到的东西，引发许多美妙的联想。在旅游经营、服务中，提倡文明礼貌、优质服务，树立思想美、心灵美、语言美、行为美的职业道德风尚，使游人处处感到温暖和满足。

总之，运用森林美学理论，在国家森林公园规划设、建设、经营和管理中，使自然美、艺术美、生活美有机结合，最大限度地把森林公园的美充分发挥出来。

第三章 国家森林公园景观资源评价与景观资产评估

景观资源评价与景观资产评估是申报和开发建设国家森林公园的一项基础性工作，是科学评价景观资源质量及价值的重要方法和科学体系。

第一节 国家森林公园景观资源的有关定义

一、景物

景物（Landscape）是指具有观赏、科学文化价值的客观存在的物体。如奇峰异石、泉瀑溪潭、森林植被、野生动物、文化遗址等。

二、景观

景观（View）是指将景物按美学观点完美结合而构成的画面，通过人的感官给予美的享受。如大自然的山水、树木、光影、云霞、露雾，以及点缀在自然环境中的建筑、人群、飞禽走兽、花草鱼虫，构成一幅幅动静变化的空间画面，给人以视觉、听觉、嗅觉、味觉上美的享受。

三、风景资源

风景资源（Landscape Resources）是以景物环境为载体的，自然形成或人类创造的，有普遍社会价值的财富。

四、森林风景资源

森林风景资源（Forest Landscape Resources）是森林资源及其环境要素中凡能对旅游者产生吸引力，可以为旅游业所开发利用，并可产生相应的社会效益、经济效益和环境效益的各种物质和因素。

五、风景资源质量

风景资源质量（Landscape Resources Quality）是指风景资源所具有的科学、文化、生态和旅游等方面的价值。

第二节　国家森林公园森林景观资源的特点

一、森林景观资源的属性

森林景观资源是兴办国家森林公园，发展森林旅游的物质基础。这是因为，国家森林公园是以森林景观资源为凭借，以旅游服务设施为依托，通过旅游服务来满足旅游者的多种需求的。

森林景观资源是在特定条件下形成的以森林景观为主体，能吸引旅游者，具有多种功能的自然与社会、有形与无形诸多因素有机组成的统一体。

二、森林景观资源的特点

森林景观资源与其他自然资源一样，也有其自身的特点，主要有以下几点：

（一）多样性

森林景观资源的多样性，主要体现在种类多样、结构复杂、分布广泛。它既有看得见的森林景色、自然风光和文物古迹，也有看不见、摸不着，只能体验的历史典故、民俗风情；既有古代的，也有现实的和新生的；既有有生命的树木、花草和野生动物，也有无生命的奇峰怪石、地质构造；既有物质的、经济的，也有精神的、文化的。它们以不同形式渗透、分布于各个方面，有的在天上，有的在地面，有的在地下，有的在山上，有的在水里，广泛分布于国家森林公园的地域空间。

（二）时代性

森林景观资源具有鲜明的时代特征。主要表现在不同社会制度的国家、一个国家的不同时代，有的是景观资源，有的不是景观资源，同一种东西，却有两种不同的利用价值。如我国的传统林业是以木材生产为中心，对奇峰怪石、悬崖峭壁等，过去不认为是景观资源，而看作“不可利用地”，长期荒废而不利用。有的革命纪念地，如重庆市歌乐山国家森林公园内的白公馆、渣滓洞，过去是反动派残酷迫害共产党人和爱国人士的杀人场，今天成了人们凭吊革命烈士，进行爱国主义教育的阵地。这就是森林景观资源随时代而变化的特点。

（三）变异性

所谓变异性，就是它原来并非有旅游属性，后来因某种原因，使它产生了质的变化，能吸引游人。如许多国家森林公园内的名人故居、古树名木，以及地震、崩塌引起的地形变化，原先都没有旅游价值，只是在成为名人、古树、名木或兴办国家森林公园之后，就成为宝贵的森林景观资源了。

（四）地域性

我国森林景观资源，具有十分鲜明的地域性，主要体现在地方和民族特色上，即在不同地域有不同的景观，如以太白、楼观台、嵩山、泰山等国家森林公园为代表的北方山势雄伟、暖温带落叶阔叶林景观；以张家界、千岛湖、流溪河、琅琊山等国家森林公园为代表的南方奇山秀水、亚热带常绿落叶阔叶混交林景观；以牡丹峰、火山口、五女峰、长白山等国家森林公园为代表的东北温带原始森林景观。它们都有极其鲜明的地域景观特色，民族风俗也十分浓厚，具有很大的吸引力。

（五）交叉性

森林景观资源的交叉性，主要表现在同一国家森林公园内多种类型交叉分布，融森林景色、自然风光和人文景物为一体，在互相联系和互相制约的环境中，协调共存，不断发展。很少存在孤立的、与其他景观要素不联系的单一景象。这种景观资源的交叉性，对国家森林公园来说，往往具有更大的吸引力。因为游人的旅游动机是多样化的，他们的出游大多数都是想看到更多的景观类型。这是国家森林公园开展丰富多彩旅游活动的决定性因素，也是其开发森林旅游的优势所在。

（六）永续性

绝大多数森林景观资源，具有重复使用的价值，即永续利用性。除少数景观资源会被旅游者消耗掉，需要人工培育补充外，如狩猎、垂钓、采集等，但多数景观资源是不会被游客消耗掉的。游人参观、游览之后，只能带走美好的印象和美感，而不会带走景观资源本身。这种森林景观资源的永续性，正是形成国家森林公园与旅游投资较少、见效快、收益大、利用时间长等优点的基本原因。但是，旅游活动也常产生污染环境的副作用。只有加强森林景观资源的保护，才能使这种资源的永续性得以充分发挥。

（七）季节性

由于地理纬度、海拔高度、气候因素的影响，森林景观资源具有明显的季节变化和垂直变化，使国家森林公园与森林旅游业出现淡季、平季和旺季。观景也有最佳时机，如观花宜在春夏，观红叶宜在晚秋，观日出宜在黎明，错过时机也就看不到或失去了观赏价值。

（八）增智性

森林景观资源具有文化属性。游人通过游览、观光。可以获得丰富的知识，启迪智力，在享受自然美中受到教育。许多国家森林公园繁多的森林植物、野生动物、独特的地质构造、奇妙的自然现象、悠久的历史文化、重要的革命旧址等，都是进行科学考察、教学实习和爱国主义教育的大课堂。

第三节　国家森林公园景观资源分类

一、地文资源

包括典型地质构造、标准地层剖面、生物化石点、自然灾变遗迹、名山、火山熔岩景观、蚀余景观、奇特与像形山石、沙（砾石）地、沙（砾石）滩、岛屿、洞穴及其他地文景观。

二、水文资源

包括风景河段、漂流河段、湖泊、瀑布、泉、冰川及其他水文景观。

三、生物资源

包括各种自然或人工栽植的森林、草原、草甸、古树名木、奇花异草等植物景观；野生或人工培育的动物及其他生物资源景观。

四、人文资源

包括历史古迹、古今建筑、社会风情、地方产品及其他人文景观。

五、天象资源

包括雪景、雨景、云海、朝晖、夕阳、佛光、蜃景、极光、雾凇及其他天象景观。

第四节　国家森林公园景观资源调查

景观资源调查是进行景观资源评价和开发利用景观资源的第一步，也是建立国家森林公园，开展森林旅游，制定总体规划的基础。随着社会的发展，国家森林公园日益成为游人恢复身心健康，陶冶情操，增长知识的场所。怎样才能对其进行有效控制、有效益的开放、让游人欣赏大自然的美、如何才能提高“重游率”等等，要回答这些问题，首先必须摸清“家底”，搞好资源调查。

森林景观资源调查的第一步是收集资料；第二步是实地踏察。现分述如下。

一、收集资料

根据所能获得的档案资料查明以下资料：

（一）自然地理

所在地的经纬度、相邻地区名称、地形地貌特征、山体水体特征、一般海拔及最高最低海拔、相邻地高差、地质构造、地层构造及发育特征、土壤类型、气象资料、水文资料、有无重大自然灾害及其出现规律、全年适宜游览日数及起止月日等。

（二）社会经济

历史政区变迁、隶属历史沿革、政区现状及管理体制、所属区域城镇及农村人口分布、民族及人口、宗教人员的历史与现状、土地分类面积（山地、耕地、林地、水面等）、历年国民经济情况、工矿生产情况、矿藏、能源、传统土特产品及产量、农牧副渔业情况、区内人均收入水平等。

二、实地踏察

（一）踏察要求

（1）应用美学观点鉴别景物，确定景点。如古趣横生的玉花溪等。

（2）深入细微，抓住瞬息，发现或挖掘新的景物景点。踏察不是爬山运动，而是去寻觅，去发掘景物之真谛，以提高观赏价值。如香山的回音崖等。

（3）调查访问、虚心求教。如玉华宫的徐妃寒泉、天池寺的漏砂不漏米的大铁锅。

（4）抓住景观主要特征，突出景观特色，运用园林的手法加以艺术加工和描述记载，作为景点的介绍材料。如四川瓦屋山国家森林公园成片的杜鹃林，春夏之交，杜鹃争艳，花的海洋。又如福建上杭国家森林公园枫香林，秋景应是秋枫似火。

（二）踏察内容

1. 自然景观

（1）山景。山景应是按照人们精神文化的需要，赋予它种种美好的含义，从许许多多层叠起伏的山岳中挑选出来的佼佼者。包括峰峦、峡谷、岩石、火山等。

我国是一个多山国家，山地面积约占国土面积的2/3，而林业又占据了祖国的高山、远山，所以，开发森林旅游业，山景便是其中重要内容之一。

踏察山景应以其成因为依据，以山体的宏观形态及岩石的性质为基础，（也就是指山的“势”和“质”），再综合考虑自然景观、美学或人文特征。山体的宏观形态就是指山的总体形态和空间形势的美，概括为雄、奇、险、秀、幽、旷。

（2）水景。水景包括静态水景如潭、湖、水库；动态水景如江、河、溪、泉、瀑等。

（3）天景。云雾、雨雪、日月星辰，使大自然色彩斑斓，变化万千。

（4）植被。到森林中的旅游者并非只是为了看树，呼吸新鲜空气，而是想看到森林的内含、地域空间综合的美。

森林景观包括高大的乔木，也包括低矮的灌木和林下多姿多彩的草本植物，还有林中的各种动物，以及与森林交相辉映的文物古迹等。

踏察首先应摸清植物种类、品种、色彩、姿态、年龄、层次结构，这些是构成景观区空间层次及森林景观效果的因素。其次，调查古树名木、濒危植物、名花异卉。如香山武后手植柏、终南山唐代古槐、田中赠送的落叶松、嵩山的太白红杉、溪边的金钱槭、庙中的香果树、高寒林下的桃尔七、静峪的膀胱果、延安的野牡丹等等，又会形成各自独特的景观效果。这些都需预先踏察清楚。

（5）动物。主要调查能为景观增添色彩的鸟兽鱼虫的种类、数量及珍稀濒危动物，如林间的鸟、池中的蛙、水里的鱼、飞舞的彩蝶、憨态的大熊猫、灿灿放光的金鸡等等。

（6）奇特景观。由于地球历史变迁形成的景观，如冰斗、石河等；特殊的地质构造形成的景观，如终南山的冰洞，天热洞中结冰，天转冷冰反而消融等等奇特景观。由天气形成的奇特景观，如“宝光”、“神灯”、“紫烟”等。

2. 人文景观

文物资源的价值在很大的程度上决定了景观的等级。它包括以下方面。

（1）文物古迹

①古代人类文化遗址，如半坡村、蓝田猿人遗址。

②古代经济文化中心、文人荟萃之地。历史上经济文化繁盛又具有灵山秀水之地，大都是文人荟萃之地，如蜀国多仙山、仙山遍圣迹，西湖景观区等。

③古代伟大工程，如长城、都江堰、运河、栈道等。

④历代帝王都城、宫殿、园囿、陵墓等。如骊山景观区兵马俑、烽火台、铜川玉华宫、黄帝陵等。

⑤宗教活动中心。“天下名山僧占多”。僧、道开山之初，一般总是选择优美的自然景观、优良的生态环境作为“修身养性”之地，大都留下了古代建筑文化、寺庙园林艺术及文人墨客的碑文、诗词、大师匠人的摩崖石刻、石窟、石雕、泥塑等。

⑥从对自然崇拜到欣赏自然发展过程中，所留下的文化资源、诗词歌赋、神话传说、摩崖石刻、绘画、文学著作等。如除东、西、南、北、中五岳之外，全国重点祭祀的名山有琅琊山、岐山、吴山等，还有“山海经”、“兰亭序”、“凤翔八观寺”、“游春图”等传世佳作。

⑦古代战场和历史重大遗址，如蜀道景观。

⑧革命历史纪念地，如延安。

（2）风俗民情、传统节会、历史典故、神话传说等。

3. 环境质量

森林景观资源的质量、数量、分布及环境质量，是形成国家森林公园的基本条件。国家森林公园等级的划分也要根据景观资源和环境质量、规模来进行评价。

（1）地形地貌，危岩险石、地震烈度、滑坡、泥石流、洪水等会给旅游者带来危害或险情的因素，应事先调查清楚，作为施工依据。

（2）大气净污情况，有害气体含量、灾害性天气、不宜旅游开放的温度、风速、雨雪、冰冻等气象资料。

（3）水体净污情况，水位、水温、水量、水质等资料。

（4）植物生态、有害动植物情况、植物病虫害等。

（5）地方病、多发病、传染病、流行病等。

（6）工矿企业、科研教学单位、服务单位、医疗机构等排污、放射性、易燃易爆物、电磁辐射等。

4. 旅游条件

内外交通、通讯、饮食住宿；水电、物资供应；保健、安全、后勤服务等。

第五节　国家森林公园景观资源评价方法

目前，我国普遍采用定性评价方法，进行森林风景资源评价。近几年，一些学者和设计单位，借鉴旅游部门评价方法，研究探索运用数量化模型和层次分析百分制评分等方法，进行定量与定性结合的评价，取得了较好的效果。国家有关部门颁布了森林风景资源等级评定标准。

一、定性评价

这是国家森林公园总体规划设计中，普遍采用的常规评价方法。它以美学理论为基础，用审美观点分类评价其美学价值、文化艺术价值和保护科学价值，并用文字描述的方法，加以量的区别。在单项评价基础上，综合评价国家森林公园风景质量。这种方法简单易行，但缺乏量化标准，受人的主观因素影响大，往往不够准确。其方法步骤是：

第一步，景观分类。一般将国家森林公园的景点、景物区分为林景、山景、水景、生物景、天象景、人文景等。

第二步，单项评价。按上述分类进行评价，确定其可览度，即按照其吸引游人的程度划分为优景、上景、中景三级。所谓优景，是景象绝妙，举世罕见；上景，是景象美妙，比较少见；中景，是景象美丽，比较常见。若邻近有可以互相烘托的景观，为其增色时，可以适当提高其可览度等级。

第三步，综合评价。对整个国家森林公园风景资源质量的评价，可按下述分级进行：①奇景，由众多的优景、上景组成，令游人赞绝，为之倾倒；②胜景，由一定数量的优景和众多的上景组成，丰富多彩，引人入胜；③美景，由一定数量的优景、上景和众多的中景组成，有胜可览，有景可赏，环境优美，宁静清新；④佳景，在城镇、工矿附近，有大片森林与山、水、古迹结合，形成森林环境，可供人们游憩娱乐，陶冶情操，增长知识。同时，还应将风景质量、环境质量、开发条件、发展前景及预期的经济效益、社会效益和生态效益相结合，进行综合评价。

二、数量化模型评价

近几年，有学者以张家界国家森林公园为研究对象，运用数量化理论 I，建立数量化模型，应用该模型进行森林风景资源定量评价。其方法步骤是：

（一）风景审美评判测量——定性定量相结合的层次分析法

建立层次结构图，构造判断矩阵。根据 10 位风景专家、20 位导游员和 400 位游客的意见，用求和法求算单一准则下元素的相对权重，计算各层元素的组合权重，得出各样本景点的美景度表。

（二）风景要素分析

对张家界 5 个景区随机抽取 45 个景点，作为评价样本，采用聚类分析法，区分为山体、水体、植被、动物、天象、人文、森林环境等 7 个项目，各个项目分别区分为 3 个类目。

（三）建立国家森林公园风景质量的数量化模型

以风景审美评判得出的美景度为基准变量，以 7 个项目为说明变量，根据数量化理论 I 的线性模型，通过计算机运算，得出各个类目的得分值和各个项目的范围，从而得到国家森林公园风景质量评价的数量化模型。同时，解得偏相关系数、复相关系数、方差比、剩余标准差、相关矩阵等。

（四）评价结果

张家界国家森林公园，具有山雄峰奇、水秀谷幽、霞彩云逸、林野物丰、空气清新五大特色。园内 5 个景区、136 个景点，按其美景度划分为：一级景区（美景度 704.5 ~ 821.3）有黄石寨、金鞭溪；二级景区（美景度 517.0）有沙刀沟；三级景区（美景度 338.0 ~ 356.5）有腰子寨、琵琶溪。一级景点（美景度 >431.6）有 17 个，二级景点（美景度 236.1 ~ 431.6）有 45 个，三级景点（美景度 < 236.1）有 74 个。

该评价模型精度为 0.96，高于其他模型精度，表示有很强的预测能力；各项目的偏相关系数大于 0.78，经 t 检验达到极显著水平；复相关系数为 0.98，经 F

检验，也达到极显著水平。这说明模型的可靠性强，具有很好的实用性。

三、定性定量结合评价

1999 年，国家林业局国家森林公园管理办公室提出，由丁文魁、吴楚材、李功阳、马建章、张启翔等为主要起草人，起草了《中国国家森林公园风景资源等级评定》，后经国家技术监督局发布为技术标准。该评定方法是在对国家森林公园风景资源进行详细调查的基础上，按风景资源的特性和相关程序进行分类、分级，通过定量与定性相结合的评价方法，进行森林风景资源质量的综合性评定。在该评定方法中，把国家森林公园风景资源分为地文资源、水文资源、生物资源、人文资源和天象资源五类，每类资源各包括五项评价因子，按评价因子之间的相互地位和重要性确定评分值，评分值之和为该资源类的权数。评价因子包括典型度、自然度、多样度、科学度、利用度、吸引度、地带度、珍稀度、组合度。

四、森林景观计量评价

陈鑫峰等较为系统地介绍了国内外对森林景观的定量评价方法，并把它们归纳为描述因子法（Descriptive Inventories）、调查问卷法（Surveys and Questionnaires）和审美态度测定法（Perceptual Preference Assessment）等。

（一）描述因子法

通过对景观的各种特征或成分的评价获得景观整体的美景度（Scenic beauty）值。描述因子法在景观质量评价中得到了广泛应用，而具体方法之间还存在很大的差异。有的人选择高度主观的、定义模糊的景观特征因子，如热烈（Warmth）、多样性（Variety）、和谐（Harmony）等，后来逐步发展到采用比较客观的、有明确定义的景观特征因子，从而使得描述因子法具有良好的可解释性和可操作性。描述因子法的难点在于所选择的景观特征要适用于多种不同的特征，同时又能充分地把多种不同的景观区分开来。

描述因子法的最大优点是，它可以对很大尺度的景观作出评价。该方法也存在两大缺陷：①这种方法的有效性在很大程度上依赖于应用者的专业知识和判断，以及依赖于所选择的描述性特征与美景度之间的相关性。②这种方法难以直接将各种景观特征与美景度之间的关系表达出来，也即很难建立起一种特征与美景度之间的关系模型。

（二）调查问卷法

调查问卷法被广泛地用于了解公众对各种景观经营活动的满意程度或可接受程度。这种方法建立在一个重要的通常没有明确提出的假设之上，即受调查人所表达的对景观的喜好程度是与景观美相关联的。最简单的情况是，这种喜好程度与景观美的关系被认为是直接的，即人们越喜欢的景观就是越美的景观。

调查问卷法具备下述优点：①比较方便和经济。只要整理一套问题清单并制作成问卷即可，而不需要进行艰苦的野外工作和图片处理；②对问题的选择不受森林资源现状的限制，并且问题的大小完全可以根据目的任意确定。

但是，该方法也有明显的缺点，主要体现在：①同一内容在不同的问法下可能会得到完全不同的反应，所以如何选择措词显得很关键；②有时候，人们在回答问题时所作的选择与面对景观实体或图片时所作的选择相互矛盾；③我们在调查中发现，大部分市民对这种调查工作是理解和支持的，但也有少数人不愿意配合，很多老年人又由于视力或文化原因不便填写调查表，有的市民只是回答调查中的部分问题。

（三）审美态度测定法

这种方法的主要思想是，把景观与审美的关系理解为刺激-反应的关系，由于它是从心理物理学理论衍生而来的，所以通常称之为心理物理学方法。心理物理学是一门研究建立环境刺激和人们感觉、知觉和判断之间关系的理论和手段的学科。用心理物理学方法建立森林景观评价模型包括 3 部分内容：①测定公众的审美态度，即获得美景度量值；②将森林景观进行要素分解并测定各要素量值；③建立美景度与各要素之间的关系模型。

显然，该方法具备两个特点：①其森林景观价值高低以公众评判为依据，而不是依靠少数专家；②森林景观的物理特征能够客观或比较客观地加以测定，这样就避免了大量运用诸如多样性、奇特性、统一性等形式美原则或其他生态学原则所带来的不便。由此可见，心理物理学方法更能客观反映某一森林景观的实际美学价值，同时又能方便地与森林经营措施结合起来，从而对森林经营者具有更直接的指导意义。

第六节　景观资源具体指标的评价

一、森林景观美景度评价

森林景观美景度（SB）评价，一般采用心理实验方法，即让参与者欣赏特定的景观，这些景观可以是实地观赏，也可以借助所拍的相片、幻灯或录像在室内观赏，然后回答事先准备的一些问题，最后对其答案进行统计分析而得到景观的客观评价。常用的心理实验方法是一对一比较法（也叫成对比较法），该方法是在众多景观中采用两两对比组合，让参与者在两个不同的景观（相片等）中选出喜欢的一方，然后利用判断矩阵得到各个景观的评分值 。比如，对若干（n）张森林景观相片进行美景度评价，分别对其中的两张进行比较判断，如 i 与 j，若 i 比 j 漂亮得多，则 $P_{ij}=5$；若 i 比 j 漂亮，则 $P_{ij}=3$；若 i 和 j 一样漂亮，则 $P_{ij}=1$；若 i 不如 j 漂亮，则 $P_{ij}=1/3$；若 i 远不如 j 漂亮，则 $P_{ij}=1/5$。在两两比较的基础上，根据公众（或专家）的评价值，取其累和平均值作为被评价对象的最后评价值，组成判断矩阵 P_{ij}。该判断矩阵具有互反的性质，即总有：$P_{ij}=1/P_{ji}$。

$$P_{ij}=\begin{vmatrix} & P & \\ 11 & P_{12} & 1n \\ & P & \\ 1n & P_{22} & 2n \\ & \vdots & \\ & P & \\ n1 & P_{n2} & nn \end{vmatrix}$$

判断矩阵的排序计算可用几何平均法，具体如下：

（1）计算判断矩阵中每一行元素的乘积 M_i

$$M_i = \prod_{j=1}^{n} p_{ij} \quad (i = 1,2,...,n)$$

（2）计算 M_i 的 n 次方根 $\overline{W}_i$

$$\overline{W}_I = \sqrt[n]{M_i}$$

（3）对向量 $\overline{W}=(\overline{W}_1,\overline{W}_2,\cdots,\overline{W}_n)$ T 正规化

$$W_i = \frac{\overline{W}_i}{\sum_{j=1}^{n} \overline{W}_j} \quad (i = 1,2,...,n)$$

则：$W=(W_1, W_2, ..., W_n)$ T 即为所求特征向量；

（4）计算判断矩阵的最大特征根

$$\lambda_{max} = \sum_{i=1}^{n} \frac{(BW)_i}{nW_i}$$

式中：$(BW)_i$ 代表向量 BW 的第 i 个元素。

二、森林景观视觉吸收力的评价

景观的视觉吸收力（VAC）是指景观屏蔽或同化外界影响，保持景观内在特征和结构稳定以及遭受破坏后的自我恢复等方面的能力。景观抵抗不利影响和自我恢复能力越强，则其视觉吸收力就越大。考虑景观系统内部与视觉有关因素，主要分地面和植被状况两大类进行分析。

地面状况主要与地形、坡度和坡向及土壤稳定性因素有关。地形越复杂，视觉

破坏影响的视域范围越小，视觉吸收力就越大。坡度越陡，坡面越不稳定，产生破坏的可能性也越大，并且所暴露的视面也大，视觉破坏影响的程度也大，可见坡度起着主导作用。坡面与光线的相对位置因坡向而不同，北坡温度变化小，土壤相对稳定，受侵蚀的可能性小，北坡阴面背光，土壤与植被色彩对比较小，人工设施多以轮廓出现，因此北坡比南坡视觉影响屏蔽力大。

表 3-1　风景视觉吸收力因子及赋值

因子	内容说明和提示	风景视觉吸收力	
		等级划分	赋值
地形坡度 *S*	陡坡（坡度 >55°）	低	1（乘数）
	缓坡（坡度 25°～55°）	中	2（乘数）
	平坡（坡度 <25°）	高	3（乘数）
地形坡向 *O*	南坡	低	1
	东坡或西坡	中	2
	北坡	高	3
植物多样性 *D*	荒地、草地与灌木丛	低	1
	针叶林、乔木和人工林	中	2
	混交林地、种类丰富	高	3
土壤稳定性 *E*	土壤严重侵蚀，极不稳定，复原能力较差	低	1
	土壤受侵蚀，稳定性和复原能力居中	中	2
	土壤受侵蚀较小，相对稳定，有良好的复原能力	高	3
地面与植物视觉对比 *V*	地面与相邻植被有强烈的视觉对比	低	1
	地面与相邻植被有一定的视觉对比	中	2
	地面与相邻植被的视觉对比较弱	高	3
植物自身恢复能力 *R*	恢复能力低	低	1
	有一定恢复能力	中	2
	恢复能力高	高	3
地面与岩石色彩对比 *C*	对比强烈	低	1
	有一定对比	中	2
	对比较弱	高	3

注：因地形因子（S）影响很大，故作为乘数

植被状况与植被自身恢复力，植被物种丰富度、地形以及气候和季相等因素有关。植被恢复力强，植被种类繁多，群落结构复杂，地形复杂，则景观受人为影响损害的周期较短，忍受外界干扰的能力较强。从气候和季相上看，在植物生长和恢复有利的高温多雨及阳光充沛的气候条件下，景观有相对高的视觉吸引能力。综上

所述，视觉吸收力与某些因素有关，例如坡度（S）和坡向（O）、土壤的稳定性（E）、植被恢复能力（R）、植被的多样性（D）、地面与岩石色彩对比（C）以及地面与植被的色彩对比（V）等因素，据此可以计算出视觉吸收力（VAC）的大小：

$$VAC = S \times (O + E + R + D + C + V)$$

以上诸因子及其赋值见表3－1。

三、森林景观敏感水平的评价

景观的敏感水平（SL）是指景观为人们所关注的程度和景观的可视程度。景观敏感水平越高，其受外界影响的可能性就越大，引起的反应就越强烈。风景敏感水平主要与观者的处所、注目程度和社会关注程度有关，具体评价因子见表3-2。

表3-2　风景敏感水平评价

因子		敏感水平		
		水平Ⅰ（高）	水平Ⅱ（中）	水平Ⅲ（低）
视觉条件	视高	较高，能看到整个风景地域或主要部分	中等，能看到风景单元整体概貌或主要部分	较低，只能看到风景单元局部景观
	距离带	前景部分<800m	中景部分800～3200m	远景部分>3200m
	视夹带	正（60°～90°）	偏（30°～60°）	较偏（<30°）
注目程度	观看历时	较长（>30s）	中等（5～30s）	较短（<5s）
重要性和社会关注程度	风景环境的利用价值	较高的文化、科学或教育价值	普通的文化、科学或教育价值	有限的文化、科学或教育价值
	观看风景的对象	观光旅游者	一般公众	
	知名度	全国范围	省或州级范围	本地区范围

四、森林景观综合视觉质量的评价

森林景观综合视觉质量（CTQ）评价是在上述景观美景度（SB）、视觉吸收力（VAC）和敏感水平（SL）基础上的总体评价，评价结果可以为森林景观区的区划、管理以及风景林的动态调整提供科学依据，也是评价国家森林公园的自然景观价值的重要内容。具体评价公式为：

$$CTQ = \alpha SB + \beta SL + \gamma VAC$$

式中，α、β、γ 为权重系数。

第七节　森林景观资源的资产评估

一、景观资源资产评估的目的与意义

森林资源资产是一种特殊资产，除具有一般资产的属性外，还具有可再生、生长周期长、受自然因素影响大等特性，同时兼有经济、社会、生态三大效益于一体的特殊性。因此，森林资源资产应是用货币表现的森林物质财产、环境资产和无形资产，包括森林、林木和林地、林内动植物和微生物、森林环境资产、森林采伐权和经营权等。

森林景观资产是森林资源性资产的重要组成部分。森林除了能提供大量的满足人民生活的林产品及林副产品外，更重要的是，它能给社会带来多种公益效能，如涵养水源、保持水土、固定 CO_2、提供游憩、保护野生生物等。近年来，随着社会经济的发展和人民生活水平的不断提高，森林所发挥的生态效益和社会效益日益受到各级政府部门的重视。然而，在开发利用森林景观资源，发展森林生态旅游的过程中，人们对森林景观资源和森林景观资产的价值认识还相当模糊，“知其然，不知其所以然”，对于森林景观资源是否具有价值，其价值能否用货币衡量，价值量多少或现值多少，这些都是我们值得进行深入研究的地方。

二、森林景观资产的基本概念及其价值构成

（一）森林景观资产

森林景观资产是指通过经营能带动经济收益的森林景观资源，其包含了两大特征：

1. 森林景观资产必须是依托森林景观资源而发展形成的，是以森林景观资源为基础的

在森林资源的基础上，当森林资源具备了游览、观光、休闲等价值的时候，便形成了森林景观资源；在森林具有了景观特色，具备了开发利用价值的时候，便形成了森林景观资产的物质基础。因此，风景林如武夷山大竹岗的竹海林涛，黄岗山的高山草甸，龙栖山的古木参天，福州国家森林公园的国家领导人种植的纪念林等，这些都形成了独特的森林景色。更进一步说，森林景观资源的范围应包括各种自然或人工栽植的森林、草原 、草甸、古树名木、奇花异草等植物景观，野生动物及其他生物资源形成的景观。凡属于依托森林及森林形成的特有小气候而发育形

成的风景资源都应该属于森林景观资源的范畴。

2. 森林景观资产是通过人们合理经营形成的

森林景观资产作为森林资源资产的一种，理所当然地必须具备森林资源资产的一般特征，即天然性、占有性、实用性。也就是说资源性资产一般都是天然形成的自然物；资源性资产都具有经济使用价值；资源性资产已为某经济实体主体经营、开发、利用。除此之外，森林景观应该为森林旅游者和有关学者或专家所普遍认可。

森林景观是有价值的，其价值首先应该与凝结在资产内部无差别的人类社会劳动有关，森林景观资产的存在必然依附森林实物资产，是伴随着人类无差别的社会劳动的投入而逐渐形成的。因此，这种无差别的人类劳动构成了景观资产的价值基础。其次，森林景观的形成也是一种主客观意志不断互相作用的体现过程，是一种主客观价值的成分。

（二）森林景观资产价值构成

20 世纪 60 年代以来，经过许多经济学家的探索和研究，西方经济学家认为，价值不是客观事物内在的属性，价值的本质是主观和客观相互作用的结果。1980 年美国的 Steinhof 首次提出价值是一种主客观价值（Subject - object Value），它意味着两方面：一是人们对价值客体的态度；二是客体价值的等量表达。1984 年美国的 Brown 更深入地研究了这个问题并区分出两种价值，明确地把人们对价值客体的态度称为认识价值（Held Value），把客体价值的等量表达称为赋予价值（Assigned Value）。

森林景观是有价值的。首先其价值应该与凝结在资产内部无差别的人类社会劳动有关，更重要的是，森林景观实质上是人们对森林美的主观意志表达。因此，这两种主客观价值正是森林景观资产的价值评估的基础，它来源于公众对景观资源的态度、爱好和行为，也与公众的信仰、舆论、道德和伦理水准相关。

三、森林景观资产评估的基本方法

（一）现行市价法

选取若干最近交易的类似森林景观资产作为参照物，充分考虑市场的各个变化趋势以及类似资产之间的可比较性的资产性质因素的差异，综合分析调整其系数，得出合理的评估值。

（二）收益现值法（主要以条件价值法为主）

通过对游客进行问卷调查，测算出游客对景观的平均支付意愿，以该平均支付意愿作为合理的门票价格，从而获得森林景观资产评估价值的方法。

（三）重置成本法

用造林成本、抚育成本、管护成本和森林经营管理成本来衡量森林价值，虽然有偏差却容易为人们所理解和接受。

四、森林景观资产评估方法的运用

森林景观资产评估具体评估技术及应用分现行市价法、收益现值法和重置成本法等三种。

（一）现行市价法

根据市场比较法的基本原理，结合国家森林公园森林景观资产的特点，我们得出下一公式：

$$E = K \times K_b \times G \times S$$

式中：E——森林景观资产评估值；

K——景观质量调整系数；

K_b——物价指数调整系数；

G——参照物单位面积市场价格；

S——被评估森林景观资产的面积。

只要能够确定以上各项指标值，就可以得出对象的评估值。

1. 景观质量调整系数

森林景观调整系数主要从两方面考虑：一是从森林景观质量角度出发，首先分析评价森林景观区域范围内的森林景观质量，对森林景观的风景吸收力等分别计量，其次与参照物分别各项因子进行分析评价，得出森林景观质量调整系数 K_1；二是从森林景观资产经营的角度出发，充分考虑森林景观所处的经济地理位置情况，分析森林景观主要客源地的平均国民收入、人口、距离等因素，得出森林景观资产经济地理调整系数 K_2（简称经济地理指数）；综合而得森林景观调整系数。

通常来说，景观质量评分值越高，说明景观对游客越具有吸引力，景观的调整值也就越高；同样的森林景观分别处于不同的经济地理的条件，从资产上反映的价值量是截然不同的，距离越近越容易游玩，则资产的价值也就越高。

遵循上述思路，我们不难看出森林景观调整系数 K。

$$K = K_1 \times P_1 + K_2 \times P_2$$

式中：K_1——森林景观质量调整系数；

K_2——经济地理指数；

P_1、P_2——K_1、K_2 的权重。

参照前面的森林景观质量评价体系，森林景观质量调整系数 K_1 应该是各种评价因子如山体、水体、气象的函数，即：

$$K_1 = f(X_1, X_2, X_3 \cdots)$$

得出 K_1 的值；K_2 值则根据景观所在地的社会经济发展水平，通过 Delphi 法获得。一般来说，P_1 的值取 0.4，P_2 为 0.6。

2. 物价指数调整

根据近年物价指数进行调整，例如：以 1995 年的物价指数为 100，可得 K_b 值（表 3-3）。

表 3-3 物价指数调整系数

K_b 值	1995 年	1996 年	1997 年
1995 年	1.00	1.083	1.028
1996 年	0.9234	1.00	0.9492
1997 年	0.9728	1.5350	1.00

（二）收益现值法

在评估森林景观资产时，考虑其现实情况，这里采用以下两种方法进行评估：

1. 条件价值法（Contingent Value Methool）

条件价值法简称 CVM。西方经济学的研究告诉我们：对于没有市场交换和市场价值的某些环境效益，可以采用替代市场技术，寻找其替代市场，并用“影子价格”来表达其经济价值。例如，评价森林涵养水源的经济价值时，先计算出森林涵养的水源量，再根据“替代市场方法”假设这些用于市场交换，并以市场水价作为森林涵养水源量的“影子价格”，最后计算出森林涵养水源的经济价值。但是，对于森林景观在现实中很难找到替代市场，也难以找到其“影子价格”，那么，采用模拟市场技术或假设市场技术，先假设“商品”的交换市场存在，再以人们对该商品的支付意愿（本质上是假设价格）来表达其经济价值。

支付意愿（Willingness To Pay 简称 WTP）是指消费者为获得一种商品、一次机会或一种享受而愿意支付的货币资金。实际上，人们每时每刻都用 WTP 来表示自己对事物的爱好，WTP 实际上是“人们行为价值表达的自动指示器”，也是一切商品价值表达的惟一合理指标。目前，支付意愿已被美、英等西方国家的法规和标准规定为环境效益评价的标准指标，并用来评价森林环境效益的经济价值。

在森林景观资产评估中运用条件价值法，就是通过对游客进行问卷调查，测算出游客对该景观的平均支付意愿，以该平均支付意愿作为合理的门票价格，从而获得森林景观资产评估价值的方法，其主要步骤如下：

（1）进行游客调查，得出游客对国家森林公园门票的平均支付意愿值。

（2）以该平均意愿支付值作为合理的门票价格，计算出该景区的门票年收入，加上其他经营项目的年预计收入，得出该景区的年总收入。

(3) 年总收入扣除各种成本费用即得景区的年纯收益。

(4) 以年均纯收益除以适当的投资收益率即可得出该景区的评估值。

2. 游客量的预测模型的建立

一般来说，国家森林公园游客量发展变化大体有这样规律：第一阶段，缓慢的增长阶段，这个阶段的特点是旅游景区刚刚发展起步，只有零散的游客，数量少且不形成规模，服务设施尚处于简陋状态；第二阶段，快速增长阶段，随着游客人数的增多和景点知名度的不断提高，旅游者逐渐增加，外来投资剧增，交通服务等设施得以极大的改善，旅客数量甚至在短期内迅速增长；第三阶段，游客巩固阶段，其明显特征是游客增长缓慢，游客量持平甚至开始下降，旅游市场已经形成相对稳定的规模；第四阶段，游客量回落或复苏阶段，景点旅游市场衰落，游客增长曲线明显下降，景点的吸引力已不能和新的旅游景点相竞争，旅游设施开始部分或大量闲置，旅游地甚至逐步丧失其旅游功能。另一方面，景点也可能进入复苏阶段，其条件是旅游地吸引力必须发生根本的变化，达到这个目标有两个途径：一是增加人造景观吸引力，如果景观选择适当，这种效果有可能很好，如美国大西洋赌城；二是发挥未开发的自然景观资源优势，重新启动市场。德国学者 Christaller W.、美国学者 Tanstield 和加拿大学者 Butler 先后提出的旅游地生命周期理论，论证了旅游地“发展—繁荣—衰落或复苏”规律的存在，同时也指出了游客量在探查阶段 (Exploration Stage)、参与阶段 (Invdvement Stage)、发展阶段 (Development Stage)、巩固阶段 (Consolidation Stage)、停滞阶段 (Stagmation Stage)、衰落或复苏阶段 (Decline or Rejuvenation Stage) 的变化情况，如图 3-1 所示。

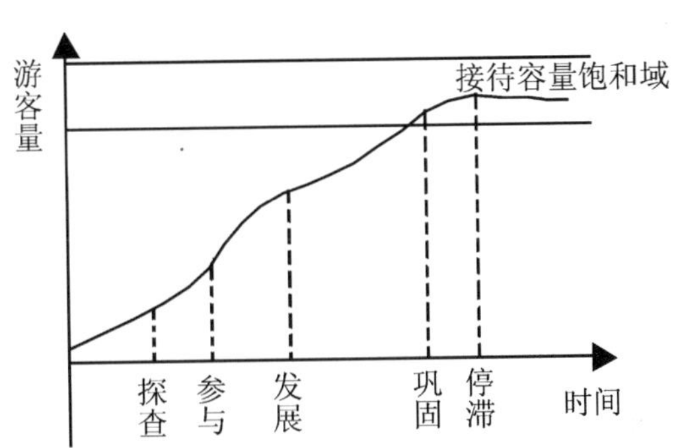

图 3-1　旅游地生命周期

3. 支付意愿的测算

支付意愿 WTP 是从消费者的角度出发，在一系列的假设问题下，通过调查问答、问卷填写、投标等方式来获得的。以年均纯收益除以适当的投资收益率即可得出该景区的评估值。很显然，在运用条件价值法对森林景观资产评估时，关键在于对游客的支付意愿进行合理、准确的估算，游客的支付意愿越大折算成的门票价格就高，景观的价格也相对高。目前，对于国内外学者游客的支付意愿的测算主要认为其偏差来源有 4 种：①起点偏差，回答者可能受到提问者提出的目标起点影响；②信息偏差，回答者有可能缺少对目标问题的全面信息；③策略偏差，当回答者意识到其回答结果将对自己有影响（如影响门标价格）时，回答者常采用押宝的方式故意提高或降低 WTP；④假设偏差，提问者的目标假设使回答者无法面对事实，如提问的依据是照片而不是实际的景观。陈鑫峰、邱尧荣、吴楚材等学者认为其偏差，主要有：①同一内容在不同的问法下可能会得到完全不同的反应，所以如何措词显得很关键；②有时候，人们在回答问题时所作的选择与面对景观实体或图片时所作的选择相互矛盾，如在回答时人们往往偏爱自然景观，但当同一批人对没有标识过的实际风景进行评价时却常常偏爱强度经营过的区域。另外，我们在实际调查中也发现，大部分市民理解和支持这种调查，但也有少数人不愿意配合，很多老年人又由于视觉或文化原因不便填写调查表，有的市民只是回答调查表中的部分问题。但是，在实践中可以通过深入细致的工作来缩小这些偏差的。在测算出游客的平均支付意愿以后，景观或景区门票收入与合理的门票价格成正比，也应与景区的年游客数量呈正比，可以用数学表达式：

$$A = \overline{WTP} \times Q$$

式中：A——年门票收入；

$\overline{WTP}$——合理门票价格；

Q——年游客数量。

如果，$\overline{WTP}$的选用值是当年，则 Q 值也应选用当年的实际人数，若$\overline{WTP}$是通过曲线方程和其它模型预测或模拟出来的，游客量值也应与之相配即预测年份的游客量。

4. 其他经营项目的收入和成本费用

在国家森林公园设立的各种观光、游览、接待设施或增添人造景点是对景观的一种必要补充，游客在森林里漫步、游憩、野餐，充分地与自然环境融为一体，不仅能锻炼身体，陶冶情操，而且可以在景点游玩中增长知识，增进感情，体验一份惊喜与刺激。如在水面上开展摩托快艇、高空降落，在森林中进行体能测试，高速滑道等项目，其效果与景观效益相得益彰、互相补充、互相发展。因此，这些经营项目的收入中往往包含了这样的成分。这种成分收入是经营项目依托森林景观效益而产生的超额收益而形成的。所以经营项目的收入中包含了 3 个部分：第一，就是由经营者或投资者投入经营的成本费用，其可能是固定的，也有可能是变化，通常这部分是逐年发生和计算；第二，由固定资产和流动资产投入产生的正常收益构成，这个正常收益可以表达为：$A = C \times P$，C 为投资成本，P 是社会平均收益率或是行业平均收益率，因此，正常收益和平均收益不仅与经营项目投入成本有关，而且与经营从事的项目内容有关；第三，经营项日的超额投资收益部分，这经常是经营者投资追逐的主要目标。但这种超额收益本质上不是经营项目自身形成的，而是通过对景观的依托、享受或垄断而形成的。因此，这种收益应该归属于森林景观资产收益，其与景观资产所有者实得收益的差额，则是项目经营者超额利润的根本源泉。

与景观资产收入、经营项目收入相对应的成本费用，这里仅考虑从会计学原理上，会计账本中体现出来的原始成本与费用，再加上应计利息，就构成总成本费用。

在实际测算过程中，有两种方法可以用以计算这部分景观超额收益，一是如前所述，通过实际收入扣除其他两部分值；另一种方法，就是根据森林景观所有者实际所得的管理费用等来计算。

5. 森林景观资产评估值的确定

通常来说，利率包含了无风险利率、风险报酬率和通货膨胀率。在森林资产评估中，由于涉及到的成本均为重置成本，即现实物价水平上的成本，其收入与支出的物价是在同一时点上，不存在通货膨胀因素，因此，利率由纯利率和风险率组成。一般在森林资产评估中，利率定为 4% ~6%。在这里，考虑到森林景观经营的风险性较大，我们参考一般折现率水平，把森林景观资产评估折现率定为 10%。

根据以上分析，综合得到森林景观资产评估计算公式如下：

$$AV = \frac{Q \times \dfrac{\sum_{j=1}^{K_1} Q_j WTP_j}{\sum_{j=1}^{K_1} Q_j} + A - B}{r \times (1 + r)^n} \times [(1 + r)^n - 1] - \sum_{m=1}^{K_2} C_m (1 + \bar{P}_m) \times (1 + r)^{K_2}$$

式中：AV——评估值；

Q——年游客数量；

Q_j—— 以前年度游客数量；

K_1、K_2——以前某年度；

WTP_j——以前年度游客支付意愿；

A——其他经营项目经营收入；

B——其他经营项目经营费用；

C_m——经营项目投资；

P_m——以前年度社会平均投资利润率；

r——本金转化率；

n——森林景观资产经营期限。

6. 年金资本化法

年金资本化法主要适用于有相对稳定收入的森林景观资产的价值评估。在这种情况下，首先预测其年收益额，然后对年收益额进行本金化处理，即可确定其评估值。其基本公式为：

资产评估值（收益现值）＝年收益额/本金化率。

若未来收益是不等额的，在这种情况下，首先预测未来若干年内（一般为5年）的各年预期收益额，对其进行折现。再假设从若干年的最后一年开始，以后各年预期收益额均相同，将这些收益额进行本金化处理，最后，将前后两部分收益现值求和，其基本公式为：

资产评估值（预期收益现值）＝Σ（前若干年各年收益额×各年折现系数＋以后各年的年金化收益/本金化率×前若干年最后一年的折现系数）

（三）重置成本法

森林的生长过程是一个价值不断增长的过程，从造林、抚育至成林，都伴随着人类无差别的社会劳动的投入，因此用造林成本、抚育成本、管护成本和森林经营管理成本来衡量森林价值，虽然有偏差却容易为人们所理解和接受。利用成本法对森林景观资产的价值进行评估，在当前人们对森林景观资产概念与认识较为模糊的情况下，是对景观资产评估方法的一种必要补充，有利于提高人们对森林景观的理解与认识，有利于对景观资产价值的认可和确定。但也应该看到，对于森林景观资产的评估，重置成本法仅仅是一种替代方法、比较方法或是确定资产最低价值——“保本”价值的保守方法，只适用于森林景观建设初期景观资产价值收益体现不明显、不稳定的阶段。

重置成本可以分为更新重置成本和复原重置成本。更新重置成本是指利用新型材料物质，并根据现代标准、设计及格式，以现时价格生产或建造具有同等功能的全新资产所需的成本；而复原重置成本是指运用原来相同的材料、建筑或制造标准、设计、格式及技术等，以现时价格复原构建这项全新资产所发生的支出。复原重置与更新重置根本的区别在于，更新重置不存在贬值，而复原重置必须计算实体性、功能性、经济性贬值，因此，在实践操作中较为麻烦。

利用更新重置成本法，可以推算出森林景观资产的测算公式为：

$$P = K \times n\Sigma C_i\ (1+r)^{n-i+1} + Q$$

式中：P——森林景观资产评估值；

K——景观质量调整系数；

Q——旅游设施重置价；

C_i——第 i 年的营林投入，主要包括工资、物资消耗、管护费用和地租等；

r——利率。

实例一　福州国家森林公园森林景观计量评价

一、评价对象概况

福州国家森林公园位于福州市北郊，距市中心7km，总面积869.3 hm^2，属南亚热带北缘低山丘陵地貌。园内三面环山，群峰如屏，南临八一水库，碧波涟漪，青山绿水相映生辉 。公园利用40年引种栽培的3000余种植物，先后建成各具特色的荔枝园、竹类观赏园、树木观赏园、珍稀植物园、榕树景观区、福建兰苑以及以生态旅游为主题的龙潭风景区的樟树林、竹林、马尾松与常绿阔叶林等景区，以丰富多彩的森林景观，突出森林旅游的特色。

二、森林景观类型划分结果

根据上述林貌的划分标准，考虑到福州国家森林公园的实际森林景观的森林景色质量评价的需要，在林貌划分基础上，又分为多品种观赏园和单品种观赏园两大类，具体划分结果见表3-4。

表3-4　森林景观观类型划分结果及代号

NO.	评价对象	林貌型	分 类	代 号
1	竹类观赏园	水平郁闭型	多品种观赏园	A_1
2	树木观赏园	园 林 型	多品种观赏园	A_2
3	苏铁园	园 林 型	多品种观赏园	A_3
4	珍稀植物园	垂直郁闭型	多品种观赏园	A_4
5	福建兰苑	园 林 型	多品种观赏园	A_5
6	马尾松与常绿阔叶林	垂直郁闭型	多品种观赏园	A_6
7	榕树景观区	园 林 型	多品种观赏园	B_1
8	荔枝园	水平郁闭型	多品种观赏园	B_2
9	樟树林	水平郁闭型	多品种观赏园	B_3
10	竹林	水平郁闭型	多品种观赏园	B_4

三、森林景观美景度评价结果

在参与评价的10个不同景区中，对游客而言，属近、中景观赏的有 A_1、A_2、A_3、A_4、A_5、

B_3；属远、中景观赏的有 B_1、B_2、B_4、A_6。参与问卷调查或景观相片打分的普通游客 120 人，国家森林公园相关专业人员 30 人，对 10 个不同景区分近、中景和远、中景两类分别评价，结果如图 3-2 所示。

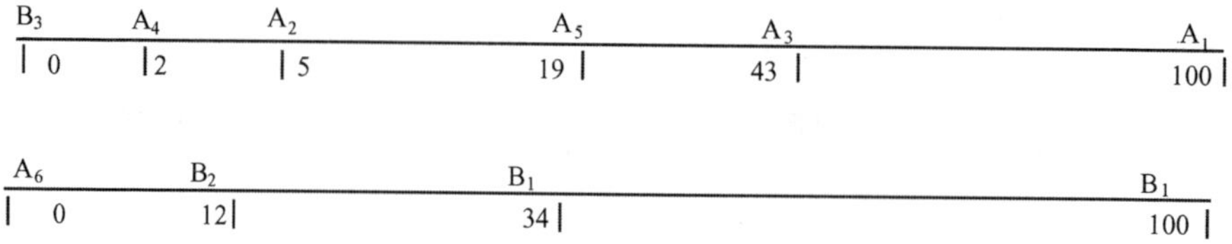

B_3 0　A_4 2　A_2 5　A_5 19　A_3 43　A_1 100

A_6 0　B_2 12　B_1 34　B_1 100

图 3-2　不同森林景观美景度 SB 评价结果

四、森林景观视觉吸收力评价结果

对各不同景区的森林景观根据表 3-1 所确定的景观视觉吸收力评价因子及赋值进行打分，然后按照 $VAC = S \times (O + E + R + D + C + V)$ 计算视觉吸收力的最终得分，评价结果见表 3-5。视觉吸收力低的景区极易受到严重的视觉污染，而视觉吸收力高的景区说明对外界的视觉破坏有一定的容忍力。

表 3-5　不同景区 VAC 的评价得分

景区	A_1	A_2	A_3	A_4	A_5	A_6	B_1	B_2	B_3	B_4
分值	42	51	48	51	28	13	45	24	24	12

五、森林景观敏感水平评价结果

根据风景敏感水平评价因子进行打分，然后把各因子分值累积结果见表 3-6。风景敏感水平评价越高，说明自然景观价值、质量越高。

表 3-6　不同景区 SL 评价得分

景区	A_1	A_2	A_3	A_4	A_5	A_6	B_1	B_2	B_3	B_4
分值	19	16	20	14	19	13	20	12	12	11

六、森林景观综合视觉质量评价结果

在上述 *SB*、*VAC* 和 *SL* 评价的基础上，利用综合视觉质量评价公式计算得出各景区的森林景观综合视觉质量总体评价，根据专家打分后确定的参数值为：$\alpha = 0.4$，$\beta = 0.25$，$\gamma = 0.35$。评价结果见表 3-7。由表 3-7 可见，森林景观综合质量得分值为：榕树景观区 > 竹类观赏园 > 苏铁园 > 树木观赏园 > 珍稀植物园 > 福建兰苑 > 荔枝园 > 竹林 > 樟树林 > 马尾松与常绿阔叶混交林。

表 3-7　不同景区森林景观综合质量分值

景区	A_1	A_2	A_3	A_4	A_5	A_6	B_1	B_2	B_3	B_4
分值	35.45	22.65	28.6	21.75	17.75	7.8	36.75	13.4	11.4	12.55

七、结果分析

（1）根据对福州国家森林公园不同森林景观类型的综合质量计量评价，发现被多数游客所认可的，具有浓郁特色的绝佳景区是榕树景观区和竹类观赏园，因此誉为福州国家森林公园标志的“千年古榕”和收集了215种竹类资源的竹类观赏园是公园内最具森林欣赏景观价值的区域。但从视觉吸收力来看，这二个景区分值并不高，说明抵抗视觉污染的能力并不强，应做好景区周围及内部林分结构的保护和调整，并以此为核心，组织特色游。

（2）苏铁园、树木观赏园、珍稀植物园和福建兰苑也是福州国家森林公园的主要森林景观游览区，但在特色和视觉搭配上还不够突出，如树木观赏园和珍稀植物园尽管视觉吸收力评价高，便由于缺乏特色，林分层次较为模糊，景观敏感水平评价分值低，但这部分景区在加强管理及树种结构调整和搭配后，可以成为吸收众多游客的新景区。

（3）部分缺乏森林景观价值的景区应该尽快找准开发和改造的切入点，以形成福州国家森林公园旅游新增长点，带动全园旅游的发展。如荔枝园可以造成观赏果园，干净、散布着点点斑斑阳光的樟树林冠下可以开发为情侣休憩园和樟树林氧吧等。

（4）通过森林景观的计量评价，可以为对国家森林公园的各种森林景观类型的管理、保护和开发提供科学依据，可以根据景观价值的高低进行重点景区、主要景区和调整景区的划分。

附：国家森林公园喜好评价的问卷调查

分别于1999年2月17～19日和2000年5月1～5日在福州国家森林公园采用个体随机抽样和群体抽样的方法进行问卷调查，具体问卷内容如下。

问卷调查一（1999年2月）

1. 来国家森林公园的目的？
2. 现在的住址？停留时间？吃住条件如何？
3. 对国家森林公园给总体印象？主要不足之处？
4. 认为国家森林公园中最好的森林景观？
5. 在公园进行各种活动项目的人数？选择自己认为最好游乐项目的人数？选择自己认为最不满意的游乐项目的人数？还应该增设哪些活动项目？
6. 如何了解到国家森林公园？
7. 以何种方式来国家森林公园？
8. 对国家森林公园有何建议？

问卷调查二（2000年5月）

1. 您所在的居住地？
2. 第几次来游览？
3. 性别、年龄、职业和文化程度等？

4. 准备游览天数？
5. 出游方式、目的？
6. 交通工具及交通状况？
7. 此行的实际花费？
8. 您愿意为此次游览支付的费用？
9. 国家森林公园给您的总体印象如何？

问卷调查实施结果

问卷调查一结果统计（1999 年 2 月）

本次问卷调查汇总结果见图 3-3 至图 3-12。

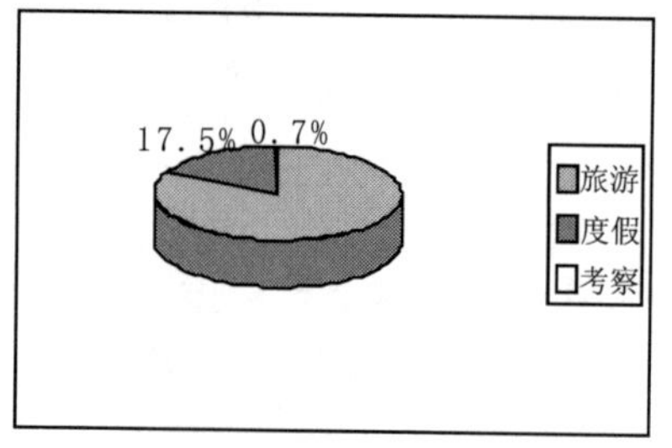

图 3-3　游客来国家森林公园目的比例

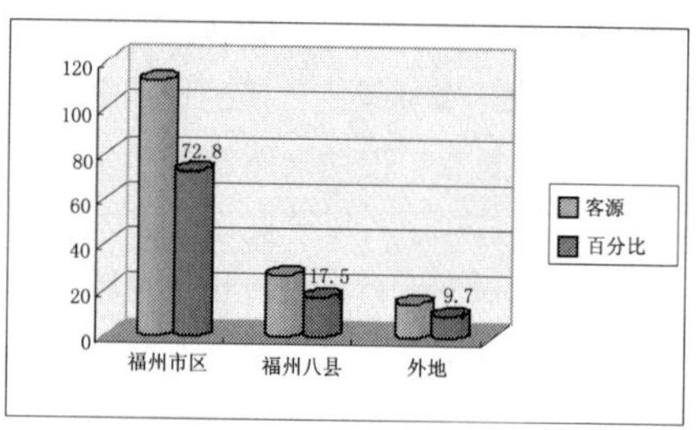

图 3-4　游客客源组成比例

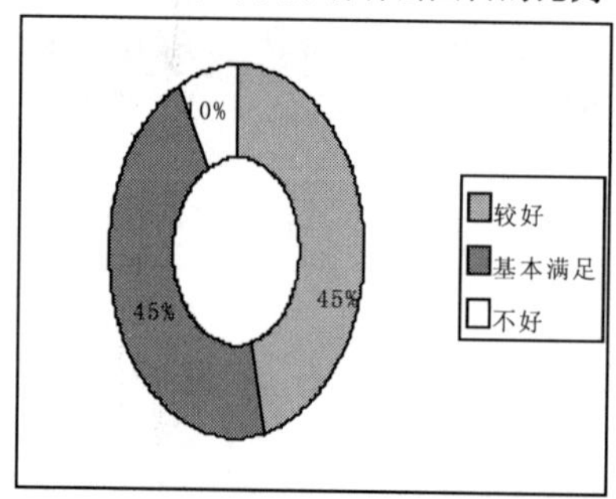

图 3-5　住宿游客对食宿条件的评价

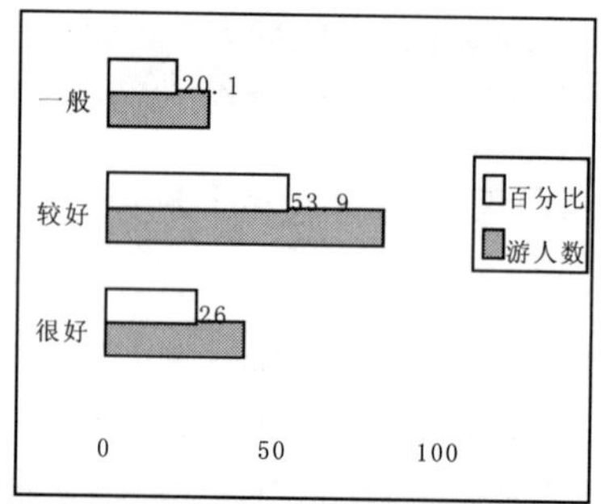

图 3-6　游客对公园总体印象评价

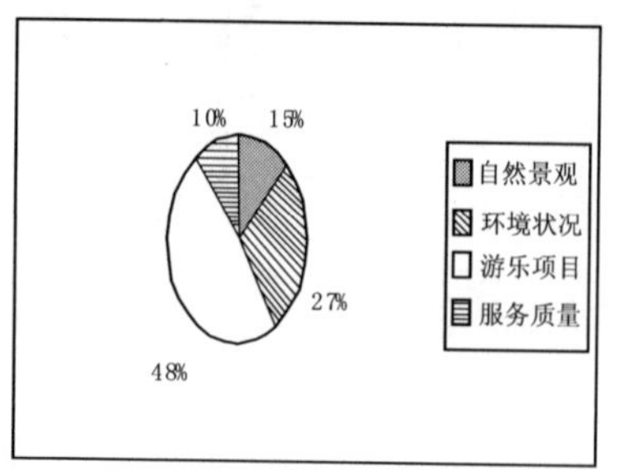

图 3-7　认为公园中不足之处的游客数

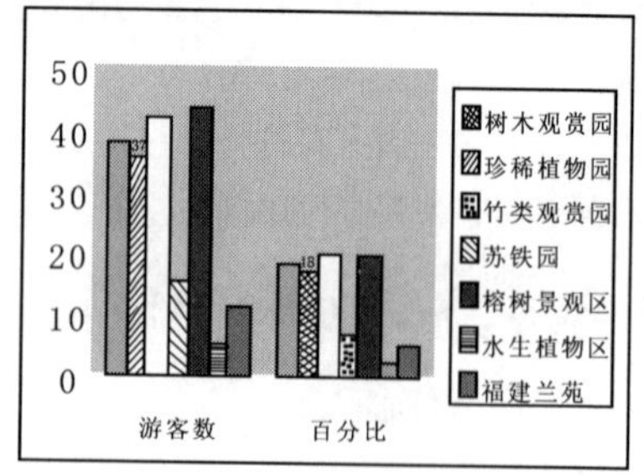

图 3-8　游客认为最佳景观的专类园

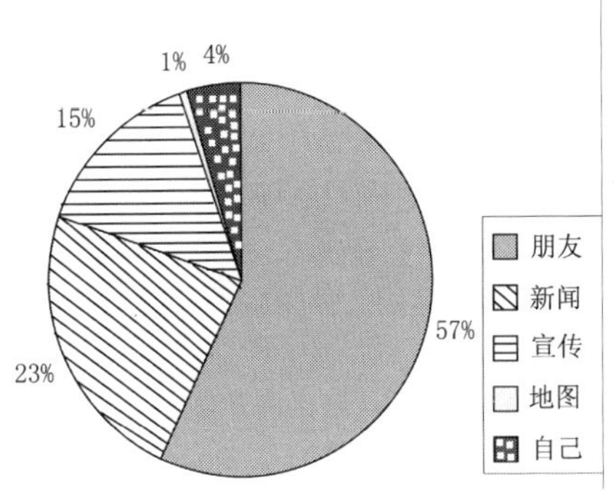

图 3-9 了解国家森林公园的渠道

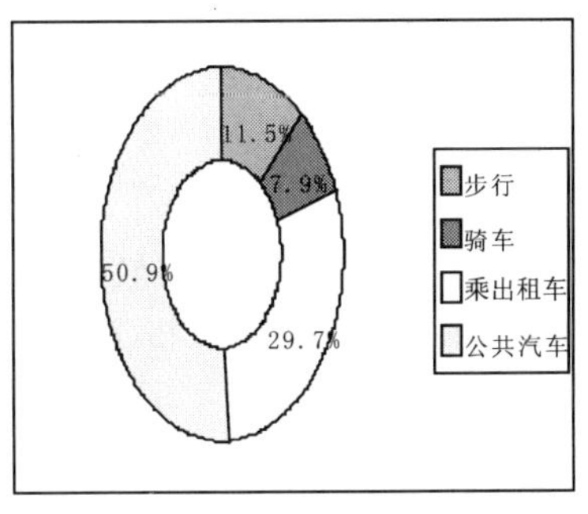

图 3-10 到达国家森林公园的方式

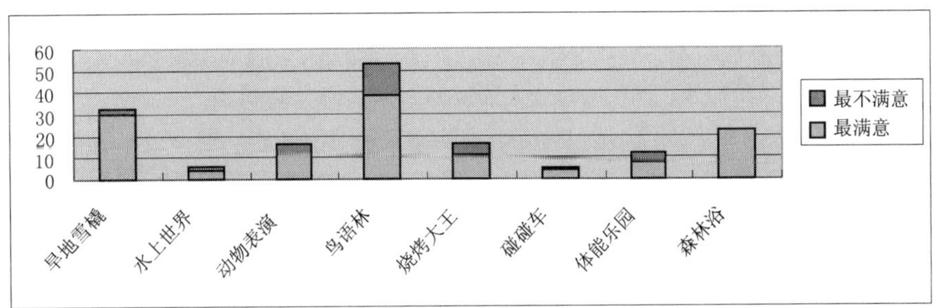

图 3-11 参加公园各种活动项目的游客数

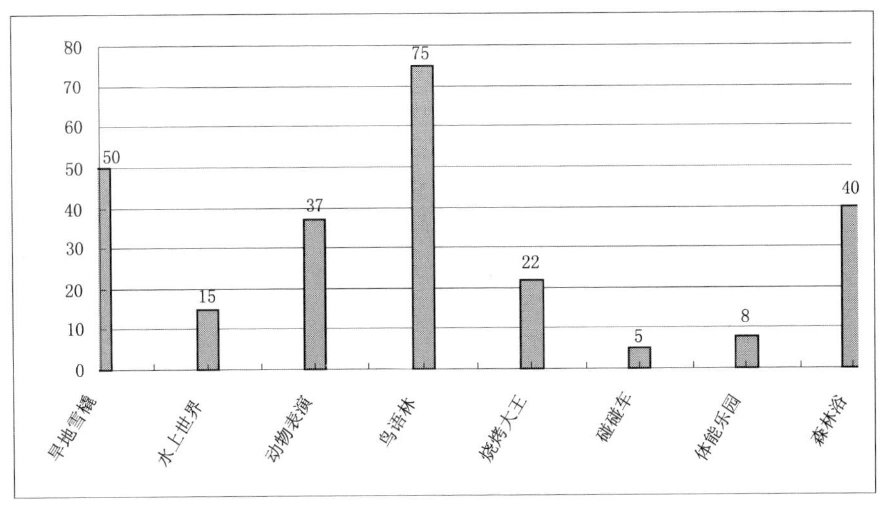

图 3-12 游客对国家森林公园各项游乐活动的评价

问卷调查二（2000 年 6 月）

在本省游客的 231 份问卷中，第 1 次来游玩的有 74 位，占总数的 32%；游览次数为 2 次的有 41 位，占总数的 18%；游览次数为 3 次的有 37 位，占总数的 16%；浏览次数超过 3 次的，有 79 位，占总数的 34%，平均游览次数 2. 52 次。反映出国家森林公园的游客“回头率”和平均游园率都是比较高的。

男性游客人数为 121 位，占总数的 52%；女性游客人数为 110 位，占总数的 48%，男女比例基本协调，也与现实情况比较相符。

本次调查将游客年龄阶段划分为 4 个阶段 18 岁以下有：32 位，占总数的 14%；19 岁至 35 岁有 150 位，占总数的 65%；35 岁至 60 岁之间有 39 位，占总数的 17%；60 岁以上有 10 位，占总数的 4%。本项统计结果可能因各年龄阶段的人合作态度而有偏差，在问卷过程中，一般青年人较为合作，而老年人本身游客数量也较少，加之合作态度一般不好，因而问卷数量较少。

在游客的职业上，机关干部、教师、公务员的比例最高，有 120 位，占总数的 52%；学生的人数为 52 位，占总数的 23%；离退休人员工 11 位，占总数的 5%；农民 2 位，占总数的 1%；个体户 12 位，占总数的 5%；其他的行业人数为 34 位，占总数的 14%。

游客具有大专以上文化程度的有 108 位，占总数的 47%；中专、高中文化程度的有 79 位，占 34%；初中、小学程度有 44 位，占总数的 19%。

游览天数为 1 天游客有 204 位，占总数的 88%；游览天数为 2 天的游客有 18 位，占总数的 8%；游览天数为 3 天的游客有 9 位，占总数的 4%。

游览方式为单人出游的游客有 13 位，占总数的 6%；双人出游的游客有 28 位，占总数的 12%；三人至五人结伴同游的游客有 129 位，占总数的 56%；团体出游的游客有 61 位，占总数的 26%，问卷为 231 份，代表游客人数为 951 位。

游览因商务会议而发生的，有 14 位，占总数的 6%；因其他目的而来游玩的，有 16 位，占总数的 7%；来国家森林公园游览观光的，有 201 位，占总数的 87%。

由于省内交通的关系，无乘坐飞机的乘客，乘坐火车的游客为 10 位，占总数的 4%；乘坐公交汽车、出租车的游客有 221 位，占总数 96%。乘坐交通工具可直达公园的有 197 位，占 85%，不可直达的有 34 位，占总数的 15%。对国家森林公园总体印象好有的 66 位，占总数的 30%；印象较好的有 118 位，占总数的 53%；印象一般的有 36 位，占总数的 16%；印象差的有 3 位，占总数的 1%。说明游客对福州国家森林公园的总体印象一般都较好。

实例二　福州国家森林公园景观资产评估

森林景观资产评估也以福州国家森林公园为评价对象。具体评估技术及应用分现行市价法、收益现值法和重置成本法等三种。

一、游客量的预测模型的建立

利用福州国家森林公园的历年游客数量的历史资料（表 3-8）为案例分析。

表 3-8　福州国家森林公园的历年游客数量

年度	1994	1995	1996	1997	1998	1999	2000
时间（年）	2	3	4	5	6	7	8
游客量（万人）	15	30	45	65	75	85	95

结合 Richards 方程，建立了游客预测模型，结果见表 3-9。

$$Y = A \times [1 - \text{Exp}(-K_x)]^B$$

式中：$A = 127.3842$；$B = 2.5062$；$K = 0.2764$；相关系数 $r = 0.9992$。

由表 3-10 可以看出，模型预测时间在 20 年时，游客量在 125 万人附近有一条渐进线，即可得森林景观游客量饱和区域在 125 万～127 万人左右。

表 3-9　根据游客预测模型计算的游客量理论值

年度	时间（年）	游客预测量（万人）	年度	时间（年）	游客预测量（万人）
2001	9	102.4942	2012	20	126.1200
2002	10	108.2089	2013	21	126.4246
2003	11	112.6683	2014	22	126.6559
2004	12	116.1232	2015	23	126.8316
2005	13	118.7856	2016	24	126.9649
2006	14	120.8292	2017	25	127.0661
2007	15	122.3932	2018	26	127.1429
2008	16	123.5876	2019	27	127.2011
2009	17	124.4982	2020	28	127.2453
2010	18	125.1916	2021	29	127.2788
2011	19	125.7190	2022	30	127.3043

二、支付意愿的测算

支付意愿 WTP 是从消费者的角度出发，在一系列的假设问题下，通过调查问答、问卷填写、投标等方式来获得的。以年均纯收益除以适当的投资收益率即可得出该景区的评估值。很显然，在运用条件价值法对森林景观资产评估时，关键在于对游客的支付意愿进行合理、准确的估算，游客的支付意愿越大折算成的门票价格就高，景观的价格也相对高。当然，在进行支付意愿的测算时会产生必然的偏差。另外，我们在实际调查中发现，大部分市民理解和支持这种调查，但也有少数人不愿意配合，很多老年人又由于视觉或文化原因不便填写调查表，有的市民只是回答调查表中的部分问题。但是，在实践中可以通过深入细致的工作来缩小这些偏差。

在对福州国家森林公园森林景观资产进行测算时，利用问卷调查资料对支付意愿进行计算结果见表 3-10。

表 3-10　对福州国家森林公园支付意愿

次数	有效问卷数	代表游客数(人)	平均支付意愿	调查期间游客总数(人)
1	108	413	40.41	8123
2	96	392	36.11	7312
3	121	467	36.45	7964

$$\overline{WTP} = \frac{\sum_{i=1}^{n} Q_i WTP_i}{\sum_{i=1}^{n} Q_i}$$

故总平均支付意愿 = 37.71 元/人，即为合理门票价格。

三、其他经营项目的收入和成本费用

以福州国家森林公园为案例，其基本经营项目收入和费用情况见表 3-11。

表 3-11　收入与费用一览

项目名称	建设时间	投资金额（万元）	国家森林公园年收入情况（万元）	经营者平均年收入（万元）	经营者平均年费用（万元）
烧烤大王	1996	210	9.6	200	150
鸟语林	1996	640	23	600	450
滑道	1997	800	18	400	300
水上世界	1998	40	11（转八一水库管理站）	70	50
动物表演场	1998	25	5	35	30
龙车	1997	26	1.2	10	7.5
漂流探险	1997	20	2.4	10	8
森林城堡	1999	30	2.64	8	6.5
韩国烧烤村	1999	30	第一年：1 第二年：2 第三年：3	33	20
体能乐园	1997	18	3	8	7
狩猎场	1996	10	1.08	4.5	3.8
赛车	1997	15	3	8	6.5
服务网点	1996	80	24	150	100

四、森林景观资产评估值的确定

通常来说，利率包含了无风险利率、风险报酬率和通货膨胀率。在森林资产评估中，由于涉及到的成本均为重置成本，即现实物价水平上的成本，其收入与支出的物价是在同一时点上，不存在通货膨胀因素，因此，利率由纯利率和风险利率组成。一般在森林资产评估中，利率定为4%～6%。在这里，考虑到森林景观经营的风险性较大，我们参考一般折现率水平，把森林景观资产评估折现率定为10%。

根据以上分析，综合得到森林景观资产评估计算公式如下：

$$AV = \frac{Q \times \dfrac{\sum_{j=1}^{K_1} Q_j WTP_j}{\sum_{j=1}^{K_1} Q_j} + A - B}{r \times (1+r)^n} \times [(1+r)^n - 1] - \sum_{m=1}^{K_2} C_m (1+\bar{P}_m) \times (1+r)^{K_2}$$

式中：AV——评估值；

Q——年游客数量；

Q_j—— 以前年度游客数量；

K_1、K_2——以前某年度；

WTP_j——以前年度游客支付意愿；

A——其他经营项目经营收入；

B——其他经营项目经营费用；

C_m——经营项目投资；

P_m——以前年度社会平均投资利润率；

r——本金转化率；

n——森林景观资产经营期限。

仍以福州国家森林公园为例，假设在现行的经营条件下，游客的平均支付意愿不变，即合理的门票价格不变，维持在37.71元，则依次与各年游客量相乘，可得各年度的合理门票收入。

由于在对福州国家森林公园的消费者支付意愿测算时，测算的支出范围包含了游客在整个国家森林公园的消费支出，因此这里测算的WTP实质上涵盖了其他经营项目带来的收益，所以在计算国家森林公园的纯收益时，应该将年WTP减去其他项目的当年经营成本费用及其相应的投资利润率（当年的以10%计）。另外，我们在这里假定其收益与成本都随着游客增长率的增长而保持同步增长，收入现值见表3-12。

故运用条件价值法测算福州国家森林公园森林景观资产额时，其景观收益为：2001～2002年收益值为12839.34万元；2002年以后收益值为1925.451万元，总额为14764.79万元；相应的投资成本及利息为（投资利润率为20%，利息率为6%）2901.281万元，故福州国家森林公园森林景观资产额为11863.509万元。

表 3-12 年度收入现值预测

年度	单位	游客预测量（万人）	预测收入（万元）	预测成本用（万元）	折现系数	折现值（万元）
2001	9	102. 4942	3865. 056	2603. 15	0. 9091	1147. 189
2002	10	108. 2089	4080. 558	2748. 29	0. 8264	1101. 048
2003	11	112. 6683	4248. 721	2861. 55	0. 7513	1042. 203
2004	12	116. 1232	4379. 006	2949. 30	0. 6830	976. 5104
2005	13	118. 7856	4479. 405	3016. 92	0. 6209	908. 0901
2006	14	120. 8292	4556. 469	3068. 82	0. 5645	839. 7392
2007	15	122. 3932	4615. 448	3108. 54	0. 5132	773. 2805
2008	16	123. 5876	4660. 488	3138. 88	0. 4665	709. 8424
2009	17	124. 4982	4694. 827	3162. 01	0. 4241	650. 066
2010	18	125. 1916	4720. 975	3179. 62	0. 3855	594. 2605
2011	19	125. 719	4740. 863	3193. 01	0. 3505	542. 5126
2012	20	126. 12	4755. 985	3203. 20	0. 3186	494. 7665
2013	21	126. 4246	4767. 472	3210. 93	0. 2897	450. 8741
2014	22	126. 6559	4776. 194	3216. 81	0. 2633	410. 6354
2015	23	126. 8316	4782. 819	3221. 27	0. 2394	373. 8227
2016	24	126. 9649	4787. 846	3224. 65	0. 2176	340. 196
2017	25	127. 0661	4791. 663	3227. 22	0. 1978	309. 5157
2018	26	127. 1429	4794. 559	3229. 17	0. 1799	281. 5479
2019	27	127. 2011	4796. 753	3230. 65	0. 1635	256. 0698
2020	28	127. 2453	4798. 42	3231. 78	0. 1486	232. 8716
2021	29	127. 2788	4799. 684	3232. 63	0. 1351	211. 7572
2022	30	127. 3043	4800. 645	3233. 27	0. 1228	192. 5451

第四章 国家森林公园森林旅游产品的设计与适宜性评价

第一节 旅游产品的基本概念

一、旅游产品

旅游产品是随着旅游的商业化而出现的一个概念，是指旅游企业向市场出售的商品。旅游产品作为一种无形产品是一个复合概念，在理论上指旅游者出游一次所获得的整个经历。Kolter 在 1974 年首次从旅游供给者角度对旅游产品进行定义，他认为旅游产品是指旅游企业为了满足市场需求而向市场提供的所有有形与无形要素的集合，包括有形物质服务、人、地点、组织和思想。Medlik 和 Middleton 在 1985 年将旅游产品定义为构成整个旅游经历的活动、服务和收益的集合。这一集合包括五个部分：目的地吸引物、目的地设施、可接近性、形象及价格。同时，Middleton 还指出，旅游产品在使用中分为两种情况，第一种是综合概念，包括旅游者出门旅游至回家期间所有涉及的设施与服务共同构成的综合体；第二种是指某一特定的具有商业性的物品如吸引物、接待设施、服务等。所有的旅游产品都有一些共同的特点，但它们之间又存在各自不同的特征，并以此相互区别。Smith 认为以前关于旅游产品的定义并没有揭示出旅游产品的共同特征，于是对旅游产品的概念提出了一种适合于任何整体和单项旅游产品的新的解释模型（图 4-1）。

Smith 认为，旅游产品的核心部分为物质基础（Physical Plant），即区位、自然资源或类似瀑布、野生动物以及陆地、水体、景观建筑物和基础设施等。为了满足前来旅游的游客的需要，在物质基础的外围，应有为各种旅游者提供方便的服务（Service）。在服务之外，还需要向旅游者提供某种额外的东西，即接待业（Hospitality）。此外，作为旅游产品，其给旅游者的选择应是多样化的，游客具有充分的选择自由，选择自由是旅游产品的重要组成部分之一（Free of Choice）。最后，游客在接受服务的过程中还应有参与的机会（Involvement）。Smith 还根据旅游产品的投入与产出状态，将旅游产品的生产功能分解为初级投入、中间投入、中间产出和最后产出 4 种状态（表 4－1）。

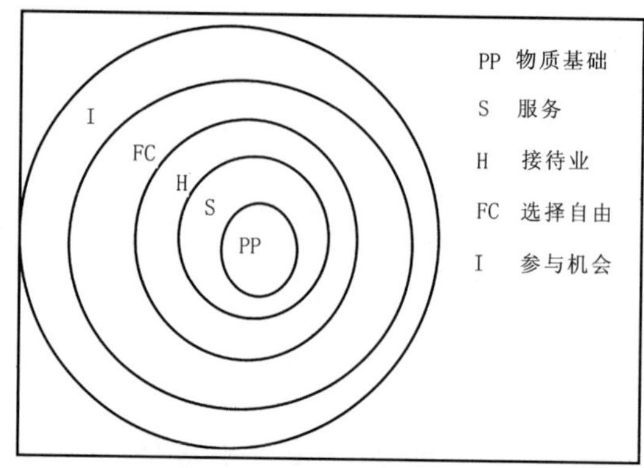

图 4-1　旅游产品的解释模型

表 4-1　旅游产品生产功能（资料来源：Smith）

初始投入（资源）→	中间投入（设施）→	中间产出（服务）→	最后产出（经历）
土地 劳动 水体 农产品 燃料、建筑材料 资金	国家公园 度假区 交通方式 博物馆 工艺品商店 会议中心 宾馆 餐馆 租车公司	公园解说 导游服务 文艺表演 纪念礼品 习俗 住宿接待服务 餐饮服务 节日与节事	游憩 社会交往 教育 身心放松 记忆 商务接触

我国旅游学者对旅游产品的概念也提出了自己的看法。林南枝等认为旅游产品是指旅游经营者凭借旅游吸引物、交通和旅游设施，向旅游者提供的用于满足其旅游活动需求的全部服务，是由多种成分组合而成的整体概念，是以服务形式表现的无形产品。白永秀、范省伟提出了旅游产品的“双态说”，即“单纯服务形态”和“服务与物质实体的组合形态”。陶汉军等认为旅游产品主要包括旅游交通、住宿、饮食供应、游览观光、娱乐项目、购物服务、旅游日程和旅游线路、其他专门服务8个部分。

吴必虎指出，前人关于旅游产品的定义实际上有广义、中义和狭义3种指称。广义的旅游产品是由景观（吸引物）、设施和服务三类要素所构成，其中景观（吸引物）是指自然实体和历史文化实体（包括文化氛围和传统习俗）所组成的中心吸引物。正是由于景观的吸引作用才使潜在旅游者产生出游动机；设施是指旅游者得以进入和满足基本生理需求、高层生理需求的交通等基础设施及食宿等旅游设施，它们通常是一些现代建筑物；服务则是旅游者在体验景观和身处设施场所中接受到的物质或精神上的奢侈享受，它们通常是非物质形态的、人为创造出来的。一般情况下，只有景观才构成吸引物，是旅游产品的核心部分，但在特定条件下，设施与服务本身也能形成主要的旅游吸引物。中义的旅游产品是指景观（吸引物）和设施构成的集合体。狭义的旅游产品往往仅指旅游景观（吸引物）。而旅游规划中的“旅游产品”规划即指“旅游吸引物”的规划。

从上面的研究可知，对旅游产品的定义可分为两类：一类是将旅游看成为一个整体，强调旅游资源的使用及这种使用对旅游者的影响，即旅游者的经历，这一定义将旅游景观（旅游吸引物）、基础设施和服务都包括在影响旅游经历的因素中，容易给人造成旅游产品包罗万象的感觉；另一类是旅游规划者从地理学角度出发，强调旅游实物（旅游吸引物）对旅游者的影响，这一定义将旅游产品界定为旅游吸引物，有利于旅游产品的开发与研究，但它忽视了旅游吸引物在时间和空间上的使用关系，同一种旅游吸引物在时间维度和空间维度上的不同组合，可以有多种使用关系，使游客产生多种经历。

另外，我们可以进一步引申出旅游新产品的概念。从旅游产品的定义可知，时间和空间是构成旅游产品的两个要素，旅游吸引物在时间或空间上使用关系的变化形成的产品应称为新的旅游产品。故从经营者角度，旅游新产品是指本企业以前从未生产和销售过的旅游产品，大致可分为几种情况：全新产品（市场上从未有过的科技新产品）、换代新产品或改进新产品（对企业原有产品经过改进或换代形成的新产品）、仿制新产品（市场上已经存在但本企业还没有的产品）。

旅游新产品的开发 包括新的旅游吸引物（旅游景观）的开发和对已有旅游吸引物的新的使用方式的开发。

二、森林旅游产品

森林旅游产品是本章节的一个重要概念。虽然“森林旅游产品”这一概念在我国已被人们广泛使用，至今还未曾有人对此概念作过明确的定义。对森林旅游产品概念的明确是界定森林旅游产品范围并进而对森林旅游产品进行评价的基础。本章节从森林旅游的一般特征出发对此概念进行界定。从经营者角度考虑，森林旅游产品是以满足人们森林旅游的目的而开发设计的旅游产品。哈默特和 William 认为无论把森林作为游憩的背景，还是直接利用森林进行游憩，都应看作户外游憩，也可看作森林游憩。而马建章认为，森林旅游是指在林区内发生的不管其活动目的为何的任何形式的野游。从这些观点分析，森林旅游和户外旅游并没有区别，但森林旅游离不开以森林为主题的自然环境。即森林旅游活动无论以森林为资源要素还是以森林为背景都必须是以自然资源为要素开展的旅游活动。故本书将森林旅游产品定义为：以森林景观资源或以森林为依托而存在的自然旅游资源开发而成的旅游产品，称为森林旅游产品。对森林旅游产品概念的正确理解应注意下面几个方面：

（1）森林旅游产品必须是由森林景观资源（如季相林观赏）或以森林为环境的自然资源（如漂流）构成。

（2）森林旅游产品不是指旅游吸引物（由旅游资源形成的旅游景观）本身，而是指旅游吸引物在时间和空间上的使用关系使游客产生的经历。

（3）旅游吸引物是旅游产品的物化形式。它是决定旅游产品质量的关键因素，因而也是游客判断旅游产品质量的重要依据。

第二节 森林旅游产品的构成、分类和特征

一、森林旅游产品的构成

伴随着人们对旅游认识的深入，从旅游者角度，旅游产品就是旅游者的旅游经历的观点已为大多数旅游学者所接受，然而，从供给者角度，旅游经历由什么要素构成，却很少有人研究。20 世纪 80 年代北美旅游学者 Driver、Manning 提出“经历分层模型”并最后发展成国家公园进行旅游管理的旅游机会序列模型（ROS），成为国外国家公园旅游管理的理论基础。该理论将旅游经历定义为，在一个喜欢的环境、意识到渴望的经历、从事一项喜欢的活动。其中，游客的旅游活动是形成游客游憩经历的核心，决定旅游需求的实现，而旅游环境影响游客的旅游体验。因此，旅游环境和旅游活动共同构成旅游经历，旅游供给者通过旅游环境和旅游活动的设计为游客创造不同的游憩机会，游客通过游憩活动的参与，实现期望的经历。即旅游机会包括三个部分：活动、环境、经历。环境特征包括生物物理环境、文化历史资源及基础设施；社会环境包括其他人们存在的数量、他们的行为及他们所从事的娱乐活动；管理环境指管理水平、管理设施、提供的服务及规则。旅游经历与旅游机会的关系如图 4-2。

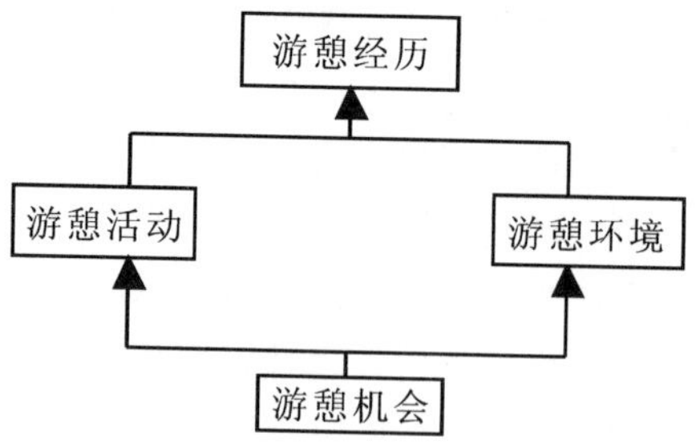

图 4-2 游憩机会及游憩经历关系及其构成

根据上面游憩经历的构成可知，森林游憩活动行为是构成森林旅游产品的核心成分，因此也是形成森林旅游产品类型的基础。森林旅游行为活动主要包括如下类型（表4-2）：

表4-2　森林旅游活动分类

运动型
——背包运动
（1）临时性的
（2）远征性的
——登山
（1）娱乐登山
（2）登山运动
（3）技术登山
——攀岩
——徒步穿越山林
——骑自行车
——骑马
——蹦极
——速降
——速滑
——跳伞
——探险
——滑翔
——打球
——游泳
——跑步
——滑雪
——划船
（1）划独木舟
（2）划小皮艇
——划水
——滑冰
——潜水
——驾快艇
——漂流
——冲浪
——打高尔夫球运动

观光型
——观花
——观山石
——观日出云海
——观林海
——观鸟
——观兽
——观蝶
——观看地方节日活动
——观看山村风貌

休闲娱乐型
——散步
——林中小憩
——品茶
——对弈
——垂钓
——野炊
——野餐
——烧烤

采摘尝购型
——采花
——采果
——品尝野味
（1）野生动物
（2）野菜
（3）野山菌
——购买地方特产

狩猎捕捉型
——狩猎
——捕蝉
——捉虫

疗养度假型
——森林浴
——练功
——露营
（1）住帐篷
（2）住小木屋
（3）住竹楼

科普艺术型
——野生动物保护
——了解昆虫习性
——辨识植物
——植树
——制作标本
——摄影
——写生

二、森林旅游产品的类型划分

森林旅游产品类型划分有助于对森林旅游产品的全面认识，为森林旅游产品的开发及适宜性分析提供依据。谢哲根等将森林旅游产品分为9类。笔者认为，会议、商务旅游本身并不构成旅游者的游憩行为活动，故不能作为一类产品。由于旅游者旅游行为是标示其旅游经历的核心，旅游资源是使旅游活动成为可能的先决条件，旅游效果是旅游需求得到满足的表现。故本书依据下面分类标准对森林旅游产品进行分类。

1. 根据旅游者行为特征，对森林旅游产品作一级分类，将森林旅游产品分为两个大类：观赏型旅游产品和参与型旅游产品（表4-2）

（1）观赏型旅游产品。指以通过观光、游览获得视觉上的美感为主要特征构成的旅游产品。

（2）参与型旅游产品。指以参与某一项活动，体验其中的乐趣为主要特征构成的旅游产品。

2. 根据旅游者对旅游资源的利用方式和旅游效果及行为活动方式对森林旅游产品进行二级分类，并将森林旅游产品分为分为十个亚类（表4-3）

第一类，自然观光型旅游产品，指利用先天拥有的自然资源开发而成的旅游产品。如以原始森林景观、气象景观、地质景观、喷泉、瀑布等开发的观光产品。

第二类，提升观光型旅游产品，指利用人造景观开发而成的旅游产品。如季相林观赏、动物观赏、花卉观赏等。

第三类，滞留服务型旅游产品，指集休息与娱乐为一体的旅游产品。如小木屋旅馆、帐篷旅馆、林间别墅等。

第四类，郊野游乐型旅游产品，指与现代文明相对立的以原始、野趣为特征的娱乐性旅游产品。如野炊、烧烤、露营、篝火等。

第五类，运动健身型旅游产品，指以满足游客运动、健身等动机需求为目的开发的旅游产品。如登山、骑马、骑车、垂钓、划船、漂流、游泳、冲浪、潜水、滑水、滑雪、滑草、攀岩、狩猎等。

第六类，保健疗养型旅游产品，指以满足游客保健、疗养、休息等需求开发的旅游产品。如森林浴、温泉浴、高山氧吧等。

第七类，返朴归真型旅游产品，指以满足游客接近自然、了解自然，追寻人类原始生活体验为目的开发的旅游产品。如以徒步穿越森林、林中游憩、远足、野果或野菜采摘、品尝、扑蝶等活动行为构成的旅游产品。

第八类，科普教育型旅游产品，指以对游客进行以森林、生态为主题的科普教育构成的旅游产品。如动植物识别、标本采集与制作、生态研究与学习。

第九类，冒险刺激型旅游产品，指以冒险、刺激体验特征而开发的旅游产品。如洞穴探险、高山探险、高空探险、高空降落、蹦极等。

第十类，纪念型旅游产品，指能够使游客延续已有的经历为特征开发的旅游产品。如纪念林、节事性纪念活动、旅游商品等。

表 4-3　森林旅游产品分类

森林旅游产品类别		举　　例	物质载体
层级一	层级二		
观赏型旅游产品	自然观光型旅游产品	原始森林景观、气象景观、地质景观、山岳景观、河段景观、喷泉、稀有动植物等	自然景观资源
	提升观光型旅游产品	植物专类园、季相林大型野生动物园、小型动物专类园（鸟类观赏园、蝶类观赏园等）、缆车观光	动植物资源
参与型旅游产品	滞留服务型旅游产品	居住小木屋、帐篷、竹楼	帐篷旅馆、木屋旅馆、竹楼旅馆
	郊野游乐型旅游产品	露营、野炊、烧烤、特色餐饮品尝、扑蝶	野炊区、烧烤区、露营区
	运动健身型旅游产品	水上运动项目（划船、舰艇、漂流、垂钓、游泳等）	水体（湖泊、水库、河段等）
		山体运动项目（登山、攀岩等）	山体
		陆上运动项目（滑雪、滑草、骑马、骑车、狩猎、高尔夫球等）	滑雪场、滑草场、狩猎场、原始森林
	保健疗养型旅游产品	森林浴、温泉浴等	森林、温泉、高山
	返璞归真型旅游产品	远足、林副产品采摘、野果野菜采摘品尝	森林、荒野地
	探险刺激型旅游产品	山洞探险、高山探险、原始森林探险、快艇、高空降落、蹦极	险洞、高山、原始森林、水体
	科普教育型旅游产品	制作标本、动植物认知、动植物科普讲座、生态研习	植物标本园植物专类园自然博物馆等
	纪念型旅游产品	纪念林、节事纪念活动、旅游商品	

三、森林旅游产品的特征

（一）森林旅游产品的一般性特征

森林旅游产品的一般性特征指一般旅游产品所具有的特征。关于旅游产品的特征，我国旅游学者进行了大量的研究。他们认为旅游产品具有无形性、生产与消费的不可分割性、不可贮藏性、所有权的不可转移性、易波动性、综合性等特征。赵克非认为由于旅游者生活的多要素，单一的旅游目的物对旅游者的持续吸引力总是在不断衰减，因而旅游产品必需是一种组合产品的特征。魏小安认为，对于观光旅游产品，由于具有一定的垄断性，在国际市场上具有较强的竞争力。另外，在生产上，旅游产品与工业消费品也有极大的不同，由于自然观光产品具有不可替代性，两地同时生产观光产品不会引起严重的产业结构趋同后果。王莹认为旅游产品具有与普通产品不同的销售特点，即物质产品可以送货上门，而旅游产品（除旅游商品外）不能做到这一点，必须是旅游者自行前往目的地实现消费行为。张辉指出了旅游产品在销售时的另一个特点，就是质量价格与时间价格的并存，并产生了旅游产品效用与价值的差异。

旅游产品的这些不同于一般产品的特征说明，旅游产品特征与旅游产品的开发存在重要的关系。旅游产品的无形性说明游客购买旅游产品不是为了物质享受，而是为了精神享受。因此，旅游产品的主题创意、设计的独特性和创新性对旅游产品开发的成功较一般的工业产品更为重要。生产与消费的同时性和产品的不可储存性说明旅游产品的生产与消费必须同时进行，旅游产品不可能在消费者购买之前提前生产并储存起来，消费者也不可能一次购买多个产品慢慢消费。故旅游产品具有较强的时间性，这一时间性要求在进行旅游产品开发时，必须考虑旅游产品的可生产时间与游客的闲暇时间的一致性。所有权的不可转移性说明，游客对旅游产品的消费必须在生产所在地进行，这不仅使可进入性成为影响产品消费的一个重要因素，而且游客对游憩地生态环境的冲击大小以及游憩场地的承载力成为影响产品生产的另一个重要因素。故可进入性和游客冲击大小、游憩场地的承载力也是进行产品开发时必须考虑的因素。旅游产品的易波动性说明市场需求的变动趋势对旅游产品开发的影响大于一般产品。

旅游产品的综合性说明，单项旅游产品开发的成功与其他产品以及外部环境存在较大的关联性，故旅游产品的开发还必须考虑与外部要素的关联性。

旅游产品生命周期是旅游产品所具有的一个重要特征，也是研究界研究最多的一个特征。关于这方面理论的最早研究可追溯到20世纪60年代Christaller对欧洲旅游地的分析。后来，Butler于1980年对旅游地生命周期理论进行了系统阐述。他认为一个地方的旅游开发不可能永远处于一个水平，而是随着时间的变化不断演变。他用一条近S型的曲线的变化说明不同发展阶段旅游地的发展状况。Butler指出，旅游吸引物并不是无限和永久的，而是一类有限的、并可能是不可更新的资源。正因如此，它们需要加以仔细地保护和保留。旅游区的开发应保持在某一个预先决定的容量的限制范围内，使其潜在的竞争力能够持续较长的时间。后来人们将Butler关于旅游地发展周期的理论抽象为Butler曲线。

海伍德根据不同的组分市场，将生命周期分为若干个组成成分，即一个旅游地的生命周期由多个产品的生命周期复合而来。

一些西方学者在对旅游地生命周期的实证研究中，提出了一个新的概念——

“后滞长期”，它描述了许多具有竞争优势、较长时期处于不败之地的旅游胜地的生命周期现象。在经历了一般的增长过程达到最高发展水平之后，旅游地并没有马上出现衰落而是经历了较长一段时间的平稳发展阶段。

钱炜的案例说明，在没有合理经营的情况下，一项旅游产品也会出现“早衰”现象。吴必虎认为，有些旅游产品并没有经过 Butler 所描述的介入、发展阶段，而是直接从一个高峰起步，逐渐走向衰弱（一些主题公园），另一些旅游产品，只能观察到游客的起伏波动，而看不到它的第二轮上扬或衰败（如永久性的世界级文化遗产，如长城、故宫、杭州西湖等）。

陈南江认为，一项旅游产品的生命周期分为自然生命周期、技术生命周期和市场生命周期。自然生命周期是由产品的自身构成特征所决定的生命周期，技术生命周期是由产品所包含的技术所决定的生命周期，市场生命周期是由市场对该产品的需求状况所决定的生命周期。一项产品的生命周期由这三项因素共同决定，但以市场生命周期作为产品最终生命周期的标志。

旅游产品的生命周期对旅游产品开发有重要影响。一项旅游产品的生命周期标示着其在市场上存在的时间，显然，其在市场中存在的时间越长，生命力越强，盈利能力也就越强，因此，旅游产品的生命周期是产品开发时必须考虑的一个重要因素。上面的理论研究说明，受自身的自然特征和市场需求特征的影响，旅游产品的生命周期之间存在着结构性差异。一般来说，观光型旅游产品较参与型旅游产品具有较短的生命周期。同时，不同产品受自身的自然特性和市场特征的影响，生命周期曲线存在很大的差别。另外，市场需求的变化或外部环境的变化、管理的不善也会缩短一项产品应有的生命周期。

旅游产品的特征与旅游产品的开发存在重要的关系，因而是影响旅游产品开展适宜性的重要因素。

（二）森林旅游产品的个别特征

森林旅游产品除具有一般旅游产品的特征外，还具有自身的个别特征，这些特征影响着产品的开发。

1. 森林旅游产品周期性

森林旅游产品除具有旅游产品生命周期的一般特征外，还有其特殊性，主要表现在：

（1）与主题公园完全靠人工投入开发而成的旅游产品相比，森林旅游产品具有相对较长的生命周期。

（2）森林旅游产品的市场生命周期受自然生命周期的影响较大，而主题公园的旅游产品受技术生命周期的影响较大。

在森林旅游产品的不同类型中，产品生命周期存在着结构性差异，一般来说，参与体验型旅游产品较观光型产品有更长的生命周期，而在观光产品中，自然观光产品的生命周期又长于人造景观型观光产品。

根据产品生命周期的长短，森林产品生命周期可分为长生命周期型（一般大于20年）、中生命周期型（一般大于10年小于20年）、短生命周期型（一般小于10年）。

2. 森林旅游产品的季节性

季节性是森林旅游产品不同于其他产品的又一个重要特征。由于森林旅游大都发生在野外，受气候变化的影响使森林旅游产品表现出很强的季节性。使森林旅游产品具有季节性的原因具体可分为两个：

一个是构成产品的森林旅游资源随气候变化而变化，使产品表现出的季节性。如季相林观赏、花卉观赏、森林浴、滑雪。

一个是产品所依托的森林环境随气候变化而变化，使产品表现出的季节性。如气候的变化引起水温变化而使漂流不能在较冷的天气里消费。

由于产品的不可储存性，季节性严重影响资源的利用率和产品的年生产潜力，因此是影响产品开发的一个重要因素。

季节性使产品只能在每年的一定时间内生产，称之为产品的年可游天数，可游天数越长，产品项目的生产潜力越大。根据产品的季节性特征，森林旅游产品可划分为3类：四季皆宜型、个别季节型、特殊时日型。各类产品举例如表4-4。

表4-4　根据季节对产品的分类举例

四季皆宜型	个别季节型	特殊时日型
苏铁园、健身性登山、骑马、骑车、烧烤、垂钓等	漂流、狩猎、森林浴、滑雪等	季相林（梅园、桃园、红叶）纪念林等

3. 森林旅游产品项目的有限承载性

由于森林旅游产品的消费必须在一定的地域空间内进行，地域空间的有限性和空间密度影响旅游质量的特性，使产品项目在一定时间内的承载力具有有限性，这一有限性构成产品潜在生产能力的限制因素。旅游需求特征和对资源的不同利用方式，使游客对不同产品项目的密度要求并不相同，从而不同的产品项目具有不同的承载性能。产品项目的承载性越大，资源的使用效率越高。

依据产品项目的承载性能，森林旅游产品可分为高容量型、中度容量型、低容量型。

依据WTO和日本对一部分森林旅游产品的承载力标准，各类型产品项目举例如表4-5。

表 4-5　根据承载力对产品的分类举例

高容量型产品	中度容量型产品	低度容量型产品
动物园、溜冰场、自行车道、滑雪场、高密度野餐地、体育比赛	骑马、徒步旅行、低密度野餐地	植物园、高尔夫球场、速度划船、垂钓、滑水

4. 森林旅游产品的垄断性

垄断性是森林旅游产品的一个重要特征，其产生的根源在于森林旅游资源的垄断性。产品中旅游资源的含量越大，产品的垄断性程度越强。产品的垄断性是获得垄断利润的源泉，也是森林旅游产品不同于工业产品的重要特征之处。

不同的旅游产品类型，其垄断性程度又不相同。根据旅游产品对旅游资源的依赖性程度，森林旅游产品可分为高度资源依赖型产品、中度资源依赖型产品和低度资源依赖型产品。表 4-6 是对各类型的举例说明。

表 4-6　根据资源含量对产品的分类举例

高度资源依赖型	中度资源依赖型产品	低度资源依赖型产品
自然观光型产品（原始森林景观观赏、地质景观观赏、漂流、温泉疗养、滑雪）	动物观赏、季相林观赏、划船、滑草	花卉观赏、高尔夫球场、垂钓、野炊、烧烤

5. 森林旅游产品的质量依赖性

森林旅游产品的质量依赖性指森林旅游产品对森林旅游资源质量的依赖性。由于森林旅游产品是一种资源依赖型产品，森林旅游产品质量的高低在很大程度上取决于旅游资源的质量的高低。这一特点决定了森林旅游产品的开发离不开对森林旅游资源质量的判断。

6. 森林旅游产品的消费对资源的冲击特性

森林旅游产品的消费是在森林景区内进行的，森林旅游景区是由具有生物活性的森林旅游资源和森林生态环境构成的整体。森林旅游资源和森林生态环境既具有一定的再生能力，能够自然修复产品使用者对资源的破坏，又对使用者的冲击高度敏感。如游路等基础设施的建设和游客对土地的踏踩会影响地下植被的生长。这一影响在短期内可能对森林景观和森林生态环境没有影响，但长期的累积效应将可能会改变动物的生活环境，引起动物的迁移，从而改变森林的整个生态环境。因此森林旅游产品的消费对资源的冲击既具有可修复性，又具有影响的复杂性和潜在性。这一特性说明森林旅游产品的开发必须考虑对森林生态系统的各种潜在的影响。

四、森林旅游产品的类型

（一）观赏型旅游产品

观赏型旅游产品指以满足游客对旅游景观的美学欣赏为目的而开发设计的旅游

产品。游客对该类旅游产品的需求目的主要是通过视觉上的欣赏获得视觉上的美感享受。观赏型旅游产品质量受游客密度的影响较小，因而观赏型旅游产品具有较大的承载量。

1. 传统自然观光型旅游产品

指利用自然景观资源开发的、以满足游客对自然景观资源的美学欣赏以及好奇心为主要特征的旅游产品。旅游吸引物主要包括名山大川、峡谷湖泊、喷泉瀑布、森林草原、海滨海岛、河流河段等，属于较强的资源型旅游产品。自然观光型旅游产品具有良好的教育功能，能够使旅游者在欣赏大自然之美的同时，获得陶冶个人情操、锻炼人生意志之机会。

自然观光旅游产品具有如下特点：①由于自然资源的自然性，该类产品具有很强的垄断性和不可模仿性，能够获得较大的垄断利润。②自然观光旅游产品一般不需要大量投资，风险较小，盈利能力强。③由于环境密度对观光型旅游产品的质量影响较小，游客容量较大。④自然观光产品与多种旅游产品具有良好的兼容性。

国家森林公园拥有丰富的自然景观，是开展观光旅游的最佳场所。自然观光旅游产品也是我国国家森林公园开发最早、最初级和最普遍的产品形式，在我国旅游市场上一直处于统治地位。

2. 升级的观光旅游产品

指利用人造景观开发的观光型旅游产品。该类产品是人类社会发展的产物。旅游资源在供给种类上以及地理区位的分布上与市场需求的不一致，阻碍了人们旅游需求的实现。为了适应市场需求，弥补这种资源供给与市场需求的不一致，20 世纪中叶以来，世界各国开发商或政府投资创建了多种新型的旅游吸引物，这些吸引物被称为“人工景观”、“人造景观”、“模拟景观”或“人为景致”。由此形成了一代升级型观光旅游产品，该类旅游产品项目的出现是商业化投资的结果。

升级的观光旅游产品与自然观光旅游产品的一个重要区别是，在长期内不具有垄断性，不能获得长期的垄断利润。

就国家森林公园而言，属于这种升级的观光旅游产品比较典型的主要有以下几类：

（1）人工景观林观赏园。人工景观林是通过人工模拟植物生长环境，培育、营造而成的具有某种观赏价值的景观林。人工景观林观光旅游产品是以人造森林景观为观赏主体形成的观光旅游产品。根据形成景观的吸引物的不同，一般的人工景观林主要可分为叶类观赏景观林、花类观赏景观林、果类观赏景观林。

叶类观赏景观林指以植物的叶子为观赏主体形成的景观观赏林，如北京香山红叶、福州国家森林公园苏铁观赏园等。

花类观赏景观林指以植物的花为观赏主体形成的景观观赏林，如南京中山陵梅园、广西南宁良凤江特色花木观赏园（桃园、茶园、杜鹃园）等。

果类观赏景观林指以植物的果为观赏主体形成的景观观赏林，如福州国家森林公园荔枝园、新疆吐鲁番葡萄沟的葡萄园等。

一般地，人工景观林具有如下特征：①由于景观林的生长周期较长，人工景观林的投资成本较大，资金的回收时间长。②由于形成森林景观的森林的生物特性，人工景观林旅游产品具有明显的季节性，一般年适游期较短，如北京香山红叶、南京中山陵梅园，年适游期不超过40天。③由于人工景观林是人工模拟植物的自然生长环境，人工景观林的生长必须有一定的适宜气候和环境。因此只有在与之相适宜的环境和气候里才能进行人工景观林的培育和营造，也只有具备较好的区位条件，人工景观林的投资建设才具有经济效益。

人工景观林的一个重要特点是其具有较强的生态效益。它不仅能够直接为旅游企业带来经济收入，还能改善旅游企业的森林生态环境，强化森林旅游资源的吸引力，同时对区域气候的改善也具有重要的影响力。因而人工景观林的生态效益是评价该类产品是否适宜开发的重要考虑因素。

（2）花卉观赏园。指以花卉为观赏主体形成的观光旅游产品，如福州国家森林公园开发的兰花苑、河南洛阳国家牡丹园等。由于花卉的生长周期较短，该类产品的投资回收期一般较短，资金回收较快，由市场需求的不确定性而导致的投资风险较小。但由于花卉的花期较短，该产品的适游期较短，需要较大的市场支持。另外，对于人工很容易培育的花卉品种，产品的竞争力不会很强。

（3）小型野生动物专类园。指以某一种或几种野生动物为观赏主体形成的观光旅游产品。这类动物园一般规模较小，动物的生存环境不同于自然的野生状态，其行为活动受到一定程度的限制。根据动物类型不同，较普遍存在并且受游客欢迎的动物专类园有哺乳类动物专类园、鸟类观赏园及蝶类观赏园。

随着生态环境的变化，野生动物变得越来越稀少，小型野生动物专类园虽然向人们展示的不是完全野生状态的动物，但也是人们认识自然、了解自然的一个重要窗口。人们通过对这些野生动物的观赏，在满足好奇心的同时，也达到了接近自然、了解自然和认识自然的目的。一般来说，野生动物越稀少，可观赏性越强，它们对游人的吸引力越强。因此，稀缺性和可观赏性是小型野生动物专类园产生竞争力的重要因素。

（4）大型野生动物园。大型野生动物园是随着野生动物的逐渐消失新近出现的一种新型观光旅游产品。与小型动物专类观赏园不同的是，它是由人工模拟野生动物的原生环境，集中放养世界各地的珍禽异兽，动物一般处于近自然状态，行为不受限制。与小型动物专类园相比，这类动物园一般动物类型较多。该类产品的主要目的是为旅游者提供接触野生动物的机会以满足其观赏动物、认知动物、了解动物及研习动物的需求动机。随着世界生态环境的恶化，物种消失加剧，人们接触野生动物的机会越来越少，希望接触动物以了解动物生活习性的需求越来越强烈，这种模拟野生动物原生环境建立起来的大型野生动物观赏旅游产品的出现较之小型动物专类园受到游客的更大偏爱。

由于大型野生动物园给予动物完全自由的活动空间，而对游客采取严格限制的方式，一方面使游客得以近距离观察实际的动物生活情形，另一方面也保护了旅游者的安全。从物种保护角度，大型野生动物园不仅向游客提供了接近自然、了解自然的机会，也为野生动物及其物种的保护提供了一个诺亚方舟。

（5）其他类型的升级型观光旅游产品。除了以动植物生物景观为主体形成的人工仿生景观旅游产品外，随着人类社会的发展，由人工模拟自然景观创造的升级型旅游产品类型越来越多。目前已经出现的有：由人工模仿自然山水景观形成的观光旅游产品（如人造瀑布、人造喷泉）、由人工模拟自然景观（如山脉、河流）并按照一定比例缩小形成的缩微景观、通过乘座缆车观赏景观形成的观光旅游产品（缆车观光）。这类旅游产品完全是人为创造的结果，与以自然景观构成的产品相比，投资巨大。一般只有在具有非常好的区位条件和非常差的资源条件下才具有开发的可行性。

（二）参与型旅游产品

参与型旅游产品指以满足游客参与某一活动、获得某一体验为目的而开发设计的旅游产品。游客对该类产品的需求目的不是通过视觉上的景观欣赏获得艺术上的美感，而是通过参与到某一项活动之中、获得某种体验。因此，参与型旅游产品强调消费时间的持续性和消费行为的参与性。与观光产品相比，参与体验型旅游产品的吸引区域半径较小，对区域的依赖性较强。另外，参与型旅游产品质量受游客密度的影响较大，游客密度的增加会极大地降低游客体验参与型产品的质量，因而参与型产品项目的承载量相对较小。

1. 滞留服务型旅游产品

指兼具休息与娱乐双重效能、以使游客长时间地滞留于游憩地为特征的旅游产品。目前开发的主要产品项目有小木屋旅馆、帐篷旅馆、林间别墅等。虽然此类产品的主要功能是为游客提供住宿，但游客购买此类产品考虑的主要因素是产品的娱乐性，并以获得娱乐作为购买此类产品的主要目的。

随着我国度假旅游的兴起，小木屋旅馆、帐篷旅馆、林间别墅等产品将会得到越来越多人的青睐。这类产品不仅从供给上费用低，与森林环境有较好的协调性，对森林生态环境和景观环境的冲击小，而且从需求者来说，这类产品的出现使人们的纯粹生理休息与人们的娱乐结合起来，不仅克服了黑夜带给游客的枯燥感，而且大大增加了游客体验自然、了解自然与享受自然的机会和时间。

林中居住是游客森林休闲度假的一种重要形式。滞留服务型产品项目的森林条件应包括以下内容：①具有较大面积的森林及形成了明显的森林小气候。②林相整齐，景观外表优美。③林内无野生猛兽和较少毒蛇。④具有较多产生负氧离子或具有疗养保健功能的林分和树木。

2. 郊野游乐型旅游产品

指集游乐与野趣为一体的旅游产品。该类旅游产品的最大特点是，产品具有娱乐性的源泉不是来自于人类社会的现代文明，而是与之相反，来自于产品本身所具有的原始性、荒野性和自然性，人们通过旅游产品的消费，亲身体验这种与大自然相协调的经历，不仅从中获得了娱乐，而且增加了对自然界的认识，亲身感受到自然界万物和谐相处的美妙，增加游客对生态环境的保护意识。传统的、旅游模式相对稳定的效野游乐型旅游产品主要包括以下几类：

（1）露营。指满足游客在野外住宿、过夜，以获得接近大自然欲望的一种产品形式。与帐篷旅馆不同的是，露营提供者一般只划出一定的露营地，游客自主性比较大，可以自带帐篷，也可以租用公园的帐篷，还可以使用其他方式露营，游客还可以在露营地自由选择露营地点。按照旅游密度的大小，露营地可分为高密度露营地和低密度露营地。而根据露营使用工具的不同，国外将露营方式分为帐篷式露营（自带帐篷和租用公园帐篷）、汽车露营等。

露营是一种相对较便宜的度假方式，在国外很受欢迎，但目前在我国还不普遍。随着我国经济的发展和人们对生活质量要求的提升，露营产品在我国未来将具有较大的需求弹性。

（2）野炊、烧烤。野炊、烧烤是在野外的一定区域，由公园提供原料或游客自备原料，游客自己动手完成的一种餐饮方式。它是一种集休闲娱乐和餐饮于一体，心理需求和生理需求于一身具有双重功能的传统型旅游产品，具有较强的娱乐性、趣味性、参与性。游客购买此类产品的主要动机与目的正是产品所具有的娱乐性和趣味性。该类产品比较适合于集体参与，是亲朋好友、家庭休闲娱乐的理想旅游产品。

野炊、烧烤旅游项目一般对旅游资源的依赖性不强，属于一种资源遍在性旅游产品。野炊、烧烤场地，一般应选择在溪旁林下，开阔平坦，清流潺潺，干燥 通风，杂灌较少的地方。该产品项目建设规模根据市场需求可大可小，灵活性较大，产品项目投资较小，因而投资风险较小。但另一方面，正由于该产品的资源遍在性和投资规模的灵活性，使该类产品一般竞争力不强，盈利能力不强。

（3）特色餐饮品尝。特色餐饮品尝旅游产品指国家森林公园利用所拥有的较具特色的餐饮原料如野菜、野山菌等为游客提供的一种娱乐性餐饮服务。游客通过对此类产品的消费不仅满足了生理上的饮食需求，而且体验到与日常饮食不一样的感觉，同时还能增加对自然与生态的认识与了解，增强生态保护意识。从产品供给者角度，特色餐饮产品利用公园自身拥有的独特资源，不仅能够增长游客的消费量，还能节约产品的成本，是国家森林公园应该开发的一种重要的旅游产品类型。特色餐饮产品的价值不在于餐饮原料的价值，而在于游客从中获得的服务以及更为重要的，游客从中获得的关于自然界生态演替的规律和知识。因此特色餐饮旅游产品开发的成功之处在于所用资源的特色性及导游人员在传授生态知识方面所体现的服务水平。

3. 运动健身型旅游产品

指通过游客的参与运动，能够使游客达到健身效能的旅游产品。比较固定的项目有下面一些类型：

（1）水上运动项目。指利用水体（湖泊、水库、河段等）开发的运动健身型旅游产品项目。产品项目又可细分为：

①划船。一般指利用由游客自己操作运作的机械式小型木筏船开发的划船产品项目，主要满足游客休闲与娱乐的旅游动机。该类产品项目对水体的冲击较小，同时产品开发的投资成本较小，开发风险较小。

②漂流。漂流产品项目是利用河段资源，以满足游客的新奇、刺激的旅游需求动机为目的开发的一种水上旅游项目，具有较强的惊险性、刺激性与体验性。它是一种高度资源依赖型旅游产品项目，具有较强的季节性、区域性和高盈利性。

由于漂流是一种相对规模较大的旅游产品项目，人们对该产品项目开发的条件作过详细的研究。一般来说，漂流项目是一种资源非遍在性旅游项目。生态环境漂流之地往往位于交通欠佳、经济不发达的地区，同时又需要依托一个经济发达的腹地，保证一定的客源市场。就开发该项目的自然资源条件来说，一般要求河流的漂流河段要有一定数量的深水域，保证产品项目的刺激性，又要有平缓之流，好让游客有欣赏两岸风光的机会。河段两岸应有具一定质量的观赏景观。气候舒适，保证有较长的适游期。

③垂钓。垂钓是一项利用任何水体资源开发的，以满足游客休闲娱乐为目的开发的一种传统型水上娱乐项目。由于对所利用的水体资源几乎无任何条件要求，投资成本又很低，故该产品项目是一种典型的遍在性旅游项目。产品项目不具有垄断性。

（2）山体运动项目。指利用山体开发的、以满足游客运动健身为目的开发的产品项目。比较常见的产品项目有登山、攀岩。

①登山。是指由人工特地在山体上铺设道路，使游客能够将身体沿着山体移动，从而在获得休闲、娱乐与观光的同时，使身体得到锻炼，达到健身、休闲、娱乐之目的。从产品项目满足游客需求的功能上，登山项目又可分为娱乐性登山、健

身性登山和探险性登山。三者在山道的建设设计上有很大的区别。

娱乐性登山强调登山给游客带来的娱乐效果，道路设计上强调新奇性，同时强调服务上的周全性。健身性登山强调登山给游客带来的健身效果，在道路设计上可增加一定的难度，以增加健身效果。探险性登山强调登山带来的惊险性，在道路设计上一般在不危及到安全的情况下，道路越设计得险要，越能满足旅游需求，旅游效果越好。

②攀岩。攀岩是一种较为专业的利用山体进行健身的旅游项目。该项目由于不需要大量固定的基础设施建设，投资成本较低。但这类产品项目属于高风险性产品项目，要求具备较高的安全防范设施。攀岩旅游项目由于较为专业，因而在旅游市场上需求不大，只占有较小的一个群体。

（3）陆上运动项目。指在陆地（平地或坡地）上开发的以满足游客健身、娱乐为目的的产品项目。比较大型的项目有：

①滑雪。指在具有一定坡度的陆地上、利用一定的自然积雪或人工造雪开发建设的一种运动健身项目。具有较强的趣味性。因此市场需求量大，普及性强。

由于滑雪旅游项目系统性较强，投资成本较大，人们对该项目的建设条件进行了大量研究。研究认为，地形和积雪厚度是决定滑雪产品质量的重要因素。而气候条件决定着每年的适游期长短，因而地形、积雪厚度、气候条件是决定旅游资源质量的重要考虑因素。美国林务局选择了 7 个资源因素：雪季长短、积雪深度、干雪保留时间、海拔、坡度、气温、风力等作为对建立滑雪旅游项目的自然资源适宜性的评价尺度。

由于滑雪旅游项目对自然资源的要求比较严格，因而该产品项目属于资源非遍在性旅游项目，产品的盈利能力较强，但由于该项目的投资较大，要求有大量的市场群体支撑，因而对产品项目的区位条件有较强的要求。

②狩猎。狩猎指通过向游客提供捕杀野生动物的机会，使游客得到健身与娱乐目的的产品项目。该类产品项目属于对自然环境冲击最大的产品项目之一，在人们的生态保护意识逐渐强化的今天，越来越多的人们不赞成开发狩猎旅游产品，但还有一些人认为，在一定的管理下，游客对资源环境的冲击可以控制在环境可以承载的限度。

由于狩猎旅游对生态环境的强度冲击性质，因而对开展此项活动项目的森林狩猎地应作认真选择。根据狩猎产品项目的特点，狩猎旅游地应具备的基本条件是：第一，野生动物种类多，基本没有国家一、二类保护珍贵野生动物；第二，山势起伏不大，坡度较缓；第三，区内无常住居民，人为活动少；第四，可以开展人工饲养、繁育野生动物，补充资源。

4. 保健疗养型旅游产品

指具有能够满足游客身心保健、疗养之需求动机功能特征的旅游产品。根据利用资源的类型不同，常见的产品类型有森林疗养（森林浴）、温泉疗养（温泉浴）、高山疗养（高山浴）等。

（1）森林浴。是国家森林公园开发的最普遍的保健疗养型旅游产品。它是指通过使游客沐浴在森林中，或漫步、或娱乐、或小憩，利用森林的杀菌、吸毒特征等功能，使游客达到养生、保健的目的和效果的产品项目。对于国家森林公园来说，由于森林是一种遍在性资源，并且人们可以根据需要人工培育树种，因而森林浴也就成为一种遍在性的旅游产品。但是由于各种树种在杀菌、消毒功能上的效能是不同的，因而在进行森林浴场的选择时，也要有一定的条件。一般来说，用作森林浴场的森林地域应具备如下条件：第一，空气清新，不含有毒气体，无菌、无尘；第二，绿林成荫、疏密适中，凉爽宜人；第三，林中枝叶能挥发出多种杀菌物质，树种组成以松、柏、杉、桧、榉、桦、栎、杨、槐等为主；第四，地势平缓，交通方便，光照充足；第五，达到一定的面积，满足不同的游客量的基本空间要求，一般小型森林浴场面积为 1 ~ 2hm^2，中型面积为 2 ~ 4 hm^2，大型面积在 4 hm^2 以上。

（2）温泉浴。是另一种较普遍的保健疗养型旅游产品。它主要是利用温泉的保健与疗养功能开发的以满足游客保健疗养需求为目的的一种疗养型旅游产品。但由于温泉形成的非人工性，这种保健疗养型产品并不能根据需要遍地开发，而只能在有温泉存在的地方才能进行此类产品的开发。

（3）高山浴。是利用高山的保健与疗养功能开发的保健疗养型旅游产品。

5. 返璞归真型旅游产品

指具有能够满足游客回归自然、寻求生活真谛的动机需求功能的旅游产品。游客从事该项产品活动的行为主要有远足、林副产品采摘、野果野菜采摘品尝等。由于这些活动的自由度很大，产品自身的特征限制管理者的过多介入，因而目前较为成型的返璞归真型旅游产品项目在我国甚少。

6. 探险刺激型旅游产品

指具有能够满足游客冒险、刺激等需求动机功能特征的旅游产品。该类产品具有一定的危险性和刺激性，为一些喜欢冒险和刺激的游客所偏爱，他们对于一定危险所带来的刺激感和克服危险之后所获得的成就感具有较强烈的需求欲望。根据风险产生的不同，又可将此类产品分为两类：自然形成型和人为创造型。

（1）自然形成型。指旅游产品的风险来自于自然形成，人们对风险的大小并不能完全了解也不能完全控制：如由山洞、高山、原始森林形成的产品项目，山洞探险、高山探险、原始森林探险等属于这一类型。

（2）人为创造型。指旅游产品的风险来自于人为的创造。人们希望获得某种刺激，出于人们希望通过这种刺激调节日常平淡生活的欲望。但人们并不喜欢自身不能控制的危险，而是希望获得有惊无险的刺激。于是一些能够满足人们这一个需求特征的现代化的刺激型产品项目应运而生。如快艇、高空降落、滑道等。与第一类刺激型产品不同的是，它们的风险来自于人们的有意创造，因而风险的大小、风险的性质人们也可以控制。人们购买此类产品，体验其中有惊无险的感觉，从而获得相应的刺激体验。另外，这一类产品项目不同于第一类产品项目的明显特征是产品项目是由大量的现代化设备组成的。产品的生命周期较短，从产品的开发者来说，要求较大的投入资金在短期内必须能得到回收，因而此类产品开发的成功要求较好的区位条件。

7. 科普教育型旅游产品

科普型旅游产品指以满足人们增长知识、扩大视野等需求动机而开发的旅游产品。国家森林公园拥有丰富的植物资源，植物资源作为一个大的森林生态系，包含着丰富的生物物种，是大自然留给人们的宝贵财富。随着生物物种的逐渐灭绝，人们接近自然、了解自然的机会越来越少，国家森林公园的天然优势使其逐渐承担起人们尤其是学生生态知识教育的重要任务。目前国家森林公园开发的科普教育型旅游吸引物主要有植物多样性科普教育园、植物专类园、植物标本园、珍稀植物园、珍稀动物园以及以国家森林公园资源为依托建立的自然博物馆。除此之外，国家森林公园整体就是一个大的科普教育园，园内的每一种动植物的分布特点、生长习性、外部景观特征等都是动植物本身的生长特征与外部环境作用的结果，体现着森林生态系统的演化规律。在这些旅游吸引物的依托下，近年来国家森林公园在资源的利用方式上还开发了一些旅游产品项目，如学生夏令营活动、科普知识讲座等。

8. 纪念型旅游产品

指对游客来说具有一定纪念意义的旅游产品。游客购买纪念型旅游产品的目的是对某一项事件的纪念。属于这一类型的旅游产品如纪念林、节事纪念活动、纪念商品（旅游商品）等。

第三节　森林旅游产品适宜性评价

一、森林旅游产品适宜性评价的原则

以美国黄石国家公园和加拿大班夫国家公园为代表的世界发达国家的国家公园将其经营目标定义为“保护风景、自然物、历史文物和野生动物，使它们能以同样方式和同样手段供人观赏，并将它完整地留给后人享受。”因而适宜性的产品必

须是能为当代人提供最大的使用机会，又不对资源及其环境造成破坏的产品。森林旅游产品开发的主要效益是生态效益和社会效益，而产品开发的微观经济效益并不作为产品开发的一个重要考虑因素。

我国的经济现状决定了我国森林旅游产品开发的目标必须以经济效益为主，兼顾生态效益和社会效益。没有经营者微观主体的经济效益，就没有我国森林旅游业的可持续发展。这就决定了我国国家森林公园森林旅游产品开发的适宜性的评价标准不同于国外发达国家的评价标准。

根据我国的国情，适宜开发的产品必须是具有显著经济效益的产品，其次，还应兼顾生态效益和社会效益。为此，适宜性评价应遵循的原则为：

（一）以可持续发展为原则

可持续发展是各个产业的永续发展都应遵循的原则，旅游业也不例外。不以可持续发展为原则，旅游业将不会持久，开发出的产品也不会具有生命力。因而可持续发展应是产品开发必须遵循的首要原则，适宜开发的产品必须是使森林旅游业能够可持续发展的产品。

（二）以资源为依据的原则

旅游资源是国家森林公园存在的基础，是获得垄断利润的源泉。如果国家森林公园不以所拥有的旅游资源为依据，所开发的产品将没有特色，也将不具有吸引力和生命力。适宜开发的产品应是建立在国家森林公园资源之上的独具特色的产品。

（三）以市场为导向的原则

市场需求是使产品开发的潜在价值转化为现实价值的必要条件。没有市场需求，开发出的产品将不能销售，产品的价值将得不到实现。市场需求的增大或缩小直接引起产品实现价值的增大或减小。因此，市场需求是旅游资源使用方式的导向，是产品开发的导向。适宜开发的产品必须是符合市场需求的产品。

（四）整体性原则

整体性原则指从一个经营单位整体利益考虑的原则。国家森林公园作为一个整体，存在着一个整体利益。森林旅游产品开发是实现其整体利益的手段和方式。适宜开发的产品必须有利于整体利益的获得和整体目标的实现。故整体性原则也应是产品开发应遵循的原则，适宜开发的产品必须是能够使经营单位整体利益最大化的产品。

（五）比较利益原则

比较利益原则是市场配置资源的一条重要原则，旅游产品开发中经济资源的使用和选择也应以比较利益作为原则。目前我国劳动力资源相对过剩，而资金资源相对稀缺，开发以劳动资源替代资金资源的旅游产品将具有比较优势，能够获得比较利益。

（六）三大效益兼顾的原则

这里的经济效益指经营者的微观经济效益。我国目前的经济状况决定了森林旅游业的经营必须是以经济效益为主，没有经济效益的产品将使我国的旅游业不可能持续发展。另一方面，从世界森林旅游业的发展趋势看，社会效益和生态环境效益是森林旅游业发展追求的主要效益，它们的价值虽然还不能直接用货币收入来衡量，但能够估计森林旅游业发展所产生的社会效益和环境效益的价值远远超过直接的经济价值。虽然在现阶段还不能不考虑经济效益，但也不能纯粹追求经济效益，必须兼顾社会效益和生态效益，使我国通过旅游业的发展，使经济得到发展，使国民素质得到提高，使国家的生态环境得到改善。

二、森林旅游产品适宜性评价和方法

森林旅游产品开发的适宜性评价是指在众多的旅游产品开发方案中，寻找并比较每一产品项目的利与弊的分析过程，为产品项目的选择提供决策的一个工具和依据。

森林旅游产品开发的适宜性涉及到多个方面，属于多属性问题，在众多的多属性评估决策方法中，层级分析程序法逐渐被人们所采用。

（一）层次分析程序法（Analytic Hierarchy Process）概念

层次分析程序法由美国匹兹堡大学教授 Thomas L. Saaty 于 1971 年首创，是一种“多目标评价方法”，适用于多目标、多层级、多方案等情况。层次分析程序法利用层结构将复杂的问题由上位往下位分解，使问题能有较清楚了解，进而提出解决方案。主要运用于不确定情况及具有多数评价要素的决策问题上。

（二）层次分析法的方法与步骤

1. 建立目标的层级关系

目标层级关系的建立是将上位目标分解成一个或多个的下位目标，并依此类推，从而建立评估目标的多层级关系。

2. 建立各层级要素间的偏好或权重

（1）建立各层级要素间的两两成对比较矩阵。依据目标体系上位目标与下位目标的关系，建立成对比较矩阵，以评价两个要素对上一层目标的相对重要性或贡献。

（2）由相关专业学者对每一比较矩阵进行对偶比较，作为计算权重的依据。

（3）权重的计算与一致性检验。根据比较矩阵计算权重值并进行一致性检验。

3. 建立终极指标的评价标准

三、评价指标体系的选择

（一）评价指标选择的原则

1. 综合性原则

森林旅游产品的开发涉及到多个方面、多个要素。综合性原则要求设置指标体系和选用评价指标应当通盘考虑，评价指标的选择必须能够综合反映影响旅游产品开发的每一个方面。

2. 科学性原则

评价指标是用来反映各个影响因素对旅游产品开发的影响。因此，所选择的指标必须能科学地反映评价指标与要评价的产品之间的关联性，同时，评价指标必须概念明确，在质和量上具有明确的意义。

3. 可操作性原则

评价指标的选择是为了使企业能够方便地评价一项产品项目是否适宜开发。如果所选择的指标不具可操作性，将使指标的选择失去意义，故评价指标要具有可操作性。

（二）指标体系的建立

评价的科学性原则要求产品开发的适宜性评价指标必须是与产品的开发有关联性的指标，即对产品开发效益有影响的指标。根据影响森林旅游产品开发的因素，评价指标体系共分为五部分：产品竞争力评价、市场需求水平评价、产品开发效益评价、产品开发能力评价和外部关联性评价。

1. 产品竞争力评价

指从产品本身的特征属性方面对产品开发的适宜性评价。产品本身的特征属性影响着产品的竞争力，也影响着产品开发的适宜性。体现产品竞争力的要素主要包括产品的生命周期、产品质量、产品项目容量、产品垄断性、产品的独特性以及产品的可替代程度。生命周期决定了产品在市场上存在的长短。产品的生命周期越长，生命力就越强，竞争力也就越强；产品质量指产品在文化含量、质量品味上或在满足游客对旅游产品欣赏需求的能力上所体现的质量品级。一项质量高的旅游产品应有益于游客的身心健康，应能使游客在获得娱乐的同时还能得到精神振奋、奋发向上之感觉。随着居民文化素质的提高和欣赏水平的提高，产品的文化含量、质量品味越高，产品质量越高，满足游客需求的能力越强，产品竞争力就越强；产品项目容量指在市场需求存在时，产品项目在一定时间内能够容纳游客的能力。产品项目的容量主要取决于项目的承载力、游客消费一次产品的时间和年适游天数。产品项目的容量决定了产品的年最大销售量，容量越大，年销售量就越大，盈利的能力就越强；产品的垄断性来源于资源的垄断性或产品所含技术的垄断性。产品的垄断力越强，产品项目对市场及价格的控制能力越强，从而竞争力越强。具有垄断性的产品，可以在不减少市场需求的前提下，提高产品的价格，获得更多的利润；独特性指产品在主题创意、设计方面所表现的创新性，旅游产品作为一种精神产品，主题创意的新颖、设计的独特是产品开发获得成功的重要因素；产品的可替代性也是指影响产品开发效益的重要因素。产品的可替代程度越强，产品的竞争力就越弱。

2. 市场需求评价

需求是评价产品开发适宜性的第二项指标体系。没有需求，就没有市场，那么产品的质量再高、潜在价值再大，也得不到实现。市场对一个经营主体的产品需求水平取决于市场对行业产品的需求水平、市场上产品的供给水平、市场发育状况以及经营主体所开发的产品质量、所在的区位状况等因素。市场对一个行业产品需求的水平越高，企业提供的产品质量越高，市场对企业产品的需求水平就越高。影响产品开发效益的市场需求水平包括市场对产品的当前需求和未来需求两个方面。

3. 产品开发效益评价

开发效益是产品开发追求的目标，也是衡量产品开发适宜程度的主要标志。产品开发的效益越好，越适宜开发。一项森林旅游产品开发的效益包括经济效益、社会效益和环境效益 3 个方面。一个国家的发展状况不同，对三大效益的重要程度的认识也不相同。发达国家主要追求产品开发的社会效益（为居民提供公共休闲、娱乐的场所，保护国家自然遗产）、环境效益（维护与改善生态环境）。在我国，经济的不发达决定森林旅游业的发展必须是以追求经济效益为主要目标，没有经济效益，就没有森林旅游业的可持续性。但从社会发展的长期来看，产品开发所体现的社会价值和环境价值将会远远超过经济价值。故从我国旅游业的可持续发展和科学发展观的要求，在以经济效益为主要目标的前提下，还必须兼顾社会效益和生态效益。

4. 产品开发能力评价

产品开发能力指一个经营主体开发产品的能力。对于森林旅游经营者来说，产品开发能力主要表现在森林旅游资源的支持能力。森林旅游产品与工业产品的一个重要不同之处在于对森林旅游资源的依赖性，而很多森林旅游资源具有人工的不可仿造性、或人工仿造的高成本性。故一个企业适宜开发什么产品，并不能仅仅考虑产品的需求情况、开发效益，还必须考虑企业是否有能力开发此产品。森林旅游资源的质量越高，企业开发产品的能力就越强，开发出的产品就越有竞争力。除此之外，一个企业的开发产品的能力还包括企业所拥有的技术水平、管理水平、服务水平等。

5. 外部关联性评价

外部关联性指单项旅游产品与外部环境的关联程度。旅游产品开发的整体性原则要求产品开发不仅要考虑产品本身的开发效益，还要考虑对其他相关因素的影响，以追求整体效益的最大化。与产品开发有关的外部关联性主要有两个方面：与其他产品的关联性、与企业目标的关联性。新产品与其他产品的关系包括替代关系、互补关系和无关关系。新产品与其他产品的替代性越强，新产品的开发对其他产品造成的冲击越大，企业的整体利益越差，反之新产品与其他产品的互补性越强，新产品的开发对其他产品的带动作用越强，企业的整体利益越好。产品与企业整体目标的关联性与产品与企业目标的一致程度，产品与企业目标的一致性程度越大，越有利于长期目标的实现，越适宜于开发，反之，越不适宜开发。故森林旅游产品开发的适宜性评价可以归结为5个体系的评价，这5个方面构成对森林旅游产品适宜性综合评价。

森林旅游产品开发的适宜性评价
- 产品竞争力评价
- 市场需求水平评价
- 产品开发效益评价
- 产品开发能力评价
- 外部关联性评价

四、森林旅游产品开发的适宜性综合评价模型

（一）评价模型建立

根据层次分析程序法，综合评价模型由3个评价层次、25个终级评价因子组成。评价综合模型建立如表4-7。其中D层评价因子意义如下：

（1）产品质量品级。指产品本身在知识含量、文化品味上或满足游客需求方面的品级高低。

（2）产品生命周期。指产品在正常情况下，在市场中存在的时间长度。

（3）产品垄断程度。指产品由于对资源的垄断或对技术的垄断而对市场的垄断程度。

（4）产品独特性。指产品在主题创意、设计上或在资源特色上所具有的独特性。

（5）产品容量。指在游客需求存在的前提下，产品项目在一定时间内所能容纳的游人量。

（6）市场容量。指市场对行业内某一项产品的需求量。

表 4-7　旅游产品适宜性评价模型

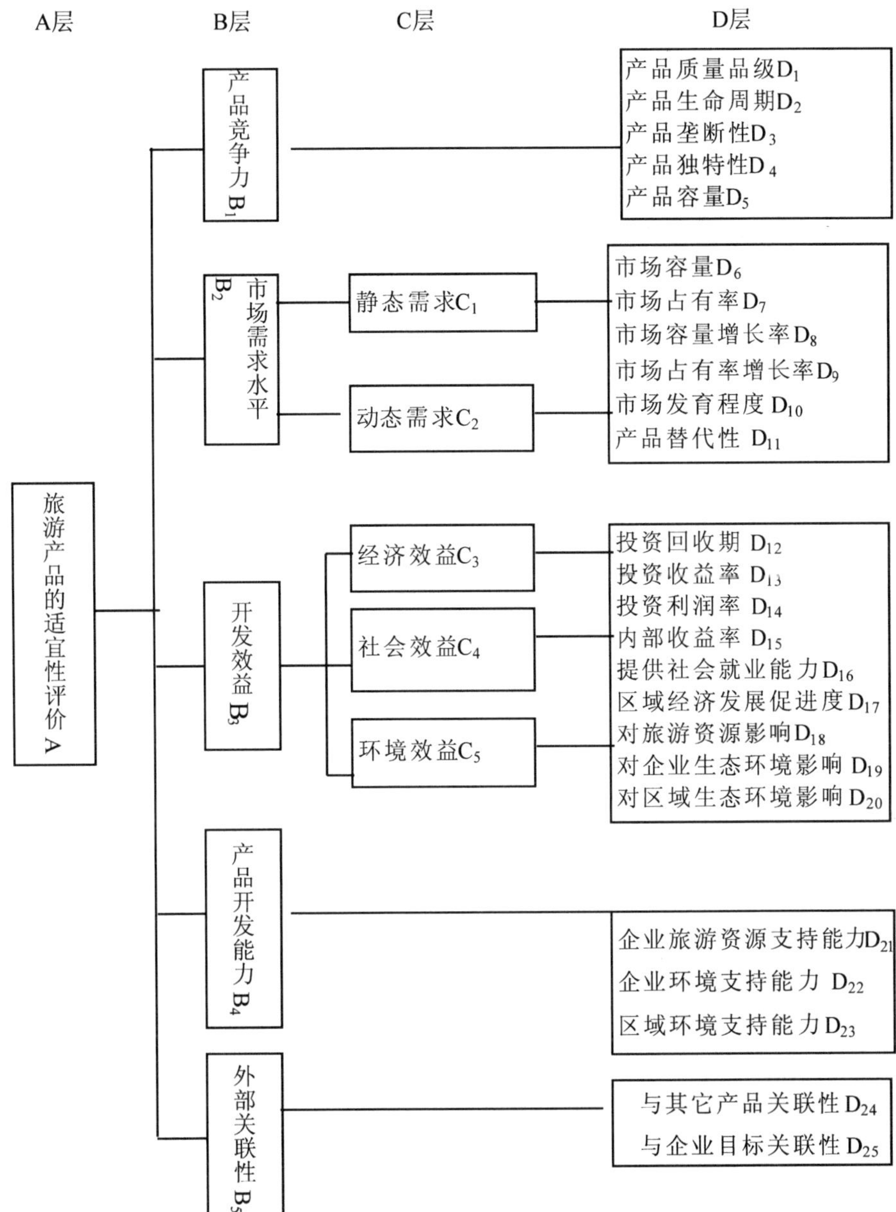

（7）产品市场占有率。指市场对一个企业内的一项产品的需求量占市场对一个行业内同类产品的需求量的比率。

（8）市场容量增长率。指市场容量随时间变化增长的比率。

（9）市场占有率增长率。指产品市场占有率随时间变化增长的比率。

（10）市场发育程度。指产品在市场中的发育状况。

（11）产品可替代性。指产品被其他产品替代的程度。

（12）投资回收期。指项目的净收益抵偿全部投资所需年限。

（13）投资收益率。指产品项目生命周期内总销售额与总投资的比率。

（14）投资利润率。指产品项目在生命周期内的正常年份下，年利润与总投资的比率。

（15）内部收益率。指产品项目在生命周期内各年财务现金流量现值累计等于零时的折现率。

（16）提供社会就业能力。指单位投入资金所能提供的就业人数。

（17）区域经济发展影响力。指项目开发对区域经济发展的影响程度。

（18）对旅游资源的影响。指项目开发对构成产品的旅游资源的冲击。

（19）对企业生态环境影响。指项目开发对企业整体生态环境的影响。

（20）对区域生态环境影响。指对企业所在区域的生态环境影响。

（21）企业旅游资源支持能力。指从企业拥有的旅游资源状况来说，对开发一项产品的支持能力 。

（22）企业环境支持能力。指从企业的整体基础设施建设、管理水平、企业的服务技术水平、企业的生态环境状况等整体环境状况对产品开发的支持能力。

（23）区域环境支持能力。指区域在政策、可进入性及经济发展状况方面对产品开发的支持能力。

（24）新产品与已有产品的关联性。指新产品与已有产品相关关系。

（25）与企业目标的关联性。指产品项目与企业整体目标的相关关系。

（二）权重的确定

（1）建立各层级要素间的两两成对比较矩阵。

（2）由旅游景观、旅游规划、旅游经济、国家森林公园管理及相关专业的专家、学者对每一矩阵进行对偶比较。

（3）进行权重的计算与一致性检验。调整确定 B 层、C 层、D 层各指标的权重值。

（4）设定森林旅游产品适宜性评价综合模型得分总值为 A＝100 分，根据各权重值得各层评价因子分值如表 4-8。

（三）D 层指标评价说明及分值的确定

根据 D 层评价指标的意义和有关标准确定分值与分级标准（表 4-9）。

（四）各层级指标得分值的计算

（1）D 层指标的得分值依据评分标准由相关人士评价获得。设为 d_i。

（2）计算各评价指标的最后得分值，记为各得分值分别记为 a 、b_i （$i=1\cdots$

4）、$c_{i,}$（$i=1\cdots5$）、d_i（$i=1\cdots24$）。

计算公式如下：

$c_1=\Sigma d_i$（$i=6$）　　$c_2=\Sigma d_i$（$i=8\cdots11$）　　$c_3=\Sigma d_i$（$i=12\cdots15$）

$c_4=\Sigma d_i$（$i=16，17$）　　$c_5=\Sigma d_i$（$i=18\cdots20$）　　$b_1=\Sigma d_i$（$i=1\cdots5$）

$b_2=\Sigma c_i$（$i=1，2$）　　$b_3=\Sigma c_i$（$i=3\cdots5$）　　$b_4=\Sigma d_i$（$i=21，23$）

$b_5=\Sigma d_i$（$i=24，25$）　　$a=\Sigma b_i$（$i=1\cdots5$）

表4-8　各层级因子分值划分标准

森林旅游产品开发的适宜性评价模型分值 A＝100分	产品竞争力 $B_1=25$		产品质量品级 D_1（4）
			产品生命周期 D_2（3）
			产品垄断性 D_3（8）
			产品独特性 D_4（6）
			产品容量 D_5（4）
	市场需求引力 $B_2=25$	静态需求 $C_1=10$	市场容量 D_6（4）
			产品市场占有率 D_7（6）
		动态需求 $C_2=15$	市场容量增长率 D_8（4）
			市场占有率增长率 D_9（4）
			市场发育程度 D_{10}（5）
			产品替代性 D_{11}（2）
	产品开发效益 $B_3=30$	经济效益 $C_3=20$	投资回收期 D_{12}（6）
			投资收益率 D_{13}（5）
			投资利润率 D_{14}（5）
			内部收益率 D_{15}（4）
		社会效益 $C_4=5$	提供社会就业能力 D_{16}（2）
			区域经济发展促进度 D_{17}（2）
		环境效益 $C_5=5$	对旅游资源影响 D_{18}（2）
			对企业森林环境影响 D_{19}（2）
			对区域环境影响 D_{20}（1）
	产品开发能力 $B_4=12$		企业游资源质量 D_{21}（6）
			企业环境支持水平 D_{22}（3）
			区域环境支持水平 D_{23}（3）
	关联性 $B_5=8$		与已有产品的关联性 D_{24}（4）
			与企业目标的关联性 D_{25}（4）

表 4-9　D 层因子说明、分级标准与分值

因子	分级与分值				评分标准说明
	A	B	C	D	
D_1 =4	极高,4	高,3	较高 2	低 0 ~ 1	
D_2 =3	>20 年,3	10 ~ 20 年,2	5 ~ 10 年,1	<5 年,0 ~ 0.5	以年为计量单位
D_3 =8	具世界垄断,7 ~ 8	具全国垄断,5 ~ 6	具全省垄断,3 ~ 4	具地区垄断,1 ~ 2	
D_4 =6	极独特,5 ~ 6	独特,3 ~ 4	较独特,2 ~ 3	不独特,0 ~ 1	
D_5 =4	大于 50 万,4	30 ~ 50 万,3	15 万 ~ 30 万,2	小于 15 万,1	以每年总人次数为计量单位
D_6 =4	大于 30%,4	20% ~ 30%,3	10% ~ 20%,2	0% ~ 10%,1	用全国内居民对一个行业该产品的希望参与率来计量
D_7 =6	大于 25%,6	10% ~ 25%,4 ~ 5	3% ~ 10%,2 ~ 3	0% - 3%,0 ~ 1	
D_8 =4	> =5,4	(1,5),3	(-1,1),2	< -1,0 ~ 1	以百分比计量
D_9 =4	> =5,4	(1,5),3	(-1,1),2	< -1,0 ~ 1	以百分比计量
D_{10} =5	介入期,5	成长期,4	成熟期,2 ~ 3	衰退期,0 ~ 1	以产品在市场生命周期中所处阶段计量
D_{11} =2	极弱,2	弱,1.5	较弱,1	极强,0.5	
D_{12} =6	1 ~ 3 年,6	3 ~ 5 年,4 ~ 5	5 ~ 10 年,2 ~ 3	大于 10 年,0 ~ 1	
D_{13} =5	不低于行业水平的 1.5 倍,5	介于行业水平的 1 ~ 1.5 倍,3 ~ 4	等于行业水平,2 ~ 3	低于行业水平,0 ~ 1	以行业投资收益率水平为标准计量
D_{14} =5	不低于行业水平的 1.5 倍,5	介于行业水平的 1 ~ 1.5 倍,3 ~ 4	等于行业水平,2 ~ 3	低于行业水平,0 ~ 1	以行业投资利润率水平为标准计量
D_{15} =4	不低于行业水平的 1.5 倍,4	介于行业水平的 1 ~ 1.5 倍,3	等于行业水平,2	低于行业水平,0 ~ 1	以行业内部收益率水平为标准计量
D_{15} =2	不低于行业水平的 1.5 倍,2	介于行业水平的 1 ~ 1.5 倍,1 ~ 1.5	等于行业水平,1	低于行业水平,0.5	以行业提供社会就业能力为标准计量
D_{17} =3	极强,3	强,2	较强,1	弱,0 ~ 0.5	从影响区域范围和影响程度大小来评价
D_{18} =2	无,2	较弱,1.5	弱,1	强,0	
D_{19} =2	改善生态环境,2	无影响,1	有较小负面影响,0.5	有较大负面影响,0	
D_{20} =1	有利于区域生态环境改善,1	无影响,0.5	有较小负面影响,0.3	有较大负面影响,0	
D_{21} =6	极强,6	强,4 ~ 5	较强,2 ~ 3	弱,0 ~ 1	

（续）

因子	分级与分值				评分标准说明
	A	B	C	D	
$D_{22}=4$	极强,4	强,3	弱,1	极弱,0	
$D_{23}=2$	极强,2	强,1.5	较强,1	弱,0～0.5	
$D_{24}=4$	较强互补关系,4	较弱互补关系,3	较弱替代关系,1	较强替代关系,0	
$D_{25}=4$	极强,4	强,3	较强,2	弱,1	用产品年总产值占企业年总产值的百分比计量

实例三　森林旅游产品适宜性综合评价案例

利用已得出的评价模型对我国一部分森林旅游产品开发适宜性程度进行评价，一方面检验评价模型的合理性，另一方面，以此研究我国森林旅游产品的开发现状，发现我国森林旅游产品开发中存在的不足之处，为森林旅游产品开发者提供参考依据。

一、评价样本产品的选择

对森林旅游产品开发适宜性评价模型的合理使用要求评价者必须了解企业开发此产品的一切背景，包括产品的竞争力、市场需求与供给状况、开发的效益、产品项目开发所处的企业背景知识，因而资料的完备程度是选择评价产品的一个评价因素。其次，对森林旅游产品评价的目的是为了指导产品开发的实践。故产品项目需求的普遍性和产品项目的影响力是考虑的第二个因素。再次，由于受研究经费的限制，获得资料的难易程度和花费成本也是考虑的一个因素。为此在选择评价产品样本时，遵循下面原则：①所获得资料的完备程度；②产品开发项目的影响力和可开发的普遍性；③获得资料的难易程度和成本大小。根据这 3 项原则，确定样本数量，本评价样本确定为 26 个。样本名称与编号如表 4-10 所示。

表 4-10　样本产品编号

编号	产品名称	编号	产品名称
P_1	猛洞河漂流（张家界）	P_{14}	专类园（福州国家森林公园兰苑）
P_2	日溪漂流（福州北峰）	P_{15}	专类园（福州国家森林公园苏铁园）
P_3	划船（福州国家森林公园）	P_{16}	季相林观赏（南京梅花山）
P_4	快艇（福州国家森林公园）	P_{17}	季相林观赏（北京香山红叶）
P_5	垂钓（左海公园）	P_{18}	烧烤（福州国家森林公园）
P_6	鼓山登山（福州）	P_{19}	福州国家森林公园森林博物馆
P_7	天马岭登山道（福州国家森林公园）	P_{20}	珠海农科奇观
P_8	叶阳攀岩（福州北峰）	P_{21}	郁金香花展（福州国家森林公园）

（续）

编号	产品名称	编号	产品名称
P_9	滑草（广西良凤江国家森林公园）	P_{22}	鸟语林（福州国家森林公园）
P_{10}	滑道（厦门）	P_{23}	野生动物园（上海）
P_{11}	滑道（福州国家森林公园）	P_{24}	武夷山农家饭庄
P_{12}	缆车观光（厦门鼓浪屿）	P_{25}	森林小屋（福州国家森林公园）
P_{13}	缆车观光（福州鼓山）	P_{26}	日溪竹楼（福州北峰）

二、评价程序

本样本的评价按如下程序进行：

（一）产品样品与评分标准

将所确定的产品样本的名称按编号顺序打印出来，同时将产品的综合评价模型、模型中各层因子的分值、D层因子的意义和评分标准、总分值打印出来，保证每个评价者手中有一份这样的资料。

（二）确定评价人员

评价人员应具有一定的旅游理论知识和一定的实践经验。本评价组成成员由国家森林公园一部分管理人员、导游、森林旅游产品开发商、高校旅游学者、专家等共30位组成。

（三）评价内容

在进行评价之前首先向他们详细介绍了评价的目的、意义，评价指标的意义及评价原则。然后向他们介绍了每一项产品的有关资料，请他们分别对每一项产品中除D_{12}项到D_{17}项6项因子之外的所有因子进行分项评价、打分。D_{12}项到D_{17}项6项评价因子的得分值由课题组成员根据实地调研资料确定。

三、评价结果

每一项产品的分项评价得分和综合得分如表4-11所示（每一项得分为17个评分人的简单平均值，其中，B_1代表产品的竞争力评价得分，B_2代表产品的市场需求水平评价得分，B_3代表产品的开发效益评价得分，B_4代表产品的开发能力评价得分，B_5代表产品的外部关联性评价得分，A代表产品的综合评价得分。

四、产品评价结果的分析

（一）产品的分类评价

1. 产品竞争力评价

从评价结果可知，产品竞争力较强的产品为季相林（北京香山红叶）、珠海农科奇观、福州国家森林公园博物馆、福州国家森林公园烧烤、福州国家森林公园鸟语林、南京梅花山、上海野生动物园、张家界猛洞河漂流；而产品竞争力较弱的产品为日溪漂流、福州鼓山缆车观光、福州国家森林公园森林小屋、左海垂钓、福州国家森林公园快艇、福州国家森林公园艇划船。如图 4-3 所示。A 为评价产品的竞争力平均得分。

表 4-11　森林旅游产品的适宜性评价得分

代号	B_1	B_2	B_3	B_4	B_5	A
P_1	16.1	16.0	24.7	9.4	5.4	71.6
P_2	9.7	14.1	21.8	5.9	4.8	56.3
P_3	8.6	11.4	17.4	8.5	4.2	50.1
P_4	8.7	11.5	17.3	8.4	4.1	50.0
P_5	8.7	10.6	17.0	6.9	3.3	46.5
P_6	12.2	15.5	9.6	9.3	4.8	51.4
P_7	11.0	14.4	9.3	8.9	4.8	48.4
P_8	11.2	13.9	12.9	5.8	3.6	47.4
P_9	13.4	15.3	16.1	8.0	5.1	57.9
P_{10}	11.1	13.8	15.7	7.0	4.8	52.1
P_{11}	10.8	12.3	14.9	7.4	4.8	50.2
P_{12}	10.7	11.4	15.1	7.5	4.7	49.4
P_{13}	9.6	10.9	14.2	6.5	4.8	46.0
P_{14}	12.2	9.9	12.3	7.9	3.9	46.2
P_{15}	13.7	12.6	12.1	8.7	4.5	51.6
P_{16}	16.6	17.4	14.4	8.8	5.9	63.1
P_{17}	18.9	18.0	14.1	8.9	6.3	66.2
P_{18}	10.0	11.1	19.6	7.3	4.4	52.4
P_{19}	17.7	16.7	10.8	9.2	5.7	60.1
P_{20}	18.2	17.8	23.6	8.3	6.8	74.7
P_{21}	10.5	11.2	22.5	8.3	4.7	57.2
P_{22}	16.6	16.8	20.4	9.8	6.5	70.1
P_{23}	16.3	16.8	16.1	8.1	6.4	63.7
P_{24}	12.1	12.5	17.8	5.5	3.6	51.5
P_{25}	9.1	10.3	14.4	6.5	3.5	43.8
P_{26}	9.8	10.4	15.7	6.2	3.5	45.6

2. 市场需求水平评价

由市场需求水平评价结果可知，市场需求较大的产品为：福州国家森林公园滑道、福州国家森林公园烧烤、福州国家森林公园博物馆、珠海农科奇观、福州国家森林公园鸟语林、上海野生动物园；市场需求较小的产品为左海垂钓、福州鼓山缆车观光、福州国家森林公园兰苑、

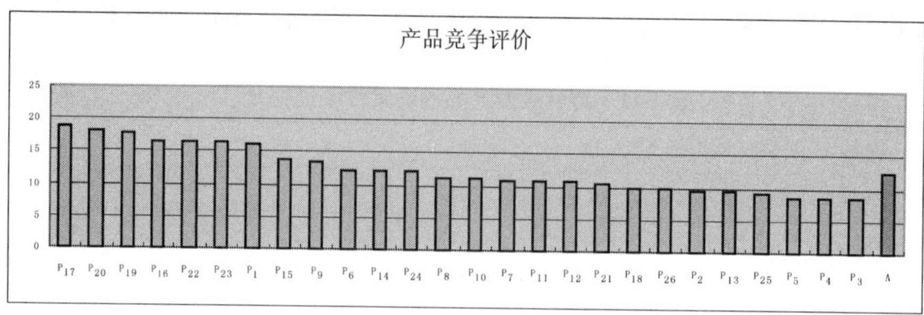

图 4-3　产品竞争力评价

福州国家森林公园森林小屋、日溪竹楼。如图 4-4，A 为评价产品的市场需求水平平均得分。

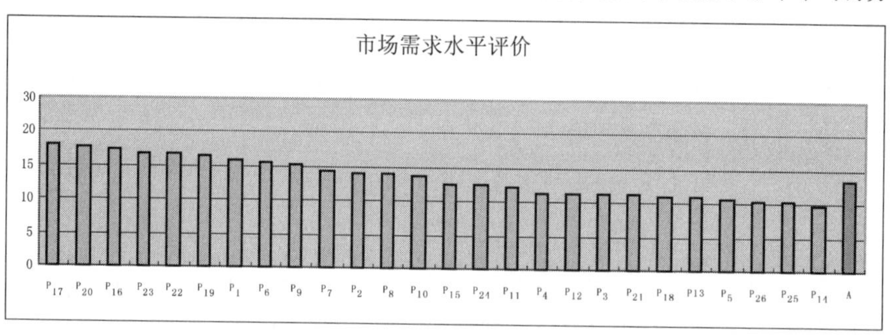

图 4-4　市场需求水平评价

3. 产品开发效益评价

由产品开发效益的评价结果知，开发效益较好的产品为漂流（张家界、日溪）、厦门滑道、珠海农科奇观、郁金香花展（福州）、福州鸟语林、武夷山农家饭庄；而开发效益较差的产品为鼓山登山、天马岭登山（福州国家森林公园）、福州国家森林公园兰苑、福州国家森林公园苏铁园、福州国家森林公园博物馆。如图 4-5 所示，A 为评价产品的开发效益平均得分。

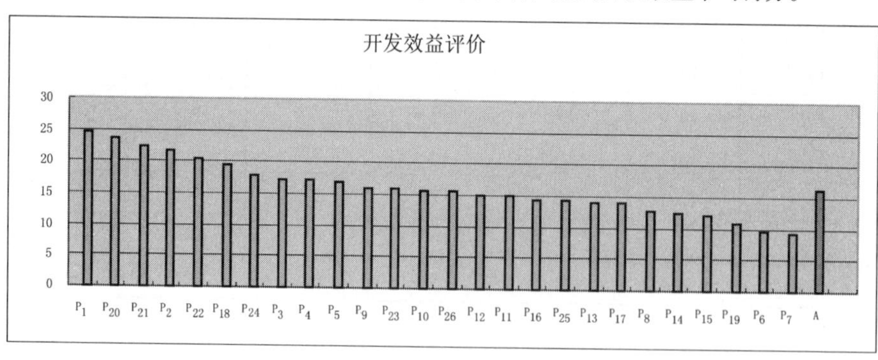

图 4-5　开发效益评价

4. 产品开发能力评价

由产品开发能力评价结果可知，具有较强开发能力的产品为猛洞河漂流（张家界）、登山道（鼓山、天马岭）、季相林（北京香山、南京梅园）、福州国家森林公园鸟语林；开发能力较弱的产品为日溪漂流（福州北峰）、左海垂钓、叶阳攀岩、武夷山农家饭庄、森林小屋、日溪竹楼（福州北峰）。如图 4-6 所示，A 为评价产品的开发能力平均得分。

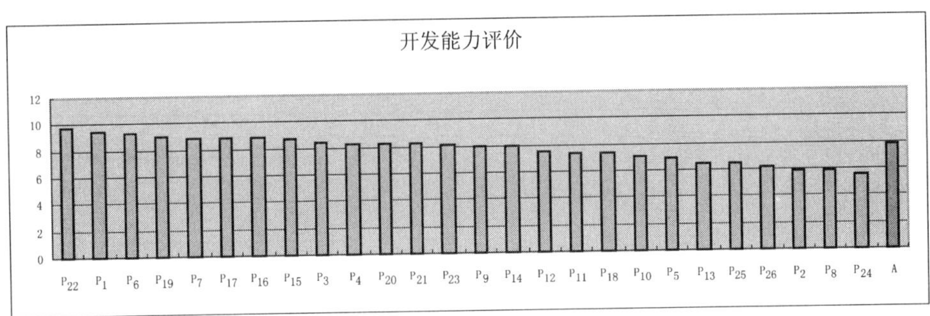

图 4-6　开能力评价

5. 产品外部关联性评价

由评价结果可知，产品的外部关联性较大的产品为猛洞河漂流（张家界）、季相林（南京梅花山、北京香山红叶）、福州国家森林公园博物馆、珠海农科奇观、福州鸟语林、深圳野生动物园等；外部关联性较小的产品为福州国家森林公园快艇、左海垂钓、叶阳攀岩、福州国家森林公园兰苑、武夷山农家饭庄、森林小屋、日溪竹楼。如图 4-7 所示，A 为评价产品的外部关联性评价平均得分。

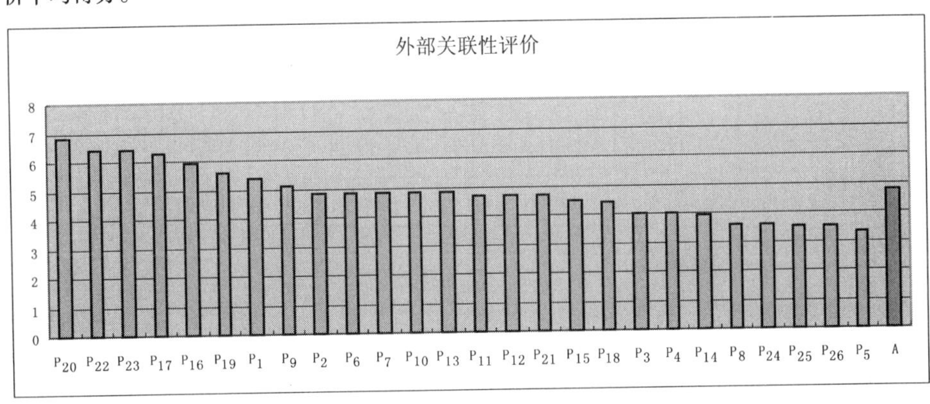

图 4-7　外部关联性评价

（二）旅游产品的综合评价

根据产品的综合评价结果如图 4-8 所示，可将产品的适宜性程度分为三个等级：第一个等级

表 4-12　产品综合评价名次表

代号	A	名次	代号	A	名次
P_{20}	75	1	P_6	51	15
P_1	72	2	P_{11}	50	16
P_{22}	70	3	P_3	50	17
P_{17}	66	4	P_4	50	18
P_{23}	64	5	P_{12}	49	19
P_{16}	63	6	P_7	48	20
P_{19}	60	7	P_8	47	21
P_9	58	8	P_5	47	22
P_{21}	57	9	P_{14}	46	23
P_2	56	10	P_{13}	46	24
P_{18}	52	11	P_{26}	46	25
P_{10}	52	12	P_{25}	44	26
P_{15}	52	13	A	55	
P_{24}	52	14			

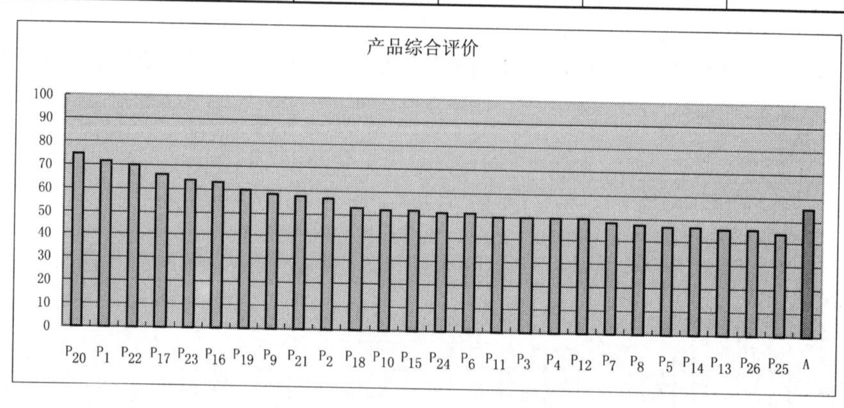

图 4-8　产品综合评价图

为适宜性程度较高的产品，有张家界猛洞河漂流、珠海农科奇观、福州国家森林公园鸟语林、北京香山红叶、上海野生动物园、南京梅花山，它们的综合评价得分在 60 分以上；适宜性程度较低的产品（或者说不适宜开发的产品），有左海公园垂钓、叶阳攀岩、福州鼓山缆车观光、福州国家森林公园兰花苑、福州国家森林公园森林小屋、日溪竹楼，这些产品的综合评价得分都在 50 分以下，如表 4-12 和图 4-8 所示，A 为产品的综合评价平均得分。

表 4-13　旅游产品评价分级结果

适宜性程度高的产品	适宜性程度较高的产品	适宜性程度一般的产品	适宜性程度低的产品
猛洞河漂流（张家界） 珠海农科奇观 鸟语林（福州国家森林公园）	季相林观赏（南京梅花山） 季相林观赏（北京香山红叶） 福州国家森林公园森林博物馆 野生动物园（上海）	日溪漂流（福州北峰） 划船（福州国家森林公园） 快艇（福州国家森林公园） 鼓山登山（福州） 滑草（广西良凤江国家森林公园） 滑道（厦门） 滑道（福州国家森林公园） 专类园（福州国家森林公园苏铁园） 烧烤（福州国家森林公园） 郁金香花展（福州国家森林公园） 武夷山农家饭庄	垂钓（左海公园） 天马岭登山道（福州国家森林公园） 叶阳攀岩 缆车观光（福州鼓山） 缆车观光（厦门） 专类园（福州国家森林公园兰苑） 森林小屋（福州国家森林公园） 日溪竹楼（福州北峰）

（三）对我国森林旅游产品开发现状的评价结果与建议

（1）从对所选择的旅游产品的评价结果可知，我国森林旅游产品的开发中，产品的开发能力和产品的外部关联性适宜性程度得分相对较高，而产品竞争力的适宜性程度得分相对较低。这说明我国所开发的森林旅游产品所依托的资源的吸引力相对较高，但资源的应用不是很合理，使开发出的森林旅游产品的竞争力不够。

表 4-14　产品评价结果的平均值

	B_1	B_2	B_3	B_4	B_5
总 分	25	25	30	12	8
得 分	12.42	13.54	16.13	7.79	4.78
百分比	0.497	0.540	0.538	0.649	0.598

（2）由产品评价结果的平均得分值可知，我国开发产品的适宜性程度总体上并不高（所有产品在每一项下的平均得分只占总体评价的一半：产品竞争力平均得分为 12.4，市场需求水平平均得分为 13.5，开发效益平均得分为 16.1，开发能力平均得分为 7.8，外部关联性平均得分为 4.8，综合评价平均值为 55），这一结果可从 3 个方面解释：①本评论模型制定的标准过于严格，使产品的总体得分普遍变得偏低；②我们所选择的评价产品样本中适宜性程度较低的产品所占比例较大，从而降低了产品适宜性程度的总体得分值；③除了上面两个原因之外，还有一个或许是真正的原因是我国目前开发的产品从总体上确实产品适宜性程度不高。

（3）不管评价模型的标准如何，但从单项产品的评价结果可知，产品之间在开发适宜性上存在较大的差异，开发适宜程度较高的产品，综合评价得分值在 70 分以上，如猛洞河漂流（张家界）、珠海农科奇观、鸟语林（福州国家森林公园），而开发适宜性程度较低的产品，综合评价得分不到 50 分，如森林小屋（福州国家森林公园）、日溪竹楼（福州北峰）。

（4）根据对我国森林旅游产品的评价结果，为了利用此评价模型指导我国森林旅游产品的实际开发，建议对森林旅游产品开发的评价结果分为如表 4-15 分类：

表 4-15　产品适宜性评价划标准

类别	第一类	第二类	第三类	第四 类
开发类型	适宜开发的产品	较适宜开发的产品	适宜性开发程度一般的产品	适宜性程度较差的产品
分值	>70	60～70	50～60	<50

实例四　福州国家森林公园滑道项目评价

一、自然地理及社会经济条件概况

福州国家森林公园位于福州市北郊，距市中心 7km，总面积 869. 3hm^2，属南亚热带北缘低山丘陵地貌。公园内三面青山环抱，中部为谷地和丘陵；南部濒临八一水库。地势西北高，东南低。山峰海拔最高点 634m；近水库边缘地势最低，海拔高仅 47m。山地主要坡向朝南，其次为东坡和西坡；一般坡度为 16°，最大坡度达 50°，最小坡度 5°。公园地处亚热带北缘，气候温和，雨量充沛。据市区气象资料，年平均气温 20℃：极端最高气温 40℃，出现在 7～8 月；极端最低气温 -2℃，出现在 2、3 月：年平均相对湿度 79%；年平均降水日数 153 天，年降水量达 1438. 5mm，多集中在 5～6 月，霜期 12 月间，为期极短，下雪罕见。

近年来福建省的社会经济发展迅速，1989～1999 年的十年间，福建国内生产总值从 66. 40 亿元增加到 3628. 04 亿元，增长速度居全国前列，经济总量在全国的位次由第 22 位上升到第 11 位，人均国内生产总值由 23 位上升到第 6 位，与此相对应的人均可支配性国民收入也在快速地增长。福州是福建省的省会城市，历来为福建省的政治、经济、文化中心，据 2000 年度统计数据，福州市的国民生产总值已达到 1003. 27 亿元，人均国民收入为 7994 元，居民的收入水平和实际消费水平都比较高。

总的来说，福州国家森林公园所处的自然环境条件比较优越，周边的社会经济条件优良。另外，公园距离市区仅有 7 km，现有 802、945、811 三路公交线路直达国家森林公园，交通十分便利，经过近年的基础投入，旅游配套设施较为齐全，形成了较为优越的森林旅游产品开发与投资环境。

二、旅游产品类型与内容

滑道是近年来世界上新兴的一种颇具刺激性且安全可靠的山地游乐项目，其原理是沿地表在一定坡度范围内，铺设一条固定不锈钢滑槽，游人可乘坐一个专用的滑车由山顶沿滑道至山下，滑车上带有灵敏度极强的刹车装置，游人滑行的过程中通过操纵刹车手柄来控制滑车的速度，再加上滑车的限速装置，因此较为安全可靠。另外，滑槽在设计上也充分考虑了滑车最高时速的安全性，因而危险性很小。

从类型上看，滑道运动是一种参与性很强的游乐项目，其最早流行于欧洲，因为滑雪在欧洲早就成为家喻户晓的体育运动，但滑雪场的夏日运营问题一直困扰着滑雪场场主们，当时有一个名叫 Losef Winegand 的德国人发明了“夏日雪橇”（Summer Toboggan）也就是我们现今的滑道，这一下了解决了雪场夏季必须关闭的问题，自从 1975 年世界上第一条不锈钢滑道问世以后，滑道已成为欧洲最流行的夏季运动之一。从年收入来看，在欧洲每条滑道的年平均收入在 100 万德国马克左右。

三、旅游产品的适宜性评价模型分析与检验

（一）资源条件利用分析

福州国家森林公园东大门内侧有一座小山，山体外观毫无特色，植被为马尾松针叶林为主，对游客的吸引力差，基本上无观赏价值。但是，由于山体不高，既不太陡峭，又有一定的坡度，山上又有较茂密的森林覆盖，林内空气质量好，又有适当的遮荫条件，非常适合滑道这种旅游产品的开发与建设。在 20 世纪 80 年代和 90 年代初，游客以观光作为惟一的森林旅游目的的年代，该山几乎无使用价值，该山体资源一直未能使用。因此，利用这个山体资源，开发滑道这种旅游产品所必须牺牲的机会成本几乎为零，是对原有未使用资源的开发利用，将进一步丰富国家森林公园内森林旅游产品。

（二）市场需求与地位分析

参与性的旅游产品是当今最受欢迎的旅游形式之一。福州国家森林公园的主要客源市场为福州市民和福州周边居民。该公园将发展目标确定为向福州市民和周边居民提供周末、节假日休闲度假的机会。1999 年、2000 年、2001 年连续三年在“五一”、“十一”对该公园游客的问卷调查结果显示，随着居民健康意识的增强，到森林中去、与大自然来一次亲密接触，是城市居民最喜欢的一种森林旅游活动方式，他们也非常希望在健康身心的同时，能够有娱乐休闲的享受，在国家森林公园开发滑道旅游产品恰好能够满足广大游客的需求。由于受自然条件等因素的制约，在福州市客源市场内，能够满足游客这一森林旅游需求的野外娱乐场所只有福州国家森林公园，市场竞争程度很小。因此，该公园开发滑道旅游产品将会占有市场需求的极大份额，而在事实上，项目建成以来，在区域内一直居于绝对垄断地位。

（三）效益分析

滑道项目需要投入资金较多，大约需要 800 万元，但其仅直接经济效益就很大，根据项目建设的合理规划与研究，认为其适合票价大约在 20 元左右，按福州国家森林公园每年游客量 30 万人次计，27% 的客流坐滑道，则每年有 8 万人次，160 万元的收入，而滑道本身的容量为 43. 2 万人次，足以满足游客要求，所以我们预测年门票收入在 100 万 ~200 万元之间，可视为 200 万元，其投资回收期大约在 5 年左右，具备了良好的投资回收价值。另外，该产品运行成本低，生命力强，具有较长的生命周期，并且其完全以电力为动力，运营过程完全没有“三废”污染，对环境基本上不造成任何冲击，环保效益良好。

（四）外部协调性分析

滑道项目的开发，能够较好地弥补福州国家森林公园以观赏性旅游产品为主，参与型产品较少的弱点，与公园内其他项目的互补性强，从而较好地满足了游客多方面的需求。

开发此产品，会使游人数增加，这显然会加大对福州国家森林公园的环境冲击，但这一冲

击是在福州国家森林公园环境承载力的范围之内（330万人次/年），并不会引起公园内环境条件的变化和增加新的基础设施建设。

（五）适宜性程度评价

通过以上对各个影响滑道旅游产品开发的因素分析，有关专家对福州国家森林公园开发滑道旅游产品适宜性的各项评价因子进行了打分，通过模型计算，各分项适宜性评价分值和总的适宜性评价分值如表4-6。

总之，从整体观点考虑，此产品是适宜于公园开发的。

表4-16 项目适宜性评价得分

评价项目	产品竞争力	市场需求水平	开发效益	产品开发能力	外部关联性	产品的适宜性
得分	10.8	12.3	14.9	7.4	4.8	50.2

四、实际指标的验证

滑道项目于1997年3月开始建设，1997年底完工，项目建成后运行状况良好，各项指标表现优良。

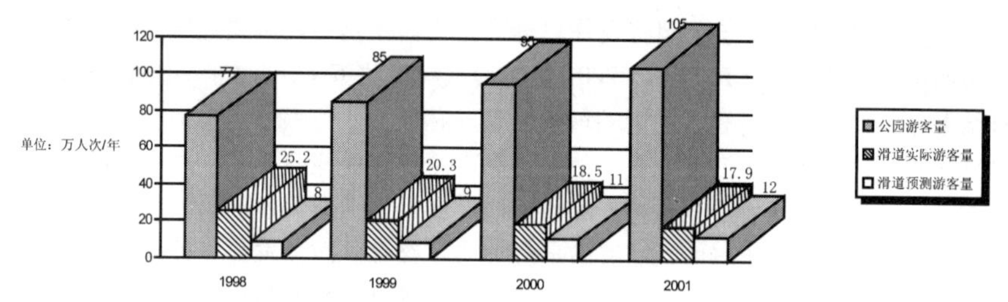

图4-9 新时代滑道（福州国家森林公园）近年游客量变化图

（二）游客对产品喜爱程度对比的调查（图4-10）

（三）产品经济效益分析（表4-17）

五、实证结论

（1）此项目以50.2的得分值，通过了旅游产品的适宜性评价模型检验，说明了该项目在产品竞争力、市场需求水平、开发效益、外部协调性等方面具备了较好的可行性。

（2）从经济效益上来看，该产品具有较好的经济盈利能力，从1998年至2001年底，经济总收入已达到了1064.7万元，产品经济净收益达到了768.8万元，完全达到并且高于项目的预期经济收益情况（年收入200万元，投资回收期为5年），该产品的投资回报率极高。

（3）从市场需求情况与游客喜爱程度来看，该产品不仅较好地弥补了福州国家森林公园参与型产品较少的弱点，而且在福州市客源市场中处于一种绝对的垄断地位（滑道项目仅此一

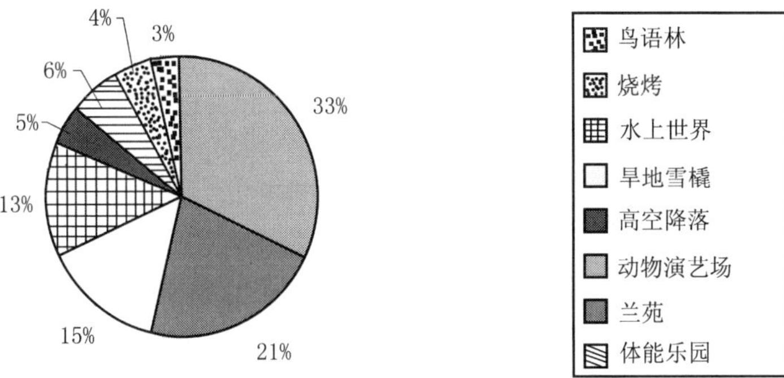

图4-10　新时代滑道（福州国家森林公园）游客问卷调查示意图

家），游客的参与程度高，客流量较大，对游人吸引力较大。

(4) 从综合效益上来看，此项目已成为福州国家森林公园森林旅游产品的重要内容之一，运行成本低、无“三废”污染、产品生命力强，具有较长的生命周期，对环境基本上不造成任何污染，环保效益良好，经济效益、社会效益都比较大。

产品的开发与实际运营成功，证明了旅游产品适宜性评价模型的实际有效。

表4-17　新时代滑道（福州国家森林公园）经济状况分析

单位：万元/年

年指标	1998	1999	2000	2001
游客人数（万人次）	25.2	20.3	18.5	17.9
门票收入	327.6	263.9	240.5	232.7
成本	67.208	63.112	62.24	62.616
折旧	160	160	160	160
易损件	1	1	1	1
土地租金	18	18	18	18
广告费	5	5	5	5
工资	15	16	17	18
前期摊销	2	2	2	2
税金	26.208	21.112	19.24	18.616
毛利	260.392	200.788	178.26	170.084
所得税	24.09408	9.78912	4.3824	2.42016
净利	236.29792	190.99888	173.8776	167.66384

实例五 福州国家森林公园鸟语林项目评价

一、自然地理及社会经济条件概况（见实例4）

二、旅游产品类型与内容

鸟语林始建于1997年，经营占地面积1.67 hm^2，园内以鸟类观赏为主，共汇集了世界各地的走禽、水禽、游禽、涉禽、鸣禽、猛禽、攀禽、飞禽等8大类，150多个品种约5000多只鸟，其中世界珍稀鸟类10多种，国家珍稀鸟类20多种，是目前国内鸟类品种最全、数量最多、鸟艺表演最丰富的鸟语林。

从旅游产品的类型上看，鸟语林是一种以观赏性为主，具有一定可参与性的产品项目，在福州国家森林公园的鸟语林内，共设有珍稀鸟园、人鸟交流广场、鸟艺表演场、孔雀东南飞表演场、鹈鹕表演、斗鸡表演、鹦鹉群技表演、神雕表演、鸟类科普教育栏等十大景点，是一座集训养、保护、繁殖、科普为一体的大型鸟类观赏和鸟类表演乐园。

三、旅游产品的适宜性评价模型分析与检验

（一）资源条件利用分析

福州国家森林公园前身为福州树木园，经过40年的树木引种驯化建设，园内奇花异树、树木品种众多，具有非常高的观赏价值和科学研究价值，但树木园在开展森林旅游活动之前，园内无论是从经济效益还是从社会效益方面上讲，都比较差。在树木园改建为福州国家森林公园伊始至相当长的一段时间内，游客寥寥无几，一直没能形成适当的规模，其根本原因就在于无法充分地利用和开发园内的资源，真正找到适合于国家森林公园的旅游产品项目。因此，利用国家森林公园内这种特有的环境资源（园内树木新奇、空气清新），引入鸟语林这个旅游产品项目所必须牺牲的机会成本较小（其占地面积较小、单位投资比例高），事实证明，这个项目对福州国家森林公园整体效益（经济、社会、生态效益）的提高影响巨大，已成为福州国家森林公园开展森林旅游活动的招牌产品之一。

（二）市场需求与地位分析

福州国家森林公园的主要客源市场为福州市民和福州周边居民。众所周知，福州市人口众多、交通较为拥挤、空气质量不好。随着人民生活水平的提高，城市居民健康意识的增强，十分希望在工作之余，到大自然去、投入大自然的怀抱，减轻一下工作压力、健康一下身心，增长一下知识（休闲、度假、益智、娱乐），这也是近年来国家森林公园建设和森林旅游活动迅猛发展的根本原因之一。在福州国家森林公园内，鸟语林项目可以说很好地满足了这种需求与发展趋势，休闲——公园内有非常优美的自然生态环境；度假——公园与市区交通便利，全为水泥四车道路面；益智、娱乐——鸟语林内品种众多，对平常连鸟都少见的城市居民来说，不仅可以与鸟同乐，还是增长知识的好机会。因此，根据以上分析与判断，鸟语林这种产品是集休

闲、益智、娱乐于一体的森林旅游产品项目，是与城市居民日益增长的旅游需求相适应的，预计市场需求较大，且由于投资较高，要求周边环境较为特殊，因此，市场准入门槛较高，市场竞争程度较小。

（三）效益分析

鸟语林项目需要投入资金较多，一次性投资要600多万元，但其直接经济效益和间接经济效益都较大，根据项目建设的合理规划与研究，认为其适合票价大约在20元左右，预测年门票收入在200万~300万元之间，其投资回收期大约在3~5年左右，具备了良好的投资回收价值。

（四）外部协调性分析

鸟语林项目的开发，如前所分析，是在福州国家森林公园整体森林旅游产品比较缺少的情况下开发与建设的，对福州国家森林公园整体效益（经济、社会、生态效益）的提高影响巨大。但开发此产品，会使公园游人数增加，这显然会加大对福州国家森林公园的环境冲击，但这一冲击是在福州国家森林公园环境承载力的范围之内（330万人次/年），并不会引起公园内环境条件的变化和增加新的基础设施建设。

（五）适宜性程度评价

通过以上对各个影响滑道旅游产品开发的因素分析，有关专家对福州国家森林公园开发鸟语林旅游产品适宜性的各项评价因子进行了打分，通过模型计算，各分项适宜性评价分值和总的适宜性评价分值如表4-18。

总之，从整体观点考虑，此产品是适宜于公园开发的。

表4-18　项目适宜性评价得分

评价项目	产品竞争力	市场需求水平	开发效益	产品开发能力	外部关联性	产品的适宜性
得分	16.6	16.8	20.4	9.8	6.5	70.1

四、实际指标的验证

（一）项目游客量的调查分析

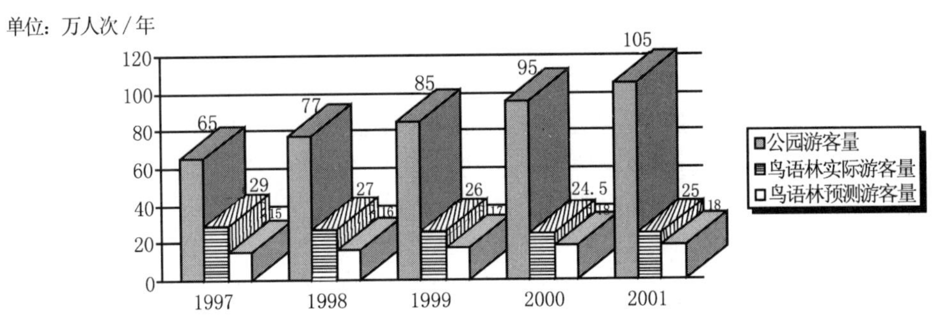

图4-11　鸟语林（福州国家森林公园）近年游客量变化

（二）游客对产品喜爱程度对比的调查

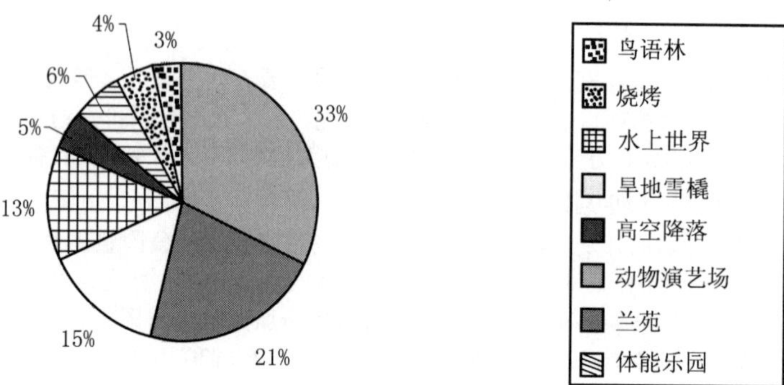

图4-12　鸟语林（福州国家森林公园）游客问卷调查示意

（三）产品经济效益分析

表4-19　鸟语林（福州国家森林公园）经济状况分析

单位：万元/年

指标＼年度	1997	1998	1999	2000	2001
游客人数（万人次）	29	27	26	24. 5	25
门票收入	493	459	442	416. 5	425
成本	252. 44	214. 72	218. 36	226. 32	237
折旧	120	120	120	120	120
鸟类管护	80	30	30	30	30
土地租金	23	23	23	23	23
广告费	50	60	60	65	70
人员工资	45	50	55	60	65
前期摊销	15	15	15	15	15
税金	39. 44	36. 72	35. 36	33. 32	34
毛利	240. 56	244. 28	223. 64	190. 18	188
所得税	28. 9344	29. 8272	24. 8736	16. 8432	16. 32
净利	211. 6256	214. 4528	198. 7664	173. 3368	171. 68

五、实证结论

（1）此项目以较高的得分值（70.1），通过了旅游产品的适宜性评价模型检验，说明了该项目在产品竞争力、市场需求水平、开发效益、外部协调性等方面具备了较好的可行性。

（2）市场需求情况与游客喜爱程度来看，鸟语林项目从建成以来，就一直是福州国家森林公园内最受游客喜欢的森林旅游产品，从近年的市场表现来看，对游客具有较强的吸引力，反响很好。在1999年就成为福州市十大著名旅游景点之一，福州市客源市场中处于一种绝对的垄断地位（项目仅此一家）。

（3）经济效益上来看，该产品具有较好的经济盈利能力，1997～2001年，经济总收入已达到了2235.5万元，产品经济净收益达到了969.8万元，完全达到并且高于项目的预期经济收益情况，该产品的投资回报率极高。

（4）从综合效益上来看，此项目已成为福州国家森林公园森林旅游产品的重要内容之一，运行良好、产品生命力强，具有较长的生命周期，对环境基本上不造成任何污染，环保效益良好，经济效益、社会效益都比较大。

（5）旅游产品的开发与实际运营成功，证明了旅游产品适宜性评价模型的实际有效。

实例六　南京中山陵梅花山季相林项目评价

一、自然地理及社会经济条件概况

梅花山，位于南京市中山陵园明孝陵景区内，地处钟山南麓，钟山古称金陵山，因山顶常有紫云萦绕，东晋时始称紫金山，南齐称圣游山，明代改名为神烈山。钟山气势壮丽雄浑，蜿蜒如蟠龙，面积超过20km^2，最高峰海拔448m。

南京中山陵梅花山地处长江下游的宁镇丘陵山区，北纬31°14′～32°36′，东经118°22′～119 °11′,北连辽阔的江淮平原，东接富饶的长江三角洲，属亚热带湿润气候，四季分明、雨水充沛、光能资源充足，年平均气温为15.3°C，最高气温43°C（1934年7月13日），最低气温－14.0°C（1955年1月6日）。年平均降水117天，年平均降水量1034.0 ㎜，无霜期237天。每年6月下旬到7月上旬为梅雨季节。

南京，简称宁，为江苏省省会，全市总面积6597.6 km^2，城区面积200.85 km^2。户籍总人口553.04万人。境内山地、河流、平原交错，城东有钟山屏障，城南有十里秦淮。流经南京段的长江约95 km，江宽水深，万吨海轮可终年通航，秦淮河和滁河的河谷平原是全市的重要农业区。

二、旅游产品类型与内容

南京梅花山是全国著名的赏梅胜地之一。梅花以其冷艳芬芳，清雅高洁的品质深受人们的推崇和喜爱。

梅花山始建于明朝。明朝的时候，钟山脚下有一处赏梅胜地，叫做梅花坞。梅花坞是明代宫廷所设梅园，所结梅子供太庙祭祀皇帝的祖宗之用，每株梅树上都悬挂着有“御用”二字的木牌。明代刑律严酷，游人虽多，但绝没有人敢攀枝摘花，因此梅花茂盛，参差错落，不下千株。入清以后，梅花坞逐渐湮没了。20 世纪 30 年代初，当时的总理陵园管理委员会将这一带辟为中山陵园植物园的蔷薇花木区，开始植梅。到抗战前夕，已形成一片梅林，春天梅花盛开之际游人络绎不绝。新中国成立以后，中山陵园管理处在梅花山大量植梅。1958 年以后，开辟了一百多亩荒山，大量栽植了猩猩红、骨里红、照水、宫粉、跳枝、千叶红、长枝、胭脂、玉碟、送春等珍贵品种，其中“别角晚水”全国独此一株，尤为珍贵。春季梅花盛开之时，繁花满山，香飘数里。来此赏梅的游人摩肩接踵，高潮时节每天都在十万人以上。1992 年以来，中山陵园管理处又在梅花山东侧开辟了一座新梅园。新梅园是梅花山的延续，又是自成一体的自然山水型梅花专类园。全园面积 72309 km^2，新植梅树 2500 余株，与原梅花山合在一起形成了千亩园万株梅。同时，新梅园还配植了樱花、合欢、池杉等观赏植物，并铺设草坪，弥补了季节变化而造成的空白，使全园四季有景。园内还开辟了人工水面 6672 km^2，分成若干小的池塘，形成独特的水景。临池还筑有一座香无涯亭和一座冷香亭，均饰以彩绘，亭顶覆盖黄色琉璃瓦。现在梅花山占地 28hm^2，拥有梅花品种 200 余种，梅花 1.3 万株，南京梅花山正以其得天独厚的自然和人文优势吸引越来越多的海内外游人，逐渐成为全国的梅文化中心。

梅花是南京市花（1982 年南京市人民代表大会八届二次会议通过）。探梅、赏梅是南京的民俗。南京自 1996 年始，每年的 2～3 月间，都将举办国际梅花节。通过一系列大型旅游、商贸、文化、娱乐活动，向世界多方面多层次地展示南京美丽的自然风光，悠久的历史文化和南京迈向新世纪的崭新面貌。

从旅游产品的类型上来看，梅花山季相林是一个以观赏型为主的产品项目，梅花山季相林主要树种是以梅树为主，林内大约有 230 个品种，一到初春时节，梅花盛开，游人络绎不绝。

三、旅游产品的适宜性评价模型分析与检验

（一）资源条件利用分析

梅花山位于明孝陵景区，景区内主要景观是以明孝陵及其周围的石刻、雕塑为主，在景观构成上，比较庄严、肃穆，色彩也以灰色调为主，游人在游览过程中，参与性与愉悦感不强。因此，在资源的开发利用与景观设计上，也需要进行一些搭配与调整，开发梅花山上的梅树，一举多得，既是对资源的合理利用，又弥补了原来景区的一些不足。

（二）市场需求与地位分析

古来素有“梅花香自苦寒来”之说，故而游人在初春闲暇时节，常喜欢去郊外观赏梅花的风霜傲骨，因此，对梅花山原有的梅树资源进行再开发和扩大，是对日益增长的旅游需求的适应。开发梅花山的主要形式是通过举办梅花节，一旦形成一定的知名度，就可以在市场竞争中处于优势地位。

（三）效益分析

在南京中山陵的梅花山上举办梅花节，充分开发与利用梅树资源，投入少、见效快，是一项效果非常好的活动，不但大大地扩大了南京中山陵明孝陵景区的知名度，而且带来了显著的

经济效益与社会效益。从1996年第一届梅花节开始，至今已成功地举办了六届，门票收入均以每年10%以上的速度增长，综合投入产出比为1∶3.7，效益率达到240%。

（四）适宜性程度评价

通过以上对各个影响梅花山旅游产品开发的因素分析，有关专家对南京中山陵开发梅花山季相林旅游产品适宜性的各项评价因子进行了打分，通过模型计算，各分项适宜性评价分值和总的适宜性评价分值如表4-20。

总之，从整体观点考虑，此产品是适宜于公园开发的。

表4-20　项目适宜性评价得分

评价项目	产品竞争力	市场需求水平	开发效益	产品开发能力	外部关联性	产品的适宜性
得分	16.6	17.4	14.4	8.8	5.9	63.1

四、实际指标的验证

（一）入园游客流量表（表4-21）

（二）项目经济效益（表4-21）

五、结论

（1）此项目以较高的得分值（63.1），通过了旅游产品的适宜性评价模型检验，说明了该项目在产品竞争力、市场需求水平、开发效益、外部协调性等方面具备了较好的可行性。

（2）市场需求情况与游客喜爱程度来看，梅花山季相林项目，特别是举办梅花节以来，就成为深受广大游客喜欢的森林旅游产品，从近年的市场表现看来，对游客具有较强的吸引力，反响很好。

（3）经济效益上来看，该产品具有较好的经济盈利能力。从1996年至2001年底，经济总收入已达到了1988.82万元，投入产出比高达1∶3.7，产品的投资回报率高。

（4）效益上来看，此项目已成为南京中山陵园内最重要的景观之一，并且梅树的管护成本较低、附加效益高、产品生命力强，并具有较长的寿命期，不污染环境，经济效益、社会效益都比较大。

（5）该旅游产品的开发与实际运营成功，证明了旅游产品适宜性评价模型的实际有效。

表 4-21　南京梅花山历届梅花节客流量及经济效益统计分析（1996－2001 年）

开园时间		2 月 20 日～3 月 20 日	2 月 20 日～3 月 20 日	2 月 20 日～3 月 20 日	2 月 15 日～3 月 15 日	2 月 24 日～3 月 24 日	2 月 18 日～3 月 18 日
票价元/人		6	5	10	15	15	15
结余（万元）	增长率(%)		8. 06	107. 93	－13. 11	7. 19	46. 41
	金额	131. 06	141. 62	294. 47	255. 86	237. 46	347. 73
投入（万元）	增长率(%)		30. 32	81. 25	140. 46	90. 41	16. 32
	合计	22. 1	28. 8	52. 2	125. 52	239	200
	政府投入					50	70
	局投入	22. 1	28. 8	52. 2	125. 52	189	130
收入（万元）	增长率(%)		11. 27	103. 42	10. 01	11. 82	12. 02
	合计	152. 16	170. 42	346. 67	381. 38	426. 46	477. 73
	其他						6
	经营					18	28
	年票分测				1. 39	3. 07	36. 09
	门票	153. 16	170. 42	346. 67	379. 99	405. 39	407. 64
客流量（万人次）	增长率(%)		11. 51	1. 9	－27. 48	9. 96	8. 46
	小计	31. 19	34. 78	35. 44	25. 7	28. 26	30. 65
	年票分测				0. 09	0. 2	2. 41
	门票	31. 19	34. 78	35. 44	25. 61	28. 06	28. 24
届　　数		第一届	第二届	第三届	第四届	第五届	第六届

第五章　国家森林公园可行性研究与总体规划

第一节　国家森林公园的申报与可行性研究

一、申报程序和要求

国家林业局对申报国家森林公园的程序和要求作出了规定。

（一）申请建立

（1）申请建立国家森林公园，应向国家林业局报送申请文件、可行性研究报告、风光图片集和风光光盘等材料。

（2）申请文件一式3份，包括：

①省级林业（森工）主管部门文件。要求明确拟建国家森林公园的名称、规划面积（以 hm^2 为单位，保留两位小数）、所在位置及申报单位，并简要描述其风景资源的特色。

国家森林公园涉及两个以上不同行政区域的，应就国家森林公园的开发建设和经营管理等问题协商一致，并形成正式文件。

②所属地方人民政府文件。申报单位归属地方管理的，应由所在地的地方人民政府向上一级林业主管部门提出报告。

国家森林公园内林地权属涉及两个以上单位或涉及集体、林农所属林地的，地方人民政府应成立统一的国家森林公园管理机构，明确赋予其职责。

国家森林公园管理机构应就开发建设、经营管理和有关权益等问题，与上述其他单位协商一致，依法签订书面协议。

③申报单位文件。申报单位向上一级林业主管部门提出报告。

申报单位归属地方管理的，还应由所在地林业主管部门向地方人民政府提出报告。

（3）可行性研究报告一式2份，应严格依照《国家森林公园可行性研究报告提纲》的要求编写。

（4）风光图片集一式1份，规格统一为25cm×29cm的像册，照片大小为5～

10（12.7～25.4cm），光面纸冲印。内容应涵盖各种类型的森林风景资源，数量不少于30张。首页应附国家森林公园简介，每张照片均需标注名称或文字说明。

（5）风光光盘一式1份，对公园范围内的森林风景资源和四季景观进行动态展示，时长12分钟以内。

（6）省级林业（森工）主管部门对拟建国家森林公园进行审核，按有关要求督促申报单位做好申报材料的准备工作，于每年6月30日前报送至国家林业局。

（二）材料初审

国家林业局国家森林公园管理办公室对申报材料进行初审，并将初审结果告知省级林业（森工）主管部门。初审内容要求如下：

（1）申报材料（包括申报文件、可行性研究报告、像册和光盘）齐备、规范，符合有关要求。

（2）规划面积与申报面积一致。

（3）规划面积内无土地权属纠纷，经营管理权统一，管理机构健全。

（4）森林风景资源在本省（区）国家森林公园中具有典型性，在同类型国家森林公园中具有特殊性。

（5）地方政府重视，国家森林公园建设和发展环境优越。

（三）实地考察

（1）经初审合格的后，由国家林业局国家森林公园管理办公室委托中国森林风景资源评价委员会专家组对拟建国家森林公园进行实地考察，依照《中国国家森林公园风景资源质量等级评定》（GB/T18005－1999）进行专家评估，并提交考察报告和评估意见。

（2）实地考察的费用由申报单位负担。

（3）实地考察时间为每年的10月31日前。

（四）会议评审

（1）中国森林风景资源评价委员会召开全体会议，对拟建国家森林公园进行集中审议，投票表决。

（2）会议评审中赞成票超过2/3的，方可提交国家林业局审核批准。

（3）会议评审费用由申报单位负担。

（五）批准建立

（1）国家林业局对中国森林风景资源评价委员会提交的评审结果进行审核，审核通过后正式行文批复。

（2）实行新建国家森林公园回访制，新建国家森林公园应于批复成立的次年11月30日前将本年度建设和经营工作总结报送国家林业局国家森林公园管理办公室。

二、可行性研究

国家森林公园建设可行性研究，其基本任务是：对森林风景资源质量、开发建设条件进行分析研究，评价其建设的可行性，提出公园建设期限、建设规模、主要建设项目、景区划分、组织管理等方面的建议，拟定投资规模，进行效益评估。

国家森林公园建设可行性研究报告，可以由建设单位自行编制，或委托设计、教学单位完成，也可由林业主管部门组织编制。

（一）项目背景

（1）项目由来和立项依据。

（2）建设国家森林公园的必要性。

（二）基本情况

1. 地理位置

拟建国家森林公园的地理位置、经纬度、四至界线和规划面积（以 hm^2 为单位，保留两位小数）；包含多个分散景区的，应分别进行描述。

2. 地文条件

国家森林公园所属山系，地形地貌特征、地质构造、地质年代，土壤及母岩状况及其对开展旅游的价值或影响。

3. 气候条件

国家森林公园所在区域气候类型，年气温变化，光照条件，年降水量、降水日数及其分布，湿度状况，无霜期，霜冻期，年降雪期及积雪厚度。

4. 水文条件

国家森林公园范围内的河流、水体的水文、水质状况。

5. 森林资源条件

国家森林公园所属自然区系，森林植被特征，主要植物种类、分布情况及生长状况；主要动物种类、分布情况及可见频度。

6. 社会经济条件

国家森林公园所在地历史沿革，公园隶属，人口、民族、宗教状况，公园所在市、县近年社会经济状况，林业经济状况，市、县社会经济发展规划和旅游发展规划。

7. 基础设施条件

国家森林公园内外交通运输、水电、通讯状况，公园内食宿、医疗、商业等现状。

（三）森林风景资源特点

1. 自然景观资源

（1）森林景观资源。公园内山体植被垂直分布带或不同林分所构成的林层、林相景观的类型、特点及生长状况；森林与草原（草地）、水体镶嵌分布形成的景观位置和规模大小；具有较高保护、科研、审美价值的森林植物种类、数量、年龄、分布、位置及生长状况（古树名木或重要景观树应标明高度和胸径等主要数据）；宜林地面积、位置、立地条件；具有较高保护、科研、审美价值的野生动物种类、数量、栖息环境、经常出没地点、活动规律等。

（2）地貌景观资源。公园内可供观赏和游憩的山峰、峡谷、奇石、溶洞、雪山、冰川遗迹、古生物遗存等地貌景观的名称、位置、特征和规模大小（应标明海拔、长宽高等主要数据）。

（3）天象景观资源。可供观赏的云海、雾海、日出、日落、佛光等天象景观的位置、规模与范围，观赏位置及时间。

（4）水体景观资源。公园内可供观赏和游憩的湖泊、水库、瀑布、滩涂、河溪、泉水等水体景观的位置、特征和规模大小（应标明面积、落差、流量和长宽等主要数据）。

2. 人文景观资源

公园内可供观赏的历史文物、名胜古迹、革命遗址、现代工程等的名称、位置、规模和特征；特色突出的民族风情、乡土民俗及与景物有关的传说故事、历史人物、诗赋游记等的描述和记载；土特产品和旅游工艺纪念品的品种、产量及销售状况。

3. 可借景观资源

不属公园内但可借以烘托、陪衬的自然与人文景观的种类、名称、特点、位置。

4. 旅游开发条件

（1）开发条件。国家森林公园内、外部交通，旅游外部协作条件；公园处的旅游区位状况，旅游大区近年游客流量、游客分析及经济收入；公园进入大区旅游网或串联进旅游热线的条件及可能性；地方政府及林业部门对开发国家森林公园的积极性，所采取的具体措施。

已建为省、县（市）级国家森林公园的，还应提供近年来的建设和经营情况。

（2）不利因素。不利于开展旅游的自然灾害、气候条件、环境质量、风俗习惯等因素的发生范围、危害程序以及应对措施。

（四）森林风景资源质量评价

依照《中国国家森林公园风景资源质量等级评定》（GB/T18005 – 1999）对拟

建国家森林公园的森林风景资源进行逐项评价、打分，综合测评，评定该公园的质量等级。

（五）建设构想

包括国家森林公园的性质、建设的指导思想、环境容量与游客规模预测、建设思想与目标等。

（六）项目评价

包括国家森林公园经济效益、生态效益、社会效益等。

（七）附件

包括国家森林公园植物名录、动物名录、区位交通图、景点分布现状图等。

第二节　国家森林公园总体规划设计的重要性与基本内容

一、总体规划设计的重要性

国家森林公园总体规划设计，是国家森林公园建设中一项极其重要的工作。根据基本建设程序和国家林业局要求，国家森林公园在批准建立后，应在18个月内完成总体规划设计。

总体规划设计，是国家森林公园建设的重要依据和指导性文件。有了总体规划设计，国家森林公园开发建设就可以协调、有序地进行，有效地克服开发建设中的盲目性，防止对景观资源和环境的破坏，避免造成不可弥补的损失。因此，国家森林公园总体规划设计，必须委托有设计资格、技术水平高的设计单位完成。

二、总体规划设计的基本任务

国家森林公园总体规划设计，是切实保护景观资源，进行合理利用、开发建设和科学管理的综合部署。其基本任务是：确定国家森林公园的范围、规模、景观特征、环境容量、开发方针；合理区划景区和功能分区，组织森林旅游交通与服务；综合协调各方面的关系，统筹安排基础设施、服务设施、游乐设施、管理宣教设施、保护设施等。拟定保护、开发技术和管理措施；核算开发建设投资，评估效益。

三、总体规划文件主要内容

根据原林业部于1996年颁布发的《国家森林公园总体设计规范》行业标准的要求，结合多年的实践，国家森林公园总体规划的基本内容如下：

（一）基本情况

包括地理位置、自然条件、社会经济概况、交通状况、历史沿革、国家森林公园建设与旅游现状等。

（二）风景资源质量等级评定

包括风景资源质量评价、区域环境质量评价、旅游开发利用条件评价、风景资源质量等级评定等。

（三）总体规划总则

包括指导思想、规划原则、规划依据、国家森林公园定位、发展目标等。

（四）总体布局与建设期

包括国家森林公园范围、总体布局、建设期及目标等。

（五）游览线路规划

包括游览方式、游览路线组织等。

（六）环境容量估算与游客规模预测

包括环境容量估算、客源市场分析等。

（七）基础服务设施规划

包括接待服务设施规划、道路交通规划、给排水、规划、供电规划、邮政通讯及电视系统规划等。

（八）绿化美化规划

包括规划原则与措施、景区、景点植物规划等。

（九）保护工程规划

包括保护目标、保护原则、保护等级划分、保护措施等。

（十）旅游营销策划

包括旅游营销策划、营销措施等。

（十一）保证体系建设

包括保证体系与管理机构、旅游人力资源开发等。

（十二）投资估算与效益分析

包括投资估算、效益分析等。

（十三）规划实施意见

四、规划图纸文件主要内容

（1）规划图纸比例尺为1:10000～1:50000。

（2）主要内容应按各专业标准、规范、规定执行。

（3）图种包括：国家森林公园区位分析图、国家森林公园风景资源分布图、国家森林公园总体布局图、国家森林公园风景资源评价图、国家森林公园保护等级规划图、国家森林公园道路交通与游览线路组织图（分一日游、二日游等）、国家森林公园旅游服务基础设施规划图等。

五、附件主要内容

（1）国家森林公园风景资源调查报告编写提纲。
（2）国家森林公园可行性研究报告及批准文件。
（3）国家森林公园文化古迹简介及轶闻传说、典故、题词等。
（4）有关文件批复、会议纪要及协议等。
（5）国家森林公园自然风光录像及风景资源照片辑录。

第三节　国家森林公园总体规划设计的基本原则与步骤

一、总体规划设计的基本原则

国家森林公园总体规划设计，既不同于传统的林业规划设计，也不同于城市园林规划设计。国家森林公园景物天成，非人工所造，其最突出的特色是和谐的自然美。因此，从整体来讲，规划设计时，要充分体现自然美。具体来说，应遵循以下基本原则。

（一）依照法规政策进行规划设计

必须严格遵守国家有关林业、旅游、文物、环保等方面的法律法规，贯彻改革、开放政策，执行《国家森林公园管理办法》、《国家森林公园总体规划设计规范》等技术规定。

（二）严格保护森林风景资源和自然环境

在以保护为主，保护、开发、利用相结合的原则指导下，进行适度开发建设，切实保护好现有森林风景资源和自然环境。

（三）突出地方和民族特色

国家森林公园内不应修建有碍景观的大型建筑物。必要的旅游设施建筑，应与自然环境保持协调、和谐、统一，体现山林野趣，粗犷质朴，具有鲜明的地方和民族特色。

（四）保持原始淳朴的自然风貌

国家森林公园除修筑必要的旅游道路、旅游设施外，不宜大兴土木，大搞人工造景，应尽量减少人为干预，尽力保持其原始的自然风貌。切忌国家森林公园城市化。

由于国家森林公园建设需要较多的资金，在规划设计时，应本着全面规划，分步实施，滚动发展，逐步完善的原则；既要突出重点，保证重点建设项目，又要注意全局，整体推进，使国家森林公园持续、协调、健康发展。

（五）妥善处理国家森林公园与有关方面的关系

国家森林公园开发建设往往涉及许多部门和乡、村集体，协调好各方面的关系，减少矛盾和争议，变分力为合力，依靠社会各方的支持，为国家森林公园建设和发展创造一个良好的外部环境。

二、总体规划设计的基本步骤

从全国各地开展国家森林公园总体规划设计工作实践看，大体可分为以下几个阶段。

（一）前期准备工作

主要包括以下内容：

（1）由国家森林公园筹建单位委托设计单位，并签订国家森林公园总体规划设计协议书，明确完成时间、材料份数、设计费用、双方责任等。

（2）双方协商成立国家森林公园总体规划设计领导小组，负责研究审定规划设计中的重大技术、原则问题。笔者认为，公园总体规划设计工作应提倡“三结合”，即领导与咨询专家、设计单位、公园管理人员或筹建人员的结合，发挥领导和咨询专家把握全局，宏观策划的优势；发挥设计单位人员熟悉技术规范和具有较高专业设计水平的优势；发挥公园管理人员或筹建人员熟悉当地情况和公园实际的优势，即有利于今后规划的实施。

（3）制订国家森林公园总体规划设计工作计划、调查提纲、学习规范，进行技术培训。

（4）收集资料、图表及物料、工器具准备。

（二）外业调查工作

主要包括以下内容：

1. 自然地理调查

收集了解国家森林公园所在地区的地理位置、地貌、地质、气候、水文、土壤、森林植被、野生动植物等。广泛收集、充分利用现有资料，必要时可进行专业调查或补充调查。

2. 社会经济调查

收集了解国家森林公园所在地区的历史沿革，行政区划，城乡人口及民族，文化、宗教活动，工农业生产，地方经济发展水平，道路交通，旅游服务设施，旅游商品生产销售情况等。

3. 景观景点调查

这是国家森林公园总体规划设计外野调查工作的重点，也是评价森林风景资源质量的主要依据。因此，必须由园林、景观专业或相关专业的技术人员深入实地调查。通常采用线路调查和重点详查相结合的方法进行，主要调查内容和方法见第三章第四节。

4. 旅游开发调查

收集了解国家森林公园历史上的朝圣、祭扫、游览情况；现有各类旅游设施的种类、数量、标准、接待能力、经济效益情况；水、电、暖、通讯等基础设施的种类、数量及可否适应旅游需要；各级领导对国家森林公园建设重视程度、已投入的资金、开发建设项目、旅游接待能力、经济效益及不利于开展森林旅游的障碍性因素等。

5. 旅游市场调查

了解国家森林公园及其附近旅游点现有旅游规模、客源构成、门票价格、经济效益、年创利税，以及部门、地方关系隶属存在的问题、解决途径等。

（三）规划设计工作

主要包括以下内容：

（1）对收集调查资料进行整理、分类、综合分析，为规划设计提供基础资料。

（2）依照国家森林公园总体规划设计规范，结合本公园实际，拟定规划设计大纲，按专业分工编写设计方案。

（3）在各专业规划设计基础上，专人负责统稿，编写国家森林公园总体规划设计方案（初稿），绘制有关图表。

（4）向国家森林公园筹建单位征询意见，修改补充，完成国家森林公园总体规划设计方案（送审稿），并打印成册，提交评审会议评审后，再修改完善，印制国家森林公园总体规划设计成果。

三、总体规划设计的评审与报批

国家森林公园总体规划设计完成后，应由省级林业主管部门主持召开评审会，邀请有关方面的专家、教授和领导参加评审，组成7～15人专家评审委员会或专家评审组，其中高级职称应占一半以上。经会议评审通过，并按评审意见修改完善后，印制正式规划设计成果。由国家森林公园筹建单位，按照国家森林公园建设可行性研究报告审批程序上报审批。

国家森林公园总体规划设计，一经批准，必须认真组织实施，不得随意改动。确系变更的，必须报原审批单位同意。

四、总体规划设计与其他规划的关系

（一）国家森林公园总体规划设计与国有林场森林经营方案

凡没有将国有林场经营区全部划入国家森林公园，或虽全部划入，但仍有部分地区不开展森林旅游的，应合理区划森林旅游区和林业生产经营区。划入国家森林公园的林地，属森林旅游区，按批准的国家森林公园总体规划设计实施；未列入国家森林公园的林地，属林业生产经营区，按批准的国有林场森林经营方案实施。

（二）国家森林公园总体规划设计与风景名胜区总体规划

凡位于风景名胜区的国家森林公园，既要注意协调两者的关系，又要独立自主经营，必须保证国家森林公园的隶属关系不变，依法维护自身的合法权益，不得以服从风景名胜区统一规划、统一管理为由，随意放弃或废止国家森林公园总体规划设计。在国家森林公园经营范围内，必须执行国家森林公园总体规划设计。

（三）国家森林公园总体规划设计与地方、部门规划

编制国家森林公园总体规划设计及其实施中，要注意与地方经济发展规划及旅游、交通、水利、农业、电力、邮电、商贸等部门规划协调接轨。凡能够利用的，一定要充分利用。积极争取各有关部门的支持、协作，发展多种形式的合资联营，以增加对国家森林公园的投入，加快建设步伐。当前，移动通信发展迅猛，各类电信基地进入到公园各景区，但不少地方置景观配置于不顾，一味追求通信效果，造成基地选址不当，成为公园景观的败笔。

第四节　国家森林公园旅游市场的调查与评价

一、旅游市场的概念和特点

市场（Market）属于商品经济的范畴，它是商品交换的场所。旅游产品作为一种商品，同样需经过市场进行交换，因此伴随着旅游经济活动的产生便出现了旅游市场。做好森林旅游市场的调查研究和评价，是制定国家森林公园开发总体规划的重要依据之一，也是开拓客源市场的关键所在。

国家森林公园旅游市场是森林旅游产品商品化的场所，是森林旅游产品经营者和旅游者之间一切供求关系的总和。国家森林公园旅游市场的概念有狭义和广义之分。狭义的国家森林公园旅游市场是指国家森林公园旅游商品交换的场所。广义的国家森林公园旅游市场则是指旅游产品交换过程中所反映的经济行为以及各种关系的总和，它是实现森林旅游愿望而进行各种经济活动的空间，实质上是指旅游企业在旅游市场上销售旅游产品和提供各种服务的总和。

森林旅游市场包括 4 个重要组成部分：森林旅游消费者、森林旅游产品、推销、价格。这一点与其他商品和服务概念没有区别。但从市场职能来考察，森林旅游市场与其他商品和服务市场相比又有明显不同的特点，主要有：

（一）异地性

森林旅游资源开发成旅游产品，旅游产品的需求者既有当地居民，又有异地居民。国家森林公园以开发更具有特色的旅游产品来吸引异地的旅游产品需求者，这就形成了需求者与供给者在空间上分离的异地性特征。这一特征给国家森林公园的市场定位提出了特殊的挑战，它要求森林旅游开发不仅仅要明确目标市场顾客的需求，开发出适销对路的产品，而且应有正确的市场定位和促销策略，使目标市场顾客缩短购买的决策过程，增加购买量。

（二）季节性

国家森林公园旅游市场的季节性很强。国家森林公园市场的这个特征，是人和自然客观条件所决定的。国家森林公园旅游市场在一年中的不同时期，其需求量通常有明显差别，旅游淡旺季在各地普遍存在。近年来，各地假日经济的兴起，使这一问题显得更为突出。季节性特征使旅游产品供求经常失衡。基于这种情况，国家森林公园开发时应根据淡旺季的不同特点做出合理安排，以减少或消除季节性的影响。

（三）多样性

为了满足旅游者的各种需求，国家森林公园旅游市场的旅游商品种类、产品购买形式和产品交换关系都是多样变化的。由此可见，国家森林公园旅游市场的多样性是由旅游者多种多样的需求而决定的。所以，国家森林公园开发时，无论是旅游资源配置，还是项目设计，都应注意从多方面满足游客的需求，这关系到国家森林公园经营的成败。

（四）波动性

国家森林公园旅游市场受各种因素的影响都可能引起波动。这种波动会给国家森林公园带来产品销售忽高忽低，从而造成经济效益的不稳定，甚至损失。因此，国家森林公园开发形成旅游产品时，不仅要密切注意目标市场消费者现实的和潜在的需求，而且要密切注意造成国家森林公园旅游市场波动的因素，认真研究了解其变化趋势和规律，采取相应对策，尽量减少市场波动带来的影响。

（五）竞争性

当市场经济处于买方市场的情况下，高度竞争是必然的。国家森林公园旅游市场同样表现为高度竞争的特征。其表现在：一方面存在众多的森林旅游供给者，推销各种各样的森林旅游产品；另一方面存在众多的森林旅游需求者，选购适合自己需要的旅游产品。造成国家森林公园旅游市场高度竞争性的原因主要在于：森林旅游资源的范围和分布广泛，且各具特色，可以开发成不同特色的森林旅游产品，成为森林旅游者需求的对象。因此，从总体上看，森林旅游供给具有广泛性，但缺乏垄断条件。另一方面，不同的森林旅游者，兴趣爱好各异，形成对不同地区、不同森林旅游产品的需求，而且森林旅游需求越来越多样化，不断刺激着旅游市场的高度竞争。这种形势给国家森林公园的发展提供了极好的机遇和较大的挑战。国家森林公园开发时应注意根据旅游资源的特点，开发特色产品，以满足旅游者更多的需求。国家森林公园定位则要注意避免与竞争对手针锋相对。

以上对国家森林公园旅游市场总体特征进行了分析讨论，此外，不同森林类型的旅游市场，也体现了不同的特征。

二、旅游市场的划分

划分国家森林公园旅游市场的标准是多种多样的。讨论、研究国家森林公园旅游市场的主要目的就是研究客源所在，同时为国家森林公园开发整体规划的编制提供依据。其意义在于及时掌握供求双方发展变化的信息，以便确定目标，明确主攻方向，以不断占领并扩大市场占有率；以使在激烈的市场竞争中，根据变化多端的市场情况确定自己的地位，扬长避短，发挥自身的优势，掌握消费动态，取得更好的效益；以便集中“优势兵力”，对某一二个目标市场，采取相应的营销对策，以取得事半功倍的效果；以便选择适合自身条件的市场，使产品适销对路，以更好地满足消费者的需要扩大销售，提高企业的经济效益。

任何一个国家森林公园的旅游产品只能吸引、满足一部分旅游者，不可能满足全世界每一位旅游者的需求。为此，国家森林公园必须明确自己的市场活动范围，有必要从不同侧面对庞大、复杂、不同类型市场构成的整体旅游市场进行划分。

（一）按地理区域划分

这是一种传统的至今仍得到普遍重视的细分方法。有以国界划分的国际旅游市场和国内旅游市场；又有以国别划分的各国旅游市场，如日本旅游市场、美国旅游市场、法国旅游市场、中国旅游市场；还有以世界上的主要地区划分的区域市场，根据世界旅游组织（WTO）的分类，世界旅游市场可分为六大旅游市场，即欧洲旅游市场、美洲旅游市场、东亚与太平洋旅游市场、非洲旅游市场、中东旅游市场、南亚旅游市场。国家森林公园的经营者必须了解主要消费客源国（地）的地理分布、与主产品的消费距离、消费习惯差别及有无何种特别需要；了解国内外游客的消费状况、城市、农村及山区的生活环境、区别和特点等，以便在不同地区有针对性地开展不同的营销活动。可以根据客源产生地理位置划分为若干种类，如国际森林旅游市场、国内森林旅游市场，本地区森林旅游市场、邻近或外地森林旅游市场等。一般说来，远程旅游需要时间较长，消费较高，游客多属于经济比较富裕，生活条件比较优越，时间比较充裕的人群。近程旅游由于旅途时间短，旅游消费相应较少，常被那些收入较少、空闲的时间较短的游客所利用。但短距离游客客源充足，对旅游产品品位要求不同，企业的经营投入相对较低，而经营效益有一定的保证。所以，国家森林公园的主攻方向应该是争取中短距离游客为主。当然，在自身条件优越情况下，也不能放过争取远距离游客的机遇。

（二）按人口状况划分

主要是以人口的自然、社会、经济三方面的状况进行细分。自然状况包括年龄、性别、婚姻、健康等；社会状况包括民族、宗教、信仰、教育、国度、文化、职业等；经济状况包括收入水平、赡养人口数量、闲暇时间等。每一种细分都有不同特点的市场类型。老年人市场包括在职的和离退休的人员，这些人一般经济条件较好，有充裕的闲暇时间，游览观光的兴趣也较浓，在外滞留的时间较长，消费水平也较高。老年人旅游市场对产品的质量、安全及吃住行条件特别重视，优质高价政策容易被他们接受。随着世界人口的老龄化，这部分人将日益增多，潜力较大。成年人旅游市场是当今旅游市场的主力，尤以参加会议和从事商务及科学考察者居多。他们大部分事业有成，精力充沛，经济基础比较雄厚，消费水平也较高，这部分人占的比例较大，是游客队伍中的主力军。青少年旅游市场是游客队伍中的生力军，是一个不可忽视的旅游市场。他们思想活跃，好奇心强，生活节奏快，除喜欢出游外，还喜欢寻求刺激性、探险性、参与性的旅游项目，倾向全力投入，玩得开心。但这部分人经济条件不大宽裕，对生活条件也不十分讲究。所以，讲求经济实惠。少年儿童则更热衷于游乐设施和喜欢认识大自然的种种魅力。除跟随家长旅游外，少年儿童多以增长知识、锻炼生活能力为主的夏令营方式进行。

从婚姻和家庭状况看，一般来说，未婚或新婚燕尔的青年外出旅游兴趣较浓。他们没有家庭的拖累，也没有经济负担，都有喜欢时尚、喜欢玩的倾向，是一个潜在的旅游市场。有了小孩子后外出旅游兴趣会降低一些。但小孩六七岁后，如果负担不重，收入还好，也会选择观光旅游或选择一些有利于孩子成长的项目，例如结合森林旅游采集一些动物和植物标本，欣赏珍稀动植物及各种自然美景等。

在考虑家庭旅游的需求时，要重视不同性别的作用。过去一般以男性为主，家庭如何休息是由男性决定的。但随着社会的发展，女性越来越多地走出家门，参与社会各类活动。随着女性就业人数的增加，外出旅游的女性也日益增多。家庭外出旅游项目，更多的是“妇唱夫随”，女性“说了算”。女性更喜欢结伴旅游，喜欢购物，对价格也较为敏感、挑剔。因此，女性旅游市场非常活跃，不可忽视。

根据人口的自然、社会、经济三方面的状况细分的旅游市场，都有其一定的特点和与众不同的需求，国家森林公园经营者应根据不同旅游者的特点，提供适应其需求的产品。

（三）按旅游目的划分

由于人们旅游目的的不同，对旅游活动内容要求的侧重点也存在差异，从而形成了不同的需求结构，出现了不同性质的国家森林公园旅游市场。

1. 观光旅游

观光旅游是想了解异国风情、异地风光。国家森林公园以一定的自然或人文景观吸引森林观光旅游的游客。对游客来说，这是一种被动式观光旅游。通过这种观光旅游，游客可以欣赏国家森林公园的自然风光或历史文化，或得到以前从未有过的体验。若增加一些项目，开展一些活动如露营、野餐、滑冰、滑雪、登山、骑车、狩猎、钓鱼、漂流、乘热气球等，会进一步增加旅游者的乐趣，也能更好地吸引游客，使他们能更多地了解国家森林公园所在地的地域文化、风俗习惯，以增长知识，享受新奇的刺激和生活方式。目前，这种旅游方式约占到旅游市场的50%以上。

2. 度假旅游

随着生活水平的提高，人们想用双休日和节假日出游来调整自己的生活节奏，以便更好地劳逸结合和养精蓄锐。度假旅游多属散客，且以家庭方式出游较多，一般要占整个旅游市场20%左右。其消费水平大多数为普通的，也有豪华的。度假旅游不像观光旅游那样到处移动，度假旅游喜欢选择有阳光、海水、沙滩的海滨旅游，有的也喜欢去白云山间及其他环境良好、适宜休息的国家森林公园。

3. 单位组织的旅游

森林旅游已成为一种时尚。有的单位组织员工进行森林旅游（奖励旅游），也有的以“三八”、“五四”、“六一”等节日组织妇女、青年、儿童进行旅游活动，开展爱国主义和革命传统教育。在农历“九月九日”重阳节组织老年人登高，以及在母亲节、父亲节、教师节等节日组织各种单项旅游活动。其消费水平也较高，并能调节淡旺季旅游市场。在各大城市，这种方式日益增多。

4. 会议、科普、探险、科学考察及商务旅游

这种旅游方式的份额比例正在不断扩大。人们聚集在一起，进行必要的会议，或科研，或商务活动。在此期间，或会前或会后组织与会者进行旅游考察。这种方式的旅游活动要求往往较高，消费也较大。按照近几年实践经验，随着社会生产力的发展，这种旅游方式会愈来愈多，对服务的要求也不断提高，效益也愈来愈好。

5. 探亲访友或祭祖扫墓等为目的的旅游

这种旅游形式尤以港澳台同胞及海外侨胞居多，每年的总人数不少，并形成了历史习惯。这种旅游形式的存在和发展有利于扩大国家森林公园影响，提高公园知名度。

（四）按旅游者消费特点划分

由于人的地位、职业和受教育程度不同，对待森林旅游产品欣赏要求存在差异。首先要重视和开发高档森林旅游者，这部分人虽然不及中档旅游人数多。这部分人中，有国外游客、港澳台游客，也有国内一些收入较高的企业家、名人、学者、高级干部以及各类专家、画家、作家、名演员、著名运动员等，他们大部分受过高等教育，对生活方式和产品档次都比较讲究，追求舒适、安逸。对国家森林公园需求的层次、对产品的鉴别力和审美能力也更高，并具有明显的职业特征。

其次是中档旅游者。这部分人最多，包括一般公务人员、教师、科技工作者和商业人士等。这部分人对豪华的东西极力回避，他们只渴求一般的森林旅游，满足于一般的观光休息，喜欢到熟悉和安全的地方去，消费水平也维持在一般水平。他们是生活中的主角，关心社会变迁，关心人们生活，也关心森林旅游产品质量，是很重要的旅游者。

生活暂时处于困难或只能维持基本生活的旅游者，由于经济条件所限，他们一般选择近距离的国家森林公园。他们的传统观念比较浓厚，对一些高消费娱乐及旅游产品望而却步。但是，这些人尽管大多数一生勤劳却也有追求享受的欲望，所以在这部分人中，也有一部分是未来潜在的旅游者。

三、旅游市场调查

从市场学角度看，国家森林公园旅游市场是指国家森林公园的旅游产品的现实购买者和潜在购买者，换言之，这种意义上的国家森林公园旅游市场即是国家森林公园的需求市场或国家森林公园旅游客源市场。国家森林公园旅游客源市场调查分析是旅游市场学中的重要组成部分。运用现代科学手段，进行各种调查、预测和评价，及时掌握国家森林公园旅游客源市场的变化趋势，为国家森林公园的计划目标和营销策略提供科学依据。

（一）国家森林公园旅游市场的调查方法

研究国家森林公园旅游市场的目的是为企业提供大量的信息资料，以便使企业正确作出决策，占领目标市场。信息获得的渠道之一是调查。以确定客源市场为目的所进行的调查，由于调查因子多，客源区范围大、人口多，调查工作量很大。特别是因为这种调查工作涉及到客源区的整个社会，其中，经济收入和旅游消费额对某些人来说，又具有一定的敏感性。所以，要想取得全面、准确的调查材料，存在一定的难度。鉴于此，在调查工作开始前，必须首先根据客源区人口的数量和社会经济水平，研究开展调查的方法。主要的调查方法有文献调查法、间接调查法和直接调查法3种。

1. 文献调查法

文献调查法是国家森林公园市场调查人员带着特定目标收集大量有关森林旅游

业务的文献资料进行分析研究的方法。实践中，几乎所有的森林旅游市场调研都始于这种方法。只有当文献调查法不能为达到调查目的提供足够的依据时，才着手其他调查方法。

文献调查法往往具有如下优点：①收集资料需要的时间不多；②收集资料花费的费用很小；③有助于市场工作人员更精确地更有的放矢地收集第一手材料。但文献调查法同时也具有下述缺点：①收集、整理的资料和调查的目的往往不能合拍，数据对解决问题不能完全适用；②现成资料的分类编组形式往往与调查目的不一致，给比较、分析带来一些困难；③现成资料大多为过时资料，时间性较差；④有些资料缺乏精确性，给市场分析带来困难。

文献调查法的主要资料来源有：旅游企业内部材料，各类旅游市场刊物，杂志、调研专辑以及国际或区域旅游组织和市场调研机构的年鉴及其他资料。常见的如：美国出版的《旅行周刊》、《旅游市场》、《旅游展望》、《旅游市场经营》、《旅游研究》和《读者指南》等刊物；美国出版的《旅游报》；德国出版的《旅游业管理》；我国出版的《中国旅游报》、《旅游经济》、《旅游年鉴》、《旅游学报》、《旅游纵览》等以及各大报刊的《旅游世界》栏目，中国森林旅游社的有关资料，中国国家森林公园网站（www. chinafpark. net. cn）等其他相关网站。

2. 间接调查法

通过第三者进行调查的方法是间接调查。在国家森林公园旅游客源市场当地政府有关部门或单位掌握各种调查因子，可以有偿或无偿地请他们提供。例如，户籍部门是客源区人口各种信息的有效掌握者，民政部门是民族节日情况的掌握者，旅游部门是当地群众各种旅游活动的信息源，邻近区域的游人情况只能从邻近区域的接待单位获得等。

使用间接调查法比较节省人力、财力和时间，而且使用间接调查法是获得各项因子总体信息的有效方法。例如，属于户籍部门掌握的那些因子，其他单位没有能力，也无法去掌握。其他各项因子，如统计、旅游、税收等部门和社会经济研究单位掌握的信息，也是惟一信息源，其他单位不可能提供。至于从邻近区域各旅游经营单位查阅到的关于接待客源区旅游者人数及旅游消费的信息，可能很不准确，但又不能缺少。

所以，间接调查法是必须使用的方法。为使间接调查顺利完成，调查者应事先与被调查者就有关事项达成协议，如向对方提供表式、约定收表日期和对数据完整性、真实性的要求，以及付给被调查者的费用和酬金等，并规定对违约方的罚则，以利共同遵守。

3. 直接调查法

凡是由旅游者直接回答而获取调查信息的方法为直接调查法。

（二）国家森林公园旅游市场调查步骤

旅游市场调查无论采用何种调查方法，调查开始前都必须做好充分准备，在此基础上开展调查工作。具体步骤如图 5-1 所示。

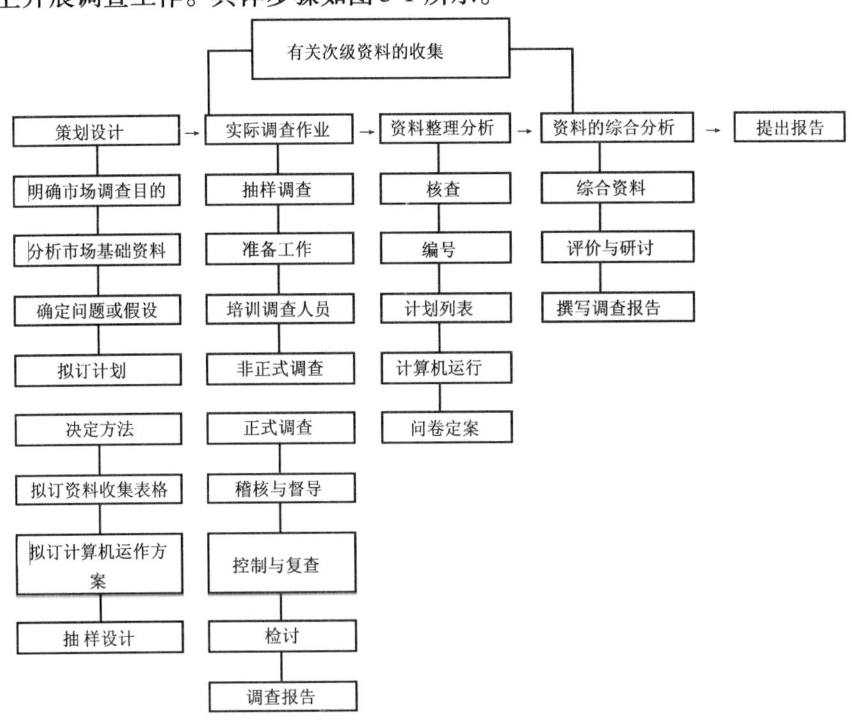

图 5-1 国家森林公园市场调查的作业程序

围绕国家森林公园的经营管理要求，应积极跟踪国家森林公园市场的趋势，进行一系列的市场调查研究，并建立国家森林公园客源市场分析规律的信息系统和决策支持系统，这在国家森林公园寻找和识别市场机会，以及策划市场营销活动等方面发挥着积极的作用。

为创建性国家森林公园进行的市场调查，对正在建设中的国家森林公园市场环境进行专题调查分析，为该公园市场营销提供了决策依据。该项调查工作可公园自己做，也可委托有关单位开展，但调查活动的具体方案大致如下。

1. 调查目的

（1）调查预期商圈的居民旅游和休闲娱乐的消费心理以及消费行为特征。

（2）测试预期商圈的居民对建设中的主题化娱乐休闲项目的需求程度。

（3）了解潜在旅游者的休闲娱乐消费水平，并对这家国家森林公园的价格心理预期和价格弹性进行测试。

（4）预测旅游者对这家国家森林公园的选择比重和重游可能性，并对开业后的客观重游率进行调查研究。

2. 调查内容

（1）居民旅游和休闲娱乐消费的态势及变动走向

①旅游经验、方式、频率以及平均年消费水平。

②休闲娱乐的经验、方式、频率以及平均年消费水平。

③尚未被满足的旅游、休闲娱乐需求。

④影响旅游、休闲娱乐行为的因素。

⑤国家森林公园设计的主题与市场认同的主题在概念上的差异测试。

⑥对国家森林公园设计的各项主题项目的选择偏好测试。

⑦对国家森林公园设计的各项主题项目的喜好程度测试。

⑧个人旅游、休闲娱乐习惯与家庭旅游、休闲娱乐的差异度调查。

⑨近期旅游、休闲娱乐计划。

（2）居民旅游、休闲娱乐价格测试

①个人每年旅游、休闲娱乐的费用支出结构和水平。

②不同旅游方式及平均支付的费用数量。

③各种不同动机下旅游、休闲娱乐可接受的价格水平。

④对价格的重视程度测试。

⑤价格对决策行为影响程度测试。

⑥对这家国家森林公园不同主题项目的消费支出意愿。

⑦价格对重游率的影响程度测试。

（3）重游可能性及重游率测试

①被访问者来这家国家森林公园的频率。

②游玩项目及所用时间。

③对不同主题项目的评价。

④同行者数量。

⑤被访问者与同行者的关系。

⑥入园及出园时间。

⑦是否会重游及其原因。

⑧何时会重游。

⑨与何人重游。

⑩重游时将会游玩的项目。

⑪是否会向其他人推荐及推荐理由。

（4）周边地区居民旅游需求调查

①国家森林公园知名度及游历经验。

②当前旅游、休闲娱乐的消费活动及消费支出水平。

③对这家国家森林公园的主题概念进行测试。

④当前的旅游计划。

⑤当前来这家国家森林公园所在地旅游的计划及影响因素。

⑥来这家国家森林公园旅游的可能性及影响因素分析。

⑦外出旅游可接受的价格水平。

（5）个人及家庭统计资料

①性别。

②年龄。

③文化程度。

④家庭平均每月总收入水平。

⑤婚姻状况。

⑥家庭成员。

3. *研究方法*

整个研究过程分三个阶段进行。

第一阶段：调查目标市场旅游消费需求及对该国家森林公园的价格预期。

（1）总体界定为所在地的常住居民。

（2）考虑到调查样本的代表性，采用随机抽样的方法，入户访问。

（3）样本容量：以价格预期为指标，置信度95%，平均抽样误差5%的条件下，调查人数。

（4）访问方法：问卷、面访。

（5）调查对象：家庭旅游、休闲娱乐消费的决策人。

（6）时间安排：项目进度计划如表5-1所示。

表5-1 旅游市场消费需求调查进度计划

	第一周	第二周	第三周	第四周
设计问卷，试访，修改问卷，编码，印刷	5天			
抽样	3天			
督导培训	1天			
访问员培训	1天			
实地访问		5天	5天	
问卷收集，审核		3天	5天	
一审、二审、复审		2天	5天	
录入		1天	5天	
数据分析				2天
研究报告撰写，制作				3天
提交报告				1天

（7）费用计算：每人费用，总费用，包括问卷设计抽样、实地访问、印刷，数据处理，分析研究以及合理利润委托方派员监督及参与工作所需费用不包括在内。

第二阶段：调查分析重游可能性及客观重游率。

（1）访问对象：该国家森林公园的现实游客。

（2）访问地点：定点街访，每天访问人数。

（3）样本容量：人数。

（4）访问方法：问卷，面访。

（5）时间安排：建议每两月一次，共3次，每次10天，进度计划表5-2所示。

表5-2　重游率调查进度计划

项　目　内　容	时间（天）
设计问卷，试访，修改问卷，编码，印刷	3
督导培训	1
访问员培训	1
实地访问	3
问卷收集，审核	3
一审、二审、复审	3
录入	3
数据分析	1
研究报告撰写，制作	2
提交报告	1

（6）费用预算：每人费用，每次费用。费用包括问卷设计、印刷、实地访问、数据处理、分析研究以及合理利润。委托方派员监督及参与工作所需费用不包括在内。

第三阶段：调查分析2h车程范围内的旅游消费需求。

（1）总体界定为2h车程范围内的常住人口。

（2）为了客观反映目标市场的整体情况，本阶段的原始数据通过在定点城市随机抽样，入户访问方式收集。

（3）拟访问5个城市，具体城市视开业后游客情况与委托方共同确定。

（4）样本容量：以价格预期为指标，置信度95%，平均抽样误差5%的条件下，共调查人数，每个城市调查人数。

（5）访问方法：问卷，面访。

（6）调查对象：家庭旅游消费的决策人。

（7）时间安排：每个城市 1 个月，可同时完成，具体安排如表 5-3 所示。

表 5-3　2 小时车程范围内的旅游消费需求调查进度

项目内容	第一周	第二周	第三周	第四周
设计问卷，试访，修改问卷，编码，印刷	5 天			
抽样	3 天			
督导培训	1 天			
访问员培训	1 天			
实地访问		5 天	5 天	
问卷收集，审核		3 天	5 天	
一审、二审、复审		2 天	5 天	
录入		1 天	5 天	
数据分析				2 天
研究报告撰写，制作				2 天
提交报告				1 天

（8）费用预算：每人费用，共计费用。费用包括问卷设计、抽样、印刷、实地访问、数据处理、分析研究以及合理利润。委托方派员监督及参与工作所需费用不包括在内。

4. 对采集到的原始资料进行分析的方法

（1）描述性统计分析。

（2）相关分析。

（3）因子分析。

（4）聚类分析。

（5）回归分析。

在将数理统计原理用于国家森林公园客源区旅游市场潜力调查时，应明确以下几条规律性概念：

（1）从客源区总体抽出来的每个样本，即调查对象都对客源区居民有一定的代表性。他们的回答能在一定程度上反映客源区居民对于到对象区进行森林旅游的意向、具体需求及其旅游消费能力。所以，同一客源区调查对象越多，就意味着调查结果越能准确地反映客源区居民的意向、需求、消费能力和人数。用调查统计的术语说，就是调查精度越高。反之，调查对象越少，调查精度就越低，对客源区居民的代表性就越差。

（2）类别相同的居民在经济收入、消费能力、价值观念等方面差别较小。所以，同样数量的调查对象，对人口类别比较单一的客源区的代表性比较强，对人口类别较复杂的客源区的代表性比较差。换个角度说，人口类别比较单一的客源区所需要的调查对象人数较少。反之，则较多。

（3）尽管调查对象人数越多，对客源区调查的精度就越高，但调查对象人数增减和调查精度升降之间的关系，是按一种函数曲线变化，而不是调查对象增减一个，调查精度便升降一个相等的幅度。比方说，对一个有30万居民的客源区，如果有4000位调查对象回答了提问，那么，调查精度可达80%左右，但是，若想把调查精度提高到98%左右，就需要大部分居民作为调查对象回答提问了。对于像森林旅游客源市场潜力调查这种社会经济调查，只需了解居民大概的意向，不要求很高的精度，答问者原则上能在各类别人口中都有些代表性就够了。

（4）把客源区人口总体划分为若干组，再分别以这些组为总体进行抽样。这种方法在数理统计学上称为“分层抽样”。根据前述1和2两条规律性概念的原理，由于通过分层抽样，减少了每个调查总体中所含人口的类别层次，从而能够大幅度降低必须答问者的比率。

5. 质量控制措施

（1）问卷在至少3次以上试访问的基础上修订形成，以减少拒答及误答。

（2）访问督导培训由研究人员负责，确保问卷审核标准统一明确。

（3）访问员培训由督导员负责，试访和模拟访问不合格的访问员在项目小结时淘汰。

（4）每份问卷经督导员审核后由质量控制部审核2次。

（5）全部问卷20%电话复核。

（6）委托方可派员监督，全过程参与上述工作。

直接调查的方法如上面所述，但实践中变化很多：

（1）对内部组织严密的单位的调查对象，如学校的学生、驻军的战士等，可在学校、部队支持下，将问卷发给他们，约定填好答案后集中收回的日期，届时前往收集，或由单位寄回。

（2）对于工厂职工、机关、企业、科研单位的工作人员、教师、医生、城乡居民等调查对象，以上各种调查方式都可根据实际情况变通使用。

①当面交谈。按照样本名单，在适当时间到调查对象所在地（工作单位、住宅）拜访，当面提出问题和取得答案。这种方式可能得到一部分调查对象的支持。特别是不涉及调查对象旅游消费能力的问题能够得到回答。但当调查对象个性十分内向，或正在忙于完成某种任务，或由于某种原因心绪不佳时，往往会遭到拒绝。

②向被抽定的调查对象寄送调查问卷。为了提高答卷回收率，可采取让答问者感到方便的措施，例如实行寄资总付，将问卷直接折叠成信封，信封上印有收卷单位地址、邮编和邮寄者的姓名、住址、邮编等。

③给调查对象打电话，向他们提问题并请求作答。这种调查方式比登门拜访节省时间，但更容易遭到拒绝。因为电话访谈的效果受①所述几种因素的影响更甚至于当面交谈。

（3）在某些客源区，由于特定的原因，无法指定调查对象，而只能设定答问者人数。可以采用以下几种方式：

①盲打电话：先向接电话者通报自己的身份、姓名、打电话的目的。如果对方同意回答问题，使可提问题。其效果和影响效果的因素和前述所用电话访谈相同。

②设定特定的电话号和通话方式，像体育竞猜的16897168那样，使有兴趣者自动打电话回答问题。

③在互联网上公布问卷，征求答案。用这种方式可能得到一些答案。尤其是在“聊天室”，能够较好地交谈。

④邂逅式交谈。选择餐馆、茶馆、绿地、公园等场所，找一些对象交谈。通报自己的身份，宣传对象区森林旅游资源特色，就所要调查的问题向对方提问。有时会获得深入了解的效果。

（4）问卷有奖调查方式，可收到满意的效果。在客源区首先利用广告的方式向电视观众宣传实行问卷有奖的作法，以及奖励办法，或奖励本国家森林公园免费旅游，或奖励奖金及实物。在当地报刊上刊载问卷内容，参加者只要逐项填写清楚剪裁下来按时间要求邮回指定地址，要求参加者写明姓名、年龄、性别、文化程度、职业身份证号码等。在公开场合有公证人员监督下将装在箱内问卷搅匀。由领导人员或临时指定人员由箱内抽出一、二、三等问卷，登报公布。

这种方式，一是可以调动答卷者的积极性，能收回满意的答案；二是本身就是广告宣传，增加本公园的知名度，收到一举两得的效果。

随着实践经济的积累，调查方法和调查方式必将不断改进和完善。但无论怎样变化，在市场经济体制主导的社会，要想使居民或其他调查对象乐于回答问题，都应该事先设计某种奖励，如发放某种纪念品，或今后可使用的森林旅游门票及其他优惠券等。

6. 统计分析及调查报告

（1）所有重要问题均有图、表以及引用说明。

（2）调查报告包括下列内容：项目执行基本情况，样本结构，调查结果摘要，调查结果分析，附录。

四、旅游市场潜力预测

国家森林公园客源市场的预测，就是针对客源状况了解市场的需求量和需求方向，把握市场需求前景，在这个基础上有的放矢，确定开发的目标市场，以获取更好的经济效益、社会效益和环境效益。

（一）依据调查资料做出预测

上述全部调查资料是进行国家森林公园市场预测的依据。所以对调查资料应该逐页（人）进行审核，分析其可信性。如发现直接调查中的某调查对象答问中有疑问，或与其他相关因子的记载不协调，宜将该页舍弃。如间接调查的统计数据有疑问，可请原提供者帮助改正。务必使全部调查资料准确无误。

一个客源区能否成为有开发价值的旅游市场，决定于其预期的来游人次及游人人均旅游消费能力。这两个因子是评价旅游市场潜力的基本条件。

但是，各调查表的数据只反映调查时的情况，不能反映调查过后的情况。特别是居民群体的年出游率与旅游消费能力直接受居民人均收入的影响：居民年人均收入越高，年出游率便越高，出游者人均旅游消费能力也越强。反之，居民年人均收入越低，年出游率也越低，出游者人均旅游消费能力也越差。所以，要想预测客源区未来作为森林旅游市场的潜力，除要做好如前所述的调查以外，还要向当地社会经济部门或有关研究单位了解对未来数年（包括直到对象区开放时的第一年）居民收入变化的预测情况。

（二）预测预期来游人次和人均旅游消费能力

为了预测对象区开放后的来游人数，需要用好以下几个调查数据：

（1）有来游意向的人数占居民区有旅游能力人口数的比例，它代表调查期最后一年的情况。从理论上说，它最接近正式开放时第一年的情况。但根据数理统计学原理，按概率理论统计出的再精确的数字，其可靠性也只有95%。因为它可能存在系统误差。

（2）调查期最后一年客源区有旅游能力的总人口数。这是最基本的参数。

（3）调查期客源区年人均收入。这是另一个最基本的参数。

（4）客源区在同一时期实际发生的旅游人次。这是第三个最基本的参数。

上述4个基本参数都必须利用好，才能使预测结果接近于实际。为此，还必须分析以下几种规律性关系：

其一，居民年人均收入受国民经济发展状况的影响，经常会有波动。而这种波动直接影响出游率和人均旅游消费能力，使之发生波动。也就是说，当预测对象区正式开放的第一年的预期来游人次时，必须考虑到过渡期各年份和正式开放的第一年这一期间每年居民人均收入的波动对居民出游率及人均旅游消费能力的影响。

其二，居民出游率和出游者人均旅游消费能力的波幅与居民人均收入水平的波幅呈正相关，但受居民总体贫富状态的影响，并非以相同的比率升降。即当居民年人均收入水平不能满足基本生活需要时，有旅游能力的居民出游率和出游者人均旅游消费能力的上升幅度小于居民人均收入水平的上升幅度；当居民人均收入达到满足居民基本生活需要时，居民出游率和出游者人均旅游消费能力的升幅便大于居民人均收入水平的升幅；当居民人均收入水平以较大幅度下降时，出游率和出游者人均旅游消费能力便以更大的幅度下降。

其三，到对象区（拟建国家森林公园的区域）正式开放时，与调查资料所反映的情况相比，居民区有旅游能力人口数和年人均收入为标志的经济状况已经发生了变化。所以，预测时应将过渡期间各个年份和对象区正式开放的第一年居民人均收入水平的波动幅度的影响计算进去。

还应说明，正是因为看到了在过渡时期居民区有旅游能力人口数和年人均收入数可能发生波动，才将调查期跨度延长到可能有统计数据的 10 个年份，希望能够找出某个年人均收入波动曲线与未来过渡期的相同或近似的时间段，分析其年人均收入的波幅对年旅游人次及人均旅游消费能力的波幅产生了怎样的影响，以及其数字上的逻辑关系。这样，便可能使对未来游人规模及人均旅游消费能力的预测结果更接近未来的实际。

此外，在评估客源区（国家森林公园在完成必要的开发建设以后，开放接待游客。游人来自何地，该地便是游客来源所在的区域，称之为“客源区”）作为对象区的旅游市场价值和预测对象区未来游人规模，以及旅游经济效益方面具有重要用途。所以，第一，应认真进行调查，数据收集得越全越准确越好。第二，对调查来的这些数据要反复地进行分析研究，分析出各自对居民出游率及人均旅游消费能力的影响。

（三）对旅游市场进行区划

1. 绘制客源分布图

以客源区行政区划图为底图，其比例应以适于挂在墙上观看为宜，将客源区内各层级区划的预期来游人次及总消费额、聚居地点位置、与对象区往来的交通路线（种类、距离）标记或绘在图上，务求一目了然。对不属于同一行政区划，但距离很近，通过同一路线往来的客源地点，可合并为同一预期客源区。

2. 客源区市场区划

根据绘成的分布图图面显示，按交通路线和客源聚居情况，对客源区进行市场区划。按来游人次和交通道路网结构，将整个客源区分区划片，并按从北到南，从西向东的排列顺序用罗马数字进行编号。

3. 绘制旅游市场潜力图像

为了使各片旅游市场潜力更直观，可绘制旅游市场潜力图像。例如可按分区预期来游人次绘成柱状图，每区一柱，依由左到右和由少到多的顺利排列。也可按分区的预期旅游总消费额绘制。如下例：某客源区有Ⅰ、Ⅱ、Ⅲ号分区，因各区社会经济状况不同，第 n 年预期的来游人次分别为 2 万人次、5 万人次和 3 万人次，预期旅游消费总额分别为400万元、600万元和500万元，其柱状图像可分别按预期游人数和旅游消费额绘制。

五、旅游市场评价

在上述各项工作完成以后，对所调查的客源区的有关情况已经基本了解，即可开始进行国家森林公园旅游市场的评价工作。评价的结果将作为对象区发展战略研究工作中确定服务定位和国家森林公园发展方向的依据。对此，有以下两点基本要求，即摸准主要的游客群或旅游市场的分布区域和主要的游客群要求提供的森林旅游产品类别。

（一）旅游市场的开发价值

关于游客分布状况，按“对旅游市场进行区划”中所讲的绘制旅游市场区划图和旅游市场潜力图像便可一目了然。需要研究各片旅游市场预期的旅游消费总额与对象区经营总目标的关系。也就是说，各片旅游市场在对象区经营总目标中分别具有何等的重要程度。需要说明的是，所谓经营总目标是根据可行性研究规定的目标，其数据已具备一定的科学性，应作为衡量客源区旅游市场开发价值的依据。但因为这一总目标是在客源市场调查之前确定的，也可能有不太切合实际之点。所以，并非不可调整。

对象区经营总目标通常包括直接旅游收入、新创工作岗位和带动其他经济部门产生的经济效益。对于国家森林公园一级的森林旅游经营单位，可只研究直接旅游收入和新创工作岗位两个指标。若对象区是某一级行政区，则必须顾及到全部3个方面的效益。通常，最后一种效益指标，即带动其他经济部门产生的经济效益属于间接效益，不易计算准确，可按森林旅游直接效益的5~7倍推算。

旅游市场对于对象区重要性的评价标准，按它向对象区提供的旅游消费额在经营总目标额中所占的份额来计算。例如对象区经营部目标为年经营旅游收入1亿元，Ⅰ、Ⅱ、Ⅲ、Ⅳ四片客源分区旅游市场年旅游消费客分别为5000万元、4000万元、800万元和200万元，即分别占其经营收入额的50%、40%、8%和2%。那么，各片旅游市场对于对象区的重要程度，即开发价值已一目了然，对象区的森林旅游服务定位问题也迎刃而解。

（二）查明主要旅游市场的需求

在查明各片旅游市场的重要程度之后，国家森林公园应该开发何种旅游产品应根据旅游市场的需要。例如若占国家森林公园年经营收入大部分的各片市场的预期游人要求游览山水名胜，国家森林公园的发展方向便要以开发自然景观为主。若占收入大部分的旅游市场的居住环境污染严重，那么其居民来游者必然希望在良好的森林环境中得到短期的休息。为此，应开发垂钓、漫游、森林浴、林中别墅等场所。诸如此类。总之，必须查明占经营收入大部分的旅游市场对未来旅游产品的要求。

六、目标市场的选择

国家森林公园开展森林旅游要在市场细分的基础上，进行目标市场的选择，这涉及到如何定位的问题。国家森林公园在选择目标市场时，要根据产品特色、旅游设施、本地及周边社会经济情况，考虑自己的主攻方向及成功的概率。目标市场选择的策略一般有 3 种，即无差异性市场策略、差异性市场策略和密集性市场策略。

（一）无差异性市场策略

无差异性市场策略，也可称为整体市场营销策略，是指国家森林公园把整个森林旅游市场看成是一个无差别的整体，所有旅游者对旅游企业产品的服务和需求爱好都一样，所以，在策略上采用单一的市场营销组合来满足整个市场的需要，这样做，旅游产品结构显得简单，管理也比较松散，但大众观光旅游，有群体效应、规模效应。

（二）差异性市场营销

差异性市场营销是指国家森林公园在划分市场类型的基础上，选择几个类型作为自己的目标市场，针对每一个类型的需求特点，设计和组合不同的旅游产品，并采取不同的旅游产品促销方式分别进行促销，以满足差异性目标市场的需要。目前旅游发达国家和地区大多数采用这种方法，以满足各类人群对森林旅游市场产品的需要。差异性营销有利于提高旅游产品的竞争力，能取得较好的经营业绩，但实力较小的公园不宜采取这种策略。

（三）密集性市场策略

密集性市场策略是指国家森林公园在划分市场类型的基础上，只选择一个类型作为目标市场，确定一种营销组合来适应社会需要，集中公园的全部营销力量，实行高度的专业化经营，以充分满足其特定需求。这种策略适用于森林旅游资源有限的森林地区，这些公园仅仅想在较小的市场上占有较大的份额，能够发挥公园优势，具有较强的竞争力，在单一市场占有资金较少。

以上三种策略各有利弊，国家森林公园应根据自身产品特点、市场特点及企业实力，产品的生命周期及竞争能力等，灵活而准确地确定自己的目标市场，以求立于不败之地。

第五节　国家森林公园景区和功能区的规划设计

景区、功能区是国家森林公园经营活动的基地。其中，景区向旅游者提供游览、欣赏的风景。功能区向游人提供其他休闲度假及行、宿、食、购、娱等服务：有的在园区开辟各种野外活动场所，如垂钓、森林浴、日光浴、漂流、水上游乐、狩猎、采集、骑马（驴、骡、骆驼、象等）、登山、攀岩等功能区；还有的提供疗养服务等。但是，无论哪种类型的国家森林公园，都必须是既有景区，又有功能区。其区别在于不同的国家森林公园有着不同的发展方向，其景区和功能区所占的面积比重和功能区的类型等也会有所差别。

一、景区和功能区区划的原则与依据

景区、功能区区划是总体布局对游览和服务布局的具体落实。其任务是按照各种景物和环境条件的地理分布、不同景物的类型及特征，运用风景构图的原理和揣摩游人的心理，把国家森林公园全境都划进各个景区和功能区。其区划的原则和依据如下。

（一）景区划分应充分利用现有的风景资源和环境资源

国家森林公园现有的一切经过评价确定有观赏价值，而且分布较集中的景群及虽然分散、但评分较高的景物都应划入某个景区。凡是适宜发挥某种特殊功能的环境，按总体布局的要求，都应尽量划为相应的功能。

位置孤立的高品级景物，应根据与其他景区的距离和构景条件，尽量划入某个相邻景区。若不便划入其一景区，也可用它做主景，单划景区。但应对其邻近的原未评为景物的景素重新进行筛选，降低要求，从中看出一些经过较少加工便能提高观赏价值的，列为景物，使该景区不致因景物过少而使游人感到单调乏味。当然，也会有别的处理方法。但无论怎样处理，都应在区划论证中加以说明，并提出处理的方向性意见，供规划时参考。

若分散的孤景品位不高，尽管在资源评价时已被列为有观赏价值的景物，仍可不划入某个景区，而作为所在的某个功能区的环境条件。

1. 景区特色要明显

为充分发挥现有风景资源的特色创造条件，国家森林公园是以开发利用现有景物为主，一般不应多建新的人工景物。为了增强对游人的吸引力，首先要通过区划，将现有景物搭配得当，每个景区都必须有品级较高的主景，给以后通过游路设计构成某种美好的意境创造条件。

2. 景区内景物数量要适宜

景物适量，货真价实，一个景区的景物在质级、数量两方面都应该使人感到物有所“值”：

（1）在景物的质级方面，表现为每个景区都应该有值得看的景物。面积较大的景区，至少应有两个或两个以上高品级的景物。如果用时超过半天，最好上下半天都要有高质级景物可供观赏。

（2）在景物的数量方面，表现为适当的时间段内向游人提供的景物数量要适当。所谓适当的时间段，是指便于安排游人游览活动和休息的时间，如半天、1天，或者与紧邻景区共用1天。

所谓景物数量适当，是指在适量的时间段内向游人提供景物的数量，在导游员讲解详略适度的情况下，游人能够勉强将景物观赏完。对少数景物尚未来得及仔细观赏，离开时还有些留恋。

在景区区划时，切忌景物的数量安排过多或过少，或以质级较低的景物滥竽充数。在一个景区内划入的景物过多，将会导致在适量的时间内使游人"走马观花"，看得过粗，"狼吞虎咽"，未能品出滋味。这样，既浪费了风景资源，也不利于提高景区对游人的吸引力。当然，也不能"反其道而行之"，在一个景区内安排景物偏少，使预定的时间用不完，或者是把经过评价被认为未达开放质级的景物，不经加工便供给游人观赏，滥竽充数，敷衍搪塞。后两种做法会使游人有受骗上当的感觉，从而使国家森林公园的声誉受损。

（二）功能区区划的基本要求

各种功能区的设置，是以满足游人对某种旅游服务的要求为前提的。所以，功能区的区划必须以特定的环境条件为依据。

1. 森林浴区

应选择以针叶树为主要树种的平坦林地；没有病虫害；有溪潭瀑布更佳；空气负氧离子和萜烯等有益于人体健康的气体分子充盈；环境幽静，周围视野比较窄。其面积根据旅游市场规模（游人数量）及客源区生态环境而定，以满足游人在幽静中充分、自由地享受新鲜空气的要求。

2. 日光浴区

地势背风向阳，无大起伏，环境幽静的林中空地。

3. 漂流河段

需要落差较大，有一定宽度，水质清洁，流量和深度适中，而且河床起伏较大，缓流、激湍相间，有一定程度的蜿蜒曲折的河段，能达到有惊无险的效果。其长度至少应满足1h以上的自由漂流时间。

4. 水上乐园

现有的非饮用水源天然水面及人工水库，若其他条件合适，均可用于建设水上乐园。如果没有现成水面而必须新建时，需要选择的条件是：地势低平，上游有足量的天然水源，水质清洁，周围有自然地物成坝，边岸不过于平直，面积至少在1 hm^2以上的丘陵谷地或山谷。

5. 垂钓区

其所需条件是，周围视野狭窄，环境幽静，空气清新，风力较小的林区谷地；水面的宽窄不等；谷底有较大起伏，但上下游落差很小；上游有自然水源，入水量充足，水质未受污染。

6. 狩猎场

区划狩猎场时，要求周围有较为高大的山岭封闭谷地。谷底地势起伏不大，谷底平面形状不限，但面积应不小于100hm^2，植被稀疏，最好是灌木或灌丛。

7. 放风筝的场地

地势平坦，无高大树木的空旷地，最好是天然草场。

8. 登山锻炼场地

需要选择坡度在0～15°之间起伏，15°以上陡坡的坡地要少些，作为游人爬山活动的场地。坡路应有曲折，但上下左右视野通畅。坡路长度可步行1～2h的时间为宜。上端终点有可登高远眺的观景点。

9. 攀登活动场地

专为青年游人提供攀登活动场地的条件是，有一定面积而坡度合适的峭壁悬崖，崖脚处有一定面积的平坦地面。

（三）服务设施选址要恰当

管理、服务设施所在地应选在国家森林公园区下游，凡是为游人提供行、宿、食、娱、购服务和各种管理机构的功能区（即管理中心和生活区）的位置均应在全园区的下游，防止污染园区环境，并且内外交通方便，但应与景区、其他功能区隔开，以方便管理。

（四）景区和功能区区划要便于组织管理

1. 景区连片连线

为了便于管理，同一景区在地理位置上必须连成片，如果某个预规划的景区有面积颇小的局部，与整体之间存在着不易通过的自然间隔物，如水体或湿地、峭壁、峡谷等，而且与其他景区也没有联通的更方便条件，仍可将其暂时划入，待将来规划设计时解决。如果资金情况允许，可将其加工为人工景物。

2. 区际之间要有明显的分界物

有遮挡线的地物做边界的好处：一是便于组织游人专心致志地在本景区活动，防止游人这山望着那山高，自己到处跑而降低观赏游览效果，也不利于景物知名度的提高。二是游人在一定时间内安心在一个景区内活动，便于组织和管理，有利于景物和景区环境的保护。

3. 区际之间便于交通组织和经营管理

每个景区、功能区最好都与管理中心及生活区，能直接通行中巴以上汽车或机动船只，以便于游人的观览活动和国家森林公园的管理。

二、景区和功能区区划

（一）景区和功能区区划用图

景区、功能区区划工作，应以国家森林公园旅游资源评价图为底图。进行区划时，应根据资源评价表及本节提及的区划原则和依据，研究分区和区界，直接绘在底图上。

（二）景区和功能区的编号

区划底图绘制后，景区、功能区可统一编号，即按由北而南、自西而东的顺序，将景区、功能区按地理位置统一排序号；也可将景区、功能区分别编号，同样依照上述方向的顺序和各区的地理位置编排序号。统一编号的写法为“统一序号+景区或功能区”；分别编号的写法为：景区序号前加“景”或“J”字，功能区序号前加“功”或“G”字。

（三）景区和功能区论证

景区、功能区论证内容主要包括：

1. 总论

进行区划的原则和依据，对国家森林公园景区、功能区区划系统和旅游资源利用状况的全貌进行分析和说明。例如，旅游资源在区划系统中开发利用的状况，未利用和破格利用的情况及相应的措施。

2. 各分区的系统论证等

如果某些重要景物或功能区有特殊考虑，也应在区划中说明，以引起在规划设计阶段的注意。

三、景区和功能规划设计

国家森林公园景区、功能规划设计是在区划工作完成后进行。其任务是为景区、功能区的开发与建设制定具体实施的蓝图，将有限的资源和条件全部开发利用起来。既使游人得到最大限度的满足，又借以增加国家森林公园经济效益，提高国家森林公园知名度。

与其他建筑工程项目的规划设计不同，景区开发面对的是现成的景物和良好的森林环境。景物的规划与设计一般仅限于对现成景物的选择、组合与配置，再加上为了使游人在游览过程中所必需的支持设施的规划与设计，如景区的进出口、游路、小卖部及休息点、医疗及电讯服务点、厕所，以及纯粹以修饰景观为目的的园林建筑小品等。由于这些附属的支持设施坐落在景区之中，其外貌就是景色的组成因素。因此，其外貌设计应按景物对待。

功能区规划与设计是围绕发挥主要设施的功能进行的。因为是功能区，其主要设施的外貌应符合景色韵律的要求。道路及其他附属支持设施的规划与设计，也应与景区的要求相同。

如上所述，由于无论是景区或功能区的规划与设计，都应符合景观效果方面的要求，所以，景物的规划与设计在工作性质上，属于森林美学或景观生态美学的范畴。

需要提醒的是，规划设计所面对的是由森林自然生态系统构成的大环境，范围广阔，包罗万象。通过景物选择、配置，主要影响其中一部分景物的形象在游人视感中的质量，将更具吸引力的形象美献给游人，对其余类型的美所能产生的作用则要分别具体情况对待。

关于如何构成形象美问题，形象美以形式美为主要表现形式，形式美又有线条美、图形美、形体美、色彩美、朦胧美之分。构成形式美则依靠形态、体量色彩，有时还有声籁、气味等多种条件。用这些条件去构成景观或选择、配置景物又必须运用形式美的各种法则，如多样统一法则、对比与协调微差法则、韵律与节奏法则、比例与尺度法则、稳定与均衡法则等。内容很广博，尽管目前在以现成的自然、人文景物为基础的国家森林公园景观规划设计中实际运用者还不多，但它是不可缺少的美学底蕴。

四、景区和功能区建筑物造型设计

国家森林公园是以美丽的自然风光和良好的生态环境为游人服务的。所以，国家森林公园内的一切建筑物，包括景区内的休息点、小卖部、厕所和功能区的各项功能设施等建筑物，除了性能符合要求以外，外形和色彩、神韵等方面，都必须与所在环境的景色谐调。

五、景区和功能区规划设计成果

（1）景区规划设计效果图。

（2）功能区规划设计效果图。

图幅一般为8开大小。个别景区、功能区因内容多而必须加大图幅时，可根据需要决定。

（3）说明书每图1份，内容以讲清规划设计的内容及要求为准。文字应简明扼要。

第六节　国家森林公园容量测算与游人规模预测

一、容量的概念和意义

所谓国家森林公园容量，是指环境容量和游客容量，是国家森林公园控制游人规模的最大限量指标。

国家森林公园的环境容量，是在保障游人安全并有效地保护生态环境和森林风景资源的前提下，不影响环境质量，不降低旅游效果，保证良好的旅游秩序，在一定的时间和空间范围内，允许容纳的最大游人数量。环境容量，又有日环境容量、年环境容量之分，是分别测算一日、一年最大的游客数量，体现环境最大承载力的指标。

国家森林公园游客容量，是依据测算的环境容量，按照旅游设施、接待条件、服务水平等因素，实际应控制的游人规模。一般游客容量应低于或等于环境容量值，但不得超过环境容量。

研究国家森林公园的环境容量和游客容量，就是寻求旅游规模和生态保护之间的量比关系。它是预测旅游发展，合理控制游人规模，制定旅游经营决策的科学依据。将游人规模控制在科学合理的环境容量范围内，既能保证旅游者的“快适性”，又能使旅游规模低于生态环境的“忍耐性”，对发挥国家森林公园的三大效益，实现可持续发展，具有极为重要的意义。

国家森林公园容量是个活跃而敏感的限量值。把游人规模控制在合理的容量范围内，能充分满足游客的旅游需求，又不破坏自然景观和生态环境。目前，在不少旅游点，环境容量问题已发展成引人注目的矛盾。如泰山国家森林公园，1985 年 5 月 1 日在岱顶观日出的游人数达 8 万人，占据了可观日出的所有场地，这种超容量接待，游人过度拥挤，致使无法实施有效管理。芳草如茵的岱顶植被遭践踏，游人散后，垃圾遍地，一些地方寸草皆无，满目荒凉。

二、环境容量的调查测算

（一）调查方法

国家森林公园环境容量的调查，主要是测量各类旅游道路的长度和景物间的距离，记录步行游览所需时间及途中休息时间。测量时，应以数量最多的中年游人的游览速度和观景时间为标准。测算溶洞长度、人文景物观览场地和水上乐园、游乐场、森林浴场、烧烤场等旅游场所的面积，并将调查测定结果记录在表中。

国家森林公园环境容量的测算，可分别采用线路法、面积法和卡口法。由于国家森林公园的景观特征、资源类型和游览方式不同，应采用不同的方法分别测算。我国国家森林公园大多地处山林地区，地面和洞穴景观因地形的限制，许多地方游人不可涉足，大都是沿各类旅游道路游览观赏，因而应以线路法为主进行测算。而人文景物观览场地、各类游乐游憩场所面积计算适宜按各自的使用面积测算。卡口法，也称“瓶颈法”，只适用于某些特殊情况，如福建武夷山只有九曲溪水路、昔日华山自古一条路（今已有空中缆车）等，不论山上面积多大，其容量多少，只能按入口的水路、登山道来测算。所以，卡口法实际上很少使用。

（二）测算公式

（1）面积法、完全线路法（即环形线路）测算日环境容量，其公式是：

$$C_{日} = \frac{A}{B} \times \frac{T_1}{T_2}$$

式中：$C_{日}$——日环境容量，人次；

A——可供游览的面积，m^2 或游路总长度，m；

$B_{日}$——每个游人平均占用的最小面积，m^2 或游路长度，m；

T_1——国家森林公园每天开放的游览时间，h；

T_2——游人平均需要的游览时间，h。

（2）不完全线路法测算日环境容量，适用于开放式线路，即非环形游路，其公式是：

$$C_B = \frac{AT_1T_3}{BT_2(T_3 + T_4)}$$

式中：C 日、A、B、T_1、T_2 符号意义同上式；

T_3——游完全程需要的平均时间，h；

T_4——原路返回需要的平均时间，h。

（3）年环境容量测算。以上述方法测算的日环境容量为基础，按以下公式测算：

$$C_{年} = C_{日} \times N \times K$$

式中：$C_{年}$——年环境容量，万人次；

$C_{日}$——日环境容量，人次；

N——全年适宜旅游的天数，d；

K——旅游系数，即游人可能达到的程度。

三、游客容量的计算

（一）游客容量计算的依据与意义

国家森林公园依据测算的日环境容量、年环境容量，分别计算日游客容量和年游客容量，可为控制合理的游人接待规模，妥善处理保护与开发、环境与旅游、生态与经济之间的关系等提供科学依据。

（二）日游客容量计算

依据测算的日环境容量，按以下公式计算国家森林公园日游客容量：

$$G_{日} = \frac{T_5}{T_6} \times C_{日}$$

式中：$G_{日}$——日游客容量，人次；

$C_{日}$——日环境容量，人次；

T_5——连续游览完全部景区需要的时间，h；

T_6——最舒适的游览时间，包括休息、餐饮等非游览时间，h。

（三）年游客容量计算

依据测算的日游客容量，分别淡季、旺季、平季计算各季的游客容量，各季游客容量合计为年游客容量。其公式是：

$$G_{季} = G_{日} \times N \times K$$

$$G_{年} = G_{日} + G_{旺} + G_{平}$$

式中：$G_{日}$——日游客容量，人次；

$G_{季}$——淡、旺、平季游客容量，万人次；

$G_{年}$——全年游客容量，万人次；

N——淡、旺、平季旅游天数，d；

K——淡、旺、平季旅游系数。

第七节　国家森林公园支持设施建设规划

国家森林公园的支持设施是为了使公园的主要景观、景物能够全面、充分地发挥其效益和为旅游者提供服务的设施。

国家森林公园的主体是诱人的景物和促进人们身心健康的优美环境。实际上，公园就是各种支持设施与各种景物共同构成的一个完整的、多功能的和多效益的统一体。任何一项支持设施的缺漏，都会影响整个国家森林公园多种功能和效益的发挥。

国家森林公园中的自然风光，是地质运动、气象变化、生物演替等自然作用形成的。各种人文景观是在历史的长河中由前人遗留下来的，一般只能保护修葺。在整个公园的建设中，人为因素最大、可塑性最强、需要资金最多的，就是公园的各种支持设施。因此，支持设施的建设实际上就成了公园建设的主要内容。在公园建设中，要发挥人的主动性、创造性和想像力，在一切可能的地方寻找改善国家森林公园的机会，做好调查研究，全面规划，统筹安排各项支持设施的建设规模、建设标准、发展步骤等有关问题，提高国家森林公园的品味。

一、支持设施的种类和规划原则

（一）支持设施种类

1. 服务设施

公园的大多数设施都是为旅游者服务，这些服务设施主要包括：

（1）供旅游者了解公园的景区功能区分布局、旅游线路安排、各类设施分布等信息和导游服务的游人服务中心。

（2）供旅游者住宿的宾馆、旅社、度假村、招待所等。

（3）满足旅游者餐饮需要的餐厅、饭馆、茶楼、酒吧、咖啡馆、冷饮店等。

（4）供旅游者购买生活用品、旅游纪念品、当地土特产品的购物中心、商店、小卖部、售货亭等。

（5）为旅游者存款、取款、汇兑服务的银行、信用社、储蓄所、保险公司等。

（6）给旅游者提供医疗保健服务的医院、卫生所等。

2. 交通道路设施

交通道路是游人在国家森林公园游览观光和享受各种休闲功能赖以进行的设施。在一般国家森林公园中，包括：

（1）与国家森林公园外部的汽车站、航运码头、火车站场、民航机场等交通设施相连接的道路及相应的车辆、停车场、船只、码头等。

（2）供旅游者在旅游区内各景区、景物之间游览观赏的游览道路，如公路、水路、步行道、登道、索道等。

（3）供旅游者使用的具有地方特色的交通工具，如马、马车、花轿、滑竿、游艇、雪橇、骆驼、大象等。

3. 基础设施

基础设施是国家森林公园投资较大，使用期较长，既是为旅游者服务，又是旅游区范围内各行业、各部门共同需要的基本建设项目。基础设施包括：

（1）给水、排水、排污设施。

（2）供电、制冷、供暖设施。

（3）邮政、电讯设施。

（4）广播电视设施。

前述服务设施和交通道路设施中的一些项目本来也应属于基础设施。

4. 游乐设施

游乐设施是为满足旅游者消除疲劳、调剂生活情趣、开展文化娱乐活动、进行健身锻炼等需要的各种设施。如游乐园、歌舞厅、剧院、影院、卡拉 OK 厅等文娱及室内外大、小球类及其他体育锻炼设施等。

5. 环境保护和安全保障设施

主要包括：

（1）森林保护设施，包括森林防火、森林病虫害防治，以及古树名木、奇花异草、科研实验园地等的防护设施。

（2）环境保护设施，包括防洪、防风、防泥石流、防山体滑塌、防雪崩等较大的防护设施，及废水、废气、废渣和其他废弃物的收集处理等设施。

（3）安全设施，包括消防灭火、治安防范、医疗急救、陡险路段警示牌和护栏、扶手、铁链等保障人身安全的防护设施。

6. 其他设施

这些设施包括旅游区导游图及游览路线指示标牌、沙盘模型、景观介绍、游客须知等。

（二）支持设施建设规划的基本原则

对国家森林公园建设，有的主张突出重点，高起点，高标准。虽不是“一步到位”，但也要经过若干年不落后。有的主张分步实施，滚动发展，逐步完善。两种主张都是根据本身的旅游市场状况和能够支配的资金数量提出的规划原则，各有各的道理。但总体规划中的支持设施规划，却必须以确保国家森林公园正常运转为目标，通盘考虑，全面布局。

在支持设施的建设规划中，应注意遵守以下几条基本原则。

1. 整体性规划

在支持设施的建设规划中，应把景观建设与支持设施的建设视为一个整体，充分发挥国家森林公园旅游资源的使用价值。倘若偏重支持设施而忽略景观的保护和建设，必然削弱对游人的吸引力。相反，只顾景观保护与建设，而削减或不搞支持设施建设，游人来到国家森林公园无法解决行、宿、食、游、娱、购问题，也会使得各种活动无法开展。

2. 因地制宜

在规划建设支持设施时，要因地制宜，就地取材。在为景物服务的前提下，充分利用现有条件，既可保持森林景观的原有风貌，又可节约投资。在离城市较近的国家森林公园一般旅游者多居住在城市，或者愿意在城市内留宿，到国家森林公园游览，多是当日往返，不需要在国家森林公园住宿，支持设施就不必安排住宿条件，或小量安排住宿条件，可利用林中空地或小的空场地设置一些茶楼、餐馆，供旅游者品茶小憩，或邀集亲朋好友餐饮叙旧。但在远离城市的林区，就必须解决旅游者的住宿问题。

国家森林公园多由国有林场改建而成，景区游路应尽量利用原有营林道路或运材道路维修或改建、扩建。在建筑材料方面，以不破坏森林景观为原则，石质山区可多用石料，黄土地区则可烧制砖瓦。在离大电网较远的地方，应根据当地条件，采用水力、风力或太阳能发电。至于各项游乐设施，更不可生搬硬套，机械模仿。

3. 突出特色

支持设施要本着“人无我有，人有我奇”的原则，不落俗套，突出当地特色。例如房屋，西北黄土高原地区可建一些冬暖夏凉的土、石窑洞。在藏族、蒙古族聚居地区可设置一些牛毛帐篷、蒙古包等。西南山区可建一些竹楼、茅舍。在饮食服务方面，山区林区有各种蘑菇、野菜和法律法规允许猎捕的野生动物等山珍；在江河湖海地区有风味各异的鱼、虾等水产；蒙新藏地区有手抓羊肉、烤全羊；云南则以“过桥米线”、“气锅鸡”而美名远扬。至于以手工艺品为主的旅游纪念品服务，应发掘当地民间特产和绝技为主，百花齐放，争奇斗艳。至于娱乐服务，必须坚持文明和有趣的原则，既可组织现代水平文体活动，也可组织旅游者参加一些民族游和某些少数民族的婚嫁礼仪，以及赶场、赛歌盛会等。

4. 适度超前

支持设施规划建设的规模和标准，既要根据旅游市场状况即客源的数量和消费水平逐步发展，又要有适当的超前意识。规模小一些，标准低一些，虽然投资少，建设容易，收效快，但难以适应森林旅游业快速发展的需要，导致过几年又要改建、扩建，而且会因设施简陋而失去一部分旅游者。但是，如果规模过大，标准过高，也会造成设施闲置，资金积压，甚至会因资金筹措困难、建设工程量过大而拖长工期，延误投入使用，不能及时发挥经济效益。因此，支持设施的规划建设规模和标准是以客源预测为“度”的。

二、服务设施规划

（一）编制服务设施建设规划的依据

1. 适宜性

服务设施的建设规划应以环境建设容量、交通便利程度、住宿时空分布、景观景物保护要求，以及旅游市场需求为依据，因地制宜，统一部署，合理安排。环境建设容量既包括建设场地的广狭，供水供电的条件，也包括废水、废气、废渣、烟尘及各种废物的处理排放。有的地方建筑物过于密集，汽车尾气、炊事和取暖烟尘等排放过多，污染环境，损害旅游者健康，并危及森林植被和生态安全。合理的服务设施布局，适宜的规模和独特的风格，一方面能与游客流量、流向相协调，满足旅游者的要求；另一方面又可避免布局及规模不当造成资金浪费。

2. 聚散性

坚持集中与分散相结合的原则，方便、适应旅游者的需要。餐饮、住宿以及通讯、银行、商店等设施应适当集中，同时在一些景区和功能区也要适当设置一些小商店、小餐馆、冷饮点等，以适应旅游者临时需要。对于疗养院、度假村、医院等设施，应适当离开主要服务区，以保持环境清静。一些小型的、噪声不大、无污染的游乐项目，可设在主要服务区内或其附近。一些大型的、噪声较大或污染环境的游乐设施，则应另选适当地址。总之，各类服务设施建设既要合理集中，又要适当分散，避免互相干扰。

3. 和谐性

各种建筑物必须经过精心规划和设计，建设风格要融入自然环境，与总体景色相谐调，并突出地方特色。切忌屈从投资方的要求，搞造型与周围景色相悖的建筑物，损害整体形象。或乱挤插，打乱服务设施建设规划，给今后全面实施服务设施建设留下后患。

4. 兼容性

餐饮、购物、临时小憩等服务设施，要与游路及景物分布统一部署，高、中、低档合理配置，大、中、小型适当安排，使游客得到及时，满意的服务。

5. 无污染性

坚决不搞任何可能严重污染环境和水源，危害森林植被和生态的设施。

（二）服务设施建设的选址

服务区的位置最好具备以下几个条件。

1. 交通便捷，有利于辐射整个公园

选地应根据国家森林公园规模的大小，旅游者数量的多少，交通便捷程度等条件具体考虑。一般公园的服务区应设在旅游区主要入口处的附近。这样，既便于旅游区内部的管理和环境保护，又可建成包括各种服务项目的小城镇，促进当地社会经济的发展。如果国家森林公园有两个或更多的入口，可在首要入口处设中心区，其他入口处设小区。在规模较大又有较大空旷地方的国家森林公园，服务区也可设在地形比较适中，便于旅游者分赴各个景区的地方。

2. 应考虑地形、地质、气象、水文等条件

一般选地应服务区选择在主要景区的下游，地质稳定，水源充足，水质优良，通风条件良好的地方，并必须避开洪水、泥石流和山体滑塌、雪崩等危害的地方。

3. 地形要平缓开阔

选地应便于各种服务设施的合理布局和各种污水、废气、烟尘和废渣的排放。如果没有足够的平缓开阔的地形条件，也可选择在通风条件好的较大的缓斜坡地或较宽的沟道内，使各种建筑物的布局随山就势，依山傍水，形成高低搭配、错落有

致的建筑群。

4. 有进一步发展的空间

服务区如果场地面积偏小，应考虑其附近是否有可以利用的土地，以利于长远发展。要避免大填大挖，防止破坏山体稳定和森林植被。当然，也要避免过于分散不便管理。

（三）服务设施规模和标准

国家森林公园的服务设施的规模要根据旅游者多少来确定，服务设施建设的标准则要按照旅游者的消费水平来规划和设计。同时，也要考虑随着森林旅游业的发展、国家森林公园知名度的提高和社会消费水平的增长变化等，会给国家森林公园带来的发展前景。同时，还要考虑适应由于整个旅游业和国家森林公园的发展可能带来的竞争。

一般国家森林公园应以建中低档饭店、餐馆为主。经过旅游市场调查，认为确有必要时，再建设一部分星级宾馆、餐厅。

离大、中城市较远，规模较大，知名度较高，吸引国内外旅游者较多的国家森林公园，除设置中、低档的餐馆、旅店等服务设施外，还要根据客源调查结果，建设一些高档的星级宾馆、饭店，以满足一部分高消费旅游者的需要。在餐饮方面，除供应普通饭菜外，还要根据当地特点，开展地方风味餐饮、保健药膳、山珍海味、烧烤野餐等服务。与此同时，游乐设施也必须尽量齐备。

邻近大、中城市的中、小型国家森林公园，旅游者多是一日游游客，不需要在国家森林公园内留宿，一般不必设置旅馆、饭店，可以搞一些冷饮点、小卖部、风味餐馆等小型设施。但是，也可能有少量旅游者，为了躲避城市的喧嚣，摆脱繁杂的事务，要求在国家森林公园小住。因此，也可根据旅游市场调查的结果，搞档次较高，能适应其需要的食、宿设施，以满足这部分游客的需要。

对于邮政、电讯、银行、保险、医院等设施的规划，同样应根据国家森林公园自身资源和区位条件，以及旅游者的需要和各行业的具体规定来确定。

对于餐饮、住宿设施的具体建设规模和标准，可参考以下的测算方法及标准。

1. 客房床位预测

客房床位是国家森林公园服务接待的内容之一。客房床位的规模应根据旅游者入住人数的多少来确定。床位数量的预测，一般采用下列公式：

$$Z=\frac{N\times P\times L}{T\times K}$$

式中：Z——床位预测数，张；

N——根据对不同层次客源调查研究结果测算的年游客规模，人次；

P——留宿系数，即旅游者中需要在旅游区留宿人数的比例。可根据国家森林公园景区景物需要游览的时间长短和国家森林公园与大中城市距离远近等条件确定；

L——平均留宿天数，测算依据同 P；

T——全年可游览天数，中国幅员辽阔，气候差异很大，各国家森林公园开展的旅游项目又不尽相同，春、夏、秋、冬各有特殊景色和旅游活动项目，要根据自自不同的条件研究确定；

K——床位平均利用率，即床位实际利用比例。

上述公式中，每个因子都要根据调查研究的结果和实践经验分析考虑，不能机械套用。同时，还有一个不均衡系数需要考虑。例如在“全年可游览天数”中，虽然扣除了不可游览的时间，但在可游览天数中，淡季、旺季的客流量仍有很大变化。在年际之间，社会经济情况和气候冷暖也会有所不同。因此，在规划客房床位规模时，应加强调查研究，充分考虑各种不同情况会对留宿人数可能产生的影响。

请看下例。设某国家森林公园年游客数量为 3 万人，留宿系数 0.5，平均留宿天数 1.5 天，全年可游览天数 180 天，床位平均利用率 50%。按公式计算：

$$Z=\frac{N\times P\times L}{T\times K}=\frac{30000\times 0.5\times 1.5}{180\times 0.5}=\frac{22500}{90}=250$$

全年游客 30000 人，按可游览天数 180 天计算，平均每天游客为 167 人，到了旅游旺季，如果一天旅游人数达到平均数的三倍，即 500 人，仍留宿 1.5 天，留宿系数 0.5，则需床位 375 张，比预测床位数多出 50%（125 张）。到了旅游高峰期，一天游览人数如果达到平均数的 5 倍，达到 800 多人，则缺少床位 300 多张。

为了解决旺季特别是高峰期床位不足的问题，应主要由旅游区的常设旅店准备一部分临时住宿设施。为了便于管理，可以考虑由国家森林公园的管理单位临时腾出房间应急。

2. 餐位预测

餐位预测数量是进行餐饮设施规划确定餐饮设施规模的重要依据。一般可按下列公式测算。

$$Z=\frac{N\times P}{T}$$

式中：Z——需要餐位数，座；

N——日平均游客人数，人次，根据游客规模计确定；

P——就餐率，根据旅游区所外位置、周围环境等情况，调查分析确定游客就餐比例；

T——平均每个餐位可接待人数，人次/日。

上述公式中除日平均游客人数随淡季、旺季有相当大的变化外，就餐率也是个变化较大的因素。一般远离城市的国家森林公园就餐率高，城市附近的国家森林公园就餐率低；消费水平高的旅游者就餐率高，消费水平低的旅游者就餐率低；在国家森林公园连续游览两天以上的就餐率高，只作半日游、一日游的旅游者就餐率低。另外，早、中、晚餐的就餐率也很不均衡。在计算餐位时，应充分考虑这些不均衡因素的影响。

3. 宾馆、饭店的等级划分

参照国内外旅游宾馆的标准，国家森林公园的客房可划分为三级：

（1）高档宾馆：按三星级以上规划，单人或双人套间，或标准双人套间，或标准客房，含卫生间（三件套、带淋浴、全天供热水）、空调、彩电、地毯、程控电话（带国际长途）、冰箱等。

（2）中档宾馆：双人或三人标准客房，含卫生间（三件套、定时供应热水）、空调、彩电、电话。

（3）普通旅馆：双人、三人或多人一室，公用卫生间，浴室，定时集中供应热水，公用电话和彩电。

（4）特色旅社：包括帐篷、蒙古包、竹楼、木屋、茅舍、窑洞、活动房等。这些各具特色的客房又可根据旅游者的消费需求，在内部分别按高、中档客房的标准，配置卫生间、空调、彩电、电话等设施。

另外，还可以设置一些大房间，多床位或双层床的简易客房，供单身青年和中小学生集体住宿，并解决旅游高峰期缺乏床位的困难。

4. 银行、保险公司和医疗单位的规划

银行、保险公司和医疗单位的规划、应根据客源调查情况，与有关方面协调后，确定其建设规模和地点。

（四）服务设施建设初步设计

初步设计是逐步落实服务设施规划的首要步骤,是服务设施建设的重要环节。初步设计中应将各项服务设施的总体布局、具体位置、建设规模、建设标准和风格、经费投资等有关问题,都作出比较详细的安排和说明。它既是进行施工图设计的主要依据,又是招商引资工作的具体参考文件。如果没有一套比较完善的初步设计,进行施工图设计时就可能各行其是,互不协调。在招商引资的洽谈中也难以成竹在胸,从而使自己处于被动或不利的地位,直接影响建设质量和招商引资的效果。

服务设施初步设计应遵循以下基本原则：

（1）严格遵循服务设施规划所规定的总体布局。遇到因地质、地貌等重大障碍因素，确需改变规划的规定时，必须与原规划制定者和国家森林公园有关负责人进行沟通，按照协商一致的意见进行设计。

（2）尽量避免搞高大建筑物。如果土地资源充足，可尽量设计花园式平房或低层楼房四合院：优雅舒适，安全方便，且可降低造价。

（3）建筑物与自然保持和谐自然。建筑物造型融入国家森林公园自然景色，与当地的大环境保持和谐自然。在这一前提下，如果所在的区域的民间建筑造型有特色，像竹楼、茅舍、木屋、窑洞等，可尽量引入。这样，会给国家森林公园的景观增加特色。

（4）认真勘察和探测。设计前必须对建筑场地进行详细的勘查和探测，搞清楚地质、地貌状况，以利于既能保证各种建筑物坚固、安全、舒适、方便，又可减少工程量和节约资金。

三、交通道路规划

国家森林公园的对外交通主要包括铁路、公路、水路、航空及其他特殊旅游交通方式。其中，航空、铁路主要适用于中长途旅程；而公路主要适用于中短途旅程；水运则多用于具有游览功能的旅程；此外，还有一些特殊交通方式，如缆车、马车、轿子等，则主要用于国家森林公园内的游览、娱乐等。

（一）交通道路现状分析

分析交通道路的现状，是为了弄清国家森林公园外部交通道路和内部交通道路的现状，了解国家森林公园交通道路建设的有利因素和不利因素，扬长避短，以利于国家森林公园交通道路建设的发展。

分析外部交通状况，主要是弄清国家森林公园所在地及其附近的航空、铁路、公路、水路等交通运输状况，其与国家森林公园的联接站点的距离，以及进入国家森林公园所需交通工具和转乘时间。国家和地方政府的近期、中期交通发展规划，也应作为旅游区交通道路规划的依据。国家森林公园对外部交通条件一般无法改变，只能是设法利用和适应。但是，很多国家森林公园的建设对外部地方社会经济的发展有着重要的促进作用。地方政府和有关部门对国家森林公园的建设发展相当关心。已经有些地方政府出资修筑了直达国家森林公园的公路，有些地方还与民航部门联系开辟了直升飞机专用航线。所以，在规划国家森林公园的对外交通道路时，国家森林公园及其主管单位应主动与地方有关部门联系，使地方道路与国家森林公园道路能互相支持，互相照应。

我国多数国家森林公园都是在原有国有林场（林业局、自然保护区）范围内兴建的，内部都有林区公路、林道、便道通往各经营区和林班或生产作业场点，都有一个不够完善的道路网。在规划设计时，要对原来的道路分布和路况进行分析研究，既要合理利用条件，对原不各种道路加以改建、扩建，以节约投资和减少新修道路对山体和森林植被的破坏，同时，又不要受其限制，该新修的一定要修，该封闭、拆毁的一定要封闭、拆毁。

（二）各种道路布局、建设的原则和依据

1. 各种道路的功能

国家森林公园的交通道路根据客流量的多少及道路的功能，一般可以分为衔接线、干线、支线和游览线。交通必须达到安全、舒适、快捷、完善和高效。安全在旅游交通中处于重要地位，它是开展旅游活动的基本保证。舒适和快捷，既是旅游者的需要，也是经营者需要，旅游者可以从中得到满意的服务，经营者可以由此得到更高的效益。完善的旅游交通“硬件”建设和“软件”服务，则是满足旅游者需求的根本保障。高效既包括对旅游者提供的服务的方便、快捷，也包括旅游交通经营活动的高效益。

国家森林公园的交通道路应按不同情况分别布设：

（1）衔接线：国家森林公园的道路布局首先要解决好国家森林公园内部与外部社会交通道路相互连接的衔接线。这是接待游客并为旅游者服务的第一个环节。一般应从国家森林公园入口处服务区直接通达国家森林公园附近的火车站、飞机场、公路站点、水运码头，把旅游者接引到国家森林公园。如果国家森林公园有两个以上的入口处，则应分别布设相应条数的衔接线，以最短的路线将旅游者接到国家森林公园的服务区。衔接线一般以公路为主。在有水运条件的情况下，也可设置水运码头和一些游艇、客船，让旅游者从水路来国家森林公园。

（2）园内干线：是国家森林公园内部连接服务区与主要景区，功能区的通道。应根据国家森林公园的具体地形和景区、功能区的分布等条件布设。干线既要适当多连接几个主要景区、功能区，又要尽量使旅游者不走或少走“回头路”，使干线形成一条或几条直线或环形线。

（3）支线：是景区与景区之间的连接线。这些线一般是连接几个景区的直线，较难形成环形线。在支线距离较长和地形允许时，可以布设公路；距离较短或地形复杂的地方，则可布设人行道和适宜其他特殊交通工具通行的道路。

（4）游览线：这种线路多是景区内部通往景物的步行线，是在景区内供旅游者游览以赏自然美景和人文景观的通道。

游览线的布设主要应根据景物选择、配置的需要，巧妙构思，精心设计，将各种景物最需要展示的形态，编织为全景区和谐一致的诱人景色，使旅游者在不知不觉中渐深入，忽而山重水复疑无路，忽而柳暗花明又一村，达到曲径通幽的效果。

在游路的建设中，应根据地形、地质和建筑材料等情况，可铺设砂石路、水泥路、料石磴道、混凝土台阶等。在个别较难攀登的景区、景物或观景点，也可在隐而不露的前提下架设索道。为了增添地方特色，可根据当地人力、畜力等资源情况，搞一些花轿、滑竿、马、驴、骆驼、大象以及雪橇、冰爬犁等。

2. 交通道路规划与建设的原则和依据

（1）道路规划与建设必须以客源调查为基础，根据客流量大小和景观景物分布情况，合理布局规划，做到有景就有路。对于一些远景、借景，也要让旅游者有路到达各个观景点或观赏点。

（2）道路规划与建设要有适当的超前意识，要更注意质量，保证安全，尽量做到投资少，收效快。既不能单纯追求高标准，造成资金浪费，也不能为了节省投资而粗制滥造，造成不安全因素。

（3）道路规划与建设中，要综合考虑地形地貌和森林植被，景观景物等的分布情况，避免因修筑道路而影响山体稳定，或损坏景物或破坏、干扰景色的和谐。

（4）各种道路既要深入景区、接近景物，利于旅游者观赏，又要使游人与景物保持适当距离，防止旅游者攀折、抚摸、敲击。要切实保护好那些易被损坏的古树名木、奇花异草、珍稀动植物和各种人文景观。

（5）布设道路时，要尽量利用原有道路，进行合理改建、扩建或加工维修改造，尽量避免重复建设。

（三）各种道路建设的标准及依据

随着国民经济的发展和人民生活水平的不断提高，出外旅游、度假的人会越来越多。国家的公路、铁路、航空和水路运输建设都在迅猛发展，人们对时间的价值也越来越重视。国家森林公园的道路建设也应适应这种趋势。为了使旅游者能够安全、舒适、快捷地到达目的地，国家森林公园各种道路的建设标准应适当高于同等交通量的社会道路。

1. 衔接线

衔接线道路标准的高低和质量的优劣是国家森林公园的“窗口”和“广告牌”，是国家森林公园给旅游者的第一印象。衔接线的交通量虽然会小于附近的社会交通线，但其建设标准不应低于相连结的社会交通线。国家森林公园如果以公路为衔接线，应达到国家规定的三级公路标准。在知名度较高、旅游者较多的大型国家森林公园，还要按二级公路标准进行规划。

2. 园内干线

国家森林公园内干线的建设标准应在调查确定交通量的基础上适当提高，加宽路面，以供旅游者随时停车观赏，也给一些行人和特殊交通工具留出较宽的通道。可按国家规定的三级或四级公路标准建设。

3. 支线

一般交通量不大，考虑到可能有游人或一些特殊交通工具慢行占道，在地形条件允许的情况下，应在单车道的基础上适当加宽。一般应按四级公路标准规划设计。有些支线距离较短，或因地形等自然条件限制，不宜修筑公路时，应按人行道安排。

4. 游览线

国家森林公园地形复杂，景物分布面广，游览线也要形式多样。应在调查客流量的基础上，分别不同情况确定不同标准。

（四）道路建设初步设计

国家森林公园的道路建设主要是公路。原林业部曾于1992年颁发的《林区公路路线设计规范》（LYJ113－92）和1996年颁发的《国家森林公园总体设计规范》（LY/T5132－95），对公园的公路设计作了原则规定，并制定了一些具体标准。在进行具体设计时，应参照上述两个规范和交通部有关标准和规程，结合当地实际情况综合考虑。既要考虑旅游者安全、便捷、舒适的要求，又要考虑山区地形、地质等条件的限制，具体灵活掌握应用。

1. 衔接线

衔接线的主要技术指标应按交通部规定的三级公路设计。但在地形困难地段，为减少工程量和节约投资，在确保安全的前提下，最小平曲线半径和最大纵坡标准应适当降低。路面则可按次高级路面标准，用沥青碎石铺设。在个别容易毁损的路段，还可采用混凝土路面。在旅游者较多而地形允许的大型国家森林公园，也可按交通部规定的二级公路标准设计。

2. 园内干线

为保护旅游者的安全、舒适，减少尘沙飞扬，旅游区内公路干线可按交通部规定的三级公路或四级公路标准设计，路面则可按次高级或中级路面标准，用沥青、碎石铺设或沥青表面处理。在傍山中和越岭线设计中，要注意保护珍稀树木、大块岩体和景物。山区公路的防滑和排水十分重要，在设计中要注意路面拱度和粗糙度。在较陡的山坡布线或为避开景物时，双车道可分别布设成横断面为台阶形的上下两条单车道，使相向行驶的车辆各行其道。

3. 支线

支线的主要技术指标按交通部规定的四级公路设计，路肩取1.5m，并作加固处理。路面应按中级路面标准设计。但有些设计指标则可根据山区地形的实际情况适当降低。

4. 游览线

国家森林公园的旅游步行道、小道，具有组织景物，构成景色，引导游览，集散游人的作用。设计时，要因山就势，路随山转，蜿蜒曲折，路景相宜，相得益彰。山坡小于25°时，可修成斜坡步道。山坡大于25°时，应设计石台步行道（磴道）。在山坡大于45°时，在条件允许的地方，应适当展线，降低坡度，迂回而上；展线困难时，则应设计成云梯（石台阶）。步行道宽度应根据游人数量和停留时间考虑，一般以0.8～1.5m为宜。如果因地形限制不能达到应有宽度时，应在适当地方设置避让点。一般步行道可用碎石、卵石、块石、砖煤渣或三合土铺垫道路；在一些平缓路段，还可用卵石、片石摆成各种图案花纹。在一些游人需要停留观景或小憩的地方，可利用地形设置一片平台地，并安放一些石桌、石凳，供游人休憩、停留。在裸岩、石壁地段，应依山凿成石阶。陡险路段要设置护栏、铁链等，以确保旅游者安全。在开展特殊交通工具服务的地方，步行道要适当加宽。步行道、小道都要按照坚实、平稳、防滑、耐磨、排水通畅、容易清扫和方便游览的要求进行设计。平缓地段和林间小道路面要粗犷，保持自然本色。在攀爬费力的较长距离陡险地段，若资金充裕，也可在保持建筑造型与周围自然景色谐调的前提下，设立电梯或其他机动传送装置，并注意不要发生噪声。路旁的荆棘、藤蔓植物和荨麻、漆树等容易伤人或引起游人过敏的植物要铲除，道路上方及附近的枯枝、朽木以及可能崩坍或下滑的石头等危险物要及时清理。总之，在任何条件下都必须确保游人安全。

5. 交通工具和停车场设计

为了满足游人对旅游交通工具的需求，国家森林公园应组建旅游车（船）队，配备各种车辆（船艇），以及开展特殊旅游的花轿、滑竿、驴、马、牛、骆驼、大象及爬犁等。根据国家森林公园的人力、财力和当地具体情况，这些交通工具和驾驭人员，可以由国家森林公园直接经营，也可组织当地群众集体和个人经营。无论由谁经营，都必须制定和严格实施操作规范，以确保游人的安全。

车站、码头、停车场既是交通道路的连接点，也是道路设计的起终点，是道路设计的一个组成部分。临江、河、湖、海等有水运条件的国家森林公园，应设置码头、船坞。其规模大小，应根据游人数量和船艇情况确定。以公路运输为主的国家森林公园，则应设置停车场和车库。主要停车场和车库应设在服务区。同时，在宾馆、饭店、度假村、游乐中心、干支线终点，以及公路沿线重要停车点附近，也应修建不同规模的停车场。停车位置的服务半径以步行几分钟为宜，一般距离最好不超过300m。停车场和车库的规模，停车场的占地面积不但要考虑国家森林公园组织经营车辆的需要，还应考虑旅游者自带车辆的需要。按客源调查的游客数量估算可能的停车数。一般可按大客车每台50～60m^2，中型车30～40m^2，小型车15～25m^2计算。车库面积按大型车每台30m^2，中型20m^2，小型车12m^2计算。

四、基础设施规划

（一）供水规划

国家森林公园一般多分布在远离城市的山区、林区，而且面积较大，用水户比较分散，除少数紧邻城市的小型国家森林公园可以利用城市供水系统供水以外，一般无法利用城市的统一供水系统。国家森林公园自身也难以建立自己的集中统一供水设施。

解决国家森林公园供水的有利条件是“山高水高”，一般公园境内都有一些分散的溪流小河，有些公园还有较丰富的地下水资源，以及一些可以开发利用的温泉和矿泉水。公园的供水规划应按“大集中、小分散”和因地制宜的原则，在用水量较大的服务区建立统一的供水系统；离服务区较远的景区和功能区则可分别建立自己的供水设施。有些用水量很少、附近又无水源的用水点，则需用运水车供水。

在制定供水规划前，首先应做好水源调查，查清地表水的枯、洪流量，最高、最低水位，结冰期长短和冰冻层厚度等。对地下水源，要调查埋藏深度，动、静储量，季节变化，可利用情况；对地热水、温泉和矿泉水，还要调查水温和涌水量。同时，要进行水质化验分析，查清所含有益、有害物质的种类、数量，以便开发利用及对水质有害物质的处理。

根据水源调查结果，应分别水源类型，按照用户需水要求，进行合理规划。

1. 引用地表水

采用地表水，首先规划好引水渠道，将水引至供水区附近的高位水池，由高位水池用管道分送用户。或将水引至一般蓄水池，再用水泵提升到供水水塔，然后用管道分送给用户。用高位水池供水，虽然可以减少水塔和水泵的投资，但引水渠道较长，也会增加投资，而且引水口靠近上游，水量较小。用一般蓄水池和水塔供水，投资可能较大，但引水渠道较短，易于管理，水量也较大。两种方式，应进行方案比较，择优选用。无论采取哪种方式，都应加强上游水源管理，设置防护设施，防止污染物和枯枝落叶及其他杂物流入水池。同时，在流入高位水池或蓄水池前，应经过过滤、沉淀和消毒，沉积泥沙，消除有害物质和细菌。为了利于引水，必要时还应在引水口修筑拦河水坝。

2. 选用地下水

地下水的水质、水量比较稳定，不易污染。但在干旱地区，浅层水的矿化度较高。如果抽取深层地下水，则投资较大。此外，地下水的水质、水量也不是一成不变的，不同季节的水量会有变化。周围打井多了，水量也会减少和导致水位下降。同时，地下水抽取过多，还会引起地面沉降，影响周围建筑物的安全。引用地下水要找好井位。如能集中供水，可以打井提水，用水塔分送。对于矿化度过高或含有其他杂质的地下水，要进行处理后再用。

3. 温泉、矿泉和地热水的利用

在有温泉、矿泉和地热水的地方，应充分开发利用这些宝贵资源。除用于一般取暖、沐浴外，在水质、水量适宜的地方，应建立温泉浴室和疗养院。有的地方，仅靠一处温泉就可以成为旅游热点。矿泉水资源更加宝贵，经过适当的加工处理，制成矿泉水供应游人，计价收费，成为吸引游人的因素。如果水量足够，还可开发供应外部市场。当然，那不属本规划的范围。

在供水规划中，要根据实际情况，规划好提水泵房、引水渠道、拦河水坝、沉淀池、消毒池、输水管道、蓄水池、水塔等设施。还要支持节约用水、科学用水，循环用水和一水多用，保护和合理利用各种水资源。在供水规划中，要根据客流量变化情况，考虑供水量的不均衡问题。一是要对旅游旺季客流量高峰期的供水情况做预测，并有所准备。二是随着季节变化和旅游者的生活习惯不同，用水量也会有所增减。如在炎热的夏季用水量必然增大，寒冷的冬天用水量就小。此外，游人习惯不同：南方人洗澡、洗衣较勤，用水量大，北方干旱地区来的旅游者用水较少。

（二）排水规划

国家森林公园一般多位于河流的上游，也有一部分位于城市附近。公园排水的质量对保护自身环境和下游水源的质量影响很大。雨水一般没有污染，可以利用自然地形明沟排放。生活污水含有一定数量和种类不同的污染物，不允许直接排入河道、湖泊和水库，必须进行处理。因此，公园应该坚持采用雨水和污水分流排放的排水系统，既便于雨水的直接利用，又可减少污水处理的工作量。

分流排放的流程如下。

1. 雨水

目前，雨水除少量被蓄用外，大部分被排放。其一般流程是：雨水→楼房排水管→庭院排水管（或明沟）→排放或利用。为了减少水土流失，合理利用水资源，应尽量收集利用。其具体方法是：雨雪水→明沟输送→蓄水池（进行沉淀和适当处理）→用户；或明沟输送至水库、高位水池（适当处理）→用水点。

2. 污水

污水的处理排放，由于各地管理水平和经济技术不同，可分为以下几种工艺流程：

（1）一级处理：污水→室内下水管→格栅→沉淀地→沉淀池→排放。

（2）二级处理：污水→室内下水管→格栅→沉淀池→活性污泥曝污池→二次沉淀→利用或排放。

（3）三级处理：污水→机械处理→生物处理→化学处理（除磷、除氯）→过滤→活性炭吸附→消毒→利用或排放。

当前，一般国家森林公园没有有毒有害的工业污水，可大力提倡渗透排污法，将污水引入森林内，在林内开水平沟，在容易引起冲刷的地方铺块石或片石，让污水分散涌渗入林内土壤中，再转化为地下水。

污水处理现在已成为全世界关注的问题，各种处理排放方法日新月异。在规划工作中，应注意信息收集，吸取和运用最新科技成果，进一步改进污水处理排放的流程和方法。

（三）供电规划

电是现代生产、生活中的主要能源。在森林旅游业的行、宿、食、游、娱、购“六大要素”中，都离不开对电的需求。因此，在国家森林公园基础设施的规划建设中，必须作好供电规划。

1. 供电原则

（1）供电规划首先要因地制宜，就近供电，根据公园所在位置、能源条件等情况，采用国家电网供电或自行发电。

（2）安全可靠，急用先上，满足用电的数量和质量。安全可靠是供电的首要前提，在规划建设中，一定要防止供电可能带来的不安全因素。对旅游者迫切需求的餐饮住宿等服务项目的用电要及时解决。有些游乐设施则可根据实际情况适当推迟供电。但是，在采用国家大电网供电，或由公园自行建设统一供电设施时，则应统一考虑，一并规划，留有余地，逐步实施。

（3）供电设施的建设，不能损害景色和景物，不能影响环境质量。变电站、变压器等设施应尽量隐蔽，高低压输电线路应尽可能埋入地下，不架或少架架空明线。自建电站应与服务区保持适当距离，发电时产生的废渣、废气要妥善处理。

2. 供电规划

公园的用电规划，首先应根据服务区、度假村、医院、疗养院、游乐中心等各个主要用电点的需电量确定供电规模，再分别制定变电站、配电室及输电线路的具体规划。中国目前大电网电力比较充足，凡在距离国家电网较近、输电线路不长的地方，应尽量选用大电网供电。在国家森林公园水能、风能、太阳能、生物能等资源充足的地方，也可自建电站供电。在国家电网供电确实存在困难，公园内又缺乏各种能源的情况下，则应购置发电机组进行供电。为了防止国家电网临时停电和自建电站停机检修，公园也应自备必要的备用发电机组，以解决急需用电。

各用电点的需电量应根据各种生产设备、生活设施和照明设施等分别计算，并留有余地。

（四）制冷、供暖规划

国家森林公园中有相当一部分位于长江以北和长江以南的中、高山地，这些地方冬季气候寒冷、低温期较长，需要供热取暖，以保持室内温暖舒适，防止游客冻伤、冻病。

在距离城市或工矿区较近，有工业余热可用或有统一供热中心的地方，应利用工业余热或供热中心供热。

大多数国家森林公园缺乏利用工业余热和社会集中供热的条件，应自建供热系统。在寒冷期较长，人员比较多的服务区、度假村、疗养院等处，应利用温泉、地热水或锅炉集中供热。室外供热管道必须进行防寒保护，以减免热量散发和管道冻裂。在寒冷期较短或居住分散的地方，可以用火炉、土暖器、电热器、空调等供热。在东北、西北和华北等地区，还应根据地方特色，搞一些火墙、火炕等取暖方式，以吸引游人，满足他们的猎奇心理。

距离城市较近和海拔较低的国家森林公园，在夏季虽然有森林植被和森林环境调节气候，但火辣的太阳，还是会使旅游者难以忍受，尤其是在中午，会影响游客休息。所以在规划中要安排降低室内温度的空调设施。

（五）通讯、广播、电视规划

社会物质文明的进步和经济文化交流的增加，人们越来越离不开邮政、电讯和广播、电视。特别是国家森林公园多远离城市，报刊难以及时送达，广播、电视就成了人们获取外界信息的主要途径。同时，游客在国家森林公园观赏游览期间，可能因为业务活动、生活需要或其他原因，必须与国家森林公园外进行信息沟通。另外，游客经过一天的游览奔波之后，需要在休息时用电视、广播来消遣和娱乐。因此，国家森林公园应将邮政、电讯、广播、电视作为基础设施的重要组成部分进行规划建设。

1. 邮政、电讯

大型国家森林公园应商请邮政部门在公园设置分支机构，直接办理信函、包裹、汇兑、集邮等业务。电讯部门可单独设立分支机构，设置程控电话、微波通讯，并与国内、外联网，也可请邮政分支机构代办电报、长途电话等业务。一般国家森林公园主要依靠当地邮政、电讯部门的支持，开设代办点或代办员，负责承办邮政、电讯业务。

国家森林公园内部通讯，在周围距离较近，架设电话线的服务区及游人集中的其他功能区内可采用有线直拨；对距离较远，架线困难的景区可采用无线电台、对讲机等方式联系，形成旅游区内有线、无线相结合的通讯网络。

随着旅游事业的发展和现代化通讯手段的普及，今后应及时配备各种信息传输工具，如传真机、移动电话、BP 机、光纤和数字微波系统，使游客虽然身在远山，却能随时与外界联系。

2. 广播、电视

为了满足旅游者精神生活和文化娱乐的需求，也为了向旅游者介绍景观景物，宣讲安全、卫生、保卫等事项及有关旅游知识，国家森林公园应对广播、电视设施作出具体规划。

在高、中档客房配备彩色电视机，供游客自行选择收看。在接待厅或较大会议室配备公用电视机，供游客集体收看重要新闻和文娱体育等节目。在旅游区入口处、服务区、售票房及景区管理单位配备有线广播、扩音设备及闭路电视等。

为了使旅游者收看到更多更清晰的电视节目，公园应建设安装电视差转台、卫星电视接收设备和闭路电视等有关设施，使森林公园的广播、电视既能与外界紧密联系，又在内部自成系统。

五、游乐设施规划

旅游是一种以休闲为主的观光、度假及娱乐活动，因而丰富的旅游娱乐是旅游活动中的重要组成部分。随着现代科技的发展，旅游娱乐业在旅游产业结构中的地位正日益上升，旅游娱乐对增强旅游产品的吸引力，促进旅游经济发展的作用也不断增强。通过丰富多彩、切合国家森林公园自身特点的游乐活动，既可以使因天气变化等原因导致部分游人的某些遗憾得到弥补，促进旅游者之间的接触，增进了解，发展友谊；又可以增加公园收益，提高知名度，吸引更多的游客，多安置一些服务人员，解决一部分人的就业问题，提高社会效益。因此，国家森林公园应重视游乐设施规划。

（一）游乐设施种类

在森林旅游兴起以前，人们通常把一切不属于风景游览但在风景区进行的其他休闲活动，例如观看戏曲、电影、杂技等文艺节目，组织歌会、舞会，参与卡拉OK，以及下棋、打扑克、保龄球、室内游泳和各种体育健身，采集、狩猎、登山等户外活动等都列为游乐活动。其相关设施即为游乐设施。随着森林旅游业的兴起，国家森林公园作为陆地生态旅游的主要场所，它以休闲度假为目的健身活动项目大幅度增加，大部分项目的规模很大，已经不再是原来的那些游乐设施所能适应。而且，有少数国家森林公园已经将绝大多数的大型户外休闲、度假活动作为主要旅游产品。本节所涉及的仅限于以室内各种活动为主的游乐设施。

（二）设施规划原则

（1）根据国家森林公园特色，突出精神文明和陶冶高尚情操，并注重获知性、参与性与乡土性的结合。

（2）根据客源调查和旅游者需要，适度设置，逐步发展。

（3）游乐设施必须符合国家森林公园的自然资源条件、地方人文特征、经济发展水平、社会意识形态，并确保不对公园景观资源和环境质量造成冲击和损害。

（4）少数民族地区可适当设置一些民族风情活动。

（5）不搞带有封建迷信、色情和博彩性的设施。所规划的一切游乐项目必须经有关主管部门审批立项后，由专业设计单位设计，按基建程序建设。

国家森林公园的游乐设施建设配合旅游事业的发展逐步开展，不可急于求成。一般可放在服务设施、交通道路设施和基础设施建成之后，逐步进行，以免建设过早，参与者不多，效益不大，积压了资金。

在规划参加各项游乐活动的人数规模时，要在客源调查的基础上，认真分析研究。例如在客源总数中，各个年龄段的人各有多少，性别比例如何；哪些项目适宜哪个年龄段、哪个性别的人参加；各个项目适宜开展的季节和这个季节客源的多少；在适宜参加的人数中，又有多少人因为收费多少、兴趣大小、性格差异、身体素质以及家属拖累等原因不能参加，其余实际能参加、愿意参加的人是多少。这些人又是分布在多长的时间段里，最后平均每天参加该项目活动的人多少。用这个数字来规划各项游乐活动的建设规模时，一般比较接近实际。

第八节　国家森林公园总体投资概算

一、概算依据

国家森林公园总体投资概算的主要依据是：

（1）批准建立国家森林公园的文件、项目建议书及可行性研究报告。

（2）省（区、市）有关林业局（场）总体设计经济技术指标。

（3）省、地（市）建设、园林、旅游等有关部门现行的经济技术定额。

（4）当地市场价格、物价指数、银行贷款利率等。

二、概算原则

国家森林公园总体投资概算的基本原则是：

（1）统筹安排，分期实施，突出重点，发挥特色，厉行节约，注重实效。

（2）近期投资的重点是景区开发和主要服务设施，尽快形成一定的接待能力；后期投资的重点是各项旅游设施的配套和完善，提高服务水平。

（3）生态保护和环境建设项目，应在规划建设期内持续均衡地安排投资。

（4）远期发展只提建设项目，不作投资概算，为制定长远发展规划提供参考。如自有资金充足，或招商引资规模大，亦可进行专题概算。

三、概算方法

（1）根据省（区）有关概算定额标准，结合当地现行市场价格，采用综合经济技术指标进行国家森林公园总体投资概算。

（2）总体投资概算，按照工程项目分类、工程性质、费用构成和建设阶段分别进行计算。

（3）总体规划、工程勘察、施工设计等前期工作费用，按建设项目投资总额的2%计算；不可预见费，按建设项目总额的5%计算。

（4）国家森林公园总体投资概算，一般不考虑以后物价上涨因素。如因物价上涨等因素，在建设期内可能出现投资增加，以及其他需要的新项目投资，可报请投资单位商请原规划设计单位给以变更和调整投资总额。

四、分类概算投资

国家森林公园开发建设投资，按下列组成分类。

（一）按建设项目分类

1. 景观景物建设

包括森林景观培育、自然景观开发整治、人文景物修复整修等投资。

2. 道路交通建设

包括旅游公路、游览步行道、停车场、航道整治、游船码头、空中缆车及旅游车船等投资。

3. 旅游服务设施建设

包括山庄、宾馆、度假村、游乐场、商店、多功能厅、会议中心等投资。

4. 生态环境保护设施建设

包括森林防火、森林病虫害防治、毒虫猛兽防范、生物多样性保护及环境保护，以及公厕、废弃物及废水、废渣处理设施等投资。

5. 基础设施建设

包括供电、给排水、供热、通讯、电视、广播、燃气等投资。

6. 管理宣教设施建设

包括国家森林公园管理处（站）各类用房、山门、票房、展览馆、博物馆、宣传设备等投资。

7. 其他投资

包括规划设计费、不可预见费。

（二）按投资结构分类

1. 土建工程费

包括工程设施建筑投资。

2. 设备购置费

包括各类设备、器具购置投资。

3. 工程安装费

包括各类工程机械、设备和器具安装、调试等投资。

4. 预备费及其他费用

包括工程建设可行性研究、规划及勘察设计、专家论证咨询等费用。

（三）按项目性质分类

1. 生产经营性投资

包括各类生产、经营性项目建设投资。

2. 非生产经营性投资

包括旅游管理、保护、宣传、教育等非生产经营性项目建设投资。

3. 其他投资

包括规划设计费、不可预见费及其他前期工作费用等。

（四）按建设期限分类

1. 前期投资

包括5年以内的种类建设投资。

2. 后期投资

包括5～10年内的各类建设投资。

3. 远期投资

包括10年以上的远期各类建设投资，一般不作概算。

五、投资概算表

依据上述建设投资分类，分别进行投资概算，并汇总编制国家森林公园投资概算表（表5-4）。

表5-4　×××国家森林公园投资概算表

建设项目	单位	工程量	投资额（万元）	工程性质		费用构成		建设分期		备注
				生产经营性	非生产经营性	土建工程	设备安装	前期	后期	

第九节　国家森林公园效益估测

国家森林公园的经营效益一般是以生态效益、社会效益和经济效益的形式体现出来。通过分析评估，一个国家森林公园三大效益都很好，那么它就是最佳开发对象，其投资环境条件也最可行。如果只有经济效益和社会效益，或者只有社会效益和生态效益，那么这个国家森林公园是否可以开发应认真考虑。因此，必须全面分析和综合评价其三大效益。

一、生态效益估测

生态效益，也称环境效益，主要体现在保护生物种类及其生存条件；保护森林旅游资源，并使森林景观得到美化和改善；保护自然环境，维持生态平衡等方面。森林生态效益，包括森林制氧功能、保持水土、涵养水源、净化空气、净化水质、调节气候、调节人体功能、保护环境等效益。

（一）森林美学观赏价值得到改善

通过保护森林、营造风景林、封山育林、重点绿化美化和对现有风景林的培育，不仅使国家森林公园风景林面积增加，提高了森林覆盖率，而且还大大改善了森林景观，丰富了森林景色，形成四季各异的景观，提高了森林美学观赏价值，使森林环境更加优美宜人，提供良好的旅游场所，实现人们“回归自然、返璞归真”的需要。

（二）森林防护效能明显得到增加

由于国家森林公园内植被比一般林区好，天然林或天然次生林较多，具有较好的保水固土作用。通过林冠截留、枯枝落叶吸水、土壤渗透等作用，可以大量减缓地表径流，把大量降水贮存在林地中。据有关研究资料，1hm^2 森林比无林地每年可多蓄水 300m^3，一片 3330hm^2 森林的蓄水量，相当于一个 100 万 m^3 水库的库容量。有的研究资料表明，1 hm^2 森林可年涵蓄降水 500～2000m^3，固持土壤、砂石 20～30t，有效地减少土壤侵蚀。由此可见，各类风景林在保持水土、防止泥沙流失、涵养水源、调节河川流量等防护作用是显而易见的。这些防护效能，参照人工修建水库、治理水土流失的单位成本，测算其防护效能的经济价值。

（三）生态环境得到有效保护和改善

森林可以调节气候，增加降水，有效地保护和改善生态环境。有关研究测算，森林上空的空气湿度，要比附近的农田高 5%～10%，有的高达 25%。林内年均气温比无林地低 0.7～2.3℃，夏季气温低 8～10℃。前苏联莫斯科农学院和法国南锡试验站研究观测，林区年均降水量比无林区多 17.4% 和 16%，最多达 26.6%。陕西太白、终南山国家森林公园，分别比 25km 外的眉县城、西安市区夏季最高气温低 7～16℃，年降水量多 145mm 和 269mm。可以用森林增加降水量，参照人工降雨、城市供水的单位成本或收费标准，测算其经济价值。

（四）有利于游人强身健体

森林有吸收 CO_2 制造 O_2、杀灭细菌、吸尘消声等功能，可净化空气、防治污染、减少噪声、有益人类健康。据有关研究资料，1hm^2 阔叶林每天可吸收 $CO_2$1005kg，释放 $O_2$735kg，按一个成年人每天约需吸入 $O_2$0.75kg 计算，约可供 1000 人呼吸之用。空气中的负氧离子含量高，使人感到林区空气新鲜。据西安医科大学李安伯教授等测定，陕西太白山国家森林公园大气中的负氧离子含量平均为 705～9450 个/cm^3，最高达 14765 个/cm^3。1hm^2 圆柏林或杜松林，一昼夜可以分泌出杀菌素 30～60kg，足以杀死一座小城镇空气中的细菌和病毒。白皮松、柳杉的分泌物，能在8分钟内杀死细菌。湖南张家界国家森林公园夫妻岩附近的杉木林内，空气中的细菌含量为224个/m^3，游人拥挤的锣鼓塔空气中细菌含量为夫妻岩的57倍。1hm^2森林的叶面积总和比它所占土地在面积大75倍，每年可吸附滞留尘埃32～68t。刺槐、银桦、女贞、枇杷、银杏、悬铃木、榆树、喜树等，可吸收氯、氟及汞、铅蒸气等有毒气体。森林能吸收26%的声量，可使噪声降低20～25dB。所以，森林里的空气新鲜、舒畅宜人，能够消除疲劳，振奋精神，有益于身心健康。

二、社会效益估测

人们到森林中去旅游，既是一种经济活动，又是一种社会文化现象；既是一种对自然美、森林美的精神享受，又是一种增长知识、开阔眼界的体验过程；既是一种休息、健身、娱乐，又是一种友好往来。因此，兴办国家森林公园具有良好的社会效益。主要体现在以下几个方面。

（一）为城乡居民提供旅游场所

随着改革开放和社会经济的发展，人民生活水平不断提高，收入增加，加上推行每周五天工作制，以及“五一”、“十一”等节假日休息时间增加，人们的闲暇时间增多，外出旅游日渐成为人们生活的需求。特别是久居城市的人们，越来越向往到大自然、大森林中去游览观光、休闲度假、消夏避暑、疗养保健。国家森林公园可满足人们的这种需要。

（二）提供就业机会，促进地方经济发展

兴办国家森林公园，是一种综合性的服务行业，需要满足旅游者的行、食、宿、游、购、娱等方面的需求，从而可以带动当地商贸、交通、饮食、旅馆等行业的迅速发展。据国家旅游局调查，旅游企业每增加1名员工，社会就增加5.3名旅游服务人员就业。在泰国，每接待20名国外游客，社会就可增加一个就业机会。美国从事旅游业的人数占其总就业人数的1/6。所以，发展森林旅游业，为社会提供大量就业机会，促进当地经济发展，是最大的社会效益之一。

（三）促进对外交流，加快信息传播

许多外国人来我国国家森林公园旅游观光，可以增进相互了解，发展友好往来，促进科技、文化交流，使他们真正了解中国，改变种种误解和偏见。华侨和港、澳、台胞通过森林旅游，游览祖国的大好河山，更加热爱祖国，热爱家乡，增强中华民族的自豪感和凝聚力，成为祖国统一、振兴中华的强大动力。

三、经济效益估测

经济效益，是全面衡量国家森林公园经营管理水平的根本标志之一，也是评价

经营决策和旅游经济活动的客观尺度。追求好的经济效益，是发展森林旅游业的一条基本原则，也是国家森林公园生存与发展的客观需要。

一个国家森林公园的经济效益，主要是促进林业产业结构和林区经济经构的调整，改变长期以木材生产为中心的传统林业经营模式，使所在国有林场、自然保护区有效地增加经济收入，摆脱森林资源危机、经济危困，搞活林区经济；为国家积累财富；国有林业经营单位由采伐木材转向森林旅游，商业性采伐的减少，有效地保护了天然林资源和生态环境。同时，还通过旅游开发，积累固定资产，增加上交税金，使国家、地方、林业单位和当地农民群从都可获得显著的经济效益。

国家森林公园经济效益估测的依据、内容与方法：

（一）旅游收入

旅游收入，是指国家森林公园收入的总和，一般包括门票收入、餐饮收入、住宿收入、交通及停车场收入、游乐收入、购物收入，以及其他旅游经营收入等。主要依据年游人规模、可能购票的游人数及各类预期的票价，分类进行估算；或依据游人规模、可能购票游人数、人均旅游消费水平等因素，对旅游收入进行估算。

（二）外汇收入

外汇收入，系指来国家森林公园的外国游人、华侨及港、澳、台胞等游客，以外币兑换人民币支付的门票、餐饮、住宿、交通、购物、导游、翻译、代办服务及其他劳务等外汇收入，通常以美元为单位。可依据预测的入境游客人数、人均消费水平，估测外汇收入。

（三）营业外收入

营业外收入，系指国家森林公园与正常的旅游经营无直接关系，应当列入当年利润的那一部分收入，如礼品折价收入、外汇差价收入、存款利息收入、收回调入职工欠款、赔偿收入、废品处理收入等。

（四）营业外支出

营业外支出，系指国家森林公园与正常旅游经营无直接关系，应由当年利润负担的那部分支出，如劳动保险费、外汇差价支出、贷款利息支出、搬迁费、转入调来职工欠款、非常损失、落实政策补发工资、职工生活困难补助、削价处理损失等。

（五）流动资金

流动资金，系指国家森林公园用于购买原辅材料、物料及设备资金、旅游经营资金、货币结算资金、支付职工工资及生产经营备用资金等。

（六）利润与税金

利润是指国家森林公园在当年经营过程中各项旅游收入扣除各项支出后的余额。经营利润，又叫利润总额，是由营业利润、投资净收益、营业外收支净额组成。营业利润是指营业收入扣除营业成本、营业费用、管理费、税金及财务费用后的净额。纯利润，是营业收入加营业外收入，扣除营业成本、间接费用、种类税费及营业外支出后的净额。

税金，主要包括营业税、房产税、印花税、土地使用税、车船使用税等。国家和一些地方规定，国家森林公园可享受国有林场（苗圃）同等的优惠政策，如暂不征所得税，免交教育附加费、城市维护建设费和育苗土地免交农业税等。

四、财务分析与评价

国家森林公园总体规划，在估测经济效益后，应进行财务分析与评价。其分析、评价的内容和方法主要有：

（一）财务分析

1. 静态分析

计算投资利润率、投资利税率及投资回收期。

2. 动态分析

按折现现金流量法，计算财务净现值与财务内部收益率。

3. 风险分析

分析旅游经营成本提高、游客减少、消费水平下降等因素，给国家森林公园建设与经营带来的风险。

4. 还贷能力分析

国家森林公园若以贷款进行建设，需作还贷能力分析。

（二）财务评价的主要指标

1. 经济效益指标

指国家森林公园经营过程中投入与产出的比较，或所费与所得的比较。可用下式表示：

$$经济效益指标=\frac{产出}{投入}=\frac{所得}{所费}=\frac{劳动成果}{劳动消耗}$$

2. 边际收益指标

指由于旅游规模扩大而追加的投入，与这种投入增加而产生的效益的比较。可按下式计算：

$$边际收益指标=\frac{追加收益}{追加收入}$$

3. 利润率指标

（1）营业收入利润率。是指在一定时期内所获得利润与营业收入的比率。可以下式计算：

$$营业收入利润率=\frac{一定时间期所获利润}{同期的营业收入}\times100\%$$

（2）固定资产利润率。是指在一定时期内所获利润与固定资产平均总值的比率。计算公式如下：

$$固定资产利润率=\frac{一定时期所获利润}{固定资产平均总值}\times100\%$$

4. 利税率指标

（1）资金利税率。是将国家森林公园固定资产和流动资金结合起来，考察资金占用及其效益的指标。可用下式计算：

$$资金利税率=\frac{利润总额+税金总额}{固定资产净值平均占用额+流动资金平均占用额}\times100\%$$

（2）成本利税率。是反映国家森林公园物化劳动消耗与活劳动消耗的综合效益指标。计算公式如下：

$$成本利税率=\frac{利润总额+税金总额}{成本总额}\times100\%$$

5. 流动资金周转速度指标

是指国家森林公园经营收入占用流动资金的倒数。计算公式如下：

$$流动资金周转天数=日历天数\div\frac{经营收入}{流动资金平均占用额}$$

6. 投资效益指标

（1）投资回收期。是说明国家森林公园投资总额通过积累回收的年限。计算公式如下：

$$投资回收期年=\frac{投资总额}{年利润总额+年税金总额}$$

（2）投资盈利率。是反映国家森林公园投资效果的指标，通常以投资回收期的倒数来表示。其计算公式如下：

$$投资盈利率=\frac{利润总额+税金总额}{投资总额}\times100\%$$

7. 固定资产利用率

是反映国家森林公园对固定资产利用程度的指标。计算公式如下：

$$固定资产利用率=\frac{一定时期营业收入总额}{同期固定资产平均总值（原值）}\times100\%$$

8. 森林旅游资源开发质量指标

（1）资源完整率。它是反映国家森林公园旅游资源完整性的指标。计算公式如下：

$$资源完整率 = \frac{完整旅游资源数}{旅游资源总数} \times 100\%$$

（2）资源开发率。是反映国家森林公园旅游资源开发程度和开发水平的指标。计算公式如下：

$$资源开发源 = \frac{实际开放旅游资源数}{可利用的旅游资源总数} \times 100\%$$

（3）资源开发投资率。是指用于国家森林公园旅游资源开发的投资占全部建设投资总额的比率。计算公式如下：

$$资源开发投资率 = \frac{一定时期旅游资源开发投资}{同期全部建设投资总额} \times 100\%$$

（4）环境保护投资率。是指用于环境保护的投资与旅游营业收入总额的比较。计算公式如下：

$$环境保护投资率 = \frac{一定时期的环保投资}{同期旅游业收入} \times 100\%$$

9. 平均发展速度与平均增长速度

（1）平均发展速度。是环比发展速度的平均值，一般用几何平均法计算。其计算公式如下：

$$平均发展速率 = \left(\frac{最初水平}{最末水平}\right)^{1/计算年限}$$

$$= \{各环比发展速率的乘积\}^{1/计算年限}$$

（2）平均增长速度。是环比增长速度的平均值，反映国家森林公园在一个较长时期内旅游发展的逐年平均递增或递减的速度。计算公式如下：

$$平均增长速度 = 平均发展速度 - 1$$

10. 森林旅游业的增加值

是指国家森林公园为旅游者提供各种服务的经营部门的增加值。它是国家森林公园林业、旅游业生产总值的组成部分。

（1）收入法。计算公式是：

增加值 = 从业人员工资 + 职工福利基金 + 利润 + 税金 + 其他费用支付给个人的收入 + 固定资产折旧

（2）生产法。根据财务统计资料，按下式计算：

增加值 = 营业收入 - 中间投入的物质资料 - 中间投入的劳务费

（三）综合评价

依据对生态效益、社会效益和经济效益的估测，以及财务分析结果，对国家森林公园开发建设和旅游经营进行综合评价，可为林业主管部门决策和国家森林公园建设、经营和管理提供科学依据。

实例七 上杭国家森林公园的可行性研究（节选）

第一章 项目背景

第一节 项目概况

项目名称：上杭国家森林公园

主办单位：上杭县人民政府

编制单位：福建农林大学林学院城乡规划系、福建农林大学城乡规划研究所、福建省上杭县林业局、福建省上杭县旅游局

建设规模：总面积为4672. 59 hm^2。其中，上圆山242. 93 hm^2，七峰山1817. 6 hm^2，岩下山1615. 13hm^2，步云南方红豆杉林81. 8hm^2，摩陀寨874. 13hm^2。

项目指导：（略）

项目主持：（略）

参加人员：（略）

建设范围：国家森林公园范围包括西普陀景区（含上圆山、七峰山、普陀山景区）、上圆山北侧的岩下山植被保护区、摩陀寨景区、步云南方红豆杉林景区。

建设期限：建设期10年，分两期实施。因部分项目已于2001年开始，故2001～2002年也计入项目建设期，近期为2001～2005年，远期2006～2010年。

建设性质：建设以森林景观为主体，突出绿色生态文化和西普陀宗教禅林文化，融人文景观、地貌景观、水体景观、气象景观为一体的森林旅游休闲度假体系，建成生态保护和旅游休闲、观光度假、探古访幽、保健疗养、科普教育相结合的多功能国家森林公园。

项目总投资：4624. 4万元

第二节 项目背景和立项依据

一、项目背景

二、立项依据

第三节 项目建设的必要性

一、是适应当今我国经济转型的总体趋势、促进上杭经济腾飞的需要

二、是建立上杭县可持续发展战略的有效途径

三、是展示红区时代风貌，树立对外开放文明窗口形象的重要方面

四、是完善上杭旅游环境、打造上杭旅游品牌的有力举措

五、是增强上杭在福建旅游业发展的多种格局中的地位和作用的有力措施

第四节 指导思想

根据生态旅游发展趋势，人们对回归大自然和返璞归真的要求日益强烈，从这一需求看，

充分发挥闽、粤、赣3省边陲重镇的区位优势，在保护的前提下，有控制地向国内外游客开放，以丰富的森林生态环境资源为主体，充分利用本区开展生态旅游的有利条件，突出森林资源内涵、深厚的禅林文化底蕴以及生态休闲疗养功能，在现有基础上进行科学保护，合理布局，适度开发建设，为人们提供展示植被景观、探访古人足迹、并实现旅游度假、科普教育、文化娱乐等功能的场所，满足不同层次的旅游休闲需求，逐步提高经济、生态和社会效益。在景区开发上，做到保护第一，实现可持续发展，认真贯彻执行“严格保护、统一管理、合理开发、永续利用”的基本方针，严格保护好各类风景资源。做到立足自然，合理布局，主题突出。做到科学定位，准确评价，统筹规划，加强自然生态、水土保持和环境保护，切实封山育林，提高公园的森林覆盖率。真正按科学原则进行国家森林公园的开发，即遵循生态优先、可持续发展原则，一次性总体规划、分期建设、适当超前的原则，人与自然和谐共处、源于自然，融于自然的原则。

第二章　项目区基本情况

第一节　地理位置

公园的具体位置坐标见附件。

第二节　自然环境状况

一、地文条件：包括地质地貌和土壤条件。

二、气候条件

三、水文条件

四、森林资源条件

（一）植物资源

全县分7个植被型，13个群系纲，60个群系，258个群丛，据查，全县植物有151科501属，其中：蕨类植物24科41属74种；裸子植物由9科17属24种；被子植物118科443属814种。在西普陀景区除了以栲属的各种林木为主要优势种群以外，混生有木兰科、樟科、金缕梅科、冬青科、杜英科、山茶科、木犀科、蔷薇科、山矾科等树种。

摩陀寨景区其主要植被是次生天然马尾松林，混生有少量的阔叶树，整个森林覆盖率约70%，物种资源相对较少。

步云南方红豆杉林有千年的红豆杉王，有两株并体而生的姐妹红豆杉，株株胸径都在1m以上，树龄在600～1000年。

（二）野生动物资源

通过样带常规调查全县有野生动物3纲17目39科110种，其中二级重点保护物种19种、非重点保护物种91种、国际公约附录一物种2种、附录二物种11种、非公约附录物种96种。两栖、爬行类中蛙类22种、蛇类13种以及龟和鳖各1种。鸟类动物12目30科101种。其中国家级Ⅱ级保护动物16种，省级重点保护动物7种，其余为一般保护动物。兽类4目8科8种，分别是穿山甲、松鼠、飞鼠、中华竹鼠、鬣羚、麂、野猪、华南虎。

第三节　社会经济概况

一、公园所在地的历史沿革和社会经济状况

二、国家森林公园社会经济条件

包括历史沿革、社会经济状况。

第四节　基础设施条件

一、交通状况

（一）对外交通

（二）公园内部交通

二、供电状况

三、通讯状况

四、给排水状况

五、商业（如经济作物，林产品，工艺特产，土特产）

六、医疗

第三章　森林风景资源调查

上杭有国家级自然保护区——梅花山，有新建的华南虎园，有风光秀丽的西普陀山，还有许多塔林、阁殿等佛教古迹。上杭又是著名的革命老区，境内有国内著名的古田会议会址、毛泽东才溪乡调查纪念馆、毛泽东旧居临江楼、李氏大宗祠以及全省保护最为完好的孔庙等古迹名胜。

西普陀山旅游开发区石景主要有“古猿望日”、“苍鹰兀立”、“心心相印”、“白蛇出洞”、“狮子洞”、“老虎崖”等；水景主要有七仙寨的“水帘洞”、“九叠泉”等；此外，西普陀景区还具有独具特色的丰富的佛教文化等人文景观资源，山上保留的古代建筑及佛教胜地遗址数量多，分布广，如金玉顶石屋、香林塔、云峰寺等。

摩陀寨景区中风动岩、武士岩、美女崖、九鲤过江石、撑蓬石群石并峙，别有情趣。石梯、石佛、石貌、石鼓、涌泉石等种种扑朔迷离，惟妙惟肖。此外，还有保存完好的“普济门”、城墙、石梯既多处古寨石垒，是上杭保存最完整的古寨遗址。在摩陀寨景区，还有古道、古驿站遗址等古迹。

第一节　自然景观资源

一、森林景观资源

（一）西普陀景区植被景观

纵观整个西普陀景区森林，可以形成许多具有不同季节，不同景观的绚丽多彩的景点以及具有独特观赏价值的景观植物，包括梅花苑、枫树坪、古藤园、香林古树、溪畔赏蕨、云霄观花、金顶抒怀、步云古木、杉木之王等等。

（二）摩陀寨景区植被景观

摩陀寨景区之特色在于草奇、花奇、树奇。

二、地文景观资源

摩陀寨以丹霞地貌为基本特征，山清水秀、奇石磊磊。风动石、武士岩、美女崖、九鲤过江石、金猴拜佛石群石并峙。此外还有石梯、石佛、石帽、石鼓、石磬、石虎、涌泉石等。

三、水体景观资源

四、气象景观资源

第二节　人文景观资源

西普陀山具有历史悠久的文化古迹及宗教特色。至今，“普陀寺”、“云峰寺”、“书堂寺”、“佛光阁”、“尼姑庙”、“云香寺”、“云际寺” 等千年以上的旧址仍然遗留在山上，此外，还保存着明代古迹“香林塔”、“金玉顶” 等文物。

一、名胜古迹

（一）上圆山景区

有金玉顶、香林塔、云峰寺、书堂寺、练武场、云霄殿等名胜古迹。

（二）、普陀山、七峰山景区

一天门、七峰山、七峰大佛、观音像、弥勒佛

（三）摩陀寨景区

主要景点有“九鲤过江”、“金猴拜佛”、“蟒蛇出洞”、“武婆守寨” 等石景、比丘尼合塔、普济门、古渡口、古驿馆遗址。

二、动人传说

在景区内流传着佛法降虎、抑桃护生、磕首求雨、铁上杭等传说。

第三节　可借景观资源

沿途景观可作为该国家森林公园地借景，主要有美女峰、挂袍山、梅花山、古田会议会址及长苞铁杉林、临江楼、蛟洋文昌阁。

第四节　森林旅游开发条件

一、开发条件

（一）区位优势明显

（二）丰富多彩的森林旅游资源

（三）独有的红色朝圣地，极具神秘色彩的客家风情

（四）历史悠久的佛教文化

（五）旅游外部环境佳、发展机遇良好

（六）建设条件成熟

二、不利条件

（一）森林旅游开发深度有待加强

（二）资源保护难度较大

（三）接待服务设施档次不高

第四章　森林风景资源质量评价

按 GB/T18005－1999 对国家森林公园的风景资源质量进行评价，分别按森林风景资源质量基本评价、开发利用条件评价、区域环境质量评价和质量等级综合评定四方面进行。其中，国家森林公园风景资源质量综合评价等级分为 21.61 分，为满分值（30 分）的 72%。国家森林公园风景旅游开发利用条件评价总得分为 9.0 分，是满分值（10 分）的 90.0%。国家森林公园的大气质量、地面水质量、土壤质量、负氧离子含量、空气细菌含量等单项指标质量均高，总体环境质量分值为 9.5 分（满分 10 分），风景旅游资源等级评定分计算结果为 40.61 分，是满分值（50 分）的 81.22%。由此可得国家森林公园风景资源质量等级为一级（40～50 分）。

第五章　建设构想

第一节　国家森林公园的性质与范围

一、国家森林公园性质

根据上杭国家森林公园的特点，可将其性质定为：以自然、人文景观为主体，在保护生态环境前提下开发利用风景资源和人文资源，充发挥国家森林公园的多功能作用，集生态旅游、文化旅游、寻根旅游、朝圣旅游、健身旅游、观光旅游等六大旅游产品体系为一体的多功能、高品味的国家森林公园。

二、国家森林公园范围

总面积为 4672.59hm^2。

第二节　建设的基本原则

一、生态优先、可持续发展原则

二、一次性总体规划、分期建设、适当超前的原则

三、尽量维持原有风貌，与周围自然环境相协调，达到完美结合的原则

四、科学定位，准确评价，统筹规划的原则

第三节　环境容量与游客规模预测

一、环境容量估算

（一）估算原则

（二）估算方法

较常用的环境容量计算方法有地域面积法、卡口法和游道测算法等 3 种。

（三）估算结果

二、游客规模预测

（一）旅游现状与分析

1. 入境客源市场现状与分析。

2. 境内客源市场现状与分析。

（二）游客规模预测

三、床位规模

第四节　建设思路和专项规划

一、建设思路

（一）以可持续发展为指导，处理好保护与利用的关系

（二）以旅游目标市场为导向，建设好旅游六要素工程

（三）以旅游经济为纽带，发展好林业产业经济

（四）以继承文化遗产为己任，建设人文内涵丰富的旅游设施

（五）以全局观念为准则，合理安排森林旅游布局

二、国家森林公园总体布局

根据国家森林公园风景资源分布特点、公园性质、地形地势、规划指导思想与基本原则进行综合分析，将项目区划分为三大风景区：（1）西普陀山景区；（2）摩陀寨景区；（3）步云南方红豆杉林景区。

（一）西普陀山景区

1. 七峰山景区

2. 普陀山景区

3. 上圆山景区

（二）摩陀寨景区

（三）步云南方红豆杉林景区

三、接待服务设施规划

接待服务设施规划包括餐饮、住宿、娱乐、购物、导游标志及其他规划。

（一）规划原则

1. 公园内的旅游服务设施，要突出国家森林公园及地狱特色，充分体现自然情趣。

2. 服务设施的建设不得破坏国家森林公园的自然景观，并与周围自然景观相协调。

3. 根据游客规模预测，确定旅游床位和旅游服务设施的面积，并考虑今后因旅游业的发展，进行扩建的可能性。

4. 服务设施在设计上要求使用多功能性，室内外空间相互渗透，同时排除对环境的污染。

（二）建设规划

四、道路交通规划

（一）交通设施现状

（二）规划原则

1. 提高园内道路的等级和通行能力，满足森林旅游要求。

2. 内部交通网络的组织，要有利于景观资源保护和旅游路线组织，创造畅通、安全、便捷、舒适、无（低）公害的交通条件。

3. 道路路网系统布设，应在满足旅游服务的同时，兼顾营林、防火、生产、管理与生活等方面的需要。

4. 充分合理地利用现有道路；新建道路应做好方案比选，达到技术上可行、经济上合理，不占或少占林地和农地。

5. 道路开设应避免穿越不良地质地段；道路线形、走向、绿化及配套设施，力求顺其自然，服从景观要求；凡有碍景观的路段，应因地制宜加以解决；避免按一般公路标准大填大挖。

（三）规划要点

五、绿化美化规划

（一）规划原则与措施

1. 植物景观布局坚持以保护和利用为主，改造为辅的原则。

2. 在景区、景点美化上，坚持因地因景制宜、适地适树和植被多样化原则，通过疏伐、补植等措施，增加花果、色叶、芳香类植物，进行美化和香化，为国家森林公园增添艳色。

3. 通过林相改造，绿化美化，突出林相、季相、林层、林冠轮廓和森林整体结构景观效果，提供不同植被群落多姿多彩的观赏内容，提高森林景观质量。

4. 本着以景区为重点，点、线、面相结合的原则，进行植物的合理配置。

5. 适当引进名贵、观赏价值高的树种，实行乔、灌、藤、草相互搭配，形成乔木、灌丛、攀援、地被植物相互镶嵌的复层森林群落景观，力求一年四季景色宜人。

6. 在核心区以外的其他林地，对于生长不良且无景观价值的残次林，或由于景观单调而切实需要调整的林分，可适当进行改造，改造后的景观应与总体相协调。

（二）景区、景点植物景观规划

1. 面上绿化。

2. 道路沿线绿化。

3. 主要景区景点的绿化。

六、给排水规划

（一）现状

（二）规划原则

1. 生活用水采用自来水、井水、泉水多种方式供水。泉水需经必要的处理，使之符合用水标准后，以经济合理的输配方式输送到各用水点。

2. 采用分点、分区的方式供水，在具备条件的情况下可以联网。本着经济合理、因地制宜的建设方针，近、远期给水系统统一考虑，并留有发展余地。

3. 保持景区内环境卫生，确保游人与居民的健康。排水采用雨污分流制，雨水尽量考虑蓄水、利用，建筑物附近应设雨水截流沟。生活污水采用分散与集中，近、远相结合的方式，经过一至二级处理后，就近排入水体。

4. 景区内厕所均为水厕。污水经过处理后慎重排放，以免污染环境。

5. 给排水设施寿命较长，近、远期统一规划的原则。

（三）用水量与污水量计算指标

七、供电规划

（一）现状

（二）规划原则

1. 充分利用现有电源，节约投资。

2. 尽量采用暗线供电，线路敷设力求做到既不影响国家森林公园美观，又便于维修。

3. 主要景区配备柴油发电机组作为备用电源。

（三）供电规划

1. 各旅游功能分区的电力设施应纳入上杭县电力系统统一规划，各旅游功能分区的用电计划，应纳入上杭县电力部门的统筹管理。

2. 在景区中部建一座变电站向各景点供电。

八、邮政、通讯系统规划

（一）现状

（二）规划原则

1. 适应国家森林公园发展和通讯需要，有利于景观保护。

2. 合理组织对外通讯网络，力争做到技术合理，投资节约，安全可靠。

3. 景区内通讯不得架设明线，宜采用隐蔽工程。

4. 邮政设施应起到点景、美景的作用。

5. 园内禁鸣高音喇叭。

（三）邮政规划

（四）通讯规划

九、保护工程规划

（一）保护目标

（二）保护原则

1. 国家森林公园建设应立足于可持续发展，要从实际出发，结合本地区特点进行规划设计。

2. 建立国家森林公园保护规章制度和条例，做好国家森林公园周边居民和游客的宣传工作，以保证保护工作的顺利开展。

3. 国家森林公园内不得兴建产生“三废”的企业，不得在风景点附近开山采石，不得随意砍伐林木。

4. 建立公园环境卫生管理机构，负责园内污水、垃圾、废物的排放管理和厕所的清理。

（三）保护措施

1. 森林资源保护。包括森林防火、森林病虫害防治。

2. 野生动物资源保护。

3. 景观资源保护。

4. 生态环境保护。

5. 水源及土壤保护。

6. 安全保护。

十、环境卫生保护

第五节　游览线路组织

一、游览方式选择

游览方式选择受国家森林公园特点、交通、游客年龄、性别、身体健康状况、爱好等因素的影响，应结合国家森林公园的特点进行设计。考虑到国家森林公园地处面积大、范围广，交通便捷，游客多样，年龄层次不一，集生态旅游、文化旅游、寻根旅游、朝圣旅游、健身旅游、观光旅游等多种性质，游览方式应相对灵活，不拘一格，主要可采取步行、坐轿、乘车三种形式。针对景观资源特点，对各种游览方式进行合理组合，形成丰富多彩的游览内容。游客可根据自身特点，选择适宜的游览方式。

二、游览线路组织

结合国家森林公园特点，经综合分析，共组织朝圣健身游、寻根觅祖游、康乐游、观光休闲游等 4 条旅游线路。

第六节　营销策略规划

一、产品组合策略

包括旅游纪念品、旅游工艺产品、旅游食品等。

二、价格策略

在国家森林公园建设初期，应制定相对低的价格，以吸引游客；旅游产品进入成熟期后，可适当提高旅游价格，并加大营销力度；旅游淡季应调低价格，旅游旺季可提高价格；另外，还可采用心理定价（整数定价、非整数定价、招徕定价）、折扣定价（数量折扣、付款折扣）等价格策略，并根据市场状况及时做出调整。

三、促销策略

包括广告宣传、科普宣传、保护宣传等。

第七节　保证体系建设

一、管理体系

在国家森林公园建设过程中，要建立健全管理体系，明确职责范围，确定管理目标。国家森林公园实行主要领导目标责任制，实行经理任期目标负责制，由经理全权负责，统一指挥，统筹安排，所属经营单位各负其责，密切配合，搞好规划设计方案的实施和旅游服务活动。管理体系构成：经理→副经理→业务主办→服务部→职员。

二、技术体系

技术体系是改善服务质量，提高旅游效益的技术保证。其重点是森林旅游中的导游、游憩、游乐、餐饮和客房等服务技术。通过理论学习、技术培训、经验交流，强化旅游技术管理，改善服务质量，以吸引更多的游客前来国家森林公园游览。技术体系构成：导游→游憩→游乐→餐饮→客房。

三、时间体系

时间体系是管理、技术在时间序列上的分布。它包括计划阶段、执行阶段、检查阶段、总结阶段。

四、管理体制

国家森林公园建设涉及上杭县、旅游局、林业局、土地局、交通局、建设局、园林局等多个部门，本着“总体规划、一园多制、统一管理、分区经营、梯级开发、利益共享”的原则，引入现代企业管理办法，理顺各方面关系，建立具有较强竞争能力的、符合国家森林公园特点的、适应性强的管理体制，以及灵活多变的运营机制，以期获得较佳的经营成效。

第八节　建设顺序与目标

在对实际情况进行分析的基础上，可确定国家森林公园建设期限，如分为近期、中期、远期。并制定三个时期的目标。

第六章　投资估算与效益分析

一、投资估算

包括估算范围、项目总投资、资金来源。

二、效益分析

第七章　项目评价

第一节　经济效益评价

一、项目收入估算

（一）估算范围和依据

（二）估算指标

（三）估算结果

二、项目成本估算

（一）估算指标

（二）可变成本估算

（三）经营成本估算

三、税金及附加费估算

四、利润估算

五、项目分析

六、敏感性分析

重点选取营业收入和经营成本两项加以分析，使决策者了解不确定因素对项目评价的影响，确定不确定因素变化的临界值，以便更好地采取防范措施。

第二节　生态效益评价

一、有利于改善和保护国家森林公园的生态环境

二、有利于提高森林旅游质量

三、有利于生物多样性的保护

四、有效地防止环境污染和环境破坏

第三节　社会效益评价

第四节　项目总评价

在对建立国家森林公园的各个相关条件、问题、事项，进行了综合性的可行性分析后得出对该项目得总评价。

附件一　主要植物名录

附国家级、省重点保护植物名称数量及分布情况表

附录二　主要野生动物资源名录

附件三　上杭国家森林公园规划各景区经纬度一览表

实例八　龙岩国家森林公园的总体设计（节选）

第1章　基本情况

1.1　地理位置

龙岩市新罗区位于福建省西南部，东临厦门、漳州、泉州，南接广东潮州、汕头、梅州，西连江西赣州，北靠三明。地理坐标：东经116°40′29″～117°20′00″，北纬24°47′02″～25°35′22″。南北长60km，东西宽45km，总面积7783.6hm^2。

1.2　自然条件

1.2.1　地质地貌

国家森林公园境内地质构造复杂多样，主要有华夏系、新华夏系和东西向等地质构造体系，除褶皱构造广泛分布外，断裂构造十分复杂，从而形成了众多雄秀奇险的自然景观。各时代的地层均有发育，出露完整，其中古生代地层分布尤为广泛。早期剧烈的岩浆活动带来了岩浆的喷射和侵入，形成酸性岩、中性岩、基性岩、泥质岩、砂质岩、灰岩等六大类岩浆岩。矿藏有无烟煤、铁、钨、锰、铅、锌、稀土、高岭土等。北部的玳瑁山、中西部的采眉岭、东南部的博平岭与万安溪、雁石溪形成了“三山夹二谷”的骨架地形。最高峰黄连盂海拔1815.2m，平均海拔685m。

1.2.2　气候条件

国家森林公园属亚热带季风气候。年平均气温18℃，最热月（7月）平均气温25℃，最冷月（1月）平均气温9℃。

1.2.3　水文条件

境内主要有万安溪、雁石溪、富溪、天水溪、圣溪等河流，另有梅花湖、三青湖、柳月湖、碧澄湖等人工湖。地下水类型主要为碳酸岩裂隙溶洞水，水量丰富，水质佳；其次为基岩裂隙水，水质尚可。

1.2.4　土壤条件

园内主要有红壤、水化红壤、暗红壤、粗骨性红壤、黄红壤、黄壤、粗骨性黄壤、山地草甸等土壤类型。其中红壤类占77%，黄壤类占33%。土壤pH值4～5，呈酸性反应。

1.2.5　生物资源

国家森林公园植物资源丰富，植被类型有7种类型10个群系纲90个群系174个群丛。植物172科676属1490种。

境内动物区系属东洋界华南区与华中区过渡地带，动物区系以各种热带-亚热带成分为主，并渗入古北界动物成分。据调查，境内共有陆生脊椎动物27目73科326种，此外，尚有鱼类14科68种，无脊椎动物2000种。

1.3　社会经济概况

国家森林公园所在地龙岩市新罗区土地总面积2685.6km^2，总人口45.4万人。改革开放后，新罗区国民经济稳步发展，经济实力明显增强，产业结构更趋合理，城乡居民收入稳步提高。1998年，新罗区被省政府列为全省10个宽裕型小康建设示范县（区）之一。

1.4　交通状况

龙岩市公路以漳龙高速、国道319线、205线、省道福三线为主干，向各乡（镇）辐射，形成公路网络。通往各乡（镇）的公路多为水泥或沥青路面，路况较好。

1.5　历史沿革

第2章　风景资源质量等级评定

2.1　风景资源质量评价

根据本次风景资源调查，境内现有景点177处。按等级分：其中Ⅰ级景点20处，Ⅱ级景点81处，Ⅲ级景点76处。风景资源评价如下。

2.1.1　群山巍峨雄伟

2.1.2　林海碧连天际

2.1.3　碧水娇柔清秀

2.1.4　岩洞绚丽多姿

2.1.5　季相五彩缤纷

2.1.6　气象异彩纷呈

2.1.7　岩石奇形怪状

2.1.8　民俗古迹深邃

2.2　环境质量评价

环境质量是反映国家森林公园开发利用价值的重要指标之一。一个山清水秀、鸟语花香、文物荟萃、寄情丝竹的优美环境，能吸引大量的海内外游客前来观光旅游。国家森林公园不仅具有迷人的自然、人文景观，而且具有优越的环境质量。具体表现为：气候宜人、空气清新、水质清洁、恬静幽雅。

2.3　旅游开发条件评价

1. 有利条件

主要包括区位优势、景观资源类型丰富、旅游服务基础设施较为完善、开发建设环境良好等方面。

2. 不利因素

主要是景点分散，内部交通较差；旅游资源特色不够鲜明，拳头产品少；旅游业对国民生产总值的贡献率低等。

2.4 风景资源质量等级评定

风景资源质量等级评定根据 GB/T18005 - 1999《中国国家森林公园风景资源质量等级评定》进行。国家森林公园风景资源质量等级评定分值满分为 50 分。其中 40 ~ 50 分为一级；30 ~ 39 分为二级；20 ~ 29 分为三级。

经评定，龙岩国家森林公园森林风景资源质量评价分值 21.05 分，国家森林公园区域环境质量评价分值 9.0 分，国家森林公园旅游开发利用条件评价分值 7.0 分，则国家森林公园风景资源综合分为 37.05 分，达到二级标准，说明国家森林公园资源价值和旅游价值较高，应当在保证其可持续发展的前提下，进行科学、合理的开发利用。

第 3 章　总体规划总则

3.1 规划原则

1. 重在保护，突出生态旅游，实现可持续发展的原则；
2. 合理布局，优势互补，主题突出，特色鲜明的原则；
3. 立足自然，侧重精品，以点带面，辐射全园的原则；
4. 提高品位，增加内涵，动静结合，雅俗共赏的原则；
5. 统一规划，合理布局，先易后难，分期建设，滚动发展，逐步完善的原则。

3.2 指导思想

按照龙岩市新罗区关于加快发展旅游业的总体要求，根据国家森林公园的自然地理条件、风景资源特点和旅游发展趋势，确定规划建设的指导思想是：遵循自然、社会、经济可持续发展战略目标，在有效保护、改善自然和环境资源以及合理开发旅游资源的前提下，以突出自然野趣、粗犷质朴为目标，因地制宜，适度开发，发展生态型、富有情趣的森林旅游项目，将规划地域建设成为风景独特、环境宜人、风格和谐、设施完善，在华东地区具有较大影响力的国家级国家森林公园。

3.3 规划依据

3.3.1 《中华人民共和国森林法》；

3.3.2 《中华人民共和国环境保护法》；

3.3.3 国家林业局颁布的《国家森林公园管理办法》；

3.3.4 LY/T5132 - 95《国家森林公园总体设计规范》；

3.3.5 国家旅游局《旅游发展管理暂行办法》；

3.3.6 GB50298 - 1999《风景名胜区规划规范》；

3.3.7 GB/T18005 - 1999《中国国家森林公园资源质量等级评定》；

3.3.8 《龙岩市新罗区国民经济和社会发展“十五”计划》；

3.3.9 《龙岩市新罗区旅游发展规划》;

3.3.10 《龙硿洞风景名胜区修建性详细规划》;

3.3.11 《龙岩市新罗区公路规划》;

3.3.12 《龙岩市新罗区发展建设规划》;

3.3.13 有关国家森林公园建设的会议纪要、请示函等文件。

3.4 公园定位

国家森林公园立足自然、面向社会,追求满足不同层次游客的需求。根据公园地理、自然、人文景观资源特点,确定公园性质为:以森林生态和环境保护为宗旨,以自然、人文景观为根本,集生态旅游、科考研究、土楼文化、红色旅游、观光休闲、健身探险与素质教育为一体的多功能国家级国家森林公园。

3.5 总体目标

3.5.1 生态环境优美,社会环境良好;

3.5.2 主题形象鲜明,知名度高;

3.5.3 接待设施完备,服务水平上乘;

3.5.4 森林旅游经济总量大,从业人员量足质高;

3.5.5 旅游科技先进,教育发达。

第4章 公园范围、分区规划与建设期

4.1 公园范围

4.2 分区规划

4.2.1 景区划分原则

4.2.1.1 维持现有森林、山水空间的完整性,保持区域的连续性;

4.2.1.2 注重构造景观效果,注重统一性、差异性和协调性;

4.2.1.3 分区主体鲜明,特色显著;

4.2.1.4 便于游览路线组织和基础服务设施设置;

4.2.1.5 有利于国家森林公园发展和景区合理开发;

4.2.1.6 国家森林公园行政及园务管理便捷高效。

4.2.2 景区划分

根据国家森林公园规划原则、建设指导思想、定位及风景资源分布特点,经综合分析,将国家森林公园划分为江山景区、龙硿洞景区、云顶景区、白沙景区、紫金山景区、富溪景区、莲台山景区、东肖景区、梅花湖景区、天宫山景区等10个景区,以及1条文物、胜地及游乐园观光专线。

第5章 总体布局、游览路线组织与旅游产品体系规划

5.1 总体布局

总体布局需综合考虑地域的相邻性、交通的通达性、资源的独特性、文化的传承性、产品的完整性、市场的针对性、发展的阶段性与区域的行政性,突出各景区的优势与特色,实现资

源互用、产品互补、客源互流、利益共享，应立足本地，联通周边，力求景观资源的合理利用与开发，使美学价值得到最大限度的发挥。为了创造品牌，扩大国家森林公园的影响，总体布局时，应重点树立“奇峰、异洞、碧林、秀瀑、名楼、红土地”景观精品。“奇峰”即睡美人，“异洞”即龙硿洞，“碧林”即境内碧连天际的天然阔叶林及毛竹林，“秀瀑”即千姿百态的瀑布，“名楼”即适中土楼，“红土地”即红色革命胜地。力争给游人最直接的印象，扩大影响力，提高国家森林公园的知名度。经调查规划，国家森林公园总有景点235处，其中现有景点177处，规划景点58处。

5.1.1 江山景区

5.1.1.1 石山园小区

包括黛山闻涛、碧竹丹枫、竹坞鸟语、动物天堂、梦幻山车、森林浴场、天梯、横山索道、野山茅舍、石山走廊、千米屏障、石山龙车、竹亭、舒亭、双亭桥、天一阁、极乐亭。

5.1.1.2 睡美人小区

包括公园牌楼、睡美人、古木逢春、兵工厂、红台、惜美雕塑。

5.1.2 龙硿洞景区

包括龙硿洞、龙硿牌楼、问龙小径、栖鸟坞、龙须瀑布、龙井、奇岩名木、龙亭。

5.1.3 云顶景区

包括茶岭神韵、云顶论茶、九天神龙、啸林瀑布、昭君踏雪、凌云索道、蓬莱轩、易水廊、对亭、沁芳亭、远山亭、净心亭、清尘庵。

5.1.4 白沙景区

包括漂流小区、三青湖小区。

5.1.5 紫金山景区

包括春秋果园、植物园、桫椤坳、紫金瀑布、紫金晴雪、亘古石柱、迷你水车、赤水风车、烟雨台、豁然天开亭、德辉亭、紫竹楼。

5.1.6 富溪景区

包括虎跃渡、富溪探秘、悠闲垂钓、温馨漂流、蓝池、求悠廊、亲水斋、降虎阁。

5.1.7 莲台山景区

包括莲台云雾、朝天神游、朝天寺、四仙论道、隐仙林、摘星亭、望天阁。

5.1.8 东肖景区

包括爱乡林、泻玉瀑布、森林野营、岚亭。

5.1.9 梅花湖景区

包括湖心乐园、天然猴园、白鹭角、鸳鸯戏水、梅湖渔人、冷水瀑布、湖光亭。

5.1.10 天宫山景区

5.1.11 文物、胜地及游乐园观光专线

包括适中土楼、古风楼、瑞云楼、石佛公、天后宫、龙门塔、闽西革命博物馆、毛泽东旧居、朱德旧居、后田暴动纪念馆、邓子恢纪念馆、郭滴人纪念馆、浮蔡温泉山庄、瑞华大观园。

5.2 旅游路线组织

旅游路线组织应根据旅游者的心理特征、空间行为规律，本着路线最短、效益最佳、组合

最合理的原则，充分利用本区特色资源，尽可能与园外景区相结合，形成区域旅游网络，达到优势互补，资源共享的目的。同时，应根据市场需要，组织各类专项旅游，适时调整旅游线路，以求最大限度地满足游客的要求。国家森林公园共组织一日游9条，二日游3条。

5.3 旅游产品体系规划

遵循市场原则，进行旅游产品体系规划，因人而异地开发出受游人喜爱的旅游产品。根据国家森林公园功能分区、景观资源特点及旅游发展趋势，拟推出七大旅游产品及六大旅游游精品。

第6章 环境容量估算和游客规模预测

6.1 环境容量估算

环境容量又称生态容量，是指在保证旅游资源环境质量不至于下降和生态环境不发生退化的条件下，一定时空范围内可容纳旅游者的数量与环境规模之间的适度量比关系。预测环境容量对于确定游客、建筑、交通、场地、水资源以及能源容量等具有重要的作用。与游客数相吻合的国家森林公园环境容量，称为合理环境容量或临界环境容量。

6.1.1 环境估算原则

6.1.1.1 生态效应准则，或称生态“忍耐性”准则，即环境容量不超过风景资源保存和环境质量保护的“忍耐度”；

6.1.1.2 游客需求准则，或称游客“快适性”准则。各景区均可为游客提供舒适的旅游环境；

6.1.1.3 经济效率准则，或称经济“盈利性准则”。指森林旅游经营者可从中获利。

6.1.2 估算方法

较常用的环境容量计算方法有地域面积法、卡口法和游道测算法等3种。

6.1.3 估算指标

6.1.4 环境容量估算

经估算，国家森林公园近期环境容量230.4万人次/年，远期环境容量326.7万人次/年。

6.2 游客规模预测

6.2.1 龙岩市旅游现状与分析

6.2.1.1 入境客源市场现状与分析；

6.2.1.2 境内客源市场现状与分析；

包括闽南金三角地区、福州与三明市以及省外游客；

6.2.1.3 游客行为、特征分析。

6.2.2 旅游客源市场的SWOT分析

根据SWOT（风险与机遇）分析原则（强项—弱项—机遇—威胁）对龙岩国家森林公园的客源市场进行分析。

表 5-5　国家森林公园客源市场格局

市场地位	市场分类	市场地区细分
主导市场—积极发展	境外	台、港、澳同胞、海外华人
基础市场—大力发展	境内	近程：主体市场—闽南金三角、潮洲、汕头、梅州、三明及周边地区 中程：重点市场—福州、赣州、瑞金、珠江三角洲 远程：潜在市场—长江三角洲 中远程：机会市场—商贸、博览、文化、展销及招商
补充市场—适度发展	境外	东南亚、欧美及台、港、澳入境旅游

6.2.3　目标客源市场格局（表 5-5）

6.2.4　游客规模预测

第 7 章　基础服务设施规划

7.1　接待服务设施规划

7.1.1　现状

7.1.2　规划原则

7.1.2.1　接待服务设施的建设标准应与游客构成相适应，高、中、低档相结合，满足不同消费水平游客的需求。

7.1.2.2　接待服务设施的建设不得破坏国家森林公园的景观，其体量、造型、色彩等应与周围环境相协调。

7.1.2.3　国家森林公园的接待服务设施建设，应以为游人服务为宗旨，突出国家森林公园的特色，游乐及购物应着重体现森林野趣、自然情趣和地方特色。

7.1.2.4　接待服务设施宜小不宜大、宜低不宜高、宜隐不宜露、宜疏不宜密，且具有地方特色。

7.1.3　布局和规模

7.1.3.1　住宿

7.1.3.2　餐饮、娱乐与购物

7.1.3.3　停车场

包括停车场用地面积、停车场布设。

7.1.3.4　车辆配置

7.1.3.5　公厕

7.2　道路交通规划

7.2.1　道路交通现状

国家森林公园的主干道路况较好，但次干道及游步道的质量普遍较差，不能满足国家森林公园发展需要。因此，国家森林公园道路规划的重点，是做好部分次干道及游步道的规划建设。

7.2.2　规划原则

7.2.2.1　提高园内次干道的等级和通行能力，满足森林旅游要求；

7.2.2.2　内部交通网络的组织，要有利于景观资源保护和旅游路线的组织，创造畅通、安全、便捷、舒适、无（低）公害的交通条件；

7.2.2.3　道路路网系统布设，应在满足旅游服务的同时，兼顾农业、水利、营林、防火、生产、管理与生活等方面的需要；

7.2.2.4　充分合理地利用现有道路。新建道路应做好方案比选，达到技术上可行、经济上合理，不占或少占林地和农地；

5. 道路开设应避免穿越不良地质地段；道路线形、走向、绿化及配套设施，力求顺其自然，服从景观要求；凡有碍景观的路段，应因地制宜加以解决；避免按一般公路标准大填大挖。

7.2.3　道路规划

国家森林公园道路分为主干道、次干道和游步道，在主干道的基础上放射出次干道和游步道，以满足森林旅游的需要。

7.3　给排水规划

7.3.1　现状

国家森林公园地下水类型主要为碳酸岩裂隙溶洞水，水质佳，水量丰富。市区供水能力10万吨。国家森林公园各景区水源主要为泉水或溪水。龙硿洞景区现有120m^{3}的高位水池一座，云顶景区现有100m^{3}及50m^{3}的高位水池各一座，富溪景区现有50m^{3}的高位水池一座，东肖景区现有120m^{3}的高位水池一座，瑞华大观园现有50m^{3}的高位水池一座，浮蔡温泉乐园饮用自来水。上述各景区污水经处理后外排，其余景区生活用水依地势高差排放。景区内的厕所为水厕或干厕，垃圾自然堆置处理。

7.3.2　规划原则

7.3.2.1　给水利用井水、泉水，经必要的处理，使之符合用水标准后，以经济合理的输配方式输送到各用水点；

7.3.2.2　采用分点、分区的方式供水。本着经济合理、因地制宜的建设方针，近、远期给水系统统一考虑，并留有发展余地；

7.3.2.3　保持景区内环境卫生，确保游人与居民的健康。排水采用雨污分流制。山地雨水自流排散。建筑物附近应设雨水截流沟。生活污水采用分散与集中，近、远相结合的方式，经过一至二级处理后，就近排入水体；

7.3.2.4　景区内厕所均为水厕，水厕要经过污水处理后慎重排放，以免污染环境；

7.3.2.5　景区内应设置垃圾处理系统，对生活垃圾进行处理，保证国家森林公园清洁卫生。

7.3.3　用水量与污水量计算

7.3.4　各景区给排水规划及工程数量

7.4　供电规划

7.4.1　现状

龙岩市统一由已并入华东电网的市电网供电，全区水电装机总容量6.3万kW，有35kV变电所15座，变电容量62950kVA。国家森林公园大部分景区已通电。江山景区石山园小区现有

30kVA 变压器 2 台，已用容量 30kVA；龙硿洞景区现有 50kVA 变压器 1 台，已用容量 40kVA；云顶景区现有 400kVA 的变压器 1 台，已用容量 40kVA；白沙景区的漂流小区可直接从白沙镇引电；富溪景区现有 200 kVA 变压器 1 台，已用容量 150 kVA；东肖景区现有 200 kVA 的变压器 1 台，已用容量 110kVA；梅花湖景区现有 100 kVA 变压器 1 台，已用容量 50kVA；紫金山景区、莲台山景区目前尚未通电。

7.4.2 规划原则

7.4.2.1 满足公园近期用电需要，并为远期发展预留容量；

7.4.2.2 充分利用现有电源，节约投资；

7.4.2.3 保证供电安全，线路铺设力求做到既不影响公园的美观，又便于维修；

7.4.2.4 主要景区 、接待点配备柴油发电机组作为自备电源；

7.4.2.5 变压器设置应能满足用电高峰期用电要求。

7.4.3 供电规划

包括主要负荷指标及用电量、电源、线路铺设。

7.5 邮政、通讯、电视系统规划

7.5.1 现状

龙岩市现有电话装机容量 20 万门，已装机 15 万门，电话普及率 38%。已开通程控电话、无线寻呼、移动电话等业务，可直拨世界 160 余个国家和地区。国家森林公园大部分景区已有直拨电话，但无线寻呼及手机信号普遍较差。各景区现有电话数量为：龙硿洞景区 2 部，云顶景区 2 部，富溪景区 3 部，东肖景区 3 部，梅花湖景区 2 部，江山景区、莲台山景区、紫金山景区、白沙景区、天宫山景区尚未通电话。云顶景区、白沙景区、紫金山景区、富溪景区、莲台山景区、东肖景区可接收到无线寻呼及手机信号。龙硿洞景区正在架设无线电差转台，开通无线寻呼及手机服务指日可待。龙硿洞景区、云顶景区、富溪景区、东肖景区、梅花湖景区架设有卫星天线，可接收 3～13 台电视节目。各主要景区日常邮件和报刊均由各乡（镇）邮递员呈送。

7.5.2 规划原则

适应公园发展和通讯需要，有利于景观保护；合理组织对外通讯网络，力争做到技术合理，投资节约，安全可靠；园内通往各景区的道路可作为邮路。

7.5.3 邮政规划

近期拟于江山景区的石山园小区、龙硿洞景区、云顶景区、富溪景区、东肖景区各设一处邮政代办点，远期于莲台山景区、梅花湖景区各设一处邮政代办点。紫金山景区、白水景区不做规划。

7.5.4 通讯规划

拟于各景区增设普通电话及 IC 卡电话，并在江山景区、梅花湖和文物胜地及游乐园专线等无线寻呼及手机服务幽闭区开通此项服务，使国家森林公园不仅拥有足够数量的公用电话，而且各景区均达到无线寻呼及手机信号的无缝隙覆盖。经测算，国家森林公园近期需增设电话 195 部，远期需增设电话 124 部。

7.5.5 电视系统规划

电视系统规划主要针对各接待点进行。规划近、远期分别在江山景区的石山园小区、莲台山景区和梅花湖景区架设无线差转台，接收卫星电视信号，以便于游人收看。

第8章　绿化美化规划

8.1　规划原则与措施

为了提高森林景观观赏价值，园内森林经营应转向风景林经营。依据树种的生物学特性，积极调整森林结构，进行林分改造，改善风景质量，以提高可览度。

8.2　景区、景点植物景观规划

包括面上绿化、线上绿化和点的绿化。

第9章　保护工程规划

9.1　环境现状

9.1.1　园内植被茂密，森林覆盖率87.3%，森林植被保存较好，基本上无乱砍滥伐现象；

9.1.2　空气中SO_2、CO_2、烟尘、工业粉尘、六价铬、细菌的含量小，空气清新；

9.1.3　园内水资源丰富，泉水甘甜，水质无污染或少污染；

9.1.4　园内环境幽雅，无噪声污染；

9.1.5　园内人口密度294人/km^2，人为活动强度较强；农药、化肥的使用量一般，但基本上无生活、工业废水及其他污染源；

9.1.6　主、次干道边森林景观较为单调，质量欠佳。

9.2　保护目标

9.2.1　大气总悬浮微粒（F、S、P）、SO_2、NO_X等环境质量指标均达到GB3095－1996Ⅰ级标准；

9.2.2　水质达到GHZRI-1999《地面水环境质量标准》Ⅱ级标准；

9.2.3　园内噪声低于55dB，交通噪声控制在60dB以内；

9.2.4　农药用量、生活垃圾、水土流失、工业废水均控制在规定的范围内；

9.2.5　2005年园内森林覆盖率达到90%以上。

9.3　保护原则

9.3.1　国家森林公园建设应立足于可持续发展，要从实际出发，结合本地区特点进行设计；

9.3.2　保护工程设施必须坚固、适用，并与周围景观相协调，起到点景、美景作用；

9.3.3　建立国家森林公园保护规章制度和条例，做好国家森林公园周边居民和游客的宣传工作，以保证保护工作的顺利开展；

9.3.4　森林公园内不得兴建产生“三废”的企业，不得在风景点附近开山采石，不得随意砍伐林木；

9.3.5　建立公园环境卫生管理机构，负责园内污水、垃圾、废物的排放管理和厕所的清理。

9.4 保护措施

9.4.1 森林资源保护

包括森林防火、森林病虫害防治、野生动物资源保护。

9.4.2 环境质量保护

包括大气保护、水源及土壤保护、环境卫生、噪声控制。

9.4.3 景区及古迹保护

9.4.3.1 严格控制各景点的游客数量，确保其不超出环境容量；在各文物或景点周围划出一定的范围作为保护区，加大保护力度；

9.4.3.2 遵循“修旧如旧”的原则，对部分损坏的文物、景点进行修缮，增加可览性；

9.4.3.3 古迹保护区周围除了必要的游步道及安全防护设施外，不得增设其他人为设施；

9.4.3.4 严禁机动车驶入史迹保护区；在开发过程中应尽量避免旅游对当地居民的冲击，保护当地居民的传统文化和生活方式；

9.4.3.5 高压线、电讯干线等设施不宜通过风景保护区，确实无法避开的，应注意隐藏；

9.4.3.6 园内不建与旅游无关的工业企业，原有的工业企业要逐步搬迁或改变产品性质；为旅游服务的加工、食品、手工艺工业等厂房要布置在不妨碍游览的地区；

9.4.3.7 各景区、主干道两侧，避免开山炸石，避免兴建各类煤矿、水泥厂房，对于有碍游人视线，破坏景观的已建厂房，要下决心关、停、并、转。

9.4.4 旅游安全保护

9.4.4.1 设置必要的指示牌、提示牌等导游标志，免费为游客提供导游图、景点介绍等资料，既可提高公园的知名度，又可提高游览效果，避免迷失方向；

9.4.4.2 各种游人集中且容易发生跌落、淹溺等人身事故的场所，地形险要的游道，均应设置安全防护设施；

9.4.4.3 各种游人活动较频繁，且边缘临空高差超过1m的场所，均应设置护栏设施；

9.4.4.4 各种装饰性、示意性和安全防护性的构造物，严禁采用锐角、利刺等形式；

9.4.4.5 充分发挥现有林业派出所的作用，在各景区设置治安岗亭，组建联防；

9.4.4.6 负责治安管理和救护工作，防患于未然；

9.4.4.7 在江山景区石山园小区、龙硿洞景区、梅花湖景区各设一处医务室，配备必要的医疗器械及药品，以应付各种突发事件。

第10章 宣传促销规划

10.1 广告宣传

广告宣传有电视广告、广播广告、文字广告、网络、广告牌等形式。广告宣传是最常见、最有效的促销方式之一。利用传统和现代的通讯和传媒工具，有针对性地向游客介绍国家森林公园的特色旅游项目，加深游人对国家森林公园的感性认识，以期获得良好的促销作用。

10.2 科普宣传

科普宣传是通过观赏、展示、介绍、解说等方式，向游客宣传各种林业科普知识，以揭示国家森林公园的自然奥妙，让游客加深对自然界的认识，进一步理解森林资源的奇特性和脆弱性，增强其护林意识。

10.3　保护宣传

保护宣传包括旅游安全宣传、景观资源保护宣传、公园环境保护宣传等。其主要方式有标语、录像、警示碑、广播图片等。

10.4　宣传促销措施

为了塑造国家森林公园旅游形象，必须充分利用种种形象传播方式，广泛开辟公共关系途径，精心策划旅游形象推广活动，有效运用市场促销手段。旅游形象推广的重点是通过调查研究，适时寻找公众利益的切入点，及时加以引导，造成声势。

第11章　保证体系建设

11.1　保证体系

包括管理体系、技术体系、时间体系。

11.2　管理机构

11.2.1　管理体制

11.2.2　组织机构

11.2.3　人员编制

11.3　职工培训

第12章　投资估算与效益分析

12.1　投资估算

12.1.1　估算范围

12.1.2　估算依据

12.1.3　项目总投资

12.1.4　资金来源

12.2　效益分析

12.2.1　经济效益

包括建设投资构成、经营收入与可变成本、财务盈利能力分析、敏感性分析等。

12.2.2　生态效益

12.2.3　社会效益

12.3　项目总评价

龙岩国家森林公园总体设计，在进行全面、深入、细致的外业调查的基础上，以森林生态和水源保护为宗旨，充分利用公园自然景观及人文景观优势，立足自然，强调原始古朴，通过合理布局、科学分区、因地制宜地设置各种旅游基础服务设施，布设最佳游道，合理组织旅游线路，使公园建设具有科学性、超前性和可操作性，可取得较佳的社会、生态、经济效益。因此，本总体设计方案是可行的。

第13章　实施意见

13.1　实施可持续发展战略，正确处理开发与保护的关系

13.2　政府主导、市场导向

13.3　密切合作，协力共建

13.4　广筹资金，确保效益

13.5　强化内部管理，提高接待能力

13.6　统筹规划，分期实施

附件1：林场发［2000］698号《国家林业局同意建立龙岩国家森林公园的批复》；

附件2：闽林［2001］场2号《福建省林业厅关于转发国家林业局同意建立龙岩国家森林公园的通知》；

附图：龙岩国家森林公园总体规划图。

第六章　国家森林公园风景林建设与管理

第一节　风景林造景因素分析

森林，乃国家森林公园之本。没有像样的森林，就不是名副其实的国家森林公园。森林包括乔木、灌木、草本和低等植物，以及野生动物、微生物等生物及与环境相互作用的生态系统。构成多种多样、五彩缤纷的风景林造景因素，主要有以下几个方面。

（1）森林之幽深。幽是绿色植物首要的造景功能。所谓“幽”的含义：一是“深”意，森林茂密，给人以幽深之感，若配以峡谷，可组成幽谷景观；二是“暗”意，植物以其葱郁的形象，给人以幽暗之感；三是“静”意，植物通过其生长空间，给人以幽静、幽雅、静谧之美感。总之，森林植物的造幽特性，能给游人以幽深、幽静、幽雅等美感。

（2）森林的翠绿。翠是绿色植物的第二个造景功能，可给人以翠微之感。所谓“翠”，即指春绿色。这种色相给人以翠绿、翠美的自然感受。游人进入树木森森的环境，更会有一种山岚青翠之美感。

（3）森林之形态。森林中的植物、动物，种类繁多，各具形态，可以说是千姿百态，风格殊异。因此，具有独特的观赏价值。以形论，植物有挺拔雄健、低矮多姿之分。动物有飞禽走兽、两栖水生之别；以花论，有色、香、姿、韵之异；以叶论，有单、复、全、裂、针、阔之状；以果论，既有干、浆、翅、角、蒴之类，又有圆、扁、线、串之形。植物的千奇万异形态，除自然生成外，还可通过人工培育，创造出五花八门的奇态，增加其价值，如各种盆景、根雕艺术。美国植物造型家亚瑟·阿兰特森，曾倾注40多年心血，营造培育了加利福尼亚州硅谷中的一片森林，创造了67种造型奇特的树景，宛若演技绝妙的“艺人”，表演着奇妙的“舞蹈”，已成为当今世界上不可多得的造型树园。

（4）森林的色彩。色是指森林中的动植物，其皮毛和茎、叶、花、果，都有不同的颜色，可给人以种种的色彩美之感。绿色，是森林环境最基本的色彩。绿，是生命之色。绿色植物对于人的心理和生理作用，以及这些作用对游人健康的影响，是衡量其美感价值的重要方面。绿色环境，能引起人们愉悦的心情，并使之休息良好而保持旺盛的精力。高等植物中的叶绿素 a、叶绿素 b，是绿色色素的铸造者，类胡萝卜素、类黄酮、花青素、助色素，是形成花、叶、果的黄、红、蓝、紫、白诸色的造色素。这些色素的相互调和，构成了自然界五彩缤纷的色彩美，以及一些特殊的色相景观。如黄栌、火炬树、枫树、柿树、盐肤木、乌桕等树木的红叶景观，对游人有极大的吸引力。

（5）森林之香味。香是植物的另一种特性。它的茎、叶、花、果，能散发出一种诱人的香味。这些香味，以浓度分有清香、浅香、浓香等；以发出部位分，有叶香、花香、果香、皮香、木质香等。许多森林植物都以“香”命名，它们以不同的香味，给人以味觉美，使游人既能尝香，又能闻香，引诱力颇大。这些香料植物，既有观赏吸引功能，又有开发加工，制作旅游商品，满足游人购物的价值。

（6）森林的古老。某些乔木树种生命之长，可达几百年、几千年，民间有“千年之柏，万年古松”之说。人们称其为古树名木，不仅具有记录时代、指示环境特征的历史文物和科学研究价值，而且是旅游的重要观赏对象。其观赏价值在于：越古吸引力越大，越有保护价值和研究价值；形态奇异，老态龙钟，高大雄伟，粗若巨柱，苍干虬曲，心空叶茂。如陕西楼观台国家森林公园的古银杏、老子“系牛柏”、“九老柏”等，树龄约2000余年。福州国家森林公园的古榕树、嵩山国家森林公园嵩阳书院的“将军柏”、泰山国家森林公园五松亭旁的“五大夫松”、安徽琅琊山国家森林公园的欧阳修栽种的古梅、陕西黄帝陵庙内的“轩辕柏”（树龄4000多年，树高20m多，干围10m，素有“世界柏树之父”的美称；西藏林芝地区距八一镇8km处的柏树王园林中有一巨柏，胸径达5m，树高50m，树龄2500多年，十分壮观）、汉武帝“挂甲柏”以及许多国家森林公园的“唐槐”、“汉柏”、“隋梅”等，大都由名人所植，具有许多典故和传说，知名度极高，更增添了吸引游人的奇特魅力。

（7）森林之奇特。许多国家森林公园中的奇树、奇花、奇草、奇兽、奇鸟，给游人提供了猎奇寻秘的机遇，对青少年具有极大的诱惑力。福建九龙江一带有一种橘树，一年四季开花、结果，在同一株树上，既有花、幼果，也有熟果，每隔7~8天可采摘一次。陕西省南宫山国家森林公园弘一庙旁崖畔有株千年高山栎，曾三次佯死而复生，树上长树，有8种14株不同的树合生一体，十分奇妙。干旱、半干旱地区的沙棘，可制醋。新疆、甘肃、青海戈壁滩的胡杨，破皮后可溢出碱，能加工肥皂，代替苏打蒸馍。云南西双版纳有会流油的树——布罗香，傣族用其点灯照明，防腐防蝗。这里还有一种会流血的树，当地人称“血树走利马”。临沧县有一种白菜树，只有一腿高，手臂粗，一株可生3~4个比排球大的白菜，且随砍随生。黑龙江、吉林边界地区的木盐树，夏天树干能凝结洁白的盐霜，可以食用，质量与上等盐无异。还有熊猫、金丝猴、羚牛等珍稀动物，都极为诱人。它们在自然界虽是少数代表，但可以奇取胜。

第二节　风景林培育的基本原则

国家森林公园必须依据《森林法》的有关规定，按照风景林的培育目的、经营方向和风景特点，并遵循以下基本原则经营培育。

一、转变森林经营思想

依据《森林法》第四条之规定，国家森林公园内的乔、灌木林，均属特种用途林，包括风景林、环境保护林、名胜古迹和革命纪念地的林木。应依法实行定向培育，科学经营。

培育、经营、管理风景林，是森林景观建设的重要任务。国有林场由长期以木材为中心的单一林业生产，转向建设国家森林公园，发展森林旅游，首要的是在经营思想、传统观念上，来个彻底转变。过去，对森林、树木价值的认识，是以木材产量、质量为标准。现在，则应从是否适宜观赏来认识，看其美学观赏价值如何。过去，从经营培育用材林出发，灌木林应改造为乔木林，阔叶树要更新栽植针叶树，疏林要补植改造为密林。现在，从经营培育风景林考虑，这种灌改乔、阔改针、疏改密的技术措施，已完全不适用了。因为，从森林所具有的形态美、风采美、色彩美、珍稀美、寓意美、翠绿美等美学特征来说，许多灌木是良好的观赏花木，如北方的山桃、月季、丁香、迎春、牡丹、黄蔷薇、连翘、棣棠、黄栌、盐肤木等，南方的杜鹃、山茶、桂花、梅花、素馨、竹子等，都是很好的观花观叶植物；阔叶树种类繁多，可以形成五彩缤纷的春百花、夏绿荫、秋红叶景观，它比四季常青、色调单一的松柏景观，更适宜于人们游览、观赏；疏林地，残留树木稀疏不均，低矮冠大，干形弯曲，千姿百态，疏林、草地兼有，适宜开展多种游憩、森林浴等旅游活动。

二、坚持以营林为基础的方针

营造森林，是我国林业建设的基础。我们要把培育、保护森林作为一切林业建设最基本的工作，把森林利用放在营林的基础上。这一基本的指导思想，同样适用于国家森林公园建设。因此，在《森林法》中概括了我国林业建设的基本经验，规定了“林业建设实行以营林为基础，普遍护林，大力造林，采育结合，永续利用的方针”。

如果说山是国家森林公园的骨骼，水是眉眼，则森林植被就是锦衣。没有秀丽壮观的森林景观，也就不成其为国家森林公园。因此，国家森林公园经营管理机构，必须坚持以营林为基础，摆正营林工作的位置，要在投资方向、组织管理、人员配备等方面，体现以营林为基础的方针，全力搞好森林保护，大力营造、培育森林景观，以林兴旅，林旅结合，以园养场，持续发展。张家界国家森林公园管理处下设营林科，有职工 260 人，占全园职工总数的 21.7%，常年从事营林工作。楼观台国家森林公园管理处森林旅游服务公司，下设园林绿化队，专司护林、造林等营林工作。

三、调整林种划分和年森林采伐限额

我国绝大多数国家森林公园在未建立之前，曾进行了二类森林资源调查，按传统林业的经营要求，划分了用材林、防护林、经济林，没有或少有风景林，并编制了森林经营方案，报批了年森林采伐限额。在建立国家森林公园之后，应当调整林种划分，重新测算年森林采伐限额。在国家森林公园范围内，除林业生产经营区外，森林旅游区内的所有森林，包括灌木、疏林，均属风景林，必须按风景林进行经营，停止以生产木材为目的的采伐，因地制宜地进行以改善森林景观为目的的卫生择伐、林相改造、景象抚育和更新改造。

四、按照功能分区实施营林措施

在国家森林公园内，要依照总体规划设计的功能分区，按各地段功能上的差别，合理安排土地利用，采取不同的营林技术措施，进行科学经营。国家森林公园功能分区，一般包括自然风光游览区、人文景物游览区、科学考察实验区、疗养度假区、游憩娱乐区、野营烧烤区、森林狩猎区、接待服务区、公园管理区以及农副业生产区、林业生产经营区、居民区等。各功能分区的人工建筑物，宜采取大集中、小分散的布局原则，使其掩映或隔离于绿色植物之中，做到隐而不露。一切建筑的风格、色彩、体量、层次，要力求与森林环境和人文景物协调一致，为自然景观增色。

在各功能分区，应采取多种营林措施，选择适宜的树种、草种、花种，营造色彩丰富的风景林，改善现有森林景观，使国家森林公园处处保持着良好的森林环境。

第三节　国家森林公园风景林营林技术体系

风景林是以各种乔木、灌木、藤本和草本植物相互组合而成绚丽多姿、四季各异的森林景观。国家森林公园风景林营林技术体系主要包括：

一、风景林的空间配置

国家森林公园的风景林空间配置，要掌握的基本原则：①力求多样化。不同类型的风景林，不规则地交替出现，可给游人以“步移景易”的感受；②保持一定的透视景深。密度过大的森林，难以透视，常使人看不到森林景观的全貌，感到单调和压抑。在旅游道路沿线及重要景点周围，配置稀疏型、水平郁闭型、空旷型林草，可以把不同类型的风景林，有序地分为几个层次，形成层层叠叠、变化无穷的景色；③巧用对景、造景、障景和隔景的手法，合理配置风景林，使之互相烘托，互为陪衬，并有适度的透视线，互相透视，或以密林适当遮障、分隔，掩蔽有碍观瞻的生产、生活和服务设施。使游人在“曲幻含蓄”的意境中，漫步寻幽揽胜。

二、风景林的类型划分

从国家森林公园建设多年来的实践经验和有关研究资料看，依据风景林的外貌特征、层次结构、旅游功能、环境作用等因素，风景林可划分为以下 7 个类型：

（一）水平郁闭型

多系天然或人工营造的单层同龄纯林或混交林，形成水平郁闭状态的风景林相。

（二）垂直郁闭型

为多树种组成的天然异龄复层混交林，高大乔木、小乔木、灌木及藤本植物，相互组成垂直郁闭状态的风景林相。

（三）密集型

林木密度大，郁闭度在 0.7 以上的针叶、阔叶或针阔叶混交林，景色单一或丰富多彩，但透视差的风景林。

（四）稀疏型

林木稀疏，郁闭度在 0.3 以下的针阔叶疏林、灌丛，形成透视良好的风景林。

（五）园林型

多为各类旅游设施庭院，人工培植而成。由多种乔木、灌木、花卉、草类、藤本植物相互组合，配以适量的园林建筑小品，四季常青，三季有花，环境优美的风景林。

（六）空旷型

是天然形成的林中空地、草坡，有零星的乔木、灌丛分布，视野空旷，地势开阔的风景林，宜于开展各种游憩、野营、野餐、烧烤等活动。

（七）草地草坪型

以草本植物为主体形成的风景林，生长茂密，覆盖度大，生命力强，耐践踏，耐刈割。草地，由天然草本植物群落组成，种群复杂，稍加人为管理即可。草坪，系人工栽植的以禾本科草类为主，需要经常修剪，集约经营，平均高度不超过10 cm。在美化环境、保持水土、净化空气、吸滞灰尘等方面，具有十分显著的作用。

这些风景林类型，在国家森林公园地域空间上，常与山脉水系结合，相互交错，以规模不同的片、团、带、网、点等形式，展现其风采。在一些中高山地带的国家森林公园，森林植物受地形、气候、土壤等环境因素的影响，形成不同的垂直景观带谱。如陕西太白山国家森林公园，海拔640～3511m，自下而上分布有：栓皮栎侧柏景观林带、松栎景观林带、红桦景观林带、冷杉景观林带、落叶松景观林带、高山灌丛草甸景观林带。

三、风景林造林树种的选择

国家森林公园营造风景林，首要的是合理选择造林树种，除了适地适树、生长迅速、适应性强、能抗病虫、树形美观等一般原则外，要妥善处理好乡土树种与外来树种、常绿针叶树与落叶阔叶树的比例关系，选好主调树种和基调树种，并注意在树形、冠形、叶色、花型、花色、花期等方面，按照森林美学理论，合理配植，做到观形、观叶、观花、观果植物结合，延长观赏期，以求得到更佳的景观效果。

以乡土树种为主，适当引进外来优良树种。因为，乡土树种是地带植被的主要组成，具有最优的适应性能和抗拒各种自然灾害的能力，可充分体现当地的自然特色。适当引进外来优良树种，有利于丰富国家森林公园的植物种群，使森林风景更加多样化。

常绿针叶树，高大雄伟，四季常青，在名胜古迹、纪念性景点大量种植，体现出庄严肃穆、万古常青的氛围。但整个国家森林公园全为松柏，也并非上策。百里青松，虽然壮观，但缺少四季变化，没有繁花似锦的季节，景色单一，又难以招引鸟兽，加之浓荫少光，常使人感到压抑。落叶阔叶树，虽不能四季常青，冬天景象萧条，但其观赏价值是常绿针叶树难以达到的。如早春嫩绿，有先叶或后叶开花的生态习性，呈现出百花争艳的绚丽景色；夏日炎炎，能提供绿荫；秋季，霜林红叶，果实清香；严冬落叶，阳光通透，有利于招引鸟兽，可给游人提供观叶、观花、观果的旅游季节。

主调树种，是国家森林公园的骨干树种，有突出景区、景点特征的作用；基调树种，又叫配合树种或混交树种，使全园或景区具有统一的风格。国家森林公园营造风景林，应按照景区、景点的旅游功能和树种的生物学特性，科学地选好主调树种和基调树种。可以选用一种或几种树，使国家森林公园达到统一中求变化，变化中有统一的观赏效果。

四、风景林中的观赏植物资源

我国森林植物种类繁多，许多植物往往具有主导观赏特征。据统计，我国有高等植物3.2万多种，其中种子植物301科2900属24550种，仅木本植物就有7500多种，其中乔木2000多种，中国被西方人士称为“园林之国”。陕西秦岭林区有种子植物3500种，仅观赏植物就有900多种，约占1/4，其中观花植物约400种以上，如报春花、杜鹃花、龙胆花被誉为“秦岭三大名花”；观叶植物245种（常绿观叶植物175种，落叶观叶植物70种）；观果植物150～200种；观形植物约70多种；藤本观赏植物70种以上；水生观赏植物20多种。

我国人民素有育花、赏花的历史传统。3000多年前，已开始栽培菊花，迄今已达3000多种。不仅有“岁寒三友（松、竹、梅）”、“四君子（梅、兰、竹、菊）”、“花草四雅（兰、菊、水仙、菖蒲）”和“园中三杰（玫瑰、蔷薇、月季）”等雅称花卉，而且还有千年以上栽培历史的十大名花。现将其花名、誉称、栽培历史、主要产地列举如下（表6-1）。

我国花卉种类繁多，花姿艳丽多彩。云南的报春花，占世界总数的36.7%。台湾的蝴蝶兰，被第三届国际花卉展览会评为“群芳之冠”。据不完全统计，我国著名花卉种类不少于110种，其中一、二年生花卉34种，多年生花卉49种，球根、鳞茎花卉24种，肉质多浆花卉11种，水生花卉4种。现将我国主要花卉及其产地，国花、国树及部分市花列于表6-2。

表6-1　中国十大名花

花名	誉称	栽培历史（年）	主要产地
牡丹	花王	1500	洛阳、菏泽、延安
芍药	花相	2000	菏泽、扬州
月季	花后	1000	北京、西安、常州
菊花	花中隐士	3000	北京、开封、上海
兰花	空谷佳人	2000	广州、福建、长沙
荷花	花中君子	3000	杭州、武汉
海棠	花中仙子	1000	成都、昆明
山茶	花中妃子	2000	昆明
水仙	凌波仙子	1000	漳州
梅花	雪中高士	3000	杭州、无锡

表 6-2　我国主要花卉及其产地和部分市花

花名	著名产地	花名	著名产地
杜鹃	长江流域、台湾、云南	丽春	浙江为主
百合	北方为主、江浙、兰州	海仙花	鲁、苏、浙、赣
石竹	全国各地	萱草	南方为主
玫瑰	大江南北,西安、江浙最著	金丝桃	中部、南部为主
紫薇	我国南方,台湾、青岛最著	报春花	西南山地
桂花	长江流域、西南等地	蔷薇	全国各地,北方为主
桃花	遍布全国,京、沪苏、浙最著	蜡梅	江浙、鄂西为主
梨花	北方各地,昌黎最著	白玉兰	南北均有,广州、昆明、北京最著
素馨	粤、桂、滇、闽、台,广州最著	迎春	辽、冀、豫、鲁、陕为主
合欢	华北、华南、华东、西南	秋海棠	西南为主,成都、昆明、北京最著
瑞香	全国分布,西南尤多	含笑花	闽、粤、海南、广州最著
丁香	华北、西北、东北,西安、北京最著	龙胆	西南、秦岭、巴山
芙蓉	川、滇、粤、鲁,成都最著	金银花	黄河中下游
鸢尾	华北、西北、东北、华东	茉莉	南方为主,广州、苏州、杭州、福州
凤仙	我国南方各地均有	白芨	长江流域、西南地区
凌霄	华北为主	梅花、牡丹	中国名花,众多专家提名为国花
木兰花	全国分布，以东部为主	银杏	众多专家提名为国树
扶桑	闽、台、粤、桂、川、滇	月季	西安、天津、郑州、南昌、大连等 12 市市花
栀子	长江流域、岭南，铜梁为著	玫瑰	银川、兰州、乌鲁木齐、佛山市花
紫荆	长江流域，云南为主	梅花	南京、苏州、无锡、武汉市花
桔梗	我国北方，延边为著	杜鹃花	丹东、三明、大理、无锡市花
绿绒蒿	西南、西北为主	山茶花	昆明、温州、景德镇、宁波市花
连翘	我国中部、北部，陕、甘、宁为著	菊花	开封、中山市花
荷包牡丹	北方为主，北京为著	桂花	桂林、南阳、老河口、杭州市花
芦荟	北方为主	荷花	济南、许昌市花
大岩桐	南方室内栽培	牡丹	洛阳、菏泽市花
石榴	陕、豫、新、鲁、皖	君子兰	长春市花
君子兰	东北、华北，以长春为著	木棉花	广州、绍兴市花
木槿	北方黄河流域为主	木芙蓉	成都市花
郁金香	北方为主	丁香	西宁市花

五、风景林经营技术措施

根据国内外风景林经营的实践，国家森林公园风景林宜利用现有森林调查资料，在原有调查区划的基础上，划分林貌类型，确定其美学评价因子，区划风景林小班，并对其做出美学评价；依据风景小班的美学评价等级，拟定经营措施。

区划风景林小班，主要依据林貌类型、季相景色、美学特征和旅游功能，并按照森林美学评价因子，分别确定各风景小班的美学等级。旅游道路沿线、重要景点景物周围、旅游设施附近及公园、景区的门户地区和窗口地段的风景林，应当实行高强度集约经营措施，以保持优美的森林环境。

根据我国国家森林公园目前的经营水平，对各类风景林可分别采取以下技术措施。

（一）风景林抚育

风景林抚育属特种林抚育。结合风景林特点，可分别采取以下方法。

1. 卫生抚育

也叫卫生择伐，是对遭受森林火灾或森林病虫危害严重的风景林，进行卫生清理的抚育措施。采伐的对象是：火烧木、枯立木、风折木、风倒木、濒死木。目的是改善林地卫生和森林景观，减少病虫滋生蔓延。对于枯立木并非一概清除，有些大径级、树干有洞的，可适当保留，以利鸟兽栖息。对林火烧死特别严重的风景林，也可全部伐除，重新营造。

2. 整形抚育

目的是在不改变风景林林貌类型的原则下，提高其美学等级。采伐的对象是：影响目的树种生长的次要树种、有碍景观和谐的乔灌木、生长过密的林木，以及枯立木、濒死木等，对于大径级的乡土树种，应尽量保留，可通过修枝达到整形的目的。

3. 透视抚育

目的是通过间伐稀疏林木，增加透视度，创造观察林内深处或眺望远景的条件。抚育的对象是，生长茂密的风景林。通过不同强度的透视伐，把茂密的垂直郁闭型风景林相，改造成水平郁闭型或稀疏型风景林相。有些国家森林公园适于眺望、摄影的景点，往往被树冠遮挡、封闭，迫使游人挤身于狭窄的空隙中窥视远景，严重地影响了游客的情趣。透视抚育的强度，视林相结构和旅游需要而定。一般每次采伐强度，应控制在30%～40%，需要更大强度采伐的，可分次进行。以免因采伐强度过大，使森林环境变化剧烈，而产生不良影响。

4. 综合抚育

适宜于从未进行过任何抚育的天然混交风景林。抚育时，先把林木划分为优良木、有益木、有害木和后备木。间伐对象是：有碍优良木和后备木的有害木。综合抚育，是把卫生抚育、整形抚育、透视抚育结合进行。有的还可包括在局部空地、天窗补栽观赏树和花灌木，以丰富森林景观。

5. 抚育强度的测算

进行风景林抚育时，要采取定性与定量相结合的方法，科学合理地确定采伐强度。利用树冠系数法测算，比较适用于风景林抚育。计算公式：

$$N = 10000 / (KH)^2$$

式中：N 为每 hm^2 保留株数；

K 为树冠系数，即冠幅与树高之比；

H 为林分平均高。

抚育前，要调查现有每公顷株数，并分别树种、年龄阶段，测定和求算树冠平均系数、林分平均高。依照公式计算每公顷应保留株数，与现实林分株数相减，即可求得采伐株数和采伐强度。对采伐木要选树挂号，施工作业时，要针对林分实际情况，调整采伐株数，控制采伐强度。

（二）风景林改造

对树种单纯，景色单一，季相变化少，美学等级和观赏价值低的乔灌木风景林，进行景相培育的技术措施。其目的是：调整树种组成和林相结构，改善森林景色，丰富季相变化，提高森林美学等级和观赏价值。风景林改造的方法有：

1. 林相改造

适用于现有观赏价值低的幼壮龄乔木林、灌木林和疏林。

林相改造，根本不同于传统的低产林改造。它是以森林美学等级和观赏价值为衡量标准的，而低产林改造是以林木年生长量和相应的产材量为衡量标准，来确定改造对象。进行林相改造，主要是以人为干预，采伐一部分低价观赏林木，补植一部分观赏树木和花灌木，以达到更换或补充树种、更新林相、添色加彩、延长观赏期、提高森林美学等级和观赏价值之目的。林相改造的方法，要因地因材制宜。一般多采用小面积不规则块状、团状、孔状择优的局部改造方法。采伐对象是老残树、小老树、病腐木、枯立木等。伐后应及时补植更新观赏树木。对全林分少有观赏价值的风景林，也可实行全面改造，更换树种，重新造林。但在旅游公路、河流两侧及主要景点附近，应留出一定宽度的保留带，带内采用 2 次或 3 次渐伐改造，以保持森林环境为宜。

2. 更新改造

适用于老熟衰败的风景林。目的是为了营造一代新的风景林，提高森林美学等级和观赏价值。改造方法，宜采用择代、孔状二次渐伐和小面积团块状皆伐。在林下、林窗或林中空地，常有大量天然更新的幼树、幼苗，应注意保护，加以抚育，清除妨碍其生长的杂灌木。伐后，应及时进行人工补植、补播。待幼树生长正常时，再伐除上层保留林木，完成更新改造过程。

3. 封山育林

这是一种依靠林木天然下种或根蘖能力，加以适当的人为保护，恢复森林的措施，具有劳力省、费用低、效果好的特点。国家森林公园要充分利用林木天然更新的有利条件，对边远、暂不开放旅游地区的宜林荒山、荒地、荒沙、疏林、灌丛，采取封山育林、封沙育草方法，培育风景林草，改造自然环境，丰富森林景色。进行封山育林、封沙育草，要制定规划，合理划定封育区，树立标牌，落实封育措施和管护人员，制定封育制度，连封数年，即可见效。

第七章　国家森林公园的经营组织管理

第一节　国家森林公园经营组织的机构设置及运行机制

一、经营管理的概念

国家森林公园是以旅游经营为基本活动方式，实行独立核算，自主经营，自负盈亏，自我发展，通过提供多种旅游服务，获得效益的经济实体。

所谓经营，是指国家森林公园作为旅游的供给方，以旅游市场为对象，以市场信息、调查、预测和决策为内容的综合营销手段。也可以说，是国家森林公园在获得三大效益的前提下，进行劳动交换的活动过程。其活动范围是，面向旅游市场，面向国内外游客，推销旅游产品，提供多种旅游服务。

所谓管理，是指国家森林公园为了实现旅游经营战略目标，所采取的决策、指挥、组织、用人等方面的措施。从国家森林公园纵向来看，管理包括计划、组织、人事、劳动、财务、物资、指挥、控制和协调等管理手段；从国家森林公园横向来看，管理是指组成国家森林公园各职能部门、经营单位和班组，实现经营目标的最优决策和科学管理。

简言之，国家森林公园经营管理，就是为了实现所期望的经营目标，以市场为导向，以游客为对象，对旅游营销及整个经济活动，进行一系列的经营决策、管理手段和实施过程的总称。

二、经营组织

国家森林公园经营组织是指按合法程序建立并具备相应资质条件的对国家森林公园经营活动进行管理的企业性经济实体。国家森林公园经营组织的架构形态和运作模式是由多种因素相互影响和共同作用来决定的。国家森林公园的经营组织与国家森林公园的管理体制、经营运作和组织方式具有十分密切的关系。

（一）管理体制决定的经营组织模式

管理体制决定国家森林公园经营组织模式的核心是资产关系。根据不同的资产关系，国家森林公园的经营组织模式可以分为三大类型，即一元化模式、参与型模式、分离型模式，如表 7-1 所示。

表 7-1　管理体制决定的国家森林公园经营组织模式

模式类型		资产关系	模式形态	关键评语
一元化模式		经营者就是投资者	直通车型	投资建设的管理组织直接经营国家森林公园
			转制型	投资建设的管理组织通过改制后经营国家森林公园
			创新型	建立新的国家森林公园经营组织（如公司）
多元化模式	参与型	投资主体直接参与经营	外聘制	聘任职业经理人（集体）经营国家森林公园
			合作制	根据契约，投资主体合作经营国家森林公园
			股份制	根据现代企业制度，建立国家森林公园经营组织
	分离型	投资主体不直接参与经营	委托制	将国家森林公园委托给专业管理公司经营
			连锁制	由具有实力的品牌化国家森林公园连锁经营
			集团化	创新型经营组织发展壮大为专业化经营组织
			托拉斯	集团化以产业链形态扩张，实行跨国经营

（二）经营运作决定的的经营组织模式

经营运作决定国家森林公园经营组织模式的核心是经营运作的对象。根据不同的经营运作的对象，国家森林公园的经营组织模式可以分为三大类型，即以产品为中心的经营组织、以市场为中心的经营组织、以职能为中心的经营组织。

1. 以产品为中心的经营组织

在这种经营组织结构里，经营管理者把国家森林公园作为一种产品来对待，他们的行为方式是由这个产品的个性决定的，并对这个产品的正常“生产”（接待旅游者）负责。随着时间的推移，这种经营组织内部逐步建立了分工明确的等级制度，如图 7-1 所示。这种经营组织结构模式具有许多优点，最主要的优点就是责任明确和很容易获得“产品”的有关信息。这种组织结构训练出来的部门经理，既有与内部其他部门协同工作的能力，又掌握了接待旅游者的沟通技巧。实际上，组织结构以产品为中心的国家森林公园往往成了其他一些国家森林公园高级经营管理人员的培训基地，因为这些国家森林公园会高度评价有关人员所接受的培训以及所获得的工作经验。但是这种组织结构也有不足之处。由于把注意力局限在“产品”上，容易忽略最基本的关于游客需求的问题；它还有可能成为一个高度集权的结构，使得部门经理在某种意义上离开了“实际制定决策的地方”。

2. 以市场为中心的经营组织

在这种经营组织结构里，经营管理者把国家森林公园作为一种满足旅游者多样化需求的旅游形态来对待，他们的行为方式是由旅游者多样化旅游需求选择决定的。划分细分市场的依据包括产业、渠道、区位、旅游者选择方向和比重以及游客

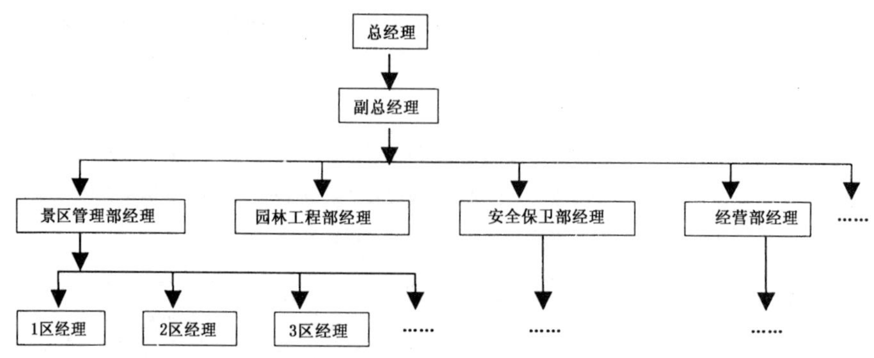

图 7-1　以产品为中心的国家森林公园组织

构成与消费结构。显然，如果各细分市场的旅游者选择行为方式之间存在显著差异，为了满足不同旅游者的选择需求就必须采取相应的针对性营销战略和战术。这时以市场为中心的组织结构就非常有用，如图 7-2 所示。这种以市场为中心的经营组织结构有一个最大的优点，就是它能把注意力集中到旅游者的选择需求方面上

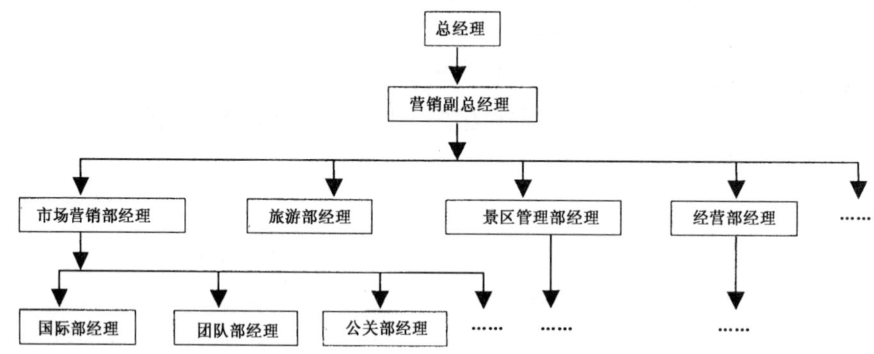

图 7-2　以市场为中心的国家森林公园组织

来。像重视资产一样重视旅游者，这就使得国家森林公园可以更加关注旅游者需求的变化，并在必要的时候改进或者创新国家森林公园的个性和特色，不断增强商业感召力。这种结构也有缺陷，其中之一就是它有可能和融入其中的产品管理系统发生冲突，尤其是对于从建设期过渡到正常经营阶段的国家森林公园，这种冲突就会更加显著。当然，产品管理的技巧、工作流程和行动，对于以市场为中心的组织结构具有同样重要的意义。

3. *以职能为中心的经营组织*

以职能为中心来架构经营组织是国家森林公园广泛采用的一种方法。这种方法根据分工专业化的原则，以工作或任务的性质为基础来划分部门。这些部门可以被

分为基本的职能部门和派生的职能部门。基本的职能部门（即企业的职能）处于组织机构的首要一级，在每一个基本职能之内一般还需进一步的细分，细分的结果就形成了派生的职能部门。细分的前提是基本职能部门的主管人员感到其管理宽度太大，不能保证有效的管理时，才需要建立派生的职能部门。如图 7-3 是一个以职能为中心的国家森林公园经营组织结构示意图。

需要指出的是，现在大部分国家森林公园企业都是根据法约尔的“六个基本职能”来构建经营组织的。六个基本职能为：①技术职能（生产）；②商业职能（购买，销售和交换）；③财务职能（资本的筹集和运用）；④安全职能（财产和人身的保护）；⑤会计职能（包括统计）；⑥管理职能。以职能为中心架构经营组织的优点在于，它遵循了分工与专业化原则，因而有利于充分发挥专业职能，使主管人员的注意力集中在组织的基本任务上，有利于目标的实现，同时它简化了训练工作，为上层主管部门提供了进行严格控制的手段。但它的缺陷也比较明显，即这种结构形式妨碍了组织必要的集中领导和统一指挥，形成了多头领导，对基层来讲是“上边千条线，下边一根针”，无所适从。因此，不利于明确划分职能部门的职责权限，容易造成管理的混乱。

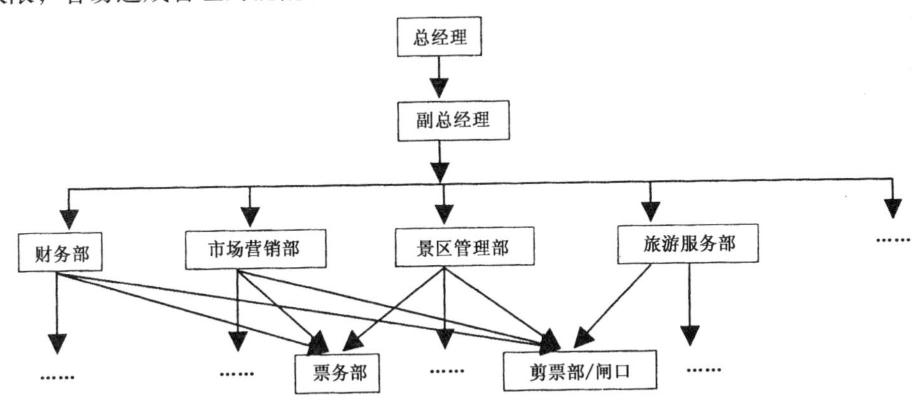

图 7-3　以职能为中心的国家森林公园组织

（三）组织方式决定的国家森林公园经营组织模式

组织方式决定国家森林公园经营组织模式的核心是权利制衡关系。根据不同的权利制衡关系，国家森林公园的经营组织模式可以分为两大类型，即权利性结构的正式组织和自然形成的非正式组织。

1. 国家森林公园的正式组织

国家森林公园的正式组织，是指为了有效地实现国家森林公园的经营目标而建立的，一种规定员工之间相互关系和职责范围的权利性组织结构。国家森林公园必须科学合理地进行正式组织的设计和构建。

（1）国家森林公园设计正式组织应考虑以下 5 个因素：①国家森林公园的经营目标和性质；②国家森林公园的经营规模；③国家森林公园的经营环境；④国家森林公园的员工素质；③同类国家森林公园的经验和教训。

（2）国家森林公园正式组织是国家森林公园管理体制的前提和基础。国家森林公园的领导体制、行政管理体制和各种管理制度决定了国家森林公园正式组织的结构模式。

2. 国家森林公园的非正式组织

国家森林公园的非正式组织是相对于国家森林公园正式组织而言的，两者最大的区别在于正式组织是通过认真设计而形成的，目的是通过组织起来完成国家森林公园的经营目标；而非正式组织是自发产生的，是在国家森林公园的正式组织结构中，为了员工的需要而不是为了满足国家森林公园的需要而产生的一种群体。

对非正式组织的识别，主要是寻找员工群体联系的共同点，如共同的学历或经历、共同的层级岗位、共同的工作场所、共同的作息时间、共同的兴趣爱好、共同的宗教信仰和共同的民族语言等。这些共同点形成的非正式组织，以行为特征为指标，可以分为利益型、学习型、兴趣型和情感型等四种类型；以人员构成为指标，可以分为纵向型（不同层级之间）、横向型（同一层级的不同部门之间）、网络型（兼容了纵向和横向两种形式）、内外型（不仅有内部员工，还有企业外部员工）和亲缘型（具有一定亲缘关系的员工之间）等五种类型；以作用为指标，可以分为积极型、无害型、消极型和破坏型等四种类型。

一般来说，非正式组织具有内聚力高、协调性好、控制性强、激励力强、影响性大和核心人物威信高等特点。

非正式组织的存在是一种客观现象。只要正式组织不能满足员工的需要，员工就会在正式组织以外寻求满足需要的条件和可能，非正式组织就自然产生了。非正式组织产生的基础是一些员工之间共同的兴趣爱好，虽然非正式组织有时会采取有目的的行动，但通常它们没有明确的目标。有一点是可以肯定的：加入非正式组织的员工对国家森林公园经营活动、管理者和企业的态度容易产生相互影响。因此，必须正视员工中非正式组织的存在，利用非正式组织的建设性作用，消除非正式组织的负面效应，以充分调动员工的积极性、主动性和创造性，从而有效地提高经营管理水平，实现国家森林公园的经营目标。

三、机构设置

国家森林公园组织机构是国家森林公园内部各个有机组成部分相互作用、相互联接的纽带，是国家森林公园内部各组成部分有机联系的框架，它既是国家森林公园内部的管理体系，也是国家森林公园组织的指挥系统。

（一）管理体制

我国众多国家森林公园是在国有林场基础上建立起来的，其管理体制是与林场实行两块牌子，一套人马，承袭原有的领导体制、行政管理体制和机构设置。随着形势的发展，国家森林公园的投入日趋多元化，以股份制为主体的经济结构日益增加。现以股份制组成国家森林公园为例阐述其管理体制。

1. 领导体制

国家森林公园的领导体制是指对国家森林公园经营活动中领导权力与责任的划分，并以制度形式作出规定。领导体制是关系到领导权的重大问题。

国家森林公园的领导权一般可以分为决策权、指挥权和监督权等3个方面。决策权是指对国家森林公园的经营发展目标、经营发展战略以及经营方针等重大问题作出决策的权力，直接关系到国家森林公园的生存和发展。国家森林公园的决策权主要归属于股东大会选举产生的董事会。指挥权是对国家森林公园日常经营活动的行政领导权，直接关系到国家森林公园配置资源的效率和接待服务的质量，影响国家森林公园的市场竞争力。国家森林公园的指挥权归属于总经理层。监督权是指从国家森林公园投资者的利益出发，对国家森林公园经营活动进行全面监督的权利，是实现投资者期望的重要保证。国家森林公园的监督权归属于监事会。决策权、指挥权和监督权是一个既相互分离，又相互联系和相互制约的权力系统，这个系统的协调运动构成了国家森林公园的领导体制。

（1）董事会。国家森林公园董事会，是由股东或投资者选出的董事所组成的，是代表股东或投资者全权处理国家森林公园重大经营管理活动，作出经营决策的主要机构。董事会直接对股东大会或投资者负责，并保证国家森林公园投资者获得应得的利益。董事会作为国家森林公园的最高决策机构，依照现代企业制度（如《公司法》等）和股东大会赋予的权力履行职责和开展工作。

（2）总经理层。国家森林公园的日常经营活动，主要由以总经理（有的称之为总裁或执行总裁，一般应该以公司性质和规模而定）为首的行政管理部门负责承担。总经理层应全面贯彻执行董事会作出的各项决策和决定，并对董事会负责；同时，以总经理为主对国家森林公园的一切经营活动进行指挥、协调和控制。为了确保行政管理部门最高指挥的权威，有效地进行国家森林公园的经营活动，通常采取总经理负责制，即由总经理统一领导和指挥国家森林公园的经营活动。行政管理部门的副总经理及其他高级管理人员，由总经理提名推荐，由董事会聘任，主要协助总经理完成行政管理部门的职责。

（3）监事会。监事会是国家森林公园资本营运的监督机构，负责监督检查国家森林公园资本营运及经营管理的状况，并对国家森林公园的董事会及经理人员行使监督职能。监事会成员是由股东大会或投资者选举产生的，并且与董事会分离。

监事会的监督活动具有独立性，从而保证了监事会工作的公正性和客观性。

董事会依照现代企业制度和股东大会赋予的权力履行职责和开展工作，根本目的就是要防止董事会滥用职权、谋取私利甚至伤害国家森林公园权益，从而保证国家森林公园在有效监督的条件下开展经营活动和实现可持续发展。

2. 行政管理体制

国家森林公园管理体制是纵向组织体系的管理，一般情况下，建立自上而下的4级组织层次，并落实各层组织的业务范围、经营管理职责和权利，从而保证国家森林公园各项经营活动的顺利进行。4级行政管理体制主要包括总经理层、部门经理层、主管（领班）层和操作员工层，从而形成一种梯形的行政组织结构，图7-4是这种梯形结构的基本模式。

总经理层	General managers
部门经理层	Department managers
主管层	Director
操作员工层	Operator

图7-4　国家森林公园行政组织结构的基本模式

3. 组织的管理制度

国家森林公园的管理制度是为了贯彻执行经营目标，加强内部管理，提高管理服务质量和工作效率，更好地行使管理权，担负国家森林公园经营管理的职责，而制定的在企业内部执行的规章和制度。国家森林公园的管理制度是用文字的形式，对国家森林公园各项管理工作和对客服务活动作出的规定，是加强国家森林公园经营管理的基础，是全体员工的行为准则和进行有效经营活动的运作规范。图7-5概括地反映了国家森林公园管理制度的基本内容。

4. 机构设置

国家森林公园组织机构的设置，就是围绕实现组织目标进行业务流程的总体设计，并使业务流程达到最优化。企业正式组织的设置，根据企业的经营特点和组织设计原则，主要有直线制组织机构、直线参谋制组织结构和事业部制组织结构等三种基本的形式。不同国家森林公园，因为规模和经营管理特点不尽相同，所以在组织机构的设置上具有不同的模式。

四、员工手册

国家森林公园为了贯彻企业经营哲学和管理理念，规范全体员工的行为，培养企业团队精神，都制定了《员工手册》，每一位新员工到企业报到的第一天，就会领到一本《员工手册》。有的企业还要求员工在《员工手册》的最后一页上签字，明确表示：学习了《员工手册》，并愿意遵循。从而使企业与员工之间形成确认组

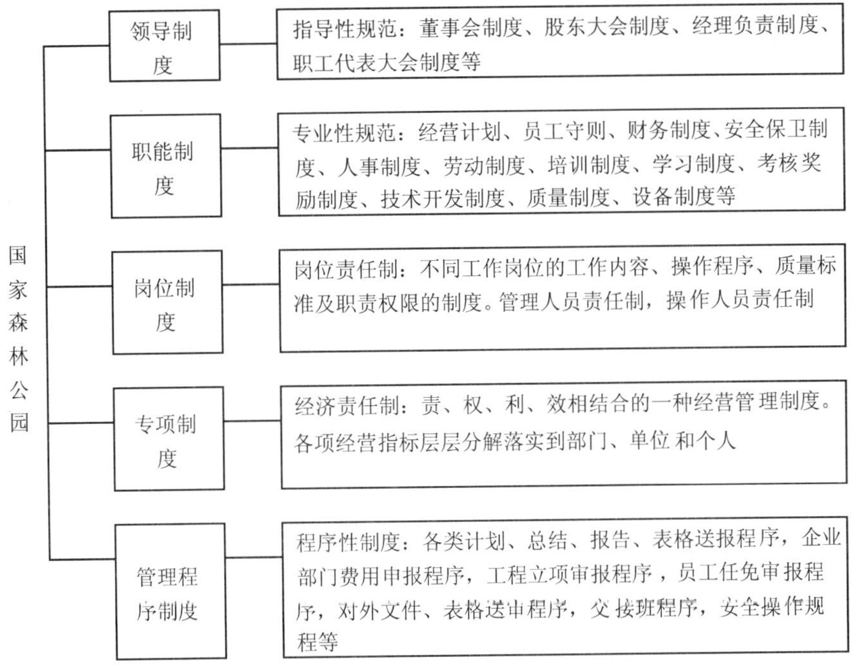

图 7-5　国家森林公园管理制度分类

织制度的有形证据。

第二节　国家森林公园的人力资源管理

国家森林公园是一种满足现代旅游者多样化旅游需求的旅游目的地的新形态，这种满足旅游者需求的过程实际上是一种服务性的动态过程。为了保证这种服务过程有序化和高效性，就必须加强人力资源的开发与管理。

一、人力资源的含义

从宏观角度讲，人力资源是指一个国家拥有的可用于生产活动的潜在劳动生产力。从微观角度讲，人力资源是指具有一定的科学知识、生产经验和劳动技能，能使用工具，实现组织工作目标的人。

作为劳动者的人，是生产力三大要素中最重要、最活跃、最具能动性的要素，在实现生产力现代化的进程中，始终起着主导的、决定性的作用。人是企业的第一资源，企业培养核心竞争力和实现可持续发展的关键战略就是有效地开发和管理“第一资源”。

二、人力资源管理的任务

为了有效地开发和管理人力资源，每一个组织内部必须设立专门的部门负责这方面的工作。因此，国家森林公园作为一个服务性的经营组织，同样需要设立人力资源管理部门，专门负责人事管理工作。

国家森林公园人力资源管理涉及到6种任务：

（一）编制人力资源计划

根据国家森林公园规模的大小、项目的性质、经营活动的特点、技术的要求等编制出每一个部门需设多少岗位，每个岗位需要多少员工的用工计划。

（二）招聘、录用员工

确认人力资源计划，决定做这些工作的人数及技术要求，到最合适的地方去挑选最合适的员工。

（三）分配工作

将合适的员工分配到合适的岗位上去。

（四）培训员工

将工作岗位所需要的职业知识、职业技能、职业态度、职业习惯传授给员工。

（五）考核评价

对员工的工作业绩、工作表现以及对人事政策的服从情况进行考核、奖惩和报酬管理。

（六）调整员工

根据考核评价情况，遵照政策法规、规章制度，对员工作出相应的纪律处理，以及解聘、提升、调动，促进员工保持所要求达到的技能水平和服务质量水平。

三、人力资源部的工作内容

国家森林公园人力资源的管理工作一般由人力资源部（有的称为人事培训部）与其他业务部门共同负责。这两者的关系是：其他业务部门负责本部门人力资源管理的日常工作；人力资源部则对其他业务部门的人力资源管理工作提供服务、指导、监督和考核。

人力资源部是负责国家森林公园人力资源管理的专门部门，直接对总经理负责。人力资源部的主要工作如下：①协助总经理制定、掌握、控制各部门定员和定编；②根据工作需要，协同各部门办理员工招聘，为各部门提供各类员工；③针对企业各部门员工的余缺进行调配；④协同各部门对员工进行入职培训和适当的在岗培训，以提高员工素质和实际工作技能；⑤记录员工个人资料并进行存档管理；⑥管理和调整全体员工的薪酬；⑦为员工办理各种有关人事手续和证件，包括入职、离职和调动。

四、员工录用

国家森林公园录用员工是根据企业的人力资源规划来进行的。人力资源规划一般包括岗位职务规划、人员补充规划、教育培训规划、人力分配规划等方面。这里，主要阐述国家森林公园的岗位分类、员工定编和员工招聘的有关内容。

（一）岗位的分类

国家森林公园的岗位分类是由国家森林公园的规模、经营目标、技术设备、艺术和工艺水准、接待服务流程以及劳动生产率等因素决定的。分类的方法一般有两种：一是按照接待服务流程和分工的要求列出工作岗位数；二是对第一种方法列出的工作岗位数进行检查，取消可以不提供的服务岗位，合并工作地点接近、工作量小和工作时间可以相互衔接的岗位。

这里，以国内一家知名的国家森林公园为例，说明国家森林公园的岗位类型。这家国家森林公园年接待游客量约 200 万人次，员工人数定编 400 人（其中合同制员工 250 人，季节工和计时工 150 人），它将员工的岗位划分为六大类：

第一大类：专业技术人员，指已取得国家承认的专业技术证书（职务证书），又从事本专业工作的在岗员工。

第二大类：①高级技工，指已取得国家承认的工人技术高级等级证书，又从事本专业工作的在岗员工；②技工，指取得专业技术上岗证，又从事本专业技术工作的员工（包括电工、维修工、司机、厨工、美工、油漆工、水工、木工、园林技工等）；③导游员，指取得国家承认的导游资格证书或经过公司考试考核合格，又从事导游工作的员工；④厨师，指经过厨师资格标准考试合格，又从事厨房烹饪工作的员工；⑤演员，指在景区内从事表演工作的员工。

第三大类：①职能部门文员，指行政职能部门（包括总经理办公室、人事部、财务部、公关部和党群部门）担任业务主管工作的员工；②文员，指业务部门从事文书、核算、内勤等工作的员工。

第四大类：①业务员，指从事物料、商品、材料等采购工作的专职员工；②助理导游员，指未获得国家承认的导游资格证书，但在景区内从事导游工作的员工；③保安员，指从事景区专业保安工作的员工；④核算员，指从事材料、商品的计划、计算、报价等工作的员工；⑤救生员，指从事水上项目安全保卫工作的员工。

第五大类：①售票员，指从事景区门票销售的员工；②检票员，指从事景区闸口检察工作的员工；③迎宾员，指从事专职礼仪工作的员工（包括餐饮咨客）；④管理员，指业务部门协助二级管理部门从事一般性管理工作的员工（包括商场管理人员等）；⑤仓管员，指从事仓库物质安全管理工作的员工；⑥营业员，指从事各种商品销售的员工；⑦服务员，指从事各种服务性工作的员工（包括餐饮服务员，旅馆服务员）；⑧景点管理员，指从事维持景点游览秩序和保护景点安全工作的员工；⑨厨房帮工，指从事协助技术厨工工作的厨房员工；⑩辅助技工，指未获得技术等级证书，现在岗从事辅助性技术工作的员工；⑪船务员，指从事游览船务工作的员工。

第六大类：①车场管理员，指从事停车场车辆停放秩序及安全管理工作的员工；②门卫，指从事宿舍来客登记，安全保卫工作的员工；③杂工，指从事非技术杂务工作的员工（包括洗碗工、景点清洁工、厨房清洁工等）。

（二）员工的定编

一般来说，国家森林公园的员工数量是一个动态的指标，这是国家森林公园的旅游者流量、景区娱乐项目等变动因素共同决定的。为了寻求动态平衡，既保证国家森林公园的正常经营管理活动，又节约人力资源成本，提高生产率，就必须作好人力资源的预测工作，以及确定人员补充的计划方案、实施教育方案。

1. 人力资源需求量的预测方法

人力资源需求预测是国家森林公园编制人力规划的核心和前提条件。人力资源需求预测有三种基本方法：一是经验估计法，利用国内外同行业的情报和资料，根据有关人员的经验，结合本企业的特点，对人力资源需求进行预测。二是统计预测法，运用数理统计形式，依据企业目前和预测期的经营目标及若干相关因素，进行数学计算，求得人力资源需求量。三是工作研究法，通过工作研究来计算完成某个娱乐项目或某项具体服务程序的工时定额和劳动定额，并考虑到预测期内的变动因素，确定企业的人力资源需求量。

2. 某一岗位所需员工数的决定因素

某一岗位所需要的员工数量取决于三大影响因素：一是岗位工作性质，如娱乐设施的数量与设施的利用率，又如表演节目的剧情要求。二是每位员工每班次所能完成的工作量，这又要考虑三个因素：①法定的工作时间长度，一般可以分为每年、每月和每天的工作时间长度；②工作标准，如景点每天的表演场次，又如每一位清洁工所需清扫的工作段面；③每一位员工的工作效率。三是所确定的员工人数要在人均营业收入或人力资源成本预算控制线以内，这是国家森林公园完成正常经营利润目标所必需的。

3. 影响员工配备数的干扰因素

影响上述方法确定员工配备数的干扰因素主要有 3 个方面：一是员工的病假和事假；二是员工的即时流动；三是游客与工作量的波动，这种波动表现为四种类型，第一种类型是全年的季节性波动，国家森林公园的游客流量具有明显的季节波动性，不同地区、不同类型的国家森林公园具有不同的淡季与旺季分布规律；第二种类型是每周的波动性，我国实行的是5天工作制，对于以本地的区域性客源为主的国家森林公园，周末游客流量大，而星期一至星期四的游客流量相对较少；第三种类型是每天的波动，特别是强化了夜间活动项目的国家森林公园，这种波动性尤其明显，一般是上午10：00以后才开始有游客入园，所以有的国家森林公园干脆上午10：30才开园营业；第四种类型是节假日的波动，由于我国近年来采取了延长假期、举办盛事活动来拉动经济增长的宏观调控政策，旅游者的休闲娱乐活动向节假日集聚的倾向越来越明显，如2000年、2001年福州国家森林公园连续两年春节初一、初二入园人数每天达到1.5万的壮观场面，不断刷新日入园人次最高记录。

解决这些干扰因素的人力资源管理对策主要有三个方面：一是适当安排员工的工作时间，即适当安排休假时间和适当安排上班时间，如员工的带薪假期可安排在淡季，也可安排在有实习生顶岗工作的时候，又如根据游客每日入园活动的规律，可合理安排员工的上、下班时间。二是对员工进行一专多能的培训，以便在忙闲不均时能够互相帮助，打时间差，实现一人多岗、一岗多能。三是实行计时工、季节工制度，建立预备员工队伍，这既可以解决员工即时流动产生的临时缺人问题，又可以解决淡旺季的员工需求波动性问题，还可以满足不断补充正式员工的需要。

（三）员工的招聘

国家森林公园招聘员工的基本目的就是以最小的代价去获得能满足企业需要的合格员工。招聘的过程可以划分为三个阶段：一是确定企业的用人要求（工作分析、工作说明书、工作规范等）；二是吸引求职者前来应聘（企业的目标与发展前景、企业的形象与声誉、企业的工资福利待遇、企业中的培训和提升机会、工作岗位与条件等）；三是从求职者中挑选员工。

国家森林公园因为规模不同、项目技术特点不同、招聘规模和应招人数不同，因此，各公园招聘员工的工作繁简也就不同。一般来讲，招聘员工大都按以下基本步骤进行：

（1）把收集到的有关应聘者的资料进行整理、汇总、归类，制成标准格式。

（2）将应聘者的情况与工作说明书、工作规范以及企业的要求进行比较，初步筛选，把全部应聘者分为3类：可能入选的；勉强合格的；明显不合格的。

（3）对可能入选者和勉强合格者再次进行审查，进一步缩小挑选的范围；这项工作可以由管理人员或人事部门来完成。

（4）对通过审查的应聘者进行笔试、面试以及医学、心理学检测。

（5）依据考试、检测的情况，综合考虑应聘者的其他条件，作出试用、录用决定。

（6）对每一位应聘者，不论录用与否，企业都应该书面通知挑选结论。

（7）对初步录用的应聘者，企业要向有关方面征询意见，得到满意结论后，就可以正式作出录用决策，以书面形式将有关事宜通知被录用者。经被录用者认可、接受聘用，企业和被录用者之间签定录用合同。

五、员工培训

国家森林公园的员工培训是为了改变企业员工的价值观、工作态度和工作行为，使员工能在自己现在或未来工作岗位上的工作表现达到企业的要求，是企业一项有计划、有组织提高员工素质的重要工作。

（一）员工培训的对象与内容

1. 员工培训的对象

国家森林公园员工培训对象是两种人：一种是新录用的员工，另一种是企业现有的在岗员工。

2. 员工培训的内容

一个完整的员工培训工作应包括四个方面的内容：工作岗位所需要的职业知识、职业技能、职业态度、职业习惯。

（二）员工培训的计划与方法

1. 员工培训的计划

员工培训计划是对培训工作的具体安排。制定培训计划要以企业的经营计划、人力规划、培训任务为依据。国家森林公园员工培训计划，包括培训项目、培训对象、培训负责人、培训内容、培训进度、培训费用预算、培训的考核与激励机制等内容。

2. 员工培训的步骤

国家森林公园员工培训的实施步骤可以概括为五个方面：①发现培训需求；②制定培训计划；③针对不同培训任务和对象准备好有关的培训材料、场地、设备和教师；④具体实施培训；⑤评估培训效果，并提出改进建议。

3. 员工培训的方法

培训方法多种多样，内容十分丰富。在实际工作中，要根据培训的要求、特点以及可能，合理地选择采用。一般来说，员工培训的方法主要有：①在职培训、脱产培训；②直接传授式培训（个别指导、开办讲座）；③参与式培训（会议、小组讨论、个案研究、模拟训练法、头脑风暴法、参观访问法、工作轮换、事务处理训练、影视法等）；④自学法（开展读书活动、参加函授和业余进修、开展合理化建议活动）；⑤员工上岗前培训；⑥员工的再培训。

（三）员工培训的分工与合作

国家森林公园员工培训是一项复杂而具体的系统性工作，在培训工作上，需要合理的分工与合作。具体而言，这种分工与合作涉及到两大方面：一个是国家森林公园企业内部的分工与合作，即人力资源部与其他业务部门的分工与合作；一般情况下，人力资源部负责新员工的入职培训、管理人员的培训以及外语的培训，业务部门负责员工岗位工作的业务技术培训。另一个方面是国家森林公园企业与旅游院校、专业培训机构等的分工与合作；这种分工与合作有两种模式：一是以国家森林公园为主导、企业外部培训机构参与的“请进来”模式；二是以企业外部培训机构为主导、国家森林公园积极配合的“走出去”模式。

1. 公园主导的“请进来”模式

这种模式的操作是以国家森林公园为主导的，大致采取如下步骤进行：

（1）向专业培训机构提出培训需求。国家森林公园企业一般要使用书面的形式提出这种意向要求。

（2）双方达成合作协议。

（3）专业培训机构提供培训文件，企业确认培训计划。

（4）国家森林公园组织员工参与培训，专业培训机构实施培训计划。

（5）双方共同评估培训效果。

2. 公园委托的“走出去”模式

（1）公园与专业培训机构建立“战略性合作伙伴关系”。

（2）公园提出委托培训的要求或委托培训项目。

（3）专业培训机构提供培训计划文件，公园确认培训计划。

（4）国家森林公园组织员工参与培训，培训机构实施培训计划。

（5）双方共同评估培训效果。

六、员工激励

国家森林公园经营目标的实现需要全体员工的积极参与与创造性地开展经营活动，这就需要企业管理者不断地去激励员工，鼓舞员工的士气和激情。

激励这个概念用于国家森林公园管理，就是指用各种有效的方法去调动员工的积极性和创造性，使员工奋发努力完成组织的任务，去实现企业的经营目标。

（一）员工考评

员工考评是人力资源管理职能中的一项重要任务。员工考评实际上就是鉴定员工的工作表现，是收集、分析、评价和传递有关某一个员工在其工作岗位上的工作行为表现和工作结果方面的信息情况的过程。

1. 员工考评的种类

针对不同的考评目的，国家森林公园就有不同员工考评种类。员工考评大体上可以分为正式考评和非正式考评。正式考评具有明确的目的、周密的计划、完整的体系和程序。一般来讲，正式的员工考评主要有录用招聘考评、奖金分配考评、提薪考评、职务考评和晋升考评等类型。非正式考评则是事先无系统计划，只是管理者偶然在走过现场时或与员工交谈时对他们的工作进行一些鼓励性的评价或表扬。

国家森林公园员工考评大致要经过以下几步：

（1）确立进行员工考评的体系和机制，制定详细的考评工作计划。

（2）把考评的目的、意义和做法告诉被考评员工。

（3）对考评人进行一定的培训。

（4）要求被考评人对照自己的工作岗位说明书对自己的工作实际表现和工作结果进行书面的自我评估。

（5）由考评小组或被考评人的直接上司在听取有关人员意见的基础上，对被考评人的自我评估进行审定。

（6）把考评的意见反馈给被考评的员工。

2. 员工考评的内容

国家森林公园的员工考评，主要的考评内容是员工的工作业绩、工作能力、工作态度（积极性）和工作适应性。工作业绩包括工作质量、工作效率、工作成果、工作创造性及对部下的指导性；工作能力包括基础能力（知识、技能）、业务能力（理解、判断、决策力，应用、规划、开发力，表达、交涉、协调力，指导、监督、感召力）、素质能力（智力、体力、性格）；工作态度（包括纪律性、协调性、积极性、责任感、自我开发热情）。

（二）报酬制度

报酬和福利是激励员工的重要手段。合理而具有吸引力的报酬和福利制度不但能有效地激发员工的积极性，促进员工努力去完成组织的目标，提高组织的效益，而且能在人力资源竞争日益激烈的环境中吸引和保留住一支素质良好、具有竞争力的员工队伍。

1. 报酬的基本含义

报酬是一个企业组织对自己的员工为企业付出的劳动给予的一种回报，这种回报包括物质的和精神的两种。这里主要是指物质的报酬，工资、超时与超额奖金、质量奖和发明奖等都是报酬的主要形式。福利可以说是报酬的一种补充。然而，它却不是对员工所付出的劳动的一种直接的报酬，只是一种间接性的报酬。福利一般包括给员工提供带工资的节假日休息、女工的产假、医疗和劳动安全保险、养老保证金，以及企业的各种文化娱乐等。

2. 报酬制度的设计

在市场经济条件下，国家森林公园企业设计员工报酬制度时都体现出了以下 3 个宗旨：一是采取了减少劳动力数量并严格限定报酬的办法来控制工资和福利成本的措施；二是国家森林公园更多的是考虑企业的实际支付能力；三是实行结构工资制度，鼓励实干。

根据这3个宗旨，国家森林公园的报酬制度主要体现在工资结构的设计上。一般采取的工作步骤是：首先进行工作分析和工作说明，其次建立工作评价方案，然后进行工资调查，最后确定工资结构系统。一般的设计方法是：①给出每个工作岗位的工资总额；②对每个工作岗位的工资总额进行细分控制，通常情况下可细分为四个部分：一是生存部分，其功能是维持员工和其合理赡养人口数的生存，这是对员工罚款数额的底限，如果超过了这个限度，只能劝其辞职或将其开除，否则他就不能维持正常的生活，这也是一些地区以政策形式规定最低保护工资的原因。二是职务或岗位、职称、技术等级差工资，其功能是刺激员工勇于承担和承担好需要高知识、高度责任心、高技术、高熟练程度、强体力或社会地位低下的职务或职位，同时也激励员工去掌握企业所需的经营管理能力，给已经拥有这种能力的员工以鼓励；这种级差工资的规律是低级职务、岗位之间的差距较小，高级职务、岗位之间的差距较大。③绩效工资，其功能在于使每一位员工将潜在的劳动能力和承诺变为真正的工作实绩；这种工作业绩主要是通过对员工的工作数量、工作质量和工作成本等进行考核来决定的。④特种奖励工资，其功能在于诱导员工去养成与表现出企业所期望的特殊工作行为或业绩，以更好地为国家森林公园的经营管理目标服务。

实现现代企业制度的国家森林公园，通过内部员工持股的办法，提倡员工购买股票和对员工奖励股票，让员工成为企业资产的部分所有者，共享利润，从而有效地增强员工的职业成就感与荣誉感，降低流动率，提高工作效率，降低成本。

3. 福利的基本类型

我国企业组织涉及员工的福利类型较多。国家森林公园所涉及到的员工福利类型归纳起来主要有以下几种：一是安全与保险福利（如安全卫生标准和安全技术标准，劳动保护用品制度的供应制度，对女工的特殊保护）；二是工作年限与工作福利（如对未成年青工的照顾，对特殊工种劳动者的保护与福利，养老金）；三是健康、假日与家属福利（如健康方面的福利，员工的假日与福利，年休假，员工的结婚或直系亲属去世给予一定的假期）；四是员工服务部门（如员工食堂、托儿所、幼儿园、员工娱乐室等）。

（三）督导管理

国家森林公园的督导管理一般是指管理人员在工作现场对下属的指挥与指导管理。指挥管理就是对下属进行适当的工作分配，这种工作分配具有必须服从的强制性质。指导管理就是指导下属如何去完成好所分配的工作。国家森林公园是一种“面对面”的服务性企业，因而，国家森林公园的经营管理工作大部分是在对游客服务的现场进行督导管理。

1. 督导管理的基本原则

从某种意义上说，管理者的工作就是确定如何最有效地使用现有的有限的资源去实现企业的经营管理目标。一般来讲，国家森林公园管理人员要管理的资源主要有人、资金、时间、工作规程、能源、材料和设备等7种基本类型。为了优化配置这些企业资源，督导管理就必须应用以下基本原则：

（1）分工。员工应该进行合理分工。

（2）权力。管理人员应该获得必要的授权，能够下达命令。

（3）纪律。员工必须尊重企业管理的规章制度。

（4）命令的统一性。每个员工只能有一个上司。

（5）指导的统一性。对每一个具体的目标只能有一个计划去实现。

（6）整体利益。员工的利益或员工群体的利益必须服从企业整体的利益。

（7）报酬。薪资管理办法必须公平合理。

（8）集中。对众多的管理办法必须加以集中统一。

（9）结构。权力线应该从企业的最高层贯穿到企业的最低层。

（10）用人之长。把最合适的员工安排到最合适的岗位上去。

（11）保持员工队伍稳定。员工流动高会降低工作效率。

（12）员工的积极性。让员工拥有一定的自由去制定并实施他们的计划。

（13）团队精神。员工们作为一个集体一起工作，应该有一种团结氛围。

2. 督导管理的工作范围

国家森林公园的督导管理一般涉及到对游客服务的规范、标准、质量、环境、设备、成本控制、人际关系等基本方面的管理与协调，主要是领导员工把接待服务工作做好，从而实现企业的经营管理目标。

3. 管理者的自我考核

国家森林公园的经营管理活动是一个动态的系统。旅游者休闲娱乐选择偏好的变化、竞争者产品与服务的更新、技术革命的升级换代、企业经营战略的创新等等，都会引起国家森林公园管理模式的演变。这种演变，必然要求管理人员设法变革督导管理，不断提升管理水平。

第三节　国家森林公园的财务管理

财务管理是对国家森林公园经营过程中的财务活动进行预测、组织、协调、分析和控制的管理活动。国家森林公园经营过程中财务活动的核心是资金运动，表现为资金的筹措、使用、耗费、收入和分配。

一、财务管理的内容和任务

（一）财务管理的内容

国家森林公园的经营活动包括计划管理、产业管理、园林养护、劳务管理、工程管理、租赁管理、治安管理、财务管理等，而财务管理是其中的主要组成部分。它是利用价值形式，通过资金运动及其生产的经济关系——货币关系进行的综合性管理。

国家森林公园财务管理的主要内容有：对资金筹集和运用的管理；票务资金的管理；租金收支管理；对外输出有偿服务费的管理；固定资金、流动资金和专项资金的管理；资金分配的管理；财务收支总平衡等等。

（二）财务管理的任务

国家森林公园财务管理的基本任务是依据现代企业资金运动的规律，遵循国家的政策、法令和财经制度，合理组织财务活动，正确处理财务关系，加强计划（预算）管理和经济核算，改善和促进企业经营管理，提高经济效益，加强财务监督，维护财经纪律。

二、财务管理的管理制度

（一）管理机构

为了有效地进行财务管理工作，国家森林公园应该设立财务管理机构。一般情况下，国家森林公园在组织机构体系中设立财务部，作为实施财务管理的职能部门，其主要作用是通过组织企业的资金运动，提供经营管理信息，促进企业管理水平和市场竞争力的提高，从而获得良好的经济效益，实现国家森林公园的可持续发展。集团化管理的国家森林公园，财务管理工作的业务量大、流程复杂和职责重大，应该考虑成立专业化的财务管理公司，从而提高资本运作的能力，以保证国家森林公园的产业化发展。

（二）基本职责

（1）遵守财经纪律，建立和健全各项财务管理制度。

（2）参与企业筹资策划和筹措，跟进管理资金投放情况。

（3）参与企业营销策划，对各种重要经济合同及投资项目进行评议与审定。

（4）按合同的要求，做好工程费用的拨付和结算工作。

（5）执行审批制度，按规定的开支范围和标准核报各种费用，负责发放员工工资和奖金。

（6）严格执行现金管理制度和支票的使用规定，加强票务、餐饮等日常经营活动的现金管理，做好收费发票的购买、保管、使用和收回工作。

（7）编制记账凭证，及时记账，及时编报各种报表，妥善管理会计账册档案。

（8）拟订各项财务计划，提供财务分析报告，为企业经营管理作好参谋。

（三）管理制度

财务管理制度是保证财务工作规范化、标准化的一系列具体规定，是国家森林公园管理制度的重要组成部分。我国国家森林公园的财务管理制度适用于一般工商企业（尤其是旅游企业）的财务管理制度。我国国家森林公园的财务管理制度主要有：

（1）货币资金管理制度。包括现金管理、银行存款管理和借款管理等。

（2）财务收入管理制度。包括营业收入管理、营业外收入管理以及其他收入管理等。

（3）财务支出管理制度。包括：①专项活动费支出：固定资产购买审批制度；工程款审批制度；②经营费用支出：工资及附加费、福利费支付；日常经营费用（水电费、燃料费、绿化费、保险费、文印费、广告费、财务费；部门日用品及物料领用；部门维护与维修材料费用及领用；公司商品采购费用开支）；③管理费用支出：办公费；资料费；通讯费；传真复印费；员工培训费；福利费、社会保险及医药费、子女教育费、住宅区管理费；车辆使用费；误餐费；差旅费（市内交通费；国内差旅费；境外差旅费）；交际应酬费；其他支出。

（4）企业内部签单管理制度。

（5）公司折扣及促销奖励管理制度。

（6）资金审批制度。

（7）合同管理制度。

（8）财务档案管理制度。

三、财务管理的分析方法

（一）财务分析

财务分析是国家森林公园财务核算的工具，它通过一定的技术方法，对企业财务活动进行分析和研究；依据一定的原则，对企业财务状况进行科学的评价。财务分析的对象是国家森林公园或所属分支机构的经营活动中资金运动过程和结果；财务分析的目的在于总结经验、揭露问题、找出差距、加强管理、挖掘潜力和提高效益。

（二）经济活动分析

经济活动分析是国家森林公园企业内部经济活动的分析活动，其范围局限于独立经济核算单位内部。一般来讲，国家森林公园的经济活动分析主要有：

（1）对任何一项任务或项目都应作出预测，确定计划成本。

（2）分析人力占用是否符合各项任务的定员标准，检查人力使用、定员和定额等方面的节约和浪费。

（3）从物资的采购、运输、仓储、使用等环节入手进行分析。

（4）分析基础设施的使用情况。

（5）对各项管理费用的支出进行分析，提出开源节流的措施。

（6）分析经营收入结构，提出增收的具体措施。

（7）对更新改造项目的投资进行分析。

（8）进行预决算对比分析。

（三）财务分析方法

财务分析方法可按不同的分类标准进行分类，通常可按分析的对象范围、时间、目的以及所采用的数学方法分类。

（1）按分析对象的范围分类：①全面分析；②部门分析；③专题分析。

（2）按分析进行的时间分类：①定期分析；②日常分析；③临时分析。

（3）按分析的目的分类：①总结性分析；②控制性分析；③预测性分析。

（4）按分析时所采用的数学方法分类：①比较分析法；②因素替换分析法；③平均分析法与平衡分析法；④经济数学模型分析法（有利于采用人工智能的方法和使用计算机技术）。

第四节　国家森林公园的服务质量管理

国家森林公园是一种满足旅游者多样化旅游需求的旅游形态，这种旅游形态的演进与发展有赖于旅游者的选择和参与。从根本上讲，旅游者是否选择和参与这种旅游形态，是由这种旅游形态的本质特征以及提供这种旅游形态的服务过程共同决定的。尤其是在激烈的市场竞争条件下，重游率直接关系到国家森林公园的生存和发展。众所周知，重游率的大小是由国家森林公园的高质量和质量的稳定性决定的。实际上，国家森林公园的质量在很大程度上取决于员工的即席服务表现，而员工的即席服务表现又很容易受到各种因素的影响，从而造成国家森林公园服务质量的不稳定性。为了抑制这种不稳定性，提高重游率，国家森林公园加强质量管理显得至关重要。

一、全面质量管理的概念

质量管理是一种涉及到产品、过程、过程网络和程序等概念的活动，它包括确定质量方针、目标和职责，并在质量体系中通过诸如质量策划、质量控制、质量保证和质量改进使其实施的全部管理职能的所有活动。

（一）产品质量

国家森林公园产品质量的内容，简单地说，就是旅游者选择的国家森林公园具有满足他们多样化休闲娱乐需求的功能和服务。具体包括导游、餐饮、购物、表演、乘骑、活跃气氛，以及设施设备条件与维修保养、清洁卫生状况、管理水平和服务质量等方面。

国家森林公园产品质量设计原则可以概括为适合性和适度性两个方面。国家森林公园产品质量的适合性是指国家森林公园的导游、餐饮、购物、表演、乘骑、活跃气氛等景区服务，以及设施设备条件、清洁卫生状况、管理水平和服务质量等要适合目标客源多样化休闲娱乐的选择要求。国家森林公园产品质量的适度性是指根据目标客源的选择方向和消费能力（付费水平），以合理的成本，为目标客源提供满意的具有适度质量的休闲娱乐服务，以实现国家森林公园经营活动的长期利润的最大化。

在这里，"物有所值"是一个相当重要的经营管理理念。适合的质量与适度的质量是紧密联系在一起的。"适合"强调要投旅游者需求类型之好，"适度"要投旅游者需求等级之好，两者都是在使旅游者满意的基础上，为国家森林公园实现长期利润最大化的目标服务的。旅游者选择国家森林公园的原则：以适当的价格来购买适当质量的旅游形态。

（二）服务质量

旅游者对所选择的国家森林公园满意与否，很大程度上取决于国家森林公园与旅游者之间在质量问题上的互动程度。这种互动关系可以表述为：

旅游者的满意度 =（公园实际提供的质量—公园承诺的质量）/（旅游者实际感受的质量—旅游者期望的质量）×100%

这种互动关系反映出旅游者的满意度不仅受实际感知的质量影响，而且还受到旅游者期望质量的影响。通常情况下，旅游者希望所选择的国家森林公园是"物超所值"。这样，国家森林公园就有一个如何将"物有所值"的产品转化成旅游者"物超所值"的感知的问题。

国家森林公园的服务质量是指国家森林公园提供的服务能够满足旅游者需求的特性的总和。一般来讲，旅游者对国家森林公园的服务需求主要体现在：①物美与价廉；②及时与周到；③安全与卫生；④规范与方便；⑤热情与诚恳；⑥礼貌与尊重；⑦亲切与友好；⑧谅解与安慰。

（三）全面质量管理

全面质量管理源于美国，费根堡姆博士于 1961 年出版的《全面质量管理》一书中最先提出全面质量管理的概念。这个概念的提出，在全世界引起了反响。日本大力推进全面质量管理并取得了明显效果，更加引起世界各国的瞩目，在发达国家得到了很快发展，形成了公认的全面质量管理学科。特别是在ISO9000系列标准和ISO14000标准体系颁布和广泛采用之后，全面质量管理被推向了更加科学化、规范化和标准化的阶段。

1994年4月1日发布的ISO8402将全面质量管理定义为“一个组织以质量为中心，以全员参与为基础，目的在于通过让顾客满意和本组织所有成员及社会受益而达到长期成功的管理途径”。

全面质量管理创始人费根堡姆博士则将全面质量管理定义为“为了能够在最经济的水平上并考虑到充分满足顾客要求的条件下，进行市场研究、设计、制造和售后服务，把企业内部各部门的研制质量、维持质量和提高质量的活动构成一体的有效体系”。

可以看出，上述两个定义的内涵完全一致，都强调全面质量管理是全员通过有效的质量体系对质量形成的全过程和全范围进行管理和控制并使用户满意的科学方法。显然，全面质量管理的内涵包括：

（1）具有先进的系统管理思想。

（2）强调建立有效的质量体系。

（3）其目的在于用户和社会受益。

因此，国家森林公园的全面质量管理可以定义为“国家森林公园全体员工和各个部门，群策群力，综合运用现代管理理论、专业技术和科学方法，通过全过程的优质服务，全面满足旅游者需求的管理活动”。这个定义的要点是以全面质量管理为中心，全员参与为基础，目的是追求国家森林公园的可持续发展。

二、质量管理的方法

国家森林公园的质量管理可以分四个步骤，亦称为PDCA方法。

第一个步骤是计划（Plan）。具体内容包括明确质量管理的任务，建立质量管理的机构，设立质量管理的标准，制定质量问题检查、分析和处理的程序。

第二个步骤是实施（Do）。具体内容包括完成上述计划制定的各项质量管理任务，主要是实施质量标准，按照质量标准进行作业。

第三个步骤是检查（Check）。具体可采取在事前自查、互查、专查、抽查、暗查等多种方法以保证服务质量完美无瑕，事后如发生质量问题，可进行重点检查分析。

第四个步骤是处理（Action）。对现存的质量问题立即进行纠正，同时，对未来的改进方案不断提出建议。计划、实施、检查和处理是一个不断循环往复的动态过程，每一次循环，都应该进入一个新的质量阶段。

实际上，国家森林公园所面临的质量问题“关键的是少数，次要的是多数”，可以通过对现存问题进行分析，如景点景区布设、娱乐设施问题、设备保养问题、服务态度问题、活动安全问题、清洁卫生问题、语言交流问题等，根据问题存在的数量和发生的频率进行分类，对不同类型的质量问题进行有针对性的处理和解决。

三、现场质量管理分析

国家森林公园是一种满足旅游者多样化休闲娱乐需求的非日常的舞台化世界，它的接待服务是一种员工与旅游者之间“面对面”的互动关系，使得提供服务的员工以及所提供的服务成为了国家森林公园产品的重要构成部分。因此，国家森林公园员工的工作技能、工作方法和态度对旅游者的满意程度具有决定性的作用，这就要求国家森林公园必须加强服务现场的全面质量管理。

（一）对客服务分析

1. 闸口服务

游客入园的接待服务是国家森林公园满足旅游者需求的第一步工作，是在旅游者心中奠定美好感知印象的关键一步，因而在整个国家森林公园的服务工作中占有非常重要的地位。国家森林公园游客入园的接待服务工作包括：①对散客入园的售票和闸口入园服务；②对旅行社团队订单的确认和接待；③对其他团队订单的确认；④对贵宾接待的保障方案和接待要求。游客接待工作应考虑贵宾接待、团队游客和散客的不同要求，同时考虑景区自身对服务项目的承诺和接待能力，当不同接待之间发生矛盾时应该有所变通，以保证景区的服务质量和游客的满意为宗旨。

2. 导游服务

国家森林公园内的导游服务可以分为导游讲解服务和指示导向服务两个基本类型。

对于具有一定规模的国家森林公园，配置导游讲解服务是十分必要的。这种服务，对方便游客，增加游览兴致，强化景区感召力，提高游客对景区服务的认知程度，具有积极的作用。导游讲解服务包括团队导游服务、散客导游服务和贵宾导游服务。导游员必须具备 GB/T15971－1995《导游服务质量》中导游人员的基本素质和有关要求，遵守并执行《导游人员管理条理》等行业法规。

国家森林公园的指示导向服务可分为静态的指示标牌导向服务和动态的员工咨询导向服务。指示标牌导向服务应有统一的规格，属强制性标识的应符合国家有关标准，服务标识应具有全面、准确、清晰、简明的特性；员工的咨询导向服务应该亲切、简洁和准确，为游客排忧解难。景区的导向服务应该注意：①指示标牌导向服务的系统性和景区形象内在要求的协调性；②指示标牌的更改、审批、制作要程序化；③员工的身份应该具有明确的标识；④要对员工进行必要的景区知识培训。

3. 餐饮服务

餐饮服务是国家森林公园的基本功能之一。具有特色和知名度的餐饮服务，对于增进旅游者在景区的二次消费，提高景区在旅游者每人次方面的盈利能力，强化旅游者对景区的满意度具有重要意义。景区内的餐饮服务管理的内容主要包括：①菜单设计；②原材料管理；③厨房管理；④餐厅服务管理。

4. 购物服务

国家森林公园的购物服务不仅满足了旅游者旅行购物的需求，而且丰富了旅游者的休闲娱乐内容，对于提高国家森林公园的信誉和声誉，具有十分重要的作用。旅游者在国家森林公园购买的商品主要以传统工艺品、旅游纪念品为主，以现代工艺和科技手段制作的旅游商品也越来越受到旅游者的青睐。购物服务是国家森林公园开拓经营活动的重要领域，应该特别受到重视。

5. 表演服务

表演服务给国家森林公园注入了生命活力，不仅弘扬和繁荣了民族文化，而且优化了国家森林公园的产品结构，提升了国家森林公园的审美品质和休闲娱乐功能。国家森林公园的表演从内容上可以分为民俗风情表演、历史文化表演、体育竞技表演、动物表演等类型。按表演场地可以划分为舞台表演、广场表演、村寨表演、流动表演等类型。由于表演的内容、表演的场地各不相同，国家森林公园的表演规模也就不同，随之而来的服务也就不同。表演服务管理的主要内容包括：①表演活动的策划和实施；②表演现场的布置和安全；③正常表演的组织和统筹；④临时表演的组织和统筹；⑤表演服装、道具和化妆的管理；⑥突发事件的应急控制。

6. 乘骑服务

乘骑服务是国家森林公园满足旅游者休闲娱乐需求的重要服务内容。确保乘骑设施设备处于良好运行状态，保证游客的休闲娱乐安全，是乘骑服务的首要职责。尤其是越来越多的刺激性、惊险性、高速度、曲线运动型娱乐器械被引入国家森林公园，加强这些娱乐器械的维护保养和性能控制显得非常重要。乘骑服务的主要内容包括：①乘骑设施设备使用和维修人员的要求；②严格按程序进行规范操作；③日常的性能检查和维修；④突发性故障的处理；⑤定期进行器械型乘骑设施设备的施维护保养；⑥器械型乘骑设施的更新和添置；⑦乘骑设施设备与景区环境氛围的协调性。

7. 活跃气氛

活跃气氛是国家森林公园为旅游者创造特殊的休闲娱乐氛围，让旅游者体验“非日常的舞台化世界”真正魅力的重要途径。具有“三风”（中国风格、地方风格、民族风格）和“三性’（艺术性、纪念性和庆典性）的景区游园活动，对于提高国家森林公园的娱乐性、增强旅游者游园的趣味性、张扬国家森林公园的品牌形象，具有重要意义。活跃气氛的主要内容包括：①游园活动的策划；②游园活动的组织；③游园活动的接待服务；④大型节庆活动的现场控制；⑤主题活动的市场评估。

（二）展示服务分析

观赏性是国家森林公园满足旅游者多样化休闲娱乐需求的的基本功能要求，展示服务是提升国家森林公园观赏性的必要措施和重要保证。国家森林公园的展示服务一般包括森林景观的展示服务、人文景观的展示服务、园林园艺的展示服务、动物的展示服务和博物的展示服务等四种基本类型。

1. 森林景观的展示服务

森林景观的展示服务是国家森林公园展示服务的基础。我国国家森林公园发展初期的“森林景观”，更多的是追求森林景观的展示功能，随着国家森林公园开发理念的演进，森林景观开始从主要的观赏对象转化成为了国家森林公园烘托环境氛围的基本要素之一。森林景观的展示服务依然是国家森林公园的基本服务功能，这一点不会变。森林景观的展示服务一般包括：①森林的类型、面积、密度、色彩、景观线的设计与建设，必须表现主题和突出主题，反映国家森林公园的游园线索和形象链；②森林景观展示服务的定制化、个性化和多样化；③服务人员的特殊要求和日常督导；④森林景观的维护和保养；⑤森林景观的更新与经营。

2. 人文景观的展示服务

国家森林公园的旅游价值不仅取决于森林景观，还取决于人文景观，文物资源的价值在很大程度上决定了风景的等级。人文景观的展示服务一般包括：①人文景观的类型、密度、历史意义、景观线的设计与建设，反映国家森林公园的人文历史特征；②人文景观展示服务的定制化、个性化和多样化；③服务人员的特殊要求和日常督导；④人文景观的维护和保养。

3. 园林园艺的展示服务

国家森林公园是一种相对于原赋旅游景区而言的新型旅游景区，是人们受到原赋旅游景区的启发和旅游者需求变化的拉动而建造的旅游活动场所。显然，国家森林公园的“景区”特性需要园林园艺要素的支撑和丰富。

对于以自然风光为依托的国家森林公园，应以注重保护原有的森林、植被和自然景物为主，尽量避免人为破坏和过多的大型人工设施，管理原则为：①对原有生态环境的保护；②环境污染的可能性；③人工设施的控制范围；④植物品种的优化和培植；⑤森林防火和植保管理；⑥景区环境的生态承载量。

对于人工建造的各类植物公园和园林绿化占有重要地位的国家森林公园，主要应该考虑：①植物园艺的适宜性（气候、土壤、水文等）；②园林绿化规划对景观的影响；③植物品种和绿化造型的吸引力；④园林园艺的休闲娱乐功能；⑤园林园艺对“主题”的表现与深化。

4. 动物的展示服务

具有动物展示服务的国家森林公园为旅游者提供了与动物之间进行沟通与亲和的机会；以动物展示为“主题”的国家森林公园，如鸟语林、动物园和海洋馆等形式，更是为旅游者提供了走进自然、认识生命、了解环境、保护生态的典型途径和方式。相对而言，动物展示服务的质量管理难度较大，因此要注意：①动物保护法规的要求；②展示动物生存环境的整体评价；③游客与动物亲近的安全性；④动物驯养人员的资格要求；⑤动物展示活动的吸引力。

5. 博物的展示服务

博物的展示服务对于丰富国家森林公园的森林文化、提高国家森林公园的观赏品位、强化国家森林公园的娱乐氛围具有重要作用。博物的展示服务一般要注意：①博物的类型和品种；②博物的展示形式与手段；③展示博物的安全管理；④展示博物的观赏指引；⑤博物展示对“主题”的提升和完善。

（三）跟进服务分析

国家森林公园是满足旅游者休闲娱乐需求的特殊形态，这种形态的服务是以旅游者在景区、景点的活动规律为线索而提供的流程式服务。跟进服务是国家森林公园服务流程的重要环节，对于提升国家森林公园的服务质量和品牌形象，具有重要意义。跟进服务一般包括：环境卫生服务、安全保卫服务、应急医疗服务、特殊服务、游客投诉处理等内容。

1. 环境卫生服务

保持和谐的游览环境和干净整洁的卫生面貌，不仅为游客提供了美的享受，而且也为游客提供了健康的保障。影响国家森林公园环境卫生的因素有许多，一般来说，国家森林公园进行环境卫生的质量管理时应考虑：①景区、景点硬件设施对环境的影响；②景区、景点总体游览环境的规划；③服务人员的卫生保健（必要时，要有卫生资格要求）；④卫生服务对游客娱乐过程的影响；⑤景区新增项目和娱乐活动对环境的影响；⑥空气、水、噪音、有害物质等对景区环境的影响及其控制；⑦环境卫生器具与娱乐氛围的协调。

2. 安全保卫服务

安全保卫是国家森林公园为保障游乐设施、游客人身财产安全、保证正常游乐秩序的重要工作，景区、景点应建立良好的安全设施和安全责任制度。国家森林公园的安全保卫包括但不限于：①建立景区、景点安全保障网络体系；②设计景区、景点突发事件的处置方案；③贵宾的接待安全保障方案；④保证良好的景区、景点游览秩序；⑤员工的安全教育和培训；⑥安全系统的评估和改进；⑦建立景区、景点游客人身意外保险制度。

3. 应急医疗服务

应急医疗是国家森林公园考虑到游客会因为突发疾病、突发自然灾害、游乐设施事故、游客自身原因造成受伤等情况，为游客提供的一种保障措施。具有一定游客规模的国家森林公园，应建立配备常用的急救药品和器材的医务室，医务人员应具备专业资格证书。应急医疗服务一般包括：①日常应急医疗的处置方案；②重大活动的医疗保障方案；③对游客危重病人的处置方案；④景区、景点应急医疗服务的标识；⑤员工基本的救护知识。

4. 特殊服务

特殊服务是国家森林公园为满足部分有特殊需要的游客而提供的个性化服务。这类服务应是从方便游客游乐需要而提供的，国家森林公园应尽可能地给予游客更多的满足机会。特殊服务一般包括：①高龄老人的特殊照顾；②残疾人士的特殊照顾；③提供婴幼儿轮椅车服务或托婴服务；④提供贵重物品保管服务；⑤部分商务服务；⑥代邮、寻人服务；⑦预约、送票、送餐服务；⑧提供特殊的游乐项目和活动服务。

5. 游客投诉处理

旅游者对国家森林公园服务质量的评价是通过态度表现出来的。游客的态度有两种情况必须引起重视：一是游客的抱怨；二是游客的投诉。

游客的抱怨是旅游者对国家森林公园一种主观感受的直接表现，同时间接地反映了国家森林公园的服务质量水平。国家森林公园应该主动收集游客抱怨的信息，并以此作为改进服务工作质量的依据。游客抱怨的处理一般包括：①游客抱怨的收集方式和分类识别；②游客抱怨的定期分析制度。

游客投诉是国家森林公园不可避免的一种现象，它的存在说明服务质量控制的特性——服务质量的好坏不仅与服务结果有关、与服务过程有关，而且还与游客本身有关。正确处理游客投诉是服务质量补救的重要步骤，同时也是国家森林公园服务质量管理的重要内容。游客投诉处理一般包括：①处理服务投诉的质量承诺；②建立投诉处理制度；③公开游客投诉的渠道；④投诉个案的处理（调查、识别、处理和反馈）；⑤投诉分类分析和服务改进（软件与硬件）；⑥遵守旅游法规要求；⑦关键服务过程的记录；⑧游客投诉资料的档案管理，建立完整的文件管理体系。

实例九　龙岩国家森林公园龙硿洞景区
质量与环境兼容管理体系

（符合 ISO9001：2000 和 ISO14001：1996 标准）

文件编号：LKD/SC-2003
版本号：A 版
副本控制：受控
发放编号：13
持有岗位：外审

2003 年 6 月 1 日发布　　　　　2003 年 6 月 6 日实施

福建省龙岩国家森林公园龙硿洞景区　　　发　布

颁 布 令

龙岩国家森林公园龙硿洞景区依据 GB/T19001 – 2000 idt ISO9001: 2000《质量管理体系——要求》，参照 GB/T19004 – 2000 idt ISO9004: 2000《质量管理体系——业绩改进指南》；引用 GB/T24001 – 1996 idt ISO14001: 1996《环境管理体系规范及使用指南》标准的要求编制完成了《质量环境管理（QEM）手册》第 A 版（以下简称手册），现予以批准颁布实施。

本手册是景区质量、环境兼容管理体系的法规性文件，是指导景区建立并实施质量、环境兼容管理体系的纲领和行动准则。景区全体员工必须遵照执行。

本手册也是对满足顾客要求、环境要求和法律、法规要求的承诺，是顾客和第三方评定我景区质量管理和环境管理体系的依据。

（本手册将持续完善修改）

新罗区旅游产业发展委员会办公室主任（略）
2003 年 6 月 6 日

管理者代表任命书

为了贯彻执行 GB/T19001-2000《质量管理体系——要求》和 GB/T24001-1996《环境管理体系规范及使用指南》标准，加强对质量、环境兼容管理体系运作的领导，特任命某某先生为我景区的质量、环境管理者代表。

管理者代表的职责是：

1. 确保质量、环境兼容管理体系过程中得到建立和保持；

2. 向最高管理者报告质量、环境兼容管理体系中质量、环境体系的业绩，包括改进的需求；

3. 在整个景区内促进顾客要求意识的形成；

4. 确保在整个景区内贯彻环境保护意识；

5. 就质量、环境兼容管理体系中的有关事宜对外联络。

新罗区旅游产业发展委员会办公室主任（略）

2003 年 6 月 6 日

0.1 目录

标　　题	GB/T19001－20 00 标准条款对照	GB/T19001－2000 标准条款对照
0. 1 目录		
0.2 手册说明		
0.3 手册的管理		
0.4 质量 环境方针 目录		
0.5 景区概况		
1.0 景区组织机构图		
2.0 景区质量、环境兼容管理体系结构图		
3.0 质量、环境兼容管理体系过程职责分配表		
4.0 质量、环境兼容管理体系		
4.1 总要求	4.1	4.1
4.2 文件要求	4.2	
4.3 文件控制	4.2.3	4.4.4
4.4 记录控制	4.2..4	4.5.3
5.0 管理职责	5	
5.1 管理承诺	5.1	
5.2 以顾客为关注焦点	5.2	
5.3 质量方针和环境方针	5.3	4.2
5.4 质量环境管理体系策划	5.4	4.3
5.5 职责、权限和沟通	5.5	4.4.1　4.4.3
5.6 管理评审	5.6	4.5.4
6.0 资源管理	6	
6.1 资源提供	6.1	
6.2 人力资源	6.2	
6.3 基础设施	6.3	4.4.2
6.4 工作环境	6.4	
7.0 服务实现	7	
7.1 服务实现的策划	7.1	
7.2 与顾客有关的过程	7.2	
7.3 设计和开发	7.3	
7.4 采购	7.4	
7.5 景区管理服务的提供	7.5	
7.5.1 服务提供的控制	7.5.1	
7.5.2 服务提供过程的确认	7.5.2	
7.5.3 标识和可追溯性	7.5.3	
7.5.4 顾客财产	7.5.4	
7.5.5 服务用品的防护	7.5.5	

（续）

标　　题	GB/T19001 - 2000 标准条款对照	GB/T19001 - 2000 标准条款对照
7.6 监视和测量装置的控制	7.6	
7.7 环境管理运行控制	7.7	4.5.1
7.8 应急准备和响应	7.8	4.4.6
8.0 测量、分析与改进	8	4.4.7
8.1 策划	8.1	
8.2 监视和测量	8.2	
8.2.1 顾客满意	8.2.1	
8.2.2 内部审核	8.2.2	4.4.1
8.2.3 服务提供过程的监视和测量	8.2.3	
8.2.4 环境监测	8.2.4	4.5.4
8.3 不合格控制	8.3	4.5.1
8.4 数据分析	8.4	4.5.1
8.5 改进控制	8.5	4.5.2

0.2 手册说明

0.2.1 手册内容

本手册系依据 GB/T19001—2000《质量管理体系—要求》，GB/T24001—1996《环境管理体系规范及使用指南》以及本景区的实际相结合编制而成。

0.2.2 手册覆盖范围

本手册采用 GB/T19001 - 2000 < 质量管理体系——基础和术语 > 和 GB/T24001—1996 < 环境管理体系规范及使用指南 > 的术语和定义。

0.2.3 术语和定义

龙岩市龙硿洞景区：编写 LKD（龙硿洞拼音首字母大写组合）；体系文件中简称“景区”；质量环境管理体系：编写 QEMS（Quality Environment Management System）。

0.3 手册管理

0.3.1 本手册为景区的法规性文件，是受控文件，由旅游产业发展委员会办公室（以下简称旅发办）主任批准颁布执行。手册由办公室统一管理并负责发放，未经管理者代表批准，任何人不得将手册提供给景区以外人员。手册持有者调工作岗位时，应将手册交还办公室，办理核收登记。

0.3.2 手册持有者应使其妥善保管，不得损坏、丢失、随意涂抹。

0.3.3 在手册使用期间，如有修改建议，各部门负责人应汇总意见，及时反馈到办公室，办公室应根据需要及时景区对手册的适用性、有效性进行评审；必要时应对手册予以修改，具体执行《文件控制程序》的有关规定。

0.4 质量方针　目标

质量方针：旅客至上　管理规范　质量保证　持续发展

质量目标：顾客满意度95%，3年内：每年递增0.5%

员工培训人次每年不少于6次

服务质量事故每年少于1项

质量承诺：顾客投诉及时处理率100%

环境方针：法规为本　环保达标　全员参与　杜绝污染

环境目标：山清　水秀　洞美

绿化覆盖率达到97%。

地面水环境质量达到GB 3838的规定。

空气质量达GB 3095—1996一级标准。

新罗区旅游产业发展委员会办公室主任（略）

2003年6月6日

0.5 景区概况

0.5.1 创建经过。景区在国家森林公园内，地处武夷山脉南段，距龙岩市区48km，总面积10 km^2，属喀斯特地貌，形成于3亿年前的古生代，是海洋经三次地壳运动和间歇演变形成。溶洞早在唐代就被世人发现，明清已有游人涉足，1988年成立龙硿洞开发保护小组，1990年8月成立新罗区旅游局所属龙硿洞风景区管理处，1991年被列为省级风景名胜区，1996年张家坤副省长誉为“华东第一洞”，2001年全国第十届溶洞研讨会暨溶洞节在景区召开，赢得各方美誉。

0.5.2 特点规模。龙硿洞以地下溶洞奇观为主，已探明溶洞分上中下3层，洞中有山，山中有洞，洞中有水，时隐时现，大洞套小洞，支洞无数，层层叠叠，曲径通幽，大小钟乳石千姿百态，变化无穷，景物奇异，形象逼真，景观比比皆是（已命名景点达56个），具有极高的观赏价值。目前已经开放的主要有2条游廊，8个大厅，16个支洞。洞外景观主要有龙井、龙蛋石、龙须瀑布、溪流、睡狮岩、大坑山、龙潭湖等。整个景区自然景色美丽动人，绿色植被充满生机，是华东地区较大的集山、水、洞为一体的原野型溶洞山林风景区。

0.5.3 人力资源状况。景区在册页员工28人，其中管理人员6人，中专以上学历10人，导游员12人。

0.5.4 环境及基础条件。景区绿化覆盖率达97%，洞内空气中负离子含量68万个/cm^3，地表水均为无污染的山溪流水，方圆20km内无污染型企业。通往景区有一条旅游公路，有2个旅游餐厅，3个停车场，4条游步道（1条森林浴），游客中心、茶艺购物、办公生活等设施齐全。

0.5.5 前景展望。经过十几年开发建设，景区有形及无形资产近5000万元，2003年拟申请国家4A级景区。随着闽西旅游产业的发展，景区将迎来一个新的时代。

0.5.6 联系地址（略）

0.5.7 新罗区旅游局址（略）

1.0 行政组织机构图（略）

2.0 质量与环境兼容管理体系结构图（略）

3.0 职能分配表

章节号	过程和要素	旅发办主任	管理者代表	景区主任	景区副主任	办公室	质检部	客户服务部	保卫部	绿化保洁部	市场开发部	后勤部	财务部
4.0	质量、环境兼容管理体系		●	▲		○	○	○	○	○	○	○	○
4.1~4.2	总要求、文件要求												
4.3	文件控制				▲	●	○	○	○	○	○	○	○
4.4	记录控制				▲	●	○	○	○	○	○	○	○
5.0	管理职责												
5.1	管理承诺		●	▲		○	○	○	○	○	○	○	○
5.2	以顾客为关注焦点			▲		○	○	●	○	○	○	○	○
5.3	质量方针和环境方针	▲	●			○	○	○	○	○	○	○	○
5.4	质量环境管理体系策划			▲		●	○	○	○	○	○	○	○
5.5	职责、权限和沟通		▲			●	○	○	○	○	○	○	○
5.6	管理评审	▲	●			○	○	○	○	○	○	○	○
6.0~6.1	资源管理 资源提供												
6.2	人力资源			▲		●	○	○	○	○	○	○	○
6.3	基础设施				▲	○	○	○	○	○	○	●	○
6.4	工作环境				▲	○	○	○	○	○	○	●	○
7.0	服务实现												
7.1	服务实现的策划			▲		○	○	○	○	○	●	○	○
7.2	与顾客有关的过程			▲		○	○	●	○	○	○	○	○
7.3	设计和开发			▲		○	○	○	○	○	●	○	○
7.4	采购			▲		○	○	○	○	○	●	○	○
7.5	景区管理服务的提供					○	○	○	○	○	○	○	○
7.5.1	服务提供的控制				▲	○	○	●	○	○	○	○	○
7.5.2	服务提供过程的确认				▲	○	○	●	○	○	○	○	○
7.5.3	标识和可追溯性				▲	●	○	○	○	○	○	○	○
7.5.4	顾客财产				▲	○	○	○	●	○	○	○	○
7.5.5	服务用品的防护				▲	○	○	○	○	○	○	●	○
7.6	监视和测量装置的控制				▲	○	○	○	○	●	○	○	○

（续）

章节号	过程和要素	旅发办主任	管理者代表	景区主任	景区副主任	办公室	质检部	客户服务部	保卫部	绿化保洁部	市场开发部	后勤部	财务部
7.7	环境管理运行控制		▲			○	○	○	○	●	○	○	○
7.8	应急准备和响应				▲	○	○	○	●	○	○	○	○
8.0	测量、分析和改进		▲			○	●	○	○	○	○	○	○
8.1	策划												
8.2	监视和测量				▲	○	●	○	○	○	○	○	○
8.2.1	顾客满意				▲	○	○	●	○	○	○	○	○
8.2.2	内部审核		▲			○	●	○	○	○	○	○	○
8.2.3	服务提供过程的监视和测量		▲			○	●	○	○	○	○	○	○
8.2.4	环境监测				▲	○	○	○	○	●	○	○	○
8.3	不合格控制		▲			○	●	○	○	○	○	○	○
8.4	数据分析				▲		○	○	○	○	●	○	○
8.5	改进控制		▲			●	○	○	○	○	○	○	○

注：▲分管领导（归口）　●主要部门（负责）　○相关部门（配合）

4.0 质量、环境管理兼容体系

4.1 质量、环境管理兼容体系的总要求

景区按照 GB/T19001－2000 及 GB/T24001 标准要求建立了质量、环境管理兼容体系，形成文件，加以保持和实施，并予以持续改进。

4.2 质量、环境管理兼容体系应形成文件，并贯彻实施和持续改进。

4.2.1 按时 ISO9001：2000 和 ISO14001：1996 标准的要求及景区的实际情况，编制了适宜的文件，以使质量、环境管理兼容体系有效运行。

4.2.2 景区质量、环境管理体系文件结构：

第一级文件质量、环境手册包括：景区的质量、环境方针和目标；质量管理体系和环境管理体系的范围及质量管理体系删减细节的说明；为质量管理体系和环境管理体系程序的引用；质量管理体系和环境管理体系过程之间的相互作用的表述。

第二级文件即程序文件包括：程序规定某项活动或过程的途径；程序文件规定了活动的目的和范围，做什么和谁来做，何时、何地和如何做，应使用什么材料、设备和文件，如何对活动进行控制和记录；质量、环境管理兼容体系包括 23 个程序文件。

第三级文件分为两类：

（1）各部门工作手册，作为各部门运行质量管理体系的常用实施细则：包括管理标准（各种管理制度等），工作标准（岗位责任制和任职要求等），业务标准（国家有关的法律法规、服务规范、服务提供规范、质量控制规范等），部门质量记录文件等。质量、环境管理兼容体系包括8个部门的工作手册。

（2）其他质量文件：可以是针对特定服务、项目或合同编制的服务质量计划、环境管理方案、标准、规范等，文件的组成应适合于其特有的活动方式。

4.2.2.1 文件规定应与实际运作保持一致，随着质量、环境管理兼容体系的变化及质量、环境方针、目标的变化，景区办公室应及时评审并修订质量、环境管理兼容体系文件，确保有效性、充分性和适宜性，执行《文件控制程序》的有关规定。

4.2.2.2 文件和详略程度应取决于景区规模、服务类型、过程复杂程度、员工能力素质等，应切合实际，便于理解应用。

4.2.2.3 文件可呈现任何媒体形式，如纸张、磁盘、光盘或照片、样件等，都应按照《文件控制程序》进行管理。

4.2.3 文件控制

4.2.3.1 文件要求

文件是质量、环境管理兼容体系运行的依据，可以起到沟通意图、统一行动的作用。本景区建立、保持和实施《文件控制程序》以对质量、环境管理兼容体系所要求的文件进行控制，保证文件的充分性、适宜性和有效性，防止作废文件的非预期使用。

4.2.3.2 文件的编制、审核、批准和发放

4.2.3.3 文件的更改、标识、回收和作废

4.2.3.4 外来文件（法律、法规、标准规范及上级的有关文件）由办公室收集、识别其有效性，进行管理和发放。办公室每年编制一版《法律、法规、标准、规范有效版本清单》，由授权人审核，管理者代表批准，以保证外来文件的有效性。

4.2.4 记录控制

记录是质量、环境管理兼容体系运行的客观证据，以证明质量、环境管理兼容体系运行和景区管理服务满足规定的要求。景区建立、保持和实施《记录控制程序》用以对质量、环境管理兼容体系所要求的记录的标识、贮存、保护、检查、保存期和处理等进行有效控制。

4.2.4.1 记录的分类：与质量、环境管理兼容体系有关的记录；与景区管理服务有关的记录；来自供方和顾客的记录。

4.2.4.2 记录的要求：记录要按质量、环境管理兼容体系文件规定的格式填写；记录要及时、真实、准确，内容完整，字迹清晰，不得随意涂改；记录由相关部门的作业人员负责填写，相关栏目负责人签名，不允许空白。

4.2.4.3 记录的管理：记录由相关部门保存和归档，由办公室归口管理；记录要保存在干燥、通风处，以防损坏，以备追溯。

5.0 管理职责

5.1 管理承诺：旅发办主任通过以下的活动对景区建立和改进质量、环境管理兼容体系的承诺提供证据：

5.1.1 向景区传达满足顾客和法律法规要求的重要性。

5.1.2 实现对重要环境因素的有效控制，执行《环境因素识别与评价控制程序》。

5.1.3 旅发办主任负责制定和批准景区的质量方针和质量目标以及环境方针和环境目标，参

见《质量方针》、《环境方针》和《质量环境管理体系策划控制程序》。

5.1.4 旅发办主任应对质量、环境管理体系的适宜性、充分性、有效性进行评审，以评估持续改进质量、环境管理体系的机会，使管理承诺得到落实。应按策划的时间间隔主持管理评审，执行《管理评审控制程序》。

5.1.5 旅发办主任应确保景区质量、环境管理体系运作能获得必要的资源，执行“资源管理”的规定。

5.2 以顾客为关注焦点

旅发办主任应以增强顾客满意为目的，确保顾客的要求得到确定并予以满足，为此应做到：

5.2.1 确定顾客的需求和期望

通过市场调研、预测，或与顾客的直接接触来实现，执行《与顾客有关的过程控制程序》。

5.2.2 将顾客的需求和期望转化为对景区的服务要求、环境控制要求以及运行过程的要求。如对服务特性的要求和服务质量检验规范等。

5.2.3 使转化成的要求得到满足

5.3 质量方针和环境方针

5.3.1 质量方针

5.3.1.1 为实现以顾客满意为目标，确保他们的需求和期望得到确定，并转化为景区的服务要求，确定本景区的质量方针。

5.3.1.2 本方针与景区总体经营方针相适应、协调，它是景区经营方针的重要组成部分，体现了满足要求和持续改进的承诺。

5.3.1.3 本方针为制定和评审质量目标提供了框架，景区与质量有关的各部门应在此基础上制定相应的质量目标，执行《质量、环境管理体系策划控制程序》。

5.3.1.4 各级领导要将质量方针传达到管理、执行、验证和作业等层次，使全体员工正确理解并坚决执行。

5.3.1.5 景区应不断地对质量方针进行适宜性评审，必要时可对其进行修改以适应景区内外环境的变化，执行《管理评审控制程序》。

5.3.1.6 对质量方针的批准、发布、评审、修改都应实行控制，执行《文件控制程序》。

5.3.2 环境方针

环境方针是景区环境管理行为的意图和原则的陈述，是传达旅发办主任对景区进行环境的持续改进和污染预防的承诺，是对法律、法规的承诺，是总的指导方向和行为指南。

5.4 质量、环境兼容管理体系策划

5.4.1 质量目标

5.4.1.1 质量目标：为实现景区的质量方针，景区制定了质量目标。

5.4.1.2 与服务质量相关的各部门应根据景区总的目标进行分解，转化为本部门每季度具体的服务项目满意率。

5.4.2 环境目标和指标

5.4.2.1 环境目标和指标：为实现景区的环境方针，制定总的环境目标和指标。

5.4.2.2 景区相关职能部门和层次应根据总的环境目标和指标，分解建立相应的环境目标和指标。

5.4.3 质量环境管理体系策划

5.4.3.1 质量环境管理体系策划的时机：按照质量环境管理标准建立、改进质量、环境管理兼容体系；景区的质量方针、质量目标、环境方针、环境目标与指标、组织机构发生重大变化；景区的资源配置、市场情况发生重大变化；现有体系文件未能涵盖的特殊事项。

5.4.3.2 质量、环境管理兼容体系策划的内容

旅发办主任应确保对实现质量环境目标所需的资源加以识别和策划。

5.4.3.3 质量、环境管理兼容体系策划输出文件的编制

5.4.3.3.1 编制原则：应参照质量环境管理手册的有关内容，应符合质量和环境方针及目标，并与服务实现过程的策划及其他质量、环境管理兼容体系文件的内容协调一致；有的质量环境文件中的内容可被引用，并根据特殊的要求增加新的内容。

5.4.3.3.2 质量、环境管理兼容体系策划输出文件的编制、审批和发放。

5.4.3.4 质量、环境管理兼容体系策划的实施、监督检查和更改

5.4.4 环境因素

为确定景区服务活动中能够控制，或可望对其施加影响的环境因素，景区建立和实施《环境因素的识别和评价程序》。

5.4.4.1 环境因素的识别

结合过程分析、现场调查、收集信息，充分识别景区存在的环境因素。对景区的管理活动中已经或可能对环境造成影响的因素进行充分的识别，在进行识别时应考虑正常、异常和紧急三种状态，以及过去、现在和未来三种时态的各种类型的环境因素。

5.4.4.2 环境因素的评价：采用各种评价方法，评价出重要环境因素。

超标的环境因素应判定为重要环境因素，其他重要环境因素的确定应考虑：改善环境影响的技术难度；改善环境影响的费用；对其他活动与过程的影响；对景区在公众形象的影响。

景区应制定《环境因素汇总表》和《重要环境因素清单》。

5.4.4.3 环境因素的更新

为达到持续改进的目的，依据客观情况的变化，景区应不断对环境因素进行更新，一般每年进行一次，当出现以下情况时应及时更新：有关的法律法规要求发生变化时；发生重大环境事故后；景区服务项目发生较大变化时；管理评审要求时等。

5.4.5 环境管理方案

5.4.5.1 环境管理方案是实现环境目标与指标的方法措施，以时间和责任划分。环境管理方案制定时应考虑的问题；可选择的最佳环境技术，以及经济、运作上的可行性；实施进度以及可调整性。

5.4.5.2 环境管理方案的制定

5.4.5.3 环境管理方案的更改：当因实施环境管理方案的措施（或手段）发生变更，目标、指标变化或涉及到新的开发和新的活动，就应对方案进行修改，以确保环境管理方案与该项目相适应，管理者代表负责景区环境管理方案的更改，经旅发办主任批准后，相关部门负责实施。

5.4.5.4 环境管理方案的实施与监督验证

景区制定《目标、指标与环境管理方案一览表》下发到相关部门予以实施，质检部负责对实施进度及效果进行监督验证。

5.4.6 法律与其他要求

为使景区在管理服务的活动能很好的遵守和执行相关的法律法规及其他要求的规定，景区建立和实施《适用法律与其他要求控制程序》。

5.4.6.1 与景区相关的法律与其他要求包括：国家的法律法规；国家标准及行业标准；国际公约；国家环境保护法律、法规、标准及部委规章；地方环境保护规章、标准；其他相关执法部门的通知、公报等。

5.4.6.2 获取法律及其他要求的方法和渠道

景区经常与标准制定单位及环境保护部门保持联系，定期查询法律及其他要求，并及时更新。

查询方法包括：定期向主管部门索取相关的信息；定期进行网上检索，确定信息来源；通过政府机构、行业协会、图书馆、书店、刊物、咨询机构等渠道获得信息。

5.4.6.3 应遵守法律及其他要求的确定

景区根据是否与景区质量、环境管理兼容体系有关和是否为最新版本，来确定景区应遵守的法律及其他要求的适宜性，制定《执行法律及其他要求一览表》。

5.4.6.4 景区要求各部门和全体员工学习相关的法律及其他要求并遵守执行。

5.5 职责、权限和沟通

对景区内的职能部门和岗位人员的职责和权限及相互关系加以规定，并进行有效的沟通，以促进质量、环境活动的有效开展，景区制定并执行《部门和岗位职责任职条件》。

5.5.1 职责和权限：见《岗位任职要求》。

5.5.2 内部沟通

5.5.2.1 景区确保在不同层次和职能之间，就质量、环境管理兼容体系的过程，包括质量要求、质量和环境目标和指标及完成情况，以及实施的有效性，进行沟通，达到相互了解、相互信任，实现全员参与的效果。

5.5.2.2 质量、环境管理兼容体系有关的各种信息沟通，可采用布告栏、致客户信、通知、公告、各种会议等方式。

5.5.3 信息交流：质量、环境管理的信息应在景区内外及时通畅地传递、实施，以使体系有效地运行。

5.5.3.1 信息交流的目的

使景区各部门和相关方对环境管理工作理解和支持，特别是当地主管环境工作的主管部门；使员工了解景区环境管理工作的现状，鼓励员工关心支持、积极参与实施环境管理工作，群策群力作好景区的环境管理工作。

5.5.3.2 信息交流的内容

包括内部信息交流和外部信息交流。

5.6 管理评审：为了按一定的时间间隔对质量、环境管理兼容体系进行评价，对质量方针、目标、环境目标指标和改进机会的评审，景区制定并执行《管理评审控制程序》。

5.6.1 管理评审计划：景区每年至少进行一次管理评审，在特殊情况下，可以增加管理评审频次。

办公室在管理评审前编制《管理评审计划》，其内容包括评审目的、范围和评审重点、评审时间、参加评审的部门和人员、评审依据、相关部门应准备的资料、评审内容等。

5.6.2 管理评审输入

5.6.3 管理评审输出

5.6.4 管理评审决定的改进措施的实施和验证

由管理者代表组织有关部门实施，进行验证。

6.0 资源管理

6.1 资源提供：为实施保持和持续改进质量、环境管理兼容体系，景区将确定并提供所需的资源。

6.2 人力资源

6.2.1 总则：对景区从事与旅游管理有关的人员，都规定了任职条件，对教育、培训、技能和经验作出规定，并经考核确定后方可从事与质量、环境管理有关的工作，保证人员都能胜任自己的工作。

6.2.2 能力、意识和培训。

6.3 基础设施

为实现和保持景区旅游管理服务的符合性及质量、环境管理兼容体系运行的有效性，景区主任组织有关部门识别并提供所需的基础设施；

基础设施包括：工作场所以及其他建筑物和相关的旅游设施；设备、工具和计算机硬件、软件；通讯设施；必要的交通工具等。

为基础设施特别是设备要进行有计划的维护、保养和检修。以保持基础设施的完好和适用。

6.4 工作环境：必要的工作环境是实现旅游服务的支持条件。本景区为员工创造宽敞、清洁、明亮的工作环境和生活环境，充分考虑环境中人和物的因素，和人体工效学的要求，努力提高工作效率，并为游客提供清洁、优美的旅游环境。

7.0 服务实现

景区服务管理是通过过程管理的方法来实现，通过这些过程的实现以达到以下要求：

（1）旅游景点竣工时，严格按照国家标准验收，具有完整的验收资料、图纸、档案及交接手续。

（2）对景区管理实行社会化、专业化管理。

（3）建立景区各项管理制度。

（4）景区管理人员应经过岗位培训，具备满足服务要求的能力。

（5）实施计算机网络化管理。

7.1 服务实现的策划

景区管理服务的实现过程在本质量、环境管理兼容体系中进行了策划。对于特定的景区管理项目和合同，景区应编制质量计划，对质量、环境管理兼容体系过程资源作出专门的规定。景区建立《服务实现的策划程序》以实现服务的策划。

7.2 与顾客有关的过程

对顾客的需求和期望转化的要求得到识别，确定和评审，并加以实施和保持，确保景区有能力满足顾客的要求，景区制定并执行《与顾客有关的过程控制程序》。

7.2.1 与顾客有关要求的确定

景区应将顾客的要求和期望转化为要求，要求一般体现在投标书和合同草案上。

7.2.2 对服务要求的评审

在景区向客户作出提供服务的承诺之前（如提交标书、接受合同及合同的更改等），对服务要求实施评审。

7.2.3 合同的签定与实施：服务要求评审后，即能与客户签定合同，合同签定后及时通知有关部门，执行合同规定的要求，使客户满意。

7.2.4 服务要求的变更：当服务要求由于某种原因变更时，应把变更的要求与客户协商一致，相应的合同条款应得到修改，对更改的内容再次评审，并及时通知有关部门。

7.2.5 与顾客沟通：在服务过程中景区通过多种渠道与顾客沟通，向顾客介绍服务能力，回答顾客的咨询。

沟通渠道可以是：访问顾客、服务宣传栏、与顾客会谈、设咨询投诉台等，服务完成后，搜集顾客的反馈信息，妥善处理顾客的投诉，以取得顾客的持续满意。

7.3 设计和开发：对景区发展新的服务项目进行设计和开发并对其控制，以确保其服务满足游客的需求和期望及有关法律法规要求，满足景区发展的需要。

7.3.1 设计和开发的策划：设计开发策划的输出转化为《项目建议书》、《项目方案》、《项目计划书》。

随着设计开发的进展，在适当时予以修改。参加设计开发工作的不同组别之间和景区与外部单位之间进行接口管理，以保证有效的沟通和明确职责分工。

7.3.2 设计和开发输入

设计开发输入内容包括：新项目的主要服务要求；适用的法律法规要求；以前的类似项目设计开发提供的适用信息；对确定服务项目的质量特性有重要影响的控制环节，及相应的配套措施等。

设计开发的输入应形成文件并进行评审，对其中不完善，含糊或矛盾的要求作出澄清和解决，确保设计开发的输入满足任务书的要求。

7.3.3 设计开发的输出：设计开发人员根据设计输入文件开展设计开发工作，并编制相应的设计开发输出文件（初稿）。

设计开发输出文件应包括：能以针对设计开发输入进行验证的形式来表达；服务标准要求；服务提供流程图；项目验收准则；管理体系和服务过程调整的要求；资源配置要求等。

7.3.4 设计开发的评审：在设计开发的适当阶段，根据策划的安排进行系统，综合的评审。

评审的要求包括：评价是否满足该阶段设计开发的要求，及达到设定目标的程度；识别和预测问题的部位和不足，提出纠正措施。

评审的参加者应包括与该设计开发阶段有关的职能代表，评审的结果及必要的措施应予以记录并保存。

7.3.5 设计开发的验证

根据评审通过的设计开发输出文件（初稿）开展活动，建立项目框架，可采用试运行、试营业，小范围内运行等方式对设计开发的输出进行验证。验证的目的在于证明设计开发的输出是否满足输入的要求。

验证的结果应编制《设计开发验证报告》，对采取的措施予以记录并保存。

7.3.6 设计开发的确认

确认的目的是保证服务能够满足预期的要求。通常应在服务交付之前完成。如需经运行一段时间才能完成确认工作的，应在可能的适用范围内实现局部确认。

确认的方式包括：新的旅游服务项目鉴定会试运行合格后，广泛征求顾客意见，游客满意即是对设计开发的确认，确认的结果即需要采取的措施应予以记录并保存。

7.3.7 设计开发更改的控制

设计开发在试运行期间发现问题需要更改时，应正确识别和评估更改服务诸方面带来的影响。当更改涉及到主要服务特性的改变，或人身安全及相关法律法规要求时，应对更改进行适当的评审，验证和确认后，经旅发办主任批准才能实施。

7.4 采购：对物资采购过程及供方的服务进行控制，以确保所采购的物资和供方提供的服务符合规定要求，景区制定并执行《采购控制程序》。

7.4.1 采购过程

7.4.2 采购信息：采购信息应表述对服务采购和外包服务的要求。

7.4.2.1 服务采购的信息，适当时应包括：服务采购和外包供方批准的要求；对服务的验证要求；适用的质量管理体系要求；其他要求，如价格、性质、完成日期、人员资格要求等。

7.4.2.2 外包服务有关的信息，适当时包括：供方法人资格证明文件；服务业绩证明材料；相关部门提供服务质量报告；服务项目分包合同。

7.4.3 服务采购的验证：景区确定并实施检验和评审活动，对服务采购的验证，以保证采购的服务和委托的外包服务供方满足规定要求。

7.4.3.1 服务采购的验证

验证的方式包括：由质检部进行服务质量检验；由游客在景区现场实施验证；由景区在供方现场实施验证；由游客在供方现场实施验证。

景区在采购文件中规定验证的安排和服务放行的方法。

7.4.3.2 服务供方的验证：采用定期复评的方式进行验证。景区制定对服务供方复评的内容和方法，每年对服务供方进行一次跟踪复评，游客也可按规定进行复评。

7.4.3.3 游客的验证不能免除供方提供合格服务的责任，也不能排除游客拒绝的可能。

7.5 景区管理服务的提供

7.5.1 服务提供的控制

7.5.1.1 景区策划和在受控状态下进行景区管理服务。

7.5.1.2 为对景区管理服务过程进行有效控制，以满足游客的需求和期望。

7.5.2 服务提供过程的确认

服务过程具有特殊过程的性质，因为服务人员与游客接触中服务质量立即表现出来，多数情况下用最终检验的方法对服务质量进行控制其效果不能满足要求，对景区服务特性的控制只能由控制过程来达到。因此，需要对这些过程进行确认，以证实它们的过程能力。根据需要对相关的服务规范、服务提供规范和质量控制规范进行更改。

7.5.3 标识和可追溯性

对景区管理的各个过程中，对服务合同、公共信息、服务人员、旅游设施、物品等进行有效的标识，以防错误的识别和服务，并对有规定要求时实施可追溯性措施，景区建立和实施《服务提供控制程序》。

7.5.3.1 人员、旅游设施、物品的标识

7.5.3.2 可追溯性要求的实现

7.5.4 顾客财产

对委托方交付的物品及管辖区内车辆等的控制，景区应识别、验证、保护和维护这些顾客财产。如顾客财产发生损坏、丢失等情况，应及时报告客户，并保持记录。景区制定并执行《顾客财产控制程序》。

7.5.5 服务用品的防护

7.5.5.1 对于服务提供过程中使用的物品，从贮存、搬运、使用的所有阶段，应针对物品的符合性提供防护，防止物品变质、损坏和错用。

7.5.5.2 物品搬运的控制，根据物品的特点，配置适宜的搬运工具，规定合理的搬运方法，防止损坏物品和相邻建筑物景观。

7.5.5.3 物品贮存控制：编制仓库管理规定，规范仓库的管理，提供适宜的贮存条件，按规定码放，对有贮存期限要求的物品，明确标识有效期，保证先入先出。

7.6 监视和测量装置的控制：对用于确保和证明景区管理符合规定要求的监视和测量装置进行有效的控制，确保监视和测量结果的有效性，景区制定并执行《监视和测量装置的控制程序》。

7.6.1 监视装置的配置

根据景区质量、环境管理的任务及所要求的精确度配置适用的所需的准确度和精确度的监测装置，景区制定《监测装置一览表》，按照一览表进行配置。

7.6.2 监测装置的校准

7.6.3 监测装置的使用、搬运、维护和贮存的控制

应严格按照使用说明书或操作规程使用监测装置，使用后要进行适当的维护和保养。

7.6.4 监测装置偏离校准状态的控制

7.6.5 监测装置的环境要求

监测装置的使用环境应符合相关技术文件的要求，要防止腐蚀、潮湿、震动和机械损害，以保持其准确度。

7.7 环境管理运行控制：根据景区的环境方针、目标和指标，确定与所认定的重要环境因素有关的运行与活动加以规划，以确保运行与活动在程序规定的要求下进行，实现环境行为的不断改进，为此景区制定与执行《环境管理运行控制程序》。

7.7.1 对环境有重大影响或可能产生重大影响的操作，以及与环境方针、目标和指标有关的

可运行控制的部分，要确定和建立相应的程序和作业指导书。

7.7.2 运行控制程序的分类

7.7.3 运行控制的内容

针对评价出的重要环境因素进行策划，确保其运行和活动在程序规定的条件下实施控制。

7.7.4 对于服务中可标识的重要环境因素，建立并保持与供方和承包方通报的管理程序，使相关方了解，在必要时可做深入的交流，定出处理方法和决定。

7.8 应急准备和响应：为对潜在的事故或紧急情况，加强控制及作出响应，以预防或减少可能伴随的质量和环境影响，景区制定和执行《应急准备和响应控制程序》。

7.8.1 确定应急情况：根据环境因素所可能造成的环境影响的严格程度或可能出现的事故来确定应急情况。

常见的应急情况有：台风、地震、滑坡、山洪暴发；游客伤病、森林火灾、交通事故；火警、匪警、盗警。

7.8.2 紧急处理或应急响应

紧急处理或应急响应的内容包括应急工作的组织及相应的职责；关键人员名单和通讯信息；与应急服务部门的联络，如消防部门“119”、公安部门“110”、抢救部门“120”、维修部门等；内外部联系规定，包括上级领导及政府相关职能部门；发生紧急事故应采取的相应应急措施；培训计划、演习和有效性试验等。

7.8.3 事故预防和处理

8.0 测量、分析和改进

8.1 策划

为能够及时获得有关信息，以证实服务过程及体系的符合性和有效性，景区在体系中建立并保持了有效的监视、监测、测量、分析、改进，以建立自我完善的机制。在确定监测方法时，考虑使用统计技术的可能性。

8.2 监视和测量

8.2.1 顾客满意

达到和增强顾客满意是景区建立和实施质量、环境管理兼容体系的目的，测量和评价这一目标的业绩和进展，保持体系持续有效运行，景区建立并实施和保持《游客满意度测量程序》。

8.2.1.1 顾客信息的收集、分析和处理

8.2.1.2 游客满意度的测量

8.2.2 内部审核

为了确定质量、环境管理兼容体系是否符合 ISO9001：2000 和 ISO14001：1996 标准的要求，是否符合服务实现策划的安排，体系运行是否符合质量、环境管理兼容体系的规定以及是否得到有效的实施和保持，景区制定并执行《内部审核程序》，以确保体系的有效运行，并为持续改进提供依据。

8.2.2.1 内审计划

根据拟审核的活动和区域的状况和重要程序及以往审核的结果，由管理者代表负责策划全年审核方案，编制《年度内部审核计划》。确定审核的范围、频次、方法，受审核部门和审核时

间。

8.2.2.2 审核前的准备

成立审核组：由管理者代表任命审核组长和内审组员，内审应由与受审核部门无直接关系的内审员负责，即审核员不应审核自己的工作，审核员应经过体系认证咨询机构培训，考核合格后持证上岗。

8.2.2.3 内审的实施

8.2.2.4 审核报告

审核报告是对审核中的审核发现的统计、分析、归纳和评价。对受审核方的质量环境活动进行综合评价。

8.2.2.5 跟踪审核

跟踪审核是对受审核方采取纠正措施进行评审、验证，并对纠正结果进行判断和记录。

受审核方对不合格项进行原因分析并制定纠正措施，经管理者代表确认后，实施纠正措施。审核员对纠正措施实施的客观证据进行验证，并作出有效性的评价。质检部将审核结果上报管理者代表，并提交管理评审。

8.2.3 过程和服务的监视和测量

对质量、环境管理兼容体系运行过程和服务过程进行监视和测量，确保和验证服务的符合性。

对可能具有重大环境影响活动其关键特性参数进行监视和测量，通过监测结果，对应遵守的环境法律法规的符合程度及目标、指标的实现程度及重要环境因素控制情况进行评价，景区制定并执行《过程和服务的监视和测量程序》。

8.2.3.1 服务提供过程的监视和测量

景区根据质量目标和部门分解的质量目标，进行检查和考评。对采购的重要物品在入库前要进行检测。景区制定检测规程、检测方法、抽样方案、检测项目判别依据和使用的检测设备。对采购的一般物品，只对外观、品种、数量、合格证等进行验证。

8.2.3.2 环境监测

景区为了检查对有关法律及其他要求的符合情况，环境目标、指标完成情况和质量、环境管理兼容体系文件执行情况，对环境参数进行监测。

8.3 不合格控制：为对不合格服务、不合格物品及环境不合格项进行识别和控制，防止不合格服务继续进行和不合格物品的非预期使用和安装及防止环境不合格项的存在，景区制定并执行《不合格控制程序》。

8.3.1 不合格的分类

8.3.2 不合格的纠正与处置

景区规定不合格服务、物品及环境不合格项的纠正与处理部门和责任者的职责与权限。

8.3.2.1 不合格服务的纠正：根据服务检查与考评结果，对一般不合格服务，要求责任者立即予以纠正，对严重不合格服务应报告质检部，责成责任人采取纠正措施，杜绝类似事故再次发生。

8.3.2.2 不合格物品的处理

8.3.2.2.1 在服务使用中发现的不合格物品，立即停止使用，更换合格物品；

8.3.2.2.2 采购物品在检验中发现不合格物品及时通知采购员与供应商联系退货；

8.3.2.2.3 库房中发现不合格品，由相关部门和人员进行评价，提出处理方案。

处理方案包括：处理合格后再使用；降级使用；报废。对于一般环境不合格项，立即责成责任部门予以纠正，严重环境不合格项由管理者代表召集责任部门分析原因，采取纠正和预防措施。

对严重不合格的处置，作为管理评审的输入。

8.3.3 不合格控制记录：对于发生的不合格应作好登记，处置过程和结果及验证要作好记录并保存。

8.4 数据分析

对景区质量、环境管理有关的数据进行收集和分析，以确定质量、环境管理兼容体系的适宜性和有效性，识别体系运行的趋势找出问题的原因，确定可以实施改进的方面。景区制定并执行《数据分析控制程序》。

8.4.1 数据的收集

景区收集与质量、环境管理兼容体系有关的数据。

8.4.2 数据的分析与处理

对收集到的有效数据进行统计分析，以寻找过程、服务数据变化的规律性。

对数据分析的结果，制定纠正和预防措施，经批准后实施。

8.5 改进控制：采取有效的改进、纠正和预防措施，实现质量、环境管理兼容体系的持续改进。

为对改进、纠正和预防措施的制定、实施和验证进行控制，景区制定并执行《改进控制程序》。

8.5.1 持续改进

8.5.2 纠正措施

对存在的不合格采取纠正措施，以消除不合格原因，防止不合格再发生，纠正措施应与所遇到的不合格的影响程度相适应。

8.5.3 预防措施

识别潜在的不合格，并采取预防措施，以消除潜在不合格的原因，防止不合格发生，所采取的预防措施应与潜在问题影响的程度相适宜。

质量管理修改登记表

版次	修改号	章节条款	修改内容或记录号	修改人（起草人）	审核人	批准人	修改日期	实施日期

实例十　龙岩国家森林公园龙硿洞景区员工手册

一、龙硿洞景区管理处工作职责

（一）会同有关部门编制总体规划，按照总体规划的要求编制景区详规。

（二）负责贯彻执行国家和省、市、区有关法律、法规、规章和风景区的总体规划的贯彻、执行。

（三）负责景区经济发展规划的制定。

（四）负责建立健全景区管理的各项规章制度，规范行业文明用语，做好景区宣传工作。

（五）负责对景区内资源保护管理，风景区内的治安和安全管理，及时处理游客投诉事件。

（六）负责景区内的环境卫生、饮食服务卫生及风景区内的容貌管理。

（七）负责收集整理景区的档案资料、妥善保管，做好利用服务。

（八）景区下设办公室、财务科、园林绿化环卫科、保卫科、导游部。这些部门的岗位职责是：

1. 办公室：会同有关部门编制景区总体规划、详细规划、建设方案，有步骤地搞好景区各项建设；开放新景点、新景区、旅游项目、建设示意牌、观景设施、休息设施、安全防护设施；做好风景区档案资料的收集整理和保护工作，协助管理处主任做好景区经营活动的调度、调配。

2. 财务科：负责管理处的财务工作和景区各项经营指标的统计工作。

3. 园林绿化环卫科：负责景区植被研究、植被调整、园林绿化、护林防火、花草养护、病虫害防治，景区地面、水面、公共场所、旅游厕所等的卫生和垃圾无害化处理等工作。

4. 保卫科：负责景区内的治安保卫工作。保护风景区内所有旅游资源和基础设施、服务设施；维护游览秩序、加强治安巡逻检查，对破坏风景区的各种不良行为进行制止并按法律、法规、制度进行处罚，对船、车、码头等游览活动器械、险要道路及危险地段要定期检查、落实责任制，加强管理和维护，确保游客的生命财产安全。

5. 导游部：负责景区内的导游讲解工作，导游员的培训、管理、考核工作，景区讲解词的修改工作。

二、劳动纪律及请假制度

（一）全体职工遵守考勤制度，原则上由办公室负责全处职工的考勤，值班领导应随机抽查，掌握职工出勤和住勤情况。

（二）办公室应于每月 5 日前将上月考勤表交财务科，作为扣款和发放全勤奖的依据。

（三）职工上班时间不能喝酒、打扑克、打麻将或做与工作无关的事，一经发现查实，每人每次处罚 50 元（除接待需要外）。

（四）全处职工病假、事假、换班等一律实行报批手续。原则上一天假期由值班主任批准，一天以上的假期由值班主任签明意见后报管理处主任审批，特殊情况应先报告，事后补办请假手续。请假手续一律交办公室备案。

1. 请病假需附医院证明报主任批准，手续不完整的按旷工处理。

2. 请事假每天扣款 40 元。无论病假或事假均扣除当月考勤奖。

3. 晚婚、产假、丧假根据国务院有关规定执行。

4. 无论干部或职工，每旷工一天扣款 100 元，连续矿工 15 天及累计旷工 30 天者一律予以辞退。

5. 迟到、早退、脱岗处理。

工作人员每天 8：10 准时签到上班，任何岗位都应在 8：30 之前做好准备工作。17：00 下班，脱岗、迟到或早退 10 分钟内每次扣款 20 元，60 分钟以上者按矿工 1 天处理。月迟到、早退、脱岗达 3 次，取消当月考勤奖、年终不得参与评先进。因迟到、早退、脱岗造成旅游安全事故或游客投诉的扣除年终奖金的 50%，并承担相应责任。

三、值班主任岗位职责

1. 值班主任直接向管理处主任负责，接受管理处主任的领导监督、考勤。

2. 组织做好景区日常经营管理活动，不断提高景区的经济效益和社会效益，不断提高管理水平。

3. 督促和指导各部门做好各项接待工作、培训工作和风景资源保护工作；检查全处职工的工作纪律、岗位职责的遵守和履行情况，如实对违规者依据管理条例给予处罚或向管理处主任汇报。

4. 每星期认真组织管理处例会，对本周工作进行总结并布署好下周的工作。

5. 贯彻实施景区服务承诺和宗旨，做到重要岗位如售票、游船等岗位在营业时间内不出现空缺。

6. 实施走动管理做好巡查工作，及时排除各类安全隐患。

7. 认真执行投诉管理制度，妥善处理各种旅游投诉。

8. 做好各售票网点的监督工作，督促售票人员及时向财务结清营业款。

四、卫生管理规定

（一）组织管理

1. 我处卫生人员归园林科管理。园林科根据国家有关规定，负责景区的环境卫生和饮食服务卫生管理工作。

2. 根据有关环境卫生法规，制定出环境卫生管理办法和工作制度。

3. 卫生人员负责环境卫生清扫、垃圾粪便的处理以及游人污染环境行为的管理。

（二）环境卫生管理

1. 景区内按规划安置数量充足的公共厕所、垃圾箱、果皮箱等公共设施。定期清理、保持清洁卫生。

2. 核心景区（点）的公共厕所为深坑无害化厕所或水冲厕所，并有专人管理。做到基本无臭味、无蚊蝇、无蛆虫、无随地便溺现象。

3. 妥善处理粪便、污水。对垃圾等废弃物做到日产日清，对粪便和垃圾要设处理场。

4. 风景名胜区的废水、废气、废渣等有害物质要按国家有关标准经过处理后排放，无随意排污现象。

5. 风景区内道路完好清洁。

6. 洞内做到无异味、无烟蒂、无纸屑、无固体废弃物、无污水。旺季每天不少于5次，淡季不少于2次进洞打扫卫生。

7. 主要游览区无牲畜粪便，绿化带中无垃圾和其他废弃物。

（三）容貌管理

1. 各类自然景物、人文景物保存完好，无破败荒芜现象，周围环境整洁、清新，无损伤景物、污染环境和影响观瞻现象。

2. 景区内的道路、公共场所上无违章堆物、搭建，施工场地围栏作业、做到工完场清。

3. 景区内供游人游览、休息的设施，建筑物保持完好，整洁，无残墙断壁，景点的岩石、树木以及各处墙壁上无乱刻、乱画、任意钉凿、涂抹现象。

4. 景区内的景点介绍说明牌、标志牌需在指定地点设置，做到定期维修、油饰、保持图文清晰、清洁美观。

5. 景区河、湖等各种水域无倾倒废物和超标准排放污水。卫生人员应负责河湖的定期疏通，保持水流畅通，水面清洁。

6. 景区内的工作人员及从业人员仪表端庄、衣着整洁。

（四）行业卫生管理

1. 风景名胜区内各行各业环境清洁卫生，室外绿化、美化，室内地面、四壁、顶棚清洁，食堂卫生，厕所内外干净，粪便清运及时。

2. 饮食服务行业和食品加工单位严格执行《食品卫生法》及有关卫生管理条例，不出售有害、有毒，受污染以及腐烂变质食品，无鼠害、虫害污染。经县级以上卫生防疫部门检验，卫生合格率达90%以上，餐具、茶具消毒合格率达95%以上。

3. 饮用水要经过消毒、净化，达到国家生活饮用水标准。

4. 个人摊贩要定点挂证经营，商品摆放整齐，经常保持摊位及周围清洁，无尘土污染和虫蝇。

5. 经允许进入景区的车、船等交通运输工具保持整洁容貌、无漏油、排污等影响环境卫生现象。

6. 生活区的清洁卫生由职工共同维护，值班主任负责监督检查。

五、统计制度

（一）本制度适用于景区各项指标、数据及对比等范围的统计。

（二）景区的各项统计指标应遵循实事求是的原则，杜绝虚报和掺杂水分行为，以免影响对数据的正确分析。

（三）景区统计工作实行日报、周报、月报和年报制度，各相关负责人员应在规定期间把数据准确报统计工作人员处，不得延续和推诿。

（四）管理处设专职统计人员，其他管理人员有责任、有义务协助统计人员做好统计工作，不得漠视或拒绝统计人员的调查。

（五）统计人员将统计数字统计出来后，应认真登记在统计登记本中，并存档。统计结果应在一定范围内公布，并及时上报各有关部门。

（六）对有些不宜公开或不宜扩大范围公开的数据，统计人员应做好保密工作。如需要公开，应经领导研究同意。

六、购物场所管理

（一）为加强景区购物场所的管理，创造整洁的环境，良好的购物秩序，优美的景区氛围，根据《风景名胜区管理暂行条例》和相关法律、法规，制订如下制度。

（二）景区办公室负责对景区承包者（单位、摊点、餐饮点）的评价与确认工作，如营业执照、资质（格）等级证书的确认，以往信用度的考察等，与承包商签订关于“门前”三包（包卫生、包秩序、包绿化）的协议书。

（三）景区办公室负责对承包者的日常管理。卫生管理人员对承包者落实“门前三包”的情况，使用材料、物质的影响，废弃物的排放实行监督和检查。发现问题，应通知承包者马上整改或报领导进行解决。

（四）风景区“门前三包”的标准是：(1) 门前无污水。(2) 无废弃物、杂物。(3) 车辆摆放秩序良好。(4) 无摊点或摊点摆放整齐、无乱画、乱贴、乱挂。(5) 门前有绿化或对花草树木有进行管理、定期修剪、浇水、施无公害肥料。(6) 店面和屋内做到干净、整洁。(7) 销售卫生食品，货真价实。(8) 严格按规定处理垃圾和排放废水。

（五）对“门票三包”工作做得不好，有围追兜售，强买强卖现象的，经教育仍难改正的承包者，应取消其与风景区的承包经营资格。

（六）对在景区内销售假冒伪劣商品，哄抬物价，短斤缺两，乱摆摊设点，占道经营的承包经营商，经教育仍难改正的，应取消其与风景区的承包经营资格。

七、安全保护制度

为加强景区安全管理，根据有关规定制定本制度。

（一）总则

1. 景区安全由保卫科负责，保卫科长应做好景区的安全管理工作及对保卫人员进行科学、明确的分工。

2. 保卫科应按照“谁主管、谁负责”的原则与景区内各旅游经营商、管理处各部门、相关人员逐级签订安全管理责任书，职工中无严重违法、责任事故。

3. 游览安全管理

(1) 保卫科应制定健全的游览设施安全管理制度，有专人负责管理，严格遵守操作规程，定期检查。

(2) 在游览危险地段如地势陡峭处、水域或猛兽出没，有害动植物生长地区，安全防护措施完善，有专人负责，设有必要的提示、警告标志。

(3) 在游人、车辆通行的地方施工，应设立标志，采取可靠的安全防护措施。

（4）在游人高峰区，加强景区游览秩序的管理，确保无游人挤踩伤亡事故，并做好应急安全救助措施。

4. 治安安全管理

（1）加强景区治安管理。无盗伐破坏森林、摧毁名胜古迹等重大事件；无聚众斗欧、闹事、抢夺财物等重大事件；不发生重大刑事案件。

（2）开展健康、文明的娱乐活动，严厉打击各种有害活动，有效控制封建迷信、卖淫嫖娼、赌博等不法活动。

5. 交通安全管理

（1）严格执行交通法规，并制定景区安全行车制度。

（2）景区内的道路符合规定标准，及时维修，并按道路交通管理有关规定设置标志，保证道路畅通，确保进入风景区的车辆安全行驶。

（3）认真抓好车辆的管理，保养、检查好景区内各种机动车辆。

（4）认真检查游船、登山道及洞内的防护栏的完好情况，保证通行安全，不发生责任死亡和重大伤害事故。

6. 消防安全管理

（1）严格执行《消防条例》和《古建筑消防管理规则》等消防法规，按要求配备灭火器材。消防器材登记造册，专人管理，定期检查。

（2）火警通讯设备和器材有保养制度，确保通讯畅通。建立安全用电制度，保证用电安全，确保无因违章用电引起的事故发生。

（3）消防车辆及时维修保养、专车专用，随时保持警戒状态。

（4）制定森林防火管理办法。重点部位禁烟、禁火标志醒目，有专人监督管理，做到“有火不成灾”，古建筑、古树名木无火灾。

（二）检票人员岗位职责

1. 负责进洞游览的旅游团队、散客的门票检验工作。

2. 认真填好“游客进洞检示登记表”，不得涂改。每天按时交值班主任，以便与售票处核对。

3. 自觉使用文明用语，着装整洁大方、严禁与游客争吵。

4. 维护好洞口秩序、对游客进洞游览进行分批，保证良好游览秩序。

5. 不放无票游客进洞，不私收票款。私放或因工作失误让无票游客进洞按应收票价双倍罚款。私收票款按贪污行为处罚、行政上予以开除，情节严重的交有关部门处置。

6. 检票应在入洞口进行，未经允许不得委托他人检票。

7. 检票人员上班期间不得擅自离开洞口，如遇午餐应轮换进行，特殊情况应向值班主任汇报。

（三）消防管理规定

1. 为加强景区的管理，更好地保护、开发和利用风景名胜资源，根据《风景名胜区管理暂行条例》等国家有关法律、法规结合本景区实际，制定本规定。

2. 加强《消防法》、《森林法》等相关法律、法规的学习，健全各项学习、培训、演练制度，使全体职工掌握一般的扑救、自救方法及报警程序。

3. 严格执行《消防法》、《森林法》等法律、法规，按要求配备灭火器材，分布合理。消防器材登记造册、专人管理、定期检查。

4. 通讯设备和器材有保养，确保通讯畅通。建立安全用电制度，保证用电安全，无因违章用电引起的事故发生。

5. 加强林木防火管理，重点位置有明显的禁烟标志提示。加强野外用火的宣传，有专人监督管理。全年景区内景林火警做到“有火不成灾”，古建筑、古树名木无火灾。

6. 当建筑物发生火险时，当班员工应先切断电器线路，应报警“119”或向分管领导及保卫科报告，并及时组织所有在岗员工扑救，并派人在主要路口引导消防员进入。

7. 当发生森林火险时，当班人员应立即报告分管领导及与森防办取得联系，并由保卫科及时组织人员赶往扑救，并与森防救火队取得联系，以便随时支援。

8. 及时做好登记工作，分清责任，并协助相关部门做好调查处理工作。

（四）人身事故应急处理制度

1. 为加强景区的管理，保证游客的安全，维护游览秩序，制定本制度。

2. 保卫科人员在工作中应当遵循相关的法律、法规，严格执法、热情服务，不亢不卑。

3. 完善安全管理制度，保卫科人员为所派驻岗位范围内的安全责任人，当发生意外人身事故时，该责任人必须第一时间赶到现场进行处理，并及时向保卫科长和值班主任汇报。

4. 当游船发生事故或有游客溺水时，相关责任人必须立即组织救生员前往救助，指定人员与景区医务室联系。必要时与“120”急救中心联系，同时向单位领导汇报。

5. 景区内发生交通事故时，保卫人员接到报告应立即到位，保护现场，救助伤者，并立即报警（交通事故电话：122）以及“120”急救中心，同时向单位领导汇报。

6. 景区内发生打架斗殴、闹事、抢夺财物时，保卫科应立即组织两名以上人员赶赴现场，对事态进行初步处理，同时报警（电话：110）和向单位领导汇报。

7. 当发生刑事案件时，就近的保卫人员都必须立即赶到现场，保护好案发现场，对伤者进行初步救治，并立即报警（报警电话：110），必要时须与单位领导联系并及时与“120”急救中心联系。

8. 当游客发生意外受伤时，安全责任人必须赶赴现场，帮助游客进行初步救治，并立即与医务室联系，向科领导和单位领导汇报。

（五）特殊时段的安全处理规定

为加强安全管理，保证意外情况中游客的人身、财产安全，做到遇乱不慌，制定本规定。

1. 停电时的安全处理规定

（1）有提前通知的停电，电工应做好备用电源的检查工作，确保在停电后五分钟内送电。

（2）突发停电时，导游员应首先做到自己不慌乱，有效安抚客人，稳定客人的情绪，原地等待保卫人员前来接应，不得以任何理由擅自离开客人或带领客人摸黑出洞。

2. 恶劣气候、突发灾情的安全处理规定

（1）保卫人员应加强巡逻，对危险地段进行应急处置。山体滑坡段应设立警示标志。

（2）龙潭湖的水位按正常的游船营运所需水位进行调控，严格把水位控制在警戒线下。

（3）对突发情况中尚在游览的游客，保卫人员应组织人手前往接应，把旅游者转移到安全地段。

（六）旅游高峰期安全管理规定

旅游高峰期是旅游安全事故多发时段，为保证龙硿洞旅游者的人身财产安全，做到“安全第一，预防为主”，特制定本条例。

1. 全体干部职工要充分认识高峰期旅游安全的重要性和特殊性，确保本岗位无责任事故。

2. 每天接待第一批游客前，保卫人员应认真检查各岗位的准备情况，及时排除安全隐患。

3. 为预防高峰期游人挤踩伤亡现象，保卫人员应认真疏散人群集中区：进洞口、出洞口、登山道的游人。对每批进洞人数严格控制在35人以内，每批之间的间隔不得低于10分钟，以防洞内游人过于拥挤。

4. 定期进洞巡查，以防用电量过大而发生的电线超负荷导致的碰电，制止游人攀高爬低现象，制止不法游人损坏景观现象。

5. 加强游船管理，疏导游船，杜绝撞船、翻船现象。

6. 加强巡查，对游客的未灭烟火和野外用火严格有效控制。

7. 严格执行交通法规，管理好游客的车辆。

8. 洞内应急灯应在指定地点摆放并符合安全要求。

（七）保安人员岗位职责

1. 负责景区风景资源的保护，确保景区内无盗窃文物，破坏森林，开山炸石、采矿等现象发生。

2. 负责维护景区游览秩序。

3. 加强治安巡查工作，加强管理和维护。

4. 落实游览危险地段安全防护措施，设置和管理好提示、警示标志。

5. 加强景区治安工作，制止在景区内聚众斗欧、抢夺财物，卖淫、嫖娼、赌博等不法活动，同时按法律、法规、制度进行处罚。

6. 保护好各种灭火器材和消防器材。

7. 维护好全处职工安全，仅有一批并且只有3个男士以下游客进洞应全程陪同。

八、投诉管理制度

为维护龙硿洞旅游者及旅游经营者的权益，及时、公正处理旅游投诉事件，维护风景区形象，依据有关法律、法规制定如下制度。

（一）投诉范围

凡涉及以下内容均可向本景区或上级行政管理部门投诉：

1. 工作人员态度恶劣，使用服务忌语，对游客提出的正当要求不解答、不处理，未按正常工作程序进行服务。

2. 不按规定乱收费或收钱不给凭据。

3. 不执行有关政策、规定或工作人员未履行相关职责。

4. 宰客、欺诈游客、强买强卖，围追兜售或出售假冒伪劣商品行为。

5. 景区游览秩序混乱，环境卫生脏乱差。

6. 导游员或工作人员以明示或暗示方法向游客索要小费、回扣或漏讲景点，讲解低级庸俗等不健康内容行为。

7. 因游览设施、安全防护设施低劣造成人身安全责任事故。

8. 因管理不善造成游客财产受损或遗失。

9. 其他损害旅游者或旅游经营者利益的行为。

（二）投诉程序

投诉者可直接向管理处投诉或通过电话、书信向管理处、上级机关投诉。

（三）投诉处理

本景区在接到投诉24h内应向投诉者明确表示是否受理或转上级机关办理。不受理的应说明理由，对已受理的投诉应在一星期内，查清事件原因，作出处理意见，并客观真实地向投诉者反馈。对每个投诉事件，经办人都应记录在案。

（四）投诉办理

1. 景区工作人员态度粗暴、说忌语，对游客提出的正当要求不解答、不处理的，该工作人员扣发50元工资，并在3日内向投诉人赔礼道歉。

2. 工作人员不按物委规定收费的，除退还多收款项外，向投诉人支付多收部分数额的5倍作为赔礼金，扣发50元工资。

3. 工作人员不执行规定，不履行职责的，责令作出书面检讨，并支付投诉人赔礼金50元。

4. 景区导游人员违反导游规定的按《导游人员管理条例》从严处罚。

5. 因景区设施问题造成当事人损失的，经核实后由景区负责赔偿。

6. 其他投诉事件按《旅游投诉暂行规定》给予办理或移交旅游投诉管理机关办理。

九、售票员岗位职责

（一）热爱祖国，拥护共产党、拥护社会主义制度。

（二）自觉遵守国家的法律、法规，奉公守法，严于律己、不贪污、不循私舞弊，自觉遵守管理处的各项规章制度。

（三）敬业爱岗，文明礼貌待客。微笑服务，耐心向客人解释票价的有关规定，严禁与游客争吵。

（四）严格按有关规定售票。

（五）售票人员应做到门票款每日一清，并与检票人员核对趟数和售票数。

（六）票款应当面点清，防止差错，提高警惕，防止收入假币残缺币。

（七）售票人员应认真填写售票台账，按时交值班主任。

十、导游人员管理暂行规定

（一）为加强景区导游员的管理，提高导游服务质量，保护旅游者和导游员的合法权益，促进旅游事业的健康发展，制定本规定。

（二）本规定所指的导游人员指被管理处聘用，为旅游者提供景区讲解、向导和游览服务的人员。

（三）导游人员应当具备下列基本条件：

1. 必须是中华人民共和国公民，热爱祖国，拥护社会主义制度，遵纪守法，遵守旅游职业道德，热心为旅行者服务。

2. 具有高中以上文化水平，有胜任导游工作的语言表达能力。目前已经过龙岩市旅游局举办的临时导游培训班培训，培训合格或取得全国导游资格证。

3. 身体健康，能适应工作的需要。

（四）导游人员应认真、自觉遵守管理处的各项规章制度。

（五）导游人员有下列行为之一的，根据《导游人员管理条例》给予处罚。

1. 索要小费和回扣的。

2. 向旅游者兜售物品或者购买旅游者的物品的。

3. 欺骗、胁迫旅游者消费或者与经营者串通欺骗、胁迫旅游者消费的。

4. 导游活动中，有损害国家利益和民族尊严言行的。

5. 进行导游活动时未佩戴导游证的。

6. 讲解中渗杂庸俗下流、低级趣味或封建色彩内容的。

（六）导游员进行导游活动时应

1. 佩戴导游证。

2. 自觉维护国家利益和民族尊严，不得有损害国家利益和民族尊严的言行；

3. 推行承诺服务，遵守职业道德，尊重旅游者的宗教信仰，民族风俗；

4. 在导游过程中，遇有可能危及旅游者的人身财产安全的紧急情况时，应当向旅游者作出真实说明和明确警示，并报告管理处，按管理处的要求采取防止危害发生的措施。

十一、电工岗位制度

（一）自觉遵守管理处各项规章制度，发挥高度的主人翁责任感。

（二）树立安全第一，杜绝一切安全隐患的思想。

电工上岗必须穿工作胶鞋，带工具包，上岗时因未按规定操作造成安全事故者后果自负。因工作失误造成游客人身安全事故的，追究当事人的责任。

（三）电工必须保证全处的供电。应做好日常维修工作，如发现洞内景灯、路灯、线路损坏，应在接到通知后5分钟内赶到现场，并抓紧妥善处理（如不能处理应及时汇报），违者每次罚款50元；应在每天9：00前检查完洞内的用电设备，保证景灯、路灯完好，确保洞内景区正常开放；应定期对洞内控制箱、线路、总配电箱、变压器等进行检查维修。

（四）电工人员应保障全处生活用水、用电，负责水电设备的安装维修，收取和缴交水电费。

（五）电工应加强学习，刻苦钻研，不断提高业务水平。配置好洞内景灯，把景灯调试到最佳状况，要不断提高景点的灯光效果。

（六）电工与导游要紧密配合，及时采纳游客的有效意见，并为游客提供优质服务。

（七）电工有权对一切浪费电的现象给予制止，对屡教不改者，必须报上级领导处理。

（八）电工应经常检查备用电源，确保供电。如遇停电应在5分钟内保证送电，以维持景区的正常运作。如因工作失误导致备用电源无法应急使用，追究当班电工的责任。

十二、停车场管理规定及管理员职责

（一）文明礼貌待客，自觉使用文明礼貌用语，做到来时有欢迎声，走时有道别声；注重仪容仪表，树立景区良好形象。

（二）必须认真执行所规定的收费标准，不超范围、超标准收费。收取停车费后必须给足票据。凡发现收钱不给票，按贪污行为论处，行政上给予开除并没收非法所得，情节严重的移有关部门处理。

（三）认真指挥车辆有序停放。确保车辆摆放一条线，井井有条。

（四）车辆免收停车费或停放在洞口停车场，均须得到领导批准。警车或其他免收车辆例外，但必须登记。

（五）应始终保持高度警惕，确保车辆不损坏、不丢失。如因管理员工作失误，造成游客投诉，则追究当班停车场管理员的责任。

（六）密配合各部门工作，帮忙组织客人抓紧购票进洞等，督促卫生员做好停车场的公共卫生，保持车场的干净、整洁。

十三、游船管理员岗位职责

（一）总则

1. 严格遵守上班制度。正常上班时每班至少有两名工作人员在岗，午餐或因其他原因需离岗应轮流，不允许码头空无一人。如因工作疏忽发生游人落水等事故，追究值班人员的相关责任。

2. 严格执行《游船管理条例》，按《管理条例》操作运营，如因工作失误造成安全事故，则追究责任。

3. 必须按规定收费，严禁超标准收费。廉洁奉公，严禁收钱不给票或少给票，如有违反，给予开除。情节严重者追究法律责任。

4. 紧密配合各部门工作，及时向出洞导游通报洞上人员调度情况。

5. 按规定着装，挂牌上岗，文明待客，严禁与游客争吵。

6. 做好卫生工作。即监督卫生员做好码头的卫生，另外是保持湖面卫生和保持游船卫生，船体干净、整洁，做到随脏随擦洗。

7. 认真做好营业准备，认真检查船只的使用情况，救生衣的准备情况、船只卫生、湖面卫生等。

（二）船务部水上救护预案

为加强水上安全管理，确保游客的生命财产安全，特制定以下水上救护预案：

1. 景区水上救生员应随时做好施救准备。

2. 救生员在接到求救通知后，必须在6分钟内赶到事故现场并立即进行抢救，同时向单位领导汇报并保持联系。

3. 景区救生员须定期进行体能训练、游泳训练和现场急救技能的训练。

4. 认真维护和保养好救生设施、设备，禁止挪作他用，以保证最短时间内赶到事故现场对遇险者进行最有效的施救。

5. 在施救过程中，救生员严格遵守“先人后物”的原则。

6. 如遇到施救难度较大的事故时，除向单位领导汇报外，还应立即向有关单位请求援助。

（三）游船安全管理条例

1. 乘坐游船必须遵守秩序，不得争先恐后。

2. 乘坐游船应服从管理员安排，穿好救生衣，不穿救生衣不得乘坐游船。

3. 每船限坐6人，不得超载（含儿童）。

4. 孕妇和老人乘坐游船须有亲友陪同。

5. 严禁患有精神病、高血压、心脏病客人乘坐游船。

6. 出洞后须在指定码头上岸。

十四、财产物资、管理制度

（一）自觉爱护公共物资，对破坏公共财产现象应及时制止和举报。

（二）自觉遵守物资领用制度，履行领用手续。仓管员应建立部门和个人领用台账，所有物资均须由仓管员登记入库，所有物资领出均需登记。入出应该平衡。

（三）贵重物品的报废应由管理处领导批示。属人为原因损坏或私拿应追究当事人的责任。

（四）贵重物品（价值100元以上）的领用须由管理处负责人审批。特殊情况应先报告后补办手续。低值易耗品的领用应该按用量的多少领取。

（五）职工辞职或调动，办理离职手续时应该先办理财产交接手续。

十五、仓管员岗位职责

（一）仓管员应爱护公共财产，廉洁奉公，自觉遵守管理处的各项规章制度。

（二）仓管员应严格把好验收关，严禁伪劣产品或规格、型号不符合使用要求的物资进入仓库，违者追究责任。

（三）仓管员应把好领用关，做好入库台账和领用台账。任何公共财产应由仓管员登记入库后方可领用，仓管员应对个人和部门领用的物品分别建立台帐，做到任何领出物资均有责任人。入库与领出必须平衡。

（四）仓管员应该整理好仓库，清点各种物资的库存情况，发现库存不足的及时申购。

（五）未经管理处负责人同意，任何物资不得外借。

附录

龙硿洞风景区质量目标：环保山、舒适洞、洁净水、文明人

质量方针：安全、便捷、舒心、满意

质量口号：笑迎天下客，满意在龙硿

景区服务口号：把您宝贵意见留下给我们，把您美好感受带回给家人

第八章 国家森林公园的营销策略与创新

国家森林公园要在现代旅游形态日趋多样化的市场竞争条件下，成为旅游者的重要选择方向和多重选择机会，就必须具备强势品牌的感召力和鲜明形象的吸引力，以及在此基础上培植起来的市场营销力。因此，市场营销管理是国家森林公园经营管理的重要内容和基本任务。

第一节 国家森林公园市场营销的管理

随着现代休闲娱乐形态的日趋多样化和国家森林公园数量的与日俱增，国家森林公园的市场营销无疑是最具活力的经济因素之一。国家森林公园必须以市场营销为先导，这是由市场经济规律决定的。

一、市场营销概述

（一）市场营销的由来与发展

19 世纪末，美国工商业发展十分迅速，开始重视商业广告的应用和销售技术的研究。第一本以《Marketing》命名的教科书于 1912 年出现在美国大学的讲坛上，是美国哈佛大学教授赫杰特齐的著作。一般认为，这是市场营销作为一门独立学科出现的标志。

市场营销是个人或组织所从事的一种“满足需要”的活动；市场营销是通过商品交换来满足需要；市场营销是首先满足顾客消费需要，然后再满足自己赢利需要；市场营销是企业的整体营销活动，包括售前、售中、售后；市场营销的商品包括一切可用于满足顾客需要的因素，包括产品、服务、观念等等种种有形的和无形的因素。

市场营销作为一种有意识的经营活动，是在一定的经营思想指导下进行的，这种经营思想称为市场营销观念，亦可称为“营销管理哲学”。市场营销观念是人们在市场营销实践活动中，随着经济发展及市场演变而逐步形成的，表 8-1 反映了这个过程经历的 5 个阶段。市场营销观念的正确与否，对企业的兴衰成败具有决定性意义。

表 8-1　市场营销观念的演变阶段

观　念	时　期	理论依据	产生条件	主要观点
生产观念	1875～1925 年	生产中心论	市场的主要矛盾是产品的有无	以销定产；我生产什么，就卖什么
推销观念	20 年世纪 20 代末至 40 年代	推销中心论	市场上出现商品供过于求现象，进而引起激烈市场竞争	以销定产；我卖什么，顾客就买什么
市场营销观念	约 20 世纪 60～70 年代	需求中心论	买方市场全面形成和卖方市场激烈竞争	顾客至上；发现需求的产品
生态营销观念	20 世纪 60 年代末至 70 年代	均衡营销论	市场需求和企业优势在经常变动之中，企业必须不断发现和利用新的营销机会	生产顾客需要的产品
社会营销观念	约 20 世纪 70 年代后期	社会中心论	企业提供的产品或服务，不仅要满足顾客的愿望和需求，而且要兼顾整个社会的利益	维护和增进社会公益、推进人类进步是企业的职责

（二）大市场营销的基本理念

1960 年，杰罗姆·麦卡锡提出了著名的 4P 组合，即产品（Product）、价格（Price）、渠道（Place）和促销（Promotion）的营销组合。随后，人们相继提出了其他一些“P”，包括“人”（Person，多用于服务营销里的人中），“包装”（Packing，多用于消费品的包装），“报酬”（Pay，多用于一些特殊的业务活动），“零卖”（Peddle，亦称为人员推销，它往往是一种大量的促销手段）等。1982 年，菲利普·科特勒教授提出了 2 个“P”：权力（政治力量 Political Power）和公共关系（Public Relations），他在《大市场营销》一文中将大市场营销定义为：企业为了成功地进入特定市场经营，在策略上必须协调地使用经济、心理、政治和公共关系等手段，以取得外国或地方有关方面的合作和支持。他还进一步提出了战略营销计划过程必须优先于战术性营销组合的制订，战略营销计划过程也是一个 4P 过程：研究（Probing）、划分（Partitioning）、优先（Prioritizing，即目标选定 Targeting）、定位（Positioning），只有在搞好战略营销计划过程的基础上，战术性营销组合的制订才能顺利进行。

（三）服务营销的概念框架

近年来出现了许多概念性方法来界定服务业的营销，这些概念框架的形成有助于对服务业的了解和认识。法国学者艾利尔和郎基尔德认为：服务业具有非实体性、供需之间面对面的直接关系、生产与消费的同时性等3个基本特性，这些特点对企业（组织）、顾客和社会（政府）等产生明显影响，表8-2反映了这种相互关联性。

服务业的特性决定了服务营销必须关注消费者辨认各种服务业的差异，如所需时间总量、顾客对情境的控制、顾客所需的努力程度、顾客对他人的依赖程度、服务的效率、与人接触参与的程度、发生意外的风险大小等的“服务差异化”。现代市场营销突破了经典的产品、价格、渠道和促销等4个市场营销组合因素框架，把服务作为第5个因素引进市场营销组合因素之中，进一步体现了市场营销的核心思想：以消费者为中心。服务作为市场营销的第5个因素，不仅包括对现实顾客的服务，而且也包括对潜在顾客的服务；不仅要提高顾客现实的（售后的）满意程度，还要提高预期的（售前的）满意程度。服务营销可以使企业创造个性，培植竞争优势，有效地增加企业的新销售和再销售的实现机会，最终将给企业带来光明的前景。

表8-2　服务业特性及其关联效应

特　性	企　业	顾　客	社　会
非实体性	沟通；储存 定价与成本 专利与保护	信心 寻找途径 形象	控制力 生产力 通货膨胀
供需之间面对面	面对面的复杂性 环境控制 分销网络	个人化关系 短期受制	各种网络及规划 不良功能的减除
生产与消费的同时性	标准化 创新和行动改变 生产力和使用者行为	对规划的依赖 认同问题	创新和公共政策 参与（干预）程度

二、市场机会的寻找与评价

（一）寻找和识别市场机会是市场营销的首要任务

国家森林公园的市场营销是一个系统过程，在这个系统过程中，市场机会的分析与识别占有重要位置。这是因为市场机会不仅是企业市场营销管理过程的出发点，也是企业制定战略规划的重要依据，而且还是国家森林公园产品创新的根本基础。

市场机会的寻找与评价实际上就是对国家森林公园进行市场界定的过程。市场界定的过程是从市场调研开始的，通过了解旅游者的偏好、出游动机、选择方向和旅游消费行为模式，并建立起这些变量之间的联系，从而架构出所选定的市场轮廓。在市场界定时，还要涉及到旅游市场的地理层次、人口、社会经济、产品特征、生活方式、心理因素、旅游消费习惯以及媒体的影响程度等变量要素。这个过程可以用图 8-1 来说明。

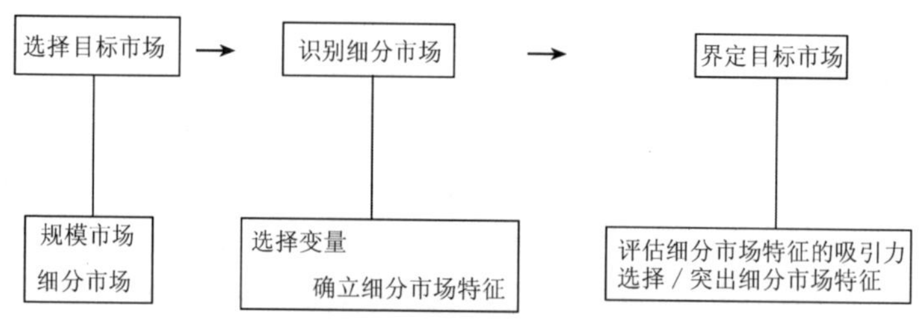

图 8-1　国家森林公园的市场识别过程

国家森林公园市场机会的寻找和评价过程的实施、操作是一项具体而实际的复杂性工作，一般来讲，国家森林公园必须注意四个方面：一是最大限度地搜集意见和建议，一般采用召开座谈会、询问调查法、专家意见法、课题招标法等方法；二是采用产品与市场发展矩阵来发现和识别市场机会；三是企业聘请专职或兼职的专业人员进行市场机会分析；四是建立完善的市场信息系统和进行经常性的市场研究，这是国家森林公园寻找和识别市场机会的基础和关键，公园必须高度重视。

（二）市场调查是市场营销的重要步骤

国家森林公园主要是围绕两大方面进行市场调查，一个方面是产品分析，涉及功能、使用的方便性、形态、审美特征、品质、安全性、对游客的吸引力、价格等要素，这是市场营销的出发点；第二个方面是营销调查，涉及组织机构、营销渠道、政策法规、营销人员的训练与管理、广告与促销内容等要素，是市场营销的基础。

市场调查根据不同的调查目的，既可以采取专题调查的形式，也可以采取常规调查的形式，还可以采取两者相结合的形式。不管是哪种市场调查方式，都必须遵循市场调查的规范，具体调查方式和步骤见第四章第五节。

三、市场营销的计划和策略

（一）现代旅游消费群体的基本动向

根据有关调查显示，月收入较低的家庭和月收入较高的家庭在家庭数中所占比重不断提高，收入差距有进一步扩大的趋势。如家庭月收入在 500～900 元的家庭由 1998 年的 13. % 上升到 1999 年的 15. 55%。1999 年家庭月收入在 2500 元以上各个收入段的家庭比重比 1998 年都有不同程度的提高。消费群消费的多样化（个性化与趋同化共存）和购买力差距的扩大，宣告了一致性大众消费的终结，而个人偏好成为需求重点。在今后 5 年或 10 年，消费趋势将出现明显的层面分化，形成

8 种消费群：田园生活与环境主义、节约成为流行、自我意识和自我实现、时间匮乏迫使消费快餐化、消费不盲从的怀疑主义、对营养和运动的重视、家庭主义和服务的无嗜好主义。

现代旅游者的消费心理和消费行为，随着时代的进步发生着微妙的变化。面对这种变化，国家森林公园要善于把握市场机会，在主动适应的基础上积极引导变化的趋势。不管怎么说，旅游者的旅游选择和消费行为，总体上还是遵循价值理论的，主要是受个人因素、心理因素、社会因素和文化因素决定的“价值、规范、习惯、身份和情感”等影响，表 8-3 反映了影响旅游者个人特征的因素。

表 8-3　旅游者的个人特征因素

个人因素	心理因素	社会因素	文化因素
性别、年龄和生命周期的阶段	动机和需求	相关群体	文化
职业和经济情况	感受和学习	家庭	亚文化
个性、生活方式和自我观念	信念和态度	角色和地位	社会阶层

（二）市场营销计划的制定

市场营销管理过程最重要的产出就是市场营销计划。所谓市场营销计划，即如何在市场上营销产品或服务的年度计划。制定市场营销计划的作用就是收集整理从市场分析、产品分析、营销分析和战略营销计划分析中得出的各种资料和信息，最终形成一个详尽的、准确的和无偏见的说明性的报告。

一般来说，国家森林公园市场营销计划应包括市场营销现状、机会和问题分析、营销目标、市场营销策略、行动方案、计划的执行与控制等内容。

国家森林公园通过制定市场营销计划，将更有效地架构整体营销的系列活动，从而强化产品对旅游者的吸引力、找到市场促销的途径、建立提高产品知名度的方案。市场营销计划实际上是一个实施市场营销战略的路径和框架，目的是为了企业在市场上展开最有效的竞争，实现企业盈利能力的增长。

（三）竞争策略的选择

国家森林公园的竞争策略与产品生命周期阶段息息相关，不同阶段的产品应该采取不同的营销策略，同时，国家森林公园的产业化程度和国家森林公园企业的竞争条件，也影响竞争策略的选择，因此，国家森林公园的竞争策略是在分析产业竞争力和企业相对竞争地位的基础上选择和制定出来的，表 8-4 反映了国家森林公园选择竞争策略的基本框架。

表 8-4　国家森林公园竞争策略的基本框架

	基本变量	影响因素
产业竞争力	投入因素	自然条件；土地所有关系；技术含量；人力资源成本；产业的关联度
	经济规模	市场规模；盈利可能性
	政策导向	市政基础设施条件；政府导向政策
企业竞争条件	一般条件	企业（产品）形象；企业（产品）知名度；市场占有率；接待能力；获利经验水平
	接待条件	项目吸引力；游客承载量；服务标准化程度；运行成本控制能力；劳动生产率；管理能力
	财务条件	盈利能力；短期融资能力；负债比率；预算与成本控制
	营销条件	产品质量；价格竞争力；广告及营销活动；信息获取能力
	人力资源	员工流动率；管理人员；员工薪资和福利
	创新能力	品质、技术问题解决能力；新产品创新能力
策略选择	市场渗透策略	针对竞争的产品降低价格；加强现行使用的营销方式；加强国内营销网；进行密集广泛宣传
	低成本策略	降低边际成本；延长游客滞留时间；增加盈利项目；实行项目特许经营
	差异化策略	架构企业（产品）独特的识别系统（CLS）；开发具有创意性的项目；建立新产品创新机制；为旅游者或代理商提供特殊的服务；
	集中化策略	淘汰或放弃获利不佳或前景堪忧的产品或市场集中产品或市场；培植精致化（竞争性）产品
	市场拓展策略	扩张市场腹地（商圈）；扩充市场结构；提升旅游者消费能力
	产品创新策略	包装产品形态，形成具有新形象的产品；延伸和提升原由产品的功能，使其成为新产品；创新开发具有新功能的产品
	整合策略	根据业务流程，重组业务（产品）；根据价值链原理，重组业务（产品）
	多角化策略	渗透核心业务的相关领域；重新定义业务范围
	品牌化策略	品牌化产品的连锁经营；品牌特许经营
	撤退策略	退出非核心业务领域；退出非优化市场

第二节　国家森林公园的品牌形象管理

国家森林公园作为满足旅游者多样化需求的现代旅游形态，从投资者的角度讲是一种现代旅游企业，从旅游者的角度讲是一种现代国家森林公园形态。这两个基本属性，决定了国家森林公园品牌形象策划的两种基本模式：一个是作为企业的国家森林公园品牌形象策划；第二个是作为国家森林公园的品牌形象策划。这两个模式的根本目标是一致的，都是为了提升国家森林公园的生命力和感召力。因此，这两种模式可以统一起来，形成国家森林公园品牌形象管理系统，形象力是将这两种模式统一起来的核心概念。

一、形象的认知规律

（一）国家森林公园形象的意义

一般来说，旅游者必须具备可自由支配的收入和余暇时间，才有可能将旅游动机付诸行动，一旦旅游者作出旅游决策，“选择何种旅游消费形态”就成了现实的关键问题了。因为在市场经济条件下，旅游业的迅速发展已经将市场培育成为买方市场，可供旅游者选择的旅游产品（吸引物或目的地）日益丰富，市场竞争越来越激烈，所以，旅游企业必须研究旅游者的旅游消费决策过程。

旅游者的选择决策是一个非常复杂的心理活动过程，这个过程可分为需求唤起、收集信息、评价选择、决定前往、游后评价等五个环环相扣的阶段，每个阶段的系列要素存在“顺序效应”，图 8-2 反映了旅游形象认知的基本过程。

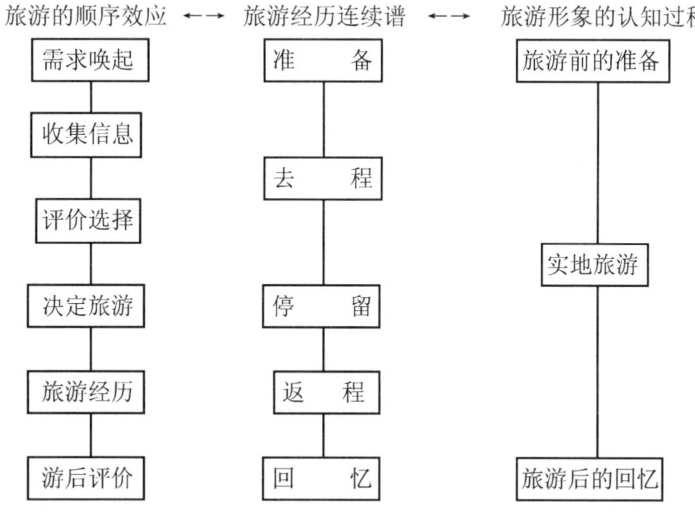

图 8-2　旅游者的旅游过程

（二）国家森林公园形象的构成要素

随着旅游业的市场竞争日趋激烈，人们开始关注旅游者认知国家森林公园的规律问题，注意到了国家森林公园形象在旅游决策阶段的特殊意义，加强了对国家森林公园形象构成要素的研究。建立一个国家森林公园形象的要素体系，有两个关键的构成要素：主题形象——森林旅游和品牌形象。主题形象表现了国家森林公园的创意策划价值，品牌形象体现了国家森林公园的经营管理成就。图 8-3 架构一个国家森林公园形象的概念性要素体系。

形象要素概念框架
- 气象气候条件：阳光、气温、降水量、湿度
- 自然资源：沙滩、海滨/湖滨、河流、森林、山地、植被、动物
- 基础设施：供水、排水、能源、远程通讯、公路、铁路、港口/航道、机场
- 旅游服务：旅游社、住宿接待、餐馆、旅游机构、商场购物、动物园、娱乐活动
- 文化氛围：历史遗迹、博物馆、展览馆、美术馆、音乐厅、影剧院、建筑物、学校、节庆活动经济、政治和社会因素：产业结构、企业结构、产品结构；政府结构、群众团体结构、规划体制；语言、宗教、风俗、饮食、好客程度
- 国家森林公园：森林景观选择、休闲娱乐设施、产品个性、营销策略、品牌知名度和美誉度

图 8-3　国家森林公园形象的概念性要素框架

（三）国家森林公园形象的认知规律

旅游者对国家森林公园形象的认知主要受空间距离和时间变化的影响，因为地理空间具有分形特征的等级层次结构，如村镇、县市、省府、首都等，所以，旅游者在对国家森林公园形象的认知中，首先认知的是国家森林公园的空间位置，位置不仅具有空间关系的意义，而且还有对国家森林公园形象的指示意义。旅游者根据地理空间的等级层次规律至上而下地进行，形成了一种形象阶梯。在国家森林公园形象的实际认知过程中，由于不同客源地的旅游者与被认知目的地存在不同的位置关系，这种位置关系又会导致不同地域的旅游者对同一国家森林公园的地理位置的理解和认知水平产生差异。一般来说，这种认知差异表现为距离越远，认知水平就越低，甚至发生认知扭曲；反之，认知水平就越高，实际上就是一种距离衰减规律。需要指出的是，随着信息传播的内容、途径、频率和强度的不同，旅游者对国家森林公园的认知水平也会发生变化，即所谓通过信息对国家森林公园形象产生首因效应、近因效应、晕轮效应、刻板印象等机制，影响旅游者对国家森林公园形象的认知。

从图 8-2 所反映的旅游者实施旅游决策的过程看，在旅游前准备、实地旅游经历和旅游后评价等阶段，旅游者对国家森林公园形象具有不同的认知，国家森林公园形象的意义和功能也会有所不同，从而形成了国家森林公园形象的时间规律。这种规律首先受到国家森林公园所处生命周期阶段的影响，表现为旅游者接待量的差异，出现了“热点”、“温点”和“冷点”等旅游地区；其次，这种规律还受到季节性的影响，表现为旅游者接待量随季节变化而波动，出现了“旺季”、“平季”和“淡季”等旅游周期。时间的变化导致国家森林公园形象认知的变化，影响着旅游者的选择决策和旅游行为，从而影响到国家森林公园的发展。

二、品牌决策

随着国家森林公园从概念化发展进入模式化发展阶段，客源市场的逐步成熟和市场竞争的日益激烈，国家森林公园经营管理的品牌化问题逐渐凸现，品牌决策就成为国家森林公园发展的一个战略性管理工作。

（一）品牌化

品牌是用于识别产品（或劳务）的名称、术语、符号、标记图案（象征或设计）以及它们的组合。品牌的功能是识别某一企业的产品并使之与竞争者的产品相区别。

品牌包括品牌名称和品牌标志。品牌名称是指品牌中可以用言语称呼的部分，如福州国家森林公园、武夷山国家级自然保护区、张家界国家森林公园、千岛湖国家森林公园等著名的品牌名称。品牌标志是指品牌中可以被识别的但不能用语言表达的部分，如福州国家森林公园的“大榕树”标志是由符号、象征（图案）、设计、与众不同的颜色或印字组成。

品牌经政府有关主管部门注册登记以后，就成为企业专有的商标，企业就享有使用某个品牌名称和品牌标志的专用权，这个品牌名称和品牌标志受到法律保护，其他任何企业都不得效仿使用。因此，品牌与商标都是产品的标志，两者的区别是商标必须注册，而品牌无须办理注册。商标实际上是一种法律名词，是指已获得专用权并受法律保护的一个品牌或一个品牌的一部分；注册商标是一种无形资产、一种知识产权，它与有形产权一样，可以单独买卖或转让。

国家森林公园为产品规定品牌名称、品牌标志，向政府有关主管部门注册登记，并依法进行商标保护和经营的一切业务活动，就是国家森林公园的品牌化。

（二）品牌创新

国家森林公园实施品牌化经营管理，主要立足于3个基础：一是不断开发出受客源市场欢迎的休闲娱乐产品（项目）；二是不断提高对客服务的质量水平；三是不断强化企业经营管理。只有奠定了坚实的基础，国家森林公园才能培育出“品牌效应”，从而实现企业的品牌化战略，增强国家森林公园的竞争力。

所谓品牌创新，是指国家森林公园根据其经营内外部环境的变化，以及旅游者对品牌的认知程度的变化，不断创新品牌的内涵和品质，以塑造良好、统一的企业形象，提升国家森林公园品牌的商业感召力。国家森林公园品牌创新，主要有两种形式：一是品牌的渐进性创新；二是品牌的完全更新，国家森林公园根据市场竞争形势的变化，采取的一种策略性创新形式。品牌创新了，国家森林公园的个性和特色更加突出了，也更有利于旅游者的识别和选择，创造出了企业形象与产品功能一致性的品牌形象。

（三）品牌管理

所谓品牌管理，就是国家森林公园在申请注册保护时，需要做好品牌中长期的规划与管理，以对品牌采取有效的保护手段，从而激活品牌作为无形资产的价值，提高品牌经营管理的经济效益。

国家森林公园品牌管理的核心，主要有两个方面：一方面是保护业已创造出来的“品牌形象”，尤其是具有经济意义和社会意义的“威信品牌”。因为“威信品牌”的巨大商业利益，容易诱发一部分人的投机心理，假冒和抢注“威信品牌”的商标，甚至恶意打击“威信品牌”的商业声誉与市场形象，给拥有“威信品牌”的国家森林公园带来消极的影响以至破坏性的灾难；为此，国家森林公园应该采取主动式的保护策略：①经常查阅商标公告，根据有关法律，对企业商标进行“排他性”保护；②“威信品牌”国家森林公园要注册联合商标和防御性商标，以防止商标侵权事件发生，全方位保护自己的商标；③经常作市场调查，如若发现侵权、假冒行为，立即向工商行政管理机关或法院投诉，依法保护自己的商标；④充分行使商标注册人的合法权益，对侵权人或行为追究法律责任和损害赔偿；⑤在一些价值较高的商品上使用高技术的防伪标志，以提高国家森林公园产品的可识别性；⑥主动向旅游者和社会传播国家森林公园的品牌形象，提高旅游者对国家森林公园产品的辨识能力。另一方面是实现品牌化经营，一是可以采用个别商标的策略，实行景区创新发展，不断提升品牌的个性和品质，形成国家森林公园的核心业务，扩大市场占有率。二是可以采用统一商标的策略，实行对外扩张，充分发挥森林旅游产品开发功能，不断推出具有文化品位的旅游产品（商品）；充分发挥国家森林公园规划设计专家队伍的开发功能，不断对境内外输出国家森林公园规划设计的智力产品；充分发挥国家森林公园经营管理职业经理人的管理功能，对外开展管理咨询和委托管理，开展国家森林公园发展战略的前瞻性研究，培植国家森林公园的知识经济型产业。

三、形象策划

从旅游者的角度讲，国家森林公园的形象是旅游者（或社会）对国家森林公园的一种认同和评价；从国家森林公园的角度讲，国家森林公园的形象是对国家森林公园内在和外在精神价值进行提升的无形价值。这里强调国家森林公园要塑造良好的形象，根本的目的在于促进无形资产的保值增值，从而提升国家森林公园的价值。

（一）形象定位

在激烈的市场竞争环境中，国家森林公园要认真审视自己的形象，从而确立在市场中的位置，为参与市场竞争培植有效的形象力。

1. 定位考虑的因素

国家森林公园在进行形象定位时，要考虑内外关系者对国家森林公园的评价和看法。国家森林公园形象定位主要考虑“六个有利于”：一是有利于增强内部员工的凝聚力、向心力和团队精神；二是有利于增强投资者（股东）对未来发展的信心；三是有利于旅游者（或社会公众）对国家森林公园的辨识和选择；四是有利于政府部门对国家森林公园的积极评价和支持；五是有利于行业内部的交往、竞争以及共享市场空间；六是有利于大众媒体对国家森林公园真实、客观、公正的评价和传播。

2. 定位的方法

国家森林公园的形象定位可以通过组织专家学者研讨，根据发展战略、发展规划和功能定位提出定位思路，以及按照广告学的原理进行规范化和标准化的形象定位。

3. 定位的原则

为了确保国家森林公园形象定位的成功，必须考虑以下几个基本原则：一是准确性原则，要符合国家森林公园的产品组合策略、品牌经营策略和可持续发展战略；二是成长性原则，国家森林公园的形象定位要有利于国家森林公园业务能力的不断扩张和品牌价值的不断提升；三是创新性原则，国家森要公园的形象定位要在与国际惯例接轨的基础上，追求创新和突破；四是个性化原则，国家森林公园的形象定位要反映个性本质特征，更有利于旅游者的识别和选择，也有利于国家森林公园的创新发展。

（二）形象导入

由于国家森林公园之间存在产品特征、市场结构、经营特色和管理水平等方面的差异，所以，国家森林公园的形象导入不应该遵循固定的模式，而应该根据具体问题和不同情况，拟订不同的形象导入方案。这里，提出国家森林公园形象导入的一般程序，如图 8-4 所示。

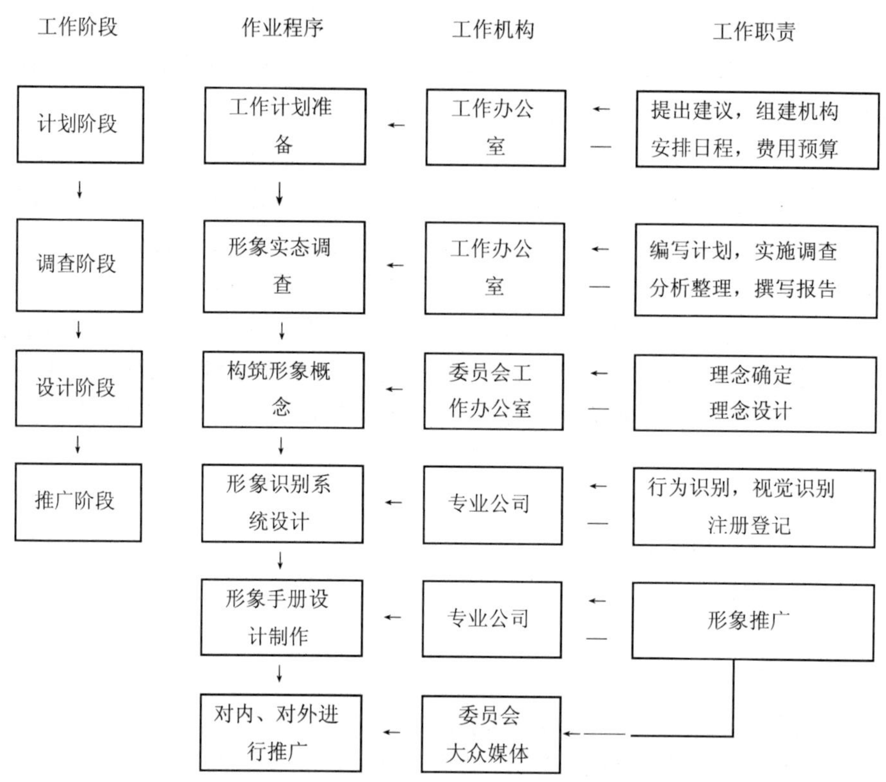

图 8-4 国家森林公园形象导入的一般程序

第三节 国家森林公园的广告策略

广告是商品生产、商品交换的必然产物。在现代市场经济条件下，广告是一种重要的市场营销手段。现代广告是由可以识别的组织和个人，为了达到一定的目的，通过媒体进行的有关产品、劳务和观念的付费、非人员的信息传播活动和行为。国家森林公园是现代旅游业发展的一种活跃形态，必然遵循市场经济规律，因此，充分发挥广告的功能，树立国家森林公园的良好形象，建立品牌化经营机制，培植核心竞争力，实现国家森林公园的可持续发展，就成为了国家森林公园进行市场营销的重要策略。

一、广告投资的实施策略

广告投资是国家森林公园实施广告决策的具体行动，有了广告投资，国家森林公园的广告战略就可以进一步化解为一系列的操作性活动了。

（一）广告策划

表 8-5　国家森林公园的广告策划内容

策划阶段	具　体　内　容
进行市场调查与分析	广告市场调查：市场环境调查，企业营销组合调查，旅游者调查，竞争状况调查；广告媒体调查：媒体种类，媒体数目，媒体声誉，媒体受众，媒体价格；广告效果调查
评估市场营销目标与广告目标	研究企业营销目标；确定广告受众；确定广告目标：信息传播目标和促进销售目标；确定广告要求；确定广告范围和时限
选择广告策略	广告媒体策略：主要媒体、辅助媒体的选择及其组合；广告定位策略；广告创作方案；广告与营销的配合策略；广告的实施策略
设计广告方案	面向总体市场的战略或面向细分市场的战略；满足基本需求的战略或满足选择需求的战略；跟进需求战略或引导需求战略；产品广告战略或形象广告战略；
确定广告预算与分配	确定广告预算所采用的方法和理由、广告预算总额、广告预算的具体分配计划和依据等
测定广告效果	确定广告效果测定的时间、次数、所采用的方法和依据测定机构和人员、测定费用等

广告策划是国家森林公园对未来某一时期内企业广告活动的整体战略和策略所进行的运筹规划，是决定广告活动成败的关键措施。国家森林公园的广告策划有两层基本含义：一个是对未来广告活动的预先计划安排；另一个是确定广告活动具体的战略和策略。广告策划按时间长短可分为长期（1 ~ 5 年）广告策划、年度广告策划和短期（1 年以内）广告策划；按照策划内容可分为整体广告策划和专项广告策划。国家森林公园广告策划的内容包括广告调查、确定广告目标和任务、制定广告策略、确定广告预算和进行广告效果测定等。表 8-5 反映了广告策划的基本内容。

（二）广告预算

广告调查、广告设计、广告制作、广告发布等活动都需要花费成本和费用，没有广告预算，这些活动就不能正常进行；没有预算，就不能测定广告投入与它所带来的效果，评估广告效果就失去了意义。

广告预算是国家森林公园对计划期内投入广告活动的费用总额和使用分配的具体安排计划，是进行广告活动的物质保证。广告预算要考虑的因素有：广告对未来市场的影响；广告投入与销售和利润的关系；市场腹地范围的大小以及市场竞争的激烈程度。广告是国家森林公园的一种投资行为，为了保证这种投资行为的有效性，就必须遵循广告投资的基本原理，综合使用广告预算方法，以求达到广告效果最优化。

（三）广告效果

广告活动是一种信息传播活动、经济活动、社会活动、文化活动等“多位一体”的综合性活动，因此，国家森林公园的广告效果也应该采用“多位一体”的方法，进行科学、客观、综合的测定与评估。

广告传播效果是指广告信息到达广告受众的能力和对广告受众作用的心理反应强度的大小。广告传播效果是广告作为信息传播活动是否达到目的的体现，而且，也是广告其他效果的先导和基础。广告经济效果是指广告费用与广告所带来的经济收益比值的大小。国家森林公园广告的主体是经济广告，因此，广告的经济效果是国家森林公园最关心的效果，尤其是广告对游客流量产生的影响。广告社会效果是指广告作为文化活动和社会活动所产生的影响，如对广告受众的价值观、道德观、消费观、生活方式等产生的影响，以及户外广告（POP）、直接邮递广告（DM）、CI 广告、街头巡游广告、现场展示和演示广告等对市容市貌、生态环境产生的影响。国家森林公园的广告效果是一个综合效果，最终要反映到游客接待量的增长和游客消费结构的变动上来，由国家森林公园的经济效益指标体现出来。

二、广告投资的基本原理

广告投资是一种风险投资。国家森林公园企业期望通过广告投资进入市场或提高市场占有率，由于目前还没有可以遵循的广告投资量化原则，广告商和广告投资者往往以自己的主观期望和以往的经验推断广告投资效果，造成了许多广告投资有的力度不够、有的又过度投资，引起了巨额广告投资的浪费。国家森林公园的广告投资必须以丰富的经验判断为基础，遵循科学的原理和方法，进行广告投资预算，选择最优的广告方式和时机，开展广告效果的评估，建立起有效的广告战略决策机制。这里，主要介绍 7 种广告投资原理，旨在为国家森林公园提供广告投资决策分析的基本框架和基本线索；国家森林公园可以根据具体实际，将广告投资与产品特性、市场周期、竞争环境等相关因素建立相应的有机联系，以这 7 种广告投资原理为指导，尽可能地消除内在因素与外部环境变化带来的投资预测和投资决策的不确定性，取得预期广告投资乘数效应。

（一）广告投资乘数原理

在市场需求充分的条件下，广告投资收益是广告投资的倍数。这是广告投资者广告决策的根本原因。

这个原理的基本公式表达为：$\triangle R = KX\triangle I$　　$K = 1/(1 - \triangle N/\triangle M)$

其中：R 为广告投资收益；I 为广告投资；$\triangle$ 为增量符号；K 为广告投资系数；N 为实际购买人次；M 为广告受众人数。

从基本公式中可以看出，广告投资收益多少取决于广告投资乘数 K，广告投资乘数 K 越大，广告投资 I 的投资收益就越大。广告投资乘数的大小取决于广告受众增量 $\triangle M$ 和广告受众中实际购买人次的增量 $\triangle N$，这两者之比即边际购买倾向。一般说来，广告投资增加，广告受众必然增加，如果广告效果是正面的，受众中实际购买人次也会增加，但所有广告受众不会全部购买。显而易见，边际购买倾向数值大于0，小于1，即 $0 < \triangle N/\triangle M < 1$。所以，广告投资乘数 K 是大于 1 的正数（广告效果为负面时，方向相反为负数），即广告投资每增加一个单位，将会增加 K 倍的广告投资效益，如图 8-5 所示。

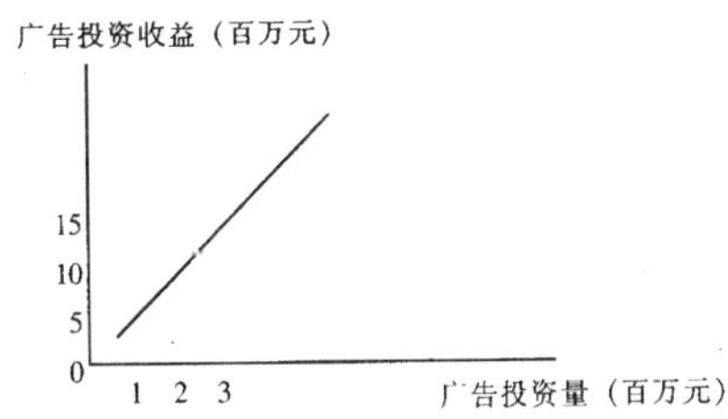

图 8-5　广告投资量与广告投资收益的关系曲线

当然，广告投资中还要考虑非广告因素，也不能排除广告受众中一人多次重复购买，实际的广告投资乘数往往要大于按上述公式计算的投资乘数。因此，国家森林公园的广告投资乘数可以针对具体的广告反应特征，通过实际的统计测定，确定在广告投资乘数 K 前增加一个修正常数。

值得注意的是，广告投资乘数原理的应用是有一定条件和范围的，即市场需求充分，广告作用是正向的，并且广告刺激弹性充分。所以，国家森林公园在广告投资决策时，首先要以产品的市场定位和市场形象为基点，营造正向的引导游客休闲娱乐的形象链，才能培植出有利的广告投资乘数效应。

（二）广告传播波纹原理

在广告媒体选择合适的情况下，广告传播的覆盖率和覆盖力与广告投资量、广告频率成正比。

广告传播是平面传播，市场也是平面空间。广告投资投入后，由广告媒体形成的广告传播源向周边扩散，每一次播出的广告，形成一个类似水中投入石子后形成的波纹效应。每次投入的石子越大，产生的波纹也就越大，而且波纹传播的越远；在单位时间内投入的石子越多，即频率越高，波纹同时覆盖的面积也越大。波纹的

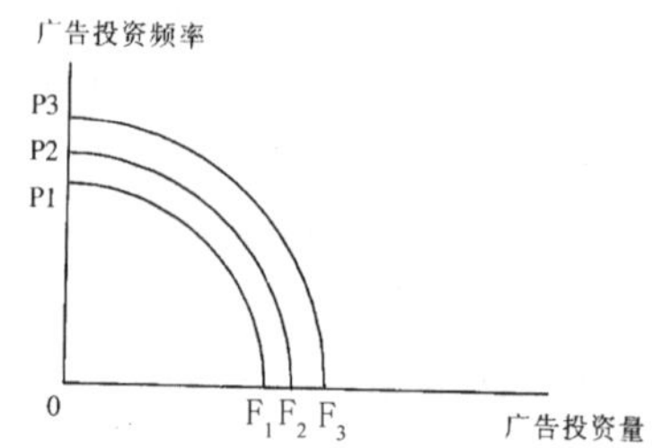

图 8-6　广告投资量、投资频率与广告覆盖力的关系

持续时间也取决于投入石子的频率，持续不断地向水中投入石子，水中的波纹就会保持下去。同样道理，广告传播的覆盖率和覆盖力，也取决于广告投资量和广告投资频率。在图 8-6 中，横轴广告投资量和纵轴广告投资频率的变化都会引起广告覆盖的变化。广告投资量越大，其覆盖率越大；广告投资频率越高，广告的覆盖力和持续力就越强。

对国家森林公园而言，在广告投资总量一定的情况下，应当加大单位广告投资量，在有效商圈范围内提高广告投资频率，增强广告投资的市场覆盖力和驱动力，才能提高市场占有率。

（三）广告投资力度原理

国家森林公园作为一种满足人们休闲娱乐的特殊消费形态，广告投资必须要有一定的力度，才能突破进入市场的域值临界点，从而促进市场占有率的迅速上升；超过市场饱和点的广告投资不会扩大市场占有率，只能维持市场占有率。广告投资的最初目的是为了拓展市场．但对市场的广告投资效果并不是简单的一分投入就有一分收益的正比例函数关系，市场占有率与投资力度之间存在一种由静态启动到动态上升、再到稳态停止的过程。在这一过程中，有两个关键域值临界点：一是市场启动域值临界点 T_1，是启动市场的临界点；二是市场饱和域值临界点 T_2，是市场占有率接近饱和的临界点。T_1 表示广告投资在刚刚开始时，由于投资量还没有达到应有的力度，潜在市场购买力尚没有启动起来，市场占有率不会马上大幅度上升。T_2 表示当广告投资力度进一步增加，突破域值临界点 T_1，潜在市场购买力开始启动，大众消费进入主流，市场占有率大幅度上升；随着广告投资的进一步加大，市场占有率逐渐接近饱和域值临界点 T_2。在这种情况下，一方面由于市场购买力基本满足，另一方面同类同质产品的竞争者也进入这一市场，再大的广告投资也不可能增加已经饱和的市场需求，市场占有率进入饱和后的平台停止状态。

一般来说，广告投资总量越大，市场占有率越高。但在市场基本饱和或市场竞争激烈的情况下，市场占有率并不随广告投资总量的增加而无限制的增加。因此，国家森林公园一旦进入稳定发展期，广告投资策略就应该主动实现由拓展市场向稳定市场的战略转移。

（四）广告投资弹性原理

国家森林公园的广告投资收益与其产品的需求弹性相关。国家森林公园的产品需求弹性越大，边际消费倾向越大，广告投资收益也就越大；反之，国家森林公园的需求弹性越小，边际消费倾向越小，广告投资收益就越差。

国家森林公园的需求弹性，一方面表现为旅游者对价格变动的敏感程度，另一方面也可以反映旅游者对广告刺激的敏感程度。因此，国家森林公园在进行大规模的广告投资以前，首先应该对满足旅游者需求的产品（休闲娱乐形态）进行市场组合分析，还要测定产品对广告刺激产生的需求弹性，这样才能提高广告投资乘数效应，增大广告投资的收益。

（五）广告投资边际收益原理

国家森林公园进行广告投资，理所当然是期望以最少的广告投资获得最大的市场份额和投资收益。为了达到这个目标，国家森林公园必须在广告投资前考虑如何提高广告投资的经济性和合理性，这就要求广告投资者进行广告投资边际收益分析。边际收益分析不是总量分析，而是每个单位投资的个案分析，因为广告投入一般是分期分次投入的，每一个单位广告投入获得的广告收益是不同的，如图 8-7 所示。广告投资者必须关心每一次投资是否有收益及收益的大小，这就需要分析广告投资的边际收益，即广告投资达到一定量后，一个单位广告投资所获得的收益。这是衡量广告投资效果的重要指标。

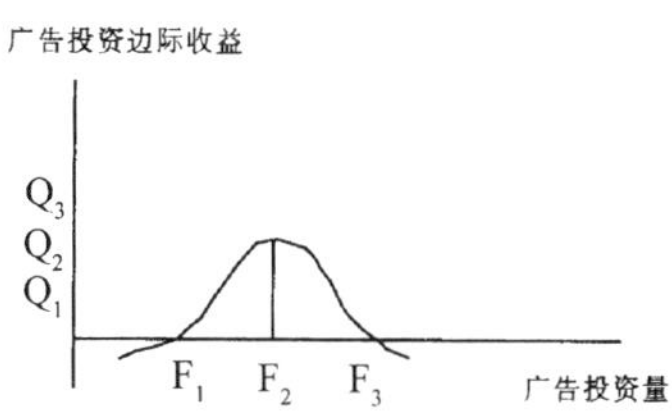

图 8-7　广告投资量与广告投资边际收益的关系

在广告投资启动域值临界点（F_1）之前，广告投资的边际收益为负值，表明低于 F_1 的广告投资力度不足以启动市场，这是广告投资应该达到的最低规模，低于这个规模的广告投资将会浪费掉；广告投资超过启动域值临界点，广告投资收益递增；F_2 是广告投资规模的最佳点，广告投资应稳定在这一规模上，以支撑市场销售曲线，保证市场占有率；广告投资超过停滞域值临界点（F_2），广告投资边际收益开始缓慢递减；广告投资超过域值临界点（F_3），广告投资边际收益出现负值，过度的广告投资造成不必要的浪费。F_1 和 F_2 是广告投资的最低投资收益平衡点，国家森林公园可以通过统计分析找到这两个平衡点，从而在广告投资决策过程中去有效把握投资量。

（六）广告投资周期原理

广告投资边际收益率与国家森林公园的生命周期密切相关。一般情况下，在国家森林公园的导入期和成长期，广告投资的边际收益递增；成熟期和衰退期的广告投资收益递减。

国家森林公园的生命周期是一种市场规律，如同其他性质的产品一样，国家森林公园也会经历导入、成长、成熟、衰退等几个时期。

处于导入期和成长期的国家森林公园，应当加大广告投资力度，以期尽快占领市场，培养领导市场的核心能力。如果处于成熟期和衰退期，就应该采取以下 3 种策略：一是继续扩大广告投资，支撑市场，保持市场占有率；二是拓展新的市场空间，扩大产品的发展空间，延长国家森林公园的生命周期；三是加强国家森林公园的更新改造，开发新的产品，满足新的市场需求。不管怎么说，花费巨大广告投资对于已处于成熟或衰退期的国家森林公园是非常危险的。

（七）广告投资竞争原理

国家森林公园市场是一个开放的动态市场，这种动态市场一般具有垄断和竞争两种基本市场形态，广告投资收益与市场形态紧密相关。竞争形态下的广告投资收益高于垄断形态的广告投资效果。

在垄断状态下，国家森林公园已经占有很高的市场份额，市场空间很小，增加的广告投资不能带来新的广告收益，广告投资的收益递减；垄断形态下的市场以价格竞争为主，广告投资的主要目的是保持原有市场占有率。除非新产品上市，一般不需要增加广告投资规模。

在竞争状态下，每一家国家森林公园的市场份额都很小，国家森林公园之间的差异性也很小，通过广告投资可以增强产品的市场竞争力，提高市场占有份额，广告投资的边际收益一般是递增的。竞争形态下的市场以市场份额竞争为主，突出差别性，大量的广告投资是取得较大市场份额的主要途径。

第四节　国家森林公园市场营销的基本模式

国家森林公园是一种特殊的以森林为主体的休闲娱乐形态，市场营销活动受到多种内外部因素的影响和制约。因而，必须选择具有相对获利性的市场营销策略，采取务实的市场开拓措施，才能掌握市场营销的主动权，保持市场竞争的优势。

一、直接营销

目前，大多数国家森林公园基本上是依靠广告、销售促进和人员推销等策略，进行市场营销的。它们用广告来创造知名度，激发旅游者的兴趣，用销售促进来刺激旅游者的选择，用人员推销来达成旅游者的实地经历。尽管直接营销是市场微型化的反映，但是通过直接营销，国家森林公园还是能够迅速带来销售的增长。事实证明，我国国家森林公园采取直接营销的策略相当有效。在实际市场营销活动中，直接营销主要有两种表现形式：直接沟通营销和主题活动营销。

（一）直接沟通管销

直接营销根据不同的角度，可以划分为多种类型，并采用相应的具体方法，但任何直接营销的核心都是减少中间环节，达到与潜在客源的直接沟通。国家森林公园一般采取的直接营销工具有：

1. 节目单营销

国家森林公园将休闲娱乐项目制作成印刷精美的节目单，直接邮寄给预先选定的旅行社、酒店、机关、团体和企事业单位，或者将节目单放置在车站、机场、商场等人员流动量大的公共场所，随人拿取。

2. 直接邮寄

主要是发出单独的邮寄品，如信件、传单、折页以及其他新型载体（光碟）。直接邮寄具有较高的目标市场选择性，富有人情味，灵活性好，能进行早期预测和效果衡量等特点，为大多数国家森林公园采用。

3. 电话营销

随着电信部门的深化改革，电信新业务的开通，国家森林公园利用电话进行市场营销的机会和空间越来越大。

4. 电视营销

与中央电视台、省电视台、地区电视台、县市电视台合作，在国家森林公园举办各种文化娱乐、青少年活动等，宣传国家森林公园，可以获得良好的市场营销效果。

5. 媒体营销

国家森林公园经常使用杂志、报纸及广播等“直接反应广告媒体”来进行市场营销，从中去了解和驾驭旅游者，并试图建立长期的关系。

（二）主题活动营销

主题活动具有渲染娱乐气氛、增强营销震撼效果、形成市场冲击力、营造商业卖点等优越性，所以，国家森林公园常常采用主题活动营销的方式，进行市场开发和市场培育，建立市场操作平台。

1. 趣味活动

国家森林公园的趣味营销是通过一些具有某种趣味的活动来实现的，这些趣味活动可以分为3大类：一是竞赛活动；二是游戏活动；三是抽奖活动。每一大类又有许多具体的形式可以表现，只要你能想像，趣味活动的主题内容和外在形式似乎永远也用不完。

2. 节庆活动

中国具有5000年的悠久历史和56个民族的灿烂文化，传统节庆活动丰富多采，为国家森林公园开展节庆活动积淀了丰厚的资源。根据传统节庆活动，组织国家森林公园的节庆营销活动，已经成为国家森林公园经常性的营销策略。

3. 庆典活动

加强与媒体合作，在圣诞、新年、春节期间，向广大游客真诚奉献一系列新颖别致、多姿多彩的圣诞、新年、春节游园活动。如，世纪宝宝爬行大赛、元婚大典、狂欢夜、喷泉激光烟花“秀”、世界婚礼婚俗表演、流金岁月歌舞专场、影视每日一景等。

二、合作营销

合作营销是指两个或两个以上的业主，基于相互利益的考虑，共同进行营销活动。国家森林公园的合作营销有两个方面含义：一是国家森林公园之间的合作营销，如国家森林公园群实行的连锁——套票制度；二是国家森林公园与旅行社、酒店等业务流程中的上游企业或下游企业，进行的合作营销。

国家森林公园为了有效地开展合作营销，就必须做好以下配套工作：一是确立“扬长避短，形式多样，互惠互利”的合作原则；二是完善合作协议制度，为合作营销提供法律保障；三是架构市场反应机制，及时调整合作营销策略；四是建立健全信息系统，广泛地开展信息交流；五是积极推进产品创新。

三、网上营销

（一）我国因特网的成长态势

中国互联网络信息中心的调查显示，自1997年开始，我国因特网用户量呈现几何增长态势。2000年1月的调查显示，我国共有因特网用户890万，“.cn”注册的域名有5万多个。各地政府和企业都加快了上网工程，说明中国因特网发展的迅速，并且表明因特网在我国具有广阔发展前景，从而为电子商务的发展提供了大容量、规模化的操作平台，并推动着以网络为基础的新经济格局的建立和发展。可以说，因特网的发展和普及，将人类的生活带到了一个新的纪元。

1999年6月，有关部门通过对全球知名度较高的雅虎（yahoo）英文和中文站点，以及在中国知名度较高的搜狐站点进行的搜索调查发现，中国旅游企业对利用国际互联网参与国际市场竞争有比较积极的认同和接受，不少企业开始在网络上进行尝试和寻找市场机会。旅游企业网络应用涉及范围较广，不同行业都有一些企业根据自己的产品和服务利用互联网进行宣传，这无疑给我国旅游业中的森林旅游提供了一个很好的范例，也为国家森林公园的网上促销提供了一个可行的思路和途径。

（二）电子商务

我国计算机技术的发展和因特网用户量的增长，以及电信网络的更快速发展，极大地促进了我国的信息化建设。这种发展态势，为我国电子商务的发展创造了良好的基础和条件。电子商务不仅仅是在因特网上建立一个企业网站，宣传企业形象，或通过 Web 进行商业买卖操作，真正的电子商务是利用以因特网为核心的信息技术进行商务活动和企业资源管理。电子商务的核心是高效率地管理企业的所有信息资源，帮助企业创建一条畅通于客户、企业内部和供应商之间的信息流，帮助企业准确地定位市场、拓展市场、提供个性化的服务，从而，不断地提高客户的忠诚度。加强与供应商的合作，提高企业的内部管理效率和市场占有率，降低成本，获得更大的经济效益。

从总体上看，电子商务的重点是发展企业的网络应用。在未来整个的电子商务蓝图中，活跃的市场因素是企业，企业没有形成有效的网上商务沟通，就不可能实现整个社会的电子商务运作；因此，企业应该积极推进中国因特网的平民化、大众化，从而，实现真正意义上的电子商务和网络生存。目前，我国国家森林公园必须做好两项最主要、也是最急需的基础性工作：一是以建立企业内部局域网为核心，促使企业内部的信息、办公、业务和管理等事务实现数字化和网络化；二是建立起与旅游者（目标市场）进行快速沟通的机制，这种机制一定是方便的、快速的、高效的，应该不受时间、地点、设备等条件的限制。

新世纪的竞争，将是一场对资源与信息的竞争，谁拥有了更多社会的、客户的资源，谁能够拥有更高效率的沟通与信息反馈的手段，谁就会获得未来竞争的优势。因此，国家森林公园必须以认真、务实的态度和创新的精神，全面展开电子商务建设，综合利用现在的电信网络基础和计算机网络基础，结合电话、传真、E－mail、Web 等多种方式，率先发展以客户为中心的智能化信息沟通，资源融合系统，从而，提升企业的核心竞争力，成功地在对世纪实现可持续发展。

（三）中国国家森林公园网站

由国家林业局国家森林公园管理办公室主办的中国国家森林公园网站（www.chinafpark.net）于 2002 年 6 月 4 日在浙江临安举办的首届中国森林风景资源博览会上正式开通，这是我国国家森林公园建设史上的一件盛事，也是国家森林公园建设走上信息化的一个重要标志。网站开通以来，已制订了《中国国家森林公园网站管理暂行办法》，举办了信息管理培训班，培养了一批技术骨干，并邀请知名专家主持公园论坛，与网友探讨公园建设与发展，举办网上调查活动等。到

2004年5月，日点击达到1.8万人次。

1. 中国国家森林公园网主要内容和功能

（1）基本模块。包括新闻报道、景区景点、旅游线路、风光摄影、地方专栏、招商引资、旅游商品、结伴同游、政策法规、公园论坛、动物世界、植物王国、森林文学、网上书店、人物写真、旅游知识、虚拟旅游等。

（2）景点检索系统。可以分别按省市名、资源类型、海拔高度、公园名称进行检索。

（3）森林旅游信息统计系统。可以自动汇总全国、分省森林旅游区信息统计表。

（4）国家森林公园网络申报系统。由申报单位注册并提交申报有关文件，包括申报国家森林公园可行性研究报告、区位交通图、景点分布现状图、风光摄影图集等，由各省国家森林公园管理机构负责审核。

2. 中国国家森林公园网主要特点

（1）反映最新动态。充分发挥网络快速、便捷的优势，以最快速度反映我国国家森林公园建设和发展的最新动态。如行业动态、大众新闻、巡回展示、热门景点等栏目。

（2）提供基础资料。充分发挥网络大容量、低成本的优势，可以提供已登录网站各部门、各国家森林公园的基础资料，做到丰富翔实、题裁广泛。如景区景点、旅游线路、法律规章等栏目。

（3）生态文化多彩。充分发挥网络画面丰富多彩的优势，设置风光摄影、森林美学、人物写真、动物世界、植物王国等栏目。

（4）实时互动交流。充分发挥网络的互动功能，开展专家论坛、精品旅游线路选择、结伴旅游、小调查和大家问等活动。如公园论坛、结伴同游等栏目。

（5）友情链接与服务。充分发挥网络的链接与开放功能，与国家林业局网、中国绿化网等链接，网络提供网上旅游、为您服务等栏目。

实例十一　福州国家森林公园 '99生态环境旅游年活动方案

为认真贯彻国家旅游局、国家环境保护局、国家林业局、中国科学院关于'99生态游的有关文件指示精神，福建省林业厅、福建省旅游局、福建省环保局联合发起以“走向自然、认识自然、保护环境”为主题的福建'99生态环境游活动。该活动与'99昆明世界园艺博览会完美契合，共同体现“人与自然——迈向二十一世纪”的主题，启迪人们加强森林与人类密切关系的认识，同时通过活动旨在唤起社会各界对生态环境的危机意识，树立“保护生态环境人人有责”的现代责任感与使命感，从而增强人们热爱生活、善待自然、保护生态环境的意义认识。

建设国家森林公园，发展森林生态旅游事业，已成为世界旅游和生态环境保护事业发展的潮流，也是建立面向21世纪现代林业必不可少的重要内容。当前，随着林业在生态环境建设中主体地位的确立，保护和发展森林资源、改善生态环境已成为人类共同关注的重大课题和迫切需要。在我国未来林业发展建设中，国家森林公园建设将扮演越来越重要的角色。一方面，通过建立国家森林公园、发展森林旅游业，不仅可以在不消耗森林资源的情况下获取远远高于商品用材的经济收益，使珍贵的森林风景资源和野生动植物资源得到有效保护，而且通过合理实施生物改造措施，使森林生态环境进一步得到美化和优化，更好地发挥森林的生态防保功效。另一方面，通过在国家森林公园内开展避暑、度假、探险、登山、保健、科考等健康有益的森林旅游活动，使人们在欣赏和体验壮丽秀美的自然风光，感受“返璞归真”、回归自然的愉悦心情的同时，进一步唤起和培养人们热爱大森林、保护大自然的美好情操，加强对保护森林、保护生态环境为主题的宣传教育，提高全民族的环境保护意识。

一、指导思想

以’99生态环境旅游年为契机，“环境·森林与人类”为主题，国家森林公园为载体，举办森林旅游节为重点，加大宣传力度，推进森林旅游事业发展，提高全民生态环境保护意识。

二、主题口号

1. 走向自然、认识自然、保护环境
2. 返璞归真、回归自然
3. 森林旅游——时尚选择
4. 告别城市喧嚣、投入绿色怀抱

三、活动方案

1. ’99福建森林与花卉——第二届郁金香花展暨首届兰花展

（1）主办单位：福建省绿化委员会、福建省林业厅

（2）承办单位：福建省林业花卉协会、福州国家森林公园

（3）时间：1998年12月20日至1999年3月20日

（4）地点：福州国家森林公园

（5）目的意义：以花为媒，以花会友，举办花展旨在进一步丰富广大市民精神文化生活，展示福建林业花卉业的辉煌成就与发展前景，促进我省林业花卉业发展。

2. 绿色承诺——保护生态环境万人签名大行动

（1）主办单位：福建省林业厅、福建省旅游局、福建省环保局

（2）承办单位：福州国家森林公园

（3）时间、地点及参加对象

时　　间	地　　点	对　　象
1998. 12. 30	花展开幕式暨生态环境旅游序幕式现场	省、市有关领导、主办单位有关领导等
1998. 12. 31	五一广场	广大市民
1999. 1. 1	国家森林公园	游客

（4）活动事项

①签名活动分三场进行，每场签名活动开始前由组织单位有关人员宣读“保护生态环境倡议书”及“绿色公约”，签名活动全过程由组委会统一组织有序进行。

②1999 年 1 月 2 日至花展结束，“万人签名布”置于公园内特定场所由群众自发签名。

③签名活动结束后，“万人签名布”列入福州国家森林公园博物馆作为收藏观瞻品。

④“万人签名布”规范为长 99m、宽 2m 绿色整布，签名笔及其他配备物品由组委会统一筹备。

（5）活动意义：旨在唤起社会各界对生态环境的危机意识，树立“保护生态环境人人有责”的现代责任感和使命感。

3. 绿色、生命、健康——自行车迎春游

（1）主办单位：福建省林业厅、福建省旅游局、福建省环保局

（2）承办单位：福州国家森林公园

（3）活动时间、路线、形式及规模

①时间：1999 年元旦

②路线：福建革命历史纪念馆至国家森林公园东大门处（具体路线待定）

③形式：自行车方队行进

④规模：100 名车手（分 4 个方队）

（4）活动事项

①本活动所使用自行车均由自行车厂商赞助提供。

②自行车队分成红、黄、紫、绿四种颜色的四个方队（每个方队 25 人，每人身上披着同一种颜色的绶带），沿既定路线有序前行。

③前行途中交通秩序由交警负责维持并由警车开道。

④“自行车之旅”参加者由组委会有组织有计划地在全市范围内招募，对于应招者的素质，要求严格把握，认真筛选。

⑤自行车队安全抵达指定地点后，举行闭幕式，并颁发纪念品。

（5）活动意义：身心健康与生态环境的优劣息息相关，旨在通过本活动让人们感受生命与健康的美好，从而增强对热爱自然、保护生态环境意义的认识。

4. 人与自然、花与美——大型服装展示会

（1）主办单位：福建省林业厅、福建省旅游局、福建省环保局

（2）承办单位：福建’99 生态环境游森林与人类活动组委会

（3）活动时间、地点

①时间：1999 年元旦

②地点：国家森林公园假日宾馆景区

（4）活动事项

①“人与自然”——系列大型服装展示

A. 方法：通过服装协会、包装技术协会及广告等方式向全社会征集参赛者，向花展组委会报名，要求每个单位至少要有 20 ~ 35 个的款式。

B. 计划：组织福建省内 20 家服装（品牌）企业参与，报名与参展费用请与组委会联系。报名时间截至 1998 年 12 月 25 日。

C. 模特：暂定 25 名，必须具备良好的气质形象，丰富的演出经验，达到国家级水准的为佳。

D. 评委会构成：福建省服装协会、福建省包装技术协会、福建师大服装系等单位有关专家。

E. 活动程序：

②“花与美”——系列服装创意设计及盛装表演大赛

A. 形式：自由创意设计，盛装表演大奖赛。

B. 方法：通过服装协会、包装技术协会及广告等方式向全社会征集参赛者，向花展组委会报名，要求每个选手必须有 10 个以上款式。

C. 评比：设立评委小组，由服装设计名家、评论家、艺术家（美学）、社会知名人士组成的评委小组进行现场评分。

（5）活动意义：“返璞归真、回归自然”是当今服装界潮流，人们追求质朴、素雅、大方，并开始注重环保素材，通过举办“人与自然”、“花与美”大型服装设计与展示，旨在弘扬这种精神并借此增强环保宣传。

5. 缘定郁金香——世纪集体婚庆

（1）主办单位：福建省林业厅、省旅游局、省环保局、省妇女委员会

（2）承办单位：福州国家森林公园

（3）活动时间、地点

（4）活动事项

①征集报名方案

A. 选择《福建日报》、《福州晚报》等新闻媒体，以福州市为中心，辐射 5 区 8 县，波及全省范围，发布婚庆征集（报名）广告。

B. 以主办单位或组委会名义向各企事业单位有关组织、居委会等发送征集（报名）函件。

C. 在市内设立定点征集（报名）代办处。

D. 报名时间自见报之日起截至 1998 年 12 月 31 日。

②组织程序

A. 报到：1999 年 1 月 9 日上午 9：00 之前在福州国家森林公园东大门处办理报到手续，之后由组委会组织带入婚庆主会场。

B. 婚庆仪式

1）开幕时间：1999 年 1 月 9 日上午 9：30

2）实施摘要

a. 邀请专业司仪主持婚庆仪式

b. 参加婚庆人员按组织秩序入场

c. 鸣炮、放飞汽球

d. 请省、厅、局领导讲话

e. 请婚庆人员代表讲话

f. 颁发证书和纪念品、礼品

仪式全过程进行实况录象，安排各大新闻媒体作宣传报道。

C. 参加世纪婚庆纪念林仪式：在国家森林公园中心区域选择一片树林作为世纪婚庆命名纪念林，并刻名立碑作为见证。

D. 午餐烧烤（野炊）：上午12:00至下午14:00在国家森林公园内香港烧烤大王处参加午餐烧烤（野炊）。

E. 参观花展有森林游览：下午14:00至17:00由专业导游小组组织世纪婚庆夫妻参观郁金香花展和兰花展，并游览观赏森林景观。

F. 专车欢送：下午17:00专车从国家森林公园欢送世纪婚庆夫妻至五一广场。

③活动后

A. 赠送活动盛况录象

B. 活动盛况剪辑刊载

C. 新闻热点评述

（5）活动意义：家庭是社会的细胞，家庭安宁和美好社会的积极作用不可忽视。本次婚庆活动旨在活动旨在向全社会推崇幸福长久的婚姻观念。在简朴同甘典雅的婚庆过程中，我们结合陶冶情操的绿色休闲活动，激发人们热爱自然、珍惜姻缘、选择健康文明的生活方式。

6. 郁金香有奖征文、郁金香摄影大赛

（1）主办单位：福建省林业厅、福建省旅游局、福建省环保局

（2）承办单位：福州国家森林公园

（3）活动时间、地点

名称	时　　间	地点
摄影大赛	1999年1月1日至1999年3月1日	福州国家森林公园
摄影展	1999年3月20日至1999年3月21日	福州国家森林公园

（4）活动事项

①参赛人员的征集、组织（于1999年1月1日之前完成）。

在《福建日报》刊载本次摄影大赛及摄影的相关资讯，引发社会各界的关注与摄影爱好者的参与。

通过省摄影家协会发函至各会员（单位），转达本次活动的相关资讯。盛邀专业人士参与，从而提升摄影赛规格，保证摄影展质量。

②参赛作品的收集（截至1999年3月1日）

参赛作品寄至组委会办公室或组委会指定代理处（截稿日期以戳为准）。

③参赛作品的评选（1999 年 3 月 5 日至 1999 年 3 月 11 日）

邀请省摄影协会、省文联等单位的专家及有关人士组成评委会，对所有参赛作品进行评选。

④获奖名单公布（1999 年 3 月 15 日）在《福建日报》公布获奖者名单，同时公布颁奖仪式时间、地点、事项等，部分获奖者另行发函通知。

⑤颁奖仪式举行（1999 年 3 月 20 日）

摄影展开展前举行颁奖仪式。

⑥3 月 20 日、21 日在于山堂举办两日摄影展并组织人员参加。

（5）活动意义：通过捕捉自然景观的精彩瞬间，留意人与自然完美结合的生动场面，体现人与自然和谐统一的主题，激发人们热爱自然、善待自然，进而陶冶情操，提升人们追求真、善、美的精神境界。

7. 保护生态环境——义务植树造林活动

（1）主办单位：福建省绿化委员会、福建省林业厅

（2）承办单位：福州国家森林公园

（3）时间：1999 年 3 月 12 日

（4）地点：福州国家森林公园

（5）目的意义：旨在加强对保护森林资源意义的再认识，增强全民的义务植树意识，进一步提高绿化水平，再造八闽秀美山川。

8. 福建兰苑正式对外开放

（1）主办单位：福州国家森林公园

（2）时间：1999 年 4 月 1 日正式对外开放

（3）地点：龙潭风景区入口处

（4）基本情况：福建兰苑占地 2.6 hm^2，收集有兰花品种近 300 种，分入口景区、洋兰观赏区、国兰观赏区、兰文化展示区、引种驯化区等。

（5）展示意义：原产于中华大地的兰花，既是一种珍贵的观赏植物，又是一种品味高雅的文化，被视为祖国传统的国粹。兰苑的建成开放旨在进一步丰富公园的科学文化内涵，弘扬渊远流长的兰文化。

9. 召开林业科普教育（德育教育）研讨会

（1）主办单位：福州市教委、福州国家森林公园

（2）时间：1999 年 4 月上旬

（3）地点：福州国家森林公园假日宾馆

（4）参加对象：各中、小学校校长

（5）目的意义：福州国家森林公园作为福州市青少年德育教育基地，举办林业科普教育（德育教育）研讨会，旨在进一步加强公园与各中、小学校的联系，加强科普教育工作，以启迪广大青少年学生崇尚自然、认识自然，进而善待自然，热爱自然，树立起保护生态环境的意识。

10. 举办以环境、森林与人类为主题的青少年夏令营活动

（1）主办单位：福州市教育委员会、福州国家森林公园

（2）时间：1999 年 8 月

（3）地点：福州国家森林公园

（4）参加对象：青少年学生

（5）目的意义：旨在加强对青少年学生生态保护的宣传教育，普及森林生态常识，使广大青少年从小关注生态，体验自然，提高生态环保意识。

11. 举办'99 福建森林旅游节（周）活动

（1）主办单位：福建省林业厅

（2）承办单位：福州国家森林公园

（3）活动时间：1999 年 9 月 25 日至 10 月 3 日

（4）活动地点：福州国家森林公园

（5）活动内容

①面向全省举办“环境·森林与人类”为主题的知识竞赛。

②举办金秋登山比赛活动。

③举办全省森林旅游工作会议。

④福建森林博物馆正式开馆。

⑤福州国家森林公园建园四十周年庆祝活动。

A. 庆祝大会；

B. 召开福州国家森林公园建设与发展研讨会；

C. 举办福州国家森林公园建园 40 周年成就展；

D. 举办福州国家森林公园科技学术报告会

E. 庆祝文艺晚会。

（6）目的意义：为向中华人民共和国成立 50 周年献礼，展示我省国家森林公园和森林旅游事业风采，进一步唤起社会各界对生态环境的危机意识，树立起“保护生态环境人人有责”的社会责任感与使命感，培养人们热爱大森林、保护大自然的美好情操，提高全民族的生态环保意识。

12. 举办第三届福建森林与花卉博览会

（1）主办单位：福建省绿化委员会、福建省林业厅

（2）承办单位：福建省林业花卉协会、福州国家森林公园

（3）时间：1999 年 12 月 15 日至 2000 年 1 月 5 日

（4）地点：福州国家森林公园

（5）目的意义：为庆祝澳门回归祖国这一中华民族历史盛事，迎接新世纪的到来，增添公园的节日文化氛，特举办第三届福建森林与花卉博览会。

四、筹备工作与先期宣传

1. 1998 年 9 月至 10 月。

（1）制定福州国家森林公园'99 生态环境旅游年活动方案。

（2）编制公园简介、画册；制作公园专题片（录相带）。

2. 1998 年 11 月至 12 月：承办好全省森林旅游市场促销会

（1）主办单位：福建省旅游局、福建省林业厅

（2）承办单位：福州国家森林公园

（3）会议时间：1998 年 11 月 4 日

（4）会议地点：福州国家森林公园假日宾馆

（5）参加对象：各地（市）旅游局局长及各旅行社总经理（业务部经理）；全省 4 个自然保护区及 7 个重点国家森林公园的代表。

（6）目的意义：旨在展示福建丰富的森林旅游资源，加强与各旅游从业单位之间的业务交流与合作，进一步把森林旅游市场推向全省、全国，以共同促进我省森林生态旅游事业的发展。

3. 承办好由国家林业局主持召开的林业系统 '99 生态环境旅游年工作座谈会。

（1）主办单位：国家林业局场圃总站

（2）承办单位：福州国家森林公园

（3）会议时间：1998 年 12 月 15 日至 17 日

（4）会议地点：福州国家森林公园假日宾馆

（5）参加对象：各省（区）、直辖市、林业（农林）厅（局）主管国家森林公园和森林旅游方面的领导。

（6）目的意义：以迎接 '99 生态环境旅游年为契机，共商森林旅游发展大计，充分展示福州国家森林公园的建设成就与发展美景。

4. 承办好中国福建 '99 生态环境旅游年序幕式暨 '99 中国·福州郁金香花节。

（1）主办单位：福建省旅游局、福建省环保局、福建省林业厅

（2）承办单位：福州国家森林公园

（3）会议时间：1998 年 12 月 30 日

（4）会议地点：福州国家森林公园

（5）目的意义：通过举办 '99 中国·福州郁金香花节，并由此拉开福建 '99 生态环境旅游年的序幕，充分展示我省国家森林公园建设和森林旅游事业风采，进一步提高公园的社会知名度和影响力。

五、组织委会员（略）

实例十二　福州国家森林公园榕树文化节

福州，古称治、东治，具有千年植榕历史。北宋治平三年（公元 1066 年），福州太守张伯玉号召百姓“编户植榕”，种植榕树后满城绿荫蔽日，暑不张盖，故有“榕城”之美称。福州千年植榕以来，福州人不但种植榕树，而且热爱榕树，祖祖辈辈习惯在榕树下纳凉叙旧、读书写字、安居乐业，与榕树息息相处，千百年积淀了丰厚的文化底蕴，形成了中国独有的“榕树文化”。

今天的福州，大大小小榕树遍布全城各个角落，尤其是为数可观、见证千百年历史沧桑依旧生机勃勃的高龄老榕（据统计市区古榕就达 485 株，其中千年古榕就有 6 株），使榕城成为别

具一格的融自然景观与人文景观于一体的生态型现代都市。在“榕城”举办“榕树文化旅游节”，具有丰厚的文化底蕴，真正可以称得上是“名副其实”！

在全球生态环境日益恶化情况下，福建省希望大力改善生态环境，构建园林式城市和园林式乡村，于2002年2月22日提出了建设“生态省”的伟大构想，并以此促进全省经济可持续、健康发展。推出“榕树文化旅游节”，旨在响应政府号召，呼应绿色环保，提高全体市民的生态意识和环保意识，这对“创模”工作、建设生态省无疑将是个很大的促进。此外，举办中国（福州）首届榕树文化旅游节还是福州市开创新局面，增进团结新篇章的又一主题曲。与此同时充分调动广大市民与游客的参与热情，提高环境保护与生态建设的全民意识，营造热爱榕树、热爱家园、热爱榕城的文化氛围，使主题文化节真正达到与民同乐，促进经济效益和社会效益双丰收。

一、主办单位

福州市人民政府　福建省林业厅　福建省建设厅
福建省文化厅　福建省旅游局　福建省体育局

二、承办单位

福州国家森林公园管理处　福建电视台新闻中心　东南快报
福州市旅游局　福州市园林局　福州市林业局
福州市体育局　福州思理形象传播有限公司

三、时间

2003年5月10日至11日

四、地点

福州国家森林公园

五、活动内容

1. 开幕式（5月10日上午9：00）
2. 榕城十大古榕评选活动（4月15日至5月10日）
3. 榕树摄影图片展（5月10日至5月11日）
4. 榕树名家现场书画活动（5月10日上午）
5. 榕城文化论坛（5月10日下午14:00）
6. 榕城棋艺挑战赛（5月10日至5月11日）
7. 武术表演（5月10日上午）
8. 登山活动（5月10日上午）
9. 榕树盆景展（5月10日至5月11日）

10. 省、市领导与市民植榕活动（5月10日上午）

六、五月十日上午活动安排

1. 开幕式（上午9：00～9：30）
2. 武术表演（上午9：30～11：00）
3. 榕城名家现场书画活动（上午9：30～11：00）
4. 省、市领导与市民植榕活动（上午9：30～11：00）
5. 登山活动（时间：上午10：00～11：30；线路：由大榕树出发沿天马岭登山道至龙潭停车场）
6. 参观榕树节其他活动

七、开幕式议程

1. 省人民政府领导讲话
2. 福州市人民政府领导致词
3. 省林业厅领导致词
4. 十大古榕授牌及评选幸运奖颁奖
5. 参加、参观榕树节有关活动

第九章 国家森林公园的森林人家建设

森林人家是具有乡村特色的旅游形式，突出休闲健康旅游的理念，是森林公园的重要组成部分。

第一节 森林人家的产生背景和意义

一、产生背景

（一）经济社会发展的市场需求

近几年我国经济持续发展，东南沿海地区人均 GDP 超过 2000 美元，城市居民生活水平进一步提高，其生活方式正在发生深刻变化。走进森林，回归自然，已成为人们追求的生活时尚，城市周边游、短线游、自驾游等休闲健康游市场需求日趋旺盛。森林人家推出顺应了这个强大的市场需求，是社会经济发展到一定阶段的必然产物，是应运而生的新生事物，它的出现正逢其时。

（二）充分利用森林景观资源的需要

我国森林经营分为两类，一是以生态环境保护为主要目的的生态公益林；二是以木材生产为主的商品林。其中，生态公益林是我国保护最好、植被类型最多、生物多样性最丰富、生态系统最稳定、生态功能最强、景观最优美的部分。森林人家的建设是对这一部分森林资源进行保护和利用的较好方式。

（三）发展森林旅游新平台的需要

进入 21 世纪，森林公园与森林旅游发展始终保持着持续、健康、快速的良好态势。同时，依托森林旅游景区的乡村旅游也进入了一个快速发展期，但这些乡村旅游发展规划无序、档次较低，市场管理较混乱、旅游产品无特色和品牌缺失等方面的问题突出。

如何进一步规范依托森林旅游景区的乡村旅游市场，使其成为景区发展的重要补充，实现森林生态旅游产品的升级和森林旅游产业更快发展需要一个新平台。森林人家的推出适应了我国乡村旅游市场发展的需要，也为我国森林旅游和森林公园发展开拓了一个全新平台。

二、森林人家建设的意义

（一）森林人家品牌促进了森林资源保护

森林人家的提出走出了一条森林资源保护与利用并举，生态、社会、经济三大效益并存的林业可持续发展之路，通过发展生态产业、促进林农增收、有利资源保护，探索出一条森林资源多功能利用的路子，有利促进了森林资源保护工作。

（二）森林人家品牌创造出新的经济增长点

森林人家将第一产业与第三产业有机结合，创新林业发展产业链，是森林非木质化利用的有效模式。森林人家的推出有利于破解长期困扰生态公益林的严格保护与科学利用之间的矛盾；有利于推动林业产业结构的合理调整和林区经济的发展，实现了林业管理的职能转变，是林业第三产业的新亮点，是林业经济新的增长点。

（三）森林人家品牌促进了生态旅游产品升级

森林人家品牌突出了“家”的概念，让旅游者进得来、住得下，留得住、回得来，促进了生态旅游区从一般得游览观光型旅游方式，向休闲度假型为主，参与体验型为辅相结合的旅游方式转变，引领了生态旅游产品得升级。

（四）森林人家品牌弘扬了生态文化

森林人家建设坚持以森林文化为指导。森林人家把森林文化与当地的民俗风情相结合，打造一种生态休闲型的健康旅游产品，传播的是一种生态文化。林区内古朴民居与青山绿水的和谐统一，处处演绎着森林深处有人家的美丽景象。

人们通过森林人家走进大自然，享受森林之美，感受大自然的神奇，从而最大限度地满足人们生理、心理、保健和精神等方面的需求。人们通过森林人家进行森林野营、森林疗养等森林生态文化体验，增长知识、陶冶情操、增强体魄、丰富生活，在休闲的同时又体验了森林生态文化。因而，森林人家是弘扬生态文化的重要载体，推进森林人家过程就是传播森林文化的过程，是对社会主义生态文明建设有效途径的大胆尝试。

第二节 森林人家的概念和内涵

一、森林人家的概念

森林人家是以良好的森林生态资源环境为背景体，以有游憩价值的景观、景点为依托，以林农和大户为经营主体，充分利用林区动植物资源和乡土特色产品，融森林文化与民俗风情为一体的，为城市游客提供价廉物美的吃、住、游、娱、购等旅游要素服务的生态友好型旅游产品。

二、森林人家的内涵

作为一种旅游发展模式，该品牌在经营主体、依托环境、运营模式、运营效果、文化内涵等方面与现有旅游模式存在较大差别。它强调森林公园内林农的经营主体地位，注重良好的生态环境，提倡健康的生态旅游形式，融入了森林文化与乡风民俗，能很好地引导游客用生态保护的旅游态度走进自然，亲近自然，与大自然交流，从而实现城乡互动、人与自然和谐发展的目的。作为乡村旅游的重要组成部分，森林人家是符合资源特色的全新品牌，也是新农村建设的一个重要手段，具有广阔的前景和很强的生命力。以较高游憩价值的景观、景点为依托，以良好的生态环境为前提，以野生天然土特产为特色，以整洁、卫生、安全为保障，以纯朴乡风乡土特色地方文化为提升。

第三节　森林人家与其他相关旅游区（点）的关系

一、森林人家与森林公园的关系

森林人家建设是以森林公园为依托，可以建设在森林公园的服务区，从而成为森林公园接待游客的重要组成部分，也可以建设在公园周边，成为森林公园旅游线路上的一个节点。森林人家自主经营，特点鲜明，内容新颖，是森林公园的重要组成部分，又是有益的补充和亮点，两者关系是紧密的。

二、森林人家与农家乐的关系

农家乐在一段时期内迎合了游客休闲旅游的需求，但同时存在旅游半径小、层次低的缺点，森林人家在“农家乐”的基础上，依托丰富的森林旅游资源，创新出一种有别于“农家乐”的生态旅游产品，既促进林农增收，又弘扬生态文明。森林人家是具有特色的乡村旅游形式。森林人家的经营主体是广大林农，注重的是良好的森林生态环境，提倡的是一种生态旅游形式，这种旅游形式融入了森林文化与乡风民俗。可以说，森林人家源于农家乐，但超越了农家乐，是农家乐的创新版。

三、森林人家与风景名胜区的关系

风景名胜区常常拥有独特的、不可替代的景观资源，是通过几亿年大自然鬼斧神工所形成的自然遗产，而且是世代不断增值的遗产。风景名胜区是我国旅游景区的主体，管理规范、严格，对当地旅游发展起着不可替代的辐射和带动作用。森林人家是一种规模相对较小，经营模式灵活的休闲健康旅游产品，是风景名胜区有益和必要的补充。人们在观赏风景名胜区极具震撼的优美风景后，走进森林人家，品农家风味，乡野风气，使自己的旅程更加轻松、健康、休闲。

四、森林人家与度假区的关系

度假区是旅游中一种高端产品，经常建设在风景优美的海滨或风景秀丽的旅游区，服务设施装修高档，主要客户是高端收入人群，代表着高层次消费。森林人家作为一种大众化、平民化的健康休闲旅游产品，注重环境优美、健康体验、卫生合格及规范管理，迎合的是普通大众的消费，两者并不矛盾，而是相辅相成。

五、森林人家与自然保护区的关系

自然保护区的实验区允许进行旅游开发，森林人家也可以依托自然保护区开展休闲健康游产品开发，作为自然保护区开展生态旅游开发的一种有益尝试。

表 9-1　森林人家与其他相关旅游区（点）比较

比较项目	森林人家	农家乐	风景名胜区	度假区	森林公园	自然保护区
经营秩序	统筹规划，有序竞争	规划不规范，无序竞争	统筹规划，管理规范	高级规划，管理规范	统筹规划，规范经营	严格规划，限制开发
品牌效应	较好	一般	很好	很好	较好	较好
关注效应	生态效益，经济、社会、环境效益相结合，生态保护利益优先	经济效益	经济效益 环境效益	经济效益	生态效益，经济、社会、环境效益相结合，生态保护利益优先	生态保护利益优先，核心区禁止开发，实验区保护性开发，不以经济利益为主
社区利益	增收易，保证生态情况下实现收益	增收易，社区带动一般	社区带动效应不明显	社区带动效应不明显	保证生态情况下实现收益	严格保护生态情况下实现收益
农产品转化	环节少，直接	环节少，直接	环节多	环节多	环节少，直接	环节少，直接
总体效益	农民增收，环境美化，实现环境与经济的可持续发展，促进社会主义新农村建设	农民增收，环境退化，资源优势逐渐消失	促进社会经济发展	促进社会经济发展，对农民增收不明显	农民增收，环境美化，实现环境与经济的可持续发展，促进社会主义新农村建设	实现环境与经济的可持续发展

概括起来说，森林人家与其他旅游区（点）的不同在于：一是依托的载体不同；二是旅游的方式不同；三是投入的机制不同；四是品牌的特色不同；五是市场

的客源不同。

第四节　森林人家 SWOT 分析

一、优势（Strength）

（一）森林人家有自己的特色

森林人家主要为游客提供以山区特色农家菜肴为主的餐饮服务，同时开发了休闲登山、钓鱼、烧烤、棋牌、商务会议、花卉果园等生态友好型旅游产品，以其独特的自然风光与人文特色，吸引游客走进森林，回归自然，使身心得到彻底放松。森林人家其重点在于突出自己的特色，最大程度地保持了森林和农家的原汁原味的乡土风味，让游客吃的是地方特色的农家风味菜肴和土特产，住的是森林木屋，干的是田野农活和森林野趣，玩的是乡村民间娱乐，买的是农家的风味土特产及手工艺品，所以其特点非常鲜明。随着社会经济的高速发展和生活节奏的加快，人们回归自然，走进森林的愿望越来越强烈，森林人家休闲健康游正逐渐走进城市居民的生活。

（二）森林旅游资源优势明显

森林旅游业始于 20 世纪 80 年代后期，起步虽晚，但发展速度较快。丰富的森林资源为森林旅游业和森林人家的发展奠定了良好的基础。森林人家大多以森林公园为依托，旅游资源非常丰富，森林人家借助其森林生态资源、旅游景点和特色餐饮的优势能够吸引众多的游客。

（三）森林人家旅游经济效益较好

森林人家是发展生态经济和乡村旅游的重要形式，是将第一产业与第三产业有机结合的新型旅游形式，正成为乡村旅游的新热点和城市居民的生活时尚。森林人家的开展不仅使林农户实现致富增收，创造了许多就业机会，还带动了周边地区的蔬菜、水果及土特产畅销和价格不断走高，达到了农民增收和带动地方经济发展的目的，取得了良好的旅游经济效益。

二、劣势（Weakness）

（一）森林人家品牌基础和内涵较为薄弱

森林人家是借鉴农家乐的成功经验而推出和发展起来的，在经营方式、旅游项目等方面有很深的农家乐的影子，品牌基础和内涵相对来说较为薄弱，容易走简单复制农家乐的道路，如果没有自己的特色，自身品牌与农家乐难以区分开来，品牌形象也难以真正塑造起来。很多森林人家只是挂个牌子，卖几道农家菜，房屋装修一下，并没有什么实质的变化，无法满足游客的真正需求。

（二）森林人家内容和形式的特色不鲜明

目前森林人家总体上档次不高，自身优势发挥不够，服务缺乏特色，只停留在提供游客吃饱、能睡阶段，把旅游产品开发局限于餐饮上，有人戏称为“白天吃山珍土菜，晚上支摊打麻将”，没有在吃好、睡好、玩好上下功夫，服务内容单一，融休闲娱乐、旅游观光、参与森林、生态、农事活动于一体的旅游活动还很少；服务缺乏文化内涵，把乡村民俗文化、民俗活动、地方丰富历史文化资源融于森林人家的还很少，参与互动性较差，旅游产品的内容和活动形式不够多样化。

（三）森林人家发展的交通条件和内部基础设施差

目前绝大多数森林人家都地处偏僻的山区、林区或沿海岛屿，远离中心城市，又受道路交通条件限制，可进入性差，组团坐大巴出游时机还不成熟，更适合有车一族，许多游客只能望而却步。交通不便给游客带来了很大的困难，这也成为森林人家发展的一大瓶颈，需要尽快改善交通，给游客创造一个良好的出行条件。许多基础设施如内部道路网、供水、供电、住宿、餐饮等都比较薄弱，接待条件简陋，住宿困难，环境卫生差，使游客缺乏安全感、舒服感和文明感，无法适应市场需求和森林人家发展的需要。

三、机遇（Opportunity）

（一）森林生态旅游的发展和市场需求的形成

随着社会经济的高速发展和生活节奏的加快，精神压力也随之增加，人们回归自然、走进森林的愿望越来越强烈，以寻求返璞归真，在宁静、自然中彻底放松自己，森林生态旅游开始兴起并迅速发展，并成为一种新兴的旅游方式。同时，人们也已不再只满足于普通的观光旅游，希望在安全、洁净、卫生的前提下，能有更多的参与活动的体验和新奇的见闻与感受，能跟多地了解和体验当地当地民俗和风土人情。正是在这种背景下，森林人家依托森林旅游景区和资源，在经营形式上以吃住为主，向游客提供特色农家菜与土特产，兼营烧烤、钓鱼、游泳、登山、卡拉OK等活动，并接待一些小型会议，满足了了旅游者食宿、体验、参与、休闲、猎奇、探险等多种需求。

（二）政府引导和相关部门的大力支持

森林人家是一种新型乡村旅游形式和生态休闲型旅游产品，森林人家的推进是林业产业结构调整的需要，是农村就业结构调整的需要，是城市消费结构调整的需要，也是社会结构调整的需要，更是广大林农增收致富的需要。森林人家建设遵循政府引导、市场运作、企业（大户）投资、职工参与、农户联动的原则，发动企业等社会力量参与新农村建设，坚持试点先行，示范与创建相结合，全面推进。

四、挑战（Threat）

（一）品牌知名度较低

作为一个新的生态休闲健康游品牌，由于地理位置偏僻、宣传力度不够等原因，目前森林人家的知名度还较低，在游客心目中的品牌形象未树立起来，知道森林人家的甚少，对其内涵真正理解的更是少之又少。如何突出自身特色，做好市场营销，提高品牌知名度和美誉度，塑造品牌形象，培育品牌忠诚度，把森林人家品牌做好、做大、做强，这对森林人家的发展是个严重的挑战，任重而道远。

（二）旅游人才缺乏

人才资源是旅游业发展最核心的资源。旅游人力资源的数量、知识、技能、创造力决定旅游市场的规模和质量。旅游人力资源作为一种资本、一种核心竞争力，其基础作用日趋增强，良好的旅游人力资源结构和适当的规模，是一个地区旅游业持续、稳定发展的根本保证。目前森林人家一般都是以家族式经营为主，从业人员大多是当地的农民，由于没有经过一定的培训，文化素质较低，缺乏经营管理方面的知识，服务不规范，服务质量不高。家庭经营本身的局限性与开放性旅游服务形成反差，难以标准化、统一化、规模化，制约了森林人家的发展。同时，由于未能对员工的职业道德、文化素质、学历层次和业务水平的培训提高进行科学合理的安排，尤其是对从业人员的培训力度不足，造成员工的服务水平落后于森林人家发展的需要，从而影响了森林人家旅游综合质量和整体品味。

（三）投入资金有限

森林人家的建设和发展，不仅仅是需要住宿和餐饮设施，也需要游人服务设施、景区游步道建设和交通、水电等配套基础设施，这些都需要投入大量的资金。而大多数森林人家的地理位置远离中心城市和主干道，地处偏僻，基础设施配套落后，目前森林人家建设又主要以林农与大户自主投入为主，一小部分采取股份合作方式，主管部门的投入也相当有限，如果要经营户自己进行道路交通、水电等基础设施建设，将大大加重森林人家经营户的经济负担。资金的短缺和不足将是森林人家发展的一大瓶颈。

（四）对当地产生的影响

随着森林人家休闲健康游的开展，带来了拥挤的人流、车流以及噪声、废气，使得当地居民的生活空间相对缩小，生活节奏被破坏，因而在一定程度上可能会干扰当地农民的正常生活，大量游客的涌入也有可能造成对当地生态环境和自然资源的破坏。尽管这些负面影响有可能是局部的和暂时的，但是毕竟是存在的，并且引起了不良的后果，不可忽视。

第五节　森林人家品牌形象建设与促销

一、森林人家品牌定位

品牌定位（positioning），是指企业为自己的品牌在市场上树立一个明确的、有别于竞争对手品牌的、符合消费者需要的形象，其目的是在消费者心目中占领一个有利的位置。它是依据竞争来强调品牌的独特之处和激励因素的过程，简单地说，品牌定位就是确定我们期望消费者如何看待我们的品牌并区别于竞争对手。

二、森林人家品牌形象

品牌形象是消费者在看到和听到品牌后所产生的联想的集合体，是通过品牌感觉、认知和理解，并在头脑中存储的有关品牌的知识和信息。品牌形象必须通过品牌设计才能塑造出来，使品牌在消费者的大脑中形成映像以提高品牌知名度。而品牌设计最重要的是品牌名称、品牌标志与品牌标语。

三、森林人家品牌营销

森林人家是一种特殊的以森林景观资源为主题的休闲娱乐形态，市场营销活动受到多种内外部因素的影响与制约。森林人家的推广与产品营销上坚持系统的市场营销策略，把森林人家的营销与森林人家品牌建设紧密结合。

品牌传播，也称品牌沟通，即传递品牌信息，是品牌营销的主要手段之一。森林人家品牌传播，就是要应用传播学和旅游市场营销学的一般原理，通过各种传播途径和营销手段将各种有关森林人家品牌的信息有计划地传递给旅游公众，从而影响旅游公众行为的双向沟通活动。森林人家品牌传播的途径，主要包括广告、公关、人际等方式。

（一）广告传播

广告是品牌传播的最重要的方式之一，它主要通过广播、电视、报纸、杂志、网络和户外展示等大众传播媒介向消费者或受众传播品牌信息，诉说品牌情感。广告在建立品牌认知、培养品牌动机和转变品牌态度上都能发挥重要作用。而森林人家作为一个新的休闲健康旅游品牌，广告在其品牌传播中占据着非常重要的作用。

（二）公关传播

公关传播，是指通过新闻报道和对社会公共活动的参与而进行的品牌传播，旅游品牌的公关传播一般是运用政府间的交流和外事活动时的宣传，召开旅游新闻发布会，举办系列旅游节庆或专题活动和相关的学术会议等，提高品牌美誉度和知名度。它对建立和增强品牌形象有着重要的作用。

森林人家正是通过公关传播举办、赞助参与社会公共活动，进行宣传报道，并且让游客亲身体验，由此提高品牌知名度和美誉度，培育品牌忠诚度，树立良好的品牌形象。

（三）人际传播

人际传播是一种很常见的传播方式，它是指两个或两个以上的人之间借助语言和非语言符号互通信息、交流思想感情的活动。人际传播是传播者与受传者之间的信息互动过程，是人际关系得以建立、维持和发展的润滑剂；人际传播可以是面对面通过语言、表情、动作等方式进行的交流，也可以是通过电话、书信、传真等媒介所进行的间接的信息传播。

森林人家品牌形象可以通过森林人家内部人员与游客或者有过森林人家体验的游客与其亲戚朋友之间的交流得以建立、维持和发展，这种人际传播具有反馈及时，传播效果易于显现，富有人情味等优势，当然前提是森林人家本身要能让游客产生品牌认同，“一传十，十传百”，久而久之品牌知名度和美誉度就提高了。

四、森林人家品牌延伸

品牌延伸是指采用已取得成功的品牌来推出新产品，使新产品投放市场伊始即获得原有的品牌优势支持。品牌延伸的目的是实现品牌整合支持体系，从消费者的品牌联想到制造商的品牌技术、服务支持形成一个整合的链条。森林人家作为一个新的生态旅游品牌，凭借其森林生态特色获得了广大游客和社会各界人士的认可和喜爱，品牌效益初步显现。森林人家目前主要是向游客提供地方特色农家风味菜，在经营上以吃住为主，内容较为单一，其他旅游服务项目较少，可以运用品牌延伸的原理多开发和增加一些相关的旅游项目，比如野营、森林健康浴、果园采摘等，以满足游客多方面的需求。

森林人家品牌的一系列促销措施迅速得到了社会的广泛关注，众多省内外主流媒体争相宣传报道森林人家品牌，其知名度不断提升。

五、森林人家品牌保护与危机管理

（一）森林人家品牌保护

品牌保护，就是对品牌的所有人、合法使用人的品牌实行资格保护措施，以防范来自各方面的侵害和侵权行为。品牌保护包括品牌自我保护、品牌经营保护和品牌法律保护三个部分。品牌保护的实质是对品牌所包含的知识产权进行保护，即对品牌的商标、专利、商业机密、域名等知识产权进行保护。

森林人家在品牌保护方面做了很多工作，通过向社会征集确定并注册森林人家商标，申请注册了“森林人家”和“森林人家休闲健康游”域名，对森林人家品牌保护，可以避免不法经营者的故意造假仿冒，维护森林人家的合法权益，保护消费者的利益，它是品牌运行中的一个关键环节，必须给予高度重视。

（二）森林人家品牌危机管理

品牌危机指的是由于企业外部环境的变化或企业品牌运营管理过程中的失误，而对企业品牌形象造成不良影响并在很短的时间内波及到社会公众，进而大幅度降低企业品牌价值，甚至危机企业生存的窘困状态，如企业产品在市场上被发现存有缺陷和瑕疵、企业形象管理失误等，这类事件无疑将影响企业的品牌在社会公众目中的形象，处理不好就可能导致后果不堪设想的品牌危机。而品牌危机管理就是企业品牌危机管理人员通过指挥协调，调动各种资源，预防品牌危机的发生和对已经发生的品牌危机进行处理，以达到品牌危机最小化的目的，让品牌资产保值增值。品牌危机管理可分为危机预警和危机处理两类。前者是在危机发生之前的未雨绸缪，建立品牌危机预警系统；后者是指在危机发生后如何应对处理，争取向好的方向发展，力求减少或扭转危机对品牌的冲击和危害。

森林人家作为一个新的旅游品牌，在实际的运行过程中也存在着一些问题，如档次偏低、管理无序、恶性竞争、服务质量不高以及客源市场不稳定、季节性明显等等，面临巨大的挑战，相关部门和经营户必须高度重视森林人家的品牌危机管理，树立良好的危机预警意识，适时地对森林人家进行品牌自我诊断，并开展森林人家从业人员危机管理教育和培训，增强其危机管理的意识和技能，做好预防性准备，全面、清晰地预测可能会发生的各种危机，一旦危机发生，及时遏制，减少危机对森林人家品牌的危害。

实例十三　福建省森林人家品牌发展研究
——以福州旗山森林人家为例

1. 福建省森林人家建设的背景

福建是我国南方重点集体林区，素有“八山一水一分田”之称，森林覆盖率达 62.96%，居全国第一。福建省有 83 个国家级和省级森林公园，200 多个国有林场和采育场，9 个国家级自然保护区和 23 个省级自然保护区，还有 3322 处保护小区（点），林农占农村人口的比例较高。集体林权制度改革后，全省 4294.3 万亩的生态公益林需要进行利用和保护，此外一部分林农也因此失去了传统经营林业的条件，这些都成为迫切需要破解的难题。

为了解决保护与利用的矛盾，创新森林资源的利用方式，探寻现代林业的增长方式，建设生态文明，推动和谐林区建设，改变林农的生产生活模式与观念，造福林农，在充分调查研究的基础上，福建省积极推出森林人家旅游品牌的建设，力求生态公益林的保护与利用合理结合。

2. 福建省森林人家品牌形象

为了进一步增强森林人家与消费者的互动性，让更多的朋友了解森林人家，福建省林业厅于2006年12底开始向社会公开征集森林人家商标，并邀请相关领导及专业人士对所有征集的商标进行评选，最后在众多商标中选出一个方案。图9-1为中标的森林人家的标志。

标志是以图形与文字的组合设计而成，轻松自然，有良好的青和力。标志的图形部分是用墨的渗化而成为一个森林背景，并很好的融合了象形文字“森林”字样，即像文字，又像树枝和树干，从而让人觉得是身在自然之中，清新淡雅，回归自然的视觉享受，从而让人感觉到处在当今这个现代化的社会去体会久违的自然神韵，品尝大自然的美味。再加上用书法写出的“forest home”轻松活泼，具有强烈的民间和中国传统特色。中间用抽象的线条组成了一个房子，地处大自然的怀抱之中，使之与大自然很好的融合为一，充分体现了中国古代“天人合一”的思想，图形又像中文“人”字，说明森林人家所提供的一切都是以人为本的人性化服务。颜色为橙色，给消费者以温暖，亲切，有一种回家的感觉。标志整体设计简洁、大方、高雅、自然。

图9-1　森林人家标志

除了通过向社会征集，确定并注册森林人家商标后，也申请注册了“森林人家”和“森林人家休闲健康游”域名，建立专门的森林人家网站；专门设计定制了印有“森林人家”标志的餐具、幌旗、太阳伞和工作人员服装等，系统打造“森林人家”品牌形象。

3. 旗山森林公园和森林人家概况

旗山又名翠旗山，因峰重峦叠酷似凯旋的旌旗而得名，位于闽江南岸，闽侯县南屿、上街两乡镇之间。东西宽约5.4公里，绵延16公里。主峰海拔775米，与鼓山东西对峙，有“右旗左鼓，全闽二绝”的佳誉。主景区旗山国家森林公园前身为闽侯南屿国有林场，1999年通过评审成为国家森林公园。距福州市中心仅25公里，经营区总面积为3587hm^2。公园紧靠316国道，交通便捷。公园以自然山水和瀑布景观为主体，以原始植被、森林景观为基础，园内古木参天，碧水青山，瀑布奇石，触目皆趣，独具魅力，是福州近郊理想的森林生态旅游好去处。公园规划为双峰、福厝岭、旗山、五峰里、龙泉五个景区。园内森林覆盖率89.33%，动植物资源极为丰富。良好丰富的自然景观和人文景观为旗山森林人家旅游活动的发展提供了很好的物质条件。现有森林人家14家，有住宿床位180多个，一次性就餐可容纳2000人。

4　旗山森林人家品牌市场调查分析

本次研究采用问卷调查的方法，于2007年10月份分两次到福州旗山国家森林公园发放问卷320份，全部收回，其中有效样本304个，有效问卷的比率为95%。调查对象为旗山国家森林公园和森林人家的游客，调查抽样选取距离调查者最近的游客进行访问，若被访问者拒绝，则选择下一位距离调查者最近的游客进行访问。问卷总共包括25个问题。从总体上来说，本次调查选择的抽样对象基本上满足我们的分析要求，对市场细分及其特征有代表性，通过对本次调查问卷的整理分析，得出以下结论。

4.1　客源地

从调查统计看，旗山的游客大部分还是福州市内的短程游客，比例高达78.6%，而省内其他地区的游客所占比例为16.1%，省外的游客比例很小，只占到5.3%（见图9-2）。可见，旗山森林人家的宣传和品牌营销也应主要针对福州的客源市场。

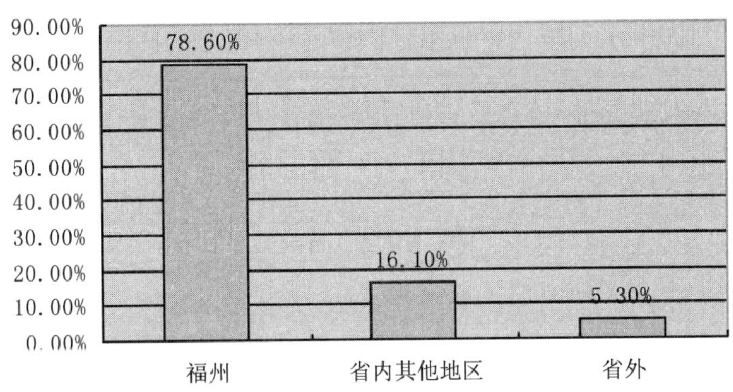

图9-2　旗山游客客源地比例

4.2　游客年龄结构、性别构成分析

从年龄结构上看，21岁到40岁的青壮年游客占绝大部分，比例高达75.66%；其次是小于20岁的年轻游客，占11.51%；41岁到60岁的中年游客占了10.86%；60岁以上的老年游客最少，仅占1.97%（见图9－2）。由此可见，中青年是旗山的游客主体，他们一般收入较为稳定，节假日有闲暇时间，喜欢冒险和体验，相对于其他年龄层次的人们来说，出游概率比较大。

从性别构成上看，男性游客比女性游客多，比例分别为55.26%和44.74%（见图9-3）。

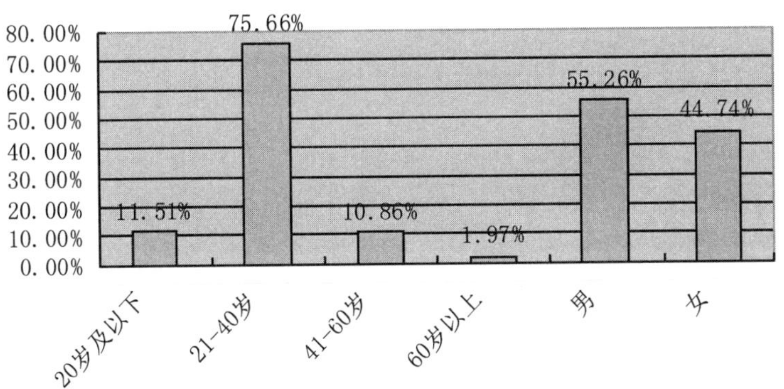

图9-3　旗山游客年龄结构与性别构成

4.3 职业构成、文化层次与游客收入

从游客的职业构成来看，学生最多，比例高达19.40%，这和学生节假日喜欢结伴出外游玩以缓解紧张的学习压力有关。其他职业的游客按比例分别为企事业单位管理人员（13.16%）、公务员或干部（10.86%）、个体或私营企业者（10.86%）、专业技术人员（10.53%）、企事业单位员工（9.54%）、教师（8.55%）、服务销售商贸人员（6.58%）、离退休人员（1.97%），另外，工人、农民、军人、下岗失业人员等职业的游客很少，所占比例很小（见表9-2）。这种职业构成反映了旅游者需要具备一定经济实力、社会闲暇时间和旅游动机等基本条件。学生喜欢运动和结伴游玩，而企事业单位管理人员、公务员或干部、个体或私营企业者、专业技术人员、企事业单位员工、教师等收入较为稳定，一般也有周末休息日和法定节假日，闲暇时间相对较多，出外旅游的比率就会比其他职业者多。

从游客的文化层次看，游客各个文化层次所占的比例依次为大学（大专或本科）（52.96%）、高中或中专（24.01%）、研究生（11.84%）、初中（8.55%）、小学及以下（2.63%）（见表9-2），如果把大学（大专或本科）和研究生加起来比例高达64.8%，这说明旗山的游客以中高等文化层次居多。森林人家要发展，要打出品牌，应着重把目标客源定位在中高等文化层次的游客群体上。

从游客收入看，固定月收入在1001~2000元的游客最多，比例为30.59%；其次是月收入在1000元以下的游客，比重为28.29%，很明显可以看出，这部分游客大多是学生，虽然没有收入或者收入很少，但是他们是一个非常重要的游客群体；另外月收入在2001-3000元的游客占22.70%；月收入在3001-5000元的游客比例为11.84%；月收入在5001元以上的高收入游客占了6.58%（见表9-2），这部分游客大多是企事业单位管理人员、公务员干部或个体私营企业经营者。

表9-2 游客职业构成、文化层次与收入水平

职业构成	比例 %	职业构成	比例 %	文化水平	比例 %	月收入（元）	比例 %
学生	19.4	服务销售商贸人员	6.58	大学	52.96	1001~2000	30.59
管理人员	13.16	离退休人员	1.97	高中或中专	24.01	1000以下	28.29
公务员或干部	10.86	工人	1.32	研究生	11.84	2001~3000	22.7
个体或私营企业主	10.86	军人	1.32	初中	8.55	3001~5000	11.84
专业技术人员	10.53	农民	0.66	小学及以下	2.63	5001以上	6.58
企事业单位员工	9.54	下岗失业	0.66	/	/	/	/
教师	8.55	其他	4.61	/	/	/	/

4.4 森林人家品牌知名度

从调查统计数据看，知道森林人家的只占39.47%，不知道的比例高达60.53%（见图9-4），甚至很多游客无法区分森林人家和森林公园，混淆它们的概念，说明森林人家这个旅游品牌还不被人们所熟知，品牌知名度还较低。

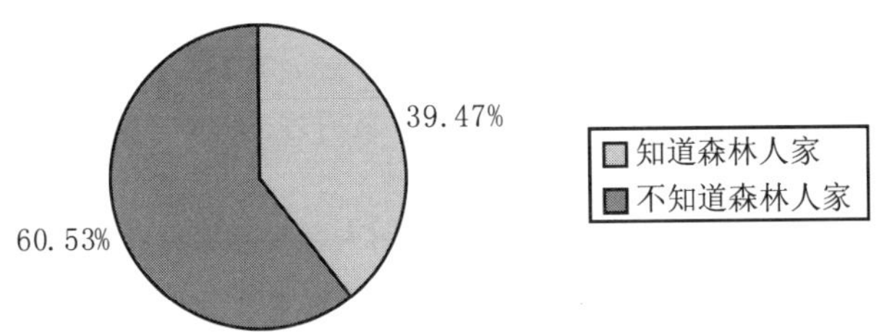

图 9-4　森林人家品牌知名度

提到森林人家，52.58% 的游客会首先想到是一种融森林生态和乡土特色的新型旅游形式，而 22.9% 会想到是森林旅馆，13.55% 会想到是在森林里居住的人家，5.48% 以为是房地产开发项目，另外有 5.16% 的游客不知道。这说明大部分游客对森林人家品牌形象有了一定的认识但对其真正内涵还没有深入地理解。

在看了森林人家的标志之后，50.99% 的游客联想到的是人与自然的融合，其次是休闲（21.05%），然后是森林（15.46%），最后是生态（10.52%），另外分别有 4.93% 和 2.96% 的游客选择其它和不知道。

而游客知道和了解森林人家的途径主要是自己亲身体验，比例高达 45%，其他途径按比例依次为亲戚朋友介绍（15.83%）、电视广播（10.83%）、书刊报纸和杂志（7.50%）、网络（5.83%）、旅游广告或宣传手册（5.83%）、旅行社（2.50%），可见森林人家休闲健康游的宣传和营销明显不够。

当问及有没有去过森林人家，只有 24.67% 的游客表示去过，当然这和初步发展的森林人家品牌知名度还较低，很多游客还不知道什么是森林人家有关。

4.5　森林人家品牌美誉度

从游客对森林人家品牌的总体印象来看，35.86% 的游客觉得一般，觉得好和非常好的游客分别占 26.64%、10.53%，觉得差和非常差的比率较小，只占 3.29%、1.32%，另外有 22.37% 的游客选择不知道（见图 9-5）。

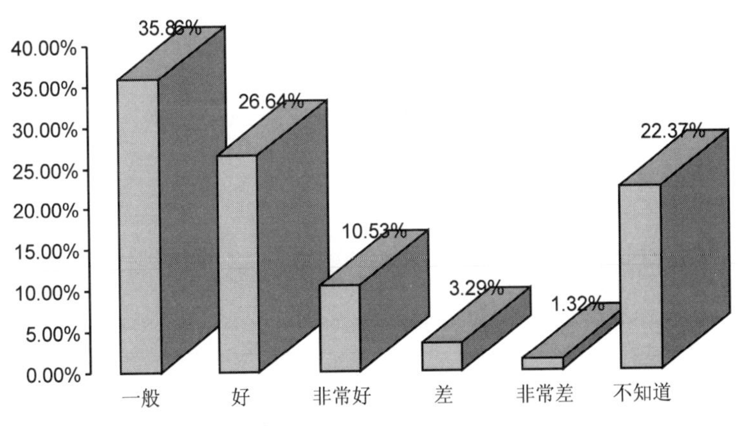

图 9-5　森林人家品牌美誉度

在去过森林人家的游客中，53.33%的游客认为与想象的差不多，32%的游客认为好于想象，另外有14.67%的游客不如想象。对森林人家之旅总体感觉满意的占48%，感觉一般的占32%，另外有16%的游客感觉非常满意，只有4%的游客不满意，没有人感觉非常失望。由此可见，森林人家在游客心目的第一印象总体还算不错。

有60%的游客认为森林人家很有特色，这说明大部分游客对森林人家给予了肯定，森人人家初步体现了自己的特色。但同时也有28%的游客认为森林人家没什么特色，另外有12%的游客选择不清楚。而在没有去过森林人家的游客中，只有28.38%的游客认为森林人家很有特色，绝大多数对森林人家还不了解，61.14%的游客不清楚，另外还有10.48%的游客认为森林人家没什么特色。

4.6 游客偏好与出游目的分析

在最喜欢森林人家提供的服务项目上，有53.33%的游客最喜欢登山，其次是餐饮（36%），其他服务项目按比例依次为住宿（20%）、烧烤（17.33%）、花卉果园（14.67%）、钓鱼（13.33%）、茶艺（8%）、卡拉OK（6.67%）、其它（4%）（见图9-6）。从数据可以看出，大部分游客主要是节假日来登山观光放松心情的，去森林人家只是为了吃饭和住宿。

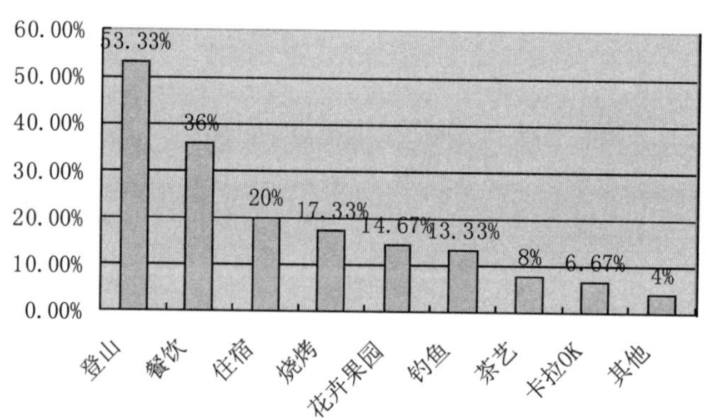

图9-6 旗山森林人家游客偏好

从统计数据看，森林乡土体验是游客去森林人家的主要目的，比例高达64%，除了森林乡土体验之外，游客主要是观光、休闲娱乐、度假，比例分别为30.67%、30.67%、24%。主要目的为餐饮和住宿的较少，分别只占12%和2.67%（图9-7）。

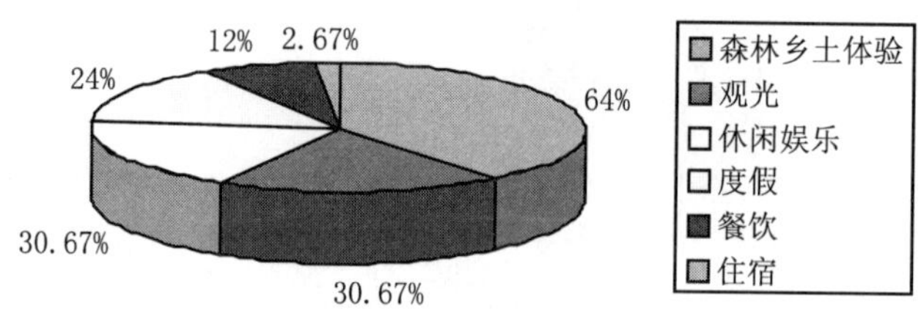

图9-7 旗山森林人家游客出游目的

4.7　游客建议及重游率

高达60%的游客认为交通是森林人家发展最需要改进的，其他游客认为需要改进的方面依次为服务质量、服务态度（32%）、娱乐项目（30%）、住宿设施（17.33%）、购物（8%）、餐饮（8%）、其它（4%）。这说明交通仍然是游客最为关心的问题，交通不便给游客带来了很大的麻烦，这也成为森林人家发展的一大瓶颈，需要尽快解决问题，改善交通，给游客创造一个良好的出行条件。66.81%的游客认为森林人家应着重提供的服务是森林乡土体验，其他项目按比例依次为休闲娱乐28.82%、餐饮（20.52%）、住宿（14.85%）、购物（7.42%）、其它（5.24%），还有一些游客认为森林人家应该提供特色土特产、烧烤、钓鱼等服务。也有部分游客给森林人家提供了很多好的建议，比如增加一些休闲娱乐游，增加情侣配套设施、现代娱乐设施，建造汽车旅馆，提供给家庭一个自主的空间，提高导游专业素质，增加一些特产，增加烧烤、野炊、温泉、KTV、竹排，多介绍一些乡土民情及有关绿色植物用途等知识，改善交通条件，增设路标，改善卫生环境，提高服务质量。游客的众多建议为森林人家的发展和品牌的打造提供了很好的思路和参考，值得经营户高度重视并不断改进。

在重游率方面，72%的游客选择以后还会再来森林人家，只有9.33%的游客认为以后不会再来森林人家，另外还有18.67%的游客不清楚以后会不会再来。而在没有森林人家体验过的游客中，有50.22%的游客打算游森林人家，只有14.85%表示不打算游森林人家，另外还有34.93%的游客不清楚（见表9-3）。

表9-3　旗山森林人家游客重游率

	有过森林人家体验的	没有过森林人家体验的
还会再来（打算来）	72%	50.22%
不会再来（不打算来）	9.33%	14.85%
不清楚	18.67%	34.93%

5. 福建省森林人家发展现状与存在问题

5.1　发展现状

目前福建全省已有20个“森林人家”示范点、92处授牌经营点，已初步形成特色鲜明、设施齐全、服务规范的休闲游网络，通过积极运作，创造了可观的经济效益，社会影响巨大。

据不完全统计，在启动后的2007“五一”节期间，全省“森林人家”共接待游客20多万人，旅游直接收入超过400万元；国庆黄金周期间全省森林人家共接待游客超过28万人次，旅游直接收入达680多万元。其中，漳平九鹏溪森林人家接待游客4.4万人次，旅游直接收入100万元；莆田九龙谷森林人家接待游客1.3万人次，旅游直接收入25.8万元；建宁县高峰村森林人家试点9户林农接待游客1.2万人次，营业收入近38万元；旗山国家森林公园的14户森林人家接待游客近5万余人，旅游直接收入超过100万元。

旗山作为福建省森林人家休闲健康游启动仪式的试点，森林人家旅游活动的开展较早，取得了很大的成果。目前旗山有14家森林人家，经营模式灵活，其中包括台商投资经营的五峰里休闲度假区，公司化经营的棋盘寨，老品牌经营的竹楼，也有农家旅馆式的旗峰森林人家等。

竹楼、棋盘寨森林人家，还和旅行社合作，开发了休闲登山、钓鱼、烧烤、棋牌、度假等生态友好型旅游产品，吸引了众多游客参加森林人家健康休闲游，特别是节假日，生意十分火爆。旗峰等经营规模较小的森林人家，借助旗山国家森林公园自然景光优势，以接待游客休闲避暑为主，注重服务和卫生，为游客提供以山区特色菜肴为主的配套餐饮服务，每逢夏季周末，生意异常火爆。

森林人家的开展不仅使经营的林农户实现了致富增收，也为当地的富余劳动力创造了许多就业机会，还带动了当地商品、土特产等的热销。可以说，森林人家的发展促进了当地林区和农村经济的发展，取得了良好的旅游经济效益。

5.2　存在问题

5.2.1　交通条件差，季节性十分明显

旗山位于闽侯境内，远离福州市区，其主景区旗山国家森林公园内部交通条件差，路面狭窄且迂回曲折，存在安全隐患，进入时间长，线路布局也不合理，到市区缺少直达公交车，公共旅游交通条件严重缺失，大部分游客进出很不方便，一般只适合有车一族双休日和节假日自驾游，要么就是游客要自己搭摩的和面的进入公园，旅游成本太高。从问卷调查数据看，交通仍然是游客最为关心的问题，高达60%的游客认为交通是森林人家发展最需要改进的，这也说明交通条件的限制成为旗山森林人家发展的首要问题和瓶颈。由于交通条件的限制再加上旅游业本身的特性，旗山森林人家的客源市场不稳定，季节性十分明显，很多森林人家平时都是关门大吉，只有周末和节假日才开门做生意，因为平时旗山上主要是接待零星的观光型散客，游客稀少，只有到了周末或节假日才有较多的游客前来旗山游玩。

5.2.2　森林人家品牌知名度较低

由于旗山的森林人家地理位置大部分都较偏僻，处于“养在深闺人未知”的状态，再加上宣传不够，知名度还较低，品牌形象没有树立起来。从调查统计数据看，知道森林人家的只占39.47%，不知道的比例高达60.53%，说明森林人家这个旅游品牌还不被人们所熟知和了解，品牌知名度较低，品牌形象还未塑造起来。

5.2.3　森林人家档次较低，特色不明显

目前旗山的森林人家大多档次较低，在经营上基本上上以餐饮为主，让过往游客吃饱喝足，弄几道农家菜，旅游产品的内容和活动形势太过单一，也缺乏对旗山森林生态文化和当地特色的挖掘，品牌意识不强。

5.2.4　存在卫生和安全等隐患

由于长期以来的卫生习惯及卫生基础条件欠缺等原因，森林人家的卫生状况不是很令人满意，一些森林人家旅馆设施简陋，住宿、餐饮卫生条件较差，废水垃圾任意排放，不仅给森林人家的经营者、附近村民、游客造成身体健康的损害，也给生态环境带来很大的压力和危机。卫生等细节问题若是没有注意到，同样会影响旅游心情，也显得旅游品位不高。

在安全方面，一些森林人家旅馆电线电路极易发生漏电走火事故，有的堆满各种杂物，消防设施又缺乏，存在着极大的火灾隐患，而且旗山的森林人家由于地处偏僻，沿途特别是边缘地带几乎很难见到户主和游客，对游客的生命财产安全缺乏必要的保障措施。

6　福建省森林人家品牌发展对策

6.1　加大森林人家品牌宣传和促销，塑造品牌形象

森林人家作为一种新型旅游产品和一个新的旅游品牌，知名度和影响力还太低，而且旗山森林人家地理位置较为偏僻，大多处于“养在深闺人未知”的状态。要发展森林人家，必须让人们了解森林、认识森林，让更多的人走进森林，参与森林人家休闲健康游，这就要求加大宣传力度和促销投入。通过举办节庆促销活动、电视及新闻媒介、户外广告等方式，对森林人家进行宣传和促销，使人们对森林人家有一定的了解。要拓展旅游市场，必须采取积极参与各种旅游网络和旅游促销会议的展览，利用电视、报纸、互联网等新闻媒介，编印旅游手册等刊物或小册子，制作旅游纪念品等等促销手段，提高森林人家知名度，塑造良好的品牌形象，以吸引更多的游客。

为了推进森林人家品牌宣传，省林业厅、福建电视台经济频道《热线 777》栏目携手推出“走进山水森林，体验健康生活”国庆专题节目，以福建森林公园邀请您参加空气维生素（负氧离子）体验公益活动为主题，邀请大众走进森林公园，走进森林人家，品农家小菜，体验空气维生素、植物精气等森林健康因子，节目播出后反响巨大，宣传效果良好。

2007 年 4 月 30 日，福建省森林人家休闲健康游启动仪式在福州市旗山国家森林公园隆重举行。这次仪式吸引了福建电视台、东南卫视、新闻频道、公共频道、福州电视台、《中国日报》、《人民日报》、《中国绿色时报》、《中国旅游报》、《福建日报》、《海峡都市报》、《福州日报》、《福州晚报》、《东南快报》等诸多新闻媒体参加。福建日报以《“森林人家”打造生态旅游新品牌》为题发表了长篇通讯，并在头版报道了莆田大洋乡杏山村笛韵森林人家《森林趣味多》；福州日报图文并茂地报道了《“森林人家”挂牌营业》；福州日报向社会发出邀请，参加森林旅游《请到森林人家吃住》；海峡都市报报道《有车族走进“森林人家”》；中国旅游报、中国旅游网、中国新闻图片网、福建东南新闻网、新华网、新浪网都对我省推出森林人家进行了报道。5 月 1 日《福建新闻》节目、东南卫视《东南新闻》、省电视台综合频道、新闻频道、经济频道都有专题或新闻播出；5 月 7 日热线 777 栏目还作了相关专题报道。

为了进一步打造森林人家品牌，提高品牌知名度，福建省林业厅和福建省旅游局联手于 2008 年 1 月 1 日至 2008 年 3 月 1 日举办十佳最具体验价值森林人家评选活动，首先由专家全省范围内推荐 20 家具有八闽地方风情特色的森林人家，组织第一批自驾游人员体验莆田笛韵森林人家，同时进行全面追踪报导，体现旅游要素，由导游带领完成，后期制作一期电视节目在 TV8 播出。1 月 8 号在福建 TV8 投播森林人家 1 分钟硬广，紧接着介绍 20 家森林人家的情况，包含特色美食、交通情况、住宿条件、游览景点、特色商品等。最后组织相关人员以短信、网络投票、专家评审等形式评选出 2007 年度最具体验价值的十佳森林人家。主办单位也将从参与者中随机抽取产生 4 项免费体验游人员可享受免门票和食宿，同时福建日报、海峡都市报、东南快报、福州晚报、福建之窗、福建新闻网、中国旅游网、新浪旅游网、QQ 腾讯网、51QC 海峡汽车网等媒体对本次活动进行了新闻报道，福建电视台体育频道（TV8）对各参赛森林人家进行了展播。

森林人家的宣传和品牌传播已初见成效，并引起了社会各界的广泛认同和肯定。在网络传

播方面，在福建森林旅游网专门设立森林人家栏目，通过新闻、图片、视频等方式向大众展示森林人家，吸引人们走进森林人家，体验休闲健康游。森林人家也有通过户外展示比如树立户外广告牌、印有森林人家字样和标志的灯笼等宣传品牌形象，也取得了一定的效果。

6.2　进行旅游市场细分和目标客源市场定位

旅游市场细分是旅游企业按照影响旅游市场上旅游者的欲望、需要、购买习惯和行为诸因素，把整个旅游市场细分为若干个需要不同的旅游产品和市场营销组合的旅游市场部分，其中任何一个旅游市场部分都是一个相似的欲望和需要的购买群，这一工作过程称为旅游市场细分。旅游市场细分分化是一种异中求同的过程。作为一种鉴别市场的方法，它是在真正认识到差异的基础上，把具有相同旅游需要的旅游者集合成群体，形成一个具有鲜明特征的旅游子市场，以开展有针对性的旅游营销活动的方法。

6.3　改善交通条件，加强各项基础设施的建设

交通条件的限制已成为包括旗山在内的很多地方的森林人家发展的瓶颈和严重制约因素，应改善森林人家所在地及周围的交通路况，并尽量争取开通森林人家景区景点到市内的直达班车，为广大游客的出行提供便利的交通条件。另外由于目前福建省内的森林人家所在景区景点的各项基础设施相对薄弱，难以满足当今的市场需求和吸引游客，应进一步建立和完善旅游的“六大要素”即吃、住、行、游、购、娱的配套设施，给游客创造一个安全、舒适、便捷的游憩环境，为森林人家的发展提供良好的物质条件。

6.4　突出森林人家特色，拓展旅游产品和服务项目

特色和差异是构成旅游产品吸引力和竞争力的根本要素，是吸引游客的关键因素。如何发掘自己的旅游资源，开发自己的特色产品，组织与众不同的旅游活动是获得市场竞争力和持续发展能力的关键。森林人家除了提供特色农家菜和餐饮服务之外，还可结合旗山当地森林生态和乡土特色拓展和创新旅游产品和服务项目，开发出独具特色的生态休闲健康旅游产品，比如森林氧吧、森林泉浴、生态餐厅、生态健身、生态文化体验、生态游乐、生态宿栖等，以满足游客的多种需求。另外，旗山森林人家也可以适时地开展一些活动，比如钓鱼比赛、田园赛诗、登山比赛，增加游客乐趣和人际互动交流，放松心情，以缓解紧张的工作、学习压力。在农家特色餐饮服务上，可根据季节及游客的消费心理有计划地推出各种风味的农家菜美食周。这样灵活多样的经营方式一方面能活跃森林人家气氛、聚集人气，另一方面也能增强森林人家的吸引力和注意力。

6.5　加强从业人员的培训，改善管理和服务质量

人才资源是旅游业发展最核心的资源。高素质的管理人才和服务人员是森林人家发展的关键因素，由于森林人家的投资经营主体是旗山当地的林农户，其服务人员也大多是当地的农民，由于本身文化素质较低，再加上没有经过一定的培训，服务不规范，服务质量不高，远远不能满足森林人家发展的需要。可通过举办培训班、专题讲座、外出考察学习等多种途径对林农户和管理服务人员进行职业道德、诚信经营、旅游接待、森林文化及经营管理等方面的知识培训，不断提高林农户和管理服务人员的经营技能和管理服务水平，促进森林人家向科学化经营、规范化服务方面发展，塑造森林人家良好的品牌形象。

6.6　加大对森林人家的政策、资金扶持，统筹规划和规范管理

政策扶持是指政策要鼓励投资、开发、经营森林人家，促进森林人家的发展。主要是从营业证件、税收、土地管理、道路交通、村庄整治、配套设施等方面给予政策倾斜，以具体政策来指导森林人家的发展。发展森林人家休闲健康游还需要一定资金的支持，在初期阶段，需要主管部门的投入资助，更需要政府的帮助，如拓宽开发森林人家的融资渠道，争取金融机构向森林人家提供更多更优惠的资金信贷。同时，从专项资金中拨出一部分专门用于森林人家旅游设备设施的建设和改造。另外，森林人家的经营也需要政府和经营户的共同努力，统筹规划，规范管理，形成规模经营，才能做大做强

6.7　发挥旅游资源优势，挖掘当地文化内涵

文化是旅游的灵魂，因而发展森林人家同样要注重文化的挖掘提炼，并用较好的形式表现出来。城乡文化的差异、不同地区、不同民族文化的差异是森林人家的重要吸引物，其差异越大，吸引力也就越大。福建各地农村的习俗、民间文化丰富多彩，饮食、穿着打扮、节庆、婚嫁、房舍建筑、民歌民谣、古传工艺等乡土文化都充满浓郁的地方色彩。应多开发这些资源，充分挖掘当地的文化内涵，突出体现地方特色，在建筑、服饰、饮食、歌舞乃至旅游活动的设计等方面，尽可能体现出乡土风貌、风情、习俗等特色，丰富森林人家旅游产品的文化内涵，创造森林人家旅游新形象，增强森林人家旅游的吸引力，满足游客对跨文化差异的了解、感受和体验，让游客接受乡土文化的熏陶，使游客在旅游过程中，获得更多的历史知识、林农业知识、现代科技知识等，满足游客物质和精神享受的需求，也可以使民俗文化得到更广泛的传播。只有充分发挥旅游资源优势，挖掘当地文化资源，提高旅游活动的参与性与知识性，才能把森林人家品牌推向市场。

6.8　严格监督管理森林人家的卫生、安全状况

森林人家经营户必须改变长期以来的卫生习惯，坚决做到在食品卫生、环境卫生、娱乐室及设施卫生、客房卫生等方面下功夫；卫生行政部门也应当定期对农家乐餐具、生活饮用水、茶具进行消毒效果检测及食品卫生检查，一旦发现问题，将立即按相关规定作出处罚。在安全方面，对一些较为地处偏僻的森林人家应该多设置一些警示牌子，让游客注意人身财产安全，有条件的可以增设保安人员，切实加强乡村环境整治和社会治安综合治理工作，努力营造整洁的村容村貌，良好的文明氛围，为旅游者提供愉悦、舒适、安全的旅游环境。

6.9　在实践中不断摸索森林人家品牌发展方向与布局

森林人家休闲健康游迎合经济社会发展潮流应运而生，发展潜力巨大，福建省努力把森林人家打造成福建区域特色的乡村旅游知名品牌，推动福建森林旅游产业的发展。

福建省将以生态林、森林公园、自然保护区、国有林场、采育场和保护小区（点）为依托，以各地示范点为突破，发展重点区域放在设区市所在地周边，通过森林人家把各森林旅游区联系起来，形成一个完善的福建森林旅游网络，从而推动福建省森林旅游业和森林公园的全面发展。

福建森林人家五大板块布局构想：

· 沿海城市周边森林人家板块——绿色文化与蓝色文化结合；

· 闽东畲乡风情森林人家板块——绿色文化与民族文化结合；

· 闽西客家、“红土地”森林人家板块——绿色文化与客家民俗文化、红色文化结合；

· 闽北、闽中森林生态森林人家板块——绿色文化与朱子文化结合；
· 古村、古镇森林人家板块——绿色文化与传统文化、历史文化的结合。

第十章　国家森林公园景观与环境保护管理

《森林公园管理办法》第 16 条规定："森林公园经营管理机构应当按规定设置防火、卫生、环保、安全等设施和标志，维护旅游秩序"。第 17 条规定："国家森林公园经营管理机构应当按照林业法规的规定，做好植树造林、森林防火、森林病虫害防治、林木林地和野生动植物资源保护等工作"。这充分说明，保护森林风景资源，保护自然环境，维持生态平衡，是国家森林公园经营管理中一项极为重要的工作。

第一节　国家森林公园景观与环境保护管理原则和途径

一、景观资源开发利用的原则

国家森林公园的资源一方面充分体现了多样性和功能性，另一方面也体现了可发展性。这是由国家森林公园资源特有的属性所决定的。只有正确预估和评价国家森林公园的开发建设对资源可能产生的直接和间接的影响，制定相应的开发利用原则，才能保证国家森林公园持续有效地发展。

(一) 坚持可持续发展的原则

国家森林公园资源是个生态系统，在不超越资源和环境承载能力条件下，保持着可持续发展的能力，所以国家森林公园应避免超过承载力的过度开发利用。过度的开发利用会造成地面踩实、植被退化和废物垃圾成堆，影响野生生物生存与繁衍。通过对国家森林公园资源与环境因子的全面综合评价，求出旅游生态量，作为国家森林公园开发利用强度和发展规模的量化依据。

(二) 坚持开发与保护相结合的原则

国家森林公园的存在在于它拥有丰富多彩的生物资源和景观资源。只有对资源进行很好的保护，国家森林公园才会持续发展，不能把保护与开发利用两者截然对立起来。保护是为了使国家森林公园资源得到更为合理的持续利用。开发则是为了充分利用国家森林公园资源，发挥它们的综合效益，走以森林开发利用与资源保护相结合的良性循环道路。

（三）坚持不引起环境质量退化为原则

国家森林公园的优质环境是国家森林公园存在和发展的物质基础。任何开发建设都不应以破坏原有的优质自然环境为代价。因此，在基础设施建设过程中应积极处理好体量、形式和色彩等问题，以及基础设施建设与地形地貌之间的关系，达到和谐一致。

（四）充分挖掘资源特色的原则

在科学保护国家森林公园自然原始风貌的前提下，充分挖掘国家森林公园资源的优势和特色，进行适度的开发利用，开发特色资源旅游项目，推出特色资源旅游产品。一方面可以提高国家森林公园资源开发利用的档次，另一方面可以增加游客对国家森林公园资源的保护意识。

二、景观资源保护与开发利用途径

从一定意义上看，人类社会的发展，就是合理利用自然资源的过程。因此在国家森林公园飞速发展的今天，探讨如何更好地利用国家森林公园资源，无疑是重要而紧迫的课题。

（一）发挥规划的控制与指导作用

国家森林公园开发利用涉及许多相关因素和矛盾，需要用合乎法规要求的规划来统筹安排。国家森林公园总体规划是驾驭整个国家森林公园保护、建设、管理和发展等环节的基本依据和手段，是在一定时间和空间范围内，对各种规划要素的系统分析和统筹安排。通过对资源、环境、经济和社会态势等的深入调查研究，因地制宜地突出国家森林公园的特性。

规划对风景资源的合理利用起着重要的指导和保障作用。然而，仅有这种整体控制还不完善，还需要有精心的设计与施工环节来配套，才能实现整体合理与细部魅力兼备的目标。

为发挥规划设计的应有作用，还要有严格的管理措施来配套。如坚持按规划安排的建设程序，严格履行建设项目的审批手续，严格控制建设规模，坚决制止违章建设行为等。

（二）科学地开展物种保护和引种驯化

积极开展生物多样性保护工作。生物多样性是生物及由之构成的系统的总体变异性和多样性，由遗传多样性、物种多样性和生态系统多样性 3 个层次构成，且它们互为依赖。没有生态系统的多样性，许多物种可能会灭绝，更谈不上遗传多样性；反之，如果没有遗传多样性，生物便失去了进化的动力，物质的生命力将变得十分脆弱；而没有物种多样性，就无从形成多样的生态系统。所以科学有效地开展物种保护具有十分重要的意义。

当然这种物种保护不应该只是一种简单的保护，而应具备科学性和积极性。譬如认真做好野生物种的引种、驯化和繁殖等工作就是一种积极的保护措施。这样做首先可以丰富物种的数量，然后通过规划设计这一中间环节，将这些多种多样的植物应用到实地，使它们不仅能在园林中发挥作用，具有独特性，又能在该地受到应有的保护。

（三）合理开发利用自然地形地貌资源

地形地貌是国家森林公园资源的核心，所以国家森林公园的开发利用应以严格保护原有的地形地貌为基础，开展以游步道形式为主的旅游方式，可适当少量地布置观景设施和服务建筑。

此外，一个国家森林公园是否具有强大生命力，关键在于有没有对国家森林公园资源特别是特色资源进行合理开发利用。国家森林公园的开发利用首先要立足于对资源特色的把握上，坚持资源保护与开发利用相结合的良性循环。

（四）加强资源管理，确保资源的可持续发展

国家森林公园资源管理涉及有关行政政策，也关系到公园管理工作人员以及游人。因此，首先应通过各种形式或途径，如宣传牌、导游册子、广播和宣传标语等，宣传有关国家森林公园的有关法律和法规，对游人进行教育，提高其环境保护意识。其次应制订国家森林公园资源保护管理措施，加强监督，确保资源不遭到破坏。

第二节 国家森林公园森林防火与旅游用火管理

一、森林防火的重要性

火，是森林的大敌。保护景观与自然环境，首要的是搞好森林防火工作，确保森林风景资源安全，保持优美的自然环境。

国家森林公园开放以后，游人用火增多，火险等级升高，随时都有发生森林火灾的危险。因此，国家森林公园要在当地森林防火指挥部的统一部署和领导下，切实加强旅游野外用火管理，做好森林火灾的预防和扑救，保护好森林景观、自然景观和人文景物。促进森林旅游业持续发展，维护生态平衡。

二、森林防火主要措施

（一）依法防火保护森林

国家森林公园应认真贯彻执行《森林法》和《森林防火条例》，坚持实行“预防为主，积极消灭”的森林防火方针；加强森林防火宣传教育，使园内每个公民和游人都懂得预防、扑救森林火灾，保护森林风景资源，是自己应尽的义务；制定森林防火措施，预防森林火灾。

（二）建立健全森林防火制度

国家森林公园要划定森林防火责任区，实行各级领导负责制，确定责任目标，进行定期检查，列入干部年终业绩考核内容，推行森林火灾一票否决制。组织驻地单位和乡、村群众，建立森林防火联防组织，划定联防区域，制定联防制度和措施，检查、督促、评比联防区域的森林防火工作。

（三）充实森林防火扑火专业队伍

国家森林公园的主要领导要亲自抓森林防火，配备专职护林员，雇请农村兼职护林员，划片包干，明确责任，经常巡山护林，管好野外用火，及时报告火情，协助查处森林火灾案件。组织国家森林公园快速专业扑火队和乡、村群众扑火队，实行发动群众与专业队伍相结合，一旦发现森林火灾，立即织织扑救。

（四）搞好森林防火设施建设

国家森林公园要有计划地搞好森林防火设施建设，在制高点修建防火瞭望台，也可结合旅游，修建防火、观景两用台。在针叶林集中连片分布的景区、重要景点及服务设施周围，因地制宜地开设防火隔离带或营造防火林带。在道路沿线，设立游人休息、吸烟站。配备专用防火车辆、风力灭火机、电台、对讲机等设备，建立健全防火专用设备、设施使用管理制度，做好经常性的检修维护，保证防火、扑火需要。

（五）严格旅游野外用火管理

国家森林公园游人集中，许多人不了解火的危害，不认识森林防火的重要性，出现随意吸烟，乱丢烟蒂，以及烧烤、野炊、烤火取暖等野外用火增多的现象，发生森林火灾机率大，火险等级高。因此，必须加强对游客进行森林防火宣传教育，严格野外用火管理。在火险期内，严禁游人带火种进入景区，严禁在景区内吸烟，严禁乱丢烟蒂，违者依法重罚。烧烤、野炊区必须有专人管理，以防引起森林火灾。花园之国新加坡，对吸烟管理极严，海关入境，只准带 2 盒纸烟。在非指定地点吸烟或乱弹烟灰、乱丢烟蒂、果皮、糖纸，罚款 200 新加坡元，合人民币 1000 元，无钱则罚 3 天劳役。这种严管重罚的作法，值得我们借鉴。

（六）认真查处森林火灾案件

国家森林公园一旦发生森林火灾，在扑灭后，对火灾现场必须全面检查，清理消灭余火，并留足够人员看守，经上级森林防火指挥部检查验收合格后，方可撤出看守人员。同时，要认真查清起火原因和肇事者，并依法严肃处理。

（七）做好森林火灾调查统计和迹地更新

森林火灾扑灭后，应当按照《森林防火条例》有关规定，调查起火时间、地点、原因、肇事者、受灾森林面积、扑救情况、物资消耗、其他经济损失、人身伤亡，以及对景观景点和自然生态环境的影响等，并统计建档，专题上报。火烧迹地，应视过火情况，及时进行卫生抚育和改造更新，恢复森林植被景观。

第三节　国家森林公园森林病虫害防治

要保护森林风景资源，保护自然环境，必须有效地防治森林病虫害。为此，国家森林公园应做好以下工作。

一、建立防治责任制度和网络

认真贯彻执行《森林法》和《森林病虫害防治条例》、《植物检疫条例》，坚持实行“预防为主，综合治理”的森林病虫害防治方针。根据“谁经营，谁防治”的原则，建立森林病虫防治责任制度。配备专业人员，负责森林病虫害的调查、监测、预报、检疫和防治工作。有条件的应建立森林病虫害测报试验、检疫检验专业组织。

二、采取以营林技术为主的生物预防措施

国家森林公园在风景林营造中，应按适地适树原则，选用抗性强的树种，多营造混交林。不得使用带有危险病虫害的种苗进行育苗和造林。要有计划地建立无检疫对象的种苗基地，外购种子、苗木、花卉，必须做好检疫工作，防止园外森林病虫害传入。对现有风景林，要及时进行抚育，清除感染病虫害的林木、枯死木、倒木，清理火烧迹地，伐除受害严重的过火林木，防止和减少病虫滋生蔓延。经常进行森林病虫害调查，对测报对象进行监测，发现危险性病虫害，要及时上报，并制定有效地森林病虫害防治措施，及时进行防治。

三、实行综合防治措施

国家森林公园风景林发生森林病虫害时，要及时采取生物、化学和物理防治相结合的综合防治措施。根据森林病虫害的种类、危害程度、受害面积等不同情况，

分别采取放养天敌、人工捕杀、灯光诱杀、药物喷杀、飞机撒药等方法，做到治早治了。还应根据实际需要，储备必要的常用药剂和器械，以便应急之需，及时防治。发生大面积暴发性或者危险森林病虫害时，应及时报告上级林业主管部门或森林病虫害防治站，请求采取紧急防治措施。采取药剂喷杀防治，应当遵守有关规定，尽量使用高效低毒药品，防止污染环境，保证人畜安全，避免对天敌和有益生物造成太大伤害。

第四节 国家森林公园珍稀物种与古树名木保护管理

我国国家森林公园野生动植物种类繁多，其中有许多是国家重点保护的珍稀濒危植物、珍贵野生动物和古树名木，素有“天然植物园”、“天然动物园”之美称。如楼观台国家森林公园，是我国道教发祥地，遗存树龄百年以上的古树名木 36 株，其中千年以上的 15 株。在说经台前，有株古银杏（雌株），树高 29m，胸围 4m 多，树龄 600 多年。宗圣宫遗址院内，雄株古银杏，相传为汉代所栽，约 2000 余年，树高 16m，胸围 11m，虽经焚烧，树干中空，但仍枝青叶茂果繁；老子系牛柏，相传老子由楚入秦，曾在此柏上拴牛，树龄约 2800 年，树高 22m，胸围 4m；2000 多年的九老柏、三鹰柏，500 多年的榉树、铁橡、榔榆、岩榆、青檀、黄连木，百年以上的合欢、皂荚、珊瑚朴。如山东泰山国家森林公园山上的“五大夫松”，河南嵩山国家森林公园嵩阳书院内的汉代“将军柏”、福州国家森林公园内的千年古榕树、陕西省玉华宫国家森林公园内的古娑罗树（七叶树）、汉中天台山国家森林公园庙院里的古柏、终南山国家森林公园圣寿寺的唐槐等，犹如颗颗瑰丽的珍宝，使游人更加向往绿色森林世界的神奇奥秘。

这些珍稀物种和古树名木，是森林风景资源的重要组成部分，也是国家森林公园的宝贵财富，必须采取以下措施严加保护和管理。

一、提高对珍稀物种和古树名木保护的重要性的认识

森林里的野生物种，不仅为人类提供了食物、药物和工业原料来源，而且是培育新品种不可缺少的原材料。近代遗传工程的兴起和发展，人类利用基因组合技术，可以创造出地球上没有的新物种，为人类造福。仿生学研究证明，生物的各种器官和生物功能，可以给科学技术发明以莫大的启示。古树名木，千百年来，经过无数次战乱摧残和自然灾害侵袭，幸存至今。虽老态龙钟，干空枝曲，但却苍劲挺拔，千姿百态。它们或生机勃勃，参天耸立，或扭曲连理，奇美雅秀，或仰视日月，俯瞰山河，或朝阳夕月，四季景异，已成为历史的见证，大自然的活档案，古代文明的象征。它体现了中华民族的勤劳和智慧，记录着人类发展的兴衰历史，铭

刻着大自然的演替进化，给人以启迪，给人以力量。既是进行文物考古、物候观察、林史研究的珍品，也是中华民族的宝贵财富，又具有很好的游览、观赏价值和重要的科学保护价值。许多生物特别是某些珍稀濒危物种和古树名木，因稀少而贵重，亟待人们拯救和保护。而且，它们还有令人陶醉的观赏价值，有的还是文学艺术创作的对象，给人以美的享受。因此，国家森林公园必须高度重视并切实保护好珍稀濒危动植物和古树名木。

二、依法保护管理珍稀野生动植物资源

国家森林公园要认真贯彻执行《森林法》、《野生动物保护法》、《森林和野生动物类型自然保护区管理办法》等法规，以及全国人大常委会、国务院关于保护濒危珍贵野生动植物的有关通令、通知的规定。组织有关人员深入调查，查清本公园珍稀濒危动植物的种类、分布状况，并分类建档，制定切实的保护管理措施，有计划地组织资源考察、科学研究，开展人工引种、驯养、繁育工作，扩大发展。

三、建立珍稀野生动植物保护管理责任区

国家森林公园根据野生动植物分布状况，划分责任区，专人负责，明确责任，保护和管理本责任区内的野生动植物资源及栖息环境，掌握濒危植物分布及珍贵动物活动情况。对珍稀野生动植物集中分布地区，应按国家有关规定划为保护小区或禁猎区域，加强保护管理，禁止一切影响其生存繁育的生产活动。严禁乱砍滥伐重点保护树木和乱采滥挖珍稀濒危植物，严禁乱捕滥猎和贩卖、走私、出口珍贵野生动物。定期进行执法检查，严厉打击乱捕滥猎和倒卖、走私珍贵野生动物及其产品的违法犯罪活动，制止破坏珍稀濒危植物资源的违法行为，切实保护好园内珍稀野生动植物资源。

四、加强狩猎管理

国家森林公园应按规定划定狩猎区，确定狩猎期。结合猎枪清查工作，搞好狩猎人员登记和考核，凭林业主管部门签发的狩猎证、入山证和公安部门的持枪证，进入规定的狩猎区，在狩猎期内进行狩猎。只准捕打允许猎捕的野生动物，严禁无证狩猎。违者，没收其猎具、猎狗，并按非法猎捕论处。禁止使用军用枪支狩猎。要引导狩猎人员按照政策规定，正确开展狩猎活动，通过组织猎人协会、狩猎专业队（组）等形式，逐步把狩猎人员组织起来，有组织、有计划地开展狩猎。

五、严格保护管理好古树名木

国家森林公园现存的古树名木，历经沧桑，数量虽不多，但物以稀为贵。这些

稀世之物都是金不换，有些还是历史名人手植和养护，其价值更在一般天然古树之上。古树名木，是研究我国历史、文化、民俗、宗教、气象及名人生平事迹的活资料，也是进行爱国主义教育，弘扬中华优秀传统文化的活教材，极为珍贵。而且它横空出世，仪表非凡，形态优美，风采动人，奇花异果，别具一格，以其各自的魅力，为国家森林公园增辉，也是游览观赏的主要对象之一。有的还富有神奇的传说故事，更使游人如入梦幻般的神话世界，具有很大的吸引力。

第五节 国家森林公园景点景物保护管理

景点、景物，是森林风景资源的重要组成部分，在国家森林公园建设、经营、管理中，具有十分重要的地位和作用。但又有一定的生命周期和利用期限，都不是永恒生存，无限利用的。无论是森林景色、自然风光和人文景物，在国家森林公园开发利用过程中，都或多或少的对其带来不利影响。如果保护管理不善，将使景点、景物受到某种损害或破坏，甚至导致衰败消亡。

为了保护管理好各类景点、景物，促进森林旅游持续、健康发展，国家森林公园必须坚持在严格保护和科学管理上下功夫，并采取以下措施。

一、健全管护制度

国家森林公园要认真落实总体规划设计中有关景观景点保护的措施，使之具体化、制度化、经常化。国家森林公园大门口、门票上，都应有明确具体的游园须知。在重要的景点，还应有特殊的保护制度，树碑明示，提醒游客注意保护。对重要自然景点、文化古迹、溶洞及主要园林建筑，应有明确的保护制度，如“不准采折花木”、“不准搬挖钟乳石”、“不准乱刻乱画”等规定，以及对违反规定的处罚办法。

二、依法严格管理

国家森林公园各级领导及导游服务、旅游管理、治安保卫人员，要切实负起责任，经常深入游人集中的景区和重要景点巡查，发现有损坏景点、景物的行为，必须按园规处理。对情节严重触犯刑律的违法行为，要立即报告公安机关，迅速查清肇事者及时间、地点和景点损坏情况，依法专案严处。

三、游览规模限制

任何景点、景物的游览，因受地理空间的制约，都有一定的容量限度。一些管理人员往往片面追求经济效益，只顾多卖票，不顾承载能力，无限制的使用，结果造成对景点、景物的过度冲击，使景观资源受到破坏，甚至发生人身伤亡事故。这样的沉痛教训不乏其例。因此，在旅游旺季或高峰期，国家森林公园要严格控制游人规模，采取预约方式，安排分批分区游览，限制停留时间，专人负责疏导人流，既有效地避免游人拥挤，保证旅游安全，也可减少对景点、景物的冲击和损伤。

四、实行分级保护

国家森林公园应对所有景点、景物，依据其美景度、可览度、观赏价值和旅游功能等因素，逐个确定其景级，分别划定保护范围，实行分级管护，登记建档，并设专人负责观察、记载景点、景物的兴衰消长变化，以便及时采取有效地保护管理对策和具体措施。从一些国家森林公园的实践经验看，景点、景物的景级一般可分为三级：一级景点，形象奇妙，稀少罕见，有极高的观赏、文化、科学价值，其保护范围 300 ~ 500m；二级景点，形象优美，引人入胜，有较高的观赏、文化、科学价值，其保护范围 200 ~ 300m；三级景点，形象较美，能吸引游人，有一定的观赏、文化、科学价值，其保护范围 100 ~ 200m。在各级景点、景物保护范围内，严禁乱砍林木、开矿采石、挖沙取土及滥建与景点、景物不相协调的工程设施，以保持优美的自然环境。

1993 年，西北林学院园林建筑设计所在《陕西终南山国家森林公园总体规划设计》中，参照文物保护单位划定保护范围的经验，运用聚类分析方法，首次对景点、景物分级划定保护范围，提出了保护管理措施和要求。以后，在辽宁本溪及陕西延安国家森林公园总体规划设计中，也普遍采取了分级划定景点、景物保护范围的方法，进行保护管理。

第六节　国家森林公园生态与环境质量评估

空气中国家森林公园生态与环境质量的测定和评估是公园生态建设与环境保护的重要基础工作，其主要包括：空气负离子浓度、大气粉尘含量、水环境、声环境、CO_2 含量和太阳辐射强度等测定与评估，为管理者提供科学依据，为旅游者提供优质的旅游环境。

一、空气负离子浓度测定与评价

空气负离子含量的高低反映了空气清新状况，一定程度上衡量出环境的舒适与否，这个过程实现了环境资源状况由定性描述到定量描述，定量化的指标对客观地反映生态旅游资源的社会、经济、生态价值有着重要作用。林业界、旅游界已把负离子指标作为资源评价的一个项目。在生态型游憩区的建设中，在设置森林医院、森林疗养院、森林浴场、负离子吸呼区、别墅区、度假村、森林小木屋等功能区的设置时，选址的必要条件之一是空气好，而在环境中的空气如何，清新程度、分布状况、空气负离子含量是很好的理论指标。

1. 空气负离子的概念

空气分子是由原子组成的，原子中原子核带正电荷，电子带负电荷。当正电荷和负电荷的数量相等时，空气分子和原子呈电中性。正常大气中的分子大部分是互相分离的，每个分子从整体上看是电中性的，当外界某种因素作用于气体分子，则其外层电子摆脱原子核的束缚变成自由电子从轨道中跃出，此时气体分子呈正电性，变为正离子，所跃出的自由电子自由程极短（约 10 ~ 8cm），它很快就附着在某些气体分子或原子上（特别容易附着在氧或水分子上），成为空气负离子（Aero Anion）。

2. 自然界中空气负离子的产生

空气中的水滴在分裂时，水滴带正电荷，周围的空气分子带负电荷，空气中的负离子是在紫外辐射及光电效应、宇宙射线、放射性物质（几乎在地球全部土壤都存在微量的铀及其裂解产物）、雷电、风暴、瀑布、海浪（电荷分离结果）冲击下产生的，其主要来源是地面的放射性岩石，太阳的紫外线，瀑布、溪水、喷泉等激起的水花，雨水的分解，森林植物光合作用所制造的新鲜空气。空气负离子产生原理如下：

$$H_2O \longleftrightarrow H_2O^+ + e^-$$

$$e^- + O_2 \longleftrightarrow O_2^- \text{（负氧离子）}$$

3. 空气负离子的作用

空气负离子具有杀菌、降尘、清洁空气的功效，被誉为“空气维生素和生长素”。医学专家的研究揭示，空气负离子由肺部进入人体，在呼吸道内，能使上皮纤毛运动加速、刺激呼吸道内感受器传导至大脑皮层，通过反射作用进入人体。它通过肺泡上皮层进入血液后，放出电荷，作用于血细胞和胶体蛋白质，当负离子进入呼吸道时，能使支气管平滑肌松弛，解除其痉挛，能使肝、肾、脑、肾上腺等组织氧化过程加强。人们进入森林感到特别清醒就是这个道理。空气负离子不仅能强身，还能治病。据医学家报道，它可以治疗哮喘、慢性支气管炎、烫伤、萎缩性鼻炎、萎缩性胃炎、神经性皮炎、神经官能症、冠心病、高血压、肺气肿和偏头痛等病症，并是肿瘤的辅助治疗措施之一。一些生理指标的离子效应见表10-1。日本的森林健康医院，德国的气候疗法，主要是利用森林的空气负离子和植物的精气。空气负离子与人的体感舒适程度密切相关，是衡量生态环境空气质量的重要指标。而空气质量的好坏，是激发旅游者兴趣并引起旅游活动的因素之一。研究表明，森林及森林的一些环境因子能产生大量的空气负离子，一般为城市平均含量的 5 ~ 15

倍，使森林中的空气格外清新洁净，因此在以自然为本底的旅游资源开发评价中把它作为必须考虑的因子。空气负离子有降尘、灭菌的功能，并能调节人体的生理机能，对人体有保健作用。人们都有这样的感受，当置身于喧闹的都市，当长时间呆在有空调的房间里、狂风飞沙之后、天气阴霾的时候，就会感到头晕乏力、胸闷、

表 10-1　一些生理指标的离子效应

观测项目	负离子效应
脉搏	减慢
最大通气量	—
呼吸	减慢
血压	下降
毛细血管	扩张
胃肠功能	提高
基础代谢率	提高
心脏功能	改善
支气管	放松
红细胞	增加
白细胞	趋向正常
血小板	增加
血糖	趋向正常
血钾	减少
血钙	增加
收缩	—
血清碘酸	增加
血沉	减慢
凝血时间	趋向正常
残余氮	减少
凝血酶	增加
血中 pH 值	趋向升高
血清磷	趋向降低

疲劳、工作效率低下。反之，当置身于绿色的大自然中，就会感到头脑清醒，周身舒适，这就是空气负离子在起作用。近年来的许多研究表明，空气负离子像食物中的维生素一样，人和动物虽然需要不多，但长期缺少，就会影响机体的正常生理活动，甚至引起疾病。森林含有丰富的空气负离子资源，是保护人类健康取之不尽，用之不竭的宝贵财富。空气负离子对人体的保健作用和辅助疗效大小与空气负离子浓度有关。医学家研究表明，空气负离子浓度达到 700 个/cm^3 以上时才有益于人体健康，当浓度达到 1 万个/cm^3 以上时才能治病，当负离子浓度大于或等于正离子浓度时，才能使人感到舒适，并对多种疾病有辅助治疗作用，所以把它作为评价生态环境质量的指标。

4. 空气负离子浓度

陆地上平均离子浓度为750个/cm³，负离子浓度为650个/cm³，但分布很不均匀，有的地方平均只有50个/cm³，有的地方平均可达1000个/cm³，甚至更多，一般正离子浓度大于负离子浓度，其比值平均为1.15。海洋上离子浓度略小，但数量级相同。国内有关调查工作始于1980年夏，某些院校、疗养院、卫生防疫站、科研单位对一些城市、公园、疗养区、林区及风景名胜等地域进行了观测。总结出以下空气负离子的分布规律（表10-2）。

表10-2 环境与空气负离子关系

环境状况	负离子个数（个/cm³）
城市居民房间	40~100
机关办公室	100~150
道绿化地带	100~200
城市公园	400~600
旷野、郊区	700~1000
海滨、森林	1000~3000
疗养地区	10000
瀑布	>50000

5. 森林和空气负离子的关系

树木与花卉释放出的芳香挥发性物质等都能使林区空气发生电离现象，加上绿地和树木有除尘作用，使林区及绿地空气中的负离子不仅浓度高，而且寿命较长。有资料表明，森林的负离子浓度比城市室内可高出80~1600倍，森林覆盖率达到35%~60%的地方，空气离子浓度最高，森林覆盖率低于7%的地方，负离子浓度仅为上述的40%~50%。森林与其他类型绿地相比，空气负离子浓度也可高出近一倍。科学研究结果表明，不同林分类型的森林环境中空气负离子水平差异较大，针叶树种林分较阔叶树种林分中空气负离子浓度要高，而且森林环境中空气负离子浓度与温度成显著负相关，与空气相对湿度成正相关，即空气负离子浓度随温度升高而降低，随相对湿度的升高而增加。同时还发现水体对负离子水平的影响较大，动态水大于静态水，瀑布大于溪流。森林中空气负离子浓度还呈现出一定的日变化和年变化，国家森林公园的建筑材料对空气负离子水平也有一定的影响。

6. 空气负离子的测定方法

空气负离子测量的仪器采用的是DLY-3F型森林大气离子浓度测量仪，该仪器离子浓度的检测范围是10~1.99×10^9个离子/cm³，离子浓度的误差是±10%，迁移率的误差是±10%。同一地点观测相互垂直的4个方向，仪器稳定后，读3个波峰值，取均值分析。

关于空气负离子浓度的分级评价方法，目前我国尚无统一的评价标准，国外一般采用安培等提出的空气质量分级标准，日本空气净化协会规定的空气洁净度指标也与此类似，该评价方法的计算公式是：

$$单极性系数\ q = n^{+}/n^{-}$$

$$空气离子评议系数\ CI = \frac{n^{-}}{1000} \times \frac{1}{q}$$

式中　CI——空气质量评价指数；

q——单极系数，即表示正离子数与负离子数之比；

n——负离子浓度。

研究表明，空气中正离子的浓度和负离子的浓度比在5∶4时，空气质量最好，也就是q值在1.25左右空气质量最好的，最令人感到舒适。按空气质量评价指数可将空气质量分为5个等级。表10-3所示为空气质量的分级标准。

表10-3　空气质量分级标准

级别	CI（空气质量评价指数）
A最清洁	>1.0
B一般清洁	1.0~0.7
C中等清洁	0.69~0.5
D允许值	0.49~0.3
E临界值	0.29

单以空气负离子浓度来评价环境质量还有一套学术讨论标准：按负离子浓度来划分环境质量等级，Ⅰ级>3000个/ cm^3，Ⅱ级2000~3000个/ cm^3，Ⅲ级1500~2000个/ cm^3，Ⅳ级1000~1500个/cm^3，Ⅴ级400~1000个/ cm^3，Ⅵ级<400个/ cm^3。森林风景区的最低负离子浓度（临界浓度）定为400个/ cm^3，这是以森林为主体的旅游景区空气负离子浓度最低浓度标准。

事实上，当森林环境中空气负离子浓度低于400个/cm^3（Ⅵ级）时，空气已受到一定程度的污染，对游客的健康不利。上述标准的第Ⅳ、Ⅴ级的分界浓度为1000个/ cm^3，与空气负离子人体生物学效应最低浓度标准一致。表明达到Ⅳ级以上负离子浓度水平的空气对人体健康是有益的，属于保健浓度范围。而空气负离子浓度介于400~1000个/ cm^3之间（Ⅴ级）的空气对人体则既无多大危害，亦无多大益处，因而属于允许浓度范围。森林环境中空气负子浓度值通常为三个梯度：临界浓度（400个/cm^3）、允许浓度（400~1000个/cm^3）及保健浓度（>1000个/cm^3），“空气负离子呼吸区”、“森林医院”等疗养保健场所应建在具有保健度以上的景区（景点），才会取得较好的疗养保健效果。

二、大气粉尘含量的测定与评价

大气中的悬浮颗粒物（TSP）会对人体健康产生负面影响，随着科学的发展，人们逐渐认识到，粉尘的浓度是导致城区人群患病率和死亡率增加的主要因素之一，因为空气粉尘中有许多对人体有致癌、危害的物质，如多环芳烃和亚硝胺类化合物等，与呼吸道疾病患者病情加重之间有密切的相关性。此外，空气粉尘对气候也有影响，主要影响空气能见度，还会降低地面温度和紫外线，从而影响地球生物的活动和景观的质量。因此空气粉尘的含量已经成为环境质量评价的重要指标之一。测定方法如下：

选取国家森林公园各测点的所测值的平均数作为国家森林公园的平均粉尘含量，以城区测点所测值代表市区的平均粉尘含量。两者比较，直观评价国家森林公园的旅游环境清洁程度。

采用 $P-5L_2$ 型数字粉尘仪，每次测定时间 1 分钟，每个采样点变换不同的位置和方向重复测定 3 次，然后将所测得的粉尘相对质量浓度（CMP）换算成质量浓度（mg/m^3）。

根据《环境空气质量标准（GB3095－1996）》中第 21 条规定，凡“为国家规定的自然保护区、风景游览区、名胜古迹和疗养地等，划为大气质量一类区，执行大气质量一级标准，超过一级标准即算超标。”空气粉尘日平均一级标准浓度限值为 $0.05mg/m^3$，二级标准浓度限值为 $0.10mg/m^3$，三级标准浓度限值为 $0.25mg/m^3$。

三、水环境测定与评价

水，在影响和丰富人类精神领域方面具有明显的景观效应，它不仅是一种物质资源，而且还是一种刺激人们感观产生美感的景观资源。在风景旅游资源中，向来以山为骨骼、水为血液，无山则不奇、无水则不秀。流泉飞瀑、清河潺溪等丰富的水景资源，为国家森林公园增添了无尽的美景。

（一）评价参数

水质评价参数有几十个，一般选择最常见的与旅游关系最为密切的色、嗅、漂浮物、透明度、水温、pH、溶解氧等指标进行测定。采用的仪器为 Multi340i 水温、pH 值、溶解氧、电导率水质分析系统（德国产），其水温测定原理同温度计法、pH 值测定原理同玻璃电极法、溶解氧测定原理同膜电极法、电导率测定原理同电极法。

（二）评价标准

国家标准中水质系列标准与旅游业有关联的标准为 GB1294－1《景观娱乐用

水水质标准》，其中关于色、嗅、漂浮物、透明度、水温、pH、溶解氧的指标如表10-4所示。

表10-4　景观娱乐用水水质标准

<table>
<tr><th rowspan="2">序号</th><th rowspan="2">项　　目</th><th colspan="3">分类　标准值</th></tr>
<tr><th>A类</th><th>B类</th><th>C类</th></tr>
<tr><td>1</td><td>色</td><td colspan="2">颜色无异常变化</td><td>不超过25色度单位</td></tr>
<tr><td>2</td><td>嗅</td><td colspan="2">不得含有任何异嗅</td><td>无明显异嗅</td></tr>
<tr><td>3</td><td>漂浮物</td><td colspan="3">不得含有漂浮的浮膜、油斑和聚集的其他物质</td></tr>
<tr><td>4</td><td>水温</td><td colspan="2">不高于近10年当月平均水温2℃</td><td>不高于近10年当月平均水温4℃</td></tr>
<tr><td>5</td><td>pH值</td><td colspan="3">6.0～9.0</td></tr>
<tr><td>6</td><td>溶解氧(DO),mg/L ≥</td><td>5</td><td>4</td><td>3</td></tr>
</table>

地面水环境质量标准（GB3838－88）及生活饮用水卫生标准（GB5749－85）关于饮用水的标准中规定：pH值为6.5～8.5。由于电导率未列入此标准，这里我们采用《欧盟关于人类用水的指令》中关于电导率的规定：20℃下低于400uS/cm，电导率越低，表明水质受到工业污染的影响越小。

四、声环境测定与评价

声环境是国家森林公园生态环境的组成部分，声环境质量直接影响国家森林公园旅游活动的适宜程度。凡是干扰人们休息、学习和工作的声音，即不需要的声音，统称为噪声。国家森林公园的环境噪声主要是由公园内服务业、娱乐、体育运动、交通设施和人员流动、野生动物和昆虫发出的嘈杂鸣声所引起。噪音的感觉强度是从人耳的“闻阀”开始的，至人耳的“痛阀”止，分为130dB。当噪音越过75dB时，对人体应产生不利影响，如长期处于90dB以上的噪音环境下工作，应有可能发生噪音性耳聋。噪音还能引起期货疾病，如神经官能症、心跳加速、心律不齐、血压升高、冠心病和动脉硬化等。

（一）国家标准

1993年国家环保局公布了新的《区域环境噪声标准》（GB3096－93），标准值表10-5所示。

表 10-5　等效声级（单位：dB）

类别	昼间	夜间
0	50	40
1	55	45
2	60	50
3	65	55
4	75	55

各类标准适用区域：

0 类适于疗养区、高级别墅区、宾馆区等需特别安静的区域。

1 类适于以居住、文教为主的区域。

2 类适于居住、商业、工业混杂区。

3 类适于工业区。

4 类适于城市中交通干线两侧区域。

此标准为五类区域的环境噪声最高限值。

（二）评价模式法

评价模式评价原理。其类别可分别按下法换算：

$$P = 180 - 2 \times \ (LD + LP)$$

其中 P 为得分，LD 为实测噪声值。LP 对 0 类区域为 +10 dB；1 类区域为 +5dB；2 类区域为 0dB；3 类区域为 -5dB；4 类区域为 -10dB。

监测方法：采用 HS-5633 数字声级计，按照 GB/T14623-93 规定的测量方法进行，始终在风速 <55m/s 的情况下测定。每个样地取东、西、南、北四个方面值，以平均值定该处声级。结果见表 10-6。

表 10-6　评价模式法评价声环境质量标准板

得分	100	90	80	70	60	50	40	30	20	10	0
声级	<40	45	50	55	60	65	70	75	80	85	>85
评价	很好		好		一般	稍差	差		恶		

五、空气中 CO_2 含量的测定与评价

大气中的 CO_2 的平均浓度为 320μg/g（百万分之一），但在实际上不同地点是有变化的。一般城市中由于人口密集和工厂大量排放 CO_2，所以浓度可达 500～700μg/g，局部地区尚高于此数。从卫生学角度看，当 CO_2 的浓度达到 500μg/g 时，人的呼吸就会感到不舒适，如果达到 2000～6000μg/g 时就会有明显受害症状，通常是头疼、耳鸣、血压升高、呕吐、脉搏过缓，而浓度达 10×10^5μg/g 以上则会造

成死亡。

国家森林公园里由于森林郁闭度高，植物释氧固氮的能力强，有着稳定大气环境质量，是天然 O_2 仓库，这一点对保证当地的旅游业健康发展有重要意义。可对国家森林公园主体景区内的样点进行 CO_2测定，分析景区 CO_2浓度是否超过人体卫生标准。

六、太阳辐射强度的测定与评价

以森林为主的国家森林公园下垫面，对当地小气候的形成有重要影响。所谓小气候，是指从地面到不受地面影响高度的气候，高度为 10～100m 不等，这一层是人类生活和植物生长的区域和空间。

植物对形成小气候的贡献主要体现在减少太阳辐射和增湿降温等方面。监测方法如下：

可采用照度计对国家森林公园景区内不同郁闭度样地太阳辐射和地面反射情况做监测，将公园内和市区的数据进行对比，说明国家森林公园在减少太阳辐射，形成适宜旅游的小气候方面所起到的作用。

第七节　国家森林公园环境保护的管理

国家森林公园在旅游发展中，既从外部输入游人、物质、能量和信息，同时，旅游者和管理、服务人员的消费，也不断排放各种废弃物，形成生态系统的物质流、能量流和信息流。森林生态系统虽有一定的自动调节能力，但若人为的外界影响超过这个阈值时，调节就失去作用，引起生态失调，环境质量下降，或者危害人类及其他生物的生存和发展。这种现象就是环境污染，它使国家森林公园面临新的挑战。因此，我们必须认真调查研究，科学分析环境污染的特点、类型，采取正确的对策和措施，消除污染，保护环境。

一、环境污染的特点

我国国家森林公园进入快速发展阶段，森林旅游蓬勃兴起，必须高度重视环境保护和环境建设工作。但一些国家森林公园由于没有进行总体规划，盲目修建，引起森林植被和景观的损害，旺季旅游失控，废弃物得不到妥善处理，出现一系列的环境问题，局部环境污染较为严重。

从环境保护角度来看，国家森林公园环境污染的特点是：

（1）影响范围广，作用时间长，后遗症大；

（2）污染容易，治理困难，往往要付出很高的代价；

(3) 有些污染不容易发现，常引起某些疾病，有的还不易治疗；

(4) 环境污染直接危及人类健康和某些生物的生存，造成巨大的经济损失。

环境污染对森林生态系统和自然环境造成的后果主要是：通过食物链的逐级转移、密集和浓缩，直接危及人身健康和生物生存；引起森林风景衰败，环境质量下降，致使游人减少，旅游效益低微；直接或间接的破坏森林植被和自然环境，必将导致生态失调，受到大自然的惩罚。

二、环境污染类型分析

目前，我国国家森林公园已出现的环境污染，大体有以下几种类型。

（一）垃圾污染

包括各种固体废弃物和废水。前者主要是游人乱抛包装纸、塑料袋、玻璃瓶、金属罐头盒、食物残渣、随地便溺，以及旅游服务设施产生的煤渣、开山修路的废土石方等；后者是管理、服务人员及留宿游客的生活废水、温泉洗浴热污水及人粪尿等。如湖南南岳衡山风景区，平均每年产生的经营、旅游垃圾约6000多吨，废污水约25万多吨。

（二）水体污染

指国家森林公园及其附近工矿企业的各种生活废水、工业废水、人粪尿，未经任何处理，直接排入河溪、湖库，或乱堆、乱倒垃圾，被雨水冲刷的淋浴水，或被暴雨洪水直接冲入河溪，以及向河谷倾倒垃圾，使自然水体受到污染。

（三）大气污染

主要是旅游服务设施烧煤钢炉产生的烟尘和废气、节日庆典燃放鞭炮、汽车扬尘及排放尾气以及公园附近工矿企业排放废气，使大气中的烟尘、粉尘和有害气体含量增加，造成大气污染。

（四）噪声污染

在旅游旺季，特别是传统庙会、节假日，超负荷的客流量，游人拥挤，喧闹吵杂，以及高音喇叭、汽车鸣号、燃放鞭炮等产生的噪音，使清新、宁静的声学环境受到污染。

（五）视觉污染

一些国家森林公园冬季浓烟滚滚，春夏飞尘弥漫，水上漂浮物比比皆是，旅游废弃物随处可见，以及在景点、景物上乱写、乱刻、乱画，对游人造成视角污染，降低游览情趣。

（六）景观灾害

主要是指修路、开矿、采石、修电站、架索道等工程建设，以及乱砍林木、毁林开荒、森林火灾、森林病虫害、暴雨洪灾等，引起林木枯死，发生滑坡、崩塌、泥石流，形成“天窗”或创伤面，使自然景观遭受不同程度的破坏。

三、环境保护与环境建设的主要措施

国家森林公园要依据国家环保局、旅游局、建设部、林业部、文物局《关于加强旅游区环境保护工作的通知》（环法［1995］462号）精神，采取以下措施。

（一）制定环境保护与环境建设规划

国家森林公园要把环境保护与环境建设纳入总体规划设计，统筹规划，协调发展，要对公园的大气、水体及噪声进行必要的调查和监测，并分别依据GB3095－82（大气质量）、GB3838－88（地面水质量）、GB5749－85（生活饮用水质量）及GB8537－87（饮用矿泉水质量）等国家标准，科学评价环境质量，分析污染源，分阶段确定环境建设的目标、主要项目，落实规划任务，分期分批实施。

（二）突出抓好森林植被建设

国家森林公园内的乔灌木林，均属风景林，必须依法保护管理，加强森林防火和病虫害防治，停止以生产木材为目的的采伐活动。以森林美学理论为指导，合理配置树种，加速营造风景林，采取多种措施，尽快消灭荒山，扩大森林植被。有计划地开展林相改造、景相抚育，丰富森林景色，提高森林美学价值，保持良好的环境质量。

（三）搞好固体废弃物和废污水处理

国家森林公园要按景区、功能分区和游览线路推行环境质量分区分类管理，分区分段包干，专人负责收集、处理各类固体废弃物。实行有机物、无机物分类堆积，必须综合利用和进行资源化、无害化处理。按照不同情况，分别采取分类收集、回收利用、卫生填埋、高温堆肥、沼气发酵、蚯蚓消化和焚烧等方法处理。建立完善的排水系统，保证经常畅通。推广废水处理技术，修建格栅沉淀池、渗井等构筑物，先截留、沉淀污水中的漂浮物、悬浮物和砂石、矿渣，再采用生物净化或污泥消化、浓缩、脱水等技术，处理生活废水。对温泉洗浴热污水，经科学处理后，进行综合利用。依据具体位置、环境，修建氧化塘，同时可采用HYS（接触氧化）技术工艺及设备进行处理，使热污水中的ABS（烷烯磺酸，洗涤剂化学成分）含量达标后，方可排放。禁止将未经任何处理的各种废污水直接排入天然水体。

（四）尽力减少粉尘和噪声污染

国家森林公园新建的各类旅游设施，要做到工程建设与绿化美化同步进行。在峻工当年或翌年，必须按规划植树、种草、栽花，实现绿化美化。旅游公路、游览步道、庭院小径，应尽量硬化路面，开路炸石形成的创伤面及废土石方，要尽快恢复植被。各类庭院要以植物覆盖，消灭黄土露天，尽力减少汽车、行人扬尘。生活、取暖锅炉房烟囱应达到环保部门规定的高度。有条件的应改烧煤为燃气或用电。严格控制入园汽车数量，各类加工厂，应配设防尘、消声装置，尽量减少烟尘、粉尘、废气和噪声对环境的污染。

四、环境卫生管理的主要方法

国家森林公园要强化环境管理，主要是搞好以环境卫生为重点的综合整治，尽力消除旅游“四害”，即固体废弃物、生活废水、噪声和烟尘，始终保持优美、清新、宁静的森林旅游环境。

国家森林公园环境卫生综合整治，要从治理旅游、生活垃圾入手，以资源化、无害化处理为目的，以综合利用，采取多种处理技术，保持环境清洁卫生。同时，从保护水源入手，实行污水排放总量控制，污水资源化，一水多用，节约用水，使游人和员工、居民饮用符合卫生标准的清洁水。

为保持环境清洁，国家森林公园实施环境卫生管理的主要方法有：

（一）环境卫生管理的组织手段

国家森林公园要建立健全环境卫生管理组织和卫生制度，结合护林、护景，合理划分责任区，配设专人，负责清扫、收集、处理垃圾，并兼顾护林护景，切实做好环境保护、资源保护和卫生管理工作。

（二）环境卫生管理的行政手段

在当地政府和环保行政主管部门的领导下，制定环境保护、环境建设和环境卫生规划，依靠环境、卫生、工商等地方有关部门的支持，采取必要的行政措施，管理好国家森林公园范围内其他单位和个人兴办的旅游服务项目，建立门前卫生承包责任制，对易产生污染，影响环境卫生的摊点、店铺，采取行政制约管理办法，限期纠正或责令停业整顿。

（三）环境卫生管理的经济手段

依法制定环境卫生奖罚办法，对本公园各经营单位及其他部门、单位和个体经营者污染环境或卫生极差的，应按有关规定给予经济处罚。对保护环境、卫生良好的，应给予适当奖励。

（四）环境卫生管理的技术手段

包括组织环境卫生检查评比，总结交流经验，调查污染源，进行环境监测和环境质量影响评价，开展科学研究等。

（五）环境卫生管理的宣传教育手段

环境卫生宣传，是一项重要的社会教育，重在提高游人的环境意识和法制观念，自觉遵守国家森林公园环境卫生制度。有些国家森林公园和风景旅游区，免费给游人发放塑料袋装存各种废弃物，自觉带往指定地点投入垃圾箱内。这种做法，值得提倡效仿。

（六）环境卫生管理的法制手段

国家森林公园除认真贯彻环保法规，完善环境卫生制度外，还应协助有关部门，惩治违反环境保护法的犯罪行为和犯罪分子。为加强国家森林公园环境卫生管理，有关部门组织起草了《国家森林公园环境卫生管理暂行办法》，已印发广泛征求意见，修改后颁布施行。它将使国家森林公园环境卫生管理工作步入法制化、规范化、制度化轨道。

实例十四 龙岩国家森林公园云顶茶园景区生态环境质量评估报告

一、自然概况

（一）龙岩国家森林公园概况

龙岩国家森林公园位于福建省西部的龙岩市新罗区境内，公园主体东临厦门、漳州、泉州，南接广东潮州、汕头、梅州，西连江西赣州，北靠三明。地理坐标：东经116°40′29″～117°20′00″，北纬24°47′02″～25°35′22″。南北长60km，东西宽45km，总面积7783.6hm^2，平均海拔685m。公园属亚热带季风气候区，年平均气温18℃，最热月（7月）平均气温25℃，是夏季避暑的好去处。公园分为龙康、江山、莲台山、天宫山、东肖度假村、云顶茶园等若干分景区，是一个以风景林、大型溶洞及茂林修竹为主要特色，集生态旅游、科普教育、探险览胜和度假休闲为一体的综合性国家森林公园。

龙岩国家森林公园是以大面积森林为基础，生物资源丰富、自然景观和人文景观相对集中，能为人们提供各种形式的旅游服务和科学文化活动，且具有一定规模的生态郊野公园，是闽西“绿色”旅游线上的一个璀璨的明珠。龙岩国家森林公园景观资源特色可集中概括为“山奇、水秀、洞幽、林茂、物丰、景多”，走进公园如同走进一幅瑰丽的山水田园画卷。国家森林公园旅游资源类型丰富，点散组合，宛若碧玉捧星般环抱着美丽的新罗区。

（二）云顶茶园景区自然概况

云顶茶园景区地处梅花山南麓、龙岩最高山峰黄边盂南侧，距龙岩城25km。景区海拔760～1400m，坡度多在15°～20°，面积467.0hm^2。景区内山重水复，气候宜人，极适宜茶叶生长。景区现种有丹桂、金萱、翠玉、九龙袍、黄观音、音枞等16个名、特、优茶种，茶园面积43hm^2，现规划进一步扩大茶叶种植面积，以形成气势壮观的茶园风光。

云顶茶园景区于2001年10月对外开放，现建有茶艺中心、别墅、高尔夫练球场、星光泳池、高位水池、供电线路、次干道等旅游服务配套服务设施。云顶茶园景区的主要景点有茶岭神韵、云顶论茶、九天神龙、啸林瀑布、昭君踏雪、杉枫竞秀、幽谷鸣泉、凌云索道、公孙树等。景区山清水秀、风景如画，是休闲度假的绝好去处。

二、云顶茶园景区的发展定位

云顶茶园景区是龙岩国家森林公园的重要组成部分，其旅游资源丰富、特色鲜明，食、宿、游、娱配套设施完善，不仅是重要的生态茶生产基地，也是重要的休闲度假地和生态旅游地。云顶茶园景区的发展应将生产与旅游相结合，以建设现代绿色农业示范基地与高档休闲度假旅游区为目标，力争建成资源有续利用、旅游与生产相结合的旅游业健康发展的示范基地。

珠海、广州、深圳和福州、泉州、厦门组成的两个“金三角”地区是龙岩国家森林公园的重要客源市场，云顶茶园在龙岩国家森林公园中旅游资源特色明显、优势突出，对现实和潜在市场的旅游吸引力很大，有望成为这一地区的品牌产品。目前阶段，茶园在扩大茶叶生产规模、努力提高茶叶品牌知名度的同时，更应注重其旅游资源的开发和旅游市场的拓展，两方面工作是相辅相承的，旅游业的发展可以迅速扩大、提高云顶茶的知名度和美誉度，茶园茶叶品质和声誉的提高也同样可以提高旅游吸引力，其结果是“双赢”的。云顶茶园不仅要成为龙岩国家森林公园中的旅游精品，而且会成为福建金三角地区知名的绿色度假中心和名副其实的“闽南后花园”，同时云顶茶也会随着旅游者的传播美誉遍及福建、全国、东南亚，及至全球。

三、云顶茶园景区生态环境质量评估的意义

生态农业和绿色旅游业对生态环境质量的要求都比较高，良好的生态环境质量是其健康发展的重要基石，优良的生态环境不仅对城市旅游者有着巨大的吸引力，而且也是生态茶园所应具备的重要生产条件。对其进行生态环境质量评价，不仅有利于景区对现有空间布局进行合理调整，也有利于进行科学管理，开发适宜旅游项目，更加合理地利用茶园得天独厚的旅游资源。

四、云顶茶园景区生态环境质量分项评估

我们于2003年7月对云顶茶园景区的生态环境质量状况进行了一次全面评价研究，本研究主要从以下几个方面进行：

——空气负离子含量测定与评价

——大气粉尘含量测定与评价

——水环境测定与评价

——声环境测定与评价

——空气中 CO_2 含量的测定与评价

——太阳辐射强度的测定与评价

（一）空气负离子浓度测定与评价

1. 空气负离子的测定

在云顶茶园景区内共调查了具有代表性的3个样点：

（1）潜龙瀑布。位于茶园北侧，宽3m，落差45m，水量大，气势宏伟，为景区重要的观赏瀑布之一，溪水自山间呼啸而出，如白龙从天而降，飞珠溅玉，银光闪闪，争泻的水柱传来巨大的轰鸣声，似乎撼动了整个山谷。蓝天白云下，静静的绿林，腾跃的白龙，构成一幅动静分

明、声色俱佳的壮丽景色，令人流连忘返。周围植被密被，为天然次生林，郁闭度达0.9。

（2）风动亭。游路边所建悬空亭，位于景区中部，为观景的绝佳去处。远观层层叠叠的茶山，如条条绿龙般横卧于群山峻岭之上；近听竹海涛声，如闻大自然所奏的的一支支绿色神曲。

（3）雨打芭蕉处。在易水廊东侧，有小溪流过，周植芭蕉，别有风韵。规划将此处开辟为一品茗静修场所，观林外青山，听小溪潺潺，品一缕清香，做一回云顶茶仙，对久居喧嚣闹市的城市旅游者来说，此处有极强的吸引力。

2. 空气离子浓度和空气清洁度的测量结果

（1）空气离子浓度和空气清洁度。龙须瀑布和潜龙瀑布的空气负离子浓度分别是63万个/cm^3和70万个/cm^3，由于流水或喷泉产生的水柱在空中碰撞分裂形成无数细小水珠，在宇宙线、紫外线等的照射下，产生大量的负离子。同时水珠或水滴对大气可吸入尘等悬浮颗粒具有清洗作用，减少了空气中凝结核的数量，结果使空气负离子的生成速率远大于其消亡速率，因此瀑布和流动的活水样点，负离子浓度绝对值较高。云顶茶园潜龙瀑布处的空气负离子浓度为72万个/cm^3、风动亭为56万个/cm^3而雨打芭蕉处为78万个/cm^3，其CI值分别是潜龙瀑布680.9、风动亭394.6、雨打芭蕉处541.7（表10-7）。研究表明，空气中正离子的浓度和负离子的浓度比在5：4时，空气质量最好，也就是q值在1.25左右空气质量最好的。我们的实际监测表明云顶茶园景区各样点的q值都在1.0到1.5之间，平均q值为1.132。按空气质量评价指数来评价，CI值大于1，空气质量为最清洁，云顶茶园景区所有景点的CI值都远远大于1，表明景区空气极为清洁，景区环境给人的舒适感都是极高。

表10-7 龙岩国家森林公园7月份的空气离子浓度（个/cm^3）

样点名称	测定时间	正离子浓度	负离子浓度	q	CI
云顶茶园潜龙瀑布	16：45	720，000	700，000	1.028	680.9
云顶茶园风动亭	17：50	560，000	470，000	1.191	394.6
云顶茶园雨打芭蕉处	08：30	780，000	650，000	1.2	541.7
平均值		687，000	607，000	1.132	539.1

（2）城区空气离子浓度和空气清洁度。龙岩市市中心广场内空气中负离子含量为4900个/cm^3，负离子的含量远低于国家森林公园，空气中正离子含量为5300个/cm^3，q值为1.081，低于q值的最好标准为0.169个指数点，CI值为4.533，远远低于云顶茶园的样点。这是由于市中心区车辆行驶频繁，尾气的排放量比较大，使空气的清洁度略有降低，同时减少了负离子的寿命，另外空气中的飘尘量比较大，也使空气负离子的含量相对低了一些。

单以空气负离子浓度来评价环境质量还有一套学术讨论标准：按负离子浓度来划分环境质量等级，Ⅰ级>3000个/cm^3，Ⅱ级2000~3000个/cm^3，Ⅲ级1500~2000个/cm^3，Ⅳ级1000~1500个/cm^3，Ⅴ级400~1000个/cm^3，Ⅵ级<400个/cm^3。森林风景区的最低负离子浓度（临界浓度）定为400个/cm^3，这是以森林为主体的旅游景区空气负离子浓度最低浓度标准。

事实上，当森林环境中空气负离子浓度低于400个/cm^3（Ⅵ级）时，空气已受到一定程度的污染，对游客的健康不利。上述标准的第Ⅳ、Ⅴ级的分界浓度为1000个/cm^3，与空气负离子人体生物学效应最低浓度标准一致。表明达到Ⅳ级以上负离子浓度水平的空气对人体健康是有益的，属于保健浓度范围。而空气负离子浓度介于400～1000个/cm^3之间（V级）的空气对人体则既无多大危害，亦无多大益处，因而属于允许浓度范围。森林环境中空气负子浓度值通常为三个梯度：临界浓度（400个/cm^3）、允许浓度（400～1000个/cm^3）及保健浓度（>1000个/cm^3），“空气负离子呼吸区”“森林医院”等疗养保健场所应建在具有保健度以上的景区（景点），才会取得较好的疗养保健效果。根据这一标准，云顶茶园为Ⅰ级。

3. 结论与建议

通过对云顶茶园景区的空气负离子的检测结果的分析和对比，结果表明云顶茶园的空气质量最好，不论从单位体积上负离子的含量还是q值和CI值都表明了这一点。

（1）云顶茶园的负离子的平均浓度是龙岩市区样点负离子浓度的100多倍，高CI值也表明云顶茶园空气质量是极清洁的，云顶茶园的空气质量极佳。

（2）鉴于溪流和瀑布对增加负离子浓度的显著作用，因此建议今后的景点建设和改造的同时，考虑增加活水数量，人工创造负离子源，对进一步改善局部景点的空气质量有很大作用。

（3）云顶茶园不仅可以为旅游者提供一个良好的休闲娱乐场所，还由于其良好的的空气质量，也间接保证了茶园茶叶生产的品质。

（二）大气粉尘含量的测定与评价

1. 测定方法

选取潜龙瀑布、风动亭、雨打芭蕉处作为测定点，同时在龙岩市区选取城区中心广场进行空气粉尘含量测定，以云顶茶园各测点的所测值的平均数代表云顶茶园的平均粉尘含量，以城区测点所测值代表市区的平均粉尘含量。两者比较，直观评价国家森林公园的旅游环境清洁程度。

采用P－5L_2型数字粉尘仪，每次测定时间1分钟，每个采样点变换不同的位置和方向重复测定3次，然后将所测得的粉尘相对质量浓度（CMP）换算成质量浓度（mg/m^3）。结果见表10-8。

表10-8　龙岩市市区与云顶茶园可吸入颗粒物的比较

	编号	测定地点	测定时间	可吸入颗粒物（单位：mg/ m^3）				
				重复1	重复2	重复3	平均值	总平均
龙岩市市区	1	城区中心广场	09：20	0.08	0.09	0.08	0.083	0.083
云顶茶园	5	云顶茶园潜龙瀑布	16：45	0.01	0.03	0.02	0.020	0.030
	6	云顶茶园风动亭	17：50	0.04	0.03	0.04	0.036	
	7	云顶茶园雨打芭蕉处	8：10	0.03	0.02	0.02	0.023	

2. 结果分析

通过测定，云顶茶园的平均空气粉尘含量明显低于龙岩市区的测定值，其中云顶茶园景区潜龙瀑布处的空气粉尘含量比市区中心广场低两倍，说明云顶茶园内的空气远比城区的空气干净，是人们保健休闲的优良场所。

为进一步说明云顶茶园的空气清洁程度，我们把其粉尘含量与湖南张家界国家森林公园的粉尘含量加以比较，从云顶茶园的粉尘含量与湖南张家界国家森林公园的粉尘含量的对比结果来看，其的空气清洁程度是张家界国家森林公园的10倍左右（表10-9）。其主要原因可能是因

表10-9　龙岩国家森林公园与张家界国家森林公园可吸入颗粒物的比较

	编号	测定地点	测定时间	可吸入颗粒物（mg/ m^3）				
				重复1	重复2	重复3	平均值	总平均
龙岩国家森林公园	4	潜龙瀑布	2003年7月	0.01	0.03	0.02	0.020	0.030
	5	风动亭		0.04	0.03	0.04	0.036	
	6	雨打芭蕉处		0.03	0.02	0.02	0.023	
张家界国家森林公园	7	接待区锣鼓塔	1997年7月	0.4652				0.281
	10	核心景区黄石寨		0.0965				

为，云顶茶园植被繁茂，单位面积的绿量高，相当于一个巨大的过滤器，将大量的粉尘吸收了。另外，茶园没有毗邻大的厂矿企业，也没有城区大量的机动车辆和人群，这也是茶园空气粉尘含量小的原因。而张家界国家森林公园由于景区内有大量居民，生活燃煤较多，加上景区内有许多接待服务设施，具有一定程度的生活垃圾污染，近年来张家界国家森林公园对景区内村庄和宾馆进行了搬迁改造，这种情况已有所缓解。

根据《环境空气质量标准（GB3095－1996）》中第21条规定，凡"为国家规定的自然保护区、风景游览区、名胜古迹和疗养地等，划为大气质量一类区，执行大气质量一级标准，超过一级标准即算超标。"空气粉尘日平均一级标准浓度限值为0.05mg/ m^3、二级标准值为0.10mg/ m^3，三级标准值为0.25mg/ m^3。通过监测表云顶茶园可吸入颗粒物日平均质量浓度为0.030mg/ m^3，达到国家一级标准。

云顶茶园景区空气粉尘含量达到国家一级标准，空气清洁程度高，是旅游度假的绝好去处。茶园开发者应加强对这一优势的保护，借鉴其他风景区、国家森林公园的管理教训，杜绝开发性破坏，保持这一方净土、还旅游者一片蓝天。

3. 结论和建议

（1）云顶茶园景区的空气粉尘平均含量为0.030mg/m^3，达到国家一级标准。空气质量佳。

（2）云顶茶园景区的空气粉尘含量低的主要原因为：植被覆盖率高，对粉尘有显著的阻挡、过滤和吸附作用；远离厂矿、少机动车辆等。

（3）云顶茶园景区空气粉尘含量达到国家一级标准，空气清洁程度高，是旅游度假的绝好去处。应加强对这一优势的保护，借鉴其他风景区、国家森林公园的管理教训，杜绝开发性破坏，保持这一方净土、还旅游者一片蓝天。

（三）水环境测定与评价

云顶茶园景区拥有得天独厚的水景资源，有流泉飞瀑、清河潺溪、丰富的水景资源为云顶茶园景区增添了无尽的美景。

为了更好、更加充分利用云顶茶园景区的水体资源，茶园境内水体进行生态质量的评价分析是非常有必要的。本次调查监测重点选取了云顶茶园景区的的两处重要景点为样地，对这些样地的水体质量进行现状评价，以点见面，来分析茶园景区的水环境质量状况。

1. 测定结果

云顶茶园潜龙瀑布和茶寮等样地的水质测定情况如表 10-10 所示。

表 10-10　云顶茶园景区的水环境监测结果

样地	漂浮物	悬浮物	颜色	嗅觉质量	水温℃	pH 值	溶解氧 mg/L	电导率 uS/cm
云顶茶园潜龙瀑布	少	少	很浅色	很弱	23. 7	9. 12	0. 72	16
云顶茶园茶寮	无	无	无色	很弱	21. 9	8. 5	2. 21	24

2. 分析讨论

通过现场测定结果与 GB1294 - 1《景观娱乐用水水质标准》的规定相比较，云顶茶园景区的水环境各项指标中感性指标都达到了 A 类标准，当地以石灰岩地貌为主，故水略偏碱性。水环境质量指标中电导率完全合于欧盟标准，这证明当地水质没有受到任何工业污染，水中离子含量不高，水的硬度不大。但是，水环境质量指标体系中溶解氧的含量过低，普遍达不到国家标准。由于本次测定多测定地下泉或溪水的源头，水中溶解的 O_2 较正常低，这并不能说明龙岩国家森林公园水环境的整体溶解氧含量水平低。

3. 结论与建议

云顶茶园景区水环境质量基本能够达到国家标准，满足景观娱乐用水的要求，适宜开展游泳、垂钓等休闲娱乐活动，但要注意的是云项茶园茶寮泉水处的水碱性略高，如果做饮用需经中和处理才能饮用，在此处地点不宜开展用未经处理的水做水源的茶事活动。

（四）声环境环境测定与评价

1. 监测方法

采用 HS - 5633 数字声级计，按照 GB/T14623 - 93 规定的测量方法进行，始终在风速小于 55m/s 的情况下测定。每个样地取东、西、南、北四个方面值，以平均值定该处声级。

2. 测定结果

将测定结果与城区环境声级加以比较，再将这些测定结果与国家环境标准相比较，采用评价模式法来评价云顶茶园的夏季声环境状况。测定结果见表 10-11。

表 10-11　云顶茶园环境声级测定结果　　（单位：dB）

测定样地		重复 1	重复 2	重复 3	平均值	
城区	中心广场	60. 5	60. 8	60. 7	60. 3	60. 3
龙岩国家森林公园	云顶茶园风动亭	40. 7	44. 5	42. 6	42. 3	42. 3
	云顶茶园雨打芭蕉处	40. 2	41. 6	44. 3	42. 0	

龙岩市市区环境声级测定值为 60. 3 dB，对 0 类区的指数 39. 4 为差，对 1 类区指数值为 49. 4 为稍差，对 2 类区指数值为 59. 4 为一般。

云顶茶园环境声级测定值为 42. 3 dB，对 0 类区的指数值 79. 4 为好。

3. 分析讨论

云顶茶园环境声级为42.3 dB，对0类地区的模式评分79.4为好，表明茶园的声环境质量较高，环境噪音小，适宜开发为静养、休闲、度假旅游区。

（五）空气中CO_2含量的测定与评价

1. 监测方法

对云顶茶园主体景区内的样点进行了CO_2测定，分析景区CO_2浓度是否超过人体卫生标准。

2. 测定结果

龙岩国家森林公园主体景区内的样点CO_2的浓度测定情况如表10-12所示。

表10-12　龙岩国家森林公园主体景区CO_2浓度测定结果（单位：μg/g）

测定样地	重复1	重复2	重复3	平均值	
云顶茶园潜龙瀑布	388	390	373	384	355
云顶茶园风动亭	328	327	338	331	
云顶茶园雨打芭蕉处	371	380	372	374	

从测定结果来看，茶园CO_2的平均浓度为355μg/g，龙岩市市区中心广场的浓度为388μg/g，两者相差无多，表明整个龙岩市的大气环境质量很稳定。

3. 分析讨论

龙岩市森林郁闭度高，植物释氧固碳的能力强，有着稳定大气环境质量，是天然O_2仓库，这一点对保证本地区的旅游业健康发展有重要作用。云顶茶园空气中CO_2的含量正常，大气环境质量较稳定。

（六）太阳辐射强度的测定与评价

1. 监测方法

我们采用照度计对云顶茶园景区内不同郁闭度样地太阳辐射和地面反射情况做了监测，用茶园和市区数据对比，说明茶园在减太阳辐射，形成适宜旅游的小气候方面所起到的作用。

2. 测定结果

通过在市中心广场、云顶茶园潜龙瀑布等样地的监测，市中心广场的辐射强度为1812$\mu molm^{-2}s^{-1}$，而国家森林公园平均辐射强度为111.4$\mu molm^{-2}s^{-1}$（表9-13）。这表明，国家森林公园在减少太阳辐射、形成适宜旅游的小气候方面所发挥着很重要的作用。

表10-13　岩国家森林公园与龙岩市城区辐射强度测定结果（单位：$\mu molm^{-2}s^{-1}$）

测定样地	郁闭度	太阳辐射	地面反射	合计	平均值
城区：市中心广场	0	1271	541	1812	1812
云顶茶园：云顶茶园潜龙瀑布	0.9	19.1	1.33	20.43	

3. 分析讨论

测定结果显示，在无树木的城市广场，太阳辐射强度是以绿地为主体的云顶茶园内太阳辐射强度的10倍还多。龙岩国家森林公园内由于其独有的植被优势而形成了适宜旅游的小气候，是市区人们夏季休闲避暑的好去处，同时对外地旅游者来说，云顶茶园也是避暑度假的绝好目的地。

五、生态环境质量旅游适宜度测评总结分析

通过对云顶茶园空气负离子、粉尘含量和 CO_2 浓度、太阳辐射强度等环境质量指标，及环境声级、水质的测定和综合分析，得出以下结果：

（一）云顶茶园具有丰富的空气负离子资源

龙岩国家森林公园的负离子的平均浓度为 607,000 个/cm^3，CI 值和 q 值分别为 539.1 和 1.132；龙岩市区为 4900 个/cm^3，CI 值和 q 值分别为 4.533 和 1.081。云顶茶园负离子浓度是市区负离子浓度的 100 多倍，市内的负离子含量是远远低于国家森林公园。

云顶茶园高度清洁的空气加上丰富的负离子资源，为成为理想的疗养、度假、有氧健身的场所奠定了最坚实的基础。

（二）云顶茶园空气极清洁

龙岩国家森林公园的空气粉尘平均含量为 0.030mg/ m^3，达到国家一级标准。空气粉尘含量低的主要原因为：植被覆盖率高，对粉尘有显著的阻挡、过滤和吸附作用，远离城区、厂矿、少机动车辆等。

龙岩国家森林公园空气粉尘含量达到国家一级标准，空气清洁程度高，是旅游度假的绝好去处。开发者应加强对这一优势的保护，借鉴其他风景区、国家森林公园的管理教训，杜绝开发性破坏，保护并利用好这一方净土。

（三）云顶茶园水环境质量满足景观娱乐用水要求

云顶茶园水环境质量基本能够达到国家标准，满足景观娱乐用水的要求，适宜开展游泳、垂钓、嬉水、漂流等休闲娱乐活动，但要注意的是茶寮泉水处的水碱性略高，如做饮用水源需经中和处理。

（四）云顶茶园噪音少声环境质量佳

云顶茶园环境声级为 42.8dB，比龙岩市区低 18dB，对 0 类地区的模式评分为 74.4 好，表明云顶茶园景区的声环境质量高，环境噪音小，适宜开发旅游活动，适宜建设为静养、休闲、度假旅游区。

（五）云顶茶园具有得天独厚的小气候优势

龙岩市区夏季太阳辐射强度是云顶茶园内太阳辐射强度的 10 倍还多。云顶茶园由于其独有的植被优势而有效地减少了太阳辐射强度，形成了适宜旅游的小气候，成为天然绿色空调，是市区人们夏季休闲避暑的好去处。同时对外地旅游者来说，也是避暑度假的绝好目的地。

无论对茶叶生产还是旅游开发，云顶茶园有着得天独厚的生态环境优势，这些因素共同决定了云顶茶园的发展本底。云顶茶园是龙岩优秀的、高档次的保健旅游休闲的场所，是闽西绿色旅游线上一颗明珠。坚持保护下开发的原则，云顶茶园将前途无限。

附件：生态环境质量监测记录

附表 1　生态环境质量监测记录

测定样地环境描述	测点名称：中心广场 海拔高度：420m 下垫面性质：硬质铺装，少部分绿化，群众集会、休闲场所。				
测定时间	7 月 15 日	（时：分）8：20		天气	晴
测定值 / 指标	单位	重　复			
		1	2	3	
CO_2	μg/g	388	386	391	
空气粉尘含量	mg/ m^3	0.08	0.09	0.08	
噪声	dB	63.5	62.8	63.7	
空气负离子浓度	个/cm^3	4900	4800	5000	
空气正离子浓度	个/cm^3	6300	6400	6200	
太阳辐射强度	μmolm^{-2}s^{-1}	887	901	895	
地面反射辐射	μmolm^{-2}s^{-1}	256	264	257	

附表 2　生态环境质量监测记录

测定样地环境描述	测点名称：云顶茶园潜龙瀑布 海拔高度：795m 下垫面性质：常绿针阔混交林、沟谷				
测定时间	7 月 16 日	（时：分）16：45		天气	晴
测定值 / 指标	单位	重　复			
		1	2	3	
CO_2	μg/g	388	390	373	
空气粉尘含量	mg/m^3	0.01	0.03	0.02	
噪声	dB	—	—	—	
空气负离子浓度	个/cm^3	700，000	690，000	710，000	
空气正离子浓度	个/cm^3	720，000	710，000	720，000	
太阳辐射强度	μmolm^{-2}s^{-1}	19.7	20.2	20.4	
地面反射辐射	μmolm^{-2}s^{-1}	1.3	1.2	1.1	

附表 3　生态环境质量监测记录

测定样地环境描述	测点名称：云顶茶园风动亭 海拔高度：820m 下垫面性质：针叶林　山脊			
测定时间	7 月 16 日	（时：分）17：50	天气	晴

指标 \ 测定值	单位	重复		
		1	2	3
CO_2	μg/g	328	327	338
空气粉尘含量	mg/ m^3	0.04	0.03	0.04
噪声	dB	43	40.7	44.5
空气负离子浓度	个/cm^3	470 000	480 000	460 000
空气正离子浓度	个/cm^3	560 000	550 000	570 000
太阳辐射强度	$\mu molm^{-2}s^{-1}$			
地面反射辐射	$\mu molm^{-2}s^{-1}$			

附表 4　生态环境质量监测记录

测定样地环境描述	测点名称：云顶茶园雨打芭蕉处 海拔高度：810m 下垫面性质：竹林、芭蕉林、沟谷			
测定时间	7 月 16 日	（时/分）：18:20	天气	晴

指标 \ 测定值	单位	重复		
		1	2	3
CO_2	μg/g	371	380	372
空气粉尘含量	mg/ m^3	0.03	0.02	0.02
噪声	dB	40.2	41.6	44.3
空气负离子浓度	个/cm^3	650 000	630 000	640 000
空气正离子浓度	个/cm^3	960 000	780 000	820 000
太阳辐射强度	$\mu molm^{-2}s^{-1}$			
地面反射辐射	$\mu molm^{-2}s^{-1}$			

附表5　水环境质量测定记录

日期	7月16日	时间	15：40	地点	云顶茶园潜龙瀑布				
水体特征	瀑布								
水体利用方式及环境描述	观赏瀑布，水量大，气势宏伟。周围植被密被，为天然次生林。景观的可进入性一般								
漂浮物	少								
悬浮物	少								
颜色	无色		很浅色	V	浅色		有色		强色	
嗅觉质量	很弱	V	弱		明显		强		很强	
理化指标	单位	重复1		重复2		重复3			
水温	℃	23.7		23.6		23.7			
pH值（酸碱度）		9.12		8.91		8.96			
溶解氧（DO）	mg/L	0.72		0.83		0.71			
电导率	uS/cm	16		16		18			

附表6　水环境质量测定记录

日期	7月16日	时间	18：10	地点	云顶茶园茶寮				
水体特征	泉								
水体利用方式及环境描述	尚未开发利用								
漂浮物	无								
悬浮物	无								
颜色	无色	V	很浅色		浅色		有色		强色	
嗅觉质量	很弱	V	弱		明显		强		很强	
理化指标	单位	重复1		重复2		重复3			
水温	℃	21.9		21.9		21.7			
pH值（酸碱度）		8.7		8.8		8.7			
溶解氧（DO）	mg/L	2.21		2.14		2.16			
电导率	uS/cm	24		23		24			

第十一章 国家森林公园与生态文明建设、社区林业发展

第一节 国家森林公园旅游文化的概念与特点

一、旅游文化的概念

由于旅游和文化这两个概念本身在内涵和外延上存在着开放性、模糊性，作为它们的分支系统，旅游文化目前还没有被普遍认同的十分明确的定义。各种有关旅游文化的定义都各有侧重、各有特色。旅游文化作为旅游和文化的分支，既有旅游的综合性，又有文化的延续性，它是与旅游紧密相关，并对旅游者的审美感受产生影响的各种文化现象，旅游主体、旅游客体和旅游媒体3个要素缺一不可。它既包括旅游者自身携带的文化信息，又包括旅游客体的当地文化，还包括他们互相作用后形成的动态文化。鉴于以上的理解，我们认为旅游文化的概念是：旅游文化是一种文明所形成的生活方式系统，是旅游者这一旅游主体借助旅游媒介等外部条件，通过对旅游客体的能动的活动、碰撞产生的各种文化现象的总和。

二、旅游文化的特点

旅游文化的特点与文化的特点紧密联系，文化的特点决定并包含了旅游文化的特点，旅游文化特点是文化特点的具体表现。但是，由于旅游文化和文化在外延上并不相同，因而蕴涵着旅游文化不同于一般文化的类型和特点。

（一）延续性特点

文化是一种有生命的质的东西，它一旦形成，便会在特定的人群中凭借自己生命的活力世代相传延续。旅游文化作为文化这棵枝繁叶茂大树上的重要一枝，作为人类智慧的结晶，凭借自己的多姿多彩，在人类文明史上绵延不断，鲜明地体现出延续性特征。

1．旅游文化进程的延续性

最早的旅游活动产生在原始社会末期。旅游活动产生地开始也就是旅游文化产生地开始，在这漫长的历史进程中，不论是朝代的更替，还是不同文明的冲撞，旅

游文化始终以坚韧不拔的毅力延续下来，从上古关于旅游的神话传说，到春秋战国的商旅文化，秦汉的官旅文化，魏晋的玄游文化，唐宋的山水诗文化，一直到今天的丰富的大众旅游文化，中国旅游文化可谓源远流长，绵延不绝，耀眼夺目。

2. 旅游活动的延续性

以某个或某些旅游者为中心的旅游活动，随着旅游者的旅游活动的开始而开始，结束而结束，从表面上看，旅游活动似乎是中断的，但事实上，这样的旅游活动只是历史长河上纷繁不断、前后相承的旅游的中的一部分。无数次短暂旅游活动的相连相续，无数次旅游者的旅游活动，构成了旅游活动绵延不断的特点。从整个社会发展的角度来看，随着社会进步，闲暇时间的增加，收入的提高，交通的便捷，旅游活动将更加丰富、更加频繁，而且将永远延续下去，当前兴起的假日旅游热就是一个突出的例证。

3. 旅游资源的延续性

无论是自然旅游资源还是人文旅游资源，一旦形成，便具有相对的稳定性，而且将长时间地延续下去。如世界自然与文化遗产，自从发生地壳运动生成以来，一直以其雄伟的英姿矗立在那儿，已有几十亿年的历史。人文资源是人类历史活动的遗存，许多人文古迹由于记录了某些时代的特征，因而往往受到人民的尊敬、崇拜。此外，认为旅游资源中的神话传说、历史典故、民风民俗等，作为一种意识形态和社会现象，长期地存在于人们地头脑中和社会活动中，具有很强的延续性特征。

（二）旅游文化的多样性特点

旅游文化多样性产生的原因是多方面的。首先，它来自于旅游本身。旅游是一项包括吃、住、行、游、购、娱的多元化综合性活动。其次，由于不同时期、不同地域，人们在旅游活动中得到的精神体会都是不同的。再次，由于旅游者水平和审美情趣的差异，旅游文化呈现出多姿多样的状态。具体表现在：

1. 旅游动机的多样化

动机是产生行为的内因，旅游动机是推动人们旅游的内在驱力和张力。由于工作繁忙，人际关系复杂，知识更新不断，使人应接不暇，因而人们都渴望到大自然中去领略山川秀色、田园风光，去游览名胜古迹，参加令人振奋的体育运动和使人愉快的游戏，使紧张的神经得到松弛和调和。正是出于这种需要，人们才产生旅游的动机，但由于人们所处的环境不同，面对的问题不同，寻求的乐趣不同。因而，旅游动机也是多种多样，各不相同的。

2. 旅游需求的多样化

不同类别的旅游者有不同的旅游需求。团体旅游者一般对安全感和保障感需要较高，而散客旅游者更注重自我的满足和自我的实现。不同阶层的旅游者有不同的旅游需求，处于社会上层的旅游者在旅游中往往讲究舒适优越，要求面子和名声，而处于社会下层的旅游者则讲究实惠和节约。此外，不同的年龄、不同性别、不同文化程度的旅游者的旅游需求都各不相同。

3. 旅游活动的多样化

旅游作为一种复杂的社会活动，包括了食、住、行、游、购、娱六大要素，每一种要素本身又包含多方面的内容。例如从食的要素来看，品尝异地风味的菜肴无疑是激发旅游动机的原因之一。总之，旅游活动内容的丰富多彩体现了旅游文化的多样性。此外，旅游资源的多样化、旅游文化作品的多样化等，都体现了旅游文化的多样性特点。

（三）旅游文化的地域性特点

旅游是人们离开常住地，为了满足生活和文化的需要或各种各样的愿望而做的经济和文化的活动。因此，地域性是旅游文化鲜明的特征。

中国古代有“五里不同岗，十里不同俗”的说法。不同的地域，有不同的民俗、思想观念和宗教信仰。例如建筑，建筑是人文旅游资源的典型代表，风格不同的民居作为建筑的重要分支，以其鲜明的地域性色彩，正越来越被旅游者所关注，成为民俗旅游的一道亮丽的风景线。北方一带，为了适应地方干燥寒冷的气候，民居多为“四合院”式；南方气候暖湿，住宅多为“回水归堂”式，布局虽类似“四合院”，但院子较小，有很好的排水功能。例如，福建永定客家土楼可以说是传统民居中最独特的一种，这是中原民居文化与客家人迁移到闽西时的实际相结合，由客家人创造的一种独特的建筑形式，它反映了客家人南迁后的生活方式。此外，还有云南、贵州一带的干栏式的住宅、黄土高原的窑洞式住宅等，都因地域不同而自成一体，成为吸引国内外旅游者的独特的人文旅游资源。

旅游文化的地域性特点，使得旅游业的发展也不可避免地呈现出地域性地特点。一是旅游客源分布呈现地域性特点。从旅游客源看，欧美等经济发达国家一直是世界上国际旅游地最大客源地。近几年随着亚太地区地不断发展，该地区地客源正以前所未有的速度增长。从旅游流向上看，欧美始终是国际旅游的中心，无论在入境人次上，还是在旅游收入上，欧美始终独占鳌头，成为世界上国际旅游业最发达的地区。亚太地区开始成为国际旅游新的热点，同时，非洲正逐渐成为欧美旅游者的游览胜地。二是旅游活动呈地域性的特点。旅游者的旅游需求，从文化学的角度来看，不外乎两个方面：一是追求文化的差异；二是寻求文化的认同。正是这样人们的旅游活动呈现出地域性特点。

（四）旅游文化的民族性特点

民族都有自己的文化和特点，使其与其他民族相区别，这就是文化的民族性。文化的民族性和文化的地域性互为表现，每个民族都生活在特定的环境中，不同的环境造就了不同的生产、生活方式，形成了不同的语言、文学、艺术、道德、习俗，构成了不同的民族文化。

1. 不同民族有不同的旅游文化资源

地球上分布着不同的民族，各民族受地域的限制，在发展过程中形成了各自的文化传统。在其影响下，旅游资源便成了不同民族特点的代表，起到了反映文化的作用。

东西方文化因民族的不同有很大的差异。东方文化，尤其是中国文化是以意欲自为，调和持中为其根本精神，而西方文化则是以意欲向前为根本精神。这种根本精神上的差异在各自不同的旅游文化资源上有着直接的反映。

中国的旅游资源主要是以山水、宫殿、城楼、庙宇等主题的民族文化景观，中外旅游者也都乐意在游览这些名胜古迹的同时去体味中华民族的文化内涵，如北京的四合院，在结构上表现出一种内倾性和封闭性的特点，在使用上尊卑有序，上下分级，表现出强烈的宗法观念。

2. 不同民族有不同的旅游文化特点

文化传统的差异，必然导致各民族旅游文化特点的各不相同。例如西方民族和中华民族的旅游文化特点就有很多的不同点：从旅游动机看，西方民族的旅游动机比中华民族强，西方传统文化强调支配自然，强调个人主义，强调着眼未来，塑造了西方民族较普通的、明显的外倾性格特点。西方民族强烈的探索意识有着悠久的历史，他们的旅游需要表现为在征服自我、征服世界的过程中满足个人的好奇心和体现个人本领。因此，他们喜欢参与登山、滑翔跳伞、航海、探险等活动。而中华民族寻求平衡、和谐的文化传统，决定了中国人较缺乏冒险的旅游动机。从目的地的选择上，西方人对个性突出的目的地景观情有独钟，对景象或民族文化色彩奇特浓郁的地区较感兴趣，如西藏、云南等，而中国人信奉天人合一，喜欢小桥流水的平和景观。从旅游组织形式上看，西方民族明显的个人注意倾向使得西方人喜欢单独外出度假、旅游。而中国因为有强烈的群体意识和不喜欢冒险的性格，所以在旅游中多喜欢组团的形式。以上种种表现形式都说明了民族之间的旅游文化特点具有鲜明的民族性。

（五）旅游文化的实用性特点

1. 刺激旅游动机

旅游文化的地域性差异，强烈地激发了人们的好奇心和求知欲，感受异地文化，领略异域风情已经越来越多地成为人们的旅游动机。例如欧美等西方国家的旅游者为神秘古老的东方文化所吸引，纷纷涌向中国、日本及东南亚等国家；与此同时，越来越多的东方国家旅游者也正逐渐把好奇的目光投向多姿多彩的西方社会。即使是同一个国家，不同民族、不同地域的风情也深深地相互吸引着各地的人们，人们去云南西双版纳、丽江，西藏拉萨等地，就是为了感受不同文化的魅力。

2. 丰富旅游活动

旅游文化极大地丰富了人们的旅游活动，使旅游者在旅游活动中能够身心愉悦，心情舒畅。当进入旅游者目光的山山水水被赋予了无数的深化传说、民间故事、历史典故，再加上历代骚人墨客的诗词、墨宝，它的美就变得丰富多彩了。旅游文化在旅游活动中通过各种方式向旅游者传递信息，让旅游者在感受美、欣赏美的同时，不知不觉地提高了自身的审美情趣，同时被祖国壮美的河山、悠久的历史、古老的文化激起强烈的民族自豪感。

3. 推动旅游业发展

首先，旅游文化具有强大的宣传作用。由于旅游文化具有地域性、历史和民族的差异，所以它往往成为一个旅游区独特的“商标”和“产品说明书”。如讲到长城，就想到中国；谈到埃菲尔铁塔，就想到巴黎。其次，文化是旅游的灵魂，如果没有旅游文化的介入，旅游资源的开发就是苍白的，如果没有旅游文化的指导，旅游资源的开发往往不能取得好的效果，甚至起到破坏作用，所以旅游文化对旅游资源的开发具有很大的帮助和指导作用。

三、旅游文化的积极作用

1. 促进科学技术的进步和科普工作的开展

旅游事业的发展直接促进着科学技术的进步和科学技术普及工作。例如，发展旅游要求交通、通讯及其他服务设施更便利、更快捷、更安全、更舒适，这就会推动有关专业对相关科技或管理课题的研究。对于属于林业专业范围课题的研究，国家森林公园旅游的促进作用更为明显。例如，为适应不断涌入大量游人的形势，必须及时调整和改进保护、经营林木的技术，因而必然带来大量的科技研究任务。此外，森林旅游者进入林区，将会增加对林学、生态学、植物学、动物学、地质学、地貌学等方面知识的了解。例如，在林区参加采集标本活动，可以增加植物或昆虫种类的识别知识；参与采集岩石标本，可以增加地质方面的知识；参与营林生产活动，能够学习和交流营林技术等。

2. 有利于民族文化、艺术的保护和发展

在国家森林公园旅游，除了欣赏森林风光、自然景色和参观人文景观外，在客观上还起着发掘、利用和保护古代文物、古代建筑等，促进民族文化发展的作用。因为山林地区的古代建筑、庙宇雕塑和壁画等文物，分布甚为普遍，但不少由于多种原因而长期疏于管理，已经受到或正在发生破坏。兴建国家森林公园，可使其得到有效的保护和修复。

中国有50多个民族分布在交通不便的山林地区，其特有的文化，如民歌、舞蹈、手工艺品、文化遗产和特殊的风土人情等，世人知之甚少。兴建国家森林公园，开展森林旅游，使外地游客大量进入，从而促进其传播交流。例如，分布着热带雨林和热带野生动植物的云南省西双版纳傣族自治州，自从开展热带雨林观光旅游以来，以傣族竹楼为主的山村风光、傣族歌舞和具有民族特色的手工艺等都受到旅游者喜好，并通过旅游者的口碑而驰名远近。

3. 促进国际交流和对外开放

在国家森林公园旅游，也是一种有益的国际间民间外交活动，起着促进国际交流和增进了解的作用。特别是中国的国家森林公园旅游资源类型齐全，丰富多彩，如多季相的林冠色彩，令人惊叹的峰、崖、谷、洞、溪、涧、潭、瀑，令人着迷的日出日落霞光及雨后彩虹，令人称奇的海市蜃楼等等，应有尽有；令人“发思古之幽情”的古建筑物以及各种历史遗迹等等，到处都有分布；美丽的神话和民间和民间古朴的风俗习惯，对外国人也很有吸引力。所以，建设好国家森林公园，可使越来越多的外国人到中国来旅游，有利于外国人了解中国的国情和文化，了解中国人民勤劳勇敢、热爱和平、热爱家园、热爱祖国的高尚道德品质，从而理解中国，尊重中国，加强与中国居民的来往和增进彼此间的友谊。

此外，也会吸引更多的华侨、华人回国旅游，使他们更多地感受到祖国的大好河山，更系统、更深刻地了解和理解祖先悠久的历史和博大精深的文化，从而更加热爱祖国和支持祖国的建设和发展。

第二节 国家森林公园与生态文明建设

国家森林公园的发展给我们认识自然、了解自然、人与自然和谐相处带来了深刻的变化和影响，使越来越多的人开始认识到国家森林公园促进生态文明建设的意义和作用。

一、生态文明的基本内涵

2007 年 10 月，党的十七大提出要“建设生态文明、基本形成节约能源资源和保护生态环境的产业结构、增长方式、消费模式”，这是第一次把“生态文明”写入党代会的报告，充分体现了党中央对保护生态环境、建设生态良好社会的高度重视，也有利于解决中国发展新阶段面临的一些突出问题，对于实现国民经济的又好又快发展具有重要的战略意义。

（一）生态文明提出的时代背景。

人类社会经历了原始文明（也叫采集文明）、农业文明（也叫黄色文明），现在处于工业文明（也叫黑色文明）时代。人类在 200 年的工业文明中为了追求经济利益，往往以急功近利甚至竭泽而渔的方式对待大自然，忽视自然资本的亏损以及对自然发展的维护，在创造了辉煌的物质文明的同时，也带来了前所未有的人口过多、资源短缺、环境恶化以及生态失衡的四大发展危机，经济、社会乃至人类自身生存发展遇到了巨大挑战，促使人们寻求一种新的、超越其上的文明——生态文明（也叫绿色文明）。这种意义上的生态文明是全方位的，包含生态化了的特质文明、政治文明和精神文明。必须指出的是：生态文明并不是对旧文明形态的简单否定，而是对其改造并吸收合理的因素、因子，是人类汲取了文明演变史的深刻教训后，运用智慧对未来所做出的理性选择，是人类既往绿色文明的升华和质的飞跃，必将达到前所未有的高远境界。生态文明是继工业文明之后人类文明的又一座里程碑。

（二）生态文明的定义。

关于生态文明的准确定义，学术界尚未有一个定论，归结起来，主要有以下六种：

1. 生态文明是人类既获利于自然，又还利于自然，在改造自然的同时又保护自然，人与自然之间保持着和谐统一的关系。

2. 生态文明是指人类在社会生产和社会生活中，以人与自然和谐相处为核心目标，按照自然规律科学开发环境和合理利用自然资源，从而使人们赖以生存繁衍的空间阳光明媚、空气清新、水质洁净、土地肥沃、草木茂盛、环境优美、物种和谐，并使自然生态再生产与经济再生产进入良性循环和协调的轨道。

3. 生态文明指人们在改造客观物质世界的同时，不断克服改造过程中的负面效应，积极改善人与自然、人与人的关系，建立有序的生态运行机制和良好的生态环境所取得的物质、精神、制度方面成果的总和。

4. 生态文明是人类社会与自然环境的和谐统一，它由生态系统生产成果的总和构成。任何社会都有与之相对的生态文明。古代社会的生态文明主要表现为社会与水环境的和谐统一；近代社会的生态文明表现为社会与动植物的和谐统一；现代社会的生态文明则主要表现为社会与整个自然环境的全面和谐统一。生态文明是整个社会文明（物质文明、精神文明、制度文明等），而且包括人所引起的自然环境的变化，它是整个社会文明与自然环境的统一，因而也是一种综合性、整体性的文明。

5. 生态文明是指人类在物质产品生产和精神生产中充分发挥人的主观能动性，按照自然生态系统和社会生产系统运转的客观规律建立起来的人与自然、人与社会的良性运行机制，和谐协调发展的社会文明形式，它是人类物质、精神和制度的成果的总和，是一种新的文明形式。

6. 生态文明是指人们在改造客观物质世界的同时，积极改善和优化人与自然、人与人的关系，建设有序的生态运行机制和良好的生态环境所取得的物质、精神、制度方面成果的总和。它反映的是人类处理自身活动与自然界关系的进步程度，是人与社会进步的重要标志，包括较强的生态意识、良好的生态环境、可持续的经济发展模式和完善的生态制度。

（三）生态文明的主要内容

从上述六种关于生态文明的阐述可以看出：不管如何给生态文明下定义，生态文明包括以下几点内容：

（1）生态文明的核心是解决人与自然的和谐统一，“既获利于自然，又还利于自然”。

（2）生态文明最大限度地关注包括水、大气、土壤在内的自然基础，而自然基础是生态文明的基石。

（3）虽然任何社会都有之相对应的生态文明，都存在于人与自然的关系问题，但生态文明的提出，在于工业社会生态恶化和环境破坏，是生态问题凸现引发生态文明。

（4）生态文明是相对于工业文明而言的，工业文明以强化物质文明为主要特征，因而生态文明是对工业文明的反思和超越，是一种新型文明模式。

（5）在生态环境恶化条件下，促使生态环境成为人类的基本要求，因为人类除一般的物质和文化需求外，清洁的水、清新的空气和安静的环境成为人类的需求，物质文明、精神文明和生态文明三种文明并进，无疑已成为一种趋势。

（6）生态文明既然是对工业文明的扬弃和超越，必然要涉及工业文明现存的生产方式、生活方式和社会关系的变革，新的文明给人类开启的必然是一个更加和谐美好的社会。

（7）生态文明重点是人与自然的关系，对自然价值的尊重已成为需要解决的问题，生态文明的价值观念不同于传统的价值观念，这又引发文化观念的改革，因此，生态文明要求人文、社会、经济复合系统整体协调。

（8）生态文明的内容应包括生态化的物质文明、生态化的精神文明、生态化的制度建设、生态和环境的全面改善这四个方面。

二、森林公园在生态文明建设中的地位和作用

森林公园是林业面向社会、联系社会的主要窗口，也是人们认识森林、亲近自然、了解自然的重要窗口，在我国生态文化体系建设中具有不可替代的作用和地位。国家林业局明确提出把普及生态知识、增强生态意识、树立生态道德、弘扬生态文明，倡导人与自然和谐的重要价值观，努力构建繁荣的林业生态文化体系作为现代林业建设的一大目标，这对于进一步发挥森林公园在生态文化建设中的作用指

明了方向。

（一）森林公园丰富了生态文化的内涵

我国自1982年9月建立第一个国家森林公园——湖南省张家界国家森林公园以来，经过25年的发展，森林公园的建设取得了明显成效，这里不仅成为生态旅游胜地，还成为弘扬生态文化的主要场所。内容丰富的生态文化产品促进了森林旅游业的发展，各森林公园根据自身资源的特点，深入挖掘森林文化、花文化、竹文化、茶文化、湿地文化等文化内涵，并将其开发成人们乐于接受且富有教育意义的生态文化产品，满足了社会多元化的需求。广西姑婆山开发的“方家茶”系列产品在珠三角地区、港澳台、东南亚等地已深入人心，采茶、制茶、茶艺表演、品茶等参与性旅游活动深受游客喜爱，年接待游客人数超过30万人次，年境外游客达5万人次。福州国家森林公园举办了榕树文化节，立足榕城——福州，宣传有关榕树的科普知识和轶闻趣事，大力弘扬榕树文化，在社会上引起了强烈反响。山东原山开发了系列生态文化产品，如原山茶、原山纯净水等十大系列60多个品种，深受游客喜爱，并取得良好效益。

（二）森林公园促进了生态意识的传播

森林公园推出的“寓教于游、寓教于乐”旅游活动，也使人们在游览休闲过程中拓宽了对自然的认知，受到了自然生态知识的科普教育。上海佘山国家森林公园每年举办兰笋文化节、宗教文化节、“三山”原生态游等生态文化主题活动，开发了一系列参与互动性、科普性强的旅游项目，年接待游客达80万人次，中小学生科普活动20万人次，宗教文化活动15万人次，成为上海市民与自然进行精神交往和心灵沟通的都市后花园。同时，森林公园还采取编辑出版书籍、园报、宣传册、光盘等各种宣传手段，增加游客的生态意识。广东新丰江国家森林公园出版了10万册《环保手册》，免费赠送游客。

为让更多的人们了解森林、认识林业、探索自然，多年来，各森林公园根据实际情况，不断加强森林（自然）博物馆、标本馆以及宣传科普的标识、标牌等生态文化基础设施的建设。福州国家森林公园建立了国内第一家以森林为主题的专类博物馆——福建森林博物馆，设立了森林景观、森林生态、森林与人类、森林产业等八个展示厅，收集各种珍贵展品10000余件，向游客展示森林的形成、发展、演替规律以及森林与人类的关系，受到游客的一致好评，被确定为全国绿色文明教育示范基地。内蒙古森工乌尔旗汗国家森林公园的自然博物馆，收集存档的标本种类达2054种、13695件，是林业行业中馆藏标本最全、科目最多、制作水平最高的自然博物馆。河北前南峪国家森林公园建立了水土保持展览馆、林业发展史展览馆和太行民居博物馆，已经有150万人次游客前来参观和学习。

目前，一批国家级森林公园已经被命名为省级以上的科普教育基地、生态道德教育基地、国防教育基地等。更多的森林公园也已经成为大中小学生的实习基地、夏（冬）令营活动基地，科研人员的实验基地，广大艺术爱好者、艺术家的写生、创作基地、影视拍摄基地等等。哈尔滨国家森林公园建立了13个植物专类园区，园内设置植物标牌、解说牌，每年开展“认知植物 亲近自然”等一系列科普活动，使上万名中小学生接受植物科普知识的教育。山东昆嵛山国家森林公园采集、制作昆虫标本800余种10万余件，植物标本700多种，每年都有20多所大中院校的学生来公园实习。

（三）森林公园强化了生态教育的效果

优越的环境质量是国家森林公园最强大的旅游吸引力，在环境意识日益深入人心的现在，如果没有优越的环境，哪怕旅游资源再好，也不可能成为好的旅游胜地。有时一些地方既无出色文物古迹，也没有奇特的自然风光，却可仅因其环境质量优越而成为生态旅游胜地。湖南省桃源洞国家森林公园，20世纪90年代初期，要制定旅游规划，在调查中发现公园中有的的景区为无菌区，有的景区负氧离子高于城市百倍以上，此结果一经披露，立即在国内外引起强烈反响。因此，为了发展国家森林公园旅游，人们比以往任何时候都更注意环境保护和环境质量的改善。

多年的发展建设，森林公园在促进森林旅游业的同时，也提高了公众的生态保护意识。在国家森林公园旅游活动中，人们对于森林及生态环境有了更加广泛、深入的了解，普遍受到了启发和教育，使自然产生的朴素社会生态需求愿望得到了升华，从而提高了国民的热爱大自然、自觉低保护大自然的意识。目前国家森林公园建设已分别被纳入了《中国环境保护》白皮书、《中国环境保护“九五”计划和2010年远景规划》及《中国林业发展“九五”计划和2010年远景规划》。

（四）森林公园是生态综合效益的成功范例

森林公园通过发展森林旅游业，带动了周边乡村的经济发展，大大提升了农民的生态保护意识。据统计，森林公园通过发展森林旅游已经使2700个乡、1．2万个村、近2000万农民受益，带动森林公园周边4654个村脱贫，直接吸纳农业人口就业数量近50万个。河北木兰围场森林公园通过开展森林旅游，每年拉动消费需求达8000多万元，向社会提供就业岗位6000多个，创社会综合性旅游效益近4亿元，地方旅游税收4000余万元。通过开展森林旅游，周边农民意识到山川秀美是一笔巨大的财富，他们有了热爱家园的自豪感，变被动保护为主动保护。同时，森林公园主动让利于社会，通过对本地居民、学生、机关和企事业单位职工实行免票或优惠门票、办理年游览证等方式，福州国家森林公园于2008年10月1日实行保护性免费开放，国庆节长假期间接待游人43万人次，一般周末日旅游人数达2．5万人次。增强了人们认识自然、了解自然、保护自然的意识，取得良好的社会效益。

（五）森林公园保护和改善了生态与环境质量

由于国家森林公园内林草植被良好，盘根错节，具有很好的保水固土作用。通过林冠截留、枯枝落叶吸水、土壤渗透等作用，可以大量地减缓地表径流，把大量降水储存在林地中。据有关研究资料，$1hm^2$ 森林比无林地每年可多蓄水 $300m^3$，一片 $3330hm^2$ 森林的蓄水量，相当于一个 100 万 m^3 水库的库容量。有的研究资料表面，$1hm^2$ 森林可年涵蓄降水 500～$2000m^3$，固持土壤、砂石 20～30t，有效地减少土壤侵蚀。由此可见，各类风景林在保持水土、防止泥沙流失、涵养水源、调节河川流量等防护作用是显而易见的。这些防护效能，可采用国家森林公园风景林面积、蓄水保土功能，参照人工修建水库、治理水土流失的单位成本，测算其防护效能的经济价值。

森林可以调节气候、增加降水、有效地保护和改善生态环境。有关研究测算，$1hm^2$ 阔叶林夏季能蒸腾 $2500m^3$ 以上的水分，比它本身的重量要大 300～400 倍。森林比同纬度相同面积的海洋能蒸发的水还要多50%。森林上空的空气湿度，要比附近的农田高 5%～10%，有的高达 25%。林内年均气温比无林地低 0.7～2.3℃，夏季气温低 8～10℃。国家森林公园的森林覆盖率大大高于一般地区，在改善和提高生态与环境质量方面所起的作用更加明显。

三、森林公园在生态文化建设中潜力巨大

建设森林公园，发展森林旅游，能全面体现生态文化建设的总体要求，是林业生态文化体系建设不可或缺的重要内容。随着我国经济社会的快速发展，森林公园生态文化建设的潜力巨大，前景广阔。

我国山地面积占国土面积的69%，林地面积占 29.8%，湿地面积占 4%，在这些区域内不仅蕴藏着丰富的森林资源，绚丽的森林景观，更与高山峡谷冰川溶洞沙漠等地质地貌景观、瀑布温泉河流等水文景观以及我国 5000 年来深厚的历史文化积淀、56 个民族文化有机结合，形成了优美而多样的森林风景资源和生态文化特色。这些资源是建立森林公园的基础条件，而当前我国森林公园规划面积仅占林业用地面积的6%，加快森林公园发展有很大潜力。

我国森林公园尤其是国家级森林公园，蕴藏着极其丰富的高品位的自然风景资源，拥有众多体现大自然杰作的自然景观和人类文明活动所遗存的人文景观，这些资源是我国壮丽河山的精华，国家形象的构成要素，有着独特的、极其重要的自然生态、历史文化和科教审美等方面的价值，蕴涵着生态保护、生态建设、生态哲学、生态伦理、生态宗教文化等各种生态文化要素，是我国生态文化中的精髓。从总体来说，森林公园具有景观多样性、奇特性及丰富性三大特点。

（一）多样性。森林公园不仅在地形地貌、水体及生物资源上具有多样性特

点，而且在天象、气候及人文资源上也具有多样性特点。在地形地貌方面，森林公园内可见世界少有的山体、特殊的地质剖面、冰川和冰川遗迹、各种不同的岩洞、石林、土林、火山口、高原、峡谷、沙漠、草原、海岸等各种不同的景观；在水文资源方面，森林公园内有大川、大河、湖泊、山泉、瀑布、温泉等；在生物资源方面，森林公园内更是具有物种多样性、生态多样性及遗传多样性丰富的特点。中国大多数动植物均能在森林公园内看到。天象资源在森林公园也很突出，很多森林公园内能看到云海、霞光、雾景、蜃景等。在气候方面，森林公园几乎包括我国所有的气候类型，从热带雨林气候、热带季风气候、亚热带干旱及温带干旱气候、亚热带季风气候到温带季风气候等等。

（二）奇特性。很多森林公园具有世界稀有程度很高的景观，如张家界三千峰林、黄山云海、桂林山水、四川九寨沟、浙江千岛湖、西藏色季拉山、黑龙江火山口、内蒙古额济纳胡杨等；在生物方面，有金丝猴、熊猫、珙桐、银杉等国家珍稀保护动植物；在天象中，有极光、蜃景、云海等气象景观。

（三）丰富性。森林公园具有景观层次丰富性、景观容量丰富性及地域异质性和景观连续性的特点。丰富性指的是景观层次和容量的丰富程度及其形成的历史悠久程度。以地文资源中的山体层次丰富性来看，除了山体景观的层次多样以外，每一座山都有其丰富的文化与历史内涵。如泰山、黄山等，不仅自然风景层次多样，而且文化内涵丰富。容量丰厚性则是其自然景观容量大，一种自然景观通常由多种景观组成，如张家界国家森林公园，以山取胜，又有高山湖泊、大型溶洞、珍稀植物、峡谷瀑布、少数民族风情等。森林公园建立的地区在自然景观与人文景观类型上差异较大，而且是森林面积大，保护良好，因此，森林公园又具有地域异质性及景观连续性的特点，即不同区域的景观差异大，而相同区域的景观又具有连续性。

这些丰富多彩的森林公园景观为挖掘生态文化、吸引大众旅游提供了良好的条件，但由于起步晚、基础设施薄弱、宣传促销不到位等，仍然还有很多森林公园“藏在深闺”，在社会上的知名度还不够高，具有很大的发展潜力。

据国家旅游局预测，到 2020 年，我国国内居民的出游率将达到 311%，国内旅游人数达到 45 亿人次，旅游业总收入将超过 3.3 万亿元人民币。在我国人均 GDP 达到 1000 美元后，走进森林、回归自然的户外游憩将成为人们扩大精神文化消费的新热点，森林旅游的需求量将达到 12 亿 ~ 15 亿人次，同时，人们的旅游方式也将不再满足于传统的观光旅游，而是转向探索自然的奥秘，感受生态文化魅力的“知性之旅”。

四、森林公园促进生态文化建设的途径

当前森林公园生态文化建设存在着认识不足、基础设施薄弱、解说体系不规范

等问题和困难，因此加快森林公园生态文化建设是构建繁荣的林业生态文化体系的必然要求。

（一）制订生态文化建设的总体规划

要充分发挥森林公园建设对构建繁荣的林业文化体系的重要作用，真正把森林公园的生态文化建设纳入整个林业生态文化体系建设的范畴加以推进。同时，对森林公园个体而言，要在总体规划和景区景点建设中注重生态文化和谐，把生态文化建设作为总体规划的重要内容，根据公园的特点，明确生态文化建设的主要方向、建设重点和功能布局，邀请有关专家对生态文化项目进行总体策划和规划设计，使生态文化建设有章可循。

（二）完善生态文化建设的基础设施

通过加大对森林公园生态文化建设的投入，进一步加强各类生态文化基础设施建设，完善现有生态文化设施的配套设施，建立规范的解说系统，充分发挥森林公园在生态教育、自然科普宣传、弘扬生态文化等公益性功能。

（三）突出生态文化建设的示范效应

选择一批基础条件好、生态文化内涵丰富的森林公园建设“全国生态文化教育基地”作为生态文化建设示范，由点到面、分步推进全国森林公园生态文化建设。同时，要重视对生态文化内涵的挖掘和提炼，突出特色，提升文化品位。

（四）培养生态文化建设的人才队伍

不断加强生态文化人才队伍的建设培养，如加强对导游、管理人员的培训，加强与大中专院校、科研单位和专业社团的合作等，聘请专家、志愿者担任公园生态文化建设的顾问、讲解员，尽快建立起一支生态科普教育的人才队伍，让更多的人有机会接受到自然、生态知识的教育普及。

第三节　国家森林公园与社区林业发展

社区林业不仅是当今国际林业界的一个热点问题，它更是林业界跨世纪的一个重要议题。国外发展社区林业已经走过30个年头。早在1968年第9届英联邦林业大会上印度林学家杰克·威士托比（J·Westoby）就提出：“林业并不是一个关于树木的问题，而是一个关于人的问题”。1985年第8届世界林业大会通过的《雅加达宣言》指出“林业已从生物的、技术的更多的转向人文的和社会的方面”。正当人们跨入21世纪之际，林业的热点更是从传统林业转向社区林业，更加关注社区林业的发展。我国是一个发展中国家，社区林业适合我国的林业实践，改革开放以来，特别是进入20世纪90年代，社区林业有了长足的发展。其中国家森林公园的建设，森林旅游业的发展就是很好一个例证。

一、为社区林业发展作出了贡献

社会林业是人类利用森林具有特殊的多功能、多效益的一种社会组织形式，人类为了纠正农业发展过程和工业化过程中，片面追求过伐森林收获木材的效益而引起的生态、社会问题，适应社会发展的特点和文化背景而产生的一种社会协调组织形式。森林旅游业正是这种社会协调组织形式的良好生产经营方式之一，国家森林公园是这种社会协调组织形式的重要载体之一。建设国家森林公园，发展森林旅游业就是协调社会中人与自然环境、生产与自然环境的关系，藉以保障人的生存环境和工农业生产环境的质量，维持在有利于生存和有利于生产的状态，发展社区经济。例如，武夷山国家自然保护区近几年来大力发展森林旅游业，促进当地社区产业结构和村民收入来源结构的调整，村民人均收入中，依靠林副产品的收入从过去的71%降到现在的62%，旅游收入占总收入的比例从过去的4%增加到现在13%，这是可喜的变化，表明对木材生产、毛竹采伐加工等资源消耗型产业的依赖性在逐步减少（表11-1）。因此，无论从森林生态环境保护和建设，还是从改变传统林业单一经营模式，调整产业结构，增加社会就业，促进社区经济发展；无论是从社会生态系统动态平衡角度，还是从发展经济学角度来观察森林旅游业，都充分说明了国家森林公园是社区林业重要组成部分，为社区林业发展作出了贡献。

表11-1　武夷山自然保护区桐木村村民收入来源结构变情况

单位：元、%

收入来源＼年份	1989年		1994年		1998年		2007年	
	收入	比例	收入	比例	收入	比例	收入	比例
林副产品	647	71	1581	73	2007	62	2500	42
畜牧业	98	10	200	9	180	6	30	0.5
种植业	134	15	205	9	500	16	1800	30.5
外出打工	—	—	—	—	100	3	800	13.5
旅游业	33	4	201	9	413	13	800	13.5
合计	910	100	2187	100	3200	100	5930	100

二、促进了社区林业的可持续发展

长期以来，林业生产走得是单一经营模式，即采伐—更新—再采伐。由于过量采伐，在东北、内蒙古国有林区出现了“两危”，即森林资源危机，林区经济危困的局面。南方集体林区也遇到资源和经济的很大困难。因此，出现许多地区天然林大量被伐，森林资源锐减，生态环境恶化，水土流失严重，林区经济困难。而另一方面，森林的多功能、多效益没有得到充分发挥，特别是林区的森林风景资源没有得到充分利用，如地处陕西省眉县的太白山国家森林公园是在国有林场基础上建立起来的，过去由于林业生产的单一经营模型，森林采伐难以为续，林场经济每况愈下。近几年来，建设国家森林公园，大力发展森林旅游业，年接待游客 50 多万人次，年森林旅游直接收入 400 多万元，占林场总收入的 60%，林场经济得到很大发展。又如浙江千岛湖国家森林公园因其拥有 5.3 万 hm^2 水面和湖内 1078 个岛屿而得名。在开发森林旅游之前，社区经济十分困难，林区农民采樵造成植被破坏问题十分突出。而发展森林旅游业之后，社区经济发展迅速，林区农民收益增加，加上当地政府正确引导，林区能源得到基本解决，森林植被恢复取得良好成效，由初期的 23.8% 提高到目前 79.1%，营造了千岛湖碧水绿岛的自然美景。因此，有人称森林旅游业是“无烟工业”、“朝阳产业”。发展森林旅游业能够在减少森林资源消耗的情况下，取得较大的经济效益和社会效益，改变了林业生产单一经营模式下的产业结构、产品结构、就业结构和市场结构的单一性。同时，还促进了资源保护和建设。据不完全统计，近几年来，全国国家森林公园年投入环境建设和保护资金达 7000 万元，年均营造风景林 4 万 hm^2，改造林相 3 万 hm^2。例如近 5 年来，福州国家森林公园建设苏铁、竹类等风景林超过 50hm^2，改造林相超过 70hm^2，累计投入 1200 多万元。国家森林公园已逐步成为我国自然资源保护和生物多样性保护、生态环境建设的主力军。因此，建设国家森林公园不仅改变了传统林业单一经营模式，而且促进了社区林业的可持续发展。

三、推动了社区林业经济的发展

建设国家森林公园，发展森林旅游业是一个新兴的第三产业，它和其他旅游业一样，涵盖了“吃、住、行、游、购、娱”六大方面，是一个劳动密集型的行业。据国家旅游局调查，旅游企业每增加 1 名员工，社会就增加 5.3 名旅游服务人员。在泰国每接待 20 名国外游客，就可增加 1 名就业人员。我国国内游客对接待要求不高，服务项目相对较少，以每接待 100 名国内游客，直接或间接安排 1 个人就业计算，全国国家森林公园年接待国内游客 1.2 亿人次，就可使 120 万人就业。如太白山国家森林公园现有从事旅游服务的职工 120 多人，是林场职工总数的 60%，而当地从事商业、饮食、旅店、交通运输、邮电通讯等旅游服务的国家、集体单位职工和个体户的各类服务人员近 1000 人。如福州国家森林公园是在福州树木园的基础上建立起来的，1989 年建园初期，旅游人数不到 1 万人次，直接从事旅游服务人员不到 20 人，到 1994 年，旅游人数达 15 万人次，直接从事旅游服务人员 84 人，到 1998 年旅游人数达 77 万人次，直接从事旅游服务人员 392 人；2007 年门票收入 421 万元，旅游人数达 126 人次，直接从业人员 606 人。（见表 11-2）

表 11-2　福州国家森林公园旅游服务业规模、从业人员统计情况

年份 收入来源	1989 年			1994 年			1998 年			2007 年		
	家数	规模	从业人员（人）	家数	规模	从业人员（人）	家数	规模	从业人员（人）	家数	规模	从业人员（人）
旅游娱乐	—	—	—	1	50 m^2	2	12	51000 m^2	65	14	53000 m^2	80
旅游交通	—	—	—	—	—	—	2	—	40	3	64 辆	64
旅游商店	2	30m^2	4	4	60 m^2	6	16	300 m^2	48	16	300m^2	48
旅游餐饮	1	40 m^2	4	2	360 m^2	15	9	800 m^2	50	11	5100m^2	150
旅游住宿	1	10 床	2	2	60 床	9	5	360 床	40	7	790 床位	80
旅游环卫	1	—	2	1	—	12	1	—	29	1		42
旅游经营（导游与促销）	—	—	—	—	—	—	1	200 m^2	38	4	5800	20
旅游管理	—	—	5	1	200 m^2	50	1	300 m^2	72	1	500	72
合计	—	—	17	—	—	84	—	—	392			606

另外，国家森林公园每年平均建设投资约 800 万元，可以为建设企业解决就业 160 人左右。又如武夷山国家级自然保护区从 1994 年开展森林旅游以来，直接为当地桐木村增加就业人员，到 1998 年从业人员达 77 人，占当地劳力的 20%。发展森林旅游业，推动了社区经济发展，从而有力地促进了社会林业经济的发展。据国家旅游局调查，旅游企业每创收 1 元可给附近地区带来 10. 2 元的社会经济效益。四川瓦屋山国家森林公园是在乐山洪雅林场基础上建立起来的，近几年大力发展森林旅游业，全场年总收入达 6000 多万元，利税 500 多万元，一跃成为全县利税大户。在湖南，随着张家界国家森林公园的建设和发展，公园附近的两个村农民人均纯收入由原来的 122 元增加到 1995 年的 1919 元，大大高于全省和全市平均水平，并且使周边 20 万农民依托森林旅游而摆脱贫困，在张家界市的经济总收入中，其旅游收入占 48. 5%。

四、丰富了社区林业资产的内涵

长期以来，在国有林区，主要是国有国营单一的经济成分和经营模型。在南方集体林区也主要是国有国营和乡村集体经营这两种经济成分与经营模型，林区经济不活是普遍现象。随着市场经济体制的建立和逐步完善，很明显林区这种经营模型已无法适应，加上以木材生产经营为主，林业经营周期较长的特点，许多经济成分很难进入，至少比其他行业更难进入。而随着森林旅游业的发展，为多种经济成分进入林区提供了更多的机会和舞台。福州国家森林公园开展森林旅游以来，加强基

础设施建设，改善旅游环境，提高服务质量，大力引进多种经济成分，建设旅游娱乐项目。近几年来，引进各种娱乐项目12家，引进建设资金1804万元，包括外商独资、民营企业、国有与民营联营、职工股份制和个体经营等（表10-3）。福建长泰天柱山国家森林公园近年来引进境外资金1800多万元，用于森林旅游开发建设。

在单一经营模式下，森林资产主要是指活立木资产，具体体现在木材价值上，忽视了森林的多功能、多效益和资产的多样性，其中森林景观就具有较高开发价值，也就形成较高的森林景观资产。同时，林区内的野生动物、野生花卉、草原、冰川、沙漠、地质地貌，湖泊河流等等都有较高的森林旅游开发价值，也就形成了较高资产价值，为社会林业发展奠定了基础。如张家界国家森林公园内的“定海神针”这一景观，保险标的价就达1亿多元，可想而知整个张家界国家森林公园的景观资产数以百亿计，可以说是无价之宝。

表11-3　福州国家森林公园娱乐项目投资经济成分状况

项　　目	外商独资	民营企业	国有与民营联营	职工股份	个体经营	合计
家 数	2	2	1	1	6	12
投资（万元）	870	710	75	30	119	1804
比例（%）	48	39	4	2	7	100

五、提高了社区林业的整体效益和综合效益

开展森林旅游业要具备“吃、住、行、游、购、娱”六大要素，要解决这六大要素的问题，就促进了林业与第一产业如农业（观光农作物栽培等）、第二产业如加工、制造业（汽车、旅游娱乐设施、旅游纪念品制造等）、第三产业如商业贸易、园林建筑、交通运输、邮电通讯、医疗卫生等行业的紧密结合。建设国家森林公园，发展森林旅游业带动了林区整个基础设施的建设，特别是道路交通、邮电通讯、供水供电、商业服务的大发展，为整个林区经济发展奠定了基础。同时，会引进各类人才汇聚林区，也必然促进林区的教育和人才培训，以及信息交流、文化建设和民族发展。如云南西双版纳自然保护区和原始国家森林公园开展森林旅游业以来，当地政府为促进森林旅游业的发展，在新建民用机场基础上，投入巨资改造进入自然保护区和国家森林公园的等级道路超过300km，铺设电缆，改善通讯等。又如云南省西北部宁蒗县与四川省盐源县交界处的泸沽湖自然保护区的落水自然村，全村78户，其中摩梭人35户，普米人25户，汉族18户，全村505人。1989年农民人均纯收入仅196元，一年缺粮2～4个月，文盲率31%，是个典型的贫困村。1993年实施由美国福新基金会资助的社会林业项目，在当地政府的重视下，加大旅游业的投入，旅游人员从1994年的5000人次增加到1996年的15万人次，旅游

收入达到3000万元，农民人均纯收入达到1240元，高出全县平均水平的200%（表10-4）。旅游业的快速发展，给寂静的落水村社区带来了巨大变化，改变着村民的思想观念，给落水村脱贫致富带来良机，也给村民发展参与式社会林业带来新的模式。因此，发展森林旅游业，极大促进了林区的物质流、信息流和人才流，开拓林区广阔市场，提高了社区林业的整体效益和综合效益。

表11-4　云南泸沽湖自然保护区落水自然村社区村民人均纯收入变化对照

单位：元

地区＼年度	1992年	1994年	1996年
云南省	618	803	1011
丽江地区	546	628	864
宁蒗县	383	405	566
永宁乡	368	394	489
落水行政村	396	426	547
落水自然村	436	826	1240

实例十五　福州国家森林公园绿量与生态效益研究

一、福州国家森林公园概况

福州国家森林公园的前身是建于1959年的福州树木园，1993年经国家林业部批准建为福州国家森林公园。公园位于福州市晋安区新店镇，东经119°16′，北纬26°07′，整个公园呈长方形，东西宽2.96km、南北长4.55km，总面积859.3hm^2。园内三面青山环抱，中部为谷地和丘陵，南部濒临八一湖。地势西北高，东南低；山峰最高点海拔634m，近湖边缘最低，海拔高仅为50m余。山地主要坡向朝南，其次为东坡和西坡；一般坡度16°，最大坡度50°。公园地处亚热带北缘，属亚热带海洋性气候，气候温和，雨量充沛，年平均降水日数153天，年降水量1438.5mm，平均相对湿度79%，年平均气温20℃。公园土壤以红壤为主，森林植被郁郁葱葱，覆盖率达72%，植被区系属亚热带常绿阔叶林区域，计有131科546属1703种。随着福州市的城市建设规模扩大，福州国家森林公园已由原来的城郊公园逐渐变成城市公园，是福州城市居民度假、休闲、康乐、观光的主要活动场所。

二、研究手段与方法

福州国家森林公园位于福州市区北部，是城市的一叶“绿肺”。如何使这叶“绿肺”充分发挥其作用，首先要对其现有的植被结构特点和生态效益进行分析。在植物的各种生态效益中，最重要的是植物通过光合作用吸收CO_2、释放O_2。对森林绿量的测定和植物光合效益的定量研究，是我们研究其他生态效益的基础。

（一）绿量测定的方法

绿量测定的关键在于以一个快速的精确定量方法去获得植物的叶面积。早期在林业中使用的直接测量的方法烦琐费劲，要大面积的测量是不可能的。上海在绿量测定方面，采用了以“平面量模拟立体量”的方法，对某一种树种而言，其冠径和冠高之间总有某种统计相关关系，通过回归分析建立相关方程，据此可以用该方程根据航空相片上量得的冠径求取冠高，最后求的树冠体积，即绿量。北京的绿量调查是通过大量的实地测量，根据不同植物个体的叶面积与胸径，冠高或冠径的相关关系，建立了计算不同植株个体绿量的回归模型。福州国家森林公园国家森林公园占地面积较大，树木种类繁多，无论是采用北京的逐种建模方式，还是上海的绿量遥感测算模式，都涉及到单种建模的问题，需耗费大量的人力物力，绝非短时间内可完成的工作。

本研究采用冠层分析仪来测量叶面积，该种仪器通过鱼眼成像信息采样器，迅速获得 2π 空间的植被冠层结构信息，依靠其强大的数据数据处理功能，仅需 0.01s 就可采集到一副半球状、高分辨率的冠层底视结构信息图，影像是 256 级灰度，同时可快速推算出叶面积指数、散射光透射率、直射率、直射光透射率、叶倾角、消光系数、叶分布等指标。

（二）植物固碳释氧能力的测定方法

在阳光下，植物进行着一系列复杂的化学反应，源源不断地制造着人类生存所必须的碳水化合物和 O_2，同时植物又是天然的空气过滤器，吸附大气中的尘埃，吸收各种有毒气体。而在树木所有的各种生态效益中，吸收 CO_2、释放 O_2 是最基本的生态效益，对各树种的释氧固碳能力的量化研究，是我们评估树木的各种生态作用的基础。

本研究对福州国家森林公园主要植物种类的光合作用进行了测量。净同化量（P）的计算是昼净光合量（Pd）减去夜间暗呼吸量（Pn）的差值。在植物的光合作用的日变化曲线中，其净同化量是由净光合速率曲线和时间横轴围合的面积，如图 10-1 所示。

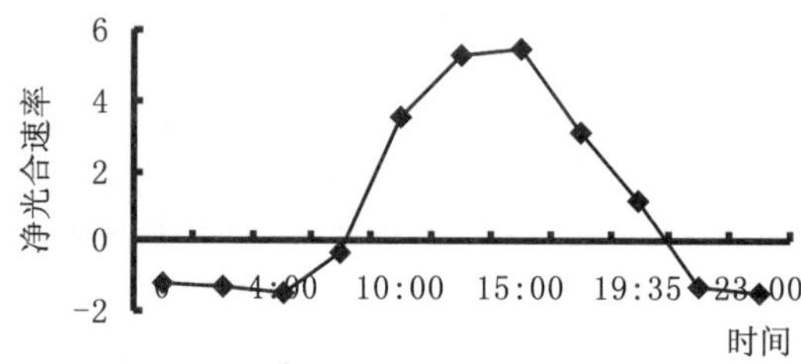

图 11-1　植物光合作用日同化量计算示意意图

设日净同化量为 P，利用简单积分法，各种植物日净同化量计算公式为：

$$P=\sum\left[\left(p_{i+1}+p_i\right)/2\times\left(t_{i+1}-t_i\right)\times 3600/1000\right]$$

式中：p_i——初测点的瞬时光合作用速率（μmol/m^2·s）；

p_{i+1}——下一测点的瞬时光合作用速率（μmol/m^2·s）；

t_i——初测点的测试时间；

t_{i+1}——下一测点的时间，单位 h；

3600 秒——每小时；

1000 微摩尔——1 毫摩尔。

根据光合作用的反应方程（$CO_2 + 4H_2O \rightarrow CH_2O + 3H_2O + O_2$）可计算出全天固定 CO_2 量为 $W_{CO_2} = P \times 44/1000$（44 为 CO_2 的摩尔质量），放氧量为 $W_{O_2} = P \times 32/1000$（32 为 O_2 的摩尔质量）；用每种植物的日释氧固碳量乘以该种或该类植物的叶面积指数，即可计算出单位面积（m^2）该树种的日释氧固碳量。

三、福州国家森林公园绿量分析

（一）福州国家森林公园主要的植被类型

福州国家森林公园的主要植被以人工针、阔叶林为主，乔木树种以马尾松、木荷为主，其次有湿地松、香樟、毛竹、油杉、荔枝等，森林的 80% 属幼林，都是在过去 20 年中绿化项目中所种植的树。公园核心区经过 40 年的引种驯化，从国内外引种南洋杉、苏铁、丛生竹、棕榈科植物，形成苏铁园、翠竹园、榕树观赏园、珍稀植物园等植物专类园。

（二）福州国家森林公园绿量测定

冠层仪对于均匀植被的测量较为简单准确。但福州国家森林公园的植被不同于林业生产中的单一树种的连续植被，既有天然植被又有人工植被，具有结构类型复杂，树种多样，种植不规则和分布零散的特点。因此，在对福州国家森林公园植被进行踏查的基础上，对其植被类型进行了分类，找出具代表性的区域，进行叶面积指数的测量。根据国家森林公园林业资源二类清查的各种林分结构的实际面积，进而推算各植被类型的叶面积（表 10-5）。

由表 10-5 可以看出，国家森林公园主要是马尾松、木荷纯林或混交林的林分结构，这两种树种的不同林分结构构成了国家森林公园绿量的主体。虽然国家森林公园植物种类很多，由于马尾松、木荷这两种树种占了国家森林公园总绿量的 90% 以上，景观效果较单一，同时纯林更容易感染各类病虫害，因此无论是出于管理养护，还是景观效果的考虑，对部分较为稀疏的纯林进行部分改造都是必要的。

表 11-5 国家森林公园各林型的叶面积

林型	叶面积指数	林地面积（m^2）	叶面积（m^2）
马尾松纯林	1.41	2 006 940	2 829 785
马尾松、木荷混交林	1.36	1 359 540	1 848 974
木荷纯林	1.27	2 719 080	3 453 232
毛竹林	1.29	188 000	242 520
香樟林	1.31	9 711	12 721
油杉林	1.50	3 237	4 856
荔枝林	1.14	19 422	22 141

（续）

林型	叶面积指数	林地面积（m^2）	叶面积（m^2）
苏铁	1.65	3 200	5 280
叉叶苏铁	1.45	2 100	3 045
四川苏铁	1.83	1 500	2 745
棕榈	1.15	2 800	3 220
华盛顿棕榈	1.59	260	413
短穗鱼尾葵	2.26	1 400	3 164
假槟榔	0.79	5 600	4 424
蒲葵	1.37	800	1096
蒲葵与华盛顿棕榈混植	1.38	560	773
榕树	1.50	1 120	1 680
垂榕	1.97	580	1 143
大果榕	1.78	150	267
高山榕	1.36	1 310	1 782
黄葛树	1.74	200	348
印度橡皮树	1.79	600	1 074
小叶榕	1.26	1 300	1 638
异叶南洋杉	1.76	1 700	2 992
罗汉松	1.16	8 700	10 092
水松	1.37	6 500	8 905
深山含笑	1.39	890	1 237
火力楠	1.88	2 300	4 324
红花羊蹄甲	1.05	1 400	1 470
杧果	1.41	560	790
共 计		6 351 460	8 476 131

四、福州国家森林公园固碳释氧量的分析

采用英国产 CIRAS－I 光合测定仪对国家森林公园的主要植被类型进行了光合日变化的测定，测定时间为早 4：30 至晚 20：00，时间间隔为 2h，测定结果如表 10-6 所示。

由测定结果可知，不同树种光合效率有明显差异，以至同样绿量的不同植物群落，其生态效益存在着明显差别。在今后的植被类型改造中，要充分发挥树木的生态效益，在树种选择上应注意选择具有较强光合能力的树种，如深山含笑、香樟、火力楠等。

表 11-6　福州国家森林公园主要树种的光合效益及日固碳释氧能力

植物名称	单位叶面积			叶面积	总叶面积		
	日净同化量（mMol·m⁻²）	固碳量（g·m⁻²）	释氧量（g·m⁻²）	（m^2）	总净同化量（Mol·d⁻¹）	总固碳量（kg·d⁻¹）	总释氧量（kg·d⁻¹）
苏铁	238.2	10.48	7.62	5 280	1 258	55	40
四川苏铁	266.6	11.73	8.53	2 745	732	32	23
叉叶苏铁	296.9	13.06	9.50	3 045	904	40	29
油杉	357.3	15.72	11.43	4 856	1 735	76	56
蒲葵	369.9	16.28	11.84	1 480	548	24	18
华盛顿棕榈	393.6	17.32	12.60	859	337	15	11
异叶南洋杉	597.3	26.28	19.11	2 992	1 787	79	57
罗汉松	611	26.88	19.55	10 092	6 166	271	197
水松	665.4	29.28	21.29	8 905	5 925	261	190
马尾松	799.8	35.19	25.59	4 239 785	3 390 980	149 198	108 496
红花羊蹄甲	804.4	35.39	25.74	1 470	1 183	52	38
木荷	851.76	37.48	27.26	3 909 847	3 330 251	146 541	106 582
小叶榕	921.2	38.33	27.88	1 638	1 509	63	46
火力楠	943.1	41.50	30.18	4 324	4 078	180	131
深山含笑	1042.5	45.87	33.36	1 237	1 290	57	41
毛竹	1055.4	46.44	33.77	242 520	255 956	11 263	8 190
香樟林	1110	48.84	35.52	12 721	14 120	621	452
榕树	1172.3	51.58	37.51	1 680	1 970	87	63
印度橡皮树	1181.6	51.99	37.81	1 074	1 269	56	41
杧果	1209.5	53.22	38.70	790	956	42	31
高山榕	1213.4	53.39	38.83	1 782	2 162	95	69
荔枝	1323.6	58.24	42.36	22 141	29 306	1 290	938
短穗鱼尾葵	1359.3	59.81	43.50	3 164	4 301	189	138
假槟榔	1387.51	61.05	44.40	4 424	6 138	270	196
共计					7 064 861	310 857	226 073

由表 11-6 可知，福州国家森林公园整个区域每天可固定 CO_2 约 310t，放出 $O_2$226t。一个成人每天呼吸约需消耗 O_2 750 g，呼出 CO_2 900g。目前整个国家森林公园的释氧量可供约 42 万人的呼吸耗氧。福州市的市区人口约 116 万，即福州国家森林公园可供 1/3 的福州市市民呼吸耗氧。在福州国家森林公园的二期改造过程中，福州北峰林场、宦溪林场、岭头乡林地等林地将并入福州国家森林公园，福州国家森林公园的面积将达到 7170.1hm^2，森林面积达到

2891.3hm^2，是现在森林面积的5倍，届时福州国家森林公园植物的释氧量将可满足整个福州市城市居民呼吸耗氧，称为福州市的“巨肺”决不为过。

目前，福州国家森林公园的马尾松林多在20年以下，有研究证明，对于郁闭度在0.5～0.8、树龄为12年左右的马尾松、木荷林林分，每年净增叶面积指数约0.2～0.4。所以目前建成区内植被的释氧固碳能力仍处于一条上升曲线，可以预期在未来的几十年里国家森林公园植被将可以发挥更大的生态效益，为城市提供更多的O_2。

五、结论和建议

（1）福州国家森林公园总绿量为8 476 131m^2，对国家森林公园绿量贡献最大的树种为马尾松和木荷，由于多为幼龄林，总绿量都还有相当大提高的空间。目前国家森林公园植被有相当面积的纯林，群落结构的稳定性较低。在一个群落中，动植物种群多，结构复杂，食物链越丰富，物质和能量交换循环越快，生态系统就越稳定，其生态效益就越高。在同一地块上，通常混交林的生态效益明显优于纯林。如对目前的马尾松和木荷纯林进行适度改造，把乔木、灌木、藤本、地被配置在一个种群间互相协调的生物群落中，有复合的季相和相宜的色彩，使得具有不同生态特性的植物能各得其所，能充分利用阳光、空气、土地空间、养分、水分，构成一个和谐有序的群落，以达到生态上的科学性、布局上的艺术性、功能上的综合性、经济上的合理性、风格上的地方性，最大限度地发挥生态、社会和经济效益。

（2）福州国家森林公园现有整个区域每天可固定CO_2约310t，放出$O_2$226t，可供福州市区1/3人口的呼吸耗氧。建议及时完成福州国家森林公园的二期改造项目，提高国家森林公园的有效绿量，使国家森林公园发挥更大的生态效益。独立、封闭、有限的城区绿化已不足以形成改变城市生态环境的效益，城市绿化必须越出城区界限，向与城郊连成一体的大环境绿地方向迈进，对福州国家森林公园的二期改造和扩建，正顺应了这一潮流，必将对福州的生态环境产生积极的影响。

（3）福州国家森林公园的二期改建工作应与福州市的整个绿地系统结合，作为福州的绿肺，若没有完整的呼吸系统的存在，它的作用将大打折扣，应从国家森林公园到市内建设7km的绿色廊道，使其就近与市内大型绿地相联系，通过绿量、景观的大规模组合，在更大的空间范围内谋求人与环境进一步协调和谐的进展，从而实现福州市的生态环境可持续发展战略。

参考文献

马建章主编．森林旅游学．哈尔滨：东北林业大学出版社，1995

王大悟等主编．新编旅游济学．上海：上海人民出版社，1998

王民，陈传康．黑龙江省滑雪旅游资源的开发与利用．经济地理，1997，3：100～102

王兴国，陈鑫峰．森林公园和森林旅游业发展概览．绿化与生活，2001，1：27～29

王兴斌著．旅游产业规划指南．北京：中国林业出版社，2000

王忠君，张启翔．福州国家森林公园绿量与生态效益研究．中国城市林业，2004，1：91～94

王香春编著．城市景观花卉．北京：中国林业出版社，2001

王訚文．力有森林之游乐利用研究．中国园林，1994，3：24～27

王莹．对杭州开发新婚旅游的思考．旅游学刊，1995，5：17～21

王维正．国家公园．北京：中国林业出版社，2000

王雁，陈鑫峰．心理物理学方法在国外森林景观评价中的应用．林业科学，1999，35（5）：111～117

王肇和主编．旅游客源地．北京：中国林业出版社，2001

文硕编著．这就是娱乐经济．北京：中国广播电视出版社，2002

邓金阳．张家界国家森林公园旅游冲击的调查评估．中南林学院学报，2000，3：40～45

邓秋才．哈达门国家森林公园风景质量的分析与评价．内蒙古林学院学报，1996，2：11～19

左玉辉编著．环境学．北京：高等教育出版社，2002

（加）史密斯著，吴必虎译．游憩地理学理论与方法．北京：高等教育出版社，1992

白水秀，范省伟．旅游产品的征订重新界定及其现实意义．当代经济科学，1999，3：85～90

兰思仁主编．树木引种与景观评价．香港：亚洲科学出版社，1999

兰思仁主编．绿色明珠．香港：亚洲科学出版社，1999

兰思仁主编．森林旅游与苏铁资源．北京：中国林业出版社，2001

兰思仁等．充分发挥自然保护区优势，大力发展森林旅游业．福建林业改革与发展论文集．北京：中国林业出版社，1998

兰思仁等．森林旅游——21 世纪福建林业的支柱产业．福建林业改革探索．北京：中国林业出版社，1999

冯书成主编．国家森林公园与森林旅游．西安：西安地图出版社，1993

刘伟，朱玉槐著．旅游学．广州：广东旅游出版社，2001

许树柏．层次分析法原理．天津：天津大学出版社，1988

孙根年．我国自然保护区生态旅游业开发模式研究．资源科学（京），1999，6：40～44

杨帆．国家森林公园景观规划的基本原理．中南林业调查规划，2000，5：44～49

李世东．张家界国家森林公园风景质量评价．中国园林，1993，4：43～47

李世东．张家界国家森林公园风景质量评价．南京林业大学学报，1993，17（4）：43～47

李世东．国家森林公园风景质量评价．中国园林，1991，4：38～42

李宇宏编著．景观生态旅游规划．北京：中国林业出版社，2003

李春阳等．帽儿山森林景观质量评价．东北林业大学学报，1991，（6）：91～95

李海东，继刚．漂流专项庄旅游开发研究．经济地理，1995，7：108～112

李维长，何丕坤编著．社会林业理论与实践．昆明：云南民族出版社，1998

肖星，严江平．旅游资源学．北京：中国旅游出版社，2000

吴必虎．区域旅游规划原理．北京：中国旅游出版社，2001

吴楚材．张家界国家森林公园环境质量评价．中国园林．1994，3：32～38

吴楚材等．张家界国家森林公园游憩效益的研究．林业科学．1992，28（5）：423～430

邱尧荣．森林旅游资源调查的技术要点与探讨．林业资源管理．2000，（4）：62～65

但新球．国家森林公园的疗养保健功能及在规划中的应用．中南林业调查规划，1994，1：54～57

但新球．森林旅游对环境与景观生态系统的影响．中南林业调查规划，1996，1：56～60

但新球．森林景观资源美学价值评价指标体系的研究．中南林业调查规划，1995，（3）：44～48

余书炜．“旅游地生命周期”理论综论．旅游学刊，1997，1：32～37

张杰主编．国家森林公园管理学．哈尔滨：东北林业大学出版社，2003

张明，于辉．森林旅游产品及其开发策略的研究．林业科技，2001，26（2）：55～60

张建国，吴静和著．现代林业论．中国林业出版社，1996

张建萍著．生态旅游理论与实践．北京：中国旅游出版社，2001

张树夫主编．旅游心理．北京：中国林业出版社，2001

张炳发，初凤荣．新产品开发方案选择的层次分析方法．系统工程理论与实践，1997，7：88～92

张辉．对中国旅游发展道路的重新认识．西北大学学报（哲学社会科学版），1995，3：119～123

张辉著．旅游经济论．北京：旅游教育出版社，2001

张辉著．旅游经济学．北京：旅游教育出版社，2002

张雷著．注意力经济学．浙江：浙江大学出版社，2002

陆兆苏等．紫金山风景林的动态及其经营对策．南京林学院学报，1985，9（3）：1～11

陈平留．森林资产评估．成都：电子科技大学出版社，1996

陈则生主编．福建树木奇观．福州：福建科学技术出版社，1999

陈应发．美国的森林游憩．华东森林经理，1994，8（1）：45～50

陈南江．旅游项目可行性研究．中国投资与建设（京），1997，11：49～51

陈敏豪等著．归程何处——生态史观话文明．北京：中国林业出版社，2002

陈鑫峰，王剑波．生态旅游与森林公园中开展生态旅游实践的探讨．世界林业研究，14（4）：74～80

陈鑫峰，王雁．国内外森林景观的定量评价和经营技术研究现状．世界林业研究，2000，13（5）：31～38

陈鑫峰，王雁．森林游憩业发展回顾．世界林业研究，1999，12（6）：32～37

陈鑫峰．京西山区森林景观评价和风景游憩林营建研究．北京林业大学博士学位论文，1999，28～32

陈鑫峰等．森林游憩的几个重要概念辨析．世界林业研究，2000，13（2）：69～73

林业部财务司．森林资源资产化管理有关规定选编（1981－1997）．北京：中国林业出版社，1997

林南枝．旅游市场学．天津：南开大学出版社，2000

国有资产管理局．资产评估学．北京：经济科学出版社，1999

国家林业局野生动植物保护司．自然保护区现代管理概论．北京：中国林业出版社，2001

国家林业局简报．国有林场和国家森林公园简报（第三期）．国家林业局场圃总站，2000

国家科委科技政策局编．软科学的崛起——软科学研究方法．北京：地震出版社，1988

国家统计局．中国统计年鉴．北京：中国经济出版社，1998

周国模．千岛湖国家森林公园自然风景质量评价．浙江林学院学报，1989，6：387～393

周国模等．千岛湖国家森林公园自然风景质量评价．浙江林学院学报，1989，6（4）：387～393

周晓峰主编．中国森林与生态环境．北京：中国林业出版社，1999

周鸿著．绿色文化．安徽：安徽科学技术出版社，1997

赵克非．浅论旅游产品的结构效应与旅游规划的组合力．旅游学刊，1995，6：37～39

赵德海．风景林美学评价方法的研究．南京林业大学学报，1990，14（4）：50～55

哈默特·道格拉斯·R等著，森林游憩，森林景观学研究和发展课题组，1991

钟林生，赵士洞，向宝惠编著．生态旅游规划原理与方法．北京：化学工业出版社，2003

保继刚等．旅游地理学．北京：高等教育出版社，1999

俞孔坚著．理想景观探讨——风水的文化意义．北京：商务印书馆，1998

俞晖．我国森林公园发展中若干问题的探讨．林业资源管理，2001，4：40～42

俞晖．森林公园何为．中国林业，2001，4：18～19

祝列克，智信编著．森林可持续经营．北京：中国林业出版社，2001

钱炜．浅论旅游产品的“未老先衰”现象．旅游学刊，1992，1：35～37

倪淑萍等．普陀山风景区森林景观研究．华东森林经理，1996，（1）：58～63

徐化成著．景观生态学．北京：中国林业出版社．1996

郭晋平著．森林景观生态研究．北京：北京大学出版社，2001

旅游开发规划及景区景点管理实务全书．北京：北京燕山出版社，2000

黄山，王建萍著．旅游规划．福州：福建人民出版社，1999

野田严等．用一对比较试验进行植被景观的计量化（日本）．森林总所关西支所年报，1990，(32)：38～39

野田严等．森林风景机能的计量评价．100 回日本林学会志，1989：93～96

崔凤军著．风景旅游区的保护与管理．北京：中国旅游出版社，2001

章浩白主编．福建森林．北京：中国林业出版社，1993

维克多·密德尔敦．旅游营销学．北京：中国旅游出版社，2001

董观志．旅游主题公园管理原理与实务．广州：广东旅游出版社，2000

董智勇，司洪生．论森林旅游产品开发的技术政策．林业工作研究，1996，6：16～20

董智勇主编．中国森林旅游学．北京：石油工业出版社，2000

谢哲根，许祖福．国家森林公园旅游产品的研究．北京林业大学学报，2000，22（3）：72～75

薛达元，包浩生．国家森林公园在我国自然保护区系统中的地位．生物多样性，1995，3（3)：170～173

魏小安，刘赵平，张树民著．中国旅游业新世纪发展大趋势．广州：广东旅游出版社，1999

魏向东主编．旅游概论．北京：中国林业出版社，2001

AlanRGraefe Jerry J Vaske AFramework For Management Quality in The Tourism Experience, Annals of Tourism Research. 1987

Ashworth G J, tunbrdge J E. The Tourist: Historic City. London. Belhaven Press. 1990

Beanson J. F. Value of Non-priced Recrestion on the Forestry Estate in Great Britain 1. Journal of World Forestrosources Management . 1991, (6): 149～78

Benson J. F. and Willis K. G Valuing Informal Recreation on the Forestry Commission Estate. Quarterly Journal of Forestry. 1993, 16: 63～65

De Kadt E, Tourism, Passport to Development? Washington, D C. Oxford University Press. 1979

Donnelly D. M et al. Net Economic Value of Recreational Steelhead Fishing in Idabe. USDA. FS1986. Resource Bulletin: RM－9

National Parks and Protected Areas . James Gordon , Nelsm, Series G: Ecological Sciences, Vol. 40: 119Richard C. Prentice, Stephen F. Witt. Claire Hamer. Tourism as Experience: The Case of Heritage Parks, Annals of Tourism Research, 1998

Stephen L. j. Smith, The Tourism Product, Annals of Tourism Research, 1994, 3: 582～595

附　录

1. 森林公园管理办法

（1994年1月20日林业部令第3号发布）

第一条　为了加强森林公园管理，合理利用森林风景资源，发展森林旅游，根据《中华人民共和国森林法》和国家有关规定，制定本办法。

第二条　本办法所称森林公园，是指森林景观优美，自然景观和人文景观集中，具有一定规模，可供人们游览、休息或进行科学、文化、教育活动的场所。

第三条　林业部主管全国森林公园工作。县级以上地方人民政府林业主管部门主管本行政区域内的森林公园工作。

第四条　在国有林业局、国有林场、国有苗圃、集体林场等单位经营范围内建立森林公园的，应当依法设立经营管理机构；但在国有林场、国有苗圃经营范围内建立森林公园的，国有林场、国有苗圃经营管理机构也是森林公园的经营管理机构，仍属事业单位。

第五条　森林公园经营管理机构负责森林公园的规划、建设、经营和管理。

森林公园经营管理机构对依法确定其管理的森林、林木、林地、野生动植物、水域、景点景物、各类设施等，享有经营管理权，其合法权益受法律保护，任何单位和个人不得侵犯。

第六条　森林公园可分为以下三级：

（一）国家级森林公园：森林景观特别优美，人文景物比较集中，观赏、科学、文化价值高，地理位置特殊，具有一定的区域代表性，旅游服务设施齐全，有较高的知名度；

（二）省级森林公园：森林景观优美，人文景物相对集中，观赏、科学、文化价值较高，在本行政区域内具有代表性，具备必要的旅游服务设施，有一定的知名度；

（三）市、县级森林公园：森林景观有特色，景点景物有一定的观赏、科学、文化价值，在当地知名度较高。

第七条　建立国家级森林公园，由省级林业主管部门提出书面申请、可行性研究报告和图表、照片等资料，报林业部审批。

国家级森林公园的总体规划设计，由森林公园经营管理机构组织具有规划设计资格的单位负责编制，报省级林业主管部门审批，并报林业部备案。修改总体规划设计必须经原审批单位批准。

第八条　建立省级森林公园和市、县级森林公园，由相应的省级或者市、县级林业主管部门审批。

经批准成立省级森林公园和市、县级森林公园，由省级林业主管部门将有关材料报林业部备案。

第九条 森林公园的撤销、合并或者变更经营范围，必须经原审批单位批准。

未经林业部批准，不得将林业主管部门管理的森林公园变更为非林业主管部门管理。

第十条 森林公园的开发建设，可以由森林公园经营管理机构单独进行；由森林公园经营管理机构同其他单位或个人以合资、合作等方式联合进行的，不得改变森林公园经营管理机构的隶属关系。

第十一条 森林公园的设施和景点建设，必须按照总体规划设计进行。

在珍贵景物、重要景点和核心景区，除必要的保护和附属设施外，不得建设宾馆、招待所、疗养院和其他工程设施。

第十一条 禁止在森林公园毁林开垦和毁林采石、采砂、采土、以及其他毁林行为。

采伐森林公园的林木，必须遵守有关林业法规、经营方案和技术规程的规定。

第十三条 占用、征用或者转让森林公园经营范围内的林地，必须征得森林公园经营管理机构同意，并按《中华人民共和国森林法》及其实施细则等有关规定，办理占用、征用或者转让手续，按法定审批权限报人民政府批准，交纳有关费用。

依前款规定占用、征用或者转让国有林地的，必须经省级林业主管部门审核同意。

第十四条 森林公园经营管理机构经有关部门批准可以收取门票及有关费用。在森林公园设立商业网点，必须经森林公园经营管理机构同意，并按国家和有关部门规定向森林公园经营管理机构交纳有关费用。

第十五条 森林公园经营范围内的单位、居民和进入森林公园内的游人，应当保护森林公园的各项设施，遵守有关管理制度。

第十六条 森林公园经营管理机构应当按规定设置防火、卫生、环保、安全等设施和标志，维护旅游秩序。

第十七条 森林公园经营管理机构应当按照林业法规的规定，做好植树造林、森林防火、森林病虫害防治、林木林地和野生动植物资源保护等工作。

第十八条 森林公园的治安管理，由所在地林业公安机构负责。

第十九条 在森林公园建设和管理工作中做出突出成绩的单位和个人，由林业主管部门或者森林公园经营管理机构给予奖励。

第二十条 破坏森林公园的森林和野生动植物资源，依照有关法律、法规的规定处理。

第二十一条 本办法由林业部负责解释。

第二十二条 本办法自发布之日起施行。

2. 中国森林风景资源评价委员会章程（试行）

（1995年1月29日林业部发布）

第一章 总 则

第一条 为了有效地保护、科学合理地开发利用森林风景资源，经林业部批准，成立中国森林风景资源评价委员会。

第二条 中国森林风景资源评价委员会的宗旨是：认真贯彻党和国家的有关方针、政策和规定，把保护、开发、利用森林风景资源，兴办国家森林公园，发展森林旅游作为深化林业改革，扩大对外开放，调整产业结构，振兴林业经济的重要举措，充分发挥森林风景资源在社会主义建设中的社会效益、生态效益、经济效益，确保国家森林公园建设和森林旅游业持续、快速、健康地发展。

第三条 中国森林风景资源评价委员会的性质是：在林业部领导下，负责研究评价全国森林风景资源质量及其保护、开发、建设的非常设技术性权威机构。

第二章 任 务

第四条 中国森林风景资源评价委员会任务：

1. 研究制定全国森林风景资源质量评价及开发建设有关制度和标准；

2. 对申报拟建森林公园的森林风景资源质量进行评价，并提出评价报告，为林业部审批、定级提供科学依据；

3. 实地调查和评估森林旅游区和重点森林公园，就森林风景资源的环境保护、开发利用、森林公园建设和森林旅游业发展得出意见和建设；

4. 开展技术服务和技术咨询。

第三章 组 织

第五条 中国森林风景资源评价委员会由林业部有关业务部门和全国有关科研、教学、生产单位的科技、管理等专家组成。委员会设主任一名，副主任三名，主持委员会工作。并视工作需要，可聘请顾问若干。委员会下设秘书处，负责日常事务。秘书处设在林业部国有林场和林木种苗工作总站。

第六条 中国森林风景资浓评价委员会每年活动一次至二次，具体时间由秘书处根据申报国家森林公园情况和有关的工作任务确定。

第四章 委 员

第六条 中国森林风景资源评价委员会委员实行聘任制，其产生由林业部主管国家森林公园的业务部门提出方案，各有关单位依据委员候选条件推荐，经林业部审核同意后颁发聘书。

第八条 委员条件：

1. 具有高级职称和良好的职业道德；

2. 从事森林（自然）景观及其相关学科的研究工作，有较丰富的理论知识和较高的学术水平；

3. 长期从事国家森林公园管理工作，具有较丰富的实践经验；

4. 身体健康，适应野外工作。

第九条 委员会每届四年，委员可连任。委员不履行职责或其他原因不宜继续留任者，按程序及时改聘。

第十条 委员对本会工作有监督、检查、批评和建议的权利，同时有执行本会章程，自觉遵守本会工作制度，积极参加本会活动，完成本会工作的义务。

第五章　附　　则

第十一条　本章程自林业部批准公布之日起生效，解释权归林业部。

第十二条　本委员会地址：中华人民共和国林业部。

3. 中国森林公园风景资源质量等级评定

GB/T18005－1999

1 范围

本标准规定了我国森林公园风景资源质量等级评定的原则与方法，作为森林公园保护、开发、建设和管理的依据。

本标准适用于我国已建和待建各级森林公园。

2 引用标准

下列标准所包含的条文，通过在本标准中引用而构成本标准的条文。本标准出版时，所示版本均为有效。所有标准都会被修订，使用本标准的各方应探讨使用下列标准最新版本的可能性。

GB3096－1996　大气环境质量标准

GB3838－1988　地面水环境质量标准

GB15618－1995　土壤环境质量标准

3 定义

本标准采用下列定义。

3.1 风景资源（Landscape Resources）

以景物环境为载体的，自然形成或人类创造的，有普遍社会价值的财富。

3.2 森林风景资源（Forest Landscape Resources）

森林资源及其环境要素中凡能对旅游者产生吸引力，可以为旅游业所开发利用，并可产生相应的社会效益、经济效益和环境效益的各种物质和因素。

3.3 风景资源质量（Landscape Resources Quality）

风景资源所具有的科学、文化、生态和旅游等方面的价值。

3.4 森林公园（Forest Park）

具有一定规模和质量的森林风景资源与环境条件，可以开展森林旅游，并按法定程序申报批准的森林地域。

3.5 权数（Weighted Number）

在统计计算中，用来衡量各变量在总体中作用大小的数值。

4 森林公园风景资源质量评价

4.1 评价原则

4.1.1 以对森林公园风景资源的详细调查为基础，按风景资源的特性和相关程度进行分类、分级。

4.1.2 通过定量评价，进行森林公园风景资源质量的综合性评定。

4.1.3 应能反映森林公园风景资源质量状况和环境特征，重点分析以森林为主体的风景资源的相对地位和开发森林旅游的可行性。

4.2 森林公园风景资源质量评价分值按指定的评价方法进行评价获得，满分值为30分。

4.3 评价方法

通过对风景资源的评价因子评分值加权计算获得风景资源基本质量分值，结合风景资源组合状况评分值和特色附加分评分值获得森林风景资源质量评价分值。

见附录A图A1。

4.4 风景资源基本质量评价

森林公园风景资源分为地文资源、水文资源、生物资源、人文资源和天象资源五类。每类资源各包括五项评价因子，按评价因子间的相互地位和重要性确定评分值，评分值之和为该资源类的权数。

4.4.1 风景资源类型

4.4.1.1 地文资源

包括典型地质构造、标准地层剖面、生物化石点、自然灾变遗迹、名山、火山熔岩景观、蚀余景观、奇特与像形山石、沙（砾石）地、沙（砾石）滩、岛屿、洞穴及其他地文景观。

4.4.1.2 水文资源

包括风景河段、漂流河段、湖泊、瀑布、泉、冰川及其他水文景观。

4.4.1.3 生物资源

包括各种自然或人工栽植的森林、草原、草甸、古树名木、奇花异草等植物景观；野生或人工培育的动物及其他生物资源及景观。

4.4.1.4 人文资源

包括历史古迹、古今建筑、社会风情、地方产品及其他人文景观。

4.4.1.5 天象资源

包括雪景、雨景、云海、朝晖、夕阳、佛光、蜃景、极光、雾凇及其他天象景观。

4.4.2 风景资源评价因子

4.4.2.1 典型度

指风景资源在景观、环境等方面的典型程度。

4.4.2.2 自然度

指风景资源主体及所处生态环境的保全程度。

4.4.2.3 多样度

指风景资源的类别、形态、特征等方面的多样化程度。

4.4.2.4 科学度

指风景资源在科普教育、科学研究等方面的价值。

4.4.2.5 利用度

指风景资源开展旅游活动的难易程度和生态环境的承受能力。

4.4.2.6 吸引度

指风景资源对旅游者的吸引程度。

4.4.2.7 地带度

指生物资源水平地带性和垂直地带性分布的典型特征程度。

4.4.2.8 珍稀度

指风景资源含有国家重点保护动植物、文物各级别的类别、数量等方面的独特程度。

4.4.2.9 组合度

指各风景资源类型之间的联系、补充、烘托等相互关系程度。

4.4.3 对五类风景资源的评分值进行一次加权计算，计算出风景资源的基本质量评价分值。

4.4.4 风景资源组合状况评价

森林公园风景资源的组合状况用组合度评价。

4.4.5 特色附加分

风景资源单项要素在国内外具有重要影响或特殊意义，按附加分规定值进行评分。

4.5 风景资源质量评价计算

4.5.1 风景资源基本质量评价分值按式（1）计算：

$$B = \sum X_i F_i / \sum F \tag{1}$$

式中：B——风景资源基本质量评价分值；

X——风景资源类型评分值；

F——风景资源类型权数。

4.5.2 风景资源组合状况按满分 1.5 分对组合度（Z）评分。

4.5.3 特色附加分（T）按满分 2 分评分。

4.5.4 森林公园风景资源质量评价分值按式（2）计算：

$$M = B + Z + T \tag{2}$$

式中：M——森林公园风景资源质量评价分值；

B——风景资源基本质量评分值；

Z——风景资源组合状况评分值；

T——特色附加分。

4.5.5 森林公园风景资源质量评价计算方法参照附录 B。

4.5.6 评价因子的评分值越接近于权数，表示风景资源的基本质量越接近于理想状态值。

5 森林公园区域环境质量评价

5.1 森林公园区域环境质量评价分值按指定环境要素进行评价获得，满分值为 10 分。

5.2 森林公园区域环境质量评价指标包括：

大气质量、地表水质量、土壤质量、负离子含量、空气细菌含量。

5.3 森林公园区域环境质量评价分值（H）计算由各项指标评分值累加获得。

见附录 C。

6 森林公园旅游开发利用条件评价

6.1 森林公园旅游开发利用条件评价分值按指定开发利用条件指标进行评价获得，满分值 10 分。

6.2 森林公园旅游开发利用条件评价指标包括：

公园面积、旅游适游期、区位条件、外部交通、内部交通、基础设施条件。

6.3 森林公园旅游开发利用条件评价分值（L）由各项指标评分值累加获得。

见附录 D。

7 森林公园风景资源质量等级评定

7.1 森林公园风景资源质量等级评定分值按式（3）计算：

$$N = M + H + L \tag{3}$$

式中：N——森林公园风景资源质量等级评定分值；

M——森林公园资源质量评价分值；

H——森林公园区域环境质量评价分值；

L——森林公园游开发利用条件评价分值。

7.2 森林公园风景资源质量等级评定分值满分为 50 分。

7.3 森林公园风景资源质量等级确定标准。

按风景资源质量评定分值划分为三级：

一级为 40 ~ 50 分，符合一级的森林公园风景资源，多为资源价值和旅游价值高，难以人工再造，应加强保护，制定保全、保存和发展的具体措施。

二级为 30 ~ 39 分，符合二级的森林公园风景资源，其资源价值和旅游价值较高，应当在保证其可持续发展的前提下，进行科学、合理的开发利用。

三级为 20 ~ 29 分，符合三级的森林公园风景资源，在开展风景旅游活动的同时进行风景资源质量和生态环境质量的改造、改善和提高。

三级以下的森林公园风景资源，应首先进行资源的质量和环境的改善。

附录A

森林公园风景资源质量评价及因子评分值

A1　森林公园风景资源质量评价见图A1。

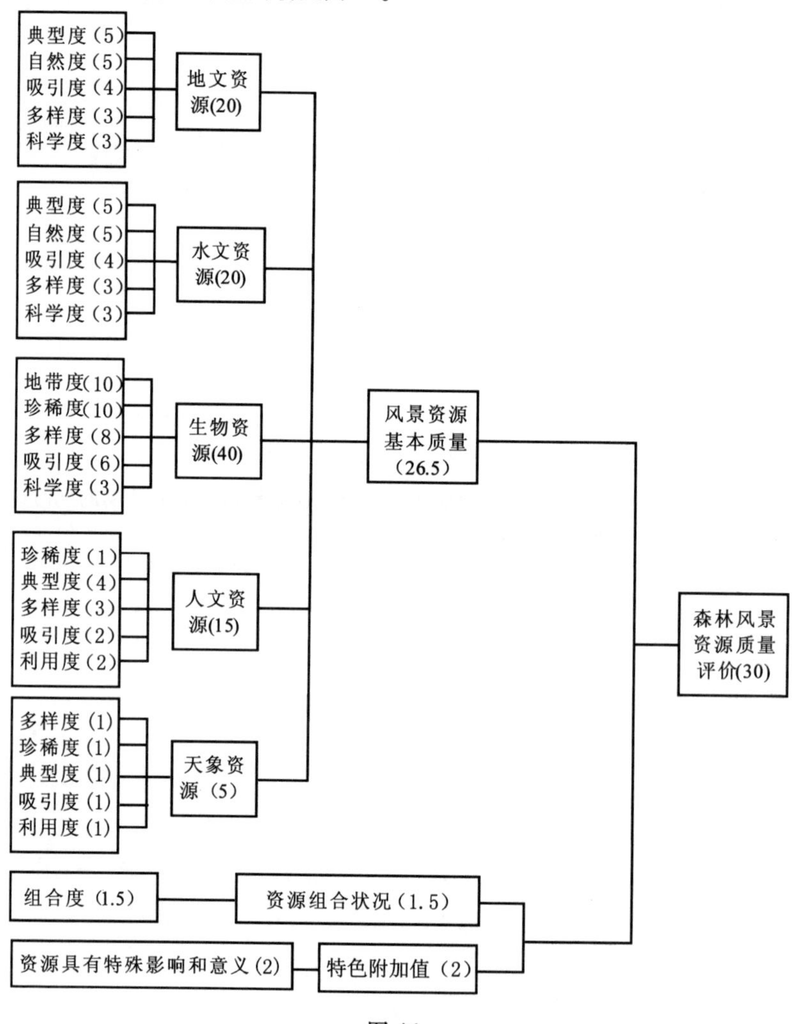

图A1

A2　森林公园风景资源质量评价因子评分值见表A1～表A7。

表 A1　地文资源评分值

评价因子	权 值	极 强	强	较 强	弱
典型度	5	5	4 ~ 3	2	1 ~ 0
自然度	5	5	4 ~ 3	2	1 ~ 0
吸引度	4	4	3	2	1 ~ 0
多样度	3	3	2	1	1 ~ 0
科学度	3	3	2	1	1 ~ 0

表 A2　水文资源评分值

评价因子	权 值	极 强	强	较 强	弱
典型度	5	5	4 ~ 3	2	1 ~ 0
自然度	5	5	4 ~ 3	2	1 ~ 0
吸引度	4	4	3	2	1 ~ 0
多样度	3	3	2	1	1 ~ 0
科学度	3	3	2	1	1 ~ 0

表 A3　生物资源评分值

评价因子	权 值	极 强	强	较 强	弱
地带度	10	10 ~ 8	7 ~ 6	5 ~ 3	2 ~ 0
珍稀度	10	10 ~ 8	7 ~ 6	5 ~ 3	2 ~ 0
多样度	8	8 ~ 6	5 ~ 4	3 ~ 2	1 ~ 0
吸引度	6	6 ~ 5	4	3 ~ 2	1 ~ 0
科学度	6	6 ~ 5	4	3 ~ 2	1 ~ 0

表 A4　人文资源评分值

评价因子	权 值	极 强	强	较 强	弱
珍稀度	4	4	4 ~ 3	2	1 ~ 0
典型度	4	4	4 ~ 3	2	1 ~ 0
多样度	3	3	2	2 ~ 1	1 ~ 0
吸引度	2	2	2 ~ 1	1 ~ 0.5	0.5 ~ 0
利用度	2	2	2 ~ 1	1 ~ 0.5	0.5 ~ 0

表 A5 天象资源评分值

评价因子	权 值	极 强	强	较 强	弱
多样度	1	1 ~0.8	0.7 ~0.5	0.4 ~0.3	0.2 ~0
珍稀度	1	1 ~0.8	0.7 ~0.5	0.4 ~0.3	0.2 ~0
典型度	1	1 ~0.8	0.7 ~0.5	0.4 ~0.3	0.2 ~0
吸引度	1	1 ~0.8	0.7 ~0.5	0.4 ~0.3	0.2 ~0
利用度	1	1 ~0.8	0.7 ~0.5	0.4 ~0.3	0.2 ~0

表 A6 组合状况评分值

评价因子	极 强	强	较 强	弱
组合度	1.5 ~1.2	1.1 ~0.8	0.7 ~0.4	0.3 ~0

表 A7 特色附加评分值

评价因子	极 强	强	较 强	弱
附加分	2 ~1.5	1.4 ~1.0	0.9 ~0.5	0.4 ~0

附 录 B

表 B1　森林公园风景资源质量评价理想值计算

<table>
<tr><th>资源类型</th><th>评价因子</th><th>评分值</th><th>权数</th><th>资源基本质量加权值</th><th>资源质量评价值</th></tr>
<tr><td rowspan="5">地文资源
X_1</td><td>典型度</td><td>5</td><td rowspan="5">20
F_1</td><td rowspan="25">26.5
B</td><td rowspan="27">30
M</td></tr>
<tr><td>自然度</td><td>5</td></tr>
<tr><td>吸引度</td><td>4</td></tr>
<tr><td>多样度</td><td>3</td></tr>
<tr><td>科学度</td><td>3</td></tr>
<tr><td rowspan="5">水文资源
X_2</td><td>典型度</td><td>5</td><td rowspan="5">20
F_2</td></tr>
<tr><td>自然度</td><td>5</td></tr>
<tr><td>吸引度</td><td>4</td></tr>
<tr><td>多样度</td><td>3</td></tr>
<tr><td>科学度</td><td>3</td></tr>
<tr><td rowspan="5">生物资源
X_3</td><td>地带度</td><td>5</td><td rowspan="5">20
F_3</td></tr>
<tr><td>珍稀度</td><td>10</td></tr>
<tr><td>多样度</td><td>10</td></tr>
<tr><td>吸引度</td><td>6</td></tr>
<tr><td>科学度</td><td>6</td></tr>
<tr><td rowspan="5">人文资源
X_4</td><td>珍稀度</td><td>4</td><td rowspan="5">15
F_4</td></tr>
<tr><td>典型度</td><td>4</td></tr>
<tr><td>多样度</td><td>3</td></tr>
<tr><td>吸引度</td><td>2</td></tr>
<tr><td>科学度</td><td>2</td></tr>
<tr><td rowspan="5">天象资源
X_5</td><td>多样度</td><td>1</td><td rowspan="5">5
F_5</td></tr>
<tr><td>珍稀度</td><td>1</td></tr>
<tr><td>典型度</td><td>1</td></tr>
<tr><td>吸引度</td><td>1</td></tr>
<tr><td>利用度</td><td>1</td></tr>
<tr><td>资源组合 Z</td><td>组合度</td><td>1.5</td><td colspan="2">1.5</td></tr>
<tr><td colspan="2">特色附加分 T</td><td>2</td><td colspan="2">2</td></tr>
</table>

注：$B=\sum X_iF_i/\sum F$

$M=B+Z+T$

附 录 C

表 C1 森林公园区域环境质量评价评分标准

评价项目	评 价 指 标	评价分值
大气质量	达到国家大气环境质量（GB3096－1996）一级标准 达到国家大气环境质量（GB3096－1996）二级标准	2 1
地面水质量	达到国家地面水环境质量（GB3838－1988）一级标准 达到国家地面水环境质量（GB3838－1988）二级标准	2 1
土壤质量	达到国家土壤环境质量（GB15618－1995）一级标准 达到国家土壤环境质量（GB15618－1995）二级标准	1.5 1
负离子含量	旅游旺季主要景点其含量为5万个/cm^3 旅游旺季主要景点其含量为1万～5万个/cm^3 旅游旺季主要景点其含量为3000～10002个/cm^3 旅游旺季主要景点其含量为1000～3000个/cm^3	2.5 2 1 0.5
空气细菌含量	空气细菌含量为1000个/m^3以下 空气细菌含量为1000～10000个/m^3 空气细菌含量为1万～5万个/m^3	2 1.5 0.5

注：各单项指标评分值累加得出环境质量评价分值，满分值为10分。

附录 D

表 D1 森林公园旅游开发利用条件评价指标评分标准

<table>
<tr><th colspan="2">评价项目</th><th>评价指标</th><th>评价分值</th></tr>
<tr><td colspan="2">公园面积</td><td>森林公园规划面积大于 500 hm^2</td><td>1</td></tr>
<tr><td colspan="2" rowspan="3">旅游适游期</td><td>大于或等于 240 天/年</td><td>1.5</td></tr>
<tr><td>在 150 天/年至 240 天/年之间</td><td>1</td></tr>
<tr><td>小于 150 天/年</td><td>0.5</td></tr>
<tr><td colspan="2" rowspan="3">区位条件</td><td>距省会城市（含省级市）小于 100km，或以公园为中心、半径 100km 内有 100 万人口规模的城市，或 100km 内有著名的旅游区（点）</td><td>1.5</td></tr>
<tr><td>距省会城市（含省级市）或著名旅游区（点）100～200km</td><td>1</td></tr>
<tr><td>距省会城市（含省级市）或著名旅游区（点）超过 200km</td><td>0.5</td></tr>
<tr><td rowspan="7">外部交通</td><td rowspan="2">铁路</td><td>50km 内通铁路，在铁路干线上，中等或大站，客流量大</td><td>1</td></tr>
<tr><td>50km 内通铁路，不在铁路干线上，客流量小</td><td>0.5</td></tr>
<tr><td rowspan="2">公路</td><td>国道或省道，有交通车随时可达，客流量大</td><td>1</td></tr>
<tr><td>省道或县级道路，交通车较多，有一定客流量</td><td>0.5</td></tr>
<tr><td rowspan="2">水路</td><td>水路较方便，客运量大，在当地交通中占有重要地位</td><td>1</td></tr>
<tr><td>水路较方便，有客运</td><td>0.51</td></tr>
<tr><td>航空</td><td>100km 内有国内空港或 150km 内有国际空港</td><td>1</td></tr>
<tr><td colspan="2" rowspan="2">内部交通</td><td>区域内有多种交通方式可供选择，具备游览的通达性</td><td>1</td></tr>
<tr><td>区域内交通方式较为单一</td><td>0.5</td></tr>
<tr><td colspan="2" rowspan="2">基础设施条件</td><td>自有水源或各区通自来水，有充足变压电供应，有较为完善的内外通讯条件，旅游接待服务设施较好</td><td>1</td></tr>
<tr><td>通水、电，有通讯和接待能力，但各类基础设施条件一般</td><td>0.5</td></tr>
</table>

注：各单项指标评分值累加得出风景旅游开发利用的评价值。

4. 森林公园总体设计规范

LY/T5132－95

目　次

1 总 则

1.1 为适应森林旅游与森林公园建设的需要，统一森林公园总体设计要求，特制定本规范。

1.2 本规范适用于全国新建、扩建和改建的森林公园及其他森林旅游区总体设计。

1.3 本规范制定的依据是《森林法》、《环境保护法》、《森林公园管理办法》等有关法规。

1.4 森林公园总体设计的指导思想，应以良好的森林生态环境为主体，充分利用森林旅游资源，在已有的基础上进行科学保护、合理布局、适度开发建设，为人们提供旅游度假、休憩、疗养、科学教育、文化娱乐的场所，以开展森林旅游为宗旨，逐步提高经济效益、生态效益和社会效益。

1.5 森林公园总体设计应遵循下列基本原则

1.5.1 森林公园建设以生态经济和旅游经济理论为指导，以保护为前提，遵循开发与保护相结合的原则。在开展森林旅游的同时，重点保护好森林生态环境。

1.5.2 森林公园建设应以森林旅游资源为基础，以旅游客源市场为导向，其建设规模必须与游客规模相适应。应充分利用原有设施，进行适度建设，切实注重实效。

1.5.3 森林公园应以森林生态环境为主体，突出自然野趣和保健等多种功能，因地制宜，发挥自身优势，形成独特风格和地方特色。

1.5.4 统一布局，统筹安排建设项目，做好宏观控制；建设项目的具体实施应突出重点、先易后难、可视条件安排分步实施。

1.6 森林公园总体设计，除执行本规范外，尚应符合国家现行有关专业技术标准、规范的规定。

2 总体布局

2.1 一般规定

2.1.1 总体布局必须全面贯彻有关各项方针、政策及法规。

2.1.2 有利于保护和改善生态环境，妥善处理开发利用与保护之间、游览与生产和服务及生活等诸多方面之间的关系。

2.1.3 从公园的全局出发，统一安排；充分合理利用地域空间，因地制宜地满足森林公园多种功能需要。

2.1.4 在充分分析各种功能特点及其相互关系的出基础上，以游览区为核心，合理组织各种功能系统，既要突出各功能区特点，又要注意总体的协调性，使之各功能区之间相互配合、协调发展，构成一个有机整体。

2.1.5 要有长远观点，为今后发展留有余地。

2.2 森林公园区划

2.2.1 区划系统

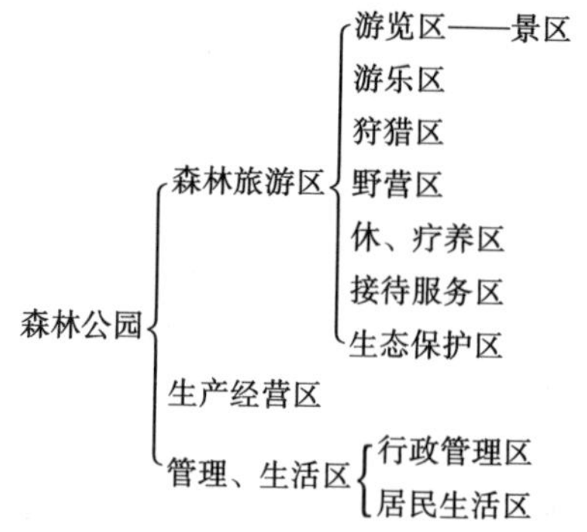

2.2.2 功能分区

2.2.2.1 根据森林公园综合发展需要，结合地域特点，应因地制宜设置不同功能区。

2.2.2.2 游览区：为游客游览观光区域。主要用于景区、景点建设；在不降低景观质量的条件下，为方便游客及充实活动内容，可根据需要适当设置一定规模的饮食、购物、照相等服务与游艺项目。

2.2.2.3 游乐区：对于距城市50km之内的近郊森林公园，为添补景观不足、吸引游客，在条件允许的情况下，需建设大型游乐与体育活动项目时，应单独划分区域。

2.2.2.4 狩猎区：为狩猎场建设用地。

2.2.2.5 野营区：为开展野营、露宿、野炊等活动用地。

2.2.2.6 休、疗养区：主要用于游客较长时间的休憩疗养、增进身心健康之用地。

2.2.2.7 接待服务区：用于相对集中建设宾馆、饭店、购物、娱乐、医疗等接待服务项目及其配套设施。

2.2.2.8 生态保护区：以涵养水源、保持水土、维护公园生态环境为主要功能的区域。

2.2.2.9 生产经营区：从事木材生产、林副产品等非森林旅游业的各种林业生产区域。

2.2.2.10 行政管理区：为行政管理建设用地。主要建设项目为办公楼、仓库、车库、停车场等。

2.2.2.11 居民生活区：为森林公园职工及公园境内居民集中建设住宅及其配套设施用地。

2.2.3 景区划分

2.2.3.1 景区内的景观资源应具有完整性，景点相对集中。

2.2.3.2 景区的主题必须鲜明，具有特色，以其独特魅力而存在。

2.2.3.3 有利于游览线路组织，便于游览和管理。

2.2.4 区域定界

依据本规范2.1和2.2.3的规定，在1:10000或1:50000比例尺地形图上结合现地调绘，以自然区划为主进行功能区、景区定界。

2.2.5 分区概述

按功能分区概要阐述基本情况、利用功能、主要建设内容以及采取的出主要措施。

3 环境容量与游客规模

3.1 环境容量

3.1.1 确定合理环境容量应遵循的原则

3.1.1.1 合理环境容量必须符合在旅游活动中、在保证旅游资源质量不下降和生态环境不退化的条件下、取得最佳经济效益的要求。

3.1.1.2 合理环境容量应满足游客的舒适、安全、卫生、方便等旅游需要。

3.1.2 环境容量测算

3.1.2.1 应分别按景区、景点可游面积测算日环境容量，并结合旅游季节特点，计算公园年环境容量。

3.1.2.2 环境容量一般采用面积法、卡口法、游路法等三种测算方法，可因地制宜加以选用或综合运用。

（1）面积测算法：除卡口法和游路法适用条件之外、游人可进入游览的面积空间，均可采取此法。

（2）卡口测算法：适用于溶洞类及通往景区、景点必须并对游客量具有限制因素的卡口要道。

（3）游路测算法：适用于游人只能沿山路步行游览观光风景的地段。

3.1.3 游客容量

在环境容量测算基础上，按景点、景区、公园换算日、年游客容量。

3.1.4 环境容量与游客容量计算公式见本规范附录 D。

3.2 游客规模

3.2.1 总体设计前，应对可行性研究提出的游客规模进行核实。

3.2.2 根据森林公园所处地理位置、景观吸引能力、公园改善后的旅游条件及客源市场需求程序，按年度分别预测国际与国内游客规模。

3.2.3 已开展旅游的森林公园游客规模，可在充分分析旅游现状及发展趋势的基础上，按游人增长速度变化规律进行推算；未开展旅游的新建公园可参照条件类似的森林公园及风景区游客规模变化规律推算，也可依据与游客规模紧密相关诸因素发展变化趋势预测公园的游客规模。

4 景点与游览线路设计

4.1 景点设计

4.1.1 景点设计内容

景点平面布置、景点主题与特色、景点内各种建筑设施及其占地面积、体量、风格、色彩、材料及建设标准。

4.1.2 组景

4.1.2.1 组景必须与景点布局统一构图，以达到景点与总体环境相协调。

4.1.2.2 充分利用已有景点，视其开发利用价值，进行修整、充实、完善，提高其游览价值。

4.1.2.3 新设景点必须以自然景观为主，突出自然野趣；以人文景观做必要的点缀，起到画龙点睛的作用。除特殊功能需要外，景区内不宜设置大型人造景点。如必须设置时，应以不破坏自然景观并与总体相协调为前提条件。

4.1.2.4 景点主题必须突出、个性必须鲜明；各景点主题之间应相互连贯，但不可雷同。

4.1.3 景点布局

4.1.3.1 景点布局原则

（1）突出森林公园主题，从公园整体到局部都应围绕公园主题安排。

（2）总体布局应突出主要景区，以主要景区为中心；景区内应突出主要景点，以主要景点为中心；运用烘托与陪衬等手段，合理安排背景与配景。

（3）静态空间布局与动态序列布局紧密结合，处理好动与静之间的关系，使之协调，构成一个有机的艺术整体。

4.1.3.2 静态空间布局

（1）依据风景透视原理，合理确定景点视场；综合借用对景、透景、障景、夹景、框景、漏景、借景等多种艺术手法，合理处理画面与景深，增强艺术感染力。

（2）对景的运用应结合河流、道路、疏林、草地等自然地形、地物设置，严禁砍伐古树名木开辟透视线。

（3）根据闭锁空间与开朗空间的具体条件，合理组织开朗风景与闭锁风景。

4.1.3.3 动态序列布局

（1）正确运用“断续”、“起伏曲折”、“反复”、“空间开合”等手法，构成多样统一的鲜明连续风景节奏。

（2）在整个演替过程中，连续布局不应平铺直叙，除自始至终要有主调、配调和基调之外，还应有阶段性，应突出开始、发展、高潮和结束的时空艺术构图特征。

（3）景点的连续序列布局应沿山势、河流水系、干道的走向展开。

（4）季相交替布局：森林植被是森林公园构图的主要题材。植被布局，应视具体条件，充分利用植物干、叶、花、果的形态和色彩的季节变化在形成四季景观的同时，应重点突出具有特色的季节景观。

4.1.4 景点命名

4.1.4.1 高度概括景色特点，主题恰如其分，充分揭示景观的内涵精髓。

4.1.4.2 雅俗共赏，应满足各层次多数游人游览需要。不得单纯艺术追求、片面标新立异、古辟、抽象、令人费解。

4.1.4.3 具有新颖性、知识性与趣味性，能激发游人的探索和游赏兴趣。

4.1.4.4 景点构思应虚实并举，达到意境与景物形体的完美结合。

4.2 游览线路设计

4.2.1 游览线路设计内容

选择游览方式、组织游览线路、确定游览内容。

4.2.2 游览方式选择

4.2.2.1 游览方式

（1）陆游：主要为步行或利用必要的带步工具进行游览，游览和活动内容比较丰富，经济简便。是目前主要的游览方式。

（2）水游：利用自然或人工水体，乘舟游览，可充分利用水面，开展水上游览，丰富游览内容。

（3）空游：可乘直升飞机、滑翔机、热气球、缆车等开展空中游览，主要适用于较大型森林公园。空游设施选址必须以不降低景观质量和有利于资源保护为原则。

（4）地下游览：主要利用溶洞或人防工事等，组织地下游览活动。

4.2.2.2 游览方式选择原则

合理利用地形、地势等自然地理条件，充分体现景点特点，紧密结合游览功能需要，因地因景制宜、统筹安排。

4.2.3 游览线路组织

4.2.3.1 合理布局，充分利用各种游览方式，形成有机结合，提供丰富的游览内容。

4.2.3.2 游览线路应有鲜明的阶段性和空间序列变化的节奏感，由起景开始、发展，到高潮、结束，逐渐引人入胜。

4.2.3.3 游览线路应便捷、安全，使游客在尽可能短的时间内，观赏到景观精华。

4.2.3.4 使游人能感受和利用森林公园的多种效益功能。

4.2.3.5 有利于森林公园景观资源和环境保护。

4.2.3.6 有利于合理安排游人的行、食、住、购、娱等旅游服务设施。

5 植物景观工程

5.1 一般规定

5.1.1 森林公园的生产经营区按原森林经营方案及有关林业规定经营；森林旅游区森林的经营方向是为森林旅游服务，采取的各种经营措施必须与游览观光及各种旅游功能需要相适应。

5.1.2 森林旅游区的森林植被兼顾景观、休憩、疗养、保健、科研、保护生态环境等多种旅游功能。应根据需要，因地制宜地合理布局、统一安排。

5.1.3 以保护好现有森林植被为前提，逐步形成多树种、多层次、乔灌藤草相结合的较完整的区系植物群落，提高游览观光价值和防护功能。总体上保持良好的森林生态环境，微观上为游人提供不同植被群落多彩多姿的观赏内容。

5.1.4 风景林及防护林严禁以单纯取材为主要目的的采伐利用，应根据景观需要采取定向培育及卫生采伐。

5.2 植物景观设计

5.2.1 森林植物景观是森林公园景观的主体，包含主景、配景和衬景。

5.2.2 森林植物景观，应以现有森林植被为基础，按景观需要，结合造林（种草、种花）、改造和整形抚育等措施进行设计。不应大砍大造，应保持森林植被原始状态。

5.2.3 对于森林公园内尚存的宜林地，应结合景观需要，进行人工造林（种草、种花）、植株应自然配置。

5.2.4 对于生长不良且无景观价值的残次林、或由于景观单调而切实需要调整的成过熟人工林，应进行改造。改造后的出景观应具有特色，并应与总体相协调。

5.2.5 植物景观应突出区系地带性植物群落的特色；充分利用森林植物群落结构、树种、植物干、花、叶、果等形态与色彩形成不同结构景观与四季景观，并重点突出具有特色的植物景观。

5.2.6 植物景观布局应突出局部特色和多样性，总体上应合理搭配、相互协调。

5.2.7 妥善安排苗木、草种、花卉来源。新建、扩建苗圃，应符合现行《育苗技术规程》（GB6001-85）的规定。

5.2.8 植物景观设计内容包括植物景观平面布置、面积、植被及其景观特色、采取的技术措施、种苗与花卉需要量及其来源等。

6 保护工程

6.1 一般规定

6.1.1 森林公园工程建设，应将保护放在首位，坚持开发与保护相结合的出原则，确保自然生态环境的良性循环。

6.1.2 森林公园保护工程应从实际出发，结合地区特点，选定建设方案。

6.1.3 保护工程设施的设置应符合下列要求：

6.1.3.1 因地制宜，就地取材，便于施工；

6.1.3.2 保护工程设施坚固、适用，并与周围景观相协调；

6.1.3.3 保护工程设施宜进行艺术处理，起到点景、美景的作用。

6.1.4 应根据保护对象的特性和科学管理的技术要求，确定适宜、有效的保护措施。

6.1.5 对于危及物种生长、生存的病虫害、地方性疾病和污染现象，必须提出积极的防治措施。

6.1.6 保护工程设计内容，包括方案制定，保护对象分类，保护措施确定，保护设施设置等。

6.2 生物资源保护

6.2.1 植物资源保护

6.2.1.1 森林公园的植物资源，必须贯彻“保护、培育、合理开发利用”的方针。

6.2.1.2 森林防火

（1）森林防火工程建设，必须贯彻“预防为主，积极消灭”的方针。

（2）森林防火主要包括瞭望、阻隔、预测预报、通信、道路、巡逻、检查、防火机场、防火站等工程建设，应根据地区特点和保护性质，设置相应的安全防火设施。

（3）瞭望塔（台）、观测站等巡逻了望工程的设置，必须通视良好、视野宽阔、控制范围广，其设置位置、结构形式、色彩和高度，均应与公园景观相协调。

（4）野营、野炊等野外用火的旅游场所，必须设置防火设施。

（5）在有火险地段，应设置防火隔离带（或防火线）。隔离带宽度一般为20～30m，最低宽度不应小于树高的1.5倍。

（6）各种森林防火工程建设，必须以提高防火效率，增强防火能力，有利于林火管理为准则。

（7）森林防火工程设计，应符合现行《森林防火工程技术标准》（LYJ127－91）的规定。

6.2.1.3 森林病虫鼠害防治

（1）森林病虫鼠害的防治，必须贯彻“预防为主，综合治理”的方针和“谁经营，谁防治”的责任制度。

（2）森林病虫鼠害的防治，宜采用生物防治措施为主；所选用的天敌，以本地区或附近地区具有的种类为主，需引入外地天敌必须经过本地试验后方可采用。

（3）化学防治必须遵守有关规定，防止环境污染，保证人畜安全，减少杀伤有益生物。

（4）预测预报站、检疫检验室等设施的建立，应根据目的和任务确定其规模及设置位置，并与景观相协调。

6.2.1.4 森林公园工程建设，不得破坏或影响自然植被和植物种的生长、繁衍环境。

6.2.1.5 对数量不多或逐渐减少的珍贵植物，应根据各自特点，确定适宜的恢复和发展措施。

6.2.1.6 在森林公园内采集标本、野生药材和其他林副产品，必须经管理机构同意，并应限制数量，在指定区域内进行。

6.2.2 野生动物资源保护

6.2.2.1 森林公园的野生动物资源，必须贯彻“加强保护、积极驯养繁殖、合理开发利用”的方针。

6.2.2.2 在森林公园开发建设中，应监视、监测环境对野生动物的影响。森林公园建设项目，不得对国家或者地方重点保护野生动物及其生存环境产生不利影响。

6.2.2.3 森林公园除狩猎、垂钓等特定区域外，禁止猎捕和其他妨碍野生动物生息繁衍的活动。

6.2.2.4 对保护对象有逃散可能和植被景观易受破坏的地段，以及适宜圈养、半圈养的场所，应根据需要设置围墙、隔网、栅栏等防护设施。

6.2.2.5 引入野生动物必须慎重，以适合本区生长的种类为准。不得因物种引入而影响本区域生境和野生动物的生存。

6.3 景观资源保护

6.3.1 森林公园的一切景物和自然环境，必须严格保护，不得损毁、破坏或随意改变。

6.3.2 景观资源保护，必须符合下列规定：

6.3.2.1 地质遗址、遗迹、历史古迹和珍稀、濒危物种分布区域，具有重大科学文化价值的区域，采取特殊保护；

6.3.2.2 中心景区采取重点保护；

6.3.2.3 一般景区采取常规保护。

6.3.3 在珍贵景物和重要景点上，应根据需要设置适宜的保护设施，但不得增建其他工程设施。

6.3.4 森林公园游览区及游人有效视野范围内的林木，不得进行生产性的经营和采伐活动。采取的经营措施必须符合景观要求。

6.3.5 古树名木严禁砍伐或移植，并应采取有效的技术措施为其创造良好的生态环境，维护其正常生长。

6.3.6 森林公园的古建筑物保护，必须贯彻“修旧如旧”的方针，保持其原历史风貌。

6.3.7 禁止在森林公园内毁林开垦和毁林采石、采砂、采土以及其他毁林、破坏景观的行为。

6.3.8 森林公园必须根据环境容量确定合理的出游览接待规模，有计划地组织游览活动，不得无限制地超量接纳游览者。

6.4 生态环境保护

6.4.1 森林公园建设，必须采取有效措施，保护生态环境，防治下列危害：

6.4.1.1 植被破坏、水土流失、水源枯竭、种源灭绝以及其他生态失调现象的发生和发展；

6.4.1.2 废气、废水、废渣、粉尘、恶臭气体、放射性物质以及噪声、振动、电磁波辐射等对环境的污染和危害。

6.4.2 森林公园内，不得建设污染环境的工业生产设施；其他设施建设的污染物排放不得超过规定的排放标准。

6.4.3 森林公园建设项目中防治污染的设施，必须与主体工程同时设计、同时施工、同时投产使用。

6.4.4 不得引进不符合我国环境保护规定要求的技术和设备。

6.4.5 森林公园的居民生活区，宜建在山区空旷地带。生活锅炉、取暖锅炉以及其他用途的烟囱，必须安装消烟除尘设备，且烟囱高度应符合环境保护的规定要求。

6.4.6 直接或间接向水体排放污染物的建设项目和其他水上设施，必须遵守国家有关建设项目环境保护管理的规定。

6.4.7 森林公园内裸地应全面绿化，减少粉尘对环境的危害。

6.4.8 在森林公园境内，不得使用大功率的广播喇叭和广播宣传车。驶入森林公园的机动车辆，应安装废气净化装置、消声器和符合规定的喇叭。森林公园的游乐场所，应采取有效措施，减轻或消除噪声对周围环境的影响。

6.4.9 海滨型森林公园向海洋排放污染物、倾倒废弃物，必须依照法律的规定，防止对海洋环境的污染损害。

6.5 安全、卫生工程

6.5.1 森林公园的游览内容及设施的设置，必须确保游人安全。

6.5.2 各种游人集中场所容易发生跌落、淹溺等人身事故的地段，园路在地形险要的地段，均应设置安全防护设施。设计要求按有关规定执行。

6.5.3 通往孤岛、山顶等卡口的路段，宜设通行复线；必须沿原路返回的，宜适当放宽路面。应根据路段行程及通行难易程度，适当设置游人短暂休息的场所及护栏设施。

6.5.4 建筑内部和外缘，凡游人正常活动范围边缘临空高差大于1.0m处，均应设置护栏设施。护栏设施必须坚固耐久且采用不易攀登的构造。

6.5.5 各种装饰性、示意性和安全防护性护栏的构造作法，严禁采用锐角、利刺等形式。

6.5.6 电力设施、猛兽类动物展区以及其他专用防范性设施，应根据实际需要设计和制作。

6.5.7 游人进出的溶洞，其结构必须稳固，应有采光、通风、排水的措施，并应保证通行安全。

6.5.8 森林公园内垃圾投放应有规定地点，并妥善处理。垃圾存放场及处理设施应设在隐蔽地带。

6.5.9 森林公园的厕所，应既隐蔽又方便使用。宜设方便残疾人使用的厕所。厕所设置应符合下列要求：

6.5.9.1 按日环境容量的2%设置厕所蹲位（包括小便斗位数），男女蹲位比例为1～1.5：1；

6.5.9.2 厕所的服务半径不宜超过500m。

6.5.9.3 各厕所内的蹲位数应与公园内的游人分布密度相适应。

6.5 10 森林公园的生活污水，有条件者应与城市污水处理系统联网。污水未经处理，不得直接排入河湖水体或渗入地下。

6.5.11“三废”处理必须与公园建设同时设计，不得影响环境卫生和自然景观。

7 旅游服务设施工程

7.1 一般规定

7.1.1 旅游服务设施建设应与游客规模和游客需求相适应，高、中、低档相结合，季节性与永久性相结合。

7.1.2 旅游服务基地选设，应有利于保护景观，方便旅游观光，为游客提供畅通、便捷、安全、舒适、经济的服务条件。

7.1.3 旅游服务设施应满足不同文化层次、职业类型、年龄结构和消费层次游人的需要，使游客各得其所。

7.1.4 休憩、服务性建筑物的位置、朝向、高度、体量、空间组合、造型、色彩及其使用功能，应符合下列规定：

7.1.4.1 与地形、地貌、山石、水体、植物等景观要素和自然环境统一协调。

7.1.4.2 层数一般以不超过林木高度为宜；兼顾观览和点景作用的建筑物高度和层数服从景观需要。

7.1.4.3 亭、廊、花架、敞厅的楣子高度，应考虑游人通过或赏景的要求；

7.1.4.4 亭、廊、花架、敞厅等供游人坐憩之处，不采用粗糙饰面材料，也不采用易刮伤肌肤和衣物的构造。

7.1.5 休憩、服务建筑用地，不应超过森林公园陆地面积的2%。

7.1.6 宾馆、饭店、招待所、休养所、疗养院、游乐场等永久性大型建筑，必须建在游览观光区的外围地带，不得破坏和影响公园景观。

7.1.7 公园内景观最佳地段，不得设置餐厅及集中的服务设施。

7.1.8 休憩、服务设计内容，包括设施布局，占地面积计算，建筑物位置、等级、高度、体量、风格、造型、色彩及其使用功能的确定等。

7.2 餐 饮

7.2.1 森林公园餐饮服务点和布局，应按照游览里程和实际条件加以统筹安排，凡是游人集散地和较集中的休憩点，均宜设置餐饮服务设施。

7.2.2 饮食点建筑除供游人进餐外，造型应新颖、独特，与自然环境协调。

7.2.3 餐饮建筑设计，应内外空间互相渗透，室内室外各有情趣，并应符合现行《饮食建筑设计规范》（JGJ64－88）的规定。

7.3 住 宿

7.3.1 森林公园的住宿服务，应根据游客规模和需求，确定接待房间、床位数量及档次比例。并按照森林旅游业的发展，考虑扩建的可能性。

7.3.2 旅游床位建设标准，应符合下列要求：

7.3.2.1 高档28～36m^2/床；

7.3.2.2 中档15～25m^2/床；

7.3.2.3 低档8～12m^2/床。

7.3.3 根据森林公园总体布局，确定旅馆和饭店的位置、等级、风格、造型、高度、色彩、密度、面积等。

7.3.4 住宿服务设施设计，应符合现行《旅馆建设设计规范》（JGJ62－1990）的规定。

7.4 娱 乐

7.4.1 交通方便、城市近郊的森林公园，根据实际需要可设置游乐区。

7.4.2 娱乐设施和项目应体现森林公园的特点，集知识性、趣味性和文明性于一体，力求新、奇、特，以满足国内外游人对游乐、游憩的需要，并能得到文化艺术的熏陶。

7.4.3 根据森林公园的地形条件和现有设施，因地因园布设娱（游）乐服务项目，达到地、物、景与项目的最佳组合。

7.4 4 娱乐服务设施和项目建设规模应与我国和地区经济发展水平相适应，并针对主要客源的出需求，兼顾经济效益和社会效益。

7.4.5 森林公园的娱乐服务场所选设，不得破坏公园景观和自然环境。

7.4.6 娱乐服务设施设计，应符合现行《游艺机和游乐设施安全标准》（GB8408－2000）的规定。

7.5 购 物

7.5.1 森林公园的购物服务设施和消费品生产，应与游客规模和消费水平相适应。以市场为导向，确定生产规模和发展速度。

7.5.2 森林公园的购物服务网点布局，应在不破坏自然环境和公园景观的前提下，因地制宜，随需而设，统筹安排。

7.5.3 购物服务网点建筑物宜以临时性、季节性为主，其体量、造型、色彩应与周围环境相协调。

7.5.4 森林公园旅游购物品应力求创出自己的特色，避免出售雷同性产品和不适销对路的消费品。

7.5.5 旅游购物品主要包括日用品、土特产品、工艺品、纪念品和馈赠品等。

7.6 医 疗

7.6.1 森林公园宜按景区建立医疗保健设施，对游客中的出伤病人员，及时采取救护措施。

7.6.2 医疗保健建制应根据实际需要确定。

7.6 3 医疗保健建筑及其布局，应与公园景观和自然环境统一协调。

7.6.4 医疗保健设施和用品，应根据公园的性质、特点和自然条件因地制宜地设置和匹配。

7.7 导游标志

7.7.1 森林公园境界、出入口、功能区、景区、重要景点、景物、游径端点和险要地段，应设置明显的导游标志，以示界限，指导方向，阐述园规，介绍情况，提示警告，表达信息。

7.7.2 导游标志的色彩和规格，应根据设置地点、揭示内容和具体条件进行设计，并与景观和环境相协调。

7.7.3 国家级森林公园，导游标志应采用中、英两种文字说明；公共设施标志应采用国际通用的标识符号。

8 基础设施工程

8.1 一般规定

8.1.1 森林公园内道路、水、电、通信、燃气等线路布置，不得破坏景观，同时应符合安全、卫生、节约和便于维修的要求。电气、上下水工程的配套设施，应设在隐蔽地带。

8.1.2 森林公园基础设施工程，应尽量与附近城镇联网，如经论证确有困难，可部分联网或自成体系，并为今后联网创造条件。

8.1.3 森林公园不宜设置架空线路，必须设置时，应符合下列规定：

8.1.3.1 避开中心景区、主要景点和游人密集活动区。

8.1.3.2 不得影响原有植被的生长。植被配置设计时，应提出解决新植植被与架空线路矛盾的措施。

8.1.4 需要采暖的各种建筑物或动物馆舍，宜采用集中供热。

8.2 道路交通

8.2.1 道路网设计原则

8.2.1.1 道路布设必须满足森林旅游、护林防火、环境保护以及森林公园职工生产、生活等多方面的需要。

8.2.1.2 公园内部道路可采用多种形式组成网络，并与外部道路合理衔接，沟通内外部联系。有水运条件的地区，宜利用水上交通。

8.2.1.3 公园内应充分合理利用现有道路，做到技术上可行、经济上合理，尽量不占或少占景观用地。

8.2.1.4 公园内道路所经之处，两侧尽可能做到有景可观，使游人有步移景异之感，防止单调平淡。

8.2.1.5 道路线形应顺从自然，一般不进行大填大挖，尽量不破坏地表植被和自然景观。

8.2.1.6 道路走行位置不得穿过有滑坡、塌方、泥石流等危险的地质不良地段。

8.2.1.7 应根据森林公园的规模、各功能分区的活动内容、环境容量、运营量、服务性质和管理需要，综合确定道路建设标准和建设密度。

8.2.1.8 园路线形设计，应符合下列规定：

（1）与地形、水体、植物、建筑物及其他设施结合，形成完整的风景构图。

（2）创造连续展示风景景观的空间或欣赏前方景物的透视线。

（3）路的转折、衔接流畅，符合游人的行为规律。

8.2.2 森林公园内主要道路应具有引导游览的作用。通向建筑集中地区的园路应有环行路或回车场地。通行养护管理机械的园路宽度应与机具、车辆相适应。生产管理专用道路不应与主要游览道路交叉。

8.2.3 森林公园旅游区内应尽量避免有地方交通运输公路通过。必须通过时应在公路两侧设置30~50m宽的防护林带，并在适当位置设置生境通道。

8.2.4 道路分类与技术标准

8.2.4.1 森林公园道路按使用性质分为干线、支线、人行道三类。

8.2.4.2 干线：为森林公园与外部公路之间的连接道路以及森林公园内的环行主道。外部干线按相应的国家公路等级进行设计。内部干线路基宽度一般按5.0~7.0m进行设计，其纵坡不得大于9%，平曲线最小半径不得小于30m。

8.2.4.3 支线：森林公园内通往各功能分区、景区的道路。支线路基宽度一般按3.0~5.0m进行设计，其纵坡不得大于13%，平曲线最小半径不得小于15m。

8.2.4.4 人行道：森林公园内通往景点、景物供游人步行游览观光的道路。可根据自然地势设置自然道路或人工修筑阶梯式道路。人行道宽度一般按 1.0～3.0m 进行设计，不设阶梯的人行道纵坡宜小于 18%。

8.2.5 森林公园应根据不同功能要求和当地筑路材料合理确定其结构和饰面。面层材料应与公园风格相协调。

8.2.6 道路网设计内容，包括图面布线，起迄点、走行方位、中间控制点、道路里程和建设标准的确定等。

8.2.7 森林公园设置架空索道，不得破坏或影响公园景观和自然环境。架空索道工程设计，应符合有关标准、规范的规定。

8.2.8 森林公园出入口附近需要设置集散广场、停车场时，应按有关技术要求进行设计。

8.3 给、排水

8.3.1 森林公园给水工程，包括生活用水、生产用水和消防用水的供给。

8.3.2 森林公园给水方式，有条件的可采用集中管网给水，也可利用简易管线自流引水，或采用机井给水。

8.3.3 给水水源可采用地下水或地表水，一般以地下水为主。水源选定应符合下列要求：

8.3.3.1 供水距离短，并有充足水量；

8.3.3.2 水质良好，符合现行《生活饮用水卫生标准》（GB5749－88）的规定。

8.3.3.3 给水方便可靠，经济适用；

8.3.3.4 水源地应位于居民区的污染源的上游。

8.3.4 排水工程必须满足生活污水、生产污水和雨水排放的需要。

8.3.5 排水方式，宜采用暗管（渠）排放。

8.3.6 污水排放应符合环境保护要求。生活、生产污水，必须经过处理后排放，不得直接排入水体和洼地。

8.3.7 给、排水工程设计内容，包括选定水源，确定给、排水方式，布设给、排水管网等。

8.3.8 给、排水工程设计，应符合有关标准、规范的规定。

8.4 供 电

8.4.1 森林公园的供电工程，应根据电源条件、用电负荷和供电方式，本着节约能源、经济合理、技术先进的原则进行设计，做到安全适用，维护管理方便。

8.4.2 森林公园供电容量设计，应正确处理近期和远期发展的关系，做到以近期为主，适当考虑远期发展。

8.4.3 供电电源应充分利用国家或地方现有电源。当无现有电源可以利用或利用现有电源不经济合理时，方可考虑自备电源。在水力或风力资源丰富地区，可优先考虑自建小型水力或风力发电站。

8.4.4 供电方案应运行可靠，简单灵活，方便维修、技术先进、经济适用。

8.4.5 供电电压应以地区电压等级为准。自建电厂（站）时，必须采用国家标准电压等级。

8.4.6 用电负荷计算，一般采用“单位指标法”和“需用系数法”。

8.4.7 变（配）电设施的设置，应符合下列要求：

8.4.7.1 输电距离短，接近符合中心；

8.4.7.2 便于电压质量的提高和线路的引入、引出；

8.4.7.3 地质稳定安全的地区；

8.4.7.4 不受积水或洪水淹没的威胁；

8.4.7.5 不影响临近设施；

8.4.7.6 不破坏生态环境和公园景观。

8.4.8 用电符合较小而又分散的地区，宜采用独立变电所或杆上变压器。在变电所和变压器的周围，应设置安全防护设施。

8.4.9 当电力负荷所引起的电压波动值超过照明或其他用电设施电压质量要求时，应分别设置动力和照明变压器。

8.4.10 供电线路敷设，一般不应采用架空线路。必须采用时，线路应尽量沿路布设，避开中心景区和主要景点，尽可能不跨越建筑物或其他设施。高压线路不得穿越动物集中活动区。

8.4.11 供电工程设计内容，包括用电负荷计算，供电等级、电源及供电方式确定，变（配）电所设置，供电线路布设等。

8.4.12 森林公园供电工程设计，应按现行有关标准、规范的规定执行。

8.5 供 热

8.5.1 森林公园的供热工程，应贯彻节约能源、保护环境、节省投资、满足需要、技术先进、经济合理的原则。

8.5.2 森林公园的热源选择应首先考虑余热的利用。其供热方式应以区域集中供热为主，一般不采取分散供热的方式。

8.5.3 森林公园以及公共民用建筑的热负荷，一般采用热指标计算。当缺少有关资料时，可根据实地调查或比照类似的企业加以确定。

8.5.4 供热管网的敷设方式，应根据地形、土壤、地下水等各种因素，通过技术经济比较后确定。对于温度不超过120℃的热水采暖管网，应优先选用直埋敷设的方案。

8.5.5 森林公园公用与民用建筑采暖热煤，应优先选用高温水或温水。

8.5.6 供热应优先选择热值高、污染小的燃料。集中供热锅炉产生的废渣、废水、烟尘，必须按工业“三废”排放标准进行处理和排放。

8.5.7 供热工程设计内容，包括热负荷计算，供热方案确定，热平面布置，锅炉房主要参数确定等。

8.5.8 森林公园供热工程设计，应按现行有关标准、规范执行。

8.6 通 信

8.6.1 通信包括电信和邮政两部分。森林公园的通信工程，应根据其经营布局、用户数量、开发建设和保护管理工作的需要统筹设计，组成完整、统一的通信网络。

8.6.2 电信

8.6.2.1 森林公园的电信工程，应以有线为主，有线与无线相结合。

8.6.2.2 电信设计应符合下列要求：

（1）森林公园电信系统必须与外部联网；

（2）电信网点的设置必须便于开发建设、旅游服务和保护管理等活动的开展；

（3）设备选型应简易方便，功能可靠；

（4）设施坚固适用，工程量小，投资少。

8.6.3 邮政

8.6.3.1 森林公园应根据自身发展的需要设置邮政业务。

8.6.3.2 邮政设计应符合下列规定：

（1）邮政网点的设置应方便职工生活，满足游客要求，便于邮递传送；

（2）邮政设施宜起到点景、美景的作用；

（3）邮政设施建设工程量小、投资少。

8.6.4 森林公园的通信应利用地方现有通信网络。园址宜根据通信业务量设邮电局（所）或通信中心，各功能分区、景区、景点可设邮筒和分机。

8.6.5 有线通信一般采用光缆或架空明线。临时性和防火通信，可采用无线通信。

8.6.6 通信工程设计内容，包括方案选定，通信方式确定，线路布设、设施设备选型等。

8.6.7 森林公园通信工程设计，应按现行有关标准、规范执行。

8.7 广播电视

8.7.1 森林公园的有线广播，应根据实际需要，设置在游人相对集中的地区。

8.7.2 在当地电视覆盖不到或不能满意收看电视广播的地方，可考虑建立电视差转台。

8.7.3 森林公园广播、电视工程设计，应按现行有关标准、规范执行。

8.8 燃 气

8.8.1 森林公园的燃气工程，应本着节约能源、保护环境、节省投资、满足需要、方便生活、技术先进、经济合理的原则进行设计。

8.8.2 森林公园的燃气气源，应因地制宜，可选用天然气、液化石油气或人工煤气（煤制气、油制气）等。

8.8.3 燃气供应方式，可根据实际条件采用管道供气或气瓶供气。

8.8.4 燃气工程设计内容，包括计算用气量，选定方案，确定气源及供气方式，布设管线等。

8.8.5 森林公园燃气工程设计，应符合现行《城市煤气设计规范》（TJ28－78）的规定。

9 设计文件组成

9.1 一般规定

9.1.1 森林公园总体设计文件，由设计说明书、设计图纸和附件三部分组成。

9.1.2 森林公园总体设计文件的编制，应符合本规范 9.2、9.3、9.4 的规定。

9.2 设计说明书

9.2.1 森林公园设计说明书，包括总体设计说明书和单项工程设计说明书。

9.2.2 总体设计说明书编写提纲

第一章 基本情况

第一节 自然地理概况

第二节 社会经济概况

第三节 历史沿革

第四节 公园建设与旅游现状
第二章 森林旅游资源与开发建设条件评价
第一节 森林旅游资源评价
第二节 开发建设条件评价
第三章 总体设计依据和原则
第一节 总体设计依据
第二节 总体设计原则
第四章 总体布局
第一节 森林公园性质
第二节 森林公园范围
第三节 总体布局
第五章 环境容量与游客规模
第一节 环境容量
第二节 游客规模
第六章 景点与游览线路设计
第一节 景点设计
第二节 游览线路设计
第七章 植物景观设计
第一节 设计原则
第二节 植物景观设计
第三节 种苗、花卉供应
第八章 保护工程设计
第一节 设计原则
第二节 生物资源保护
第三节 景观资源保护
第四节 生态环境保护
第五节 安全、卫生工程
第九章 旅游服务设施设计
第一节 餐饮
第二节 住宿
第三节 娱乐
第四节 购物
第五节 医疗
第六节 导游标志
第十章 基础设施工程设计
第一节 道路交通设计
第二节 给水工程设计

第三节 排水工程设计
第四节 供电工程设计
第五节 供热工程设计
第六节 通信工程设计
第七节 广播电视工程设计
第八节 燃气工程设计
第十一章 组织管理
第一节 管理体制
第二节 组织机构
第三节 人员编制
第十二章 投资概算与开发建设顺序
第一节 概算依据
第二节 投资概算
第三节 资金筹措
第四节 开发建设顺序
第十三章 效益评价
第一节 经济效益评价
第二节 生态效益评价
第三节 社会效益评价

9.3 设计图纸

9.3.1 森林公园现状图

9.3.1.1 比例尺一般为1:10000~1:50000。

9.3.1.2 主要内容：森林公园境界、地理要素（山脉、水系、居民点、道路交通等）、森林植被类型及景观资源分布、已有景点景物、主要建（构）筑设施及基础设施等。

9.3.2 森林公园总体布局图

9.3.2.1 比例尺一般为1:10000~1:50000。

9.3.2.2 主要内容：森林公园境界及四邻、内部功能分区、景区、景点，主要地理要素、道路、建（构）筑物、居民点等。

9.3.3 景区景点设计图

9.3.3.1 比例尺一般为1:1000~1:10000。

9.3.3.2 景区景点设计图，其主要内容：游览区界、景区划分、景点景物平面布置、游览线路组织等。

9.3.4 单项工程设计图

9.3.4.1 比例尺一般为1:500~1:10000。

9.3.4.2 主要内容应按有关专业标准、规范、规定执行。

9.3.4.3 图种

（1）植物景观设计图

（2）保护工程设计图

（3）道路交通设计图

（4）给水工程设计图

（5）排水工程设计图

（6）供电工程设计图

（7）供热工程设计图

（8）通信工程设计图

（9）广播电视工程设计图

（10）燃气工程设计图

（11）旅游服务设施工程设计图

（12）其他

9.4 附 件

9.4.1 森林公园的可行性研究报告及其批准文件；

9.4.2 有关会议纪要和协议文件；

9.4.3 森林旅游资源调查报告。

附录 A　术语解释

A.1 森林公园

森林公园是以良好的森林景观和生态环境为主体，融合自然景观与人文景观，利用森林的多种功能，以开展森林旅游为宗旨，为人们提供具有一定规模的游览、度假、休憩、保健疗养、科学教育、文化娱乐的场所。

A.2 森林旅游资源

森林旅游资源，系指以森林景观为主体，其他自然景观为依托，人文景观为陪衬的一定森林旅游环境中，具有游览价值与旅游功能，并能吸引旅游者的自然与社会、有形与无形的一切因素，包含自然资源与人文资源。

A.3 景观资源

指在森林公园范围内，可构成景观并具有观赏、文化、科考价值的一切资源。内含自然景观资源和人文景观资源。

A.4 景物

指具有观赏、科学文化价值的客观存在的物体。

A.5 景素

指具有观赏、科学文化价值并能吸引游人的景物、自然与社会现象或意境。是构成景观的基本要素。

A.6 景观

指将景素按美学观点完美结合而构成的画面，通过人的感官给予的美的感受。

A.7 景点

指在一定空间，按照美学观点构成主题鲜明而完整的画面。可以是能够吸引游人的独立景物，也可以是由多个景观要素组成的综合体。

A. 8 景区

为便于森林旅游管理和组织游览，根据风景特点与分布状况及使用功能而区划的地域空间。

A. 9 环境容量

指在保证旅游资源质量不下降和生态环境不退化的条件下，一定空间和时间范围内，可容纳游客的极限数量。单位为人次。

A. 10 完全游道

环行游道及进口与出口不在同一位置的非环行游道。

A. 11 不完全游道

进口与出口在同一位置的非环行游道。即游客游至终点，必须按原路返回。

附录 B 森林旅游资源调查

B. 1 基本情况调查

B. 1. 1 在收集生产、科研、教学、管理等单位现有调查材料和科研成果的基础上，认真研究、分析，充分利用；对于不足部分，进行补充调查。

B. 1. 2 自然资源调查

B. 1. 2. 1 位置及面积：调查森林公园的地理位置，总面积，所属山系、水系及大地貌区、中地貌范围等。

B. 1. 2. 2 地质：调查地质年代及地质形成期，大、中地貌生成形式，区域内特殊地貌及生成原因，古地貌遗址，母岩及对景物生成的影响，母岩对交通、旅游的影响，山体类型，平均坡度及最陡、最缓坡度。

B. 1. 3 社会经济调查

B1. 3. 1 当地社会经济简况：调查所属市（地）、县（市）和相邻乡（镇）的人口、经营主业、人均收入等情况及其特点。

B. 1. 3. 2 经营状况：调查森林公园（原林场、自然保护区）组织机构、人员结构、固定资产与林木资产、经营内容、年总产值、利润、税收、职工年平均收入等。

B. 1. 3. 3 旅游概况：调查森林旅游已开放的景区（景点）、旅游项目、游人结构、人次、时间、季节与消费水平等。

B. 1. 4 旅游气候资源调查

B. 1. 4. 1 温度：调查年平均气温，旅游季节平均气温，极端气温及其出现的时间，河、湖、海结冰期及冰层厚度，区域内小气候特征，可供疗养和避暑的季节等。

B. 1. 4. 2 光照：调查各季节昼夜时数，光照最长、最短时间出现的日期及热量，常见的自然光学特异现象及出现的时期等。

B. 1. 4. 3 湿度：调查森林公园内不同局部的湿度分布及年湿度最大、最小的月、旬、日等。

B. 1. 4. 4 降水：调查多年平均降水量，各月降水频率（天数）和降水量，暴雨频率及多发月、旬，早期，水体结冰，降雪情况，霜期及对景观的影响等。

B. 1. 4. 5 风：调查主要风向，年平均风力，五级以上、八级以上大风日数及出现的月、旬及频率。

B. 1. 4. 6 调查特殊的天气气候现象。调查年均舒适旅游期日数。

B. 1. 5 植物资源调查

B. 1. 5. 1 植被：调查植物种类，区系特点，森林植物的垂直分布以及森林植被类型和分布特点。

B. 1. 5. 2 观赏植物：调查记载种类、分布范围及数量，花期、果期、观赏部位（花、果、叶、根、皮）。

B. 1. 5. 3 古树名木：调查记载所处位置、生境、树种、年龄、树高、胸径、冠幅、冠形及分布特点，编撰古树名木资源一览表。

B. 1. 6 野生动物资源调查

调查森林公园境内的动物种类、栖息环境、活动规律等。

B. 1. 7 环境质量调查

B. 1. 7. 1 大气质量：监测方法应按《环境监测技术规范》执行。监测指标应符合《大气环境质量标准》（GB3095 – 1996）的规定。

B. 1. 7. 2 地表水：监测方法应按《大气环境监测技术规范》执行。监测指标应符合《地面水环境质量标准》（GB3838 – 88）的规定。

B. 1. 8 旅游基础设施调查

B. 1. 8. 1 交通：调查森林公园与周围大、中城市及相邻风景名胜区或森林公园的公路、铁路、水路、航空交通现状，公园内部交通状况，记载其里程及技术等级。

B. 1. 8. 2 通信：调查通信设施种类、拥有量、便捷程度等。

B. 1. 8. 3 供电：调查森林公园内的电源，现有输（变）电路及供电设备，扩大供电的可能性及电力发展规划等情况。

B. 1. 8. 4 给排水：调查森林公园内的水源、供水设备、扩大供水的可能性及发展规划；调查排水及防洪设施情况等。

B. 1. 8. 5 旅游接待设施：调查现有宾馆、招待所、旅社分布情况，接待能力（高、中、低档床位数）、床位利用率、分档次的效益，饮食及商品零售网点的现状以及旅游服务人员的素质和服务质量等情况。

B. 1. 9 旅游市场（客源）调查

B. 1. 9. 1 调查森林公园主要客源所在地的有关资料。

B. 1. 9. 2 调查各节、假日到森林公园旅游的人数、组成、居住时间及消费水平。

B. 1. 9. 3 调查较长时间在本区内休养、疗养、度假人数，居住时间及消费水平。

B. 1. 9. 4 调查宗教朝拜的时间、人数及消费水平。

B. 1. 9. 5 调查港、澳、台、华侨和外国游客来本区的情况及其发展前景。

B. 1. 10 障碍因素调查

B. 1. 10. 1 多发性气候灾害：调查暴雨、冰雹、山洪、强风暴、沙暴、尘暴、雪暴等气候灾害出现的季节、月份、频率、强度及对旅游、交通、居住的危害程度；历史上发生的重灾例、频率、灾情及其发生原因等。

B.1.10.2 突发性灾害：调查强烈地震、火山喷发、山崩、滑坡、泥石流等突发性自然灾害出现的季节、月份、频率、强度及对旅游、交通、居住的危害程度；历史上发生的重灾例、频率、灾情及其发生原因等。

B.1.10.3 其他：调查森林公园及其附近恶性传染病的病源、传播蔓延情况。调查不利于开展森林旅游的地方、民族风俗习惯及其他社会因素。

B.2 一般林业调查

B.2.1 森林资源调查：森林资源可利用现有的二类调查数据。若二类调查年代已久，可结合景观资源调查，进行森林资源调查；也可利用资料档案重新修订森林资源数据。

B.2.2 林特、林副产品资源调查：可利用现有资料。对有较高经济价值的品种应进行必要的补充调查。

B.3 景观资源调查

B.3.1 景观资源调查，采用路线调查、典型调查、查阅文献、座谈访问等多种方法相结合。

B.3.2 景观资源外业调查，应以1:50000或更大比例尺的地形图为底图，可利用航摄像片辅助判读，将景观要素位置或范围调绘在工作底图上。

B.3.3 自然景观资源调查

B.3.3.1 森林景观

对具有较高观赏价值的林分，调查记载森林景观特征，规模（面积），建群种以及观赏树种外观特点，叶形、叶色、花期、花形、花色、果期、果形、果色、果实等观赏利用价值。

B.3.3.2 地貌景观

（1）调查悬崖、陡壁、奇峰、怪石、雪山、溶洞等，记载山名（当地名）、海拔高度、母岩性质、坡度、相对高差、山势走向等。

对特异山（石）景，还应记载奇峰、怪石的位置、体态大小、生成原因、数量、分布特点（群状、零星或孤立景物或广布）。

调查溶（山）洞的入口形状、位置、形成原因、深度、广度、洞内景物等。

调查雪山位置、面积、坡度、海拔高度、常年积雪或季节性积雪（起止日）、积雪厚度等。

（2）对可远眺海、湖、河流、原野、林海、沙漠、日出、日落、云海、雾海等的位置及时间，也应调查记载。

B.3.3.3 水文景观

（1）海湾、湖泊：调查位置、湖泊海拔、形成原因、当地名称、水面涨、落时面积及水深（最深、最浅、一般）、水源、水质及可用性，季节变化，沉积物、水周边、岸水色，形成景观及游憩价值。

（2）河、滩：调查位置、形状、组成物质与滩面环境，滩底岩性及坡度（最大、平均）、坡向、海拔高度、相对高差、滩面面积与季节性变化，洪水及枯水期，游憩价值。

（3）瀑布：调查位置、母岩、成因、海拔高度、相对高差、水量及厚度（整体，断段），水源及季节变化，景观特点等。

（4）溪流：调查位置、长度、发源地、坡降、所属水系、流量、季节水量变化，水质可否饮用及开发方式与价值。

（5）泉水：调查位置、年流量、水量季节变化、水质（成分，水温）及效用（饮用矿泉，医疗矿泉），可否作一般浴泳温泉和疗养泉水。

B. 3. 3. 4 气象景观

调查云、雾、雾凇、雪凇、日出、日落及佛光等气象景观的出现季节，持续时间、形状、观赏位置等。

B. 3. 3. 5 特异性

调查景观或景点、景物的知名度。

B. 3. 4 人文景观资源调查

B. 3. 4. 1 名胜古迹

调查古建筑种类、建筑风格及艺术价值，建筑年代，历史及建筑状况，建筑物数量、分布情况及占地面积，有关建筑物的传说、故事及目前吸引游人情况，存在问题及有关建议等。

B. 3. 4. 2 宗教文化

调查宗教种类（佛教、道教、基督教、伊斯兰教）、宗教建筑、影响范围及历史。

B. 3. 4. 3 革命纪念地

调查革命纪念地的文献记载、革命活动的文物位置、保护现状。

B. 3. 4. 4 民俗风情

调查一切无具体固定物象或附着于固定物象的人文景物，作为拟景素。调查当地各族民风民俗。

（1）收集现成的神话、传说、故事材料。

（2）调查询问、整理口头文学中的神话、传说、故事等。

（3）调查历史文化名人的情况。

（4）调查与旅游有关的居民情况，如民族及服饰，村寨建筑风格，传统食品等。

（5）调查婚丧嫁娶及各种禁忌礼仪等风俗习惯。

B. 3. 4. 5 名人故居

调查历史名人故居位置、保护现状及有关情况。

B. 3. 5 可借景物调查

调查不在森林公园境内，但具备观赏条件，对公园具有影响力的自然与人文景观。记载可借景物的种类、名称、距离、景观价值及在本区域内可能吸引游人的数量等。

B. 3. 6 森林旅游资源调查结束后，应分别编制专题和综合调查报告，作为总体设计的依据。

附录 C　森林旅游资源与开发建设条件评价

C. 1 一般规定

C. 1. 1 评价前，必须对森林及旅游资源与开发建设条件进行调查。调查内容与要求应符合本规范附录 B 的规定。

C.1.2 以美学观点和开展森林旅游多功能需要为主要评价依据。

C.1.3 评价人员应综合运用林业、生物、生态、地质、地理、环境、旅游、美学、园林、建筑、宗教及历史、经济、考古、医药等多种学科的理论和方法对森林公园的森林旅游资源与开发建设条件做出全面评价。

C.1.4 必须坚持实事求是的原则，评价应充分反映客观实际。

C.2 评价内容

C.2.1 森林旅游资源

C.2.1.1 自然景观资源

（1）地质地貌

名山大川，自然灾害遗迹、地质构造和地层剖面、生物化石点、火山熔岩景观、蚀余景观、沙（砾石）滩、小型岛屿、洞穴、奇特与象形山石等。

（2）水体

溪流、风景河段、漂流河段、湖泊、海滨、瀑布、泉等。

（3）植被

植物群落结构、垂直分布、层次、林相与四季色彩、国家重点保护物种、古树名木、奇花异草、疏林与草地等。

（4）动物

主要动物种类与数量、国家重点保护物种、动物栖息地类型及栖息方式等。

（5）天象

日、月、星辰、云、雨、雾、冰、雪、霜、虹、霞、光影等。

（6）森林生态环境

森林覆盖率、木本植物数量、旅游气候、大气质量、地表水质量害及地方病等。

C.2.1.2 文物景观资源

（1）文物古迹

古人类遗迹、古城遗迹、古工矿遗址、古作坊遗址、历史交通贸易遗址、古代文化科学教育遗址、历史军事遗址、历史纪念地、名人故居、古墓葬、帝王陵寝、古代水利工程、古桥梁、古代宫殿建筑、古代宗教建筑、独立古塔或塔林、古建殿（堂）楼阁、古建碑碣牌坊、石窟、摩崖石刻与岩画、壁画、雕塑等。

（2）现代建筑

包含具有游览价值具备旅游条件的一切现代建筑设施。

（3）民俗风情

特色城镇、商业闹市、民俗街区、乡土建筑、典型民族村寨、城乡庙会、节庆活动、民间盛典、民间艺术、地方特产、地方名肴等。

（4）神话传说

文学作品、典故、轶闻等。

C.2.2 开发建设条件

地理位置与地域组合、外部交通条件、客源市场条件、区域经济状况、已开发建设景点、已有服务设施与基础设施、能源状况等。

C. 3 评价方法

C. 3. 1 按照评价内容要求，对森林旅游资源和开发建设条件进行全面评价。

C. 3. 2 对自然景观资源和人文景观资源，应按景观和功能需要，描述景物、景素的种类、数量、形态、体量、科学含量、艺术特征及其对游客的吸引度，评价其开发利用价值。

C. 3. 3 按旅游需要，应对开发建设条件进行充分分析论证，提出具备的优势和存在的问题。

附录 D　容量测算推荐公式

D. 1 环境容量测算

D. 1. 1 面积法

$$C = \frac{A}{a} \times D$$

式中：C——日环境容量，单位为人次；

A——可游览面积，单位为 m^2；

a——每位游人应占有的合理面积，单位为 m^2；

D——周转率

D. 1. 2. 卡口法

$$C = D \times A$$

式中：C——日环境容量，单位为人次

D——日游客批数，$D = t_1/t_3$

A——每批游客人数；

t_1——每天游览时间，$t_1 = H - t_2$，单位为分；

t_3——两批游客相距时间，单位为分；

H——每开开放时间，单位为分；

t_2——游完全程所需时间，单位为分。

D. 1. 3. 游路法

（1）完全游道

$$C = \frac{M}{m} \times D$$

（2）不完全游道

$$C = \frac{M}{m + (m \times E/F)} \times D$$

式中：C——日环境容量，单位为人次；

M——游道全长，单位为 m；

m——每位游客占用合理游道长度，单位为 m；

D——周转率，D = 游道全天开放时间/游完全游道所需时间；

F——游完全游道所需时间；

E——沿游道返回所需时间。

D.2 游客容量测算

$$G = \frac{t}{T} \times C$$

式中：G——日游客容量，单位为人；

t——游完某景区或游道所需时间；

T——游客每天游览最舒适合理的时间；

C——日环境容量，单位为人次。

附录E　投资概算与效益评价

E.1 投资概算

E.1.1 森林公园总体设计的投资概算，应按国家和林业部关于概、预算编制的规定和要求进行编制。建设项目投资规模，包括固定资产投资、固定资产投资方向调节税和建设期利息。根据设计安排的建设顺序，编列各年度实施的概算。分期建设时，需按首期及后期的投资概算分别汇总列出。

E.1.2 森林公园基本建设投资，按下列组成划分：

E.1.2.1 按建设项目的划分

（1）景区景点建设工程；

（2）植物景观工程；

（3）保护工程；

（4）旅游服务设施工程；

（5）基础设施工程。

E.1.2.2 按费用构成划分

（1）建筑工程费；

（2）设备、工器具构置费；

（3）安装工程费；

（4）工程建设其他费用及预备费用。

E.1.2.3 按形成资产划分

（1）固定资产；

（2）无形资产；

（3）递延资产。

E.2 建设顺序

E.2.1 森林公园的开发建设顺序，可根据其建设规模、项目特点、投资来源等情况确定。若在3～5年内能完成总体设计所列的工程建设项目时，宜一次建成；否则采取分期建设。

E.2.2 森林公园采取分期建设时，其首期建设宜完成下列工程项目：

E.2.2.1 中心景区的工程；

E.2.2.2 安全工程；

E.2.2.3 保护工程；

E.2.2.4 道路、给排水、供电、供热、通信、广播电视和燃气工程；

E.2.2.5 近期必须建设的其他工程。

E.2.3 森林公园的开发建设顺序、应在批准的可行性研究报告中加以确定。

E.3 效益评价

E.3.1 森林公园建设工程效益评价，应按经济效益、生态效益和社会效益三个方面进行综合评价。

E.3.2. 经济效益评价

E.3.2.1 静态评价。计算投资利润率、投资利税率及投资回收期。

E.3.2.2 动态评价。按折现现金流量法计算财务净现值与财务内部收益率。

E.3.2.3 风险评价

分析经营成本提高、游客的减少、消费水平的下降等因素给公园建设带来的风险。

E.3.2.4 还贷能力分析

若以贷款作为公园建设资金，需作还贷能力分析。

E.3.3 生态效益评价。主要内容应包括：生物资源的增长趋势；生态环境的改善；生物有机体与其环境的相互作用以及生物种源的繁衍和保存价值；森林植被对净化空气、涵养水源、保持水土、调节气候、美化环境、缓和地表径流、防止有害辐射，减少泥沙流失等有益于自然生态平衡的各种效益。

E.3.4 社会效益评价。主要内容应包括：普及科学知识；卫生保健；宣传教育；科学实验；环境保护；对经济发展、社会建设、社会安定、社会福利、社会就业等方面的促进作用。

附录F　森林公园可行性研究文件组成

F.1 一般规定

F.1.1 森林公园可行性研究文件，由可行性研究报告、图面材料和附件三部分组成。

F.1.2 森林公园可行性研究文件的编制，应符合本规范F的规定。

F.2 可行性研究报告

F.2.1 森林公园可行性研究报告的编制，应符合本规范F.2.2的要求。

F.2.2 可行性研究报告编写提纲

第一章 项目背景

　第一节 项目由来和立项依据

　第二节 建设森林公园的必要性

　第三节 森林公园建设的指导思想

第二章 建设条件论证

第一节 景观资源条件

第二节 旅游市场条件

第三节 自然环境条件

第四节 服务设施条件

第五节 基础设施条件

第三章 方案设计

第一节 森林公园性质与范围

第二节 功能分区

第三节 景区景点建设

第四节 环境容量

第五节 保护工程

第六节 服务设施

第七节 基础设施

第八节 建设顺序与目标

第四章 投资估算与资金筹措

第一节 投资估算依据

第二节 投资估算

第三节 资金筹措

第五章 项目评价

第一节 经济效益评价

一、财务分析

二、贷款偿还能力分析

三、不确定性分析

四、国民经济分析

第二节 生态效益评价

第三节 社会效益评价

第四节 结论

F.3 图面材料

F.3.1 森林公园现状

F.3.2 功能分区及景区景点布局图

F.3.3 对外关系图

F.4 附件

F.4.1 森林公园野生动、植物名录

F.4.2 森林公园自然、人文景观综述

F.4.3 森林公园自然、人文景观照片

F.4.4 有关声像资料

F. 4. 5 有关技术经济论证资料

附录 G 本规范用词说明

G. 1 为便于在执行本规范条文时区别对待，对于要求严格程度不同的用词说明如下；

G. 1. 1 表示很严格，非这样做不可的；

(1) 正面词采用“必须”；

(2) 反面词采用“严禁”。

G. 1. 2 表示严格，在正常情况下均应这样做的：

(1) 正面词采用“应”；

(2) 反面词采用“不应”或“不得”。

G. 1. 3 表示允许稍有选择，在条件许可时首先应这样做的：

(1) 正面词采用“宜”或“可”；

(2) 反面词采用“不宜”。

G. 2 条文中指明必须按其他有关标准执行的写法为，“应按……执行”或“应符合……要求(或规定)”。

5. 森林公园总体设计规范条文说明

LY/T5132 - 95

1 总则

1. 1 森林公园总体设计是森林公园建设重要的前期基础工作，但到目前尚无统一设计要求，以致严重影响了森林公园建设和森林旅游业的发展，因此编制《森林公园总体设计规范》已是当务之急。

1. 2 本条规定了本规范的适用范围。开展森林旅游的自然保护区核心区的外围及其他森林旅游区应参照执行。

1. 3 森林公园建设涉及到方方面面，开展森林旅游业，必须符合我国的有关法规规定，本条提出了编制本规范的主要法规依据。

1. 4 本条规定了建设森林公园的目的和应该建设什么样的森林公园。

1. 5 为了保证森林公园总体设计指导思想的付诸实施，该条提出了设计原则要求。

森林公园是生态与经济兼顾的公园，因此必须以生态经济和旅游经济理论为指导，强调了保护的重要性，其出发点是为了保证森林旅游资源的持续运用。

森林公园建设应充分发挥自身优势，公园一定要有特色，否则就违背了建设的初衷。

总体布局，是总体设计的极其重要的环节，应因地制宜合理安排，统一安排建设项目，做好宏观控制，以免建设中造成混乱。但在实施过程中应量力而行，视建设资金筹集情况，可实行分步实施，逐步完善。

在林场的基础上建设森林公园，其中一个较大的优势是原有的建设设施可以充分利用，可取得事半功倍的效果。因此提出进行适度建设，并且规定建设规模必须与游客规模相适应，避免盲目性，切实注重实效。

1.6 森林公园是涉及多学科、多专业综合性的建设工程。虽然在设计的章、节有关部分做了规定，但不可能全部列出，为严密起见，本条做了“除执行本规范外，尚应符合国家现行有关专业技术标准、规范的规定”的要求。

2 总体布局

2.1.1 森林公园是以开展森林旅游为主要目的综合性的建设项目，在功能区布局中，必然要涉及有关方针、政策及法规，因此必须符合有关规定要求。

2.1.2~2.1.5 总的要求，是以保护为前提条件，处理好各方面之间的关系。必须立足于森林公园总体的角度，根据各功能需要及其特点，因地制宜统一安排，既要突出各功能区特点，又要满足总体协调的要求，在功能区地域区划上应为今后发展需要留有余地。

2.2 森林公园区划

2.2.1~2.2.3 森林公园区划系统，实际上是按功能需要进行地域土地利用划分。森林公园下划功能区，游览区中可区划景区。

规定中列举了10个功能区，应按需要因地制宜加以设置，公园中凡涉及到10个功能内容，均应分别设置，一般不应混设。功能区内的建设内容应符合功能要求。

2.2.4 在功能区、景区按需要区划并进行合理布局之后，持1:10000或1:50000比例尺地形图结合现地勾绘，进行定界。定界时应照顾行政界线，与行政界线不一致的地段应以自然区划为主。

2.2.5 在功能区区划、定界之后，应进行分区论述。概要地说明基本情况、利用功能、为了达到功能要求而需要建设的主要项目内容及采取的必要措施等。

3 环境容量与游客规模

3.1 环境容量

3.1.1 本条提出了确定环境容量的原则规定。景区、景点可容纳的游人量是有限度的，合理环境容量应同时满足两个方面的要求。第一，必须满足森林公园自身的要求，即在保证森林旅游资源持续利用的前提下取得最佳的经济效益，也就是力争容纳最多的游人；第二，满足游客的旅游要求，即应为游人提供舒适、安全、卫生、方便的旅游环境。

3.1.2 本条规定了环境容量测算的内容。在剖析我国森林公园和风景名胜区规划设计的基础上，提出了比较通用的三种测算方法及其适用条件，供设计人员选用。为了使环境容量起到应有作用，规定了应分别景区、景点，按可游览面积测算环境容量，在此基础上合理累加后，即为公园的环境容量。针对公园的不同情况，有可能采用几种方法综合测算，累加时应避免重复计算。

游客容量是环境容量中一个重要指标。对于景点等较小范围的游览环境，瞬时与日环境容量起主要控制作用，而对于景区和公园就需要用游客容量加以控制，才能保证景点游览环境的正常运转。实践监测结果，一般游客容量略低于环境容量。

3.2 游客规模

3.2.1～3.2.3 游客规模决定着森林公园的建设规模。虽然在可行性研究中做为市场条件已经论证，但则于这个条件确实十分重要，同时也可能由于总体设计阶段中一些因素发生了变化而影响到游客规模，所以规定了应进行核实，必要时可做一定调整。

游客规模预测，必须道先详尽分析森林公园与客源地两大方面影响游客来源的主要因素，明确游客来源渠道，在此基础上根据公园不同情况和基础资料具备的程度，选择适合的方法进行测算。也可做多种测算的比较，以期接近客观实际。

4 景点与游览线路设计

4.1.1 本条规定了景点设计内容。包括景点主题与特色、景点位置与范围，提出景点内各种主要建筑设施及其占地面积、体量、风格、色彩、建设标准等，而不需要出单体图纸。

4.1.2 组景是景点设计的重要环节。为了达到总体协调，组景必须与景点布局统一构图。本条分别已有景点和新设景点做了原则规定，对于已有景点应首先审视其利用价值，然后采取相应的措施；对于新设景点，重点强调了必须以自然景观为主、突出自然野趣等要求。对于城市近郊森林公园可结合功能需要，必须设置的大型人造景点时，应以不破坏自然景观和达到总体协调为前提条件。

4.1.3 本条提出了景点布局应遵循的一般原则。强调了从公园总体控制出发，层层突出主题、紧密结合静态与动态布局，合理安排。条文提到的一些艺术手法，只是在森林公园景点布局中的借用，严禁形成城市纯园林的模式。

4.1.4 在借鉴成功范例的基础上，针对以住成果出现的弊端，本条规定了命名应遵循的基本原则。

4.2 游览线路设计

4.2.1～4.2.3 规定了游览线路设计内容、游览方式选择及游路组织。规定中提出的四种游览方式，应因地制宜加以选用。目前一些较大型森林公园已采用直升飞机或缆车等设施，既为交通工具又兼备游览功能。值得强调的是对于缆车等空游设施选址，必须遵循不降低景观质量和有利于资源保护的原则。

5 植物景观工程

5.1 一般规定

5.1.1 本条规定了森林公园森林的经营方向。带有木材生产等林业生产任务的森林公园，实际上区划为两大块。一块是生产经营区，仍按原森林经营方案及林业有关规定经营；一块是森林旅游区，该区域是本章重点设计范围，其经营方向是为森林旅游服务，采取的各种经营措施必须满足景观和旅游功能需要。

5.1.2 森林旅游区的森林兼顾着景观、休憩、疗养、保健、保护生态环境等多种功能。由于所处位置与需要不同，功能应各有侧重。因此，在布局上应因地制宜统一安排。

5.1.3 森林旅游区的森林经营总的指导思想，应该是在宏观上保护好大的森林环境，这样就需要不断地充实、完善乔灌草森林植被，逐渐形成比较完整的地带性森林植物群落；而在微观上又不能使游人感到乏味，应该突出森林的特点，为游人提供丰富多彩的观赏内容。

5.1.4 风景林与生态保护林，实际上是指除生产经营区之外，直接为森林旅游服务的全部森林植被，其经营方向已发生了改变，因此规定了“严禁单纯取材为主要目的的采伐利用”，可采取为景观和旅游功能服务的卫生采伐及抚育等经营措施。

5.2 植物景观设计

5.2.1 植物景观是森林公园景观的主体，包含主景、配景和衬景。主景是指具有植被特色、专供游人观赏的森林植被。其中，可以是林相景观，例如垂直郁闭型或水平郁闭型等结构景观；也可以是具有季节特色的植被景观，例如赏花、赏叶、观果等。配景一般指景点或建筑物周围环境的美化植被。主景与配景之外的植被均为衬景，一般为公园、功能区、景区外围起远景衬托作用的森林植被。

5.2.2～5.2.4 森林植物景观设计应以原有森林植被为基础。为了突出自然野趣，保持原始状态，提出了一般不应大砍大造的要求。但是，对于新建的森林公园，已有的森林植被条件不可能尽善尽美，为了使设计尽可能理想化，应该采取必要的人工调整措施，因此提出了结合造林（种草、种花）、改造和整形抚育等措施进行设计的要求，同时对宜林地的造林（种草、种花）与林相改造做了规定。

5.2.5～5.2.6 植物景观设计成功与否，关键在于是否具有特色。首先，在总体上应该体现地带性植被特点，使游人能够观赏到其他地带区域看不到的植被；其次，应充分利用植物群落结构、树种、植物的干、花、叶、果等形态与色彩，塑造典型的结构景观与四季景观，特别应突出当地具有代表特色的植被景观。在布局上应注意多样性与协调性的关系。

5.2.7 种苗、花卉是绿化美化的重要物质基础，必须计算需要量，并应依托林场的苗圃妥善安排来源。在不能满足需要时，需新建或扩建的苗圃，应符合《育苗技术规程》的规定。

6 保护工程

6.1 一般规定

6.1.1 森林公园不但具有其他风景名胜区的一些主要功能，而且具有山野情趣和纯净的自然环境及气候条件，其生态系统的大部分属于封闭循环型，生态环境在这里得到了完整的体现，并以此惠泽于整个地球，造福于人类社会。因此，保护森林公园的自然环境，使之地形地貌不受破坏，山石水体不受污染，动植物生长不受到人为的干扰和阻碍，生态系统的平衡不受到瓦解，这是建设森林公园必须遵循的原则。同时，在森林公园建设中，正确处理好保护与开发利用的关系，是贯穿于总体设计的一条红线。不能把保护与开发利用二者截然对立开来。开发是为了充分利用森林资源，发挥森林的综合效益；保护则是为了使森林景观资源得到更为合理的持续利用。故规定应将保护放在首位，坚持开发与保护相结合的原则。

6.1.2 保护对象从大的方面可分为生物资源、景观资源、生态环境等。保护对象不同，其特性、保护等级亦不相同，采取的保护措施亦不同。因此，选择保护措施要有针对性，保护措施必须同保护对象相适应。

6.2 生物资源保护

6.2.1 植物资源系指被子植物、裸子植物、蕨类、苔鲜、地衣、藻类、真菌类。植物（尤其是森林）是森林公园的主体。植物受到破坏，建设森林公园便失去了基础。故保护植物资源尤为重要。

6.2.1.1 实行“保护、培育、合理开发利用”植物资源的方针，是为了适应森林旅游业发展的要求。森林旅游业是以良好的森林环境、绝特的植物景观为基础的。因此首先必须保护好现有植物资源，使其不受破坏，是开展森林旅游的必要前提。另一方面，只有积极增殖物种资源，不断扩大种群数量，做到合理开发，持续利用，才能加速森林旅游业的发展。

6.2.1.2（1）森林防火工作必须以预防为主，防患于未然，千方百计减少森林火灾的发生。同时充分做好扑救火灾的各项准备，一旦发生森林火灾，积极扑救，做到早预防、早发现、早扑灭。同时，“预防为主，积极消灭”同公安消防工作的“预防为主，防消结合”方针也是一致的。

6.2.1.2（2）防火隔离带一般宽度是依据《森林防火工程技术标准》（LYJ127－91）第4.3.4条第二、三款制定的；最低宽度是参照《自然保护区工程总体设计标准》（LYJ126－88）第3.1.15条制定的。

6.2.1.3 森林病虫鼠害防治实行“预防为主，综合治理”的方针，是多年来森林病虫鼠害防治工作的经验总结。绝不能等到病虫鼠害已经大量发生和严重危害时才开始防治，这样不仅会使我们的绿色产业受到损失，而且浪费人力、物力、财力。最根本的一点是要从维护自然生态平衡的观点出发，造就一种有利于林木生长而不利于病虫鼠害发生的森林生态环境，这是改变和控制森林病虫鼠害严重发生危害的根本措施。

6.2.1.4 本款规定是为了有效地限制人们对野生植物资源的过度开发利用，制止乱挖滥采，保护野生植物资源不受破坏。

6.2.2 野生动物系指非人工驯养的兽类、鸟类、爬行类、两栖类、鱼类、昆虫类和其他动物等，野生动物是宝贵的自然资源，和其他资源一样，过度地开发和利用都会造成难以弥补的损失。尽管影响野生动物的自下而上因素是多方面，有自然因素，也有人为因素，但危及野生动物生存的根本因素正是人类自身对自然界的无止境的开发。因此野生动物保护的最关键问题就是如何控制这种开发，不能竭泽而渔。

6.2.2.1 对于行将灭绝的野生动物，人们已经开始着手挽救和保护。对于其他众多的野生动物，长期有效地保护、管理及合理利用，是必须坚持和一条方针。因为野生动物是依靠自然条件而生存的，它和家畜不同，家畜可以得到人类的直接保护，人们为家畜准备厩舍、饲料、饮水，并能得到医疗，使其正常的生长和繁殖。而野生动物却没有上述条件保证，加之一些人们认识模糊，因此对野生动物就不像爱护家畜一样的保护、管理，而有意或无意地加以伤害。所以对野生动物首先应加强保护和管理，而有意或无意地加以伤害。所以对野生动物首先应加强保护和管理，保证其正常生长和繁殖。同时，积极驯养繁殖，合理开发利用，保证狩猎业和森林旅游业的扩大再生产，可以持续地提供大量产品，既增加人民的经济收入，又支援了国家建设。

6.2.2.2 通过本款规定，可以有效地限制人们对野生动物资源的过度利用，制止乱捕滥猎，保护野生动物免受人类的伤害，达到合理永续利用这一资源。

6.3 景观资源保护

6.3.1 景观资源分为自然景观资源和人文景观资源二类。自然景观系指因外在条件形成的森林、山水、天象等景观，包括繁多树种组成的林相、垂直带谱、四季景色构成的季相、古树名木、珍贵濒危的珍禽异兽、奇花异草、生物化石、巍峨名山、浩瀚沙漠、碧波湖海、奇峰怪石、溪泉瀑潭、溶洞温泉、云雾冰雪、日出日落、霞光异彩等。人文景观系指由于历史发展所形成的各种有形或无形的古迹、文化传统等，包括帝王陵墓、古刹名寺、碑塔洞窟、古代建筑、历史遗迹、出土文物、近代革命遗址及文物、民俗风情、地方艺术、神话故事、历史典故、民间传说、传统节会等。

6.3.1.1 地质遗址、历史遗址、珍稀、濒危物种分布区域，具有重大科学文化价值，乃国家保护对象，故必须采取特殊保护。

6.3.1.2 中心景区景色绝妙，景观资源价值很高，是反映森林公园风景特色的精华所在。故必须采取重点保护，以保护景物、景观的长久性为目的。

6.3.1.3 一般景区具有游览价值或潜在开发利用价值，是森林公园的重要组成部分，存在保护的必要性，故应实行常规保护。

6.3.2 古树系指树龄在百年以上的树木；名木系指珍贵、稀有或具有历史、科学、文化价值和重要纪念意义的树木。古树名木是珍贵文物，又可成为森林公园中的主要景点，应与有文物价值的古建筑同等对待，严禁砍伐或者迁移。同时，古树名木是活的文物，需要一定的生长条件，因此需要采取积极的措施保证其健壮生长。

6.3.3 通过本条规定，可以有效地限制人们对游憩环境的过度破坏，避免无计划、无节制地超负荷接纳游客。

6.4 生态环境保护

6.4.1 森林公园不仅以优美的自然风光和神奇的森林天地吸引旅游观光者，而且在保健疗养、科学研究、考察探险及开展多项体育运动上发挥出其他风景名胜区不可替代的作用。因此，保护生态环境、提高环境质量尤为重要。在森林公园建设中，必须把保护自然生态平衡放在首位，以不破坏原有景观和自然风貌为基本原则。并采取有效措施，积极改善生态环境，防治污染和其他公害，保障人体健康，促进森林旅游业的发展。

6.4.2 居民生活区建在空旷地带，有利于废气的排放，对于各种用途的烟囱排放的烟尘、粉尘、有害气体，必须采取有效措施，安装除尘设备。烟囱设置高度必须符合环境保护的要求，不得随意设置或改变高度。

6.4.3 为保持森林公园良好旅游环境，对噪声的治理也不容忽视。在公园境内，大功率的广播喇叭和广播宣传车一般禁止使用，不允许播送强音音乐。驶入公园的机动车辆，应安装消声装置和符合规定的喇叭；超过音量控制标准的车辆，不得进入公园。同时，为减少噪声对环境的污染损害，规定公园内的游乐场所应采取有效防治措施。

6.5 安全、卫生工程

6.5.1 开展森林旅游、首先应考虑的是安全。因此，森林公园建设，必须以保障游人安全为前提，使游人顺利到达各个景点，乘兴而来，尽兴而返。

6.5.2 通往孤岛、山顶的路段，容易形成卡口，游人上岛、登山往返都用一条道路时，如果人流量较大，容易造成通行不畅，地形陡峭更易发生危险。为避免游览中走回头路和形成景观序列的需要，规定孤岛和山顶的园路宜设复线。在地形复杂、高差较大、坡度较陡的地方设置供游人作短暂休息的场地，是为了使游人恢复体力和在人流较多时临时避让，以免过于拥挤，发生危险。

6.5.3 护栏设施泛指森林公园中能够起到栏杆作用的设施，可以是栏杆、矮墙或花台等。设置护栏设施的起始高差 1.0m，系参照《民用建筑设计通则》第 4.2.2 条第二款的规定。

6.5.4 建设森林公园的目的在于，创造良好的旅游环境，把游人带入场地清洁、空气清新的园中，使其尽情投入大自然的环抱，流连忘返。因此，规定公园内不得随意丢弃和堆放垃圾及污物。垃圾存放及处理设施应设于隐蔽处，不应有碍观瞻。

6.5.5 厕所设置数量，应与森林公园的日环境容量相适应。过少，影响使用效果；过多，既浪费设备，又有碍观瞻。经对全国 46 个森林公园的重点调查，并参考《公园设计规范》（CJJ48－92），综合确定按日环境容量的 2% 设置厕所蹲位数；男女蹲位比为 1～1.5∶1。厕所的服务半径是根据实地调查，本着既方便使用又不致影响景观的原则，规定为不宜超过 500mm。

7 旅游服务设施工程

7.1 一般规定

7.1.1 我国森林旅游业起步较晚，且各地发展亦不平衡，森林公园建设应适合中国国情，因地制宜。因此，旅游服务设施的建设标准不搞一刀切，而应根据游客不同的消费水平和实际需要，高、中、低档相结合，季节性与永久性相结合。

7.1.2 人们游览森林公园，主要是欣赏森林幽雅的景色和大自然的风光，在空气清新的森林环境里，洗涤在喧嚣的城市中的郁闷心情，这是人们向往大自然、渴望到森林公园游赏的主要原因。因此，旅游服务基地选设，最根本的原则是有利于保护自然景观和森林环境，并应因势利导，为游人创造畅通、便捷、安全、舒适、经济和低公害的服务条件。

7.1.3 休憩、服务性建筑应与自然景物协调、亲和、溶于自然之中，实现森林公园的使用功能和整体风景构图的完美。例如亭、榭、廊、敞厅、台阶、石级等应藏而不露，协调生辉。同时，保证游人安全、舒适、克服设计中单独突出建筑的倾向。

7.1.4 森林公园内的水面大小差别很大，有的没有水面，有的水面占总面积的一半以上，且公园内的建筑大都建于陆地上，其建筑用地比例只能与陆地面积相比，无法与总面积相比。故采用随陆地面积大小确定比例。水上建筑数量极少，其用地列入陆地中计算。

休憩、服务建筑用地比例，是根据全国 46 个森林公园的调查资料并参考我国风景名胜区的有关规定制定的。

7.1.5 建筑与自然景观不协调，使人一看即产生强施硬塞之感，游兴顿减。这是森林公园建设一大忌。所以规定永久性大型建筑必须建于游览观光区的外围地带，不得破坏和影响自然景观。

7.1.6 为充分发挥森林公园的游赏效果，规定了“在公园景观最佳地段，不得设置餐厅及集中的服务设施。”以提高游客的游兴。

7.2 餐饮

7.2.1～7.2.3 餐饮服务是森林旅游业的一个重要组成部分，不容忽视。因此，对餐饮服务网点的布局，建筑造型和建筑设计作了原则规定。

7.3 住宿

7.3.1 旅游床位设置数量，应与游客规模相适应，过少，不能适应旅游业需要，也影响经济效益；过多，设施闲置，造成浪费。

7.3.2 旅游床位建设标准采用建筑面积计算。该标准是根据全国 46 个森林公园的调查资料并参考日本、土耳其、意大利、法国、西班牙、捷克斯洛伐克、罗马尼亚、苏联、英国、美国等有关资料制定的。

7.4 娱乐

7.4.1 森林公园所处的地理位置不同，其建设内容和建设主题亦不尽相同。交通便捷、城市近郊的森林公园，可为城市居民提供综合性高水平的游憩场，满足国内外游客对游乐、游憩的需要。故在进行功能分区时，可根据自身特点，因地制宜，区划游乐区。

7.4.2 森林公园本来是以其环境优美为重要特点而受到游客的青睐。因此，娱乐服务设施建设不得以破坏景观和自然环境为代价。

7.5 购物

7.5.1 旅游行为产生旅游消费，而旅游消费品的生产规模与发展速度，应与游客的旅游消费标准相适应。生产规模过大或过小，发展速度过快或过慢，都是不科学、不可取的。因此，必须正确处理好供求关系。

7.5.2~7.5.3 规定了森林公园购物服务网点建设和布局应遵循的原则。

7.6 医疗

7.6.1 在森林旅游活动中，游客的受伤、患病是难免的。因此，森林公园建设，除了考虑游客的吃、住、行、游、购、娱外，还应建立医疗保健设施，以便及时有效地救护游客中的伤病人员脱离险境。

7.6.2~7.6.3 规定了确定医疗保健制以及医疗保健建筑及其布局应遵循的原则。

7.7 导游标志

7.7.1 导游标志是旅游区的主要附属设施，它主要设置在交叉路口，游径端点和境界上。按标志的功能一般可分为下列五种类型：

以区界性标志：指明区域界限、位置、四邻。

指示性标志：为游客提供指南，以助寻找目标。

限制性标志：揭示规定、规章、提示游客注意，控制游客的活动行为。

解说性标志：宣传和介绍景点、景物等情况，以助游兴。

公共设施标志：标明休憩、服务、公用设施设置位置。

7.7.2 规定了导游标志的色彩和规格设计应遵循的原则。

8 基础设施工程

8.1 一般规定

8.1.1 森林公园基础设施建设，首先应查清是否具备连接附近镇供电、供水、供气和排水等管线的可能性。

8.1.2 兴建森林公园，开展森林旅游，目的是为人们提供幽静、舒适、高格调的游憩和度假场所，让人们尽情享受回归大自然的乐趣。一个公园如果架空线路比比皆是，甚至形成开罗地网，大自然原汁原味的山林野趣将丧失殆尽，游人不会流连忘返。因此规定公园内一般不设置架空线路。如经论证必须设置时，应按本条文有关规定执行。

8.1.3 本条规定的出发点是减少污染，保护生态环境。

8.2 道路交通

8.2.1 森林公园道路是一项主要的基础设施。它的功能除与一般道路具有组织交通的共同作用外，还是连接园内各功能分区、景区、景点的纽带，也是引导游人观赏风景的导游线。同时在森林公园中道路本身也是一景。因此，道路网设计，应在充分考虑环境容量、游客流量、活动内容及道路功能的基础上，依照森林公园的地形地貌，充分利用原有道路，合理进行布局，采用多种形式组成网络。

8.2.2 规定通向建筑地区的园路应有环行路或设回车场地是为了满足消防交通的要求。

8.2.3 公路两侧的防护林带设置宽度，参照《自然保护区工程总体设计标准》（LYJ126－88）制定。

8.2.4 道路分类及其设计宽度是根据对全国46个森林公园和20个风景名胜区的调查分析而提出的。道路分为干线、支线和人行道三类。道路宽度规定有一定的幅度，是为适应不同性质和不同环境容量的森林公园需要。

外部干线系指森林公园至国家或地方公路之间的连接道路，其建设等级自然应与被衔接道路等级相匹配。

内部干线系指森林公园内的环行主道。通过对全国46个森林公园的调查，参考我国风景名胜区有关资料，参照《林区公路路线设计规范》（LYJ113－92），规定内部干线纵坡不得大于9%，平曲线最小半径不得小于30m。

支线系指森林公园内通往各功能区、景区的道路。据日本资料，园路最大纵坡15%，通过对我国森林公园的实况调查，参考风景名胜区有关资料，参照《林区公路路线设计规范》（LYJ113－92），规定支线纵坡不得大于13%，平曲线最小半径不得小于15m。

人行道系指森林公园内通往景点、景物供游人步行游览观光的道路。据日本资料，自然探胜路纵坡17.6%，郊游路33.3%。实况调查，纵坡17.6%的坡道，人行较为舒适；纵坡18.9%的坡道，下行时有不同程度的负担，普遍感到稍累。因此规定人行道纵坡宜小于18%。

8.2.5 森林公园道路由于功能不同，有些需要通往大量人流或机动车，有些则只作为少量人流通行之用，荷载不同需有不同的结构和面层材料。同时，路面面层材料的选择又受到公园总体风格的制约。

8.2.6 集散广场设计应按《公路汽车客运站建筑设计规范》（JGJ60－89）第3.1.1条、第3.1.2条等规定执行。停车场设计应符合《公路汽车客运站建筑设计规范》（JGJ60－89）第3.2.1条、第3.2.2条、《城市公共交通站、场、厂设计规范》（CJJ15－87）第三章的规定。

8.3 给、排水

8.3.1 我国幅员辽阔。各地区差别很大，给水方式不要求千篇一律，而应因地制宜，合理确定。

8.3.2 污水排放应按《污水排入城市下水道水质标准》（CJ18－86）等有关标准的规定执行。

8.3.3 给、排水工程设计，应符合《建筑给水排水设计规范》（GBJ15－88）、《室外排水设计规范》（GBJ14－87）等有关标准的规定。

8.4 供电

8.4.1 森林公园若不能一次建成，在供电容量设计时，必须处理好近、远期建设的关系，一般以近期为主，适当考虑远期发展，做到公园与周围环境的协调和内部的整体统一。

8.4.2 本条文从经济、安全和景观的需要出发，规定变（配）电所或变压器的位置选设原则。

8.4.3 森林公园供电工程设计，应按《工业与民用供电系统设计规范》（GBJ52－83）、《城市电力网规划设计导则》等有关标准、规定执行。

8.5 供热

8.5.1 森林公园除了应有浩瀚的林海和苍翠葱茏的绿色背景之外，清静的环境、清新的空气、清洁的场地也是必不可少的条件。本条文从防止污染、清除污染、保护生态环境的角度对燃料选择和由供热产生的废渣、废水、烟尘的处理作出了规定。

8.5.2 森林公园供热工程设计，应按《工业锅炉房设计规范》（GBJ41－79）等有关规定执行。

8.6 通信

8.6.1 我国的森林公园都是在林场或自然保护区的基础上兴建的，通信设施有一定基础。故应本着经济、效能的原则，合理利用地方原有通信网络。同时，我国地区差别很大、各地应因地制宜，根据通信业务量合理确定建制和规模。

8.6.2 为了使通信设施与自然景观统一和谐，应优先选用光缆通信。一般不推荐架空明线通信。

8.6.3 森林公园通信工程设计，应按《工业企业通信设计规范》（GBJ42－81）等有关标准的规定执行。

8.7 广播电视

8.7.1 广播电视工程设计，应按《工业电视系统工程设计规范》（GBJ115－87）、《工业企业共用天线电视系统设计规范》（GBJ120－88）等有关标准的规定执行。

8.8 燃气

8.8.1 我国疆域辽阔，各地自然合社会经济条件差别很大，在选择燃气气源时，要根据本地区特点，实事求是，因地制宜，克服设计中盲目攀比、生搬硬套的倾向。

9 设计文件组成

9.1 一般规定

9.1.1 设计说明书是总体设计文件的主件，包括总体设计说明书和单项工程设计说明书。设计图纸是设计说明书主要内容的图画表现形式，反映设计的深度。附件是总体设计文件的有机补充。

9.2 设计说明书

9.2.1 不同的森林公园，在总体设计说明书的编写上侧重可有所不同，章节数量与形式应服从于内容需要，以能淋漓尽致地表现内容为准则，做到形式与内容高度统一。

9.3 设计图纸

9.3.1 单项工程设计图绘制，应从实际出发，根据设计要求，合理选定图种；也可根据实际需要科学、合理地合并图种。

9.4 附件

9.4.1 森林公园可行性研究报告，是总体设计的重要依据。可行性研究报告的编制，应符合本规范附录F的规定。

9.4.2 森林旅游资源调查，应符合本规范附录B的规定。调查报告的编写，在结构和形式上不作统一规定，应根据具体内容需要组织文章结构，但要求结构合理、层次分明、重点突出、行文流畅。

6. 国家级森林公园设立、撤销、合并、改变经营范围或者变更隶属关系审批管理办法

国家林业局局长周生贤2005年6月16日签发国家林业局令第16号，发布《国家级森林公园设立、撤销、合并、改变经营范围或者变更隶属关系审批管理办法》，自2005年7月20日起施行。

第一条　为了规范国家级森林公园设立、撤销、合并、改变经营范围或者变更隶属关系审批行为，根据《中华人民共和国行政许可法》、《国务院对确需保留的行政审批项目设定行政许可的决定》（国务院令第412号）和国家有关规定，制定本办法。

第二条　由国家林业局实施国家级森林公园设立、撤销、合并、改变经营范围或者变更隶属关系审批的行政许可事项的办理，应当遵守本办法。

第三条　森林、林木、林地的所有者和使用者，可以申请设立国家级森林公园。

设立国家级森林公园，应当具备以下条件：

（一）森林风景资源质量等级达到《中国森林公园风景资源质量等级评定》（GB/T18005－1999）一级标准；

（二）拟建的森林公园质量等级评定分值40分以上；

（三）符合国家森林公园建设发展规划；

（四）森林风景资源权属清楚，无权属争议；

（五）经营管理机构健全，职责和制度明确，具备相应的技术和管理人员。

第四条　申请设立国家级森林公园的，应当提交以下材料：

（一）申请文件；

（二）符合规定的可行性研究报告；

（三）森林、林木和林地的权属证明材料；

（四）森林风景资源的景观照片、光盘等影像资料；

（五）经营管理机构职责、制度和技术、管理人员配置等情况的说明材料；

（六）所在地省、自治区、直辖市林业主管部门的书面意见。

第五条　有下列情况之一的，可以申请撤销国家级森林公园：

（一）主要景区的林地依法变更为非林地的；

（二）经营管理者发生变更或者改变经营方向的；

（三）因不可抗力等原因，无法继续履行保护利用森林风景资源义务或者提供森林旅游服务的。

第六条　申请撤销国家级森林公园的，应当提交以下材料：

（一）申请文件；

（二）说明理由的书面材料；

（三）所在地省、自治区、直辖市林业主管部门的书面意见。

第七条　申请合并或者改变国家级森林公园经营范围的，应当具备以下条件：

（一）符合国家森林公园建设发展规划；

（二）符合国家级森林公园的森林风景资源质量等级标准。

第八条　申请合并或者改变国家级森林公园经营范围的，应当提交以下材料：

（一）申请文件；

（二）说明理由的书面材料；

（三）合并的，提交合并后经营管理机构职责、制度和技术、管理人员配置等情况的说明材料；扩大经营范围的，提交拟新增范围内的森林风景资源调查报告和景观照片、光盘等影像资料；缩小经营范围的，提交拟减少面积的位置图；

（四）所在地省、自治区、直辖市林业主管部门的书面意见。

第九条　申请变更国家级森林公园隶属关系的，应当具备以下条件：

（一）符合国家林业发展总体规划；

（二）不影响森林风景资源的保护。

第十条　申请变更国家级森林公园隶属关系的，应当提交以下材料：

（一）申请文件；

（二）说明理由的书面材料；

（三）所在地省、自治区、直辖市林业主管部门的书面意见。

第十一条　国家林业局应当在收到国家级森林公园设立、撤销、合并、改变经营范围或者变更隶属关系审批的申请后，对申请材料齐全、符合法定形式的，即时出具《国家林业局行政许可受理通知书》；对不予受理的，应当即时告知申请人并说明理由，出具《国家林业局行政许可不予受理通知书》；对申请材料不齐或者不符合法定形式的，应当在5日内出具《国家林业局行政许可补正材料通知书》，并一次性告知申请人需要补正的全部内容。

第十二条　国家林业局作出本办法规定的行政许可，需要组织专家评审的，应当自受理之日起10日内，出具《国家林业局行政许可需要听证、招标、拍卖、检验、检测、检疫、鉴定和专家评审通知书》，将中国森林风景资源评价委员会专家评审所需时间告知申请人。

国家林业局受理本办法第四条、第八条规定的申请，需要组织专家实地考察的，应当在出具《国家林业局行政许可需要听证、招标、拍卖、检验、检测、检疫、鉴定和专家评审通知书》时，明确告知申请人。专家集体评审和实地考察所需时间不计算在作出行政许可决定的期限内。

第十三条　国家林业局应当自受理之日起20日内作出是否准予行政许可的决定，出具《国家林业局准予行政许可决定书》或者《国家林业局不予行政许可决定书》，并告知申请人。

第十四条　国家级森林公园设立、合并、改变经营范围的行政许可决定书，应当明确国家级森林公园的位置、面积和范围。

第十五条　在法定期限内不能作出行政许可决定的，经国家林业局主管负责人批准，国家林业局应当在法定期限届满前5日办理《国家林业局行政许可延期通知书》，并告知申请人。

第十六条　国家级森林公园设立、撤销、合并、改变经营范围或者变更隶属关系的行政许可决定，应当以适当的方式公示、公告，公众有权查阅。

第十七条　国家林业局应当依法对被许可人保护利用森林风景资源的情况进行监督检查。

第十八条　被许可人违反法律、法规的规定，造成森林资源受到破坏的，由县级以上林业主管部门按照有关法律法规的规定予以行政处罚。

第十九条　被许可人以欺骗手段取得国家级森林公园设立、撤销、合并、改变经营范围或者变更隶属关系行政许可决定的，国家林业局可以依法撤销，并予以公示、公告。作出撤销行政许可决定的，国家林业局应当以书面形式通知被许可人，并告知其享有依法申请行政复议或者提起行政诉讼的权利。

第二十条　在国家级森林公园经营管理范围内，不得再建立自然保护区、风景名胜区、地质公园等。确有必要的，必须经国家林业局批准后方可建立。

第二十一条　国家林业局的有关工作人员在实施国家级森林公园设立、撤销、合并、改变经营范围或者变更隶属关系审批的行政许可行为中，滥用职权、徇私舞弊的，依法给予行政处分；情节严重，构成犯罪的，依法追究刑事责任。

第二十二条　国家级森林公园设立、撤销、合并、改变经营范围或者变更隶属关系的其他有关规定与本办法的规定不一致的，适用本办法。

第二十三条　申请国家级森林公园设立、撤销、合并、改变经营范围或者变更隶属关系审批的有关书面材料均为一式两份，并按照国家林业局规定的格式制作。

第二十四条　本办法自2005年7月20日起施行。

7. 关于实施《国家级森林公园设立、撤销、合并、改变经营范围或者变更隶属关系审批管理办法》有关问题的通知

关于实施《国家级森林公园设立、撤销、合并、改变经营范围或者变更隶属关系审批管理办法》有关问题的通知

国家林业局森林公园管理办公室 林园发字〔2005〕4号 关于实施《国家级森林公园设立、撤销、合并、改变 经营范围或者变更隶属关系审批管理办法》有关问题的通知 各省、自治区、直辖市林业（农林）厅（局），内蒙古、吉林、龙江、大兴安岭森工（林业）集团公司，新疆生产建设兵团林业局：为切实贯彻依法行政，确保《国家级森林公园设立、撤销、合并、改变经营范围或者变更隶属关系审批管理办法》（以下简称“管理办法”）的顺利实施，现就实施该管理办法的有关问题，通知如下：

一、国家级森林公园设立、撤销、合并、改变经营范围或者变更隶属关系审批，是森林公园行业管理的重要内容，各级林业主管部门应高度重视，广泛宣传，严格依照管理办法的规定办事。

二、经国家林业局授权，国家林业局森林公园管理办公室（即国家林业局国有林场和林木种苗工作总站）具体承办国家级森林公园设立、撤销、合并、改变经营范围或者变更隶属关系

审批，主要负责受理申请、审查材料、组织专家实地考察和专家评审，为国家林业局做出行政许可决定提供意见。各省、自治区、直辖市林业主管部门应根据本省实际情况，组织好国家级森林公园设立审批的申报工作。同时，按照管理办法的要求，指导申请人做好上述审批项目的申请材料的准备工作，对申请事由和申请材料的真实性与完整性进行认真的审查、审核，并提出意见。

三、省级林业主管部门出具的书面意见是国家林业局决定行政许可的重要参考依据，该意见为正式文件或加盖公章的文字材料，应包含以下内容：

（一）国家级森林公园设立，意见应包含设立该国家级森林公园是否符合本省（区、市）国家森林公园建设发展规划；申请人是否拥有对公园范围内森林风景资源统一规划和管理的权利；经营管理机构是否健全；是否同意其申请设立国家级森林公园。

（二）国家级森林公园撤销，意见应包含申请撤销的理由是否属实；是否同意其撤销国家级森林公园。

（三）国家级森林公园合并或者改变经营范围，意见应包含合并或者改变经营范围是否符合本省（区、市）国家森林公园建设发展规划；合并后的经营管理机构职责是否明确、顺畅；属扩大经营范围的，申请人是否拥有对森林风景资源统一规划和管理的权利；属缩小经营范围的，是否会导致森林公园质量等级的下降；是否同意其合并或者改变国家级森林公园经营范围。

（四）国家级森林公园变更隶属关系，意见应包含申请变更隶属关系的理由是否属实；是否符合当地林业发展规划；是否会影响森林风景资源保护；是否同意其变更国家级森林公园隶属关系。四、根据管理办法相关规定，需要专家实地考察的，国家林业局将在规定时间内，委派2名以上中国森林风景资源评价委员会委员进行实地考察，并向国家林业局提交考察意见（格式见附件2），供专家评审会参考。

五、其他需要说明的问题。

（一）关于国家级森林公园设立应具备的条件。

1. 为增强申请的有效性，对森林风景资源质量等级和森林公园质量等级，申请人先期可自行组织或由省级林业主管部门组织相关专家，依照《中国森林公园风景资源质量等级评定》进行初评和打分。

2. 森林风景资源权属清楚且无权属争议，是指申请人依法拥有对拟设立国家级森林公园范围内所有森林风景资源（即各类自然或人工的景观、景物和设施）进行统一规划和管理的权利。

3. 经营管理机构健全，是指申请人必须组建专门的森林公园经营管理机构，拥有固定办公场所，具备至少2名专职管理人员及3名中级以上林业技术人员（可兼任管理人员），内部分工的职责和制度明确。在国有林场基础上设立国家级森林公园，国有林场经营管理机构可视为森林公园经营管理机构，但必须设专人负责，并配备相应的管理、技术人员。

（二）关于设立国家级森林公园应提交的材料。1. 申请文件、权属证明材料、省级林业主管部门书面意见及其他书面说明材料，一式两份。2. 可行性研究报告应按严格规定格式（见附件1）编写，并在提交两份纸质文档的同时提交一份电子文档。3. 森林风景资源的景观照片一式一份，规格统一为25cm×29cm左右的像册，照片大小为7－10寸，光面纸冲印，数量不少于30张；首页应附森林公园简介，每张照片均需标注名称或文字说明。4. 光盘一式一份，为VCD或

DVD 格式，展示公园范围内重要的森林风景资源及四季景观，解说应科学、准确，时长 8 分钟以内。5. 有关经营管理机构的说明材料一式两份，应注明管理机构办公地点、通讯地址和联系电话，内设部门的名称、职责和规章制度，负责人及主要管理、技术人员的姓名、学历、职务职称等。国家级森林公园扩大经营范围，新增范围内的森林风景资源调查报告和景观照片、光盘等资料，国家级森林公园合并的经营管理机构说明材料，参照以上要求。六、林园发字〔2003〕3 号文件同时废止。以上通知，请认真贯彻执行。

二〇〇五年六月二十四日

主题词：森林公园　审批　管理　通知　本局发送：资源司、保护司、政法司、计资司。国家林业局森林公园管理办公室 2005 年 6 月 24 日印发。

8. 国家级森林公园设立、撤销、合并、改变经营范围或者变更隶属关系行政许可申请材料及要求

国家林业局国有林场和林木种苗工作总站文件　林场园字〔2006〕12 号

关于印发《国家级森林公园设立、撤销、合并、改变经营范围或者变更隶属关系行政许可申请材料及要求》的通知

各省、自治区、直辖市林业厅（局），内蒙古、吉林、龙江、大兴安岭森工（林业）集团公司，新疆生产建设兵团林业局：

为进一步规范国家级森林公园设立、撤销、合并、改变经营范围或者变更隶属关系审批工作，方便申请人，现将《国家级森林公园设立、撤销、合并、改变经营范围或者变更隶属关系行政许可申请材料及要求》（见附件 1、2）印发你们，并就有关事项通知如下：

一、承办机构。国家林业局国有林场和林木种苗工作总站（即国家林业局森林公园管理办公室，以下简称“场圃总站”）承办国家级森林公园设立、撤销、合并、改变经营范围或者变更隶属关系行政许可事项。

二、报送方式。国家林业局场圃总站综合处统一负责申请材料的受理与送达。申请人可采取亲自送交或邮寄的方式，将符合要求的申请材料直接报送场圃总站综合处。

通讯地址：国家林业局场圃总站综合处　邮编：100714

联系人：于滨丽　联系电话：（010）84238801

三、报送时间。国家级森林公园设立、改变经营范围的申请，可能需要实地考察和专家评审，请省级林业主管部门根据本省（区、市）年度森林公园建设发展规划，统一组织，集中申报，以便安排实地考察和专家评审时间。

国家级森林公园撤销、合并、变更隶属关系的申请，不受时间限制。

四、为方便申请人，申请人在正式印制《拟设立国家级森林公园可行性研究报告》（格式见附件 2）或森林风景资源调查报告前，可将电子文档报国家林业局场圃总站综合处审阅。E－mail：cpzzxk@126. com

五、《关于实施〈国家级森林公园设立、撤销、合并、改变经营范围或者变更隶属关系审批管理办法〉有关问题的通知》（林园发字〔2005〕4 号）废止。

特此通知。

附件1：国家级森林公园设立、撤销、合并、改变经营范围或者变更隶属关系行政许可申请材料及要求

附件2：拟设立国家级森林公园可行性研究报告（格式）

（国家林业局国有林场和林木种苗工作总站印）

二〇〇六年三月二十日

主题词：森林公园　行政许可　申请材料　通知

本局发送：政法司

国家林业局国有林场和林木种苗工作总站　2006年3月21日印发

附件1：国家级森林公园设立、撤销、合并、改变经营范围或者变更隶属关系行政许可申请材料及要求

一、国家级森林公园设立的申请材料及要求

（一）申请文件（一式2份，原件）

1. 由设立国家级森林公园的申请人提交，带文头的正式文件或普通文字材料均可，但须标明日期并加盖印章。印章内容应与申请人名称、权属证明材料、省级林业主管部门书面意见及相关材料一致。

2. 文件标题：关于设立＊＊＊（公园名称）国家级森林公园的申请

3. 文件主送：国家林业局

4. 文件内容应包括：拟设立国家级森林公园的区域位置、地理坐标、四界范围和经营面积，简述该森林公园的主要景观特色及保护建设情况。已开展旅游的，简要介绍近年来的旅游经营情况。

5. 拟设立国家级森林公园经营范围和面积的划定，应充分考虑森林风景资源类型的多样性、景观的完整性和经营管理的便利性，并尽量不包含村镇等人口聚居的区域。

（二）权属证明材料（一式2份，原件或复印件）。用以证明申请人依法拥有对拟设立国家级森林公园范围内所有森林风景资源（包括森林资源、各类自然或人工的景观景物、设施、构筑物等）进行统一经营管理的权利的文字材料。包括：

1. 申请人持有的林权证或土地权证（复印件）。

2. 无林权纠纷但尚未颁发林权证的，由县级以上人民政府或上级林业主管部门出具证明并加盖公章（原件）。

3. 涉及他人所有和使用的林地或土地的，应出具相关权利人同意申请人对上述林地和土地进行经营管理的书面协议，并注明经营管理期限（原件或复印件）。

4. 涉及他人所有和使用的各类景观景物、设施和构筑物的，应出具相关权利人同意纳入森林公园范围，并服从申请人统一规划和管理的书面协议（原件或复印件）。

5. 林地（土地）或景观景物、设施和构筑物属集体所有和使用的，应根据村民组织法有关规定，征得2/3以上村民代表同意，出具相关会议纪要或书面协议（原件或复印件）。

（三）可行性研究报告（一式2份，A4纸双面印制；同时报送1份电子文档）

可行性研究报告应严格参照《拟设立国家级森林公园可行性研究报告（格式）》（见附件 2）的要求编写，不得随意增删项目。

（四）景观照片（一式 1 份）

1. 景观照片应编辑成规格为 25cm × 29cm 的像册，封面和册脊注明森林公园名称，首页附森林公园简介。

2. 照片大小为 7 – 10 寸，光面纸冲印，分别标注名称或文字说明，照片数量不少于 30 张，内容应包括：公园内不同植被类型的代表性景观、重要的古树名木或景观树、主要野生动物、重要的地文和水文景观、公园四季的自然景观、重要的人文景观、旅游活动状况，以及旅游服务和基础设施等。

（五）影像光盘（一式 1 份）。VCD 或 DVD 格式，时长 8 分钟以内，以展示森林公园范围内重要的森林风景资源及四季景观为主，配解说词，解说词应科学、严谨、准确。

（六）经营管理机构的说明材料（一式 2 份）。申请人必须组建专门的森林公园经营管理机构，管理机构的说明材料包括：

1. 森林公园经营管理机构的办公地点、通讯地址和联系电话。

2. 负责人及主要管理、技术人员的姓名、学历、职务职称（须配备至少 2 名专职管理人员及 3 名中级以上林业技术人员，技术人员可兼任管理）。

3. 管理机构内设部门和职责分工。

4. 有关森林公园管理的规章制度。

在国有林场（林业局）基础上设立国家级森林公园，国有林场（林业局）经营管理机构可视为森林公园经营管理机构，但必须设专人负责，并按要求配备管理、技术人员。

（七）省级林业主管部门书面意见（一式 2 份，原件）。带文头的正式文件或普通文字材料均可，但必须标明日期并加盖公章。

1. 文件标题：关于对设立 * * *（公园名称）国家级森林公园的审查意见

2. 文件主送：国家林业局

3. 文件内容应包括：

（1）拟设立国家森林公园所在的区域位置、经营面积、主要景观特色和保护建设（含旅游开展）情况。

（2）该森林公园的设立是否符合本省（区、市）森林公园建设发展规划。

（3）申请人是否拥有对森林公园范围内森林风景资源统一规划和管理的权利。

（4）森林公园经营管理机构是否健全，对森林风景资源的保护管理是否切实有效。

（5）对设立该国家级森林公园的意见。

二、国家级森林公园撤销的申请材料及要求

（一）申请文件（一式 2 份，原件）

1. 由设立国家级森林公园的被许可人提交。带文头的正式文件或普通文字材料均可，但必须标明日期并加盖印章。印章内容应与被许可人名称、省级林业主管部门书面意见及相关材料一致。属国家级森林公园行政许可实施前批准的，由批复文件列明的建设单位提交。

2. 文件标题：关于撤销 * * *（公园名称）国家级森林公园的申请

3. 文件主送：国家林业局

4. 文件内容应包含：

（1）该森林公园设立后的保护建设情况。

（2）简述撤销该森林公园的理由。

（二）说明理由的书面材料（一式 2 份，原件）。用以证明该国家级森林公园符合撤销条件的文字材料，包括：

1. 主要景区林地变更为非林地的法律性文件。

2. 申请人或相关主管部门出具，经营管理者发生变更或者改变经营方向的证明。

3. 申请人或相关主管部门出具，因不可抗力无法继续履行保护利用森林风景资源义务或提供森林旅游服务的证明。

（三）省级林业主管部门书面意见（一式 2 份，原件）。带文头的正式文件或普通文字材料均可，但必须标明日期并加盖公章。

1. 文件标题：关于对撤销＊＊＊（公园名称）国家级森林公园的审查意见

2. 文件主送：国家林业局

3. 文件内容应包括：

（1）撤销该国家级森林公园的理由。

（2）对撤销该国家级森林公园的意见。

三、国家级森林公园合并的申请材料及要求

（一）申请文件（一式 2 份，原件）

1. 由申请合并的国家级森林公园被许可人共同提交。带文头的正式文件或普通文字材料均可，但必须标明日期并加盖印章。印章内容应与被许可人名称、省级林业主管部门书面意见及相关材料一致。

属国家级森林公园行政许可实施前批准的，由批复文件列明的建设单位提交。

2. 文件标题：关于合并＊＊＊、＊＊＊和＊＊＊（公园名称）国家级森林公园的申请

3. 文件主送：国家林业局

4. 文件内容应包含：

（1）上述几处森林公园设立后的保护建设情况。

（2）简述合并森林公园的理由。

（3）合并后森林公园统一使用的名称。

（4）合并后的管理体制和职责分工。

（5）相邻森林公园合并的，应明确标注合并后的四界范围。

（二）管理机构的说明材料（一式 2 份）。申请合并的各森林公园应就合并后的森林公园经营管理达成一致并予以说明，说明材料包括：

1. 合并后负责全面管理及各分支管理机构的办公地点、通讯地址和联系电话。

2. 上述各管理机构负责人及主要管理、技术人员的姓名、学历、职务职称。

3. 管理机构内设部门和职责分工。

4. 有关森林公园管理的规章制度。

（三）省级林业主管部门书面意见（一式 2 份，原件）。带文头的正式文件或普通文字材料均可，但必须标明日期并加盖公章。

1. 文件标题：关于合并＊＊＊、＊＊＊和＊＊＊（公园名称）国家级森林公园的审查意见

2. 文件主送：国家林业局

3. 文件内容应包括：

（1）国家级森林公园合并的理由。

（2）国家级森林公园合并是否符合本省（区、市）森林公园建设发展规划。

（3）对合并国家级森林公园的意见。

四、国家级森林公园改变经营范围的申请材料及要求

（一）申请文件（一式 2 份，原件）

1. 由设立国家级森林公园的被许可人提交，带文头的正式文件或普通文字材料均可，但须标明日期并加盖印章。印章内容应与申请人名称、权属证明材料、省级林业主管部门书面意见及相关材料一致。

属国家级森林公园行政许可实施前批准的，由批复文件列明的建设单位提交申请文件。

2. 文件标题：关于＊＊＊（公园名称）国家级森林公园改变经营范围的申请

3. 文件主送：国家林业局

4. 文件内容应包括：

（1）该森林公园近年来的保护建设情况。

（2）改变经营范围的理由。

（3）属扩大经营范围的，应简述新增范围内景观的主要特色及保护建设情况。已开展旅游的，简要介绍近年来的旅游经营情况。

新增范围属一个或多个独立景区的，应分别标明区域位置、地理坐标、四界范围和经营面积；新增范围与原森林公园相邻的，应标明扩大经营范围后森林公园的地理坐标、四界范围和经营面积。

（4）属缩小经营范围的，应简述减少范围内涉及的景区景点和主要景观特色。

减少范围属一个或多个独立景区的，应分别标明区域位置、地理坐标、四界范围和经营面积；减少范围与原森林公园一体的，应标明缩小经营范围后森林公园的地理坐标、四界范围和经营面积。

5. 扩大森林公园经营范围，应充分考虑森林风景资源类型的多样性、景观的完整性和经营管理的便利性，并尽量不包含村镇等人口聚居的区域。

缩小森林公园经营范围，应尽可能确保森林风景资源质量等级不会明显降低，不造成景区的破碎，不加大经营管理的难度。

（二）扩大经营范围的，应提供：

1. 权属证明材料（一式 2 份，要求同国家级森林公园设立）；

2. 新增范围内的森林风景资源调查报告（一式 2 份，A4 纸双面印制；同时报送 1 份电子文档。编写要求参照《拟设立国家级森林公园可行性研究报告（格式）》）；

3. 新增范围内的森林风景资源景观照片（一式 1 份，要求同国家级森林公园设立）；

4. 新增范围内的森林风景资源影像光盘（一式1份，要求同国家级森林公园设立）；

5. 新增范围后森林公园经营管理机构的说明材料（一式2份，要求同国家级森林公园设立）

（三）缩小经营范围的，应提供：

1. 拟减少范围在森林公园中的位置示意图（一式2份）；

2. 拟减少范围的景区景点现状图（一式2份）；

3. 该森林公园缩小经营范围后对森林风景资源质量影响的情况说明（一式2份），包括对生物多样性、景观完整性及风景资源质量的影响评估。

（四）省级林业主管部门书面意见（一式2份，原件）。带文头的正式文件或普通文字材料均可，但必须标明日期并加盖公章。

1. 文件标题：关于对＊＊＊（公园名称）国家级森林公园改变经营范围的审查意见

2. 文件主送：国家林业局

3. 文件内容应包括：

（1）该森林公园改变经营范围是否符合本省（区、市）森林公园建设发展规划。

（2）该国家级森林公园改变经营范围的理由。

（3）扩大经营范围的，申请人是否拥有对新增范围内森林风景资源统一规划和管理的权利。缩小经营范围的，是否会导致森林公园风景资源质量的下降。

（4）对该国家级森林公园改变经营范围的意见。

五、国家级森林公园变更隶属关系的申请材料及要求

（一）申请文件（一式2份，原件）

1. 由设立国家级森林公园的被许可人提交，带文头的正式文件或普通文字材料均可，但必须标明日期并加盖印章。印章内容应与被许可人名称、省级林业主管部门书面意见及相关材料一致。属国家级森林公园行政许可实施前批准的，由批复文件列明的建设单位提交申请文件。

2. 文件标题：关于＊＊＊（公园名称）国家级森林公园变更隶属关系的申请

3. 文件主送：国家林业局

4. 文件内容应包含：

（1）该森林公园设立后的保护建设情况。

（2）变更森林公园隶属关系的理由。

（3）变更后的隶属关系情况。

5. 森林公园变更隶属关系，不涉及原被许可人、经营管理机构以及森林、林木、林地（土地）所有权和使用权的变更。

（二）说明理由的书面材料（一式2份，原件）。由该森林公园原隶属的上级主管部门出具同意的书面意见，带文头的正式文件或普通文字材料均可，但必须标明日期并加盖印章。印章内容必须与该上级部门名称一致。

（三）省级林业主管部门书面意见（一式2份，原件）。带文头的正式文件或普通文字材料均可，但必须标明日期并加盖公章。

1. 文件标题：关于对＊＊＊（公园名称）国家级森林公园变更隶属关系的审查意见

2. 文件主送：国家林业局

3. 文件内容应包括：

（1）该森林公园变更隶属关系是否符合本省（区、市）林业发展规划，是否符合法律法规和政策规定。

（2）该国家级森林公园变更隶属关系的理由。

（3）变更隶属关系是否会影响该森林公园的森林风景资源保护。

（4）对该国家级森林公园变更隶属关系的意见。

附件2：拟设立国家级森林公园可行性研究报告（格式）

拟设立＊＊＊＊（公园名称）国家级森林公园

可行性研究报告

申请人：__________（加盖印章）

申报时间：　　年　　月　　日

国家林业局制

一、基本情况

<table>
<tr><td>公园名称</td><td colspan="4"></td></tr>
<tr><td>申 请 人</td><td colspan="4"></td></tr>
<tr><td>通讯地址</td><td colspan="2">（申请人通讯地址）</td><td>邮编</td><td></td></tr>
<tr><td>负责人姓名</td><td>（法人代表）</td><td>联系电话</td><td colspan="2">（固定电话和移动电话）</td></tr>
<tr><td>公园所属行政区域</td><td colspan="4">（县一级行政区域）</td></tr>
<tr><td colspan="5">公园的地理坐标、四界范围和规划面积（经、纬度精确到秒；四界范围应以行政区界或明确的自然地形、永久性人工建筑物为基准；面积以公顷为单位，保留两位小数点。含多个分散景区的应分别描述）
范例一：公园由青云湖景区与石门湖景区组成，公园规划总面积2180公顷。其中：青云湖景区规划面积1458公顷，石门湖景区规划面积722公顷。
青云湖景区的地理坐标为：东径107°31′00″～107°32′46″，北纬26°12′50″～26°17′14″。四界范围为：尧林溪口—山脚林缘→尧山脚—山脚林缘→大田边—山脚林缘→马鞍山脚—山脚林缘→杨家地—山脚林缘→东山坡脚—山脚林缘→白岩脚—山脚林缘→平塘坡—山脚林缘→杨梅塘—山脚林缘→上坝—山脚林缘→老庙冲—山脚林缘→下尧林—山脚林缘→尧林溪口。
石门湖景区地理坐标为：（内容略）
范例二：公园规划总面积34654公顷，地理坐标为东经120°31′22″—121°40′19″，北纬48°00′44″—48°37′50″。位于＊＊林业局＊＊林场1、2、3、4、6、7、8、17、25、……253林班，面积11478公顷；＊＊林场11、12、13、14、15、16、27、28、31、……196林班，面积23176公顷。
范例三：公园规划总面积570公顷，地理坐标为东经122°59′21″—123°00′40″，北纬39°52′36″—39°54′25″。东至古城大岭山脊，西至锯齿崖山脊，北至鳖爪岗脊，南面沿头道沟南岗山梁闭合。
范例四：公园规划总面积1333.33公顷，地理坐标为东经114°44′21″—114°48′31″，北纬23°10′00″—23°12′15″。公园自北向东—南—西，四界范围：360.2m防火林带山顶——上塘肚山坳——沿防火林带山顶交界处（370m）——乌了区山顶——草籽坑——猫公石——淘金坑——沙佛——公路——775.8m山顶——埔垆顶——大坳——小鸡笼——尖峰顶——雄鸡拍翼——伯公坳——石崖潭——沿防火林带（360.2m）至山顶。</td></tr>
</table>

公园内森林覆盖率	%	原始林面积	公顷
次生林面积	公顷	人工林面积	公顷
公园内林地面积	公顷	国有林地面积	公顷
集体林面积	公顷	其它林地面积	公顷

* 可另附纸

国家林业局制

二、重点森林风景资源

2.1 重点森林风景资源基本情况（简要介绍该森林公园最具代表性的森林风景资源的主要特色、特征、规模、数量、成因等基本情况，或多项景观资源有机组合的状况）
2.2 重点森林风景资源评价（与同类资源相比较，该重点森林风景资源在全国、本省（区、市）或本地区的价值或地位，应列出比较的依据）

* 可另附纸

国家林业局制

三、资源基本条件

3.1 地文条件 3.1.1 森林公园所属山系 3.1.2 地质构造和地质年代 3.1.3 地形地貌特征 3.1.4 土壤及母岩状况 3.1.5 地文条件对开展旅游的价值或不利影响
3.2 气候条件 3.2.1 森林公园所在区域气候类型 3.2.2 年气温变化和无霜期 3.2.3 光照条件 3.2.4 湿度状况 3.2.5 降水情况（包括年降水量、降雨日数及其分布；年降雪期及积雪厚度）
3.3 水文条件（森林公园范围内的河流、水体的水文状况，包括所属水系、长度、面积、流量和蓄水量等）
3.4 森林资源条件 3.4.1 森林公园所属自然区系 3.4.2 森林植被特征 3.4.3 公园内主要植物种类和植被类型（包括分布情况和生长状况，不含用于城市绿化美化的植物） 3.4.4 公园内野生动物资源（包括动物种类、分布情况及可见频度，不含人工驯养的动物）

* 可另附纸

国家林业局制

3.5 区域环境质量（分别提供检测单位、检测地点和检测数据） 3.5.1 大气质量 3.5.2 地面水质量 3.5.3 土壤质量 3.5.4 负离子含量（主要景区景点在旅游旺季的平均值） 3.5.5 空气细菌含量（主要景区景点在旅游旺季的平均值）
3.6 社会经济条件 3.6.1 森林公园社会经济条件（包括森林公园历史沿革和隶属，公园内人口、民族和宗教状况，以及森林公园近年来的生产、建设和经营管理现状） 3.6.2 所在市、县社会经济概况（含林业发展状况） 3.6.3 所在市、县社会经济发展规划和旅游发展规划（重点介绍森林公园建设在当地社会经济发展规划中所占地位，以及与当地旅游发展规划的关系）
3.7 基础设施条件 3.7.1 森林公园内部交通（公园内的交通方式，交通设施建设情况） 范例：公园的内部交通方式主要为步行，道路为碎石公路。 拱拢坪景区内有5段碎石公路通往东西南北，总长14km，形成了较为完善的公路交通网络。 了望台——老场部　2km，宽4m，林区碎石路面。 3.7.2 森林公园内通讯条件 3.7.3 森林公园内水电条件 3.7.4 森林公园及周边食宿条件 3.7.5 森林公园及周边医疗条件 3.7.6 森林公园及周边商业条件

*可另附纸

国家林业局制

四、森林风景资源调查

4.1 自然景观资源调查
4.1.1 生物景观资源调查 4.1.1.1 森林植被景观（包括公园内山体植被垂直分布带或不同林分所构成的林层、林相景观的类型、特点及生长状况） 范例一：森林公园山地相对高差约700m，植被垂直分布情况大致可分三个分布带，即： 海拔300（400）m以下的沟谷地为具雨林性的季风常绿阔叶林带，主要类型是：猴耳环、鸭脚木、水同木林。 海拔300（400）－1000m为山地季风常绿阔叶林带，（内容略） 范例二：杜英＋南酸枣林 该类林为常绿阔叶林采伐后恢复的次生林。主要分布于小黄司河两岸的山坡，特别是新开发漂流河道两侧较多。其组成，乔木层以秃瓣杜英和南酸枣为优势，平均高8m，平均胸径18cm，其它树种有山乌桕、野漆树、野桐、拟赤杨、枫香、越南安息香、樱桃、虎皮楠等。灌木主要有鼠刺、赤楠、酸味子、大果蜡瓣花、水团花等。草本较稀少，主要有金星蕨类。

（续）

4.1.1.2 森林植物景观（包括公园内具有较高保护、科研、审美价值的森林植物种类、数量、年龄、位置、分成及生长状况）

范例一：燕岩梅林 位于燕岩工区，海拔在350—380 m，有连片梅林，是分别于1983、1990、1997年种植的，总面积为35.9hm^2。为蔷薇科李属李亚科青梅。每年元旦前后，一批批游客慕名前来，一睹梅花芳容。

范例二：天宝溪谷湿地草坪 位于天宝溪上游水井王冲，长约1.5km，均宽约50m（最宽处约150m），面积约7.5hm^2。主要草本植物为黄芽、龙芽草、四脉金芽、毛梗、苦桔梗、甜桔梗、五节芒、白三叶草、夏枯草、凤尾草等，长势良好。草坪与谷中小溪、两侧森林镶嵌分布，自然和谐，景色优美。

4.1.1.3 古树名木景观（包括公园内古树名木或重要景观树的位置、年龄、高度、胸径、冠幅、生长状况等）

范例：杜鹃花红联体奇树 在乌箐岭景区、茶树垭口西北20m处道路旁，有一株两种树木联体长成的奇树，胸径约0.3m，树高约10m。一株杜鹃和一株花红树在主干离地0.3m处副合为一，茂盛的杜鹃分为两叉，将枝干斜立的花红树包于其中，直到树高约6m处，两种树方才分体上长——花红树直立向上、杜鹃斜出平展，形成联体奇树景观。

4.1.1.4 野生动物景观（包括公园内具有较高保护、科研、审美价值的野生动物种类、数量、栖息环境、经常出没地点、活动规律等，不含人工驯养的野生动物）

＊可另附纸　　　　国家林业局制

4.1.2 地文景观资源调查：（包括公园内可供观赏和游憩的山峰、峡谷、奇石、溶洞、雪山、冰川遗迹、古生物遗存等地貌景观，分别描述其名称、位置、特征和规模大小，并标明地质类型、海拔、长宽高等主要数据）

范例一：雷音谷 在拱拢坪景区的东北端有一条峡谷，从羊叉地至阴河垭口，长约3000m，相对高度100～300m。狭谷两端均为山崖，地面径流潜入地下，成为“阴河”，没有地表出口，形成典型的溶岩地貌——盲谷，命名为“雷音谷”。其走向为由东北而正北。雷音谷以北地段地势平缓，是一个长约500m、均宽约50～100m的谷底草坪。谷的尽头（北端）为非常神秘奇异的岩溶景观群。

范例二：白马山 位于白马山景区西部，由五座高耸于山台之上的弧峰组成，中峰海拔1821.0m，东峰海拔1800.2m，西峰海拔1744.0m，北峰海拔1682.7m，南峰海拔1813.0m，形成4峰拱卫、一峰统率之势。中峰海拔最高、山体最雄，峰尖之形状若昂天长嘶的马头，相传乃天界神马——白龙驹变化而成，故名“白马山”。

范例三：神门柱 在谷底正北有高约100m、直径约5m的石柱，与其对面的圆形石柱（高约80m，直径20m）相向而立，高大雄伟，形同天门神柱，故名之曰“神门柱”。

＊可另附纸　　　　国家林业局制

4.1.3 天象景观资源调查：（公园内可供观赏的云海、雾海、日出、日落、佛光等天象景观的出现地点、规模与范围，观赏位置及时间）

范例：云雾景观类 在神光山顶周围，神光寺与祖师殿、墨池寺一带，雨过天晴之时，山水林泉隐入云雾之中，雾霭沉沉充满山间，云雾缭绕，群峰隐约，如入仙境。

4.1.4 水文景观资源调查：（公园内可供观赏和游憩的湖泊、水库、瀑布、滩涂、河溪、泉水等水体景观的位置、特征和规模大小；应标明面积、落差、流量和长宽等主要数据。季节性水文景观应标明出现的时间）

范例一：翻山河 源于白马山景区青龙山东南麓，南流约9km，汇入前所河。因在交汇口北约1.5km处有一段百米穿山伏流而名。翻山河公园段长约5km，上游有泉、塘，两岸次生天然林海苍茫，环境十分清幽。

范例二：银练跌瀑 在前所河白马山景区段上，有两道拦河翻水坝，河水翻坝铺泻而下，形成两道壮美的跌瀑。瀑高3～5m，宽20～30m。平水期瀑如银濂，丰水期更为壮观。

范例三：红旗湖 位于拱拢坪景区金豆湾沟内，湖面约$3hm^2$，最深处10m左右，坝址高程1793.0m，库容约250000m3。湖水湛蓝，澄澈如镜，时有白鹭游弋湖中，掠过水面。湖周绿树掩映，环境优美。

＊可另附纸

国家林业局制

4.2 人文景观资源调查：

4.2.1 历史遗迹（公园内可供观赏的历史文物、名胜古迹、革命遗址等）

范例：石王柱遗迹 位于天宝溪尾东北约500m处、海拔1930.0m的山坪上。该柱为大明洪武（1368～1398）年间，曾领兵征伐云南的名将傅友德将军所立。傅友德（？～1394）为明初将领。砀山（今安徽）人。元末参加刘福通起义军，后归降朱元璋，由偏裨至大将，累建大功。洪武初从徐达北上灭元，与汤和分路取蜀，又领兵征云南，封颖国公。石王柱高一丈二尺（4m），方形，边长0.3m，刻有傅友德率兵过此取云南的铭文。可惜毁于“文革”，破为两节，铭文仅余“征南道傅友德将军”8字清晰可辨。

4.2.2 现代工程（公园内可供观赏的现代工程设施、构筑物等）

范例：白山水电站 始建于1971年，1976年10月21日截流，1982年11月16日下闸蓄水，1986年一期工程竣工发电。拱形大坝，将汹涌的松花江拦腰截断，坝顶最高149.5米，坝顶长676.5米，坝顶海拔高程423.5米，顶宽9米，总装机容量150万千瓦，五台机组，年发电量20.37亿千瓦时，并入东北电网，主要任务是在系统中调峰，调频和事故备用，以发电为主兼防洪、排凌、灌溉、航运、养殖、旅游观光等综合效能，是东北最大的地下水利发电站。一座三心圆混凝土重力大坝，赫然耸立在第二松花江上游的茫茫林海间，汛期泄洪时，飞瀑冲天，地动山摇，惊涛怒吼，彩虹横架，慰为壮观。

4.2.3 民俗风情（公园内可供观赏的民族或乡土建筑，园内或所在地特色突出的民俗风情等）

4.2.4 史事传说（公园内与景物有关的传说故事、历史人物、诗赋游记等的描述和记载）

4.2.5 旅游商品（公园内或所在地的土特产品和旅游工艺纪念品的品种、产量及销售状况）

范例：核桃 毕节享有“核桃之乡”的声誉，种植历史悠久，是贵州核桃生产基地之一，全市36个乡镇均有生产基地。公园拱拢坪景区亦有$67hm^2$“毕节市核桃良种基地”。毕节核桃有薄壳、夹壳、葡萄串等品种。葡萄串核桃为国内良种，是贵州主要出口商品之一，毕节市年产干果100T。

（续）

4.3 可借景观资源调查：
（在拟设立森林公园范围之外，可借以烘托、陪衬的自然与人文景观的种类、名称、特点、观赏位置） 范例：“古牂牁”摩崖 位于安龙县城西温家坡旁的安龙至兴义公路左侧山麓，距县城 6km。摩崖高 3 米多，从右至左横刻“古牂牁”3 个大字，为光绪二十一年冬兴义守石廷栋志。摩崖保存完好，为县级文物保护单位。

＊可另附纸　　国家林业局制

4.4 旅游开发条件调查：
4.4.1 开发条件调查 4.4.1.1 森林公园外部交通（包括铁路、公路、水运和航空） 范例：公路交通 公园的拱拢坪景区紧邻 326 国道；乌箐岭景区有省道和县道相连；白马山景区紧邻 321 国道，707 县道横穿景区南部。 铁路交通 公园的拱拢坪景区距六盘水市钟山区火车站 107km。 航空交通 公园距贵阳龙洞堡空港约 200km。 4.4.1.2 旅游适游期（森林公园适合开展旅游的起止时间，以及该期间内相应的旅游内容或活动项目） 4.4.1.3 公园所处的旅游区位条件（包括公园所处的旅游区位状况，邻近的旅游区近年游客流量、游客构成及经济收入） 4.4.1.4 公园进入大区旅游网络的条件及可能性 4.4.1.5 地方政府和林业部门为支持森林公园所做的工作
4.4.2 不利因素分析：（不利于开展旅游的自然灾害、气候条件、环境质量、风俗习惯等因素的发生范围、危害程度以及应对措施） 范例：环境污染 公园的乌箐岭景区周边地层富含煤炭，现有大小煤窑 5 个。采煤破坏周边植被，并使地表水被夺袭，运煤重车破坏进入景区的公路路面，故为旅游开发的不利因素。目前，毕节市政府已将环境保护放在首位。政府有关部门已在着手治理景区周边开矿挖煤、影响旅游环境质量的问题。

＊可另附纸　　国家林业局制

五、森林风景资源质量评价

（依照《中国森林公园风景资源质量等级评定》（GB/T18005—1999）对拟建国家森林公园的森林风景资源进行逐项评价、打分，综合测评，评定该公园的质量等级；应显示具体的评价、打分过程）

＊可另附纸　　国家林业局制

六、附录

（一）森林公园内属国家一、二级保护的植物名录

（二）森林公园内属国家一、二级保护的动物名录

（三）森林公园区位交通图

（四）森林公园森林风景资源及景点分布现状图

9.《福建省森林人家基本条件标准》

前　言

为了实现福建省森林人家规范化管理，明确森林人家的基本条件，促进森林人家健康发展，特制定本标准。

本标准为推荐性标准。

本标准的附录 A 为规范性附录。

本标准由福建省林业厅提出。

本标准由福建省质量技术监督局批准发布。

本标准起草单位：福建省林业调查规划院、福建省国有林场管理局。

本标准主要起草人：庄晨辉、林彬、李闽丽、张惠光、林贵民、罗家基。

森林人家基本条件

1. 范围

本标准规定了森林人家的术语和定义、准入要求。

本标准适用于森林人家。

2. 规范性引用文件

下列文件中的条款通过本标准的引用而成为本标准的条款。凡是注日期的引用文件，其随后所有的修改单（不包括勘误的内容）或修订版均不适用于本标准，然而，鼓励根据本标准达成协议的各方研究是否可使用这些文件的最新版本。凡是不注日期的引用文件，其最新版本适用于本标准。

GB 3095	环境空气质量标准
GB 5749	生活饮用水卫生标准
GB 8978	污水综合排放标准
GB/T 10001.1	标志用公共信息图形符号　第一部分：通用符号
GB 13495	消防安全标志
GB 14930.2	食品工具、设备用洗涤消毒剂卫生标准
GB 14934	食（饮）具消毒卫生标准
GB/T 15566	图形标志　使用原则与要求
GB 18483	饮食业油烟排放标准

3. 术语和定义

下列术语和定义适用于本标准。

3.1　森林人家

以良好的森林环境为背景，以有较高游憩价值的景观为依托，充分利用森林生态资源和乡土特色产品，融森林文化与民俗风情为一体的，为旅游者提供吃、住、娱等服务的健康休闲型品牌旅游产品。

4. 准入要求

4.1 从业资格

森林人家实行持证经营，按经营范围规定办理以下证照：

a）营业执照；

b）税务登记证；

c）组织机构代码证；

d）卫生许可证；

e）消防许可证；

f）特种行业许可证。

4.2 经营服务场地

经营服务场地应符合以下条件：

a）区域森林环境良好，具有浓郁的林区风情，空气质量达到 GB3095 规定的 I 级要求，负氧离子达到3000 个/cm^3 以上。接待区域面积与接待能力相适应。无安全隐患，远离处于地质灾害或低洼河边的危险地方，对可能出现危险的地方，设置警示标志；

b）建筑具有特色，建筑材料宜采用木、竹、砖木等乡土材料和环保材料。房屋结构坚固，通风良好，光线充足；

c）环境整洁，无积水、污水、污物和异味，无乱建、乱堆、乱放现象，周围无放养家禽、家畜等；

d）垃圾处理、污水排放、饮食油烟排放符合 GB8978、GB18483 等相关规定；

e）有明显的规范标志；

f）字号牌匾的文字书写规范、工整、醒目。

4.3 接待服务设施

4.3.1 厨房

厨房应符合以下条件：

a）使用面积应大于 $12m^2$，位置合理，离垃圾临时存放点、公厕等大于 20m；

b）地面已作硬化处理，防滑、易于清洗；墙裙瓷砖高于 1.5m；

c）顶棚能防尘、光洁、便于清扫；

d）有清洗、切配、烹调、凉菜制作和餐具、工用具洗涤和消毒的设施和场所，符合国家相关餐饮业管理规定和标准要求；洗涤消毒的洗涤剂符合 GB 14930.2 的规定；

e）有良好的通风排烟和冷藏设施。

4.3.2 就餐环境

就餐环境应符合以下条件：

a）使用面积大于 $30m^2$，位置合理，采光通风良好；

b）餐厅地面已作硬化处理，防滑、清洁；

c）就餐环境符合卫生要求。

4.3.3 客房

客房应符合以下条件：

a）有必要的客房家具设备、彩电，灯光照明充足，采光通风良好；

b）标准客房有独立卫生间，楼层有公共卫生间；

c）客房设备设施整洁。

4.3.4　公厕

公厕应符合以下条件：

a）环境整洁，无污垢、无堵塞，无异味；

b）男女厕所应分设，有醒目的标志。标志符合 GB/T10001.1 的规定。

4.3.5　通用要求

通用要求包括下列内容：

a）给排水条件齐备通畅；

b）饮用水符合 GB 5749 的规定；

c）有防蝇、防鼠、防虫以及处理垃圾的措施和设施，垃圾桶应密闭加盖。

4.4　经营管理

4.4.1　按照国家有关法律、法规、规章和相关规定开展经营活动

具体要求如下：

a）有明确的经营范围和经营方式；

b）实行岗位责任制及服务规范化；

c）应明示服务项目并明码标价；

d）卧具一客一换。

4.4.2　制订食品卫生管理制度，并确保其运行有效

具体要求如下：

a）有健全的卫生管理制度并设专人负责卫生工作；

b）建立食品台帐，各种原料、辅料、调料应符合现行有效的产品标准或国家有关规定及要求；

c）加工食品应当煮熟煮透，隔餐食品必须冷藏存放，生品、熟品要分别加工、存放；不得销售腐败变质、含有毒有害等不符合卫生要求的食品；

d）食（饮）具洗消保洁应符合 GB 14934 的规定，不得使用一次性餐具。

4.4.3　制定消防、安全防范等管理制度，并确保其运行有效

具体要求如下：

a）有必要的消防设施，按消防规范配备灭火器；

b）游乐设施应符合国家有关规定及安全要求；

c）配备蛇药、虫咬、摔伤等常用药品；

d）配备照明应急设施；

e）与“110”联动；

f）与“120”建立绿色通道。

4.5　从业人员

4.5.1　身体健康，无传染性疾病和其他有碍食品卫生的疾病，按规定定期进行健康检查，取得健康合格证，并经卫生知识培训合格上岗，能熟练掌握岗位基本卫生知识。

4.5.2 遵纪守法，遵守职业道德。

4.5.3 诚实守信，尽职尽责，服务热情、周到。

4.5.4 上岗人员应统一着装并佩带标志，注意仪表仪容、礼貌用语，上岗应穿着整洁、不留长指甲、涂指甲油，不戴戒指、首饰等。

4.5.5 经培训考核，并掌握必备的急救常识，达到岗位合格的要求。

10.《福建省森林人家等级划分和评定标准》

前 言

为了促进森林人家健康持续发展，规范福建省森林人家等级划分和评定，特制定本标准。

本标准为推荐性标准。

本标准的附录为规范性附录。

本标准由福建省林业厅提出。

本标准由福建省质量技术监督局批准发布。

本标准起草单位：福建省林业调查规划院、福建省国有林场管理局。

本标准主要起草人：庄晨辉、林彬、李闽丽、张惠光、林贵民、罗家基。

森林人家等级划分与评定

1. 范围

本标准规定了森林人家等级划分、等级划分指标、等级评定。

本标准适用于森林人家等级划分与评定。

2. 规范性引用文件

下列文件中的条款通过本标准的引用而成为本标准的条款。凡是注日期的引用文件，其随后所有的修改单（不包括勘误的内容）或修订版均不适用于本标准，然而，鼓励根据本标准达成协议的各方研究是否可使用这些文件的最新版本。凡是不注日期的引用文件，其最新版本适用于本标准。

GB 3095 环境空气质量标准

GB 3096 城市区域环境噪声标准

GB 5749 生活饮用水卫生标准

GB 8978 污水综合排放标准

GB/T 10001.1 标志用公共信息图形符号 第一部分：通用符号

GB 14930.2 食品工具、设备用洗涤消毒剂卫生标准

GB 14934 食（饮）具消毒卫生标准

GB/T 15566 图形标志 使用原则与要求

GB 18483 饮食业油烟排放标准

3. 等级划分

3.1 森林人家等级采用星级方式进行分级，从低到高依次为：一星级、二星级、三星级、

四星级和五星级分为5个等级。

3.2　等级标志：绿色五角星。

4　等级划分指标

4.1　指标内容

4.1.1　经营服务场地

4.1.1.1　占地面积：森林人家经营服务场地范围所占用的土地面积。

4.1.1.2　接待建筑面积：用于接待游客的各类建筑物面积。

4.1.1.3　绿化程度：森林人家经营服务场地范围内有林地面积，灌木林地面积，四旁树占地面积之和，与经营服务场地所占用土地总面积之比。

4.1.1.4　其它指标

其它指标包括下列内容：

a）生态环境氛围优良，景观特色突出，植物与环境配置得当，有特色、效果好，具有浓郁的林区风情；

b）建筑结构良好，布局科学合理，接待服务功能完善、齐备。设备设施舒适、方便、安全，完好率百分之百；

c）建筑通道、楼道以及游客集中的场所符合消防安全要求，经营服务场所按规定配备必要的消防设施；

d）接待区域地面全部进行合理化处理；

e）装饰、装修具有特色；

f）装饰、装修工艺考究，独具特色。

4.1.2　接待服务设施

4.1.2.1　综合服务设施

综合服务设施包括下列内容：

a）总服务台布局合理，有装饰、有标志，有结帐功能，提供咨询、宣传品、价目表、小件物品寄存、雨伞、紧急救助室等服务项目；

b）小商场应提供旅行日常用品、旅游纪念品、土特产品等的销售服务；

c）设置公用电话。

4.1.2.2　会议设施

会议设施包括下列内容：

a）有大会议室；

b）有中会议室；

c）有小会议室；

d）有必要的会议音响设备；

e）有电脑及投影设备；

f）有展览厅。

4.1.2.3　客房

客房包括下列内容：

a）客房装饰、装修和家具用品使用性能良好，门锁有暗销防盗设置。在显著位置张贴应急疏散图和相关说明；

b）有座椅、床头柜、衣架、软垫床；

c）有彩色电视机及频道指南；

d）提供国内、国际的长途电话服务和上网服务，并备有使用说明；

e）提供饮水服务，配备相应杯具。有必要的文具用品、森林人家简介、价目表、服务指南和报纸；

f）卫生间有抽水马桶、面盆、梳妆镜和沐浴设施，有必要的客用品和消耗品，地面采用防滑材料，有良好的照明，24 小时供应冷水，16 小时供应热水；

g）客房中没有卫生间的，所在楼层应有男、女分用的设间隔式公用卫生间和公共浴室；

h）客房廊道有位置合理、标识清楚的应急照明灯；

i）卫生间面积大于 $4m^2$；

j）写字台、衣橱、行李架、梳妆台、台灯、室内照明充足，床头有总电源开关，各电源开关布置合理，便于作用；

k）有 20 间以上可供出租的客房；

l）有 10 间以上可供出租的客房。

4.1.2.4　厨房

厨房包括下列内容：

a）布局流程合理，使用面积与接待能力相适应；

b）地面经硬化处理，防滑、有地沟，易于冲洗，有吊顶；

c）初加工间、烹调间、凉菜间独立分设并符合卫生要求；

d）凉菜间有足够的冷气设备和必要的设备；

e）餐（饮）具洗涤池、清洗池、消毒池及蔬菜清洗池、肉类清洗池独立分设并符合卫生要求；

f）有食品库房和非食品库房；

g）有消毒专用设备；

h）有充足的冷藏、冷冻设施；

i）有合理良好的通风排烟设施，饮食油烟达标排放；

j）有完善的防蝇、防尘、防鼠及污水达标排放设施；

k）有符合卫生要求的密闭废弃物存放容器并保持外部整洁；

l）有必要的消防设施；

m）工具用品以不锈钢为主。

4.1.2.5　餐厅

餐厅包括下列内容：

a）位置合理，通风采光良好；

b）地面经硬化处理，防滑、易于清洗；

c）桌椅、用具、餐具、酒具、茶具等配套；

d）供应品种有色香味俱佳，符合食品卫生、质量安全要求，具有良好的营养价值；

e）有酒水台、备餐柜；

f）桌椅、用具、餐具、酒具、茶具配套上档次；

g）灯光设计具有专业性，并能烘托就餐气氛；

h）有中英文印制装祯精美的菜单；

i）布置典雅；

j）气氛豪华，布置典雅；

k）具有浓郁的森林美食特色。

4.1.2.6　公厕

公厕包括下列内容：

a）设计合理，与接待能力及服务功能相适应，与周边环境和建筑相协调；

b）男、女公厕分开设置；

c）采光、通风、照明条件良好，有除臭设施，无异味；

d）公厕内设备、环境整洁，无蚊蝇；

e）具备辅助设施：手纸框、洗手池（配备洗涤品）、镜台；

f）粪便处理：具有有效粪便处理措施，污水达标排放；

g）冲洗设备齐全完好；

h）有供残疾人专用的厕位；

i）具备辅助设施：手纸、手纸框、镜台、挂衣钩、洗手池（配备洗涤品）、烘手器；

j）粪便处理：有直排污水管道，单独设置的化粪池，防渗、防腐、密封，能有效处理粪便，污水达标排放。

4.1.2.7　停车场的车位数量与接待能力相适应，场地、道路平整、通畅，并经合理化处理。

4.1.2.8　标识

a）按 GB/T 15566 要求设置公共信息图形符号，且符合 GB/T10001.1 的规定。

b）按 GB/T 15566 要求设置中英文对照的公共信息图形符号，且符合 GB/T10001.1 的规定。

4.1.3　环境保护

4.1.3.1　空气质量达到 GB 3095 中的相关规定。

4.1.3.2　噪声质量达到 GB 3096 中的相关规定。

4.1.3.3　饮用水达到 GB 5749 的规定。

4.1.3.4　污水排放达到 GB 8978 相关的规定。

4.1.3.5　油烟排放达到 GB 18483 的规定。

4.1.3.6　各项设施设备符合国家环境保护的要求，未造成环境污染和其他公害，未破坏自然资源。

4.1.4　服务质量要求

4.1.4.1　建立、健全各项岗位责任制和服务质量标准。

4.1.4.2　各岗位的服务工作按服务操作规范要求，提供规范化服务。

4.1.4.3　从业人员

从业人员包括下列内容：

a）诚实守信，敬岗爱业，尽职尽责，注重效率，具有服务意识；

b）讲究仪表仪容，礼貌用语，着装统一，佩带标志（胸牌），保持热情、周到的服务态度；

c）经专业培训合格，持证上岗；

d）有经过专业培训的管理人员和技术人员；

e）服务接待人员会用普通话进行服务；

f）服务接待人员会用普通话和英文进行服务。

4.1.5　服务项目

应选择下列若干项目：

a）歌舞厅；

b）卡拉 OK 厅或 KTV 房；

c）多功能厅；

d）上网服务；

e）棋牌室；

f）游戏室；

g）桌球室；

h）乒乓球室；

i）室外运动场；

j）游泳池；

k）健身设施；

l）钓鱼；

m）庭院花园；

n）阅览室；

o）婴儿看护及儿童娱乐室；

p）定期歌舞表演；

q）文印、传真、复印等商务服务；

r）林事体验；

s）小卖部；

t）客房；

u）公用电话；

v）引导服务；

w）会议室；

x）户外教室；

y）导游讲解服务；

z）其他设施。

4.2　等级基本条件

森林人家各等级基本条件见表 1。

表1　森林人家等级基本条件表

项目名称			一星级	二星级	三星级	四星级	五星级
营服务场地	占地面积(m^2)		—	≥1500	≥3000	≥6000	≥10000
	接待建筑面积(m^2)		≥100	≥200	≥600	≥1200	≥2000
	绿化程度(%)		≥30	≥40	≥50	≥60	≥70
	其它指标		符合4.1.1的a)~d)	符合4.1.1的a)~d)	符合4.1.1的a)~d)	符合4.1.1的a)~e)	符合4.1.1的a)、b)、c)、d)、f)
待服务设施	综合服务设施	总服务台	—	—	—	符合4.1.2.1的a)	符合4.1.2.1的a)
		小商场	—	—	—	—	符合4.1.2.1的b)
		公用电话	—	—	—	符合4.1.2.1的c)	符合4.1.2.1的c)
	会议设施		—	—	—	符合4.1.2.2,其中有1个容纳50人以上的中会议室,至少有1个容纳10人以上的小会议室	符合4.1.2.2,其中有1个容纳100人以上的大会议室,至少有1个容纳10人以上的小会议室
	客房		—	—	—	符合4.1.2.3的a)~h),l)	符合4.1.2.3的a)~k)
	厨房		瓷砖墙裙高于1.8m,其它符合4.1.2.4的a)~l)	瓷砖墙裙高于2.0m,其它符合4.1.2.4的a)~l)	满铺瓷砖,其它符合4.1.2.4的a)~m)	满铺瓷砖,其它符合4.1.2.4的a)~m)	满铺瓷砖,其它符合4.1.2.4的a)~m)
	餐厅		≥30m^2,其它符合4.1.2.5的a)~c)、k)	≥50m^2,其它符合4.1.2.5的a)~c)、k)	≥100m^2,雅间≥2间,其它符合4.1.2.5的a)~d)、k)	≥200m^2,雅间≥4间,其它符合4.1.2.5的a)~i)、k)	≥300m^2,雅间≥5间,其它符合4.1.2.5的a)~h)、j)、k)
	公厕		符合4.1.2.6的a)~f)	厕位各≥2个,其它符合4.1.2.6的a)~f)	厕位各≥2个,其它符合4.1.2.6的a)~f)	厕位各≥2个,其它符合4.1.2.6的a)~d)、g)~j)	厕位各≥2个,其它符合4.1.2.6的a)~d)、g)~j)
	停车场		—	—	符合4.1.2.7	符合4.1.2.7	符合4.1.2.7
	标识		符合4.1.2.8的a)	符合4.1.2.8的a)	符合4.1.2.8的a)	符合4.1.2.8的b)	符合4.1.2.8的b)
环境保护			符合4.1.3	符合4.1.3	符合4.1.3	符合4.1.3	符合4.1.3
服务质量要求			符合4.1.4.1、4.1.4.2、4.1.4.3的a)~c)	符合4.1.4.1、4.1.4.2、4.1.4.3的a)~c)	符合4.1.4.1、4.1.4.2、4.1.4.3的a)~e)	符合4.1.4.1、4.1.4.2、4.1.4.3的a)~e)	符合4.1.4.1、4.1.4.2、4.1.4.3的a)~d)、f)
服务项目				具备4.1.5中的2项以上	具备4.1.5中的4项以上	具备4.1.5中的6项以上	具备4.1.5中的9项以上

5. 等级评定

5.1　项目分值

采用 1000 分制,满分 1000 分。项目所占分值如下:

a)经营服务场地 300 分;

b)接待服务设施 260 分;

c)环境保护 100 分;

d)服务质量要求 200 分;

e)服务项目 100 分;

f)附加项目 40 分。

5.2　评分

依据本标准附录 A 逐项进行评分,有分档记分的,对应该档次给分;无分档记分的,有项给分无项不给分,并进行统计汇总。

5.3　评定

先对评定对象的申报等级按表 1 的要求进行等级基本条件的评定,而后再根据第 5.2 条的评分结果进行等级评定。在满足表 1 相应的星级基本条件的基础上,各等级得分值不得小于:

a) 一星级 450 分;

b) 二星级 550 分;

c) 二星级 650 分;

e) 四星级 800 分;

f) 五星级 900 分。

附录

(规范性附录)

森林人家等级评定评分标准

森林人家等级评定评分标准见表 A.1 所示。

表 A.1　森林人家等级评定评分标准表

序号	检查项目	最高得分	分档记分	自评得分	初评得分	评定得分
1	经营服务场地	300				
1.1	占地面积、接待建筑面积	50				
1.1.1	用于接待的建筑面积大于 $100m^2$,接待区域地面全部进行了硬化处理		10			
1.1.2	占地面积大于 $1500m^2$。用于接待的建筑面积大于 $200m^2$,接待区域地面全部进行了合理化处理		20			
1.1.3	占地面积大于 $3000m^2$。用于接待的建筑面积大于 $600m^2$,接待区域地面全部进行了合理化处理		30			
1.1.4	占地面积大于 $6000m^2$。用于接待的建筑面积大于 $1200m^2$,接待区域地面全部进行了合理化处理		40			

（续）

序号	检查项目	最高得分	分档记分	自评得分	初评得分	评定得分
1.1.5	占地面积大于10000m^2。用于接待的建筑面积大于2000m^2，接待区域地面全部进行了合理化处理		50			
1.2	生态环境	140				
1.2.1	周边生态环境较好，与经营环境协调，绿化面积大于30%，具有林区风情		20			
1.2.2	周边生态环境较好，与经营环境协调，绿化面积大于40%，有一定特色，具有林区风情		50			
1.2.3	周边生态环境良好，与经营环境协调，绿化面积大于50%，具有浓郁的林区风情		80			
1.2.4	周边生态环境良好，与经营环境协调，绿化面积大于60%，植物与环境配置得当，有特色、效果好，具有浓郁的林区风情		110			
1.2.5	周边生态环境良好，与经营环境协调，绿化面积大于70%，植物与环境配置得当，有特色、效果好，具有浓郁的林区风情		140			
1.3	建筑结构	80				
1.3.1	房屋结构符合建筑安全要求，布局合理		30			
1.3.2	房屋结构符合建筑安全要求，布局科学，能够满足功能分区要求		40			
1.3.3	房屋结构符合建筑安全要求，建筑风格、装饰装修有特色，布局科学、合理，具有明确的功能划分		60			
1.3.4	房屋结构符合建筑安全要求，建筑风格、装饰装修独具特色、与环境协调，布局科学、合理、具有明确的功能划分		80			
1.4	消防安全	30				
1.4.1	建筑通道、楼道以及游客集中的场所符合消防安全要求，经营服务场所按规定配备必要的消防设施	10				
1.4.2	消防安全制度健全，有安全应急预案和有专（兼）职消防员	10				
1.4.3	开展全员消防知识培训，能够正确使用消防器材	10				
2	接待服务设施	260				
2.1	综合服务设施	20				
2.1.1	总服务台：布局合理，有装饰、有标志，有结帐功能，提供咨询、宣传品、价目表、小件物品寄存、雨伞、紧急救助室等服务项目	10				

（续）

序号	检查项目	最高得分	分档记分	自评得分	初评得分	评定得分
2.1.2	小商场：提供旅行日常用品、旅游纪念品、土特产品等的销售服务	5				
2.1.3	设置有公用电话	5				
2.2	会议设施	20				
2.2.1	有一个容纳100人以上的大会议室	7				
2.2.2	有一个容纳50人以上的中会议室	5				
2.2.3	有一个10人以上的小会议室	4				
2.2.4	有必要的会议音响设备	2				
2.2.5	有电脑及投影设备	2				
2.3	客房	40				
2.3.1	房间	5				
2.3.1.1	有10间以上客房		2			
2.3.1.2	有20间以上客房		5			
2.3.2	客房装饰、装修和家具用品使用性能良好。门锁有暗锁防盗设置。在显著位置张贴应急疏散图和相关说明	5				
2.3.3	客房家具	10				
2.3.3.1	有座椅、床头柜、衣架、床		3			
2.3.3.2	有电视机、写字台、座椅、衣橱及衣架、行李架、梳妆台、台灯、床，室内照明充足，床头有总电源开关，各电源开关布置合理，便于使用		10			
2.3.4	卫生间有抽水马桶、面盆和梳妆镜、沐浴设施，有必要的可用品和消耗品，地面采用防滑材料，有良好的照明，24小时供应冷水，16小时供应热水	10				
2.3.5	提供国内长途电话服务并备有电话使用说明	3				
2.3.6	提供上网服务	5				
2.3.7	客房廊道有位置合理、标识清楚的急照明灯	2				
2.4	厨房	70				
2.4.1	厨房（含初加工间、烹调间、凉菜间、洗碗间、食品库房等）布局流程合理	5				
2.4.2	厨房的建筑面积大于餐厅（含雅间）建筑面积的50%	5				
2.4.3	厨房地面、墙面、顶面	10				

（续）

序号	检查项目	最高得分	分档记分	自评得分	初评得分	评定得分
2.4.3.1	厨房地面经硬化处理，防滑、易于冲洗。墙面瓷砖墙裙高于1.8m，有吊顶		5			
2.4.3.2	厨房地面经硬化处理，防滑、易于冲洗。墙面瓷砖墙裙高于2.0m，有吊顶		8			
2.4.3.3	厨房地面经硬化处理，防滑、易于冲洗。墙面满铺瓷砖，有吊顶		10			
2.4.4	厨房功能分区	15				
2.4.4.1	初加工间、烹调间、凉菜间独立分设并符合卫生要求；凉菜间有足够的冷气设备和必要的设备		5			
2.4.4.2	初加工间、烹调间、凉菜间、洗碗间独立分设并符合卫生要求；凉菜间有足够的冷气设备和必要的设备		10			
2.4.4.3	初加工间、烹调间、面点间、凉菜间、洗碗间独立分设并符合卫生要求；凉菜间及面点间有足够的冷气、冷藏设备和必要的设备		15			
2.4.5	餐（饮）具洗涤池、清洗池、消毒池及蔬菜清洗池、肉类清洗池独立分设并符合卫生要求	5				
2.4.6	有食品库房和非食品库房	5				
2.4.7	外购大宗原辅料、粮油、副食品等有索证资料（进货单、产品质量检验报告等）	5				
2.4.8	有消毒专用设备	5				
2.4.9	冷藏、冷冻设施	5				
2.4.9.1	有充足的冷藏、冷冻设施		3			
2.4.9.2	有充足的冷藏、冷冻和保鲜设备		5			
2.4.10	有完善的防蝇、防尘、防鼠设施和符合卫生要求的密闭废弃物存放容器并保持外部整洁	10				
2.5	餐厅	70				
2.5.1	餐厅位置、面积	15				
2.5.1.1	餐厅位置合理，通风采光良好，使用面积大于30m^2		5			
2.5.1.2	餐厅位置合理，通风采光良好、整洁，使用面积大于50m^2		8			
2.5.1.3	餐厅位置合理，通风采光良好、整洁，使用面积大于100m^2		10			

（续）

序号	检查项目	最高得分	分档记分	自评得分	初评得分	评定得分
2.5.1.4	餐厅位置合理，采光通风良好、整洁，使用面积大于 $200m^2$		12			
2.5.1.5	餐厅位置合理，采光通风良好、整洁，使用面积大于 $300m^2$		15			
2.5.2	餐厅地面经硬化处理，防滑、易于冲洗	5				
2.5.3	桌椅、餐具	10				
2.5.3.1	桌椅、餐具、酒具配套		5			
2.5.3.2	桌椅、用具、餐具、酒具、茶具配套		8			
2.5.3.3	桌椅、用具、餐具、酒具、茶具配套上档次		10			
2.5.4	雅间	5				
2.5.4.1	雅间2间以上		2			
2.5.4.2	有酒水台、备餐柜、雅间4间以上		3			
2.5.4.3	有酒水台、备餐柜、雅间5间以上		5			
2.5.5	提供的食品、菜品符合食品卫生质量要求，具有浓郁的森林美食特色	30				
2.5.6	食品卫生制度健全，餐厅、厨房从业人员有健康证，知晓食品卫生知识	5				
2.6	公厕（水冲式）	30				
2.6.1	设计	5				
2.6.1.1	设计合理，与周边环境和建筑协调		2			
2.6.1.2	设计合理，与接待能力及服务功能相适应，与周边环境和建筑协调		5			
2.6.2	男、女厕所	5				
2.6.2.1	男、女厕所分开设置，具有有效粪便处理措施，污水达标排放		2			
2.6.2.2	男、女厕所分开设置，厕位各大于2个，冲洗设备齐全完好。具有有效粪便处理措施，污水达标排放		5			
2.6.3	厕所内设备完好，环境整洁，防蚊蝇	5				
2.6.4	辅助设施	5				
2.6.4.1	具备辅助设施：手纸框、洗手池、镜台		2			

（续）

序号	检查项目	最高得分	分档记分	自评得分	初评得分	评定得分
2.6.4.2	具备辅助设施：手纸框、挂衣钩、洗手池（配备洗涤品）、烘手器、镜台		5			
2.6.5	通风、采光、照明	5				
2.6.5.1	通风、采光、照明条件良好，除臭措施有效		2			
2.6.5.2	通风、采光、照明条件良好，除臭措施有效，无异味		5			
2.6.6	有残疾人使用的卫生设施	5				
2.7	停车场：车位与接待能力相适应，场地、道路平整、通畅，已作硬化处理	10				
2.8	标识	10				
2.8.1	按 GB/T15566 要求设置公共信息图形符号，且符合 GB/T10001.1 的规定		5			
2.8.2	按 GB/T15566 要求设置中英文对照的公共信息图形符号，且符合 GB/T10001.1 的规定		10			
3	环境保护	100				
3.1	空气质量达到 GB 30995 中的相关规定	20				
3.2	噪声质量达到 GB3096－1993 中的相关规定	20				
3.3	饮用水达到 GB5749 的相关规定	20				
3.4	污水排放达到 GB8978 的相关规定	20				
3.5	油烟排放达到 GB18483 的相关规定	20				
4	服务质量要求	200				
4.1	建立、健全各项岗位责任制、服务质量标准和消费者投诉处理制度	20				
4.1.1	有餐厅服务人员和厨师岗位责任制和服务质量标准	10				
4.1.2	有歌舞厅、娱乐厅服务人员岗位责任制和服务质量标准	5				
4.1.3	有前厅、客房服务人员岗位责任制和服务质量标准	5				
4.2	各岗位的服务工作按服务操作规范要求，提供规范化服务	20				
4.2.1	餐厅、厨房服务程序规范、操作标准	10				
4.2.2	歌舞厅、娱乐厅服务程序规范、操作标准	5				
4.2.3	前厅、客房服务程序规范、操作标准	5				

（续）

序号	检查项目	最高得分	分档记分	自评得分	初评得分	评定得分
4.3	从业人员诚实守信，爱岗敬业，尽职尽责，注重效率，具有服务意识	60				
4.3.1	餐厅、厨房服务人员态度好、效率高、服务周到、规范化	30				
4.3.2	歌舞厅、娱乐厅服务人员态度好、效率高、服务周到、规范化	15				
4.3.3	前厅、客房服务人员态度好、效率高、服务周到、规范化	15				
4.4	从业人员统一着装，佩戴标志（胸牌），保持热情、周到的服务态度	40				
4.4.1	餐厅、厨房服务人员整洁，端庄大方，礼貌周到，着装统一，佩戴标志（胸牌），热情服务	15				
4.4.2	歌舞厅、娱乐厅服务人员整洁，端庄大方，礼貌周到，着装统一，佩戴标志（胸牌），热情服务	10				
4.4.3	前厅、客房服务人员整洁，端庄大方，礼貌周到，着装统一，佩戴标志（胸牌），热情服务	15				
4.5	服务接待人员会用普通话和英语进行服务	20				
4.5.1	服务接待人员会用普通话进行服务		10			
4.5.2	服务接待人员会用普通话和英语进行服务		20			
4.6	从业人员培训	30				
4.6.1	从业人员培训率达80%		10			
4.6.2	从业人员培训率达90%		20			
4.6.3	从业人员培训率达100%		30			
4.7	管理人员和技术人员经过专业培训	10				
5	服务项目	100				
5.1	歌舞厅	5				
5.2	娱乐室	5				
5.3	运动室	5				
5.4	室外运动场（钓鱼池）	5				
5.5	游泳池	5				
5.6	庭院花园	5				

（续）

序号	检查项目	最高得分	分档记分	自评得分	初评得分	评定得分
5.7	有民间歌舞表演或参与性活动	10				
5.8	林事体验	30				
5.8.1	种植业（果树、花卉等）	10				
5.8.2	养殖业（畜、禽、观赏动物等）	10				
5.8.3	林事劳作	10				
5.9	特色服务项目	30				
5.9.1	户外教室	10				
5.9.2	导游讲解服务	10				
5.9.3	其它特色	10				
6	加分项目	40				
6.1	获得各级荣誉称号	20				
6.1.1	获得国家级荣誉称号		20			
6.1.2	获得省级荣誉称号		15			
6.1.3	获得设区市级荣誉称号		10			
6.1.4	获得县（市、区）级荣誉称号		5			
6.2	从业人员中当地居民所占比例	20				
6.2.1	从业人员中当地居民占30%		10			
6.2.2	从业人员中当地居民占50%		15			
6.2.3	从业人员中当地居民占100%		20			
合计得分		1000				

11. 全国国家森林公园名录

国家专类园基本情况统计表

单位：公顷

编号	公园名称	建园时间	批复面积	规划面积
001	洛阳国家牡丹园	2003.03	46.67	——
002	鄢陵国家花木博览园	2003.08	1233.00	——
003	邳州国家级银杏博览园	2004.04	2000.00	——
	国家专类园合计　3		3279.67	

国家森林公园基本情况统计表

单位:公顷

编号	公 园 名 称	建园时间	批复面积	规划面积
001	西山国家森林公园	1992.11	5926.10	5933.30
002	上方山国家森林公园	1992.11	337.00	353.30
003	蟒山国家森林公园	1992.11	8581.53	8581.53
004	云蒙山国家森林公园	1995.11	2208.00	2208.00
005	小龙门国家森林公园	2000.02	1595.00	1595.00
006	鹫峰国家森林公园	2003.12	775.12	
007	大兴古桑国家森林公园	2004.12	1164.79	
008	大杨山国家森林公园	2004.12	2106.50	
009	北京八达岭国家森林公园	2005.12	2940.00	
010	北京北宫国家森林公园	2005.12	914.50	
011	北京霞云岭国家森林公园	2005.12	21487.40	
012	北京黄松峪国家森林公园	2005.12	4274.00	
013	北京崎峰山国家森林公园	2006.12	4290.18	
014	北京天门山国家森林公园	2006.12	669.41	
	北京市国家森林公园合计 14		**57269.53**	

国家专类园名录

单位:hm^2

编号	公 园 名 称	建园时间	批复面积	规划面积
001	河南省洛阳牡丹省级森林公园	2002.11	45.00	——
	洛阳国家牡丹园	2003.03	46.67	——
002	河南省鄢陵花都省级森林公园	2002.12	1200.00	——
	鄢陵国家花木博览园	2003.08	1233.00	——

全国国家森林公园名录

单位:hm^2

编号	公 园 名 称	建园时间	批复面积	规划面积
全国国家森林公园合计 503			**9838159.14**	
北京市国家森林公园合计 6			**19422.75**	
001	西山国家森林公园	1992.11	5926.10	5933.30
002	上方山国家森林公园	1992.11	337.00	353.30
003	蟒山国家森林公园	1992.11	8581.53	8581.53
004	云蒙山国家森林公园	1995.11	2208.00	2208.00
005	小龙门国家森林公园	2000.02	1595.00	1595.00
006	鹫峰国家森林公园	2003.12	775.12	——
天津市国家森林公园合计 1			**2126.00**	
001	九龙山国家森林公园	2000.11	2126.00	2126.00

河北省国家森林公园合计	**11**		**141815.29**	
001	海滨国家森林公园	1991.11	——	1173.33
002	木兰围场国家森林公园	1993.05	94000.00	94000.00
003	磬槌峰国家森林公园	1993.05	4020.00	8505.73
004	金银滩国家森林公园	1993.05	1960.00	1907.00
005	石佛国家森林公园	1993.05	293.33	294.33
006	清东陵国家森林公园	1993.05	2233.33	2236.00
007	辽河源国家森林公园	1996.08	11886.00	11886.00
008	山海关国家森林公园	2003.03	——	——
009	五岳寨国家森林公园	2000.12	4400.00	4400.00
010	白草洼国家森林公园	2002.12	5396.00	——
011	天生桥国家森林公园	2002.12	11600.00	11600.00
山西省国家森林公园合计	**18**		**383196.39**	
001	五台山国家森林公园	1992.09	19133.33	19137.70
002	天龙山国家森林公园	1992.09	20633.33	26766.90
003	关帝山国家森林公园	2003.11	68448.40	——
004	管涔山国家森林公园	1992.09	43440.00	43440.00
005	恒山国家森林公园	1992.11	27960.00	28274.40
006	云岗国家森林公园	1992.11	15966.67	18722.00
007	龙泉国家森林公园	1992.11	24380.00	24119.60
008	禹王洞国家森林公园	1992.11	7333.33	7569.00
009	赵杲观国家森林公园	1992.11	4666.67	4666.67
010	方山国家森林公园	1992.11	3333.33	3580.30
011	交城山国家森林公园	1992.11	15333.33	15333.33
012	太岳山国家森林公园	1992.11	60000.00	60000.00
013	五老峰国家森林公园	1992.11	10400.00	2759.50
014	老顶山国家森林公园	1992.11	2200.00	1836.00
015	乌金山国家森林公园	1993.05	3666.67	3666.67
016	中条山国家森林公园	2001.02	46301.30	46301.30
017	太行峡谷国家森林公园	1996.08	4000.00	4389.40
018	黄崖洞国家森林公园	1996.08	6000.00	6000.00
内蒙古自治区国家森林公园合计	**15**		**438782.53**	
001	红山国家森林公园	1991.11	——	4341.90
002	黑大门国家森林公园	1992.04	3600.00	3800.00
003	察尔森国家森林公园	1992.04	12133.33	12194.00
004	海拉尔国家森林公园	1992.09	14062.00	14062.00
005	乌拉山国家森林公园	1992.09	93042.00	93042.00
006	乌素图国家森林公园	1992.09	80000.00	80000.00
007	马鞍山国家森林公园	1993.05	3500.00	3500.00
008	二龙什台国家森林公园	1993.05	9600.00	9600.00
009	兴隆国家森林公园	1994.12	2701.20	2701.20
010	黄岗梁国家森林公园	1996.08	103333.00	103333.33
011	贺兰山国家森林公园	2002.12	3455.10	——
012	旺业甸国家森林公园	2003.12	25400.00	——

013	好森沟国家森林公园	2003.12	37996.00	——
014	额济纳胡杨国家森林公园	2003.12	5636.00	——
015	桦木沟国家森林公园	2003.12	40000.00	——
内蒙古森工国家森林公园合计	**5**		**756944.00**	
001	莫尔道嘎国家森林公园	1999.05	578902.00	578902.00
002	阿尔山国家森林公园	2000.02	103149.00	103149.00
003	达尔滨湖国家森林公园	2000.02	22081.00	22081.00
004	伊克萨玛国家森林公园	2001.12	15890.00	——
005	乌尔旗汉国家森林公园	2003.12	36922.00	——
辽宁省国家森林公园合计	**24**		**112506.43**	
001	旅顺口国家森林公园	1990.08	——	2741.33
002	海棠山国家森林公园	1993.12	——	1530.00
003	大孤山国家森林公园	1991.08	——	2000.00
004	首山国家森林公园	1991.08	——	800.00
005	凤凰山国家森林公园	1991.11	——	1569.87
006	库区国家森林公园	1991.11	——	10000.00
007	本溪国家森林公园	1991.11	——	6666.00
008	陨石山国家森林公园	1992.01	2000.00	2000.00
009	天桥沟国家森林公园	1992.01	4000.00	4200.00
010	盖县国家森林公园	1992.01	1600.00	1567.00
011	元帅林国家森林公园	1992.07	6959.00	6959.00
012	仙人洞国家森林公园	1992.07	3575.00	3575.00
013	大连国家森林公园	1992.07	3759.33	3759.00
014	长山群岛国家海岛森林公园	1993.05	7200.00	7200.00
015	普兰店国家森林公园	1995.11	11000.00	666.70
016	大黑山国家森林公园	1996.08	3031.00	5100.00
017	沈阳国家森林公园	1997.12	933.30	1000.00
018	猴石国家森林公园	2002.12	5675.00	——
019	本溪环城国家森林公园	2002.12	17926.00	——
020	冰砬山国家森林公园	2002.12	2259.30	——
021	金龙寺国家森林公园	2002.12	2138.00	——
022	千山仙人台国家森林公园	2002.12	2931.00	——
023	清原红河谷国家森林公园	2003.12	9112.30	——
024	大连天门山国家森林公园	2003.12	3100.00	——
吉林省国家森林公园(森林旅游区)合计	**17**		**1939824.53**	
001	净月潭国家森林公园	1989.11	8330.00	8330.00
002	五女峰国家森林公园	1992.11	6866.67	6866.67
003	龙湾群国家森林公园	1999.10	——	8102.00
004	白鸡腰国家森林公园	1992.11	3333.33	3333.33
005	帽儿山国家森林公园	1992.11	1100.00	1571.00
006	半拉山国家森林公园	1992.11	9299.00	9299.00
007	三仙夹国家森林公园	1993.03	880.00	7147.00
008	大安国家森林公园	1993.03	666.67	666.67
009	花山国家森林公园	1995.11	18000.00	18000.00

010	拉法山国家森林公园	1995.11	28168.00	28168.00
011	图们江国家森林公园	1997.12	32678.00	32678.00
012	朱雀山国家森林公园	2001.12	5662.00	——
013	图们江源国家森林公园	2002.12	12363.00	——
014	延边仙峰国家森林公园	2002.12	19102.23	——
015	官马莲花山国家森林公园	2003.12	5146.00	——
016	肇大鸡山国家森林公园	2003.12	14127.63	——
017	白山市国家森林旅游区	1994.07	1784000.00	1784000
黑龙江省国家森林公园合计	**24**		**333685.36**	
001	牡丹峰国家森林公园	1992.04	19466.67	19468.00
002	火山口国家森林公园	1992.04	66933.33	66942.00
003	大亮子河国家森林公园	1992.04	7133.33	7133.33
004	乌龙国家森林公园	1992.04	28000.00	28018.00
005	哈尔滨国家森林公园	1992.09	136.00	137.40
006	街津山国家森林公园	1992.09	13333.33	13333.33
007	齐齐哈尔国家森林公园	1992.11	4666.00	4666.00
008	北极村国家森林公园	1992.11	36376.00	36376.00
009	长寿国家森林公园	1993.05	696.00	696.00
010	大庆国家森林公园	1993.05	5466.00	5466.67
011	一面坡国家森林公园	1995.11	23408.00	5000.00
012	龙凤国家森林公园	1997.12	21840.00	21840.00
013	金泉国家森林公园	1997.12	4000.00	4000.00
014	乌苏里江国家森林公园	1997.12	25069.00	25069.00
015	驿马山国家森林公园	1998.09	458.00	458.00
016	三道关国家森林公园	1999.05	8000.00	8000.00
017	绥芬河国家森林公园	2000.12	971.00	971.00
018	五顶山国家森林公园	2001.12	2046.00	——
019	茅兰沟国家森林公园	2001.12	6000.00	——
020	龙江三峡国家森林公园	2001.12	8569.20	——
021	鹤岗国家森林公园	2002.12	2636.00	——
022	勃利国家森林公园	2003.12	39324.00	——
023	丹清河国家森林公园	2003.12	2850.00	——
024	石龙山国家森林公园	2003.12	6307.50	——
龙江森工国家森林公园合计	**20**		**1157273.63**	
001	威虎山国家森林公园	1993.10	414756.00	414756.00
002	五营国家森林公园	1993.10	14141.00	14141.00
003	亚布力国家森林公园	1993.10	12046.33	12053.00
004	桃山国家森林公园	1997.12	100000.00	100000.00
005	日月峡国家森林公园	2002.01	28708.00	29708.00
006	八里湾国家森林公园	2001.12	41000.00	——
007	梅花山国家森林公园	2001.12	7815.00	——
008	凤凰山国家森林公园	2001.12	50000.00	——
009	兴隆国家森林公园	2001.12	26812.00	——
010	雪乡国家森林公园	2001.12	186000.00	——

011	青山国家森林公园	2002.12	28000.00	——
012	大沾河国家森林公园	2002.12	16270.30	——
013	廻龙湾国家森林公园	2002.12	6326.00	——
014	金山国家森林公园	2003.12	8957.00	——
015	小兴安岭石林国家森林公园	2003.12	19007.00	——
016	方正龙山国家森林公园	2003.12	66101.00	——
017	溪水国家森林公园	2003.12	1684.00	——
018	镜泊湖国家森林公园	2003.12	65000.00	——
019	六峰山国家森林公园	2003.12	34640.00	——
020	佛手山国家森林公园	2003.12	30010.00	——
上海市国家森林公园合计	**2**		**756.00**	
001	佘山国家森林公园	1993.12	——	401.00
002	东平国家森林公园	1993.05	355.00	355.00
江苏省国家森林公园合计	**13**		**30876.13**	
001	虞山国家森林公园	1989.03	——	1466.67
002	上方山国家森林公园	1992.07	500.00	500.00
003	徐州环城国家森林公园	1992.11	1333.33	2333.33
004	宜兴国家森林公园	1992.11	3400.00	3400.00
005	惠山国家森林公园	1993.05	936.00	718.00
006	东吴国家森林公园	1993.05	1200.00	1200.00
007	云台山国家森林公园	1993.05	2000.00	2353.33
008	盱眙第一山国家森林公园	1993.05	1400.00	1400.00
009	南山国家森林公园	1995.11	1000.00	1000.00
010	宝华山国家森林公园	1996.08	1700.00	1707.60
011	西山国家森林公园	1997.12	6000.00	6000.00
012	铁山寺国家森林公园	2003.12	7058.00	——
013	南京紫金山国家森林公园	2003.12	3008.80	——
浙江省国家森林公园合计	**24**		**174665.35**	
001	千岛湖国家森林公园	1990.06	——	95000.00
002	大奇山国家森林公园	1992.11	700.00	700.00
003	兰亭国家森林公园	1992.11	229.67	670.00
004	午潮山国家森林公园	1992.11	253.33	521.87
005	富春江国家森林公园	1995.07	——	8466.67
006	竹乡国家森林公园	1996.08	16600.00	18000.00
007	天童国家森林公园	1997.03	——	430.00
008	雁荡山国家森林公园	1997.03	——	840.60
009	溪口国家森林公园	1997.03	——	188.93
010	九龙山国家森林公园	1997.03	——	613.33
011	双龙洞国家森林公园	1997.03	——	776.67
012	华顶国家森林公园	1997.03	——	3866.67
013	青山湖国家森林公园	1999.05	6450.00	6450.00
014	玉苍山国家森林公园	1999.08	——	2378.60
015	钱江源国家森林公园	1999.08	——	4500.00
016	紫微山国家森林公园	2000.02	5500.00	5500.00

017	铜岭山国家森林公园	2001.12	2755.00	——
018	花岩国家森林公园	2002.12	2640.00	——
019	龙湾潭国家森林公园	2002.12	1561.67	——
020	遂昌国家森林公园	2002.12	23953.47	——
021	五泄国家森林公园	2003.12	733.33	——
022	石门洞国家森林公园	2003.12	4295.00	——
023	四明山国家森林公园	2003.12	6251.00	——
024	双峰国家森林公园	2003.12	2281.41	——
安徽省国家森林公园合计	**25**		**96972.60**	
001	黄山国家森林公园	1987.02	11686.67	11686.67
002	琅琊山国家森林公园	1992.07	——	4866.67
003	天柱山国家森林公园	1992.07	2048.47	2048.47
004	九华山国家森林公园	2003.03	14333.33	——
005	皇藏峪国家森林公园	1992.07	2276.00	2276.00
006	徽州国家森林公园	1992.07	5314.40	5314.40
007	大龙山国家森林公园	1992.07	1446.67	1446.67
008	紫蓬山国家森林公园	1992.07	1002.47	1002.47
009	皇甫山国家森林公园	1992.07	3551.53	3551.53
010	天堂寨国家森林公园	1992.11	12000.00	12000.00
011	鸡笼山国家森林公园	1992.09	4500.00	4500.00
012	冶父山国家森林公园	1992.09	810.47	825.00
013	太湖山国家森林公园	1992.09	1813.53	1813.53
014	神山国家森林公园	1992.09	2221.87	2221.87
015	妙道山国家森林公园	1992.09	752.00	752.00
016	天井山国家森林公园	1992.09	1200.40	1200.40
017	舜耕山国家森林公园	1992.09	2533.33	2533.33
018	浮山国家森林公园	1992.12	3834.13	3834.13
019	石莲洞国家森林公园	1992.12	1479.33	1479.33
020	齐云山国家森林公园	1993.05	6000.00	6546.67
021	韭山国家森林公园	1993.06	5533.33	5567.00
022	横山国家森林公园	1994.12	1000.00	1000.00
023	敬亭山国家森林公园	1996.08	2009.00	2009.00
024	八公山国家森林公园	2002.12	2759.00	——
025	万佛山国家森林公园	2002.12	2000.00	——
福建省国家森林公园合计	**15**		**78527.49**	
001	福州国家森林公园	2000.11	41814.50	41814.50
002	天柱山国家森林公园	1995.11	3081.00	3081.30
003	平潭海岛国家森林公园	1999.08	——	1295.70
004	华安国家森林公园	2000.02	8153.33	8200.00
005	猫儿山国家森林公园	2000.02	2560.00	2561.00
006	三元国家森林公园	2000.12	4572.00	4572.00
007	龙岩国家森林公园	2000.12	2200.00	2200.00
008	旗山国家森林公园	2000.12	3586.90	3586.90
009	灵石山国家森林公园	2001.02	——	2275.00

010	东山国家森林公园	2002.12	874.60	——
011	德化石牛山国家森林公园	2003.12	8411.00	——
012	三明仙人谷国家森林公园	2003.12	1488.00	——
013	将乐天阶山国家森林公园	2003.12	939.00	——
014	厦门莲花国家森林公园	2003.12	3824.00	——
015	上杭国家森林公园	2003.12	4672.59	——
江西省国家森林公园合计	**23**		**192336.11**	
001	三爪仑国家森林公园	1993.03	12133.33	12087.67
002	庐山山南国家森林公园	1993.05	3346.67	3346.67
003	梅岭国家森林公园	1993.05	15000.00	15000.00
004	三百山国家森林公园	1993.05	3330.00	3330.00
005	马祖山国家森林公园	1993.05	666.67	666.67
006	鄱阳湖口国家森林公园	1993.05	1280.00	1277.00
007	灵岩洞国家森林公园	1993.05	3000.00	3019.87
008	明月山国家森林公园	1994.12	7842.00	7842.00
009	翠微峰国家森林公园	1999.10	7866.67	7866.67
010	天柱峰国家森林公园	2000.02	10512.00	10512.00
011	泰和国家森林公园	2000.12	3000.00	3000.00
012	鹅湖山国家森林公园	2000.12	7950.00	7950.00
013	龟峰国家森林公园	2000.12	7400.00	7400.00
014	上清国家森林公园	2000.12	11800.00	11800.00
015	梅关国家森林公园	2001.12	5300.00	——
016	永丰国家森林公园	2001.12	7600.00	——
017	阁皂山国家森林公园	2001.12	6860.00	——
018	三叠泉国家森林公园	2001.12	1650.97	——
019	武功山国家森林公园	2002.12	24190.00	——
020	铜钹山国家森林公园	2002.12	19500.00	——
021	阳岭国家森林公园	2003.12	6889.80	——
022	天花井国家森林公园	2003.12	685.00	——
023	五指峰国家森林公园	2003.12	24533.00	——
山东省国家森林公园合计	**30**		**148140.51**	
001	崂山国家森林公园	1992.09	7466.67	7466.67
002	抱犊崮国家森林公园	1992.09	666.67	666.67
003	黄河口国家森林公园	1992.09	50933.33	60350.00
004	昆嵛山国家森林公园	1992.09	4733.33	4733.33
005	罗山国家森林公园	1992.09	480.00	480.00
006	长岛国家森林公园	1992.09	5700.00	424.67
007	沂山国家森林公园	1992.09	6466.67	2133.33
008	尼山国家森林公园	1992.09	590.00	590.00
009	泰山国家森林公园	1992.09	12000.00	11850.20
010	徂徕山国家森林公园	1992.09	9000.00	9000.00
011	日照海滨国家森林公园	2002.01	——	788.67
012	鹤伴山国家森林公园	1992.09	480.00	480.00
013	孟良崮国家森林公园	1992.09	800.00	800.00

014	柳埠国家森林公园	1992. 11	2465. 53	2465. 53
015	刘公岛国家森林公园	1992. 11	247. 53	247. 53
016	槎山国家森林公园	1992. 11	106. 67	106. 67
017	药乡国家森林公园	1992. 11	1463. 67	1463. 67
018	原山国家森林公园	1992. 12	1705. 87	1702. 00
019	灵山湾国家森林公园	1993. 12	——	666. 67
020	双岛国家森林公园	2000. 11	2477. 30	2477. 30
021	蒙山国家森林公园	1994. 12	3675. 87	3675. 87
022	腊山国家森林公园	1996. 08	723. 00	723. 00
023	仰天山国家森林公园	2000. 02	2400. 00	2400. 00
024	伟德山国家森林公园	2000. 12	8362. 40	8362. 40
025	珠山国家森林公园	2000. 12	4000. 00	4000. 00
026	牛山国家森林公园	2002. 12	3000. 00	——
027	鲁山国家森林公园	2002. 12	4133. 33	——
028	岠嵎山国家森林公园	2002. 12	1204. 00	——
029	五莲山国家森林公园	2003. 12	6800. 00	——
030	莱芜华山国家森林公园	2003. 12	4603. 33	——
河南省国家森林公园合计	**21**		**90204. 99**	
001	嵩山国家森林公园	1988. 09	11582. 00	11582. 00
002	寺山国家森林公园	1992. 09	5600. 00	5624. 00
003	风穴寺国家森林公园	1992. 09	766. 67	766. 00
004	石漫滩国家森林公园	1992. 09	5333. 33	5666. 67
005	薄山国家森林公园	1992. 09	6066. 67	6066. 67
006	开封国家森林公园	1992. 09	553. 33	553. 33
007	亚武山国家森林公园	1992. 11	15133. 33	15133. 33
008	花果山国家森林公园	1993. 05	4200. 00	4200. 00
009	云台山国家森林公园	1993. 05	360. 00	360. 00
010	白云山国家森林公园	1993. 05	8133. 33	8133. 33
011	龙峪湾国家森林公园	1994. 12	1833. 33	1835. 00
012	五龙洞国家森林公园	1995. 11	2527. 00	2525. 00
013	南湾国家森林公园	1996. 09	——	2810. 00
014	甘山国家森林公园	2000. 12	3800. 00	3800. 00
015	淮河源国家森林公园	2002. 12	4924. 00	——
016	神灵寨国家森林公园	2002. 12	5300. 00	——
017	铜山湖国家森林公园	2002. 12	1996. 00	——
018	黄河故道国家森林公园	2002. 12	838. 00	——
019	郁山国家森林公园	2002. 12	2133. 00	——
020	玉皇山国家森林公园	2003. 12	2982. 00	——
021	金兰山国家森林公园	2003. 12	3333. 00	——
湖北省国家森林公园合计	**18**		**217926. 77**	
001	九峰国家森林公园	1992. 07	——	333. 33
002	鹿门寺国家森林公园	1992. 07	——	1866. 67
003	玉泉寺国家森林公园	1992. 07	9666. 67	9666. 67
004	大老岭国家森林公园	1992. 07	——	6000. 00

005	大口国家森林公园	1995.07	——	6333.00
006	神农架国家森林公园	1992.11	13333.33	13333.33
007	龙门河国家森林公园	1993.05	4644.40	4644.40
008	薤山国家森林公园	1994.12	4533.33	4533.33
009	清江国家森林公园	1996.08	49880.00	49980.00
010	大别山国家森林公园	1996.08	57427.00	57427.00
011	柴埠溪国家森林公园	1996.08	6667.00	6666.67
012	潜山国家森林公园	1996.09	——	666.67
013	八岭山国家森林公园	1996.09	——	666.67
014	沲水国家森林公园	1998.09	28600.00	28600.00
015	三角山国家森林公园	2002.12	6451.70	——
016	中华山国家森林公园	2002.12	6927.00	——
017	太子山国家森林公园	2002.12	7930.00	——
018	红安天台山国家森林公园	2003.12	6000.00	——
湖南省国家森林公园合计	**24**		**117485.76**	
001	张家界国家森林公园	1983.09	2466.67	5000.00
002	桃源洞国家森林公园	1992.07	10000.00	10000.00
003	莽山国家森林公园	1992.07	19833.33	19833.33
004	大围山国家森林公园	1992.07	3703.00	3703.00
005	云山国家森林公园	1992.07	3110.00	3113.00
006	九疑山国家森林公园	1992.07	8226.67	8226.67
007	阳明山国家森林公园	1992.07	11733.33	11733.33
008	南华山国家森林公园	1992.07	2242.73	2210.30
009	黄山头国家森林公园	1992.07	666.67	666.67
010	桃花源国家森林公园	1992.07	233.33	233.33
011	天门山国家森林公园	1992.07	733.33	733.33
012	天际岭国家森林公园	1992.07	140.00	140.00
013	天鹅山国家森林公园	1992.07	706.67	7066.00
014	舜皇山国家森林公园	1992.09	14548.00	14548.00
015	东台山国家森林公园	1992.09	336.00	336.00
016	夹山国家森林公园	1995.12	——	——
017	不二门国家森林公园	1993.05	5336.67	5336.67
018	河伏国家森林公园	1994.12	333.33	357.27
019	岣嵝峰国家森林公园	1995.11	2067.00	2067.00
020	大云山国家森林公园	1996.08	1180.00	1180.60
021	花岩溪国家森林公园	1997.12	4000.00	4032.60
022	云阳国家森林公园	2002.12	8688.70	——
023	大熊山国家森林公园	2002.12	7623.00	——
024	中坡国家森林公园	2002.12	1688.00	——
广东省国家森林公园合计	**14**		**179090.33**	
001	梧桐山国家森林公园	1989.06	——	678.00
002	万有国家森林公园	1992.09	431.80	432.00
003	小坑国家森林公园	1992.09	16700.00	16700.00
004	南澳海岛国家森林公园	1992.12	1373.33	1373.00

005	南岭国家森林公园	1993.03	27333.33	27333.33
006	新丰江国家森林公园	1993.05	4479.47	4479.00
007	韶关国家森林公园	1993.05	2010.73	2010.00
008	东海岛国家森林公园	1993.05	666.67	667.00
009	流溪河国家森林公园	1996.11	8831.00	8831.00
010	南昆山国家森林公园	1993.10	2000.00	2000.00
011	西樵山国家森林公园	1994.12	1400.00	1400.00
012	石门国家森林公园	1995.11	2636.00	2636.00
013	圭峰山国家森林公园	1997.12	3550.00	3550.00
014	英德国家森林公园	2000.12	107000.00	107000.00
广西壮族自治区国家森林公园合计	**15**		**197740.26**	
001	桂林国家森林公园	1992.07	575.67	575.70
002	良凤江国家森林公园	1992.09	248.00	248.00
003	三门江国家森林公园	1993.05	13107.00	13107.00
004	龙潭国家森林公园	1995.08	7103.10	7103.10
005	大桂山国家森林公园	1994.12	3000.00	3000.00
006	元宝山国家森林公园	1994.12	25000.00	24859.00
007	八角寨国家森林公园	1996.08	84000.00	84000.00
008	十万大山国家森林公园	1996.08	8810.00	8810.00
009	龙胜温泉国家森林公园	1996.08	420.00	420.00
010	姑婆山国家森林公园	1996.08	8000.00	8000.00
011	大瑶山国家森林公园	1997.12	11124.00	11124.00
012	黄猄洞天坑国家森林公园	2002.12	13879.70	——
013	飞龙湖国家森林公园	2003.12	127097.56	12097.56
014	太平狮山国家森林公园	2003.12	5550.23	——
015	大容山国家森林公园	2003.12	4825.00	——
海南省国家森林公园合计	**6**		**107315.99**	
001	尖峰岭国家森林公园	1992.09	46666.67	47232.00
002	蓝洋温泉国家森林公园	1999.05	5660.32	5660.32
003	吊罗山国家森林公园	1999.05	37900.00	37900.00
004	海口火山国家森林公园	2000.02	2000.00	2075.27
005	七仙岭温泉国家森林公园	2001.12	2200.00	——
006	黎母山国家森林公园	2002.12	12889.00	——
重庆市国家森林公园合计	**18**		**117032.82**	
001	双桂山国家森林公园	1992.09	102.00	102.00
002	小三峡国家森林公园	1993.10	2000.00	2000.00
003	金佛山国家森林公园	1994.12	6081.87	6081.87
004	黄水国家森林公园	1998.09	4200.00	4200.00
005	仙女山国家森林公园	1999.05	2339.70	2339.70
006	茂云山国家森林公园	2000.12	1910.20	1910.20
007	武陵山国家森林公园	2001.12	1633.33	——
008	青龙湖国家森林公园	2001.12	5236.30	——
009	黔江国家森林公园	2001.12	12800.00	——
010	梁平东山国家森林公园	2001.12	3780.00	——

011	桥口坝国家森林公园	2002.12	7690.00	——
012	铁峰山国家森林公园	2002.12	9100.00	——
013	红池坝国家森林公园	2002.12	24200.00	——
014	雪宝山国家森林公园	2002.12	18408.00	——
015	歌乐山国家森林公园	2003.12	1403.03	——
016	玉龙山国家森林公园	2003.12	3517.39	——
017	茶山竹海国家森林公园	2003.12	9979.00	——
018	黑山国家森林公园	2003.12	2652.00	——
四川省国家森林公园合计 25			**621966.43**	
001	都江堰国家森林公园	1992.07	29548.00	29548.00
002	剑门关国家森林公园	1993.05	3046.67	3046.67
003	瓦屋山国家森林公园	1993.05	65869.80	65869.80
004	高山国家森林公园	1993.05	837.87	837.87
005	西岭国家森林公园	1993.05	48650.00	48650.00
006	二滩国家森林公园	1993.10	54546.67	73240.00
007	海螺沟国家森林公园	1993.10	18598.00	16598.00
008	七曲山国家森林公园	1994.12	2000.00	2000.00
009	九寨国家森林公园	1995.11	37000.00	37000.00
010	天台山国家森林公园	1995.11	1328.00	1321.20
011	福宝国家森林公园	1997.12	11000.00	11000.00
012	黑竹沟国家森林公园	2000.02	28154.20	28154.20
013	夹金山国家森林公园	2000.12	92175.00	92175.00
014	龙苍沟国家森林公园	2000.12	7573.80	7573.80
015	美女峰国家森林公园	2001.12	1900.00	——
016	白水河国家森林公园	2001.12	2271.71	——
017	华蓥山国家森林公园	2002.12	8091.25	——
018	五峰山国家森林公园	2002.12	876.16	——
019	千佛山国家森林公园	2002.12	7800.00	——
020	措普国家森林公园	2002.12	48000.00	——
021	米仓山国家森林公园	2002.12	40155.00	——
022	广元天台国家森林公园	2003.12	1334.30	——
023	镇龙山国家森林公园	2003.12	2553.00	——
024	二郎山国家森林公园	2003.12	63768.00	——
025	雅克夏国家森林公园	2003.12	44889.00	——
贵州省国家森林公园合计 11			**83805.43**	
001	百里杜鹃国家森林公园	1993.05	18000.00	18000.00
002	竹海国家森林公园	1993.05	11200.00	11200.00
003	九龙山国家森林公园	2001.12	12500.00	——
004	凤凰山国家森林公园	2001.12	1061.77	——
005	长坡岭国家森林公园	2001.12	1075.00	——
006	瑶人山国家森林公园	2001.12	4787.00	——
007	燕子岩国家森林公园	2001.12	10400.00	——
008	玉舍国家森林公园	2002.12	924.47	——
009	雷公山国家森林公园	2002.12	4354.73	——

010	习水国家森林公园	2003.12	14027.46	——
011	黎平国家森林公园	2003.12	5475.00	——
云南省国家森林公园合计	**25**		**109792.92**	
001	巍宝山国家森林公园	1992.11	1255.00	1459.00
002	天星国家森林公园	1992.11	7420.00	7466.67
003	清华洞国家森林公园	1992.11	9856.47	2371.00
004	东山国家森林公园	1992.11	6281.80	7000.00
005	来凤山国家森林公园	1992.11	6466.93	6837.87
006	花鱼洞国家森林公园	1992.11	3143.00	3333.33
007	磨盘山国家森林公园	1992.11	24200.00	7232.10
008	龙泉国家森林公园	1992.11	1000.00	670.47
009	莱阳河国家森林公园	1992.11	6666.67	7161.30
010	金殿国家森林公园	1992.11	2000.00	1883.80
011	章凤国家森林公园	1993.03	7000.00	7000.00
012	十八连山国家森林公园	1993.05	2078.00	2078.00
013	鲁布格国家森林公园	1993.05	4866.67	4800.00
014	珠江源国家森林公园	1993.05	4376.00	13303.60
015	五峰山国家森林公园	1993.05	2492.13	2492.13
016	钟灵山国家森林公园	1993.05	540.00	540.00
017	棋盘山国家森林公园	1997.12	920.00	756.30
018	灵宝山国家森林公园	1997.12	811.20	811.20
019	铜锣坝国家森林公园	1999.05	3237.00	3516.33
020	小白龙国家森林公园	1999.05	624.80	624.80
021	五老山国家森林公园	1999.05	3604.00	3604.00
022	紫金山国家森林公园	2000.12	1700.00	1700.00
023	飞来寺国家森林公园	2000.12	3431.25	3431.25
024	圭山国家森林公园	2000.12	3206.00	3206.00
025	新生桥国家森林公园	2001.12	2616.00	——
西藏自治区国家森林公园合计	**2**		**810000.00**	
001	巴松湖国家森林公园	2001.12	410000.00	410000.00
002	色季拉国家森林公园	2001.12	400000.00	400000.00
陕西省国家森林公园合计	**17**		**97316.37**	
001	太白山国家森林公园	1999.10	——	2949.00
002	延安国家森林公园	1992.04	5446.67	5446.67
003	楼观台国家森林公园	1992.07	27487.00	27487.00
004	终南山国家森林公园	1992.07	4799.00	7675.00
005	天台山国家森林公园	1993.05	8100.00	8100.00
006	天华山国家森林公园	1999.08	6954.00	6954.00
007	朱雀国家森林公园	1999.05	2621.00	2621.00
008	南宫山国家森林公园	2000.02	3100.00	7648.00
009	王顺山国家森林公园	2000.12	3633.00	3633.00
010	五龙洞国家森林公园	2001.12	5800.00	——
011	骊山国家森林公园	2001.12	1873.30	——
012	汉中天台国家森林公园	2002.12	3674.00	——

013	黎坪国家森林公园	2002.12	9400.00	——
014	金丝大峡谷国家森林公园	2002.12	1790.00	——
015	通天河国家森林公园	2002.12	5235.00	——
016	木王国家森林公园	2003.12	3616.00	——
017	榆林沙漠国家森林公园	2003.12	871.40	——
甘肃省国家森林公园合计	**15**		**389997.54**	
001	吐鲁沟国家森林公园	1992.09	5848.00	5848.00
002	石佛沟国家森林公园	1992.09	6376.00	6376.00
003	松鸣岩国家森林公园	1992.09	2666.67	2666.67
004	云崖寺国家森林公园	1992.11	14891.00	14891.00
005	徐家山国家森林公园	1992.11	171.07	171.07
006	贵清山国家森林公园	1996.08	6200.00	6200.00
007	麦积国家森林公园	1999.12	8688.80	8688.80
008	鸡峰山国家森林公园	1999.05	4200.00	4196.10
009	渭河源国家森林公园	2000.12	7917.00	7917.00
010	天祝三峡国家森林公园	2002.12	138706.00	——
011	冶力关国家森林公园	2002.12	79400.00	——
012	大河坝国家森林公园	2003.12	41996.10	——
013	沙滩国家森林公园	2003.12	17415.00	——
014	腊子口国家森林公园	2003.12	27896.90	——
015	大峪国家森林公园	2003.12	27625.00	——
宁夏回族自治区国家森林公园合计	**4**		**28587.00**	
001	六盘山国家森林公园	2000.02	7900.00	7900.00
002	苏峪口国家森林公园	2000.02	9587.00	9587.00
003	花马寺国家森林公园	2002.12	5000.00	——
004	火石寨国家森林公园	2003.12	6100.00	——
青海省国家森林公园合计	**5**		**286591.10**	
001	坎布拉国家森林公园	1992.11	15247.00	15247.00
002	北山国家森林公园	1992.11	112723.00	112723.00
003	大通国家森林公园	2001.12	4747.00	——
004	群加国家森林公园	2002.12	5849.00	——
005	仙米国家森林公园	2003.12	148025.00	——
新疆维吾尔自治区国家森林公园合计	**10**		**375454.33**	
001	照壁山国家森林公园	1993.05	82394.33	82261.00
002	天池国家森林公园	1994.12	44627.00	44627.00
003	那拉提国家森林公园	2001.12	6025.00	——
004	巩乃斯国家森林公园	2001.12	73104.00	——
005	贾登峪国家森林公园	2002.12	38985.00	——
006	白哈巴国家森林公园	2002.12	48376.00	——
007	奇台南山国家森林公园	2003.12	29306.00	——
008	唐布拉国家森林公园	2003.12	34237.00	——
009	科桑溶洞国家森林公园	2003.12	16400.00	——
010	金湖杨国家森林公园	2003.12	2000.00	——

全国国家森林公园名录

编号	省份	公 园 名 称	建园时间	批复面积（公顷）	县级行政区域
001	北京	西山国家森林公园	1992.11	5926.10	海淀区
002		上方山国家森林公园	1992.11	337.00	房山区
003		蟒山国家森林公园	1992.11	8581.53	昌平区
004		云蒙山国家森林公园	1995.11	2208.00	密云县
005		小龙门国家森林公园	2000.02	1595.00	门头沟区
006		鹫峰国家森林公园	2003.12	775.12	海淀区
007		大兴古桑国家森林公园	2004.12	1164.79	大兴区
008		大杨山国家森林公园	2004.12	2106.50	昌平区
009		八达岭国家森林公园	2005.12	2940.00	延庆县
010		北宫国家森林公园	2005.12	914.50	丰台区
011		霞云岭国家森林公园	2005.12	21487.40	房山区
012		黄松峪国家森林公园	2005.12	4274.00	平谷区
013		崎峰山国家森林公园	2006.12	4290.18	怀柔区
014		天门山国家森林公园	2006.12	669.41	门头沟区
015		喇叭沟门国家森林公园	2008.01	11171.50	怀柔区
016	天津	九龙山国家森林公园	1997.12	2126.00	蓟县
017	河北	海滨国家森林公园	1991.11	1666.67	秦皇岛市北戴河区
018		塞罕坝国家级森林公园	1993.05	94000.00	围场县
019		磬锤峰国家森林公园	1993.05	4020.00	承德市双桥区
020		金银滩国家森林公园	1993.05	1960.00	乐亭县
021		石佛国家森林公园	1993.05	293.33	涿州市
022		清东陵国家森林公园	1993.05	2233.33	遵化县
023		辽河源国家森林公园	1996.08	11886.00	平泉县
024		山海关国家森林公园	1997.12	4853.30	秦皇岛市山海关区
025		五岳寨国家森林公园	2000.12	4400.00	灵寿县
026		白草洼国家森林公园	2002.12	5396.00	滦平县
027		天生桥国家森林公园	2002.12	11600.00	阜平县
028		黄羊山国家森林公园	2004.12	2107.00	涿鹿县
029		茅荆坝国家森林公园	2004.12	19400.00	隆化县
030		响堂山国家森林公园	2004.12	6348.80	邯郸市峰峰矿区

（续）

编号	省份	公　园　名　称	建园时间	批复面积（公顷）	县级行政区域
031	河北	野三坡国家森林公园	2004.12	22850.00	涞水县
032		六里坪国家森林公园	2004.12	2250.00	兴隆县
033		白石山国家森林公园	2005.12	3478.00	涞源县
034		狼牙山国家森林公园	2005.12	2165.00	易县
035		大茂山国家森林公园	2005.12	1353.33	唐县
036		武安国家森林公园	2005.12	40500.00	武安市
037		前南峪国家森林公园	2006.12	2600.00	邢台县
038		驼梁山国家森林公园	2006.12	15870.00	平山县
039		木兰围场国家森林公园	2008.01	5351.00	围场县
040		蝎子沟国家森林公园	2008.01	4634.15	临城县
041		仙台山国家森林公园	2008.12	1522.00	井陉县
042		丰宁国家森林公园	2008.12	6246.00	丰宁满族自治县
043	山西	五台山国家森林公园	1992.09	19133.33	五台县
044		天龙山国家森林公园	1992.09	20633.33	太原市古交市、尖草坪区、万柏林区和晋源区
045		关帝山国家森林公园	1992.09	68448.40	交城、方山县
046		管涔山国家森林公园	1992.09	43440.00	宁武、五寨、岢岚县
047		恒山国家森林公园	1992.11	27960.00	浑源县
048		云岗国家森林公园	1992.11	15966.67	大同市
049	山西	龙泉国家森林公园	1992.11	24380.00	左权县
050		禹王洞国家森林公园	1992.11	7333.33	忻州市
051		赵杲观国家森林公园	1992.11	4666.67	代县
052		方山国家森林公园	1992.11	3333.33	寿阳县
053		交城山国家森林公园	1992.11	15333.33	交城县
054		太岳山国家森林公园	1992.11	60000.00	介休、灵石、霍县、沁源、洪洞县
055		五老峰国家森林公园	1992.11	10400.00	永济县
056		老顶山国家森林公园	1992.11	2200.00	长治市
057		乌金山国家森林公园	1993.05	3666.67	榆次市
058		中条山国家森林公园	1993.10	46301.30	沁水、阳城、翼城、乡宁县、垣曲、夏县
059		太行峡谷国家森林公园	1996.08	4000.00	壶关县
060		黄崖洞国家森林公园	1996.08	6000.00	黎城县

（续）

编号	省份	公　园　名　称	建园时间	批复面积（公顷）	县级行政区域
061	内蒙古	红山国家森林公园	1991.11	4333.33	赤峰市红山区
062		黑大门国家森林公园	1992.04	3600.00	武川县
063		察尔森国家森林公园	1992.04	12133.33	科尔沁右翼前旗
064		海拉尔国家森林公园	1992.09	14062.00	呼伦贝尔市海拉尔区
065		乌拉山国家森林公园	1992.09	93042.00	巴彦卓尔盟乌拉特前旗
066		乌素图国家森林公园	1992.09	80000.00	呼和浩特市回民区
067		马鞍山国家森林公园	1993.05	3500.00	喀拉沁旗
068		二龙什台国家森林公园	1993.05	9600.00	凉城县
069		兴隆国家森林公园	1994.12	2701.20	赤峰市元宝山区
070		黄岗梁国家森林公园	1996.08	103333.00	赤峰市克什克腾旗
071		贺兰山国家森林公园	2002.12	3455.10	阿拉善左旗
072		旺业甸国家森林公园	2003.12	25400.00	喀喇沁旗
073	内蒙古	好森沟国家森林公园	2003.12	37996.00	阿尔山市科右前旗
074		额济纳胡杨国家森林公园	2003.12	5636.00	额济纳旗
075		桦木沟国家森林公园	2003.12	40000.00	克什克腾旗
076		五当召国家森林公园	2005.12	1800.00	包头市石拐区
077		红花尔基樟子松国家森林公园	2005.12	6726.00	呼盟鄂温克旗
078		喇嘛山国家森林公园	2006.12	9379.00	牙克石市
079		莫尔道嘎国家森林公园	1999.05	148324.00	额尔古纳市
080		阿尔山国家森林公园	2000.02	103149.00	阿尔山市
081		达尔滨湖国家森林公园	2000.02	22081.00	鄂伦春旗
082		伊克萨玛国家森林公园	2001.12	15890.00	根河市
083		乌尔旗汉国家森林公园	2003.12	36922.00	牙克石市、鄂伦春旗
084		兴安国家森林公园	2004.12	19217.00	鄂伦春旗
085		绰源国家森林公园	2004.12	52858.00	牙克石市
086		阿里河国家森林公园	2004.12	2486.00	鄂伦春旗
087	辽宁	旅顺口国家森林公园	1990.08	2741.33	大连市旅顺口区
088		海棠山国家森林公园	1991.08	1530.00	阜新市
089		大孤山国家森林公园	1991.08	2000.00	东沟县
090		首山国家森林公园	1991.08	800.00	兴城市

（续）

编号	省份	公 园 名 称	建园时间	批复面积（公顷）	县级行政区域
091	辽宁	凤凰山国家森林公园	1991.11	1333.33	朝阳市双塔区
092		桓仁国家森林公园	1991.11	15666.67	恒仁县
093		本溪国家森林公园	1991.11	6666.00	本溪县
094		陨石山国家森林公园	1992.01	2000.00	沈阳市新城子区
095		天桥沟国家森林公园	1992.01	4000.00	宽甸县
096		盖县国家森林公园	1992.01	1600.00	盖县
097		元帅林国家森林公园	1992.07	6959.00	抚顺市东洲区
098		仙人洞国家森林公园	1992.07	3575.00	庄河县
099		大连大赫山国家森林公园	1992.07	3759.33	大连市金州区、甘井子区、经济技术开发区
100		长山群岛国家海岛森林公园	1993.05	4630.70	长海县
101	辽宁	普兰店国家森林公园	1995.11	11000.00	大连市普兰店市
102		大黑山国家森林公园	1996.08	3031.00	北票市
103		沈阳国家森林公园	1997.12	933.30	沈阳市
104		猴石国家森林公园	2002.12	5675.00	新宾县
105		本溪环城国家森林公园	2002.12	20086.00	本溪市
106		冰砬山国家森林公园	2002.12	2259.30	西丰县
107		金龙寺国家森林公园	2002.12	2138.00	大连市甘井子区
108		千山仙人台国家森林公园	2002.12	2931.00	鞍山市千山区
109		清原红河谷国家森林公园	2003.12	9112.30	清原县
110		大连天门山国家森林公园	2003.12	3100.00	庄河市
111		三块石国家森林公园	2004.12	7211.60	抚顺县
112		辽宁章古台沙地国家森林公园	2005.12	11341.30	彰武县
113		大连银石滩国家森林公园	2005.12	570.00	大连庄河市
114		大连西郊国家森林公园	2006.12	5958.00	大连市甘井子区
115		医巫闾山国家森林公园	2008.01	1482.30	北镇市/义县
116		和睦国家森林公园	2008.01	1367.85	新宾县
117	吉林	净月潭国家森林公园	1989.11	8330.00	长春市净月区
118		五女峰国家森林公园	1992.11	6866.67	集安市
119		龙湾群国家森林公园	1992.11	8133.33	辉南县
120		白鸡峰国家级森林公园	1992.11	3333.33	通化市

（续）

编号	省份	公 园 名 称	建园时间	批复面积（公顷）	县级行政区域
121	吉林	帽儿山国家森林公园	1992.11	1100.00	延吉市
122		半拉山国家森林公园	1992.11	9299.00	四平市
123		三仙夹国家森林公园	1993.03	880.00	柳河县
124		大安国家森林公园	1993.03	666.67	大安市
125		临江国家级森林公园	1995.11	18000.00	临江市
126		拉法山国家森林公园	1995.11	34194.00	蛟河市
127		图们江国家森林公园	1997.12	32678.00	珲春市
128		朱雀山国家森林公园	2001.12	5662.00	吉林市丰满区
129		图们江源国家森林公园	2002.12	12636.00	和龙市
130		延边仙峰国家森林公园	2002.12	19102.23	和龙市
131		官马莲花山国家森林公园	2003.12	5146.00	磐石市
132		肇大鸡山国家森林公园	2003.12	14127.63	桦甸市
133		长白国家森林公园	1993.05	27000.00	长白县
134		白山市国家森林旅游区	1994.07	1784000.00	白山市行政区域全部
135		寒葱顶国家森林公园	2004.12	7480.00	辽源市
136		满天星国家森林公园	2004.12	17057.30	汪清县
137		吊水壶国家森林公园	2004.12	4785.00	长春市双阳区
138		通化石湖国家森林公园	2005.12	2337.00	通化县
139		江源国家森林公园	2006.12	14636.00	白山市江源区
140		鸡冠山国家森林公园	2006.12	2903.61	梅河口市
141	吉林森工	露水河国家森林公园	2004.12	25786.94	抚松县
142		林红石国家森林公园	2005.12	28574.60	桦甸市
143		泉阳泉国家森林公园	2008.12	4977.00	抚松县
144		白石山国家森林公园	2008.12	7473.50	蛟河市
145		松江河国家森林公园	2008.12	6018.00	抚松县
146	黑龙江	牡丹峰国家森林公园	1992.04	19466.67	牡丹江市
147		火山口国家森林公园	1992.04	66933.33	宁安县
148		大亮子河国家森林公园	1992.04	7133.33	汤原县
149		乌龙国家森林公园	1992.04	28000.00	通河县
150		哈尔滨国家森林公园	1992.09	136.00	哈尔滨市动力区

（续）

编号	省份	公 园 名 称	建园时间	批复面积（公顷）	县级行政区域
151	黑龙江	街津山国家森林公园	1992.09	13333.33	同江市
152		齐齐哈尔国家森林公园	1992.11	4666.00	齐齐哈尔市梅里斯区
153		北极村国家森林公园	1992.11	36376.00	漠河县
154		长寿国家森林公园	1993.05	2483.00	宾县
155		大庆国家森林公园	1993.05	5466.00	大庆市大同区
156		一面坡国家森林公园	1995.11	23408.00	尚志市
157		龙凤国家森林公园	1997.12	21840.00	五常县
158		金泉国家森林公园	1997.12	4000.00	阿城市
159		乌苏里江国家森林公园	1997.12	25069.00	虎林县
160		驿马山国家森林公园	1998.09	458.00	巴彦县
161		三道关国家森林公园	1999.05	8000.00	牡丹江市爱民区
162		绥芬河国家森林公园	2000.12	971.00	绥分河
163		五顶山国家森林公园	2001.12	2046.00	富锦市
164		茅兰沟国家森林公园	2001.12	6000.00	嘉荫县
165		龙江三峡国家森林公园	2001.12	8569.20	萝北县
166		鹤岗国家森林公园	2002.12	2636.00	鹤岗市
167		勃利国家森林公园	2003.12	39324.00	勃利县
168		丹清河国家森林公园	2003.12	2850.00	哈尔滨市依兰县
169		石龙山国家森林公园	2003.12	6307.50	七台河市
170		望龙山国家森林公园	2004.12	2152.00	庆安县
171		胜山要塞国家森林公园	2004.12	13828.00	孙吴县
172		五大连池国家森林公园	2004.12	12380.00	五大连池市
173		完达山国家森林公园	2005.12	42399.00	宝清县
174		横头山国家森林公园	2008.01	3300.00	哈尔滨市阿城区
175	龙江森工	威虎山国家森林公园	1993.10	414756.00	海林市、林口县
176		五营国家森林公园	1993.10	14141.00	伊春市五营区
177		亚布力国家森林公园	1993.10	12046.33	尚志市
178		桃山国家森林公园	1997.12	100000.00	铁力市
179		日月峡国家森林公园	2000.12	28708.0	铁力市
180		八里湾国家森林公园	2001.12	41000.00	尚志市

（续）

编号	省份	公　园　名　称	建园时间	批复面积（公顷）	县级行政区域
181	龙江森工	梅花山国家森林公园	2001.12	7815.00	伊春市伊春区
182		凤凰山国家森林公园	2001.12	50000.00	五常市
183		兴隆国家森林公园	2001.12	26812.00	巴彦县
184		雪乡国家森林公园	2001.12	186000.00	海林市
185		青山国家森林公园	2002.12	28000.00	双鸭山市
186		大沾河国家森林公园	2002.12	16270.30	五大连池市
187		廻龙湾国家森林公园	2002.12	6326.00	伊春市美溪区
188		金山国家森林公园	2003.12	12283.00	伊春市金山区
189		小兴安岭石林国家森林公园	2003.12	19007.00	伊春市汤旺河区
190		方正龙山国家森林公园	2003.12	66101.00	方正县
191		溪水国家森林公园	2003.12	4580.00	伊春市上甘岭区
192		镜泊湖国家森林公园	2003.12	65000.00	宁安市
193		六峰山国家森林公园	2003.12	34640.00	穆棱市
194	龙江森工	佛手山国家森林公园	2003.12	30010.00	海林市
195		珍宝岛国家森林公园	2005.12	13429.00	虎林市
196		伊春兴安国家森林公园	2005.12	4515.00	伊春市伊春区
197		红松林国家森林公园	2006.12	19000.00	萝北县
198		七星峰国家森林公园	2006.12	15260.00	桦南县
199		仙翁山国家森林公园	2008.01	10555.00	伊春市南岔区
200	大兴安岭	呼中国家森林公园	2005.12	115340.27	大兴安岭地区呼中区
201		加格达奇国家森林公园	2008.12	14632.1	大兴安岭地区加格达奇
202	上海	佘山国家森林公园	1993.05	401.00	松江县
203		东平国家森林公园	1993.05	355.00	崇明县
204		上海海湾国家森林公园	2004.12	1065.10	奉贤区
205		上海共青国家森林公园	2005.12	131.00	杨浦区
206	江苏	虞山国家森林公园	1989.03	1466.67	常熟市
207		上方山国家森林公园	1992.07	500.00	苏州市吴中区
208		徐州环城国家森林公园	1992.11	1333.33	徐州市
209		宜兴国家森林公园	1992.11	3400.00	宜兴市
210		惠山国家森林公园	1993.05	936.00	无锡市惠山区

（续）

编号	省份	公 园 名 称	建园时间	批复面积（公顷）	县级行政区域
211	江苏	东吴国家森林公园	1993.05	1200.00	吴县市
212		云台山国家森林公园	1993.05	2000.00	连云港市
213		第一山国家森林公园	1993.05	1400.00	盱眙县
214		南山国家森林公园	1995.11	1000.00	镇江市
215		宝华山国家森林公园	1996.08	1700.00	句容市
216		西山国家森林公园	1997.12	6000.00	吴县
217		铁山寺国家森林公园	2003.12	7058.00	盱眙县
218		南京紫金山国家森林公园	2003.12	3008.80	南京市玄武区
219	浙江	千岛湖国家森林公园	1990.06	95000.00	淳安县
220		大奇山国家森林公园	1992.11	700.00	桐庐县
221		兰亭国家森林公园	1992.11	229.67	绍兴县
222		午潮山国家森林公园	1992.11	253.33	杭州市西湖区
223		富春江国家森林公园	1995.07	8466.67	建德市
224		竹乡国家森林公园	1996.08	16600.00	安吉县
225		天童国家森林公园	1997.03	430.00	鄞州市
226		雁荡山国家森林公园	1997.03	840.60	乐清市
227		溪口国家森林公园	1997.03	188.93	奉化市
228		九龙山国家森林公园	1997.03	613.33	平湖市
229		双龙洞国家森林公园	1997.03	776.67	金华市婺城区
230		华顶国家森林公园	1997.03	3866.67	天台县
231		青山湖国家森林公园	1999.05	2676.00	临安市
232		玉苍山国家森林公园	1999.08	2378.60	苍南县
233		钱江源国家森林公园	1999.08	4500.00	开化县
234		紫微山国家森林公园	2000.02	5500.00	衢县
235		铜岭山国家森林公园	2001.12	2755.00	文成县
236		花岩国家森林公园	2002.12	2640.00	瑞安市
237		龙湾潭国家森林公园	2002.12	1561.67	永嘉县
238		遂昌国家森林公园	2002.12	23953.47	遂昌县
239		五泄国家森林公园	2003.12	733.33	诸暨市
240		石门洞国家森林公园	2003.12	4295.00	青田县

（续）

编号	省份	公　园　名　称	建园时间	批复面积（公顷）	县级行政区域
241	浙江	四明山国家森林公园	2003.12	6251.00	余姚市
242		双峰国家森林公园	2003.12	2281.41	宁海县
243		仙霞国家森林公园	2004.12	3449.46	江山市
244		大溪国家森林公园	2004.12	3375.00	温岭市
245		松阳卯山国家森林公园	2005.12	1385.00	松阳县
246		牛头山国家森林公园	2005.12	1327.69	武义县
247		三衢国家森林公	2005.12	1067.53	常山县
248		径山(山沟沟)国家森林公园	2006.12	5375.00	杭州市余杭区
249		南山湖国家森林公园	2006.12	2188.70	嵊州市
250		大竹海国家森林公园	2008.01	3126.60	龙游县
251		仙居国家森林公园	2008.01	2980.00	仙居县
252		桐庐瑶琳国家森林公园	2008.12	949.00	桐庐县
253	安徽	黄山国家森林公园	1987.05	11686.67	黄山市黄山区
254		琅琊山国家森林公园	1992.07	4866.67	滁州市琅琊区
255		天柱山国家森林公园	1992.07	2048.47	潜山县
256		九华山国家森林公园	1992.07	14333.33	青阳县
257		皇藏峪国家森林公园	1992.07	2276.00	萧县
258		徽州国家森林公园	1992.07	5314.40	歙县
259		大龙山国家森林公园	1992.07	1446.67	安庆市
260		紫蓬山国家森林公园	1992.07	1002.47	肥西县
261		皇甫山国家森林公园	1992.07	3551.53	滁州市南谯区
262		天堂寨国家森林公园	1992.11	12000.00	金寨县
263		鸡笼山国家森林公园	1992.09	4500.00	和县
264		冶父山国家森林公园	1992.09	810.47	庐江县
265		太湖山国家森林公园	1992.09	1813.53	含山县
266		神山国家森林公园	1992.09	2221.87	全椒县
267		妙道山国家森林公园	1992.09	752.00	岳西县
268		天井山国家森林公园	1992.09	1200.40	无为县
269		舜耕山国家森林公园	1992.09	2533.33	长丰县
270		浮山国家森林公园	1992.12	3834.13	枞阳县

（续）

编号	省份	公 园 名 称	建园时间	批复面积（公顷）	县级行政区域
271	安徽	石莲洞国家森林公园	1992.12	1479.33	宿松县
272		齐云山国家森林公园	1993.05	6000.00	休宁县
273		韭山国家森林公园	1993.06	5533.33	凤阳县
274		横山国家森林公园	1994.12	1000.00	广德县
275		敬亭山国家森林公园	1996.08	2009.00	宣州市
276		八公山国家森林公园	2002.12	2759.00	淮南市南塘/寿县
277		万佛山国家森林公园	2002.12	2000.00	舒城县
278		水西国家森林公园	2004.12	2147.00	泾县
279		青龙湾国家森林公园	2004.12	2730.00	宁国市
280		安徽上窑国家森林公园	2005.12	1040.00	淮南市大通区
281		安徽马仁山国家森林公园	2008.01	712.00	繁昌县
282	福建	福州国家森林公园	1993.05	41814.50	福州市晋安区
283		天柱山国家森林公园	1995.11	3081.00	长泰县
284		平潭海岛国家森林公园	1999.08	1295.70	平潭县
285		华安国家森林公园	2000.02	8153.33	华安县
286		猫儿山国家森林公园	2000.02	2560.00	泰宁县
287		三元国家森林公园	2000.12	4572.00	三明市三元区
288		龙岩国家森林公园	2000.12	2200.00	龙岩市新罗区
289		旗山国家森林公园	2000.12	3586.90	闽侯县
290		灵石山国家森林公园	2001.02	2275.00	福清县
291		东山国家森林公园	2002.12	874.60	东山县
292		德化石牛山国家森林公园	2003.12	8411.00	德化县
293		三明仙人谷国家森林公园	2003.12	1488.00	三明市梅列区
294		将乐天阶山国家森林公园	2003.12	939.00	将乐县
295		厦门莲花国家森林公园	2003.12	3824.00	厦门市同安区
296		上杭国家森林公园	2003.12	4672.59	上杭县
297		武夷山国家森林公园	2004.12	3085.00	武夷山市
298		乌山国家森林公园	2004.12	6920.20	诏安县
299		漳平天台国家森林公园	2004.12	3987.40	漳平市
300		王寿山国家森林公园	2004.12	1552.13	永定县

（续）

编号	省份	公　园　名　称	建园时间	批复面积（公顷）	县级行政区域
301	福建	福建九龙谷国家森林公园	2006.12	1091.50	莆田市
302		支提山国家森林公园	2006.12	2299.93	宁德市蕉城区
303		天星山国家森林公园	2008.01	1861.90	屏南县
304		闽江源国家森林公园	2008.01	1182.52	建宁县
305		九龙竹海国家森林公园	2008.12	1704.60	永安市
306		董奉山国家森林公园	2008.12	1120.50	长乐市
307	江西	三爪仑国家森林公园	1993.03	12133.33	靖安县
308		庐山山南国家森林公园	1993.05	3346.67	星子县
309		梅岭国家森林公园	1993.05	11173.10	南昌市湾里区
310		三百山国家森林公园	1993.05	3330.00	安远县
311		马祖山国家森林公园	1993.05	666.67	九江市庐山区
312		鄱阳湖口国家森林公园	1993.05	1280.00	湖口县
313		灵岩洞国家森林公园	1993.05	3000.00	婺源县
314		明月山国家森林公园	1994.12	7842.00	宜春市袁州区
315		翠微峰国家森林公园	1994.12	7866.67	宁都县
316		天柱峰国家森林公园	2000.02	10512.00	铜鼓县
317		泰和国家森林公园	2000.12	3000.00	泰和县
318		鹅湖山国家森林公园	2000.12	7950.00	铅山县
319		龟峰国家森林公园	2000.12	7400.00	弋阳县
320		上清国家森林公园	2000.12	11800.00	鹰潭市龙虎山风景区管委会
321		梅关国家森林公园	2001.12	5300.00	大余县
322		永丰国家森林公园	2001.12	7600.00	永丰县
323		阁皂山国家森林公园	2001.12	6860.00	樟树市
324		三叠泉国家森林公园	2001.12	1650.97	九江市庐山区
325		武功山国家森林公园	2002.12	24190.00	安福县
326		铜钹山国家森林公园	2002.12	19500.00	广丰县
327		阳岭国家森林公园	2003.12	6889.80	崇义县
328		天花井国家森林公园	2003.12	685.00	九江市庐山区
329		五指峰国家森林公园	2003.12	24533.00	上犹县
330		柘林湖国家森林公园	2004.12	16450.00	永修县

（续）

编号	省份	公　园　名　称	建园时间	批复面积（公顷）	县级行政区域
331	江西	陡水湖国家森林公园	2004.12	22666.67	赣州市上犹、崇义县
332		万安国家森林公园	2004.12	16333.00	万安县
333		三湾国家森林公园	2004.12	15513.30	永新县
334		安源国家森林公园	2004.12	7866.00	萍乡市安源
335		景德镇国家森林公园	2005.12	3796.30	景德镇市
336		云碧峰国家森林公园	2005.12	872.50	上饶市信州区
337		九连山国家森林公园	2005.12	20063.00	龙南县
338		岩泉国家森林公园	2005.12	4885.39	黎川县
339		瑶里国家森林公园	2005.12	4471.00	浮梁县
340		峰山国家森林公园	2006.12	20735.20	赣州市章贡区
341		清凉山国家森林公园	2006.12	3397.82	资溪县
342		九岭山国家森林公园	2006.12	1266.16	武宁县
343		岑山国家森林公园	2008.01	955.00	横峰县
344		江西五府山国家森林公园	2008.01	1715.00	上饶县
345		军峰山国家森林公园	2008.01	1217.15	南丰县
346		碧湖潭国家森林公园	2008.12	6800.00	萍乡市湘东区
347		怀玉山国家森林公园	2008.12	3354.00	玉山县
348	山东	崂山国家森林公园	1992.09	7466.67	青岛市崂山区
349		抱犊崮国家森林公园	1992.09	666.67	枣庄市山亭区
350		黄河口国家森林公园	1992.09	50933.33	东营市垦利、利津县
351		昆嵛山国家森林公园	1992.09	4733.33	烟台市牟平县
352		罗山国家森林公园	1992.09	480.00	招远市
353		长岛国家森林公园	1992.09	5700.00	长岛县
354		沂山国家森林公园	1992.09	6466.67	临朐县
355		尼山国家森林公园	1992.09	590.00	曲阜市
356		泰山国家森林公园	1992.09	12000.00	泰安市泰山区
357		徂徕山国家森林公园	1992.09	9000.00	泰安市岱岳区
358		日照海滨国家森林公园	1992.09	788.67	日照市东港区
359		鹤伴山国家森林公园	1992.09	480.00	邹平县
360		孟良崮国家森林公园	1992.09	800.00	沂南县

（续）

编号	省份	公 园 名 称	建园时间	批复面积（公顷）	县级行政区域
361	山东	柳埠国家森林公园	1992.11	2465.53	济南市历城区
362		刘公岛国家森林公园	1992.11	247.53	威海市
363		槎山国家森林公园	1992.11	106.67	荣城市
364		药乡国家森林公园	1992.11	1463.67	济南市历城区
365		原山国家森林公园	1992.12	1705.87	淄博市博山区
366		灵山湾国家森林公园	1993.05	666.67	胶南市
367		双岛国家森林公园	1993.05	2477.30	威海市环翠区
368		蒙山国家森林公园	1994.12	3675.87	蒙阴县
369		腊山国家森林公园	1996.08	723.00	东平县
370		仰天山国家森林公园	2000.02	2400.00	青州市
371		伟德山国家森林公园	2000.12	8362.40	荣城市
372		珠山国家森林公园	2000.12	4000.00	青岛市黄岛区
373		牛山国家森林公园	2002.12	3000.00	肥城市
374		鲁山国家森林公园	2002.12	4133.33	淄博市博山区
375		山巨嵎山国家森林公园	2002.12	1204.00	乳山市
376		五莲山国家森林公园	2003.12	6800.00	五莲县
377		莱芜华山国家森林公园	2003.12	4603.33	莱芜市莱城区
378		艾山国家森林公园	2004.12	2578.67	蓬莱市
379		龙口南山国家森林公园	2004.12	949.00	龙口市
380		新泰莲花山国家森林公园	2005.12	2164.00	新泰市
381		牙山国家森林公园	2005.12	10140.00	栖霞市
382		招虎山国家森林公园	2005.12	1762.70	海阳市
383		寿阳山国家森林公园	2008.12	2006.00	昌乐县
384		嵩山国家森林公园	1988.09	11582.00	登封市
385	河南	寺山国家森林公园	1992.09	5600.00	西峡县
386		风穴寺国家森林公园	1992.09	766.67	汝州市
387		石漫滩国家森林公园	1992.09	5333.33	舞钢市
388		薄山国家森林公园	1992.09	6066.67	驻马店市确山县
389		开封国家森林公园	1992.09	553.33	开封市金明区
390		亚武山国家森林公园	1992.11	15133.33	三门峡市灵宝县

（续）

编号	省份	公 园 名 称	建园时间	批复面积（公顷）	县级行政区域
391	河南	花果山国家森林公园	1993.05	4200.00	宜阳县
392		云台山国家森林公园	1993.05	360.00	修武县
393		白云山国家森林公园	1992.09	8133.33	嵩县
394		龙峪湾国家森林公园	1994.12	1833.33	栾川县
395		五龙洞国家森林公园	1995.11	2527.00	林州市
396		南湾国家森林公园	1996.09	2810.00	信阳市浉河区
397		甘山国家森林公园	2000.12	3800.00	陕县
398		淮河源国家森林公园	2002.12	4924.00	桐柏县
399		神灵寨国家森林公园	2002.12	5300.00	洛宁县
400		铜山湖国家森林公园	2002.12	1996.00	泌阳县
401		黄河故道国家森林公园	2002.12	838.00	商丘市
402		郁山国家森林公园	2002.12	2133.00	新安县
403		玉皇山国家森林公园	2003.12	2982.00	卢氏县
404		金兰山国家森林公园	2003.12	3333.00	新县
405		山查岈山国家森林公园	2004.12	2340.00	遂平县
406		天池山国家森林公园	2004.12	1716.00	嵩县
407		始祖山国家森林公园	2005.12	4667.00	新郑市
408		黄柏山国家森林公园	2006.12	4010.00	商城县
409		燕子山国家森林公园	2006.12	4776.00	灵宝市
410		棠溪源国家森林公园	2006.12	3800.00	西平县
411		大鸿寨国家森林公园	2008.01	3300.00	禹州市
412	湖北	九峰国家森林公园	1992.07	333.33	武昌县
413		鹿门寺国家森林公园	1992.07	1866.67	襄阳县
414		玉泉寺国家森林公园	1992.07	9666.67	当阳市
415		大老岭国家森林公园	1992.07	6000.00	宜昌市夷陵区、秭归、兴山县
416		大口国家森林公园	1995.07	6333.00	钟祥市
417		神农架国家森林公园	1992.11	13333.33	巴东、兴山、房县
418		龙门河国家森林公园	1993.05	4644.40	兴山县
419		薤山国家森林公园	1994.12	4533.33	谷城县
420		清江国家森林公园	1996.08	49880.00	长阳县

（续）

编号	省份	公　园　名　称	建园时间	批复面积（公顷）	县级行政区域
421	湖北	大别山国家森林公园	1996.08	57427.00	罗田县
422		柴埠溪国家森林公园	1996.08	6667.00	五峰县
423		潜山国家森林公园	1996.09	206.47	咸宁市
424		八岭山国家森林公园	1996.09	666.67	江陵县
425		洈水国家森林公园	1998.09	28600.00	松滋市
426		三角山国家森林公园	2002.12	6451.70	浠水县
427		中华山国家森林公园	2002.12	5139.87	广水市
428		太子山国家森林公园	2002.12	7930.00	京山县
429		红安天台山国家森林公园	2003.12	6000.00	红安县
430		坪坝营国家森林公园	2004.12	13237.50	咸丰县
431		吴家山国家森林公园	2004.12	5873.00	英山县
432		千佛洞国家森林公园	2005.12	665.80	荆门市
433		双峰山国家森林公园	2005.12	1400.00	孝感市
434		大洪山国家森林公园	2006.12	1755.50	随州市曾都区
435		虎爪山国家森林公园	2008.01	2600.00	京山县
436		五脑山国家森林公园	2008.01	2153.30	麻城市
437		沧浪山国家森林公园	2008.12	7466.70	郧县
438	湖南	张家界国家森林公园	1982.09	2466.67	张家界市武陵源区
439		神农谷国家森林公园	1992.07	10000.00	炎陵县
440		莽山国家森林公园	1992.07	19833.33	郴州市宜章县
441		大围山国家森林公园	1992.07	3703.00	浏阳县
442		云山国家森林公园	1992.07	3110.00	武冈县
443		九疑山国家森林公园	1992.07	8226.67	宁远县
444		阳明山国家森林公园	1992.07	11733.33	双牌县
445		南华山国家森林公园	1992.07	2242.73	凤凰县
446		黄山头国家森林公园	1992.07	666.67	安乡县
447		桃花源国家森林公园	1992.07	233.33	桃源县
448		天门山国家森林公园	1992.07	733.33	张家界市永定区
449		天际岭国家森林公园	1992.07	140.00	长沙市雨花区
450		天鹅山国家森林公园	1992.07	706.67	资兴市

（续）

编号	省份	公园名称	建园时间	批复面积（公顷）	县级行政区域
451	湖南	舜皇山国家森林公园	1992.09	14548.00	东安县
452		东台山国家森林公园	1992.09	336.00	湘乡市
453		夹山国家森林公园	1993.02	1530.00	石门县
454		不二门国家森林公园	1993.05	5336.67	永顺县
455		河洑国家森林公园	1994.12	333.33	常德市武陵区
456		岣嵝峰国家森林公园	1995.11	2067.00	衡阳县
457		大云山国家森林公园	1996.08	1180.00	岳阳县
458		花岩溪国家森林公园	1997.12	4000.00	常德市鼎城区
459		云阳国家森林公园	2002.12	8688.70	茶陵县
460		大熊山国家森林公园	2002.12	7623.00	新化县
461		中坡国家森林公园	2002.12	1688.00	怀化市鹤城区
462		幕阜山国家森林公园	2005.12	1701.00	平江县
463		金洞国家森林公园	2005.12	2500.00	祁阳县
464		涟源龙山国家森林公园	2006.12	9286.00	涟源市
465		千家峒国家森林公园	2006.12	4430.93	江永县
466		两江峡谷国家森林公园	2008.01	6336.02	城乡苗族自治县
467		雪峰山国家森林公园	2008.01	3478.10	洪江市
468		五尖山国家森林公园	2008.01	2879.89	临湘市
469		桃花江国家森林公园	2008.01	3153.05	桃江县
470		蓝山国家森林公园	2008.12	7046.70	蓝山县
471		月岩国家森林公园	2008.12	3936.70	道县
472		峰峦溪国家森林公园	2008.12	2216.60	桑植县
473	广东	梧桐山国家森林公园	1989.06	678.00	深圳市沙头角区
474		万有国家森林公园	1992.09	431.80	高要县
475		小坑国家森林公园	1992.09	16700.00	曲江县
476		南澳海岛国家森林公园	1992.12	1373.33	南澳县
477		南岭国家森林公园	1993.03	27333.33	乳阳县
478		新丰江国家森林公园	1993.05	4479.47	河源市
479		韶关国家森林公园	1993.05	2010.73	韶关市浈江区
480		东海岛国家森林公园	1993.05	666.67	湛江市东海岛管委会

（续）

编号	省份	公　园　名　称	建园时间	批复面积（公顷）	县级行政区域
481	广东	流溪河国家森林公园	1993.09	9333.33	从化市
482		南昆山国家森林公园	1993.10	2000.00	龙门县
483		西樵山国家森林公园	1994.12	1400.00	南海市
484		石门国家森林公园	1995.11	2636.00	从化市
485		圭峰山国家森林公园	1997.12	3550.00	新会市
486		英德国家森林公园	2000.12	107000.00	英德市
487		广宁竹海国家森林公园	2004.12	8500.00	广宁县
488		北峰山国家森林公园	2004.12	1161.60	江门市
489		大王山国家森林公园	2004.12	806.00	郁南县
490		御景峰国家森林公园	2005.12	1333.33	惠东县
491		神光山国家森林公园	2005.12	674.60	兴宁市
492		观音山国家森林公园	2005.12	657.18	东莞市
493		三岭山国家森林公园	2006.12	738.79	湛江市
494		雁鸣湖国家森林公园	2006.12	769.80	梅县
495		天井山国家森林公园	2008.12	5564.10	乳源县
496		大北山国家森林公园	2008.12	3067.20	揭西县
497	广西	桂林国家森林公园	1992.07	575.67	桂林市象山区
498		良凤江国家森林公园	1992.09	248.00	南宁市江南区
499		三门江国家森林公园	1993.05	12475.60	柳州市城中区
500		龙潭国家森林公园	1993.05	7800.00	桂平县
501		大桂山国家森林公园	1994.12	3000.00	贺州市
502		元宝山国家森林公园	1994.12	25000.00	融水县
503		八角寨国家森林公园	1996.08	84000.00	资源县
504		十万大山国家森林公园	1996.08	8810.00	上思县
505		龙胜温泉国家森林公园	1996.08	420.00	龙胜县
506		姑婆山国家森林公园	1996.08	8000.00	贺县
507		大瑶山国家森林公园	1997.12	11124.00	金秀县
508		黄猄洞天坑国家森林公园	2002.12	13879.70	乐业县
509		飞龙湖国家森林公园	2003.12	12097.56	苍梧县
510		太平狮山国家森林公园	2003.12	5550.23	藤县

（续）

编号	省份	公　园　名　称	建园时间	批复面积（公顷）	县级行政区域
511	广西	大容山国家森林公园	2003.12	4825.00	北流市
512		九龙瀑布群国家森林公园	2005.12	1639.87	横县
513		平天山国家森林公园	2005.12	1676.20	贵港市
514		红茶沟国家森林公园	2005.12	1896.40	融安县
515		阳朔国家森林公园	2005.12	4355.90	阳朔县
516		龙滩大峡谷国家森林公园	2008.01	4172.60	天峨县
517	海南	尖峰岭国家森林公园	1992.09	46666.67	乐东县
518		蓝洋温泉国家森林公园	1999.05	5660.32	儋州市
519		吊罗山国家森林公园	1999.05	37900.00	陵水县
520		海口火山国家森林公园	2000.02	2000.00	琼山市
521		七仙岭温泉国家森林公园	2001.12	2200.00	保亭县
522		黎母山国家森林公园	2002.12	12889.00	琼中县
523		海上国家森林公园	2005.12	526.33	儋州市
524		霸王岭国家森林公园	2006.12	8444.30	昌江县
525	重庆	双桂山国家森林公园	1992.09	102.00	丰都县
526		小三峡国家森林公园	1993.10	2000.00	巫山县
527		金佛山国家森林公园	1994.12	6081.87	南川县
528		黄水国家森林公园	1998.09	4200.00	石柱县
529		仙女山国家森林公园	1999.05	2339.70	武隆县
530		茂云山国家森林公园	2000.12	1910.20	彭水县
531		武陵山国家森林公园	2001.12	1633.33	涪陵区
532		青龙湖国家森林公园	2001.12	5236.30	璧山县
533		黔江国家森林公园	2001.12	12800.00	黔江区
534		梁平东山国家森林公园	2001.12	3780.00	梁平县
535		桥口坝国家森林公园	2002.12	7690.00	巴南区
536		铁峰山国家森林公园	2002.12	9100.00	万州区
537		红池坝国家森林公园	2002.12	24200.00	巫溪县
538		雪宝山国家森林公园	2002.12	9771.80	开县
539		歌乐山国家森林公园	2003.12	1403.03	沙坪坝区
540		玉龙山国家森林公园	2003.12	3517.39	大足县

（续）

编号	省份	公　园　名　称	建园时间	批复面积（公顷）	县级行政区域
541	重庆	茶山竹海国家森林公园	2003.12	9979.00	永川市
542		黑山国家森林公园	2003.12	2652.00	万盛区
543		九重山国家森林公园	2004.12	10089.00	城口县
544		大园洞国家森林公园	2004.12	3459.00	江津市
545		南山国家森林公园	2004.12	3080.00	南岸区
546		观音峡国家森林公园	2005.12	1615.00	北碚区
547		天池山国家森林公园	2008.01	953.40	忠县
548		金银山国家森林公园	2008.12	2734.33	酉阳土家族苗族自治县
549	四川	都江堰国家森林公园	1992.07	29548.00	都江堰市
550		剑门关国家森林公园	1992.07	3046.67	剑阁县
551		瓦屋山国家森林公园	1993.05	65869.80	洪雅县
552		高山国家森林公园	1993.05	837.87	盐亭县
553		西岭国家森林公园	1993.05	48650.00	大邑县
554		二滩国家森林公园	1993.10	54546.67	攀枝花市盐边、米易县
555		海螺沟国家森林公园	1993.10	18598.00	泸定县
556		七曲山国家森林公园	1994.12	2000.00	梓潼县
557		九寨国家森林公园	1995.11	37000.00	南坪县
558		天台山国家森林公园	1995.11	1328.00	邛崃市
559		福宝国家森林公园	1997.12	11000.00	合江县
560		黑竹沟国家森林公园	2000.02	28154.20	峨边县
561		夹金山国家森林公园	2000.12	88332.10	宝兴县、小金县
562		龙苍沟国家森林公园	2000.12	7573.80	荥经县
563		美女峰国家森林公园	2001.12	1900.00	乐山市沙湾区
564		白水河国家森林公园	2001.12	2271.71	彭州市
565		华蓥山国家森林公园	2002.12	8091.25	华蓥市
566		五峰山国家森林公园	2002.12	876.16	大竹县
567		千佛山国家森林公园	2002.12	7800.00	安县
568		措普国家森林公园	2002.12	48000.00	巴塘县
569		米仓山国家森林公园	2002.12	40155.00	南江县
570		广元天台国家森林公园	2003.12	1334.30	广元市

（续）

编号	省份	公 园 名 称	建园时间	批复面积（公顷）	县级行政区域
571	四川	镇龙山国家森林公园	2003.12	2553.00	平昌县
572		二郎山国家森林公园	2003.12	63768.00	天全县
573		雅克夏国家森林公园	2003.12	44889.00	黑水县
574		天马山国家森林公园	2004.12	2297.00	巴中市巴州区
575		空山国家森林公园	2004.12	11511.00	通江县
576		云湖国家森林公园	2004.12	1013.00	绵竹市
577		铁山国家森林公园	2006.12	2666.70	达县
578		荷花海国家森林公园	2006.12	5416.80	康定县
579		凌云山国家森林公园	2008.01	1116.40	南充市高坪区
580	贵州	百里杜鹃国家森林公园	1993.05	18000.00	黔西县
581		竹海国家森林公园	1993.05	11200.00	赤水市
582		九龙山国家森林公园	2001.12	12500.00	安顺市
583		凤凰山国家森林公园	2001.12	1061.77	遵义市红花岗区
584		长坡岭国家森林公园	2001.12	1075.00	贵阳市
585		尧人山国家森林公园	2001.12	4787.00	三都县
586		燕子岩国家森林公园	2001.12	10400.00	赤水市
587		玉舍国家森林公园	2002.12	924.47	水城县
588		雷公山国家森林公园	2002.12	4354.73	雷山县
589		习水国家森林公园	2003.12	14027.46	习水县
590		黎平国家森林公园	2003.12	5475.00	黎平县
591		朱家山国家森林公园	2004.12	4888.20	瓮安县
592		紫林山国家森林公园	2004.12	3529.00	独山县
593		潕阳湖国家森林公园	2004.12	21471.50	黄平县
594		赫章夜郎国家级森林公园	2004.12	4733.00	赫章县
595		青云湖国家森林公园	2005.12	2980.00	都匀市
596		大板水国家森林公园	2005.12	3132.00	遵义市红花岗区
597		毕节国家森林公园	2005.12	4133.00	毕节市
598		仙鹤坪国家森林公园	2005.12	9065.00	安龙县
599		龙架山国家森林公园	2006.12	6079.00	龙里县
600		九道水国家森林公园	2006.12	1244.50	正安县

（续）

编号	省份	公 园 名 称	建园时间	批复面积（公顷）	县级行政区域
601	云南	巍宝山国家森林公园	1992.11	1255.00	巍山县
602		天星国家森林公园	1992.11	7420.00	威信县
603		清华洞国家森林公园	1992.11	9856.47	祥云县
604		东山国家森林公园	1992.11	6281.80	弥渡县
605		来凤山国家森林公园	1992.11	6466.93	腾冲县
606		花鱼洞国家森林公园	1992.11	3143.00	河口县
607		磨盘山国家森林公园	1992.11	24200.00	新平县
608		龙泉国家森林公园	1992.11	1000.00	易门县
609		菜阳河国家森林公园	1992.11	6666.67	思茅县
610		金殿国家森林公园	1992.11	1970.40	昆明市官渡区
611		章凤国家森林公园	1993.03	7000.00	陇川县
612		十八连山国家森林公园	1993.05	2078.00	富源县
613		鲁布格国家森林公园	1993.05	4866.67	罗平县
614		珠江源国家森林公园	1993.05	4376.00	曲靖市
615		五峰山国家森林公园	1993.05	2492.13	陆良县
616		钟灵山国家森林公园	1993.05	540.00	寻甸县
617		棋盘山国家森林公园	1997.12	920.00	昆明市西山区
618		灵宝山国家森林公园	1997.12	811.20	南涧县
619		铜锣坝国家森林公园	1999.05	3237.00	水富县
620		小白龙国家森林公园	1999.05	624.80	宜良县
621		五老山国家森林公园	1999.05	3604.00	临沧县
622		紫金山国家森林公园	2000.12	1700.00	楚雄市
623		飞来寺国家森林公园	2000.12	3431.25	德钦县
624		圭山国家森林公园	2000.12	3206.00	石林县
625		新生桥国家森林公园	2001.12	2616.00	兰坪县
626		西双版纳国家森林公园	2004.12	1801.70	景洪市
627		宝台山国家森林公园	2005.12	1047.00	永平县
628	西藏	巴松湖国家森林公园	2001.12	410000.00	工布江达县
629		色季拉国家森林公园	2001.12	400000.00	林芝县
630		玛旁雍错国家森公园	2004.12	310552.00	普兰县

（续）

编号	省份	公 园 名 称	建园时间	批复面积（公顷）	县级行政区域
631	西藏	班公湖国家森公园	2004.12	48159.00	日土县
632		然乌湖国家森公园	2004.12	116150.00	八宿县
633		热振国家森公园	2004.12	7463.00	林周县
634		姐德秀国家森公园	2004.12	8498.00	贡嘎县
635	陕西	太白山国家森林公园	1991.08	2949.00	眉县
636		延安国家森林公园	1992.04	5446.67	延安市宝塔山区
637		楼观台国家森林公园	1992.07	27487.00	周至县
638		终南山国家森林公园	1992.07	7675.00	长安县
639		天台山国家森林公园	1993.05	8100.00	宝鸡市凤县
640		天华山国家森林公园	1997.12	6000.00	宁陕县
641		朱雀国家森林公园	1999.05	2621.00	户县
642		南宫山国家森林公园	2000.02	3100.00	岚皋县
643		王顺山国家森林公园	2000.12	3633.00	蓝田县
644		五龙洞国家森林公园	2001.12	5800.00	略阳县
645		骊山国家森林公园	2001.12	1873.30	西安市临潼区
646		汉中天台国家森林公园	2002.12	3674.00	汉中市汉台区
647		黎坪国家森林公园	2002.12	9400.00	南郑县
648		金丝大峡谷国家森林公园	2002.12	1790.00	商南县
649		通天河国家森林公园	2002.12	5235.00	宝鸡市凤县
650		木王国家森林公园	2003.12	3616.00	镇安县
651		榆林沙漠国家森林公园	2003.12	871.40	榆林市
652		劳山国家森林公园	2004.12	1933.00	甘泉县
653		太平国家森林公园	2004.12	6085.00	户县
654		鬼谷岭国家森林公园	2004.12	5135.00	石泉县
655		蟒头山国家森林公园	2005.12	2120.00	宜川县
656		玉华宫国家森林公园	2005.12	3200.00	铜川市
657		千家坪国家森林公园	2005.12	2145.00	平利县
658		上坝河国家森林公园	2006.12	4526.00	宁陕县
659		黑河国家森林公园	2006.12	7462.20	周至县
660		洪庆山国家森林公园	2006.12	3000.00	西安市霸桥区

（续）

编号	省份	公　园　名　称	建园时间	批复面积（公顷）	县级行政区域
661	陕西	牛背梁国家森林公园	2008.01	2123.70	柞水县
662		天竺山国家森林公园	2008.12	1809.00	山阳县
663		紫柏山国家森林公园	2008.12	4662.00	留坝县
664		少华山国家森林公园	2008.12	6300.00	华县
665	甘肃	吐鲁沟国家森林公园	1992.09	5848.00	永登县
666		石佛沟国家森林公园	1992.09	6376.00	兰州市七里河区
667		松鸣岩国家森林公园	1992.09	2666.67	临夏州和政县
668		云崖寺国家森林公园	1992.11	14891.00	庄浪县
669		徐家山国家森林公园	1992.11	171.07	兰州市城关区
670		贵清山国家森林公园	1996.08	6200.00	漳县
671		麦积国家森林公园	1997.12	8442.00	天水市北道区
672		鸡峰山国家森林公园	1999.05	4200.00	成县
673	甘肃	渭河源国家森林公园	2000.12	7917.00	渭源县
674		天祝三峡国家森林公园	2002.12	138706.00	天祝县
675		冶力关国家森林公园	2002.12	79400.00	卓尼、临潭县
676		官鹅沟国家森林公园	2003.12	41996.10	宕昌县
677		沙滩国家森林公园	2003.12	17415.00	舟曲县
678		腊子口国家森林公园	2003.12	27896.90	迭部县
679		大峪国家森林公园	2003.12	27625.00	卓尼县
680		小陇山国家森林公园	2005.12	19670.00	天水市北道区、两当县
681		文县天池国家森林公园	2005.12	14338.00	文县
682		莲花山国家森林公园	2005.12	4873.00	康乐县
683		周祖陵国家森林公园	2005.12	613.70	庆城县
684		寿鹿山国家森林公园	2005.12	1086.01	景泰县
685		大峡沟国家森林公园	2005.12	4070.00	舟曲县
686	宁夏	六盘山国家森林公园	2000.02	7900.00	泾源县
687		苏峪口国家森林公园	2000.02	9587.00	银川市西夏区
688		花马寺国家森林公园	2002.12	5000.00	盐池县
689		火石寨国家森林公园	2003.12	6100.00	西吉县

（续）

编号	省份	公 园 名 称	建园时间	批复面积（公顷）	县级行政区域
690	青海	坎布拉国家森林公园	1992.11	15247.00	尖扎县
691		北山国家森林公园	1992.11	112723.00	互助县
692		大通国家森林公园	2001.12	4747.10	大通县
683		群加国家森林公园	2002.12	5849.00	湟中县
684		仙米国家森林公园	2003.12	148025.00	门源县
695		哈里哈图国家森林公园	2005.12	5170.50	乌兰县
696		麦秀国家森林公园	2005.12	1535.00	泽库县
697	新疆	照壁山国家森林公园	1993.05	82394.33	乌鲁木齐县
698		天池国家森林公园	1994.12	44627.00	阜康市
699		那拉提国家森林公园	2001.12	6025.00	新源县
700		巩乃斯国家森林公园	2001.12	73104.00	和静县
701		贾登峪国家森林公园	2002.12	38985.00	布尔津县
702		白哈巴国家森林公园	2002.12	48376.00	哈巴河县
703		奇台南山国家森林公园	2003.12	29306.00	奇台县
704		唐布拉国家森林公园	2003.12	34237.00	尼勒克县
705		科桑溶洞国家森林公园	2003.12	16400.00	特克斯县
706		金湖杨国家森林公园	2003.12	2000.00	泽普县
707		巩留恰西国家森林公园	2004.12	55600.00	巩留县
708		哈密天山国家森林公园	2004.12	160462.33	哈密市、巴里坤县
709		哈日图热格国家森林公园	2004.12	26848.00	温泉县
710		乌苏佛山国家森林公园	2008.12	37582.68	乌苏市

国家林业局森林公园管理办公室提供

（截止 2009 年 3 月）

编后记

随着现代生活节奏的加快，我们的生活似乎越来越远离自然。在车水马龙、人如潮涌的都市，人们渴望离开钢筋水泥的世界，去寻求与大自然的接触。一般城市公园已不能满足人们接触自然的需要。国家森林公园作为一处受特殊保护的生态型游憩场所，既有丰富多样的动植物，又有优美秀丽的自然景观和多姿多彩的人文景观。在这里，既可以欣赏到树木的高大伟岸，又可以享受高山流水的惬意，成为人们拥抱大自然的好去处。

我国地域辽阔，国家森林公园类型众多，从南沙岛屿到北国边疆，跨越热带、亚热带、暖温带、温带和寒温带等五个气候带，从东海之滨到西域边陲，经历平原、丘陵、台地、高原和山地五种地貌类型，森林、草原、山岳、海滨、沙漠、冰川、溶洞、湖泊、火山迹地等类型的森林公园应有尽有。它们以其雄、奇、险、峻、野、旷、秀、幽的自然特色和灿烂的历史文化、多姿多彩的民族风情及复杂多变的生物气候资源，每年吸引一亿多人次的游客，成为我国生态旅游业的主体。

良好的森林生态是发展生态旅游业的基础所在，爱护我们的青山绿水、保护好生态不受破坏，使其永续利用，不但是发展旅游业的生命线，也是呵护人类绿色家园的必然选择。以“认识自然，享受自然，保护自然”为理念的国家森林公园旅游是新世纪旅游业的发展趋势，也是旅游者们应该时刻铭记的。

国家森林公园不仅给人们提供了游览观光、休闲度假的空间，更是生态教育的“大课堂”。兰思仁先生撰写的《国家森林公园理论与实践》一书，从理论与实践两方面给我们充分认识森林公园打开了一扇启迪之窗，知其然也知其所以然。